KB216942

신재생에너지 발전설비(태양광) 산업기사 실기

예문사

PREFACE

New and Renewable Energy

화석연료의 고갈이라는 인류가 당면한 과제를 해결하고 화석연료 사용으로 인한 환경문제 등을 극복하기 위한 방안으로 신재생에너지에 관한 연구가 꾸준히 진행되고 있다. 선진국인 미국, 독일, 일본 등에서는 정부 주도하에 신재생에너지에 대한 R&D가 지속적으로 진행되고 있고 우리나라도 신재생에너지에 대한 연구 · 개발에 박차를 가하고 있는 실정이다.

이처럼 대체에너지 개발과 환경문제 등에 보다 활발한 연구, 개발, 관리가 필요한 시점에서 이 분야의 전문기술인력 확보가 절실하여 신재생에너지발전설비(태양광)에 대한 자격증 제도를 도입하여 실시해 오고 있다.

이 책은 자격시험 준비를 위한 것으로서 산업인력관리공단의 출제기준에 따라 전체 내용을 구성하였고, 각 편마다 출제예상문제 풀이를 통해 내용을 다시 한 번 정리할 수 있도록 하였으며, 최종적으로 실전 최종 점검 문제를 풀어봄으로써 시험에 충분히 대비할 수 있도록 하였다.

끝으로 이 책에 참고자료가 되었던 국내외 여러 도서의 저자들과 많은 도움을 주신 주경야독과 예문사에 감사의 마음을 전한다.

건축전기설비기술사 박문환 배상

출제기준

신재생에너지발전설비산업기사(태양광)(실기)

직무 분야	환경 · 에너지	중직무 분야	에너지 · 기상	자격 종목	신재생에너지발전설비 산업기사(태양광)	적용 기간	2025.1.1. ~2028.12.31.

○ 직무내용 : 신재생에너지 태양광발전의 환경분석과 태양광발전시설의 시공 및 감독, 검사 및 효율적인 운영을 위한 유지보수와 안전 업무를 수행하는 직무이다.

○ 수행준거 :
1. 운영계획에 따른 사업개시 신고를 하고, 발전설비의 안정적 설치를 확인한 후, 발전시스템을 운영하여 효율적으로 태양광에너지를 생산할 수 있다.
2. 태양전지 모듈, 태양광 인버터를 이용하여 최적의 태양광발전시스템 구축을 위한 각 구성품별 특성 및 기능을 이해하고 상호 역할에 따라 설계, 시공 시 적용하기 위한 사전준비를 할 수 있다.
3. 수배전반, 주변기기들을 이용하여 최적의 태양광발전시스템 구축을 위한 각 구성품별 특성 및 기능을 이해하고 기기와 부품들 간 상호 역할에 따라 설계, 시공 시 적용하기 위한 사전준비를 할 수 있다.
4. 태양광발전 어레이 구조물 설치를 위해 토목 설계도서에 따라 태양광발전소 건설을 위한 부지조성 공사를 실시하고 관리할 수 있다.
5. 태양광발전 구조설계 시공도면에 따라 현장에서 태양광발전 구조물 기초공사를 진행하고 구조물 시공을 실시할 수 있다.
6. 발전시스템 시공도면에 따라 현장에서 태양광발전 어레이 시공을 진행하고 태양광발전 계통연계 설비의 전기시설을 시공할 수 있다.
7. 태양광발전장치의 공장 수락시험과 현장 인수시험을 수행할 수 있다.
8. 태양광발전시스템에 대해 준공 후 점검과 일상 점검 및 정기 점검을 실시하여 효율적으로 태양광 발전시스템을 유지 관리할 수 있다.
9. 태양광발전설비를 보수하고 특별 점검을 실시하여 효율적으로 태양광발전시스템을 보수 관리할 수 있다.
10. 기후변화 현상을 파악하고 그에 따른 원인과 영향, 기후변화에 대응하는 국내외 정책을 조사할 수 있다.

실기검정방법	필답형	시험시간	2시간 정도

실기과목명	주요항목	세부항목	세세항목
태양광 발전설비 실무	1. 태양광발전 사업부지 환경조사	1. 태양광발전부지 조사	1. 현장을 방문하기 전, 위성지도 확인을 통해 예비 타당성을 조사할 수 있다. 2. 공부서류 내용을 통해 사업인허가 가능 여부를 확인할 수 있다. 3. 공부서류 내용을 통해 설치 가능 면적을 확인할 수 있다. 4. 발전시스템 부지의 타당성을 조사하기 위하여 사업 장소 현장을 조사할 수 있다. 5. 사업부지, 지형, 지물과 방향에 대한 태양광 사업 타당성을 조사할 수 있다. 6. 발전량 저하요인을 최소화하기 위하여 주변 환경을 조사할 수 있다.

실기과목명	주요항목	세부항목	세세항목
			7. 연간 발전량 산출 및 발전 전력의 판매액을 산출할 수 있다. 8. 총공사비를 산출할 수 있다. 9. 총사업비를 산출할 수 있다. 10. 연간 경비를 산정할 수 있다. 11. 연간 수익을 산정할 수 있다. 12. 연간 수익, 연간 비용에 의한 비용, 편익, 현금흐름 등 경제성을 계산할 수 있다.
		2. 태양광발전 계통연계 조사	1. 계통연계를 위한 한국전력 전기공급규정에 따라 한전 책임 분계점을 검토할 수 있다. 2. 계통연계 접속점의 한국전력 송수전 가능 용량을 파악할 수 있다. 3. 계통연계 접속지점에서 발전부지까지 가설거리를 산출할 수 있다. 4. 산출된 가설거리를 기준으로 한전에 배전선로 이용을 신청할 수 있다.
	2. 태양광발전 설비용량 조사	1. 음영분석	1. 지형지물에 대한 확인 가능한 데이터를 활용하여 시뮬레이션 결과를 도출할 수 있다. 2. 도출된 시뮬레이션 결과를 기초로 어레이 간의 최소 이격거리를 검토할 수 있다. 3. 계절에 따른 위도와 경도를 적용하여 최적의 어레이 이격거리를 산정할 수 있다. 4. 사계절 기상조건에 따른 일사량을 이용하여 발전량을 예측할 수 있다.
		2. 태양광발전 설비용량 산정	1. 발전부지 면적 산정을 통하여 발전설비용량을 검토할 수 있다. 2. 사업부지 확인 후, 설치할 태양전지 모듈을 선정할 수 있다. 3. 사업부지 확인 후, 설치할 태양광 인버터를 선정할 수 있다. 4. 발전 효율과 비용을 비교 분석하여 구조물 형식에 따른 면적 산정을 할 수 있다. 5. 태양전지 모듈 직병렬 배치를 통하여 태양광 설비용량을 산정할 수 있다.
	3. 태양광발전 사업부지 인허가 검토	1. 국토 이용에 관한 법령 검토	1. 국토의 계획 및 이용에 관한 법률, 시행령, 시행규칙을 검토하여 태양광발전 사업부지의 용도 지역별 특성을 감안하여 개발행위의 규모의 적합성 허가 여부를 판단할 수 있다. 2. 산지관리법, 농지법을 검토하여 태양광발전 사업부지의 산지 및 농지전용을 발전사업이 가능한 대지로 형질변경의 여부를 판단할 수 있다. 3. 환경정책기본법, 시행령에 따라 태양광발전 사업부지의 사전 환경성 검토 대상의 여부를 판단할 수 있다.

출제기준

실기과목명	주요항목	세부항목	세세항목
			4. 자연재해대책법에 따라 태양광발전 사업부지의 사전재해영향성 검토협의 대상 행정계획 및 개발 사업의 범위 및 협의시기를 판단할 수 있다. 5. 전기사업법, 시행령, 시행규칙에 의거한 발전사업 허가 요건을 검토할 수 있다. 6. 전기공사업법, 시행령, 시행규칙 등을 이해할 수 있다.
		2. 신재생에너지 관련 법령 검토	1. 태양광발전 사업부지의 신 · 재생에너지 개발 · 이용 · 보급 촉진법에 따른 인허가 적용 부분을 확인할 수 있다. 2. 태양광발전 사업부지의 신 · 재생에너지 설비의 지원 등에 관한 규정 및 지침에 따른 인허가 적용 부분을 확인할 수 있다. 3. 태양광발전 사업부지의 신 · 재생에너지 공급의무화제도 관리 및 운영 지침에 따른 인허가 적용 부분을 확인할 수 있다.
	4. 태양광발전 사업허가	1. 태양광발전 사업계획서 작성	1. 발전소 개요에 따른 발전소 건설 일정을 수립할 수 있다. 2. 주요 부품인 태양전지 모듈과 태양광 인버터 일반 사양을 선정할 수 있다. 3. 발전소 건설을 위한 자금계획서를 작성할 수 있다. 4. 타당성 분석을 통하여 계통연계방법 운영계획을 작성할 수 있다.
		2. 태양광발전 인허가 신청	1. 사업신청 시 민원 발생에 대한 해결책을 제시할 수 있다. 2. 태양광발전사업을 위한 전기사업허가서를 작성할 수 있다. 3. 개발행위를 위한 해당부지 인허가 요건을 검토할 수 있다. 4. 인허가 법령 검토를 통하여 발전설비 설치인가 요건을 작성할 수 있다.
	5. 태양광발전 장치 준공 검사	1. 태양광발전 정밀안전진단	1. 발전장치의 안정성을 위하여 보호계전기 동작시험을 할 수 있다. 2. 전기 안전을 위하여 모선과 기기의 절연저항을 측정할 수 있다. 3. 공사 계획인가 시의 규격이 현장에 시공된 규격과 일치하는지 확인할 수 있다.
		2. 태양광발전 사용 전 검사	1. 전기설비가 공사계획대로 설계, 시공되어 있는지를 확인할 수 있다. 2. 정기검사 시 기준 항목별 세부 검사내용을 확인할 수 있다. 3. 사용 전 검사 항목별 세무 검사내용의 실행을 위한 전기설비의 구조적 안정성과 기술기준 적합 여부를 확인할 수 있다. 4. 전기설비의 보호를 위하여 안전장치의 동작 상태를 시험 확인할 수 있다.
	6. 태양광발전 사업 환경 분석	1. 주변 기상 · 환경 검토	1. 일사량과 일조시간 조건을 검토하여 설치각도를 계산할 수 있다. 2. 지반의 상태를 점검한 후 구조물 형태를 결정할 수 있다.

실기과목명	주요항목	세부항목	세세항목
			3. 주변 인프라 시설을 검토한 후 태양광발전설비 설치 가능 여부를 조사할 수 있다. 4. 태양광발전시스템 설치로 인한 민원 발생 요소를 검토할 수 있다.
		2. 계통연계기술 분석	1. 태양광 어레이의 설치 각도에 따른 월간 발전 가능량을 산출할 수 있다. 2. 주변 한전계통을 확인하여 연계 기술을 선정할 수 있다. 3. 태양전지 모듈의 온도계수와 특성을 파악하여 계절별 발전량을 산출할 수 있다. 4. 주변 환경을 고려하여 접지와 배선을 선정할 수 있다.
	7. 태양광발전 시스템 감리	1. 착공 시 감리업무하기	1. 감리업무를 검토할 수 있다. 2. 설계도서를 검토할 수 있다. 3. 설계 변경 필요시 설계 변경 절차에 따라 처리할 수 있다. 4. 착공신고서를 검토 및 보고할 수 있다. 5. 공사 표지판을 설치할 수 있다. 6. 하도급 관련 사항을 검토할 수 있다. 7. 현장 여건을 조사할 수 있다. 8. 인허가 업무를 검토할 수 있다.
		2. 시공 시 감리업무하기	1. 감리를 기록하고 관리할 수 있다. 2. 시공 도면을 검토할 수 있다. 3. 부실공사방지 세부계획을 점검할 수 있다. 4. 공사업자에 대한 지시 및 수명사항을 처리할 수 있다.
		3. 공정관리하기	1. 시공 계획서를 검토할 수 있다. 2. 시공 상세도를 검토할 수 있다. 3. 시공 상태를 확인하고 검사할 수 있다.
	8. 태양광발전 시스템 유지	1. 태양광발전 준공 후 점검하기	1. 태양전지 어레이를 점검항목과 점검요령에 따라 측정하여 점검할 수 있다. 2. 접속함의 점검항목을 확인하여 점검요령에 따라 측정할 수 있다. 3. 태양광 인버터의 점검항목을 확인하여 점검요령에 따라 측정할 수 있다. 4. 태양광발전용 개폐기, 전력량계, 분전반 내 주간선 개폐기를 점검요령에 따라 측정할 수 있다. 5. 태양광발전시스템을 운전, 정지 점검요령에 따른 조작, 시험, 측정을 통해 점검할 수 있다.
		2. 태양광발전 일상 점검하기	1. 태양전지 어레이 일상점검 항목을 확인하여 점검요령에 따라 점검할 수 있다. 2. 접속함 일상점검 항목을 확인하여 점검요령에 따라 점검할 수 있다.

출제기준

실기과목명	주요항목	세부항목	세세항목
			3. 태양광 인버터 일상점검 항목을 확인하여 점검요령에 따라 점검할 수 있다. 4. 태양전지의 주변 환경에 따른 이상 유무와 모듈의 인화성 물체나 화재의 위험 가능성을 확인할 수 있다.
		3. 태양광발전 정기 점검하기	1. 전력기술관리법에서 정한 용량별 횟수에 맞춰 정기점검을 할 수 있다. 2. 태양전지 어레이 점검항목을 확인하여 점검요령에 따라 육안점검을 할 수 있다. 3. 중간단자함(접속함) 점검항목과 점검요령에 따른 육안점검, 측정, 시험을 통해 점검할 수 있다. 4. 태양광 인버터의 점검항목과 점검요령에 따른 육안점검, 측정, 시험을 통해 점검할 수 있다.
	9. 태양광발전 시스템 운영	1. 태양광발전 사업개시 신고하기	1. 시행기관으로 부터 승인을 받기 위해 사업체의 사업개시신고 확인서류를 작성할 수 있다. 2. 제출된 사업개시신고서를 바탕으로 수행기관의 현장 확인 실사를 받을 수 있다. 3. 현장 확인 후 수정, 보완 사항을 신속히 처리하여 시행기관으로부터 사업개시 승인을 받을 수 있다.
		2. 태양광발전설비 설치 확인하기	1. 태양전지 모듈이 설계시방을 기준으로 안정적으로 설치되었는지를 확인할 수 있다. 2. 공정 기준에 따라 설치된 각 부품의 기능에 대한 성능 검사를 수행할 수 있다. 3. 설치된 발전설비 각 부품의 성능검사 후 문제 발생 시 교환과 수정을 처리할 수 있다. 4. 설계도면과 시방서에 의한 설치가 이뤄졌는지 확인할 수 있다.
		3. 태양광발전 시스템 운영하기	1. 발전시스템 운영계획의 수립을 위해 운영에 필요한 인력, 장비 및 활용 가능 범위를 파악할 수 있다. 2. 날씨, 계절에 따른 태양광발전소의 발전량을 분석할 수 있다. 3. 태양광발전의 출력제어 기능과 효과를 파악하여 문제점 발생 시 출력량의 영향을 분석할 수 있다. 4. 점검과 보호를 통해 발전전력 효율 저하 방지와 장기간 운영을 하기 위해 일별, 월별, 연간 운행 계획을 수립할 수 있다. 5. 발전시스템 운영을 위한 장치와 운영매뉴얼에 의한 향후 문제점을 확인하여 대처할 수 있다. 6. 모니터링 시스템의 구성을 파악하고 동작을 제어하여 태양광발전시스템을 운영할 수 있다. 7. 모니터링 시스템의 데이터를 분석하여 태양광발전시스템 각 구성요소의 상태를 파악할 수 있다.

실기과목명	주요항목	세부항목	세세항목
	10. 태양광발전 주요 장치 준비	1. 태양전지 모듈 준비하기	1. 태양전지 모듈에 사용되는 태양전지의 종류와 특성에 기반하여 모듈의 특징을 비교 조사할 수 있다. 2. 태양전지 광전변환효율을 계산하여 광전변환효율이 100%가 되지 않는 이유를 설명할 수 있다. 3. 태양전지 모듈의 전기적 특징을 이해하여 직류 전압, 전류 특성곡선($V-I$)을 분석할 수 있다. 4. 태양전지 모듈 온도계수 특성을 파악하여 온도에 따른 전압변화율을 계산할 수 있다. 5. 태양전지 모듈의 특성을 이해하여 직병렬 어레이 구성을 할 수 있다. 6. 설치 전 태양전지 모듈 취급 시 주의사항에 따라 시공을 준비할 수 있다.
		2. 태양광 인버터 준비하기	1. 태양광 인버터 입력전압 범위에 따른 어레이 직병렬의 최적 동작 전압 범위를 검토할 수 있다. 2. 태양광 인버터의 기능과 특성을 조사하여 태양광 인버터 운전을 검토할 수 있다. 3. 태양광 인버터 제조사의 사양 일람표를 참조하여 역률과 효율을 비교 검토할 수 있다. 4. 태양전지 모듈의 설비용량을 기준으로 태양광 인버터 용량을 계산할 수 있다.
	11. 태양광발전 연계장치 준비	1. 태양광발전 수배전반 준비하기	1. 분산형 전원 배전계통 연계 기술기준에 따른 저압 연계계통 수배전반을 구성할 수 있다. 2. 분산형 전원 배전계통 연계 기술기준에 따른 고압 연계계통 수배전반을 구성할 수 있다. 3. 설비용량에 따른 송전용 변압기의 용량 산정을 할 수 있다. 4. 태양광발전 전용 축전지의 용도를 조사하여 설비용량에 맞는 계통연계시스템용 축전지를 선정할 수 있다. 5. 태양광발전 교류 측 구성 기기를 용도에 맞게 구성할 수 있다.
		2. 태양광발전 주변기기 준비하기	1. 접속함의 내부 회로를 구성하여 설치용량 적합 여부를 검토하여 선정할 수 있다. 2. CCTV 시스템 구성 환경에 맞는 시스템을 구축할 수 있다. 3. 피뢰설비 설치기준, 시스템 보호 대책에 따라 방제시스템을 구축할 수 있다. 4. 태양광발전시스템 방화대책에 따라 케이블, 접속함, 변압기, 전력기기 등의 화재탐지 및 경보, 소화대책을 반영한 방화시스템을 구축할 수 있다. 5. 모니터링 구성 방법에 따라 각 모듈 간 데이터를 취합한 통합 모니터링 시스템을 구축할 수 있다.

출제기준

실기과목명	주요항목	세부항목	세세항목
	12. 태양광발전 토목공사	1. 태양광발전 토목공사 수행하기	1. 태양광발전부지 토목공사를 위해 설계도면 내용을 검토할 수 있다. 2. 태양광발전 토목 설계도서를 준용하여 토목공사를 완료할 수 있다. 3. 설계도면과 비교하여 토목공사 완료 후 준공 검수할 수 있다. 4. 공사현장의 안전관리 준수 여부를 확인할 수 있다.
		2. 태양광발전 토목공사 관리하기	1. 태양광발전부지 토목공사 업체를 조사하여 발굴할 수 있다. 2. 태양광발전부지 토목공사 업체를 선정하여 토목공사를 발주할 수 있다. 3. 태양광발전부지 토목공사, 구조물 설치를 위하여 시공업체를 관리할 수 있다.
	13. 태양광발전 구조물 시공	1. 태양광발전 구조물 기초공사 수행하기	1. 구조설계를 위하여 선정부지의 경계 측량을 검토하여 정지작업을 할 수 있다. 2. 지반의 상태에 따라 문제점을 분석하여 해당 대책을 수립할 수 있다. 3. 태양광 토목 설계도서에 따라 태풍과 같은 바람, 폭우, 폭설에 견딜 수 있도록 구조물 기초공사를 할 수 있다. 4. 태양광발전부지 지반과 구조물 설계도서에 따라 태양광발전 시스템 구조물 기초를 시공할 수 있다. 5. 설계도상 설치 위치 측정 후 부지경사, 어레이 이격거리를 고려한 시공을 할 수 있다. 6. 나대지, 건축물, 시설물 등 현장 특성에 맞는 구조물 기초를 선정하여 시공할 수 있다. 7. 구조계산서에 따른 지역별 풍하중, 설하중을 적용하여 구조물 기초공사를 할 수 있다. 8. 태양광발전부지 동결 특성과 지내력 조건을 기반으로 구조물 기초를 시공할 수 있다.
		2. 태양광발전 구조물 시공하기	1. 태양광발전용 지지대 및 가대를 설치순서, 양중방법 등의 설치 계획을 결정할 수 있다. 2. 태양광발전용 가대, 모듈 고정용 가대 및 케이블 트레이용 채널 순으로 조립할 수 있다. 3. 건축물의 방수와 볼트조립 헐거움을 방지하도록 구조물 조립공사를 할 수 있다. 4. 구조물 조립 시 사용되는 체결용 볼트, 너트, 와셔 등 녹 방지 처리 및 처리 여부를 확인할 수 있다. 5. 태양전지 모듈의 유지보수를 위한 공간과 작업안전을 위한 안전난간이 확보되어 있는지 점검할 수 있다. 6. 구조물 설치작업 시 울타리와 관제실 공사를 관리할 수 있다.

실기과목명	주요항목	세부항목	세세항목
	14. 태양광발전 전기시설 공사	1. 태양광발전 어레이 시공하기	1. 전기공사를 진행하기 위하여 태양전지 모듈을 설치할 수 있다. 2. 태양전지 모듈의 설치 시 가대의 하단에서 상단으로 순차적으로 조립할 수 있다. 3. 태양전지 모듈과 가대의 접합 시 전식방지를 위해 개스킷을 사용하여 조립할 수 있다. 4. 어레이 결선 후, 접속함을 설치하여 결선(연결)할 수 있다.
		2. 태양광발전 계통연계장치 시공하기	1. 시스템의 설치도면을 기초로 태양광 인버터와 제어장치를 설치하여 결선작업을 할 수 있다. 2. 수배전반을 연결할 수 있다. 3. 태양광발전소 출력단에서 계통과 연계할 수 있다. 4. 사용 전 검사를 위하여 발전량의 입출력 상태를 확인할 수 있다.
	15. 태양광발전 장치 사전 검사	1. 태양광발전장치 공장 수락시험 하기	1. 태양전지 모듈의 전기적 특성을 측정할 수 있다. 2. 태양광 인버터 특성을 측정할 수 있다. 3. 기타 주변기기의 동작상태를 파악할 수 있다.
		2. 태양광발전 현장 인수시험 하기	1. 스트링별 DC전압을 확인한 후, 전압전류값이 타 스트링과 비교하여 평균값 이상인지 확인할 수 있다. 2. 개별장치별 시험 검사 후 정상적으로 동작되는지 확인할 수 있다. 3. DC, AC 차단기를 투입하고 태양광 인버터가 정상 가동되는지 확인할 수 있다. 4. 개별 장치들을 결선하여 전 계통에 시운전을 할 수 있다.
	16. 태양광발전 시스템 유지	1. 태양광발전 준공 후 점검하기	1. 태양전지 어레이를 점검항목과 점검요령에 따라 측정하여 점검할 수 있다. 2. 접속함의 점검항목을 확인하여 점검요령에 따라 측정할 수 있다. 3. 태양광 인버터의 점검항목을 확인하여 점검요령에 따라 측정할 수 있다. 4. 태양광발전용 개폐기, 전력량계, 분전반 내 주간선 개폐기를 점검요령에 따라 측정할 수 있다. 5. 태양광발전시스템을 운전, 정지 점검요령에 따른 조작, 시험, 측정을 통해 점검할 수 있다.
		2. 태양광발전 일상 점검하기	1. 태양전지 어레이 일상점검 항목을 확인하여 점검요령에 따라 점검할 수 있다. 2. 접속함 일상점검 항목을 확인하여 점검요령에 따라 점검할 수 있다. 3. 태양광 인버터 일상점검 항목을 확인하여 점검요령에 따라 점검할 수 있다. 4. 태양전지의 주변 환경에 따른 이상 유무와 모듈의 인화성 물체나 화재의 위험 가능성을 확인할 수 있다.

출제기준

실기과목명	주요항목	세부항목	세세항목
		3. 태양광발전 정기 점검하기	1. 전력기술관리법에서 정한 용량별 횟수에 맞춰 정기점검을 할 수 있다. 2. 태양전지 어레이 점검항목을 확인하여 점검요령에 따라 육안 점검을 할 수 있다. 3. 중간단자함(접속함) 점검항목과 점검요령에 따른 육안점검, 측정, 시험을 통해 점검할 수 있다. 4. 태양광 인버터의 점검항목과 점검요령에 따른 육안점검, 측정, 시험을 통해 점검할 수 있다.
	17. 태양광발전 시스템 보수	1. 태양광발전 시스템 보수하기	1. 설비 이상 상태를 발견하면 사용을 중지하고 보고할 수 있다. 2. 태양광 인버터, 접속반, 차단기, 동작을 정지할 수 있다. 3. 이상 상태가 발생한 설비 부품을 교환할 수 있다. 4. 이상원인을 분석하고 긴급조치 후 외부 전문가에게 의뢰할 수 있다. 5. 이상원인 처리 결과를 설비관리 기록 대장에 기록할 수 있다.
		2. 태양광발전 특별 점검하기	1. 태양광발전소 유지관리를 위한 태양광 인버터의 상태를 점검할 수 있다. 2. 태양광발전소 유지관리를 위한 태양전지 모듈의 표면 상태를 확인할 수 있다. 3. 태양광발전소 유지관리를 위한 전선류의 피복 상태를 점검할 수 있다. 4. 태양광발전소 유지관리를 위한 수배전반의 이상 유무를 파악할 수 있다.
	18. 기후변화 정책 분석	1. 기후변화 현상 파악하기	1. 기후변화에 대한 개념을 파악할 수 있다. 2. 지구온난화의 영향으로 발생하는 국내외 기후변화 현상을 조사할 수 있다.
		2. 기후변화 원인과 영향 파악하기	1. 기후변화의 원인을 조사할 수 있다. 2. 온실가스에 대한 개념을 파악할 수 있다. 3. 기후변화가 환경에 미치는 영향을 조사 · 분석할 수 있다. 4. 기후변화가 사회 · 경제 · 정치 · 문화에 미치는 영향을 조사 분석할 수 있다.
		3. 기후변화 대응 방안 파악하기	1. 기후변화 완화(Mitigation) 방안의 개념을 이해하고, 온실가스 감축 · 대체 · 제거 수단의 종류와 내용 및 특성을 파악할 수 있다. 2. 기후변화 적응(Adaptation) 방안의 개념을 이해하고, 다양한 온실가스 적응수단의 종류와 내용 및 특성을 파악할 수 있다.
		4. 국제 협약 파악하기	1. 기후변화에 대응하기 위한 국제사회의 노력과 최근 동향 및 전망을 파악할 수 있다. 2. 최근 탄소시장의 현황 및 전망을 파악할 수 있다. 3. 주요 국가들의 온실가스 배출 현황, 기후변화 대응 정책을 파악할 수 있다.

실기과목명	주요항목	세부항목	세세항목
		5. 국내 정책 파악하기	1. 국내 부문별 온실가스 배출 현황 및 특징을 파악할 수 있다. 2. 기후변화 대응을 위한 국내 관계 법령과 그 내용을 파악할 수 있다. 3. 국내 기후변화 대응을 위한 주요 규제 정책과 진흥정책을 조사하고, 이에 따른 성과를 파악할 수 있다. 4. 에너지의 이용과 온실가스 배출과의 상관관계를 파악할 수 있다.
	19. 태양광 시스템 안전관리	1. 안전교육 실시하기	1. 작업착수 전 작업절차를 교육할 수 있다. 2. 보호장구 상태를 교육할 수 있다. 3. 전기설비 안전장비 상태 등 각종 안전교육을 할 수 있다.
		2. 안전장비 보유 상태 확인하기	1. 정기 안전검사 대상을 점검할 수 있다. 2. 보호장구 상태를 점검할 수 있다. 3. 전기설비 안전장비 상태를 점검할 수 있다. 4. 정기 안전검사를 실시할 수 있다. 5. 안전점검 일지를 작성할 수 있다.

New and Renewable Energy

CONTENTS

태양광발전 사업부지 환경조사

태양광발전 설비용량

PART 03 태양광발전 사업부지 인허가 검토

CONTENTS

PART 04 태양광발전사업 허가

PART 05 태양광발전장치 준공검사

PART 06 태양광발전시스템 감리

CONTENTS

PART 07 태양광발전시스템 운영 및 유지보수

CONTENTS

PART 08 태양광발전 주요 장치 및 전기시설

CONTENTS

PART 09 태양광발전 계통연계

CONTENTS

PART 10 태양광발전 토목공사 및 구조물 시공

기후변화 정책분석

PART 12 태양광발전시스템 안전관리

APPENDIX 실전 최종 점검 문제

NEW AND RENEWABLE ENERGY EQUIPMENT(PHOTOVOLTAIC) INDUSTRIAL ENGINEER

PART 01

태양광발전 사업부지 환경조사

SECTION 001 NEW AND RENEWABLE ENERGY EQUIPMENT/PHOTOVOLTAIC

태양광발전 부지조사

1 부지의 타당성 조사

1) 지정학적 조건

(1) 태양광발전에 유리한 부지 선정 조건

① 일사량이 좋은 남향이어야 한다.
② 일조량 변동이 적어야 한다.
③ 음영(그림자)이 없어야 한다.
④ 일조량은 연 4,000[MJ/m^2] 이상이어야 한다.

(2) 일조와 일사량

① **일조** : 태양광선이 구름이나 안개로 가려지지 않고 지상을 비치는 것
② **일조량** : 규정된 일정 기간에 걸쳐 일조강도를 적산한 것
③ **일조율** : 가조시간에 대한 일조시간의 비

$$\text{일조율} = \frac{\text{일조시간}}{\text{가조시간}} \times 100[\%]$$

2) 설치운영 조건

(1) 환경조건 조사

① 수광 장애 유무
② 염해, 공해 오염의 영향
③ 겨울철 적설, 결빙, 뇌해 상태
④ 자연 재해 : 집중호우 및 홍수, 태풍
⑤ 새 등 분비물 피해의 유무

(2) 자연환경 조건

① 지반 및 지질
② 생태자연도 및 녹지자연도
③ 토지의 이용
④ 경사도
⑤ 주변경관과의 조화

3) 행정상의 조건 : 인허가 문제

4) 계통연계조건

① 송배전용 전기설비이용계약(송전선로는 용량 10[MW] 이상은 전용선로)
② 연계점, 계통인입선로의 위치 검토

5) 경제성

① 부지 가격이 저렴한 곳
② 토목공사비가 적게 드는 곳
③ 태양광발전 공급인증서가중치 적용 조건

2 부지의 설치 가능 용량

1) 어레이 설치 부지 면적 결정

발전소 전체 부지에 대한 어레이 설치 부지 면적을 결정

2) 태양전지 모듈 결정

태양전지의 효율, 가격, 수명, 신뢰성, 규격(면적) 등을 고려하여 메이커 및 모델을 결정한다.

3) 모듈의 배열(어레이) 결정

PCS 전압 범위에 따른 직렬(스트링) 수, 병렬 수를 결정한다.

4) 구조물(지지대, 기초) 결정

어레이의 구성에 따른 구조물의 형식, 종류 등을 결정한다.

5) 이격거리 산정

이격거리 산출식에 의해 어레이 간 이격거리로 산정한다.

6) 설치 가능한 모듈의 총수 산출

$$\text{모듈 총수} = \frac{\text{부지 면적}}{\text{모듈 좌우 길이} \times \text{이격거리}}$$

7) 설치 가능 용량 산출

설치 용량[Wp] = 모듈 총수(직렬 수×병렬 수)×모듈 1개의 Wp

3 부지의 구조물에 대한 배치 조건

(1) 발전시간 내 음영이 발생되지 않아야 한다.
   ① 주변 장애물에 대한 검토(건축물, 구조물, 나무 등)
   ② 어레이 간 이격거리 검토(최대발전량, 대지면적 고려)

(2) 구조적 안정성 확보
   ① 구조물의 허용응력 > 하중조합
   ② 기초의 요구 조건
      ㉠ 구조적 안정성 확보 : 설계하중에 대한 안정성 확보
      ㉡ 허용침하량 이내 : 구조물의 허용침하량 이내의 침하
      ㉢ 최소의 근입 깊이를 가질 것 : 환경 변화, 국부적 지반 쇄굴 등에 저항
      ㉣ 시공 가능성 : 현장 여건 고려

(3) 지반 및 지질 검토
(4) 경사도, 경사의 방향, 사면의 안정성 검토
(5) 설치 면적의 최소화
(6) 배관, 배선의 용이성(전압강하, 선로손실 고려)
(7) 유지보수 시의 편의성

4 부지의 공사 용이성 및 경제성 검토

① 표고 및 경사도 조사
② 지질 및 지반 조사
③ 공종별 지반 조사
④ 연약지반 조사
⑤ 부지의 가격 저렴
⑥ 토목공사비가 적은 곳

5 부지 진입로 조건

① 인접도로와 연결성 여부 검토
② 사도 조건을 위한 허가조건 검토
③ 진입로 루트 및 규모 검토

6 부지의 적정성(인허가) 검토

1) 부지 선정 절차

후보지 선정 : 경제성, 발전 가능성, 사업 지속성 및 기타 목적에 따른 후보지 선정

2) 토지 현황 파악

① 토지용도 및 이용 현황 파악
② 일조권 확보 및 주변 여건 파악

3) 법적 사항 검토

① 발전사업허가
② 개발행위허가
③ 기타 인허가 사항

7 발전량 저하요인을 최소화하기 위한 환경조사

① 건물, 수목 등에 의한 음영 발생 가능성 여부
② 공해, 염해, 오염 발생원의 유무
③ 새의 서식지 또는 철새의 이동경로 인지 유무

8 연간 발전량 산출 및 발전전력의 판매액 산출

1) 연간 발전량 산출

(1) 발전 가능량 산출

① 계통연계형의 경우 부지면적에 설치 가능한 태양전지의 개수(모듈수)를 산출한 후 발전량을 산출한다.
② 독립형의 경우 전력 수요량을 산출한 후 이를 토대로 태양전지의 출력, 일사강도, 기타 계수 등을 고려하여 발전량을 산출한다.

③ 연간 발전량[kWh]=태양광발전 설비용량[kW]×1일 발전시간[h]×365[일]

④ 1일 평균 발전시간[h]$=\dfrac{\text{연간 발전량[kWh]}}{\text{태양광발전 설비용량[kW]}\times 365\text{[일]}}$

⑤ 태양광발전 설비용량[kW]=모듈 1장의 용량[kW]×직렬수×병렬수

2) 월간 발전 가능량 산출

월간 발전 가능량(시스템 발전전력량) E_{PM}

$$E_{PM} = P_{AS} \times \left(\frac{H_{AM}}{G_S}\right) \times K\text{[kWh/월]}$$

여기서, P_{AS} : 표준상태에서의 태양전지 어레이(모듈 총 수량) 출력[kW]
H_{AM} : 월 적산 어레이 표면(경사면) 일사량[kWh/(m^2 · 월)]
G_S : 표준상태에서의 일사강도[kW/m^2]=1[kW/m^2]
K : 종합설계계수

3) 발전 전력의 판매액 산출

연간 전력 판매액=판매단가[원/kWh]×연간 발전 전력량[kWh]

여기서, 판매단가(매전단가)=계통한계가격(SMP)+공급인증서가격(REC)×가중치

(1) SMP(System Marginal Price, 계통한계가격)

발전소에서 전력을 판매하는 가격 거래시간별로 일반발전기(원자력, 석탄 외의 발전기)의 전력량에 대해 적용하는 전력 시장가격(원/kWh)으로서, 비제약발전계획을 수립한 결과 시간대별로 출력(Output)이 할당된 발전기의 유효발전가격(변동비) 가운데 가장 높은 값으로 결정된다.

(2) REC(Renewable Energy Certification, 신 · 재생에너지 공급인증서)

신 · 재생에너지 공급인증서로 RPS(Renewable Portfolio Standard, 신 · 재생에너지 공급 의무화 제도)에서 사용되는 인증서이다.

▼ 신 · 재생에너지별 가중치(산업통상자원부 고시 제2021-27호)

구분	공급인증서 가중치	대상에너지 및 기준	
		설치유형	세부기준
태양광 에너지	1.2	일반부지에 설치하는 경우	100[kW] 미만
	1.0		100[kW]부터
	0.8		3,000[kW] 초과부터
	0.5	임야에 설치하는 경우	-
	1.5	건축물 등 기존 시설물을 이용하는 경우	3,000[kW] 이하
	1.0		3,000[kW] 초과부터
	1.6	유지 등의 수면에 부유하여 설치하는 경우	100[kW] 미만
	1.4		100[kW]부터
	1.2		3,000[kW] 초과부터
	1.0	자가용 발전설비를 통해 전력을 거래하는 경우	
기타 신 · 재생 에너지	0.25	폐기물에너지(비재생폐기물로부터 생산된 것은 제외), Bio-SRF, 흑액	
	0.5	매립지가스, 목재펠릿, 목재칩	
	1.0	조력(방조제 有), 기타 바이오에너지(바이오중유, 바이오가스 등)	
	1.0~2.5	지열, 조력(방조제 無)	변동형
	1.2	육상풍력	
	1.5	수력, 미이용 산림바이오매스 혼소설비	
	1.75	조력(방조제 無, 고정형)	
	1.9	연료전지	
	2.0	조류, 미이용 산림바이오매스(바이오에너지 전소설비만 적용), 지열(고정형)	
	2.0	해상풍력	연안해상풍력 기본가중치
	2.5		기본가중치

9 총사업비, 총공사비, 연간 수익

1) 총사업비

초기 투자비

① 주 설비 : PV 모듈, PCS, 지지물

② 계통연계비 : 계통연계 보호설비

③ 공사비 : 기초공사, 전기공사, 전선

④ 인허가/설계감리/검사

⑤ 토지비용

2) 연간 유지관리비(연간 경비)

연간 유지관리비＝초기 투자비×(법인세 및 제세＋보험료＋운전유지 및 수선비)

3) 발전원가

$$\text{발전원가} = \frac{\dfrac{\text{초기 투자비}}{\text{설비수명연한}} + \text{연간 유지관리비}}{\text{연간 총 발전량}} [\text{원/kWh}]$$

4) 총공사비 구성요소

(1) 공사원가계산서

① 공사원가란 공사시공과정에서 발생하는 재료비, 노무비, 경비의 합계액을 말한다.

② 원가계산에 의한 가격(총원가)은 계약의 목적이 되는 물품 · 공사 · 용역 등을 구성하는 재료비 · 노무비 · 경비와 일반관리비 및 이윤으로 이를 계산한다.

(2) 재료비

재료비는 공사원가를 구성하는 직접재료비 및 간접재료비로 한다.

① 직접재료비 = 주요재료비 + 부분품비

② 간접재료비 = 소모재료비 + 소모공구 · 기구 · 비품비 + 가설재료비

(3) 공구손료

① 공구손료 = 직접인건비(할증 전) × 3[%]

② 공구손료는 간접재료비에 포함한다.

(4) 전기재료의 할증률

종류		할증률[%]	철거 손실률[%]
전선	옥외	5	2.5
	옥내	10	–
케이블	옥외	3	1.5
	옥내	5	–
전선관	옥외	5	–
	옥내	10	–
랙(트레이), 덕트, 레이스웨이		5	–
동대, 동봉		3	1.5
합성수지파형 전선관		3	–

(5) 노무비

① 직접노무비 = 노무량 × 노임단가

② 간접노무비 = 직접노무비 × 간접노무비율

③ 노무비 = 직접노무비 + 간접노무비

(6) 간접노무비

직접 작업에는 종사하지는 않으나, 작업현장에서 보조 작업에 종사하는 노무자, 종업원과 현장감독자 등의 기본급과 제수당, 상여금, 퇴직급여충당금의 합

▼ 간접노무비율

구분	공사종류	간접노무비율
공사종류별	건축공사	14.5
	토목공사	15
	특수공사(포장, 준설 등)	15.5
	기타(전문, 전기, 통신 등)	15
공사규모별	5억 원 미만	14
	5억 원~30억 원 미만	15
	30억 원 이상	16
공사기간별	6개월 미만	13
	6개월~12개월 미만	15
	12개월 이상	17

(7) 일반관리비

일반관리비 = 순공사원가(재료비 + 노무비 + 경비) × 요율

구분(순공사원가)	일반관리비 요율[%]
5억 원 미만	6.0
5억 원~30억 원 미만	5.5
30억 원~100억 원 미만	5.0
100억 원 이상	4.5

(8) 이윤

① 이윤 = (노무비 + 경비 + 일반관리비) × 이윤율

② 금액(노무비 + 경비 + 일반관리비)에 따라 이윤율을 적용한다.

구분(금액)	이윤율[%]
50억 원 미만	15.0
50억 원~300억 원 미만	12.0
300억 원~1,000억 원 미만	10.0
1,000억 원 이상	9.0

5) 연간 수익

연간 수익 = 연간 판매액 − 연간 유지관리비
연간 판매액 = 판매단가 × 연간 총 발전량
판매단가 = SMP(계통한계가격) + REC(공급인증서가격) × 가중치

여기서, SMP : System Marginal Price
REC : Renewable Energy Certification

10 연간 수익 · 연간 비용에 의한 비용 · 편익 등의 경제성 계산

1) 경제성 분석 기법

(1) 순현재가치분석법(NPV ; Net Present Value)

순현가 분석은 사업의 경제성을 분석하는 기법 중 하나로 순현가 0보다 작으면 사업안을 기각하고 0보다 크면 타당성 있는 사업으로 판단

$$NPV = \Sigma \frac{B_i}{(1+r)^i} - \Sigma \frac{C_i}{(1+r)^i}$$

여기서, B_i : 연차별 총편익 C_i : 연차별 총비용
r : 할인율 i : 기간

(2) 비용편익비 분석(CBR ; Cost-Benefit Ratio)

① 비용편익비는 투자로부터 기대되는 총편익의 현가를 총비용의 현가로 나눈 값
② B/C는 1보다 크면 경제성 측면에서 사업성이 높은 것으로 평가

$$\text{B/C Ratio} = \frac{\Sigma \frac{B_i}{(1+r)^i}}{\Sigma \frac{C_i}{(1+r)^i}}$$

여기서, B_i : 연차별 총편익 C_i : 연차별 총비용
r : 할인율 i : 기간

(3) 내부수익률법(IRR ; Internal Rate of Return)

내부수익률은 편익과 비용의 현재 가치를 동일하게 할 경우의 비용에 대한 이자율을 산정하는 기법

$$\Sigma \frac{B_i}{(1+r)^i} = \Sigma \frac{C_i}{(1+r)^i}$$

여기서, B_i : 연차별 총편익 C_i : 연차별 총비용
r : 할인율(내부수익률) i : 기간

2) 사업의 경제성 판단기준

사업의 채택 여부에 대한 NPV, B/C Ratio, IRR의 판단기준은 NPV가 0보다 크고, B/C Ratio가 1보다 크고, IRR이 할인율보다 큰 경우, 해당 사업은 경제적으로 타당하다고 판단

▼ 사업의 경제성 평가기준

순현재가치분석법	비용편익분석	내부수익률법	경제성의 판단
$NPV > 0$	B/C Ratio>1	$IRR > r$	사업의 경제성이 있음
$NPV < 0$	B/C Ratio<1	$IRR < r$	사업의 경제성이 없음
$NPV = 0$	B/C Ratio=1	$IRR = r$	사업의 경제성 유무를 말할 수 없음

3) 경제성 분석 비교

구분	장점	단점
순현가	• 적용이 쉽다. • 결과나 규모가 유사한 대안을 평가할 때 이용된다. • 각 방법의 경제성 분석결과가 다를 경우 이 분석 결과를 우선으로 한다.	• 투자사업이 클수록 나타난다. • 자본투자의 효율성이 드러나지 않는다.
비용·편익비	• 적용이 쉽다. • 결과나 규모가 유사한 대안을 평가할 때 이용된다.	• 사업규모의 상대적 비교가 어렵다. • 편익이 늦게 발생하는 사업의 경우 낮게 나타난다.
내부수익률	• 투자사업의 예상수익률을 판단할 수 있다. • NPV나 B/C 적용 시 할인율이 불분명할 경우 이용된다.	• 짧은 사업의 수익성이 과장되기 쉽다. • 편익 발생이 늦은 사업의 경우 불리한 결과가 발생한다.

002 출제예상문제

01 태양광발전소의 부지 선정 시 제반 검토사항을 쓰시오.

해답

1) 지정학적 조건
   일조량 및 일조시간
2) 설치 및 운영상의 조건
   ① 주변환경
   ② 자연환경요소 검토사항
   ③ 접근성
3) 행정상의 조건
4) 계통연계
5) 경제성

02 태양광발전소 설치 시 부지 선정에서 자연환경요소 부분의 검토사항을 쓰시오.

해답

1) 지반 및 지질 검토 : 평지 또는 경사지(사면) 설치 시 고려
2) 생태자연도 및 녹지자연도 : 식생분포, 야생동물의 출몰 등
3) 토지의 이용 : 주변 토지의 이용 형태, 형질 검토
4) 경사도 : 경사지의 이용 가능성, 경사방향
5) 주변경관과의 조화

03 태양광 부지 선정 시 고려해야 할 사항을 조건별로 5가지를 분류하고 설명하시오.

해답

1) 지정학적 조건 – 일조량, 일사시간이 풍부할 것, 남향으로 설치할 것
2) 설치운영상 조건 – 주변환경에 의한 피해가 없고 접근성이 용이할 것
3) 행정상 조건 – 인허가 문제(발전 사업가, 개발행위 토지용도변경)가 양호할 것
4) 계통연계 조건 – 계통연계가 가능하며 연계성 및 인입선로가 가까울 것
5) 경제성 – 부지가격, 공사비가 저렴할 것

04 일조량에 대해 간단히 설명하시오.

해답

규정된 일정기간에 걸쳐 일조강도를 적산한 것

해설 규정된 일정기간에 걸쳐 지표면에 도달하는 태양복사에너지의 양

05 태양광발전시스템의 최적 후보지 선정기준 중 지정학적 고려사항을 2가지 쓰시오.

해답

1) 일사량이 많고, 온도가 낮은 곳
2) 일조량이 많은 곳

해설 모듈의 일조시간은 장애물에 대한 음영에도 불구하고 1일 5시간 이상이어야 한다. 서울 기준 1일 평균 일조시간은 약 5.5시간, 1일 태양광발전시간은 약 3.5시간

06 AM의 세 종류를 간단히 쓰시오.

해답

AM(Air Mass)은 대기질량정수를 의미하며, AM 0, AM 1, AM 1.5로 구분한다.
1) AM 0 : 대기 외부에 대한 태양 스펙트럼을 나타내는 조건
2) AM 1 스펙트럼 : 태양이 천정에 있을 때 지표상의 스펙트럼
3) AM 1.5 스펙트럼 : 지표면에서 태양을 올려보는 각이 θ일 때 AM 값

07 부지의 허가조건에서 용도지역별 허가면적 중 다음의 허가면적은?

1) 도시지역　　2) 관리지역
3) 농림지역　　4) 자연환경보전지역

해답

1) 도시지역
① 주거지역 · 상업지역 · 자연녹지지역 · 생산녹지지역 : 1만 [m^2] 미만
② 공업지역 : 3만[m^2] 미만
③ 보전녹지지역 : 5천[m^2] 미만

2) 관리지역 : 3만[m^2] 미만

3) 농림지역 : 3만[m^2] 미만

4) 자연환경보전지역 : 5천[m^2] 미만

해설 국토의 계획 및 이용에 관한 법률 시행령 제55조(개발행위의 허가규모)

08 태양광발전시설에서 모듈의 설치가능용량 산출식은?

해답

설치용량[Wp] = 직렬 수 × 병렬 수 × 모듈 1개의 발전량[Wp]

09 환경영향평가 검토대상이 되는 발전소 및 태양광발전소, 연료전지발전소, 풍력발전소의 용량기준은?

해답

1) 발전소 : 발전시설용량 10,000[kW] 이상
2) 태양광발전소, 연료전지발전소, 풍력발전소 : 100,000[kW] 이상

해설 소규모환경영향평가는 100,000[kW] 미만

10 태양광발전시설에서 부지의 구조물 배치 시 기본적인 고려사항을 쓰시오.

해답

1) 발전시간 내에 음영이 발생되지 않아야 한다.
2) 구조적 안정성 확보
3) 지반 및 지질 검토
4) 경사도, 경사의 방향, 사면의 안정성 검토
5) 설치 면적의 최소화
6) 배관 배선의 용이성
7) 유지보수의 편의성

11 다음 조건을 참고로 월별 발전량을 산출하시오.

[발전량 산출 조건]
- 태양전지 모듈 : 공칭 최대출력 200[W]
- 공칭 최대출력 동작전압 17.5[V]
- 모듈 연결 : 18직렬, 12병렬

[해당 지역의 월 적산 일사량 및 종합설계지수]

월	월 적산 경사면 일사량(30°)[kWh/(m² · 월)]	종합설계계수
1	113.77	0.81

해답

월 발전량 $E_{PM} = P_{AS} \times \left(\frac{H_{AM}}{G_S}\right) \times K[\text{kWh}/\text{월}]$

어레이 출력 $= 18 \times 12 \times 200 \times 10^{-3} = 43.2[\text{kW}]$

$E_{PM} = 43.2 \times \left(\frac{113.77}{1}\right) \times 0.81 = 3,981.039 \fallingdotseq 3,981.04[\text{kW}]$

여기서, P_{AS} : 표준상태에서의 태양전지 어레이(모듈 총 수량) 출력[kW]
H_{AM} : 월 적산 어레이 표면(경사면) 일사량[kWh/(m² · 월)]
G_S : 표준상태에서의 일사강도[kW/m²] = 1[kW/m²]
K : 종합설계계수

12 다음 조건에서의 월 발전량을 산출하시오.

구분	월 발전량
태양전지 모듈 출력[Wp]	250
모듈의 출력 전압 범위[V]	27~38
모듈의 직렬 수	18
모듈의 병렬 수	20
월 적산 경사면 일사량[kWh/m² · 월]	110
종합설계계수	0.8

해답

월 발전량 $E_{PM} = P_{AS} \times \left(\dfrac{H_{AM}}{G_S}\right) \times K[\text{kWh/월}]$

어레이 출력 $P_{AS} = 18 \times 20 \times 250 \times 10^{-3} = 90[\text{kWp}]$

$E_{PM} = 90 \times \left(\dfrac{110}{1}\right) \times 0.8 = 7.920[\text{kWh}]$

13 태양전지 어레이의 출력이 10,800[W], 해당지역 7월의 월 적산 경사면 일사량이 115.94[kWh/(m² · 월)]이라고 하면 7월 한 달 동안의 발전량[kWh/월]을 구하시오. (단, 종합설계계수는 0.66을 적용한다.)

해답

$$E_{PM} = 10.8[\text{kW}] \times \frac{115.94[\text{kWh/m}^2 \cdot \text{월})]}{1[\text{kW/m}^2]} \times 0.66 = 826.42[\text{kWh/월}]$$

해설 7월 발전량산출$= P_{AS} \times \left(\dfrac{H_{AM}}{G_S}\right) \times K[\text{kWh/월}]$

P_{AS} : 표준상태에서의 태양전지 어레이(모듈 총 수량) 출력[kW]

H_{AM} : 월 적산 어레이표면(경사면) 일사량[kWh/(m^2 · 월)]

G_S : 표준상태에서의 일사강도[kW/m^2] = 1[kW/m^2]

K : 종합설계계수

14 태양광발전에 따른 생산전력의 판매단가를 결정하는 식을 쓰시오.

해답

판매단가 = 계통한계가격(SMP) + 공급인증서가격(REC) × 가중치

15 SMP(System Marginal Price)에 대해 간단히 기술하시오.

해답

시간대별로 출력이 할당된 발전기의 유효발전가격 가운데 가장 높은 값으로 결정되는 전력시장가격

16 어느 태양광발전소의 연간 발전전력량이 130,200[kWh]일 때 연간 전력판매액은? (단, 연평균 SMP는 160원, REC는 140원이고 일반부지(3,000[kW] 초과되는 장소) 설치)

해답

연간 전력판매액 = 판매단가 × 연간 발전량

판매단가 = SMP + REC × 가중치

= 160 + 140 × 0.805 = 272.7

연간 전력판매액 = 272.7 × 130,200 = 35,505,540[원]

해설 가중치 일반부지에 설치하는 경우

- 100[kW] 미만 : 1.2
- 100[kW]부터 3,000[kW] 이하 : $\frac{99.999 \times 1.2 + (\text{용량} - 99.999) \times 1.0}{\text{용량}}$
- 3,000[kW] 초과부터 :

$$\frac{99.999 \times 1.2 + 2900.001 \times 1.0 + (\text{용량} - 3,000) \times 0.8}{\text{용량}}$$

$$= \frac{99.999 \times 1.2 + 2900.001 \times 1.0 + (130,200 - 3,000) \times 0.8}{130,200}$$

$$= 0.804701 \fallingdotseq 0.805$$

17 PV발전설비의 초기투자비가 4,000,000,000원(일부 융자), 설비수명이 25년, 연평균 법인세 및 제세의 합산요율이 투자비의 1[%], 보험요율이 투자비의 0.3[%], 운전유지 및 수선비는 초기투자비의 1[%], 연간 총발전량은 1,200,000[kWh]일 때 다음 물음에 답하시오.

1) 연간 유지관리비[원/년]는?

2) 발전원가[원/kWh]는?

해답

1) 연간 유지관리비 = 초기 투자비 × (법인세 및 제세 + 보험료 + 운전유지 및 수선비)

= 4,000,000,000 × (0.01 + 0.003 + 0.01) = 92,000,000

2) $\text{발전원가} = \frac{\frac{\text{초기 투자비}}{\text{설비 수명년한}} + \text{연간 유지관리비}}{\text{연간 총 발전량}}[\text{원/kWh}]$

$$= \frac{\frac{4,000,000,000}{25} + 92,000,000}{1,200,000} = 210[\text{원/kWh}]$$

18 태양광발전설비 초기 투자비 40억, 설비수명 20년, 연간 유지관리비는 3억, 총 발전량은 1,302,000[kWh]일 때 발전원가는?

해답

$$\frac{\frac{4,000,000,000}{20}+300,000,000}{1,302,000}=384.024$$

$\therefore$ 384.02[원/kWh]

19 내용연수가 20년인 태양전지 모듈을 12년 사용한 경우 잔존율을 계산하시오.

해답

$$\text{설비의 잔존율}=\frac{\text{설비의 내용연수}-\text{경과연수}}{\text{설비내용연수}}\times 100[\%]$$

$$=\frac{20-12}{20}\times 100=40[\%]$$

20 PV발전설비의 초기투자비가 300,000,000원(일부 융자), 설비수명이 25년, 연평균 법인세 및 제세의 합산요율이 투자비의 1[%], 보험요율이 투자비의 0.3[%]이라 하였을 때 운전유지 및 수선비는 초기투자비의 1[%], 연간 총 발전량이 105,000[kWh]일 경우 다음 물음에 답하시오.

1) 연간 유지관리비[원]는?

2) 발전원가[원/kWh]는?

해답

1) 연간 유지관리비 $=300,000,000\times(0.01+0.003+0.01)=6,900,000$[원]

2) 발전원가 $=\dfrac{\frac{300,000,000}{25}+6,900,000}{105,000}=180$[원/kWh]

21 **일반부지에 500[kW] 태양광발전설비를 설치하고, 1일 평균발전시간이 3.4시간, SMP 단가가 75[원/kWh], REC단가가 135[원/kWh]일 다음 물음에 답하시오.**

1) 시스템 이용률[%]은?

2) kWh당 판매단가(원/kWh)는?(단, 단가는 소수점 첫째자리에서 반올림한다.)

3) 월간 발전량(kWh/월)은?(단, 월은 30일)

해답

1) 시스템 이용률 $= \dfrac{\text{일평균 발전시간}}{\text{24시간}} \times 100 = \dfrac{3.4}{24} \times 100 = 14.166 ≒ 14.17[\%]$

2) kW당 판매단가

판매단가 = SMP + REC × 가중치

$$= 75 + 135 \times \left\{\left(\frac{99.999}{500} \times 1.2\right) + \left(\frac{500 - 99.999}{500} \times 1.0\right)\right\}$$

$= 75 + 135 \times 1.0399 = 215.399$

≒ 215[원/kWh]

3) 월간 발전량 = 500[kWh] × 3.4[h] × 30[일]

= 51,000[kWh/월]

22 **용량 500[kW], 이용률 15.5[%]일 때 다음 물음에 답하시오.**

1) 일 평균 발전시간[h]은?

2) 연간 발전량[kWh]은?

해답

1) 일평균 발전시간 = 24 × 0.155 = 3.72[h]

2) 연간 발전량 = 500 × 365 × 3.72 = 678,900[kWh]

해설 이용률 $= \dfrac{\text{발전시간}}{24} \times 100$

23 **순공사원가를 이루는 3가지 주요 항목을 쓰시오.**

해답

재료비, 노무비, 경비

24 다음과 같은 조건에서 태양광발전설비의 1차 연도 전력판매수익은?(단, 태양전지 모듈 경년변화율은 고려하지 않는다.)

소내전력비율	1.0[%]	발전방식	수상태양광발전
시설용량	200[kWp]	SMP	100[원]
발전시간	3.6[h/day]	REC	90[원]

해답

전력판매수익=(연간 발전량−소내전력)×전력판매단가

1) 연간 발전량=시설용량×365×24×시스템이용률=시설용량×365×일발전시간

$$시스템이용률=\frac{발전시간}{24}\times 100=\frac{3.6}{24}\times 100=15[\%]$$

∴ 연간 발전량=200[kWp]×365×24×0.15=262,800[kWp]

=200×365×3.6=262,800[kWp]

2) 소내전력=연간 발전량×소내전력비율=262,800×0.01=2,628[kW]

3) 전력판매단가=SMP+REC×가중치

수상태양광 가중치 : 중규모(100[kW]~3[MW]) 합성가중치

$$\frac{99.999\times 1.6+(200-99.999)\times 1.4}{200}=1.499$$

전력판매단가=100+90×1.499=234.91[원]

4) 전력판매수익=(262,800−2,628)×234.91=61,117.004[원]

25 다음과 같은 조건에서 태양광발전설비의 1차년도 전력판매수익[원]을 구하시오.(단, 태양전지 모듈 경년변화율은 고려하지 않는다.)

소내전력비율	1[%]	발전방식	수상태양광발전
시설용량	200[kWp]	SMP	170[원]
발전시간	3.5[h/day]	REC	150[원]

해답

전력판매수익=(연간전력생산량−연간소내전력)×판매단가

연간전력생산량=시설용량×365×24×이용률

$$이용률=\frac{발전시간}{24}\times 100=\frac{3.5}{24}\times 100=14.58[\%]$$

연간전력생산량=200×365×24×0.1458333=255,499.999=255,500

=200×365×3.5=255,500

연간소내전력 = 255,500 × 0.01 = 2,555[kW/연]
판매단가 = SMP + REC × 가중치
수상태양광 중규모(10[kW]~3[MW]) 가중치

$$= \frac{99.999 \times 1.6 + (200 - 99.999) \times 1.4}{200} = 1.499$$

판매단가 = 170 + 150 × 1.499 = 394.85
전력판매수익 = (255,500 − 2,555) × 394.85 = 99,875,333[원]

26 사업의 경제성 검토기법에서 연차별 총편익을 B_i, 연차별 총비용을 C_i, 할인율을 r, 기간을 i라고 할 때 다음 각 물음에 알맞는 수식을 적으시오.

1) 비용편익비 분석
2) 내부수익률법
3) 순현재가치 분석법

해답

1) 비용편익비분석 $\text{B/C Ratio} = \dfrac{\Sigma \dfrac{B_i}{(1+r)^i}}{\Sigma \dfrac{C_i}{(1+r)^i}}$

2) 내부수익률법 : $\Sigma \dfrac{B_i}{(1+r)^i} = \Sigma \dfrac{C_i}{(1+r)^i}$

3) 순현재가치분석법 : $NPV = \Sigma \dfrac{B_i}{(1+r)^i} - \Sigma \dfrac{C_i}{(1+r)^i}$

27 태양광발전사업의 경제성 판단(평가)기준을 설명하시오.

해답

사업의 경제성 평가기준

순현재가치분석법	비용편익비분석	내부수익률법	경제성 판단
$NPV > 0$	B/C Ratio > 1	$IRR > r$	사업의 경제성이 있음
$NPV < 0$	B/C Ratio < 1	$IRR < r$	사업의 경제성이 없음
$NPV = 0$	B/C Ratio = 1	$IRR = r$	사업의 경제성 유무를 말할 수 없음

28 경제성 분석에 사용되는 내부수익률이란 무엇인지 답하시오.

해답

내부수익률은 편익과 비용의 현재가치를 동일하게 할 경우의 비용에 대한 이자율을 산정하는 기법을 말한다.

29 내부수익률(IRR)의 장점 2가지를 쓰시오.

해답

1) 투자사업의 예상수익률을 판단할 수 있다.
2) NPV나 B/C 적용 시 할인율이 불분명할 경우 이용된다.

30 태양광발전시스템 사업을 할 경우 경제성에 대해서 사업에 중요한 부분을 차지한다. 경제성 분석 용어 IRR의 의미는 무엇인가?

해답

내부수익률

31 아래 조건에 따른 수상 태양광발전소의 질문에 답하시오.(단, 소수점 셋째자리에서 반올림하되, 원단위의 소수점 이하는 절사한다.)

[조건]

- 소내소비율 1.5[%]
- 시설용량 150[kWp]
- 발전시간 3.39[h]
- 발전방식 : 수상
- SMP 130[원/kWh]
- REC 120[원/kWh]

1) 이용률[%]을 구하시오.
2) 연간발전량[kWh]을 산출하시오.
3) 소내전력량[kWh]을 산출하시오.
4) 판매단가[원/kWh]를 구하시오.
5) 판매수익[원]을 구하시오.

해답

1) 이용률$= \frac{3.39}{24} \times 100[\%] ≒ 14.13[\%]$

2) 연간발전량[kWh]=150×3.39×365=185,602.50[kWh]

3) 소내전력량[kWh]=185,602.5×0.015=2,784.04[kWh]

4) 판매단가[원/kWh]=130+120×1.533=313.96[원/kWh]

5) 판매수익[원]=(185,602.50−2,794.04)×313.96=57,394,544[원]

해설 수상태양광 가중치

- 소규모(100[kW] 미만) : 1.6
- 중규모(100[kW]~3[MW]):1.4
- 대규모(3[MW] 초과) : 1.2

가중치$= \frac{99.999 \times 1.6 + (150 - 99.999) \times 1.4}{150} = 1.533$

32 부지 선정 시 환경조건 고려사항 5가지를 쓰시오.

해답

1) 수광장애 유무
2) 염해 · 공해 유무
3) 겨울철 적설 · 결빙 · 뇌해
4) 자연재해
5) 새 등의 분비물로 인한 피해의 유무

해설 1) 설계조건의 조사

① 설치 예정 장소의 조사
② 건물의 상태
③ 자재 반입 경로

2) 주변조건 조사

① 지자체 조례
② 시 조례
③ 인가 및 지역 주민과의 일조권 등의 문제가 발생하지 않도록 설치자와 사전 협의

33 총공사비가 3억 원이고 공사기간이 5개월인 전기공사의 간접 노무비율[%]을 표를 사용하여 구하시오.

구분		간접 노무비율
공사종류별	건축공사	14.5
	토목공사	15
	기타(전기, 통신 등)	15
공사규모별	5억 원 미만	14
	5억 원~30억 원 미만	15
	30억 원 이상	16
공사기간별	6개월 미만	13
	6개월~12개월 미만	15
	12개월 이상	17

해답

$$간접노무비율 = \frac{15[\%]+14[\%]+13[\%]}{3} = 14[\%]$$

해설 $$간접노무비율 = \frac{공사종류별[\%]+공사규모별[\%]+공사기간별[\%]}{3}$$

34 총공사비 50억 원, 공사기간 8개월인 전기공사의 간접노무비율[%]을 표를 사용하여 구하시오.

구분		간접 노무비율
공사종류별	건축공사	14
	토목공사	15
	기타(전기, 통신 등)	15
공사규모별	10억 원 미만	14
	30억 원~60억 원 미만	15
	90억 원 이상	16
공사기간별	6개월 미만	15
	6개월~12개월 미만	16
	12개월 이상	17

해답

$$간접노무비율 = \frac{15+15+16}{3} = 15.333[\%]$$

∴ 15.33[%]

35 공사원가에 대한 공사비 산출 다이어그램이다. 빈칸에 알맞은 말을 쓰시오.

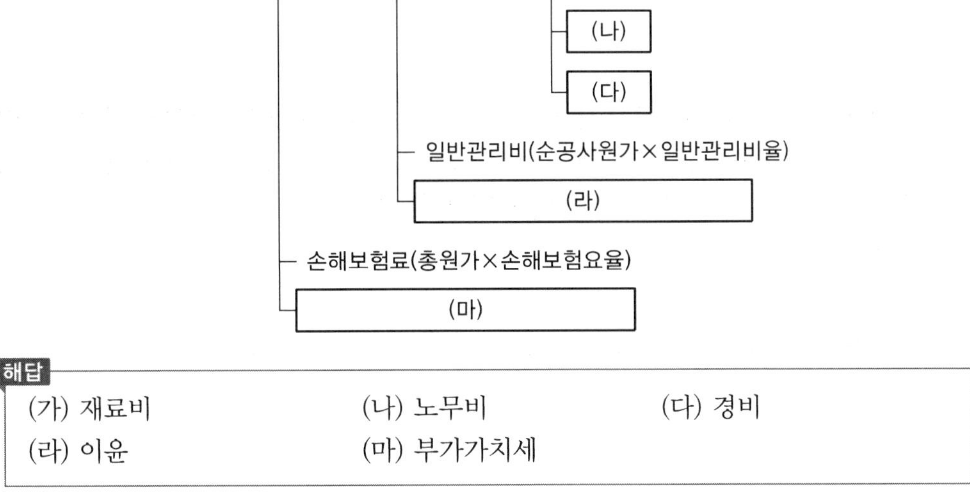

해답

(가) 재료비　(나) 노무비　(다) 경비
(라) 이윤　(마) 부가가치세

36 태양광발전공사의 원가 비목이 다음과 같이 구성되었을 경우 일반 관리비와 이윤을 산출하시오.

- 재료비 소계 : 90,000,000원
- 노무비 소계 : 50,000,000원
- 경비 소계 : 35,000,000원

해답

1) 일반관리비 = (90,000,000 + 50,000,000 + 35,000,000) × 0.06 = 10,500,000
2) 이윤 = (50,000,000 + 35,000,000 + 10,500,000) × 0.15 = 14,325,000원

해설 1) 일반관리비

공사 원가	일반 관리 비율
5억 원 미만	6[%]
5억 원~30억 원 미만	5.5[%]
30억 원 이상	5[%]

2) 이윤(공사의 경우)

이윤=(노무비+경비+일반 관리비)×15[%]

37 **잡자재비는 간접재료비로서 내선설비공사 부문에서 계상이 어렵고 금액이 근소한 소모품에 대하여 일정 범위 내에서 적용하도록 되어 있으므로 직접재료비(전선, 케이블 및 배관자재비)의 최소 몇 퍼센트[%]를 계상하는가?**

해답

최소 2[%]

해설 잡자재비는 직접재료비의 2~5[%] 범위 내에서 적용

38 **기계의 사용에 따르는 가치의 감가액을 무엇이라 하는가?**

해답

상각비

39 **설계도면, 시방서 등을 토대로 도면에 기재된 기자재의 수량 및 공수, 노임, 자재비단가 등을 적용하여 물량과 함께 금액을 산출하는 작업을 무엇이라 하는가?**

해답

견적

40 단가 및 금액이 없고, 재료의 수량 및 직종별 노무량만 기재되어 있는 내역서는?

해답

물량내역서

41 재료비, 노무비, 경비의 내역서 항목의 집계 및 금액을 합산한 것을 무엇이라 하는가?

해답

집계표

42 내역서에 모두 나타내기 어려운 자재, 장비, 단위 공종 등의 단가를 구성하는 재료비, 노무비, 경비의 세부 항목을 품명, 단위, 수량, 단가, 금액의 순으로 나타낸 내역 작성의 기초 자료를 무엇이라 하는가?

해답

일위대가

43 산출내역서(공사비 총괄표)에서 순공사원가의 금액 구성연결 순서를 쓰시오.

해답

일위대가 → 일위대가목록 → 내역서 → 집계표 → 원가계산서 → 공사비총괄표

44 시설공사의 대표적이고 보편적인 공종, 공법을 기준으로 하여 작업당 소요되는 재료량, 노무량, 장비 사용시간 등을 수치로 표시한 표준적인 기준을 무엇이라고 하는가?

해답

표준품셈

45 다음 그림은 인버터에서 저압배전반까지의 입면도이다. 주어진 조건과 표를 참조하여 각 물음에 답하시오.

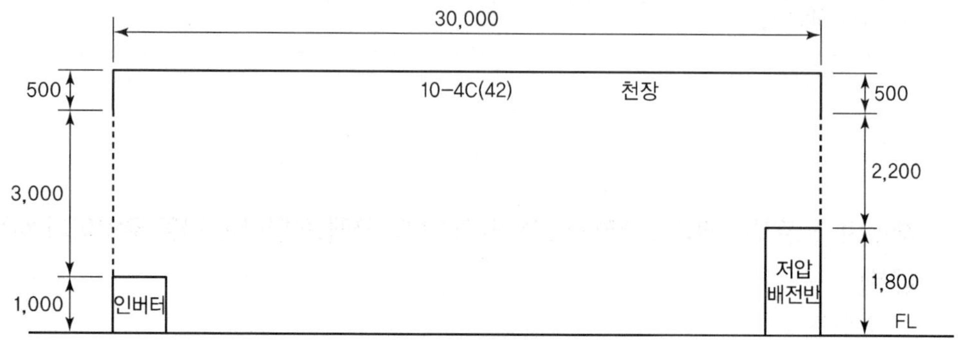

[시설조건]

- 배관공사는 천장 속과 블록벽체 노출배관공사이다.
- 배관은 합성수지 전선관을 사용한다.

[재료의 산출조건]

- 인버터 및 저압배전반의 상부를 기준으로 한다.
- 자재 산출수량과 할증수량은 소수점 첫째 자리까지 계산한다.(단, 소수점 둘째 자리 반올림), 자재별 총수량(산출수량+할증수량)은 총재료비 산출에만 적용한다.
- 인버터 및 저압배전반 케이블의 접속 여분은 각 1[m]로 한다.

[인건비 산출조건]

- 재료의 할증에 대해서는 공량을 적용하지 않는다.
- 인공 수는 소수점 이하 둘째 자리까지 계산한다.(단, 소수점 셋째 자리에서 반올림)
- 노무비의 원단위 미만은 버린다.

[재료비 산출조건]

- 재료의 할증에 대해서는 공량을 적용하지 않는다.
- 재료비의 원단위 미만은 버린다.

[표 1] 전기재료의 할증률 및 철거손실률

종류	할증률[%]	철거손실률[%]
옥외전선	5	2.5
옥내전선	10	–
케이블(옥외)	3	1.5
케이블(옥내)	5	–
전선관(옥외)	5	–
전선관(옥내)	10	–

[표 2] 전선관 배관

(단위 : m)

합성수지 전선관		후강 전선관		금속제 가요 전선관	
규격	내선전공	규격	내선전공	규격	내선전공
36[mm] 이하	0.10	36[mm] 이하	0.20	36[mm] 이하	0.087
42[mm] 이하	0.13	42[mm] 이하	0.25	42[mm] 이하	0.104
54[mm] 이하	0.19	54[mm] 이하	0.34	54[mm] 이하	0.136

[참고]
- 콘크리트 매입 기준
- 블록벽체 및 철근콘크리트 노출은 120[%], 목조건물은 110[%], 철강조 노출은 125[%], 조적 후 배관 및 건축방음재(150[mm] 이상) 내 배관 시 130[%]
- 기설콘크리트 노출 공사 시 앵커볼트를 매입할 경우 앵커볼트 설치 품은 5-29 옥내 잡공사에 의하여 별도 계상하고 전선관 설치 품은 매입 품으로 계상
- 천장 속, 마루 밑 공사 130[%]

[표 3] 전력케이블 구내 설치

(단위 : m)

P.V.C 및 고무절연외장 케이블	케이블전공
600[V] 16[mm²] 이하×1C	0.023
600[V] 25[mm²] 이하×1C	0.030
600[V] 38[mm²] 이하×1C	0.036

[참고]
- 부하에 직접 공급하는 변압기 2차 측에 설치되는 케이블로서 전선관, 랙, 덕트, 케이블 트레이, Pit, 공동구, 새들(Saddle) 부설 기준, Cu, Al 도체 공용
- 600[V] 10[mm²] 이하는 제어용 케이블 설치 준용
- 직매 시 80[%]
- 2심은 140[%], 3심은 200[%], 4심은 260[%]
- 연피벨트지 케이블은 120[%], 강대개장 케이블은 150[%]

1) 합성수지 전선관의 길이를 구하시오.
   - 계산과정 :
   - 답 :
2) 42[mm] 합성수지 전선관의 인공 수를 계산하시오.
   - 계산과정 :
   - 답 :
3) PVC 케이블의 길이를 구하시오.
   - 계산과정 :
   - 답 :
4) PVC 케이블의 인공 수를 계산하시오.(단, 케이블은 10[mm^2]−4C 케이블을 사용한다.)
   - 계산과정 :
   - 답 :
5) 총직접노무비를 계산하시오.(단, 노임단가 내선전공은 250,000[원], 저압케이블공은 260,000[원]으로 가정한다.)
   - 계산과정 :
   - 답 :

해답

1) 합성수지 전선관 길이
   - 계산과정 : $3+0.5+30+0.5+2.2=36.2$
   - 답 : 36.2[m]

   해설 전선관 길이를 구하는 문제이므로 할증률은 적용하지 않는다.

2) 42[mm] 합성수지 전선관의 인공 수
   - 계산과정 : $(3+2.2)\times0.13\times1.2+(0.5+30+0.5)\times0.13+1.3=6.050$
     $\fallingdotseq 6.05$
   - 답 : 6.05[인]

   해설 [표 2]에서 합성수지관 42[mm] 이하 내선전공은 0.13, 블록벽체 및 철근콘크리트 노출은 120[%], 천장 속, 마루 밑 공사는 130[%]이다.

3) PVC 케이블의 길이
   - 계산과정 : $1+3+0.5+30+0.5+2.2+1=38.2$
   - 답 : 38.2[m]

   해설 인버터 및 저압배전반 케이블의 접속 여분은 각 1[m]로 한다.

4) PVC 케이블의 인공 수

- 계산과정 : $38.2 \times 0.023 \times 2.6 = 2.284 \fallingdotseq 2.28$
- 답 : 2.28[인]

해설 [표 3]에서 600[V] 16[mm^2] 이하×1C는 0.023이고, 2심은 140[%], 3심은 200[%], 4심은 260[%]이다.

5) 총직접노무비

- 계산과정 : $(6.05 \times 250{,}000) + (2.28 \times 260{,}000) = 2{,}105{,}300$
- 답 : 2,105,300[원]

해설 총직접노무비＝내선전공 수×노임＋저압케이블전공 수×노임

NEW AND RENEWABLE ENERGY EQUIPMENT(PHOTOVOLTAIC) INDUSTRIAL ENGINEER

PART 02

태양광발전 설비용량

001 음영분석

1 일조시간, 일조량, 음영분석

1) 일사량과 일조량

일조량은 일사량과 동일한 의미로 사용된다.

(1) 일조량의 단위

① [kcal/m²h], [kWh/m² · day], [MJ/m² · month], [MJ/m² · year]

② 1[kWh]≒860[kcal]

③ 1[J]≒0.24[cal]

④ 1[cal]≒4.2[J]

⑤ $1[\text{kWh}] = \dfrac{860[\text{kcal}]}{0.24[\text{cal}]}[\text{J}] = 3.6[\text{MJ}]$

⑥ $1[\text{MJ/m}^2 \cdot \text{year}] = 1 \times 10^6 [\text{J/m}^2 \cdot \text{year}] = \dfrac{1}{3.6}[\text{kWh/m}^2 \cdot \text{year}]$

(2) 일사량

① 일사란 대기 중의 어느 한 점 또는 지표의 어느 한 점에서 받는 태양복사이다.

② 하루 중의 일사량은 태양고도가 가장 높을 때인 남중시에 최대이다.

③ 1년 중에는 하지경에 최대이다.

(3) 일조량

일조란 태양 직사광선이 구름이나 안개 등에 차단되지 않고 지표면을 비추는 것이다.

① **전일조량(또는 수평면일조량)**

규정된 일정기간에 걸쳐 지표면에 직접 도달하는 햇빛과 산란되어 도달하는 햇빛을 모두 더한 값인 전일조강도를 적산한 것이다.

② **산란일조량**

규정된 일정기간에 걸쳐 햇빛이 대기를 지나는 동안 공기분자, 구름, 연무(Aerasol)입자 등에 산란되어 도달하는 산란일조강도를 적산한 것이다.

2 위도, 경도 및 고도

1) 위도와 경도

① 위도 : 적도를 기준으로 남쪽과 북쪽을 나타내는 것

② 경도 : 그리니치 천문대를 본초자오선으로 하여 서쪽과 동쪽의 위치를 측정하는 것

2) 고도

① 태양고도 : 지평면과 태양의 중심이 이루는 각

② 남중고도 : 하루 중 태양의 고도가 가장 높을 때 고도

3) 계절별 태양의 남중고도

(1) 남중고도의 변화로 인해 계절변화가 생기며 그림자 길이가 달라진다. 하지 때 그림자 길이가 가장 짧고, 동지 때 그림자 길이가 가장 길다.

(2) 위도가 37°일 때 절기별 태양의 남중고도는 다음과 같다.

① 하지 : $90° - (\phi - 23.5°) = 90° - (37 - 23.5°) = 76.5°$

② 춘분, 추분 : $90 - \phi = 90 - 37° = 53°$

③ 동지 : $90° - (\phi + 23.5) = 90 - (37 + 23.5) = 29.5°$

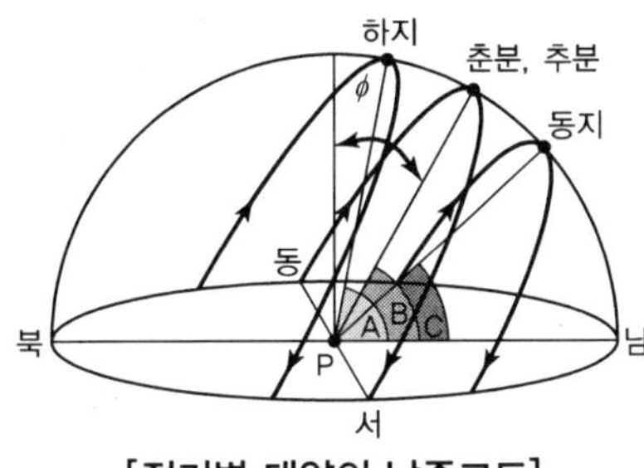

[절기별 태양의 남중고도]

A : 하지 때 태양의 남중고도
B : 춘분, 추분 때 태양의 남중고도
C : 동지 때 태양의 남중고도
ϕ : 그 지역의 위도

3 태양궤적 및 음영각

1) 태양궤적

(1) 태양궤적도

연중 태양의 궤적을 방위각과 고도각의 표로 나타낸 것이다.

(2) 방위각(태양광 어레이가 정남향을 이루는 각)

① 태양의 위치와 관측점을 잇는 직선 및 균분원 면에 연직이고 관측점을 지나는

수평면이 이루는 각도가 지면에 투영된 각도이다.

② **방위각** : 정남 0°, 남동 −45°, 정동 −90°, 남서 45°, 정서 90°

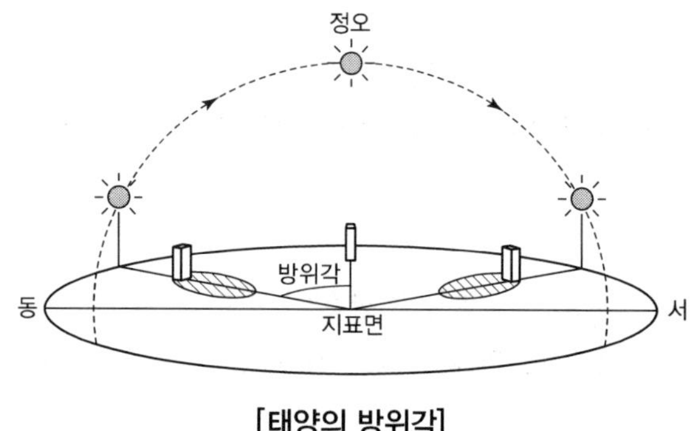

[태양의 방위각]

(3) 태양궤적도를 이용하면 특정지역, 특정시각에서의 태양위치와 일출 · 일몰시간을 알 수 있다.

(4) **신태양궤적도**

균시차를 고려한 태양궤적도로서 특정월일의 태양궤적과 시각선이 나타나 있어 태양의 고도각과 방위각을 쉽게 찾을 수 있다.

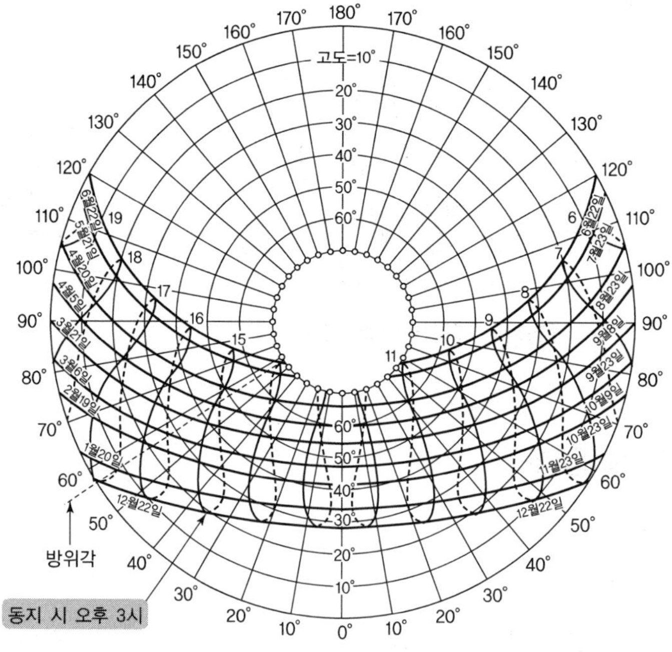

[서울의 신태양궤적도]

(5) 신월드램 태양궤적도

① 관측자가 천구상의 태양경로를 수직평면상의 직교좌표로 나타낸 것이다.

② 태양광 획득을 위한 건물의 조향태양광 어레이 설계 시 필수적이다.

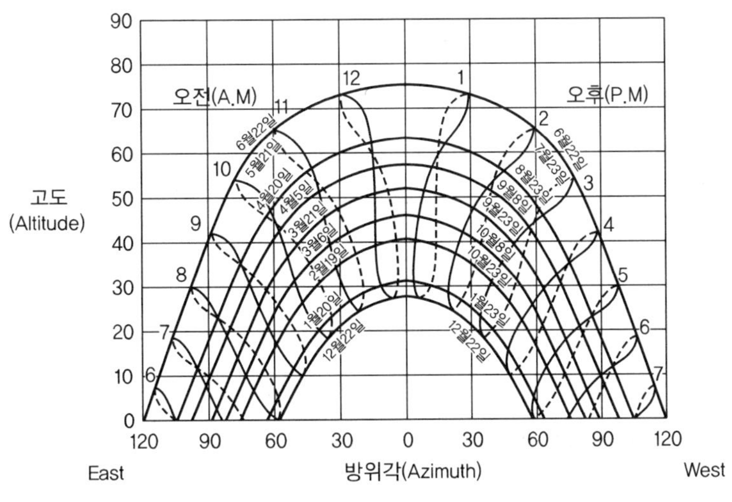

[신월드램 태양궤적도]

2) 음영각

(1) 수직음영각(입사각, 경사각)

지면의 그림자 끝지점과 구조물의 상부를 이은 선과 지면이 이루는 각이다.

(2) 수평음영각(방위각)

1일 동안 그림자가 수평면에서 이동한 각이다.

(3) 음영각을 고려한 어레이 배치

① 지형(산세), 건물 등을 고려하여 어레이를 배치한다.

② 그림자 길이를 고려하여 어레이를 배치한다.

③ 그늘이 가장 길어지는 동지의 오전 9시에서 오후 3시 사이에 어레이에 그늘이 생기지 않도록 배치한다.

4 음영의 유형 및 분석

1) 음영의 발생원인 및 영향

(1) 원인

구조물, 어레이 상호 배치 등

(2) 영향

음영이 생기거나 오염된 셀 또는 모듈은 전기를 생산하지 못하고 오히려 부하가 되어 역전류방향의 전류를 소비하여 셀이 손상될 때까지 가열됨. 이것은 열점(Hot Spot)을 만들어 출력의 손실을 발생시킴

(3) 대책

By Pass Diode 설치

2) 음영에 따른 셀의 직렬연결 시 출력 변화

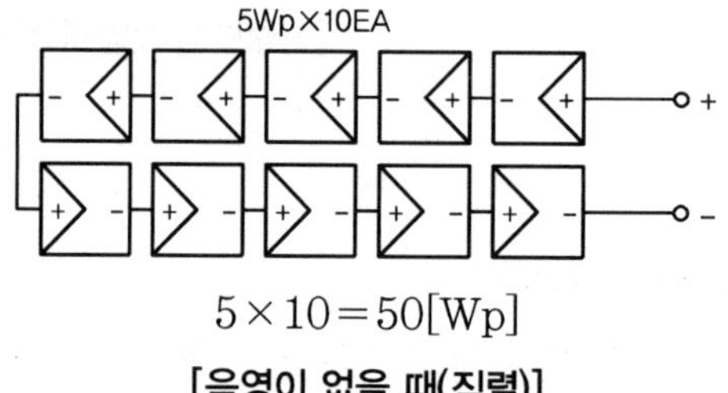

$5 \times 10 = 50[Wp]$

[음영이 없을 때(직렬)]

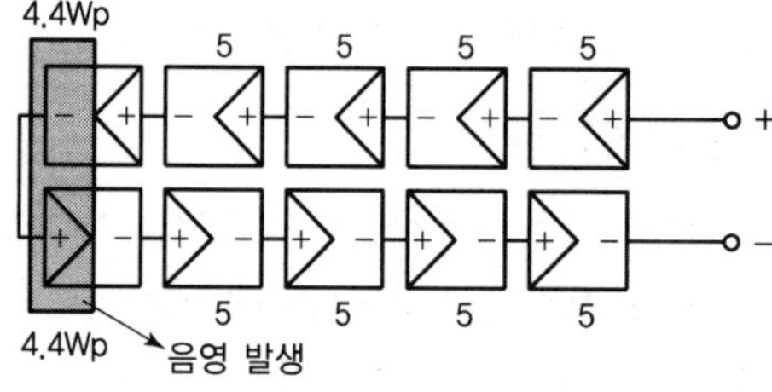

$4.4 \times 10 = 44[Wp]$

[두 개의 셀에 음영 발생 시(직렬)]

3) 음영에 따른 셀의 병렬연결 시 출력 변화

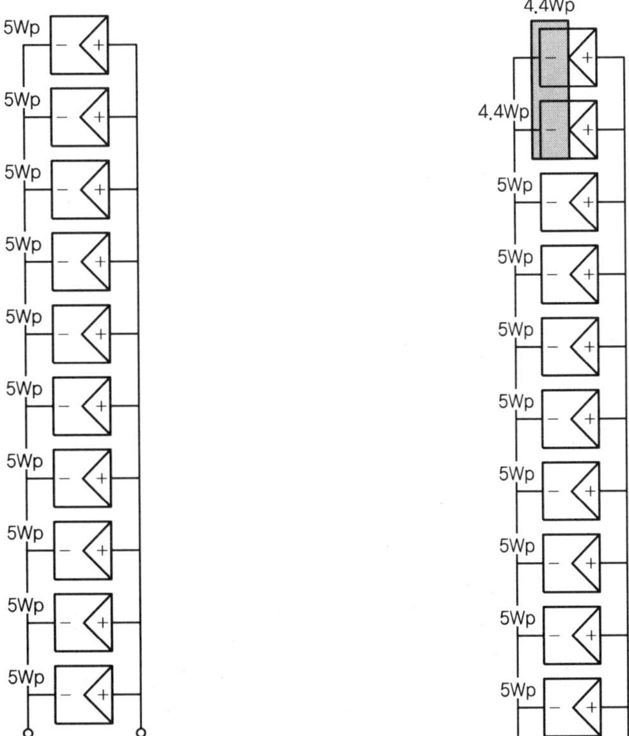

5+5+5+5+5+5+5+5+5+5=50[Wp]
[음영이 없을 때]

4.4+4.4+5+5+5+5+5+5+5+5=48.8[Wp]
[두 개의 셀에 음영 발생 시(병렬)]

4) 음영의 대책

일정한 셀 수(18개)마다 바이패스다이오드를 설치한다.

5 태양전지 어레이 간격 산정

1) 장애물과 이격거리 계산식

$$D = \frac{H}{\tan\alpha}$$

여기서, $\tan\alpha = \frac{H}{D}$　　α : 태양의 고도각

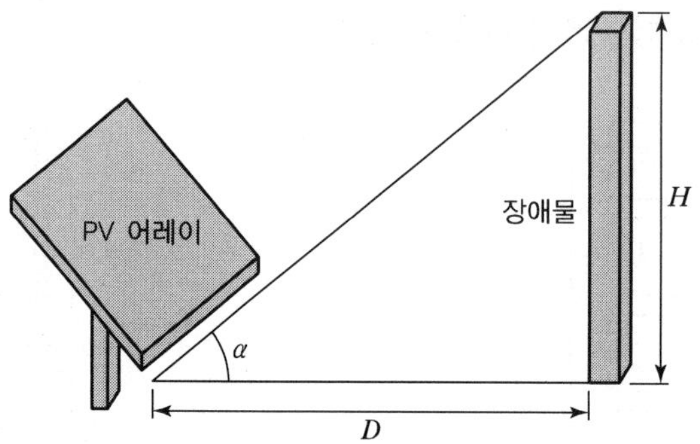

2) 어레이 간 최소 이격거리 계산식

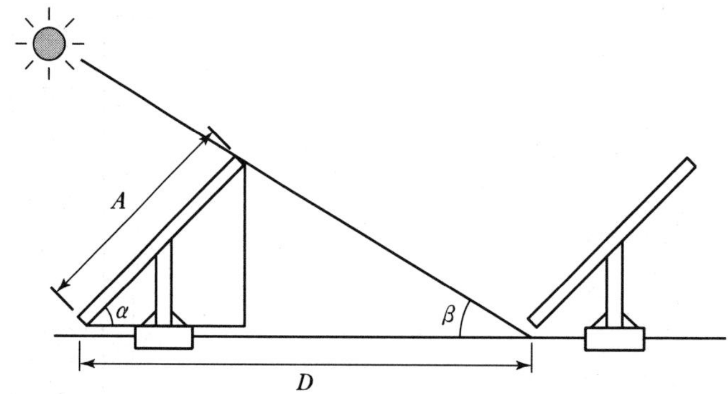

$$\text{어레이 이격거리 } D = A \times \frac{\sin(180° - \alpha - \beta)}{\sin\beta} \text{ (태양고도 따로 계산)}$$

$$\text{또는 } D = A \times [\cos\alpha + \sin\alpha \times \tan(90° - \beta)] \text{ (태양고도 따로 계산)}$$

$$D = A \times [\cos\alpha + \sin\alpha \times \tan(Lat(\text{그 지방의 위도}) + 23.5°)]$$

(설치지역의 위도=그 지방의 위도를 직접 대입해 태양의 고도를 적용한 식)

여기서, D : 어레이의 최소 이격거리[mm]
A : 어레이 길이[mm] (어레이 세로 길이)
α : 어레이의 경사각[°]
β : 발전한계시각에서의 태양고도, 태양의 입사각
Lat : 그 지방의 위도

3) 대지 이용률

$$\text{대지 이용률}(f) = \frac{\text{모듈의 길이}(A)}{\text{어레이 이격거리}(D)}$$

6 태양광발전 설비용량 산정

1) 전력수요량 산정

(1) 전력수요량은 독립형 태양광발전시스템 설계 시 필요하다.

(2) 1일 전력 수요량 산정

① 부하별 1일 전력소비량 산출(부하기기 수량×소비전력×시간)

② 1일 전력 소비량 합산

③ 1일 전력 수요량 산정(1일 전력소비량×손실률)

※ 손실률(손실보정계수)=1.2 적용

2) 태양광발전 설비용량 산정

(1) 부지에 설치 가능한 용량 계산

① 어레이 설치 부지면적 선정

② 태양전지, 모듈 및 인버터 선정
효율, 가격, 수명, 규격, 신뢰성 등을 고려하여 선정한다.

③ 모듈의 배열

㉠ 부지 내 설치 가능한 가로, 세로 배치수를 계산한다.

㉡ PCS 전압 범위 내에서 직렬(스트링)수와 병렬수를 계산한다.

④ 구조물(지지대, 기초) 선정

⑤ 어레이 이격거리 계산

⑥ 설치 가능한 총 모듈수 계산

$$\text{설치 가능한 총 모듈수} = \frac{\text{부지면적}}{\text{어레이 가로배치길이} \times \text{어레이 세로배치길이}}$$

⑦ 태양광발전 설비용량

$$\text{설비용량[kW]} = \text{모듈 1장의 최대출력[kW]} \times \text{직렬수} \times \text{병렬수}$$

(2) 태양광발전 설비용량에 영향을 미치는 요소

① 부지면적

② 부지의 경사도(이격거리)

③ 부지의 위도(이격거리)

④ 모듈의 크기(가로×세로)

⑤ 모듈 한 장의 출력

002 출제예상문제

01 일사량을 나타내는 단위 3가지를 쓰시오.

해답

1) [kWh/m^2 · day]
2) [kcal/m^2 · day]
3) [MJ/m^2]

02 눈이 쌓이는 적설지대에서는 몇 도 이상의 각도로 하여 20~30[cm] 정도의 눈이 자연적으로 흘러내리도록 설계하는가?

해답

45°

03 우리나라의 태양광 어레이 설치 경사각(최소부터 최대)을 쓰고 방위각(설치방향)을 쓰시오.(단, 강릉과 제주는 제외한다.)

1) 경사각
2) 방위각

해답

1) 경사각 : 30°~33°로 설치 ※ 강릉 36°, 제주 24°
2) 방위각 : 정남향 설치

04 낮은 위도 지역에서도 태양광 어레이의 경사각을 두는 이유는?

해답

강우로 인한 자정 효과를 얻기 위해

05 **독립형 태양광발전시스템의 설계에서 제1단계는 1일 전력 수요량 결정이다. 전력 소비량을 바탕으로 독립형 태양광발전시스템이 부담해야 할 부하량을 먼저 계산하기 위해 1일 소비전력량을 계산해야 한다. 다음 물음에 답하시오.(단, 1월은 30일로 한다. 소수점 첫째 자리까지 계산)**

1) 표에서 (A), (B)의 1일 소비전력량을 각각 구하시오.

2) 표에서 계산한 1일 전력소비량일 때 전력공급시스템에서 실제적으로 감당해야 할 1일 부하량은 얼마인가?(단 손실 보정률은 1.2로 한다.)

▼ **홍길동 전원주택의 부하(DC전용부하)**

구분	전기 기기명	수량	소비전력[W]	사용시간[h]	1일 소비전력량[Wh]
1	LED등	3	7.1	5	107
2	지하수 펌프	1	150	1	150
3	펠티에 냉장고	1	참조[1]		(A)
4	컬러 TV 10″	1	60	5	300
5	카세트 라디오	1	15	8	120
6	컴퓨터(노트북)	1	70	3	210
7	선풍기	1	15	6	90
소계					(B)

주 1) 월간 소비전력량 18[kWh]임

해답

1) (A)의 1일 소비전력량 : $18 \times \dfrac{1}{30} = 0.6[\text{kWh}] \times 10^3 = 600[\text{Wh}]$

(B)의 1일 소비전력량 : $107 + 150 + 600 + 300 + 120 + 210 + 90 = 1,577[\text{Wh}]$

2) 전력시스템에서 감당해야 할 1일 부하량

$1,577 \times 1.2 = 1,892.4[\text{Wh}]$

해설 1) A : 냉장고의 월간 소비전력량이 18[kWh]이므로 1일 소비전력량은

$$18 \times \frac{1}{30} = 0.6[\text{kWh}] = 600[\text{Wh}]$$

B : 합계 1,577[Wh]

2) 1일 부하량=(1일 전력소비량)×1.2=1,577×1.2=1,892.4[Wh]

06 스트링을 구성하는 모듈의 수는 22[EA], 전선의 길이는 135[m], 단면적이 6[mm²]인 F-CV전선을 사용할 때 다음과 같이 주어진 조건에서 태양전지 모듈로부터 접속반까지의 전압강하율을 구하시오.

태양전지 모듈 사양	
P_{max}	275[Wp]
V_{oc}	38.7[V]
I_{sc}	9.26[A]
V_{mpp}	31.7[V]
I_{mpp}	8.68[A]

해답

전압강하율 $\varepsilon = \dfrac{\text{전압강하}(e)}{\text{수전단전압}} \times 100$

수전단전압 = 스트링정격전압이므로

스트링정격전압 = 최대전압(V_{mpp}) × 모듈수

= 31.7 × 22 = 697.4[V]

$$\text{전압강하 } e = \frac{35.6 \times L \times I_{mpp}(\text{최대전류})}{1{,}000 \times A}$$

$$= \frac{35.6 \times 135 \times 8.68}{1{,}000 \times 6} = 6.95[\text{V}]$$

$$\therefore \varepsilon = \frac{6.95}{697.4} \times 100 = 0.9965 \fallingdotseq 1[\%]$$

07 위도가 37°일 때 절기별 태양의 남중고도에 대해 쓰시오.

해답

1) 하지 : $90° - \phi + 23.5 = 90° - 37° + 23.5° = 76.5°$
2) 동지 : $90° - \phi - 23.5 = 90° - 37° - 23.5° = 29.5°$
3) 춘추분 : $90° - \phi = 90° - 37° = 53°$

해설
- ϕ : 위도
- 지구의 기울기 : 23.5°

08 AM의 종류를 들고 쓰시오.

해답

AM(Air Mass)은 대기질량정수를 의미하며 AM 0, AM 1, AM 1.5로 구분한다.

1) AM 0 : 대기 외부에 대한 태양스펙트럼을 나타내는 조건
2) AM 1 스펙트럼 : 태양이 천정에 있을 때 지표상의 스펙트럼
3) AM 1.5 스펙트럼 : 지표면에서 태양을 올려보는 각이 θ일 때 AM값

09 일반적인 태양광 어레이는 태양광모듈의 직병렬로 연결이 되어있다. 태양광모듈의 최대 출력이 120[W], 직렬로 15장이 연결되어 있으며, 시스템 전체출력이 18[kW]이면 병렬연결 개수는 얼마인가?

해답

$$\text{태양광모듈병렬수} = \frac{\text{시스템 전체출력}}{\text{직렬장수} \times \text{태양광모듈 최대출력}} = \frac{18 \times 10^3}{120 \times 15} = 10[\text{개}]$$

10 부하의 설비용량이 500[kW], 수용률 60[%], 총 부하율 50[%]의 수용가가 있다. 1개월(30일)의 사용 전력량은 몇 [kWh]인가?

해답

$$\text{사용 전력량} = \text{설비용량} \times \text{수용률} \times \text{부하율} \times 30(1\text{개월}) \times 24(1\text{일}) = 500 \times 0.6 \times 0.5 \times 30 \times 24 = 108{,}000[\text{kWh}]$$

해설 ① 부하율 : 어느 일정 기간에 있어서 평균전력과 최대전력의 백분율

$$\text{부하율} = \frac{\text{부하의 평균전력}}{\text{최대수용전력}} \times 100[\%]$$

② $\text{수용률} = \dfrac{\text{최대수용전력}}{\text{총설비용량}} \times 100[\%]$

11 다음 조건에 해당하는 경기지역 의료시설의 예상 에너지 사용량은?(단, 건축 연면적은 1,000[m^2]이다.)

의료시설 단위에너지 사용량 [kWh/m^2 · year]	용도별 보정계수	경기지역 지역계수
643.53	1.00	0.99

해답

예상 에너지 사용량

=건축연면적×단위에너지 사용량×용도별 보정계수×지역계수

$=1,000\times643.53\times1.0\times0.99=637,094.7[\text{kWh/year}]\times10^{-3}$

=637.095[MWh/year]

12 태양전지용량과 부하소비전력량의 관계를 표시하는 식은?

해답

$$P_{AS}=\frac{E_L\times D\times R}{(H_A/G_S)\times K}$$

여기서, P_{AS} : 표준상태에서의 태양광출력어레이[kW]

H_A : 일정기간 얻을 수 있는 일사량

G_S : 표준상태에서의 일사강도

E_L : 어느 기간에서의 부하소비전력량

R : 설계여유계수

K : 종합설계지수

D : 부하의 태양광발전시스템에 대한 의존율

13 연평균 수평면 일사량 1,424[kWh/m^2/day], 연평균 30° 경사면 일사량 1,612[kWh/m^2/day], 태양광발전 설비용량은 990[kWh], 발전효율이 89.7[%](DC, AC 포함)일 경우 연평균 발전량은?

해답

연평균 발전량=태양광발전 설비용량×발전효율×연평균 경사면 일사량

$=990\times0.897\times1,612=1,431,504.36[\text{kWh}]\times10^{-3}$

=1,431.5[MWh]

14 독립전원용 태양광발전시스템과 계통연계형 태양광발전시스템 각각의 태양전지 용량을 결정하는 요소는 무엇인지 쓰시오.

해답

1) 독립형 태양광발전시스템 : 전력량(부하소비전력량)
2) 계통연계형 태양광발전시스템 : 설치장소(면적)

해설 독립전원용 태양광발전시스템(PV시스템)의 설계는 필요로 하는 전력량(부하소비전력량)으로 산출되는 소요 태양전지 용량을 결정하는 것이 표준 방법이며, 계통연계형 시스템의 경우는 발전전력량과 사용 전력량 사이에 제한적인 관계가 없기 때문에 설치장소(면적)에 따라 시스템 용량을 결정하는 경우가 많다.

15 태양광발전시설의 설치 시 가능 용량 산출의 Flow Chart를 쓰시오.

해답

1) 어레이 설치 부지면적 결정
2) 태양전지 모듈 선정
3) 모듈의 배열 결정(전압범위에 따른 직렬 수, 병렬 수를 결정한다.)
4) 구조물(지지대, 기초) 결정
5) 이격거리 산정(어레이 간 이격거리)
6) 설치 가능한 모듈의 총수 산출

$$\text{모듈의 총수} = \frac{\text{부지 면적}}{\text{모듈의 좌우길이} \times \text{이격거리}}$$

7) 설치 가능 용량 산출
   설치용량＝모듈의 총수(직렬 수×병렬 수)×모듈 1개의 출력[Wp]

16 입사광에 영향을 주는 대기중의 광현상 4가지를 쓰시오.

해답

1) 산란
2) 굴절
3) 흡수
4) 통과 및 반사

17 장애물로 인한 음영에도 불구하고 일사시간은 1일 몇 시간 이상이어야 하는가?[춘분(3~5월) · 추분(9~11월) 기준]

해답

5시간 이상

18 장애물로 보지 아니하는 경미한 음영의 장애물은?

해답

1) 전기줄
2) 안테나
3) 피뢰침

19 다음 태양광발전설비 발전량은 몇 [Wp]인가?

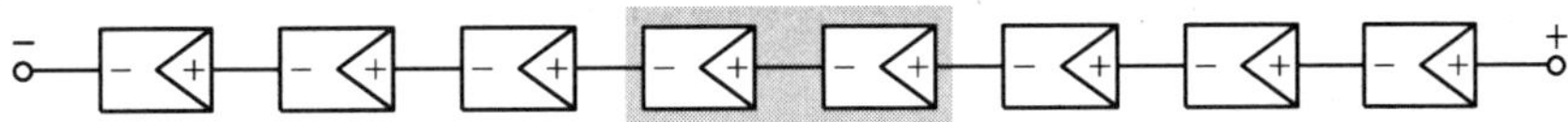

해답

70×8=560[Wp]

해설 • 직렬일 때 음영이 발생한 모듈은 전체 모듈에 영향을 준다.
• 직렬 스트링의 출력전력은 최소 발전모듈에 의해 발전량이 제한된다.

20 다음 태양광발전설비 발전량은 몇 [Wp]인가?

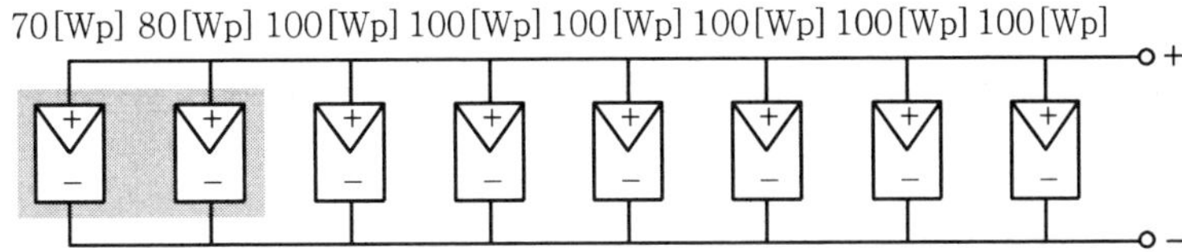

해답

70+80+(100×6)=750[Wp]

해설 병렬일 때 스트링에는 영향을 주지 않고 자신만이 영향을 받는다.

21 다음 그림과 같이 태양전지 어레이에 음영이 발생한 경우 발전량[Wp]을 구하시오.

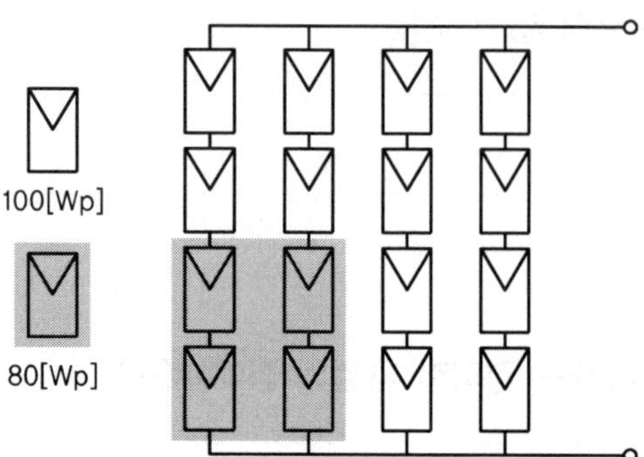

해답

전체 발전량 $=\{(80[Wp]\times 8)+(100[Wp]\times 8)\}=1,440[Wp]$

해설 직렬일 때 음영이 발생한 셀이 전체에 영향을 미친다.

22 그림은 PV(Photovoltaic) 어레이 구성도를 나타내고 있다. 전류 I와 단자 A, B 사이의 전압을 구하시오.

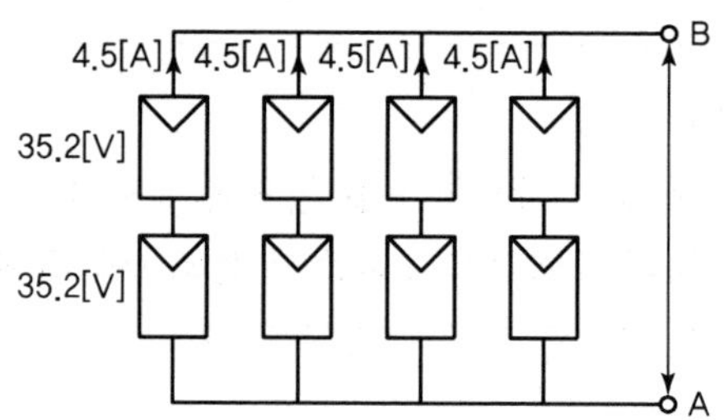

해답

A–B 전압 : $35.2+35.2=70.4[V]$

전류 $I=4.5\times 4=18[A]$

해설 태양전지 어레이의 직렬회로는 전압을 합산하고, 병렬회로에서는 전류를 합산한다.

23 음영에 의한 태양광발전시스템에 영향을 주는 요소를 쓰시오.

해답

1) 음영의 모듈 수
2) 전지와 바이패스 다이오드의 상호 연결 음영의 정도
3) 시간에 따른 음영의 공간 분포와 경로
4) 모듈의 상호연결
5) 인버터 설계

24 일조량계로 1시간 동안의 일조량 측정한 결과 3[MJ/m²]이 측정되었다. 이것을 단위 면적당 전력으로 계산하면 몇 [W/m²]인가?

해답

단위 $W=[\mathrm{J/sec}]$이므로 단위면적당 전력 $3[\mathrm{MJ/m^2}] \rightarrow 3\times10^6[\mathrm{J/m^2}]$이고 W는 시간당이므로 $\dfrac{3\times10^6[\mathrm{J/m^2}]}{60\times60}=833.3[\mathrm{W/m^2}]$

25 4,000[MJ/m² · year]은 몇 [kWh/m² · month]인가?

해답

$1[\mathrm{kWh}]=3.6[\mathrm{MJ}]$

$[\mathrm{MJ}]=\dfrac{1}{3.6}[\mathrm{kWh}]$

$4{,}000[\mathrm{MJ}]=\dfrac{1}{3.6}\times4{,}000[\mathrm{kWh}]$이므로 year를 Month로 계산하면

$$4{,}000[\mathrm{MJ/m^2}\cdot\mathrm{year}]=\frac{1}{3.6}\times4{,}000\times\frac{1}{12}$$

$$=92.592 \fallingdotseq 92.59[\mathrm{kWh/m^2}\cdot\mathrm{month}]$$

26 태양광발전설비 설계 시 모듈 1개의 발전량이 300[Wp]인 모듈을 200개 설치하고 인버터의 발전효율이 96[%]이다. 태양전지 어레이의 발전 가능 용량[kWp]은?

해답

어레이의 발전 가능 용량 = 모듈 1개의 발전량 × 모듈 개수 × 인버터 효율

$= 300 \times 200 \times 0.96 \times 10^{-3}$

$= 57.6$[kWp]

27 태양광 어레이 이격거리 산정과 관계가 있는 3가지 요소를 쓰시오.

해답

1) 태양전지 모듈 길이
2) 태양전지 모듈 경사각
3) 태양 고도각(입사각)

해설

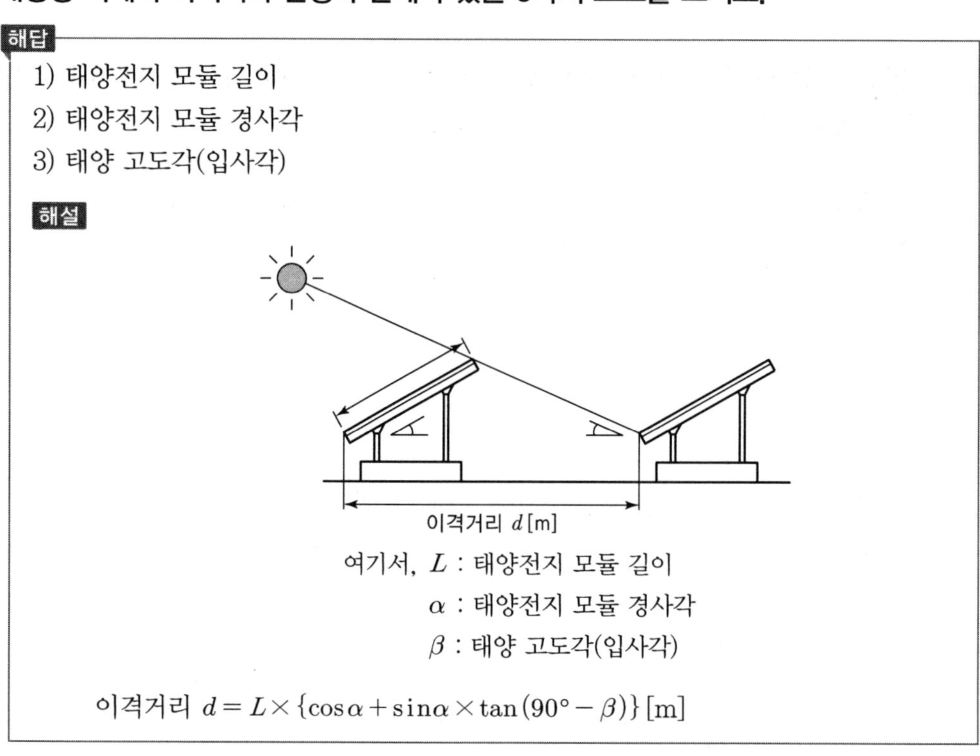

여기서, L : 태양전지 모듈 길이

α : 태양전지 모듈 경사각

β : 태양 고도각(입사각)

이격거리 $d = L \times \{\cos\alpha + \sin\alpha \times \tan(90° - \beta)\}$ [m]

28 다음 조건일 때 어레이 간의 최대 이격거리[m]는 얼마인가?(단, 경사고정식 남향임)

[조건]
- L : 모듈 어레이 길이 1.8[m]
- 모듈 어레이 경사각 30°
- lat : 설치지역의 위도 35.5°

해답

$d = L\times\{\cos\alpha + \sin\alpha\times\tan(90° - \beta)\}$

$\beta = 90 - 35.5 - 23.5 = 31$

$d = 1.8\times\{\cos 30° + \sin 30°\times\tan(90 - 31)\} = 3.0566 \fallingdotseq 3.06[\text{m}]$

해설 • 어레이 이격거리 d

$$d = L\times\{\cos\alpha + \sin\alpha\times\tan(90° - \beta)\}$$

$$d = L\times\frac{\sin(180° - \alpha - \beta)}{\sin\beta}$$

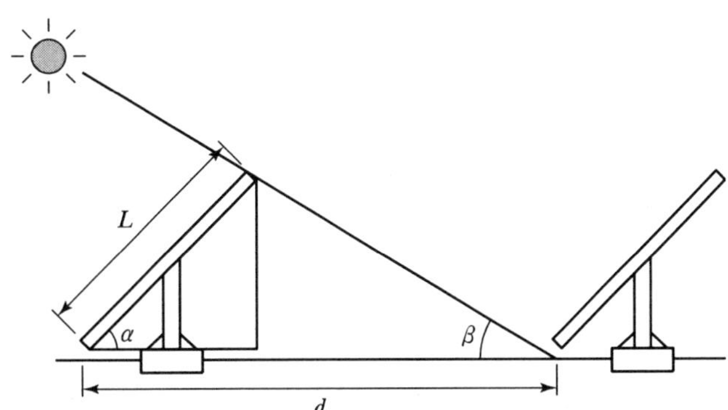

여기서, L : 어레이 길이

α : 어레이 경사각

β : 그림자 경사각(동지 시 발전한계 시각에서의 태양고도)

- 이격거리 $d = L\times\{\cos\alpha + \sin\alpha\times\tan(lat$: 그 지방의 위도 $+ 23.5°)\}$ 식 적용 시 동지 때 남중고도 이외에는 뒷열 어레이에 그림자가 생긴다.
- β : 동지 시 남중고도각 $= 90° - \phi - 23.5°$
  하지 시 남중고도각 $= 90° - \phi + 23.5°$
  춘추분 시 남중고도각 $= 90° - \phi$
  단, ϕ는 그 지방의 위도
- $\beta = 90° - \phi - 23.5° = 90° - 35.5° - 23.5° = 31°$
- 이격거리

$$d = 1.8\times\{\cos 30° + \sin 30°\times\tan(90° - 31)\} = 3.0566 \fallingdotseq 3.06$$

$$d = 1.8\times\frac{\sin(180° - 30° - 31°)}{\sin 31} = 3.0566 \fallingdotseq 3.06$$

29 다음 그림에서 태양전지 모듈 간의 최소 이격거리를 계산하시오.

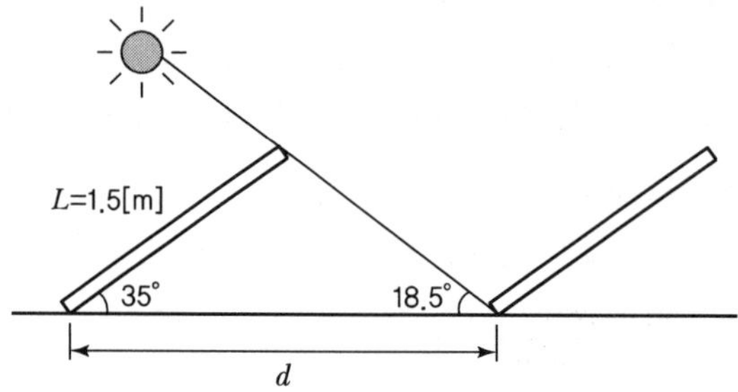

해답

모듈 간 이격거리 d[m]

$d = L \times \{\cos\alpha + \sin\alpha + \tan(90° - \phi)\}$

$= 1.5 \times \{\cos 35° + \sin 35° \times \tan(90° - 18.5°)\} = 3.8$[m]

30 모듈길이 1.25[m], 경사각 32°, 차광각 29°일 경우 태양광발전시스템을 설계하려고 한다. 다음 물음에 답하시오.(단, L : 모듈너비, β : 경사각, ϕ : 차광각이다.)

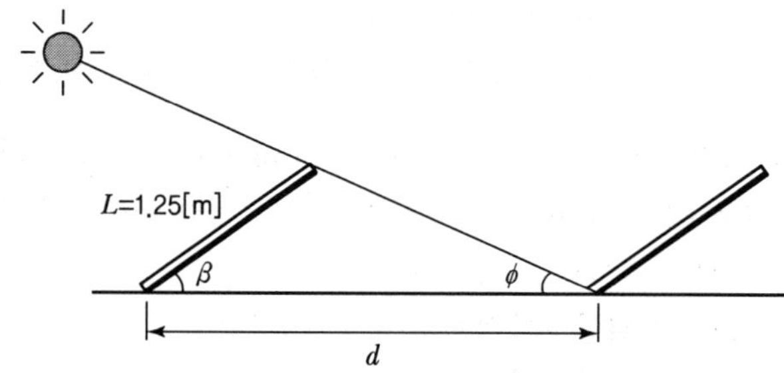

1) 설계 모듈 간 최소 이격거리 d를 계산하시오.
   - 계산과정 :
   - 답 :
2) 대지(면적)이용 인자 f를 구하시오.
   - 계산과정 :
   - 답 :

해답

1) 모듈 간 최소 이격거리

- 계산과정 : $d = L \times \{\cos\theta + \sin\theta \times \tan(90° - \beta)\}$

$= 1.25 \times \{\cos 32° + \sin 32° \times \tan(90° - 29°)\}$

$= 2.255 \fallingdotseq 2.26[\text{m}]$

- 답 : 2.26[m]

2) 대지이용 인자

- 계산과정 : $f = \dfrac{\text{모듈길이}}{\text{모듈 간 이격거리}} = \dfrac{L}{d} = \dfrac{1.25}{2.255} \fallingdotseq 0.5543 = 0.55$

- 답 : 0.55

31 **태양전지 어레이(길이 2.58[m], 경사각 30°)가 남북방향으로 설치되어 있으며, 앞면 어레이의 높이는 약 1.5[m], 뒷면 어레이에 태양입사각이 45°일 때, 앞면 어레이의 그림자 길이[m]는?**

해답

그림자 길이 $d = \dfrac{h}{\tan\beta} = \dfrac{1.5}{\tan 45°} = 1.5[\text{m}]$

해설 • 앞면 어레이의 그림자 길이

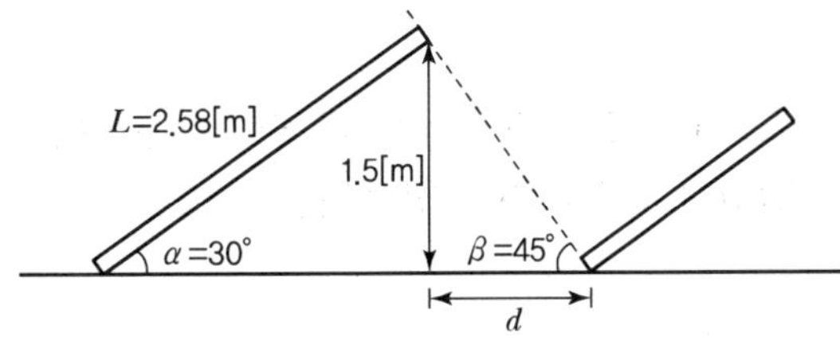

- 어레이의 그림자 길이는 어레이 높이와 태양의 고도에 의해 결정

$\tan\beta = \dfrac{h}{d}$

$d = \dfrac{h}{\tan\beta}$

$d = \dfrac{1.5}{\tan 45°} = 1.5[\text{m}]$

여기서, α : 어레이 경사각

β : 태양의 고도(수평면에 대한 입사각)

$\therefore$ 1.5[m]

32 다음 조건에서 이격거리(d)와 대지이용률을 각각 구하시오.

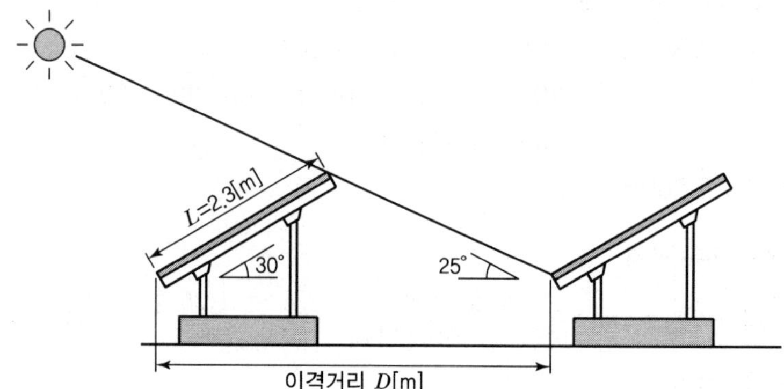

해답

1) 이격거리

$$D = L \times \{\cos\alpha + \sin\alpha \times \tan(90° - \beta)\}$$
$$= 2.3 \times \{\cos 30° + \sin 30° \times \tan(90° - 25°)\} = 4.458 ≒ 4.46[\text{m}]$$

2) 대지이용률

$$f = \frac{L}{D} = \frac{2.3}{4.46} = 0.51569 ≒ 0.52$$

33 동지 시 태양고도각이 20°이고 3[m] 높이의 장애물이 존재하는 경우 태양전지 모듈을 장애물로부터 얼마나 이격시켜야 하는가?

해답

이격거리 $d = \frac{H}{\tan\beta} = \frac{3}{\tan 20°} = 8.24[\text{m}]$

34 다음과 같은 조건에서 최소 이격거리 d는?

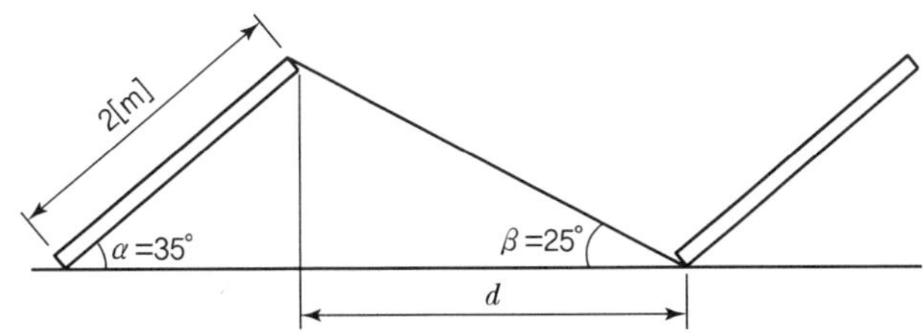

해답

$$d = L \times \frac{\sin\alpha}{\tan\beta} = 2 \times \frac{\sin 35°}{\tan 25°} = 2.46[\text{m}]$$

해설

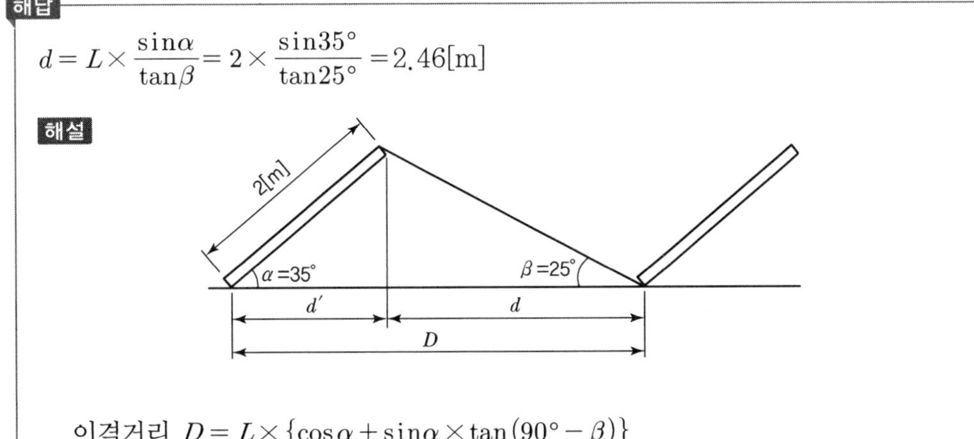

이격거리 $D = L \times \{\cos\alpha + \sin\alpha \times \tan(90° - \beta)\}$

$= 2 \times \{\cos 35° + \sin 35° \times \tan(90° - 25°)\} = 4.0983 ≒ 4.1[\text{m}]$

$d' = L \times \cos\alpha = 2 \times \cos 35° = 1.638 = 1.64[\text{m}]$

$d = D - d' = 4.1 - 1.64 = 2.46[\text{m}]$

35 그림과 같이 태양전지 어레이 설치장소에 태양광의 입사방향으로 높이가 1[m]인 장애물이 있을 경우 장애물과 모듈 간 최소 이격거리[m]를 구하시오.(단, 발전가능한 태양의 입사각은 30°이다.)

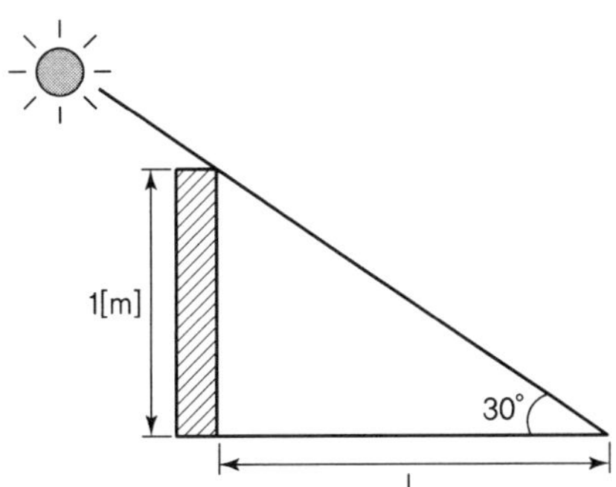

해답

$$L = \frac{1}{\tan 30°} = \frac{1}{0.577} = 1.73[\text{m}]$$

해설 장애물 이격거리 : $\tan\alpha = \dfrac{h}{a}$

$$\therefore\ d = \frac{h}{\tan\alpha} = \frac{1}{\tan 30°} = \frac{1}{0.577} = 1.73[\text{m}]$$

여기서, α : 태양의 고도각

36 다음과 같은 조건의 태양광발전시스템에서 발전용량은 몇 [kW]인가?

- 모듈의 최대 출력 : 250[Wp]
- 직렬 수 : 18[EA]
- 병렬 수 : 26[EA]

해답

발전용량 = 직렬장수 × 병렬장수 × 모듈 1매 출력

$= 18 \times 26 \times 250 \times 10^{-3}$

$= 117$

$\therefore$ 117[kW]

NEW AND RENEWABLE ENERGY EQUIPMENT(PHOTOVOLTAIC) INDUSTRIAL ENGINEER

PART 03

태양광발전 사업부지 인허가 검토

001 국토 이용에 관한 법령

1 국토의 계획 및 이용에 관한 법률

1) 제3조(국토 이용 및 관리의 기본원칙)

국토는 자연환경의 보전과 자원의 효율적 활용을 통하여 환경적으로 건전하고 지속가능한 발전을 이루기 위하여 다음 각 호의 목적을 이룰 수 있도록 이용되고 관리되어야 한다.

1. 국민생활과 경제활동에 필요한 토지 및 각종 시설물의 효율적 이용과 원활한 공급
2. 자연환경 및 경관의 보전과 훼손된 자연환경 및 경관의 개선 및 복원
3. 교통 · 수자원 · 에너지 등 국민생활에 필요한 각종 기초 서비스 제공
4. 주거 등 생활환경 개선을 통한 국민의 삶의 질 향상
5. 지역의 정체성과 문화유산의 보전
6. 지역 간 협력 및 균형발전을 통한 공동번영의 추구
7. 지역경제의 발전과 지역 및 지역 내 적절한 기능 배분을 통한 사회적 비용의 최소화
8. 기후변화에 대한 대응 및 풍수해 저감을 통한 국민의 생명과 재산의 보호
9. 저출산 · 인구의 고령화에 따른 대응과 새로운 기술변화를 적용한 최적의 생활환경 제공

2) 제7조(용도지역별 관리 의무)

국가나 지방자치단체는 제6조에 따라 정하여진 용도지역의 효율적인 이용 및 관리를 위하여 다음 각 호에서 정하는 바에 따라 그 용도지역에 관한 개발 · 정비 및 보전에 필요한 조치를 마련하여야 한다.

1. 도시지역 : 이 법 또는 관계 법률에서 정하는 바에 따라 그 지역이 체계적이고 효율적으로 개발 · 정비 · 보전될 수 있도록 미리 계획을 수립하고 그 계획을 시행하여야 한다.
2. 관리지역 : 이 법 또는 관계 법률에서 정하는 바에 따라 필요한 보전조치를 취하고 개발이 필요한 지역에 대하여는 계획적인 이용과 개발을 도모하여야 한다.
3. 농림지역 : 이 법 또는 관계 법률에서 정하는 바에 따라 농림업의 진흥과 산림의 보전 · 육성에 필요한 조사와 대책을 마련하여야 한다.
4. 자연환경보전지역 : 이 법 또는 관계 법률에서 정하는 바에 따라 환경오염 방지, 자연환경 · 수질 · 수자원 · 해안 · 생태계 및 문화재의 보전과 수산자원의 보호 · 육성을 위하여 필요한 조사와 대책을 마련하여야 한다.

3) 제56조(개발행위의 허가)

① 다음 각 호의 어느 하나에 해당하는 행위로서 대통령령으로 정하는 행위(이하 "개발행위"라 한다)를 하려는 자는 특별시장 · 광역시장 · 특별자치시장 · 특별자치도지사 · 시장 또는 군수의 허가(이하 "개발행위허가"라 한다)를 받아야 한다. 다만, 도시 · 군계획사업(다른 법률에 따라 도시 · 군계획사업을 의제한 사업을 포함한다)에 의한 행위는 그러하지 아니하다.

1. 건축물의 건축 또는 공작물의 설치
2. 토지의 형질 변경(경작을 위한 경우로서 대통령령으로 정하는 토지의 형질 변경은 제외한다)
3. 토석의 채취
4. 토지 분할(건축물이 있는 대지의 분할은 제외한다)
5. 녹지지역 · 관리지역 또는 자연환경보전지역에 물건을 1개월 이상 쌓아놓는 행위

② 개발행위허가를 받은 사항을 변경하는 경우에는 제1항을 준용한다. 다만, 대통령령으로 정하는 경미한 사항을 변경하는 경우에는 그러하지 아니하다.

③ 제1항에도 불구하고 제1항제2호 및 제3호의 개발행위 중 도시지역과 계획관리지역의 산림에서의 임도(林道) 설치와 사방사업에 관하여는 「산림자원의 조성 및 관리에 관한 법률」과 「사방사업법」에 따르고, 보전관리지역 · 생산관리지역 · 농림지역 및 자연환경보전지역의 산림에서의 제1항제2호(농업 · 임업 · 어업을 목적으로 하는 토지의 형질 변경만 해당한다) 및 제3호의 개발행위에 관하여는 「산지관리법」에 따른다.

④ 다음 각 호의 어느 하나에 해당하는 행위는 제1항에도 불구하고 개발행위허가를 받지 아니하고 할 수 있다. 다만, 제1호의 응급조치를 한 경우에는 1개월 이내에 특별시장 · 광역시장 · 특별자치시장 · 특별자치도지사 · 시장 또는 군수에게 신고하여야 한다.

1. 재해복구나 재난수습을 위한 응급조치
2. 「건축법」에 따라 신고하고 설치할 수 있는 건축물의 개축 · 증축 또는 재축과 이에 필요한 범위에서의 토지의 형질 변경(도시 · 군계획시설사업이 시행되지 아니하고 있는 도시 · 군계획시설의 부지인 경우만 가능하다)
3. 그 밖에 대통령령으로 정하는 경미한 행위

4) 제57조(개발행위허가의 절차)

① 개발행위를 하려는 자는 그 개발행위에 따른 기반시설의 설치나 그에 필요한 용지의 확보, 위해(危害) 방지, 환경오염 방지, 경관, 조경 등에 관한 계획서를 첨부한 신청서를 개발행위허가권자에게 제출하여야 한다. 이 경우 개발밀도관리구역 안

에서는 기반시설의 설치나 그에 필요한 용지의 확보에 관한 계획서를 제출하지 아니한다. 다만, 제56조제1항제1호의 행위 중 「건축법」의 적용을 받는 건축물의 건축 또는 공작물의 설치를 하려는 자는 「건축법」에서 정하는 절차에 따라 신청서류를 제출하여야 한다.

② 특별시장 · 광역시장 · 특별자치시장 · 특별자치도지사 · 시장 또는 군수는 제1항에 따른 개발행위허가의 신청에 대하여 특별한 사유가 없으면 대통령령으로 정하는 기간 이내에 허가 또는 불허가의 처분을 하여야 한다.

③ 특별시장 · 광역시장 · 특별자치시장 · 특별자치도지사 · 시장 또는 군수는 제2항에 따라 허가 또는 불허가의 처분을 할 때에는 지체 없이 그 신청인에게 허가내용이나 불허가처분의 사유를 서면 또는 제128조에 따른 국토이용정보체계를 통하여 알려야 한다.

④ 특별시장 · 광역시장 · 특별자치시장 · 특별자치도지사 · 시장 또는 군수는 개발행위허가를 하는 경우에는 대통령령으로 정하는 바에 따라 그 개발행위에 따른 기반시설의 설치 또는 그에 필요한 용지의 확보, 위해 방지, 환경오염 방지, 경관, 조경 등에 관한 조치를 할 것을 조건으로 개발행위허가를 할 수 있다.

5) 제58조(개발행위허가의 기준)

① 특별시장 · 광역시장 · 특별자치시장 · 특별자치도지사 · 시장 또는 군수는 개발행위허가의 신청 내용이 다음 각 호의 기준에 맞는 경우에만 개발행위허가 또는 변경허가를 하여야 한다.

1. 용도지역별 특성을 고려하여 대통령령으로 정하는 개발행위의 규모에 적합할 것. 다만, 개발행위가 「농어촌정비법」 제2조제4호에 따른 농어촌정비사업으로 이루어지는 경우 등 대통령령으로 정하는 경우에는 개발행위 규모의 제한을 받지 아니한다.
2. 도시 · 군관리계획 및 성정관리계획의 내용에 어긋나지 아니할 것
3. 도시 · 군계획사업의 시행에 지장이 없을 것
4. 주변지역의 토지이용실태 또는 토지이용계획, 건축물의 높이, 토지의 경사도, 수목의 상태, 물의 배수, 하천 · 호소 · 습지의 배수 등 주변환경이나 경관과 조화를 이룰 것
5. 해당 개발행위에 다른 기반시설의 설치나 그에 필요한 용지의 확보계획이 적절할 것

② 특별시장 · 광역시장 · 특별자치시장 · 특별자치도지사 · 시장 또는 군수는 개발행위허가 또는 변경허가를 하려면 그 개발행위가 도시 · 군계획사업의 시행에 지장을 주는지에 관하여 해당 지역에서 시행되는 도시 · 군계획사업의 시행자의 의

견을 들어야 한다.

③ 제1항에 따라 허가할 수 있는 경우 그 허가의 기준은 지역의 특성, 지역의 개발상황, 기반시설의 현황 등을 고려하여 다음 각 호의 구분에 따라 대통령령으로 정한다.

1. 시가화 용도 : 토지의 이용 및 건축물의 용도 · 건폐율 · 용적률 · 높이 등에 대한 용도지역의 제한에 따라 개발행위허가의 기준을 적용하는 주거지역 · 상업지역 및 공업지역
2. 유보 용도 : 제59조에 따른 도시계획위원회의 심의를 통하여 개발행위허가의 기준을 강화 또는 완화하여 적용할 수 있는 계획관리지역 · 생산관리지역 및 녹지지역 중 대통령령으로 정하는 지역
3. 보전 용도 : 제59조에 따른 도시계획위원회의 심의를 통하여 개발행위허가의 기준을 강화하여 적용할 수 있는 보전관리지역 · 농림지역 · 자연환경보전지역 및 녹지지역 중 대통령령으로 정하는 지역

6) 제61조(관련 인 · 허가 등의 의제)

① 개발행위허가 또는 변경허가를 할 때에 특별시장 · 광역시장 · 특별자치시장 · 특별자치도지사 · 시장 또는 군수가 그 개발행위에 대한 다음 각 호의 인가 · 허가 · 승인 · 면허 · 협의 · 해제 · 신고 또는 심사 등(이하 "인 · 허가 등"이라 한다)에 관하여 제3항에 따라 미리 관계 행정기관의 장과 협의한 사항에 대하여는 그 인 · 허가 등을 받은 것으로 본다.

1. 「공유수면 관리 및 매립에 관한 법률」 제8조에 따른 공유수면의 점용 · 사용허가, 같은 법 제17조에 따른 점용 · 사용 실시계획의 승인 또는 신고, 같은 법 제28조에 따른 공유수면의 매립면허 및 같은 법 제38조에 따른 공유수면매립실시계획의 승인
2. 삭제 〈2010.4.15.〉
3. 「광업법」 제42조에 따른 채굴계획의 인가
4. 「농어촌정비법」 제23조에 따른 농업생산기반시설의 사용허가
5. 「농지법」 제34조에 따른 농지전용의 허가 또는 협의, 같은 법 제35조에 따른 농지전용의 신고 및 같은 법 제36조에 따른 농지의 타용도 일시사용의 허가 또는 협의
6. 「도로법」 제36조에 따른 도로관리청이 아닌 자에 대한 도로공사 시행의 허가, 같은 법 제52조에 따른 도로와 다른 시설의 연결허가 및 같은 법 제 61조에 따른 도로의 점용 허가
7. 「장사 등에 관한 법률」 제27조제1항에 따른 무연분묘(無緣墳墓)의 개장(改葬) 허가

8. 「사도법」 제4조에 따른 사도(私道) 개설(開設)의 허가
9. 「사방사업법」 제14조에 따른 토지의 형질 변경 등의 허가 및 같은 법 제20조에 따른 사방지 지정의 해제
9의2. 「산업집적활성화 및 공장설립에 관한 법률」 제13조에 따른 공장설립 등의 승인
10. 「산지관리법」 제14조 · 제15조에 따른 산지전용허가 및 산지전용신고, 같은 법 제15조의2에 따른 산지일시사용허가 · 신고, 같은 법 제25조제1항에 따른 토석채취허가, 같은 법 제25조제2항에 따른 토사채취신고 및 「산림자원의 조성 및 관리에 관한 법률」 제36조제1항 · 제4항에 따른 입목벌채(立木伐採) 등의 허가 · 신고
11. 「소하천정비법」 제10조에 따른 소하천공사 시행의 허가 및 같은 법 제14조에 따른 소하천의 점용 허가
12. 「수도법」 제52조에 따른 전용상수도 설치 및 같은 법 제54조에 따른 전용공업용수도 설치의 인가
13. 「연안관리법」 제25조에 따른 연안정비사업실시계획의 승인
14. 「체육시설의 설치 · 이용에 관한 법률」 제12조에 따른 사업계획의 승인
15. 「초지법」 제23조에 따른 초지전용의 허가, 신고 또는 협의
16. 「공간정보의 구축 및 관리 등에 관한 법률」 제15조제4항에 따른 지도 등의 간행 심사
17. 「하수도법」 제16조에 따른 공공하수도에 관한 공사시행의 허가 및 같은 법 제24조에 따른 공공하수도의 점용허가
18. 「하천법」 제30조에 따른 하천공사 시행의 허가 및 같은 법 제33조에 따른 하천 점용의 허가
19. 「도시공원 및 녹지 등에 관한 법률」 제24조에 따른 도시공원의 점용허가 및 같은 법 제38조에 따른 녹지의 점용허가

② 제1항에 따른 인 · 허가 등의 의제를 받으려는 자는 개발행위허가 또는 변경허가를 신청할 때에 해당 법률에서 정하는 관련 서류를 함께 제출하여야 한다.

③ 특별시장 · 광역시장 · 특별자치시장 · 특별자치도지사 · 시장 또는 군수는 개발행위허가 또는 변경허가를 할 때에 그 내용에 제1항 각 호의 어느 하나에 해당하는 사항이 있으면 미리 관계 행정기관의 장과 협의하여야 한다.

④ 제3항에 따라 협의 요청을 받은 관계 행정기관의 장은 요청을 받은 날부터 20일 이내에 의견을 제출하여야 하며, 그 기간 내에 의견을 제출하지 아니하면 협의가 이루어진 것으로 본다.

⑤ 국토교통부장관은 제1항에 따라 의제되는 인 · 허가 등의 처리기준을 관계 중앙행정기관으로부터 제출받아 통합하여 고시하여야 한다.

7) 제62조(준공검사)

① 제56조제1항제1호부터 제3호까지의 행위에 대한 개발행위허가를 받은 자는 그 개발행위를 마치면 국토교통부령으로 정하는 바에 따라 특별시장 · 광역시장 · 특별자치시장 · 특별자치도지사 · 시장 또는 군수의 준공검사를 받아야 한다. 다만, 같은 항 제1호의 행위에 대하여 「건축법」 제22조에 따른 건축물의 사용승인을 받은 경우에는 그러하지 아니하다.
② 제1항에 따른 준공검사를 받은 경우에는 특별시장 · 광역시장 · 특별자치시장 · 특별자치도지사 · 시장 또는 군수가 제61조에 따라 의제되는 인 · 허가 등에 따른 준공검사 · 준공인가 등을 받은 것으로 본다.
③ 제2항에 따른 준공검사 · 준공인가 등의 의제를 받으려는 자는 제1항에 따른 준공검사를 신청할 때에 해당 법률에서 정하는 관련 서류를 함께 제출하여야 한다.
④ 특별시장 · 광역시장 · 특별자치시장 · 특별자치도지사 · 시장 또는 군수는 제1항에 따른 준공검사를 할 때에 그 내용에 제61조에 따라 의제되는 인 · 허가 등에 따른 준공검사 · 준공인가 등에 해당하는 사항이 있으면 미리 관계 행정기관의 장과 협의하여야 한다.
⑤ 국토교통부 장관은 제2항에 따라 의제되는 준공검사 · 준공인가 등의 처리기준을 관계 중앙행정기관으로부터 제출받아 통합하여 고시하여야 한다.

8) 제63조(개발행위허가의 제한)

① 국토교통부장관, 시 · 도시자, 시장 또는 군수는 다음 각 호의 어느 하나에 해당되는 지역으로서 도시 · 군관리계획상 특히 필요하다고 인정되는 지역에 대해서는 대통령령으로 정하는 바에 따라 중앙도시계획위원회나 지방도시계획위원회의 심의를 거치지 아니하고 한 차례만 2년 이내의 기간 동안 개발행위허가의 제한을 연장할 수 있다.

1. 녹지지역이나 계획관리지역으로서 수목이 집단적으로 자라고 있거나 조수류 등이 집단적으로 서식하고 있는 지역 또는 우량 농지 등으로 보전할 필요가 있는 지역
2. 개발행위로 인하여 주변의 환경 · 경관 · 미관 · 문화재 등이 크게 오염되거나 손상될 우려가 있는 지역
3. 도시 · 군기본계획이나 도시 · 군관리계획을 수립하고 있는 지역으로서 그 도시 · 군기본계획이나 도시 · 군관리계획이 결정될 경우 용도지역 · 용도지구

또는 용도구역의 변경이 예상되고 그에 따라 개발행위허가의 기준이 크게 달라질 것으로 예상되는 지역

4. 지구단위계획구역으로 지정된 지역
5. 기반시설부담구역으로 지정된 지역

② 국토교통부장관, 시·도지사, 시장 또는 군수는 제1항에 따라 개발행위허가를 제한하려면 대통령령으로 정하는 바에 따라 제한지역·제한사유·제한대상행위 및 제한기간을 미리 고시하여야 한다.

③ 개발행위허가를 제한하기 위하여 제2항에 따라 개발행위허가 제한지역 등을 고시한 국토교통부장관, 시·도지사, 시장 또는 군수는 해당 지역에서 개발행위를 제한할 사유가 없어진 경우에는 그 제한기간이 끝나기 전이라도 지체 없이 개발행위허가의 제한을 해제하여야 한다. 이 경우 국토교통부장관, 시·도지사, 시장 또는 군수는 대통령령으로 정하는 바에 다라 해제지역 및 해제시기를 고시하여야 한다.

④ 국토교통부장관, 시·도지사, 시장 또는 군수가 개발행위허가를 제한하거나 개발행위허가 제한을 연장 또는 해제하는 경우 그 지역의 지형도면 고시, 지정의 효력, 주민 의견 청취 등에 관하여는 「토지이용규제 기본법」 제8조에 따른다.

2 국토의 계획 및 이용에 관한 법률 시행령

1) 제51조(개발행위허가의 대상)

① 법 제56조제1항에 따라 개발행위허가를 받아야 하는 행위는 다음 각 호와 같다.

1. 건축물의 건축 : 「건축법」 제2조제1항제2호에 따른 건축물의 건축
2. 공작물의 설치 : 인공을 가하여 제작한 시설물(「건축법」 제2조제1항제2호에 따른 건축물을 제외한다)의 설치
3. 토지의 형질변경 : 절토(땅깎기)·성토(흙쌓기)·정지(땅고르기)·포장 등의 방법으로 토지의 형상을 변경하는 행위와 공유수면의 매립(경작을 위한 토지의 형질변경을 제외한다)
4. 토석채취 : 흙·모래·자갈·바위 등의 토석을 채취하는 행위. 다만, 토지의 형질변경을 목적으로 하는 것을 제외한다.
5. 토지분할 : 다음 각 목의 어느 하나에 해당하는 토지의 분할(「건축법」 제57조에 따른 건축물이 있는 대지는 제외한다)
   가. 녹지지역·관리지역·농림지역 및 자연환경보전지역 안에서 관계 법령에 따른 허가·인가 등을 받지 아니하고 행하는 토지의 분할
   나. 「건축법」 제57조제1항에 따른 분할제한면적 미만으로의 토지의 분할

다. 관계 법령에 의한 허가 · 인가 등을 받지 아니하고 행하는 너비 5미터 이하로의 토지의 분할

6. 물건을 쌓아놓는 행위 : 녹지지역 · 관리지역 또는 자연환경보전지역 안에서 건축물의 울타리 안(적법한 절차에 의하여 조성된 대지에 한한다)에 위치하지 아니한 토지에 물건을 1월 이상 쌓아놓는 행위

② 법 제56조제1항제2호에서 "대통령령으로 정하는 토지의 형질변경"이란 조성이 끝난 농지에서 농작물 재배, 농지의 지력 증진 및 생산성 향상을 위한 객토나 정지작업, 양수 · 배수시설 설치를 위한 토지의 형질변경으로서 다음 각 호의 어느 하나에 해당하지 않는 형질변경을 말한다.

1. 인접토지의 관개 · 배수 및 농작업에 영향을 미치는 경우
2. 재활용 골재, 사업장 폐토양, 무기성 오니(오염된 침전물) 등 수질오염 또는 토질오염의 우려가 있는 토사 등을 사용하여 성토하는 경우. 다만, 「농지법 시행령」 제3조의2제2호에 따른 성토는 제외한다.
3. 지목의 변경을 수반하는 경우(전 · 답 사이의 변경은 제외한다)
4. 옹벽 설치(제53조에 따라 허가를 받지 않아도 되는 옹벽 설치는 제외한다) 또는 2미터 이상의 절토 · 성토가 수반되는 경우. 다만, 절토 · 성토에 대해서는 2미터 이내의 범위에서 특별시 · 광역시 · 특별자치시 · 특별자치도 · 시 또는 군의 도시 · 군계획조례로 따로 정할 수 있다.

2) 제52조(개발행위허가의 경미한 변경)

① 법 제56조제2항 단서에서 "대통령령으로 정하는 경미한 사항을 변경하는 경우"란 다음 각 호의 어느 하나에 해당하는 경우(다른 호에 저촉되지 않는 경우로 한정한다)를 말한다.

1. 사업기간을 단축하는 경우
2. 다음 각 목의 어느 하나에 해당하는 경우

가. 부지면적 또는 건축물 연면적을 5퍼센트 범위에서 축소[공작물의 무게, 부피, 수평투영면적(하늘에서 내려다보이는 수평면적을 말한다) 또는 토석채취량을 5퍼센트 범위에서 축소하는 경우를 포함한다]하는 경우

나. 관계 법령의 개정 또는 도시 · 군관리계획의 변경에 따라 허가받은 사항을 불가피하게 변경하는 경우

다. 「공간정보의 구축 및 관리 등에 관한 법률」 제26조제2항 및 「건축법」 제26조에 따라 허용되는 오차를 반영하기 위한 변경인 경우

라. 「건축법 시행령」 제12조제3항 각 호의 어느 하나에 해당하는 변경(공작물의 위치를 1미터 범위에서 변경하는 경우를 포함한다)인 경우

② 개발행위허가를 받은 자는 제1항 각 호의 1에 해당하는 경미한 사항을 변경한 때에는 지체없이 그 사실을 특별시장 · 광역시장 · 특별자치시장 · 특별자치도지사 · 시장 또는 군수에게 통지하여야 한다.

3) 제53조(허가를 받지 아니하여도 되는 경미한 행위)

법 제56조제4항제3호에서 "대통령령으로 정하는 경미한 행위"란 다음 각 호의 행위를 말한다. 다만, 다음 각 호에 규정된 범위에서 특별시 · 광역시 · 특별자치시 · 특별자치도 · 시 또는 군의 도시 · 군계획조례로 따로 정하는 경우에는 그에 따른다.

1. 건축물의 건축 : 「건축법」 제11조제1항에 따른 건축허가 또는 같은 법 제14조제1항에 따른 건축신고 및 같은 법 제20조제1항에 따른 가설건축물 건축의 허가 또는 같은 조 제3항에 따른 가설건축물의 축조신고 대상에 해당하지 아니하는 건축물의 건축
2. 공작물의 설치
   가. 도시지역 또는 지구단위계획구역에서 무게가 50톤 이하, 부피가 50세제곱미터 이하, 수평투영면적이 50제곱미터 이하인 공작물의 설치. 다만, 「건축법 시행령」 제118조제1항 각 호의 어느 하나에 해당하는 공작물의 설치는 제외한다.
   나. 도시지역 · 자연환경보전지역 및 지구단위계획구역외의 지역에서 무게가 150톤 이하, 부피가 150세제곱미터 이하, 수평투영면적이 150제곱미터 이하인 공작물의 설치. 다만, 「건축법 시행령」 제118조제1항 각 호의 어느 하나에 해당하는 공작물의 설치는 제외한다.
   다. 녹지지역 · 관리지역 또는 농림지역 안에서의 농림어업용 비닐하우스(비닐하우스 안에 설치하는 육상어류양식장을 제외한다)의 설치
3. 토지의 형질변경
   가. 높이 50센티미터 이내 또는 깊이 50센티미터 이내의 절토 · 성토 · 정지 등(포장을 제외하며, 주거지역 · 상업지역 및 공업지역 외의 지역에서는 지목변경을 수반하지 아니하는 경우에 한한다)
   나. 도시지역 · 자연환경보전지역 및 지구단위계획구역 외의 지역에서 면적이 660제곱미터 이하인 토지에 대한 지목변경을 수반하지 아니하는 절토 · 성토 · 정지 · 포장 등(토지의 형질변경 면적은 형질변경이 이루어지는 당해 필지의 총면적을 말한다. 이하 같다)
   다. 조성이 완료된 기존 대지에 건축물이나 그 밖의 공작물을 설치하기 위한 토지의 형질변경(절토 및 성토는 제외한다)

라. 국가 또는 지방자치단체가 공익상의 필요에 의하여 직접 시행하는 사업을 위한 토지의 형질변경

4. 토석채취

가. 도시지역 또는 지구단위계획구역에서 채취면적이 25제곱미터 이하인 토지에서의 부피 50세제곱미터 이하의 토석채취

나. 도시지역 · 자연환경보전지역 및 지구단위계획구역 외의 지역에서 채취면적이 250제곱미터 이하인 토지에서의 부피 500세제곱미터 이하의 토석채취

5. 토지분할

가. 「사도법」에 의한 사도개설허가를 받은 토지의 분할

나. 토지의 일부를 공공용지 또는 공용지로 하기 위한 토지의 분할

다. 행정재산 중 용도 폐지되는 부분의 분할 또는 일반재산을 매각 · 교환 또는 양여하기 위한 분할

라. 토지의 일부가 도시 · 군계획시설로 지형도면고시가 된 당해 토지의 분할

마. 너비 5미터 이하로 이미 분할된 토지의 「건축법」 제57조제1항에 따른 분할제한면적 이상으로의 분할

6. 물건을 쌓아놓는 행위

가. 녹지지역 또는 지구단위계획구역에서 물건을 쌓아놓는 면적이 25제곱미터 이하인 토지에 전체무게 50톤 이하, 전체부피 50세제곱미터 이하로 물건을 쌓아놓는 행위

나. 관리지역(지구단위계획구역으로 지정된 지역을 제외한다)에서 물건을 쌓아놓는 면적이 250제곱미터 이하인 토지에 전체무게 500톤 이하, 전체부피 500세제곱미터 이하로 물건을 쌓아놓는 행위

4) 제54조(개발행위허가의 절차 등)

① 법 제57조제2항에서 "대통령령으로 정하는 기간"이란 15일(도시계획위원회의 심의를 거쳐야 하거나 관계 행정기관의 장과 협의를 하여야 하는 경우에는 심의 또는 협의기간을 제외한다)을 말한다.

② 특별시장 · 광역시장 · 특별자치시장 · 특별자치도지사 · 시장 또는 군수는 법 제57조제4항에 따라 개발행위허가에 조건을 붙이려는 때에는 미리 개발행위허가를 신청한 자의 의견을 들어야 한다.

5) 제55조(개발행위허가의 규모)

① 법 제58조제1항제1호 본문에서 "대통령령으로 정하는 개발행위의 규모"란 다음 각 호에 해당하는 토지의 형질변경면적을 말한다. 다만, 관리지역 및 농림지역에

대하여는 제2호 및 제3호의 규정에 의한 면적의 범위 안에서 당해 특별시 · 광역시 · 특별자치시 · 특별자치도 · 시 또는 군의 도시 · 군계획조례로 따로 정할 수 있다.

1. 도시지역
   가. 주거지역 · 상업지역 · 자연녹지지역 · 생산녹지지역 : 1만제곱미터 미만
   나. 공업지역 : 3만제곱미터 미만
   다. 보전녹지지역 : 5천제곱미터 미만
2. 관리지역 : 3만제곱미터 미만
3. 농림지역 : 3만제곱미터 미만
4. 자연환경보전지역 : 5천제곱미터 미만

② 제1항의 규정을 적용함에 있어서 개발행위허가의 대상인 토지가 2 이상의 용도지역에 걸치는 경우에는 각각의 용도지역에 위치하는 토지부분에 대하여 각각의 용도지역의 개발행위의 규모에 관한 규정을 적용한다. 다만, 개발행위허가의 대상인 토지의 총면적이 당해 토지가 걸쳐 있는 용도지역 중 개발행위의 규모가 가장 큰 용도지역의 개발행위의 규모를 초과하여서는 아니 된다.

③ 법 제58조제1항제1호 단서에서 "개발행위가 「농어촌정비법」 제2조제4호에 따른 농어촌정비사업으로 이루어지는 경우 등 대통령령으로 정하는 경우"란 다음 각 호의 어느 하나에 해당하는 경우를 말한다.

1. 지구단위계획으로 정한 가구 및 획지의 범위 안에서 이루어지는 토지의 형질변경으로서 당해 형질변경과 관련된 기반시설이 이미 설치되었거나 형질변경과 기반시설의 설치가 동시에 이루어지는 경우
2. 해당 개발행위가 「농어촌정비법」 제2조제4호에 따른 농어촌정비사업으로 이루어지는 경우

2의2. 해당 개발행위가 「국방 · 군사시설 사업에 관한 법률」 제2조제2호에 따른 국방 · 군사시설사업으로 이루어지는 경우

3. 초지조성, 농지조성, 영림 또는 토석채취를 위한 경우

3의2. 해당 개발행위가 다음 각 목의 어느 하나에 해당하는 경우. 이 경우 특별시장 · 광역시장 · 특별자치시장 · 특별자치도지사 · 시장 또는 군수는 그 개발행위에 대한 허가를 하려면 시 · 도도시계획위원회 또는 법 제113조제2항에 따른 시 · 군 · 구도시계획위원회(이하 "시 · 군 · 구도시계획위원회"라 한다) 중 대도시에 두는 도시계획위원회의 심의를 거쳐야 하고, 시장(대도시 시장은 제외한다) 또는 군수(특별시장 · 광역시장의 개발행위허가 권한이 법 제139조제2항에 따라 조례로 군수 또는 자치구의 구청장에게 위임된 경우에는 그 군수 또는 자치구의 구청장을 포함한다)는 시 · 도도시계획위원회에 심의를 요청하

기 전에 해당 지방자치단체에 설치된 지방도시계획위원회에 자문할 수 있다.
가. 하나의 필지(법 제62조에 따른 준공검사를 신청할 때 둘 이상의 필지를 하나의 필지로 합칠 것을 조건으로 하여 허가하는 경우를 포함하되, 개발행위허가를 받은 후에 매각을 목적으로 하나의 필지를 둘 이상의 필지로 분할하는 경우는 제외한다)에 건축물을 건축하거나 공작물을 설치하기 위한 토지의 형질변경
나. 하나 이상의 필지에 하나의 용도에 사용되는 건축물을 건축하거나 공작물을 설치하기 위한 토지의 형질변경
4. 건축물의 건축, 공작물의 설치 또는 지목의 변경을 수반하지 아니하고 시행하는 토지복원사업
5. 그 밖에 국토교통부령이 정하는 경우

6) 제56조(개발행위허가의 기준)

① 법 제58조제3항에 따른 개발행위허가의 기준은 별표 1의2와 같다.
② 법 제58조제3항제2호에서 "대통령령으로 정하는 지역"이란 자연녹지지역을 말한다.
③ 법 제58조제3항제3호에서 "대통령령으로 정하는 지역"이란 생산녹지지역 및 보전녹지지역을 말한다.
④ 국토교통부장관은 제1항의 개발행위허가기준에 대한 세부적인 검토기준을 정할 수 있다.

3 산지관리법

1) 제1조(목적)

이 법은 산지(山地)를 합리적으로 보전하고 이용하여 임업의 발전과 산림의 다양한 공익기능의 증진을 도모함으로써 국민경제의 건전한 발전과 국토환경의 보전에 이바지함을 목적으로 한다.

2) 제2조(정의)

이 법에서 사용하는 용어의 뜻은 다음과 같다.
1. "산지"란 다음 각 목의 어느 하나에 해당하는 토지를 말한다. 다만, 주택지[주택지 조성사업이 완료되어 지목이 대(垈)로 변경된 토지를 말한다] 및 대통령령으로 정하는 농지, 초지(草地), 도로, 그 밖의 토지는 제외한다.
가. 「공간정보의 구축 및 관리 등에 관한 법률」 제67조제1항에 따른 지목이 임야

인 토지
나. 입목(立木) · 대나무가 집단적으로 생육(生育)하고 있는 토지
다. 집단적으로 생육한 입목 · 대나무가 일시 상실된 토지
라. 입목 · 대나무의 집단적 생육에 사용하게 된 토지
마. 임도(林道), 작업로 등 산길
바. 나목부터 라목까지의 토지에 있는 암석지(巖石地) 및 소택지(沼澤地)

2. "산지전용"(山地轉用)이란 산지를 다음 각 목의 어느 하나에 해당하는 용도 외로 사용하거나 이를 위하여 산지의 형질을 변경하는 것을 말한다.
가. 조림(造林), 숲 가꾸기, 입목의 벌채 · 굴취
나. 토석 등 임산물의 채취
다. 대통령령으로 정하는 임산물의 재배[성토(흙쌓기) 또는 절토(땅깎기) 등을 통하여 지표면으로부터 높이 또는 깊이 50센티미터 이상 형질변경을 수반하는 경우와 시설물의 설치를 수반하는 경우는 제외한다]
라. 산지일시사용

3. "산지일시사용"이란 다음 각 목의 어느 하나에 해당하는 것을 말한다.
가. 산지로 복구할 것을 조건으로 산지를 제2호가목부터 다목까지의 어느 하나에 해당하는 용도 외의 용도로 일정 기간 동안 사용하거나 이를 위하여 산지의 형질을 변경하는 것
나. 산지를 임도, 작업로, 임산물 운반로, 등산로 · 탐방로 등 숲길, 그 밖에 이와 유사한 산길로 사용하기 위하여 산지의 형질을 변경하는 것

4. "석재"란 산지의 토석 중 건축용, 공예용, 조경용, 쇄골재용(碎骨材用) 및 토목용으로 사용하기 위한 암석을 말한다.
5. "토사"란 산지의 토석 중 제4호에 따른 석재를 제외한 것을 말한다.
6. "산지경관"이란 산세 및 산줄기 등의 지형적 특징과 산지에 부속된 자연 및 인공 요소가 어우러져 심미적 · 생태적 가치를 지니며, 자연과 인공의 조화를 통하여 형성되는 경치를 말한다.

3) 제3조(산지관리의 기본원칙)

산지는 임업의 생산성을 높이고 재해 방지, 수원(水源) 보호, 자연생태계 보전, 산지경관 보전, 국민보건휴양 증진 등 산림의 공익 기능을 높이는 방향으로 관리되어야 하며 산지전용은 자연친화적인 방법으로 하여야 한다.

4) 제3조의2(산지관리기본계획의 수립 등)

① 산림청장은 산지를 합리적으로 보전하고 이용하기 위하여 「산림기본법」 제11조

에 따른 산림기본계획(이하 "산림기본계획"이라 한다)에 따라 전국의 산지에 대한 산지관리기본계획(이하 "기본계획"이라 한다)을 10년마다 수립하여야 한다.

4 농지법

1) 제1조(목적)

이 법은 농지의 소유 · 이용 및 보전 등에 필요한 사항을 정함으로써 농지를 효율적으로 이용하고 관리하여 농업인의 경영 안정과 농업 생산성 향상을 바탕으로 농업 경쟁력 강화와 국민경제의 균형 있는 발전 및 국토 환경 보전에 이바지하는 것을 목적으로 한다.

2) 제2조(정의)

이 법에서 사용하는 용어의 뜻은 다음과 같다.

1. "농지"란 다음 각 목의 어느 하나에 해당하는 토지를 말한다.
   가. 전 · 답, 과수원, 그 밖에 법적 지목(地目)을 불문하고 실제로 농작물 경작지 또는 대통령령으로 정하는 다년생식물 재배지로 이용되는 토지. 다만, 「초지법」에 따라 조성된 초지 등 대통령령으로 정하는 토지는 제외한다.
   나. 가목의 토지의 개량시설과 가목의 토지에 설치하는 농축산물 생산시설로서 대통령령으로 정하는 시설의 부지
2. "농업인"이란 농업에 종사하는 개인으로서 대통령령으로 정하는 자를 말한다.
3. "농업법인"이란 「농어업경영체 육성 및 지원에 관한 법률」 제16조에 따라 설립된 영농조합법인과 같은 법 제19조에 따라 설립되고 업무집행권을 가진 자 중 3분의 1 이상이 농업인인 농업회사법인을 말한다.
4. "농업경영"이란 농업인이나 농업법인이 자기의 계산과 책임으로 농업을 영위하는 것을 말한다.
5. "자경(自耕)"이란 농업인이 그 소유 농지에서 농작물 경작 또는 다년생식물 재배에 상시 종사하거나 농작업(農作業)의 2분의 1 이상을 자기의 노동력으로 경작 또는 재배하는 것과 농업법인이 그 소유 농지에서 농작물을 경작하거나 다년생식물을 재배하는 것을 말한다.
6. "위탁경영"이란 농지 소유자가 타인에게 일정한 보수를 지급하기로 약정하고 농작업의 전부 또는 일부를 위탁하여 행하는 농업경영을 말한다.
7. "농지의 전용"이란 농지를 농작물의 경작이나 다년생식물의 재배 등 농업생산 또는 대통령령으로 정하는 농지개량 외의 용도로 사용하는 것을 말한다. 다만, 제1호나목에서 정한 용도로 사용하는 경우에는 전용(轉用)으로 보지 아니한다.

8. "주말 · 체험영농"이란 농업인이 아닌 개인이 주말 등을 이용하여 취미생활이나 여가활동으로 농작물을 경작하거나 다년생식물을 재배하는 것을 말한다.

3) 제6조(농지 소유 제한)

① 농지는 자기의 농업경영에 이용하거나 이용할 자가 아니면 소유하지 못한다.
② 제1항에도 불구하고 다음 각 호의 어느 하나에 해당하는 경우에는 농지를 소유할 수 있다. 다만, 소유 농지는 농업경영에 이용되도록 하여야 한다.

4) 제7조(농지 소유 상한)

① 상속으로 농지를 취득한 사람으로서 농업경영을 하지 아니하는 사람은 그 상속 농지 중에서 총 1만제곱미터까지만 소유할 수 있다.
② 대통령령으로 정하는 기간 이상 농업경영을 한 후 이농한 사람은 이농 당시 소유 농지 중에서 총 1만제곱미터까지만 소유할 수 있다.
③ 주말 · 체험영농을 하려는 사람은 총 1천제곱미터 미만의 농지를 소유할 수 있다. 이 경우 면적 계산은 그 세대원 전부가 소유하는 총 면적으로 한다.
④ 제23조제1항제7호에 따라 농지를 임대하거나 무상사용하게 하는 경우에는 제1항 또는 제2항에도 불구하고 임대하거나 무상사용하게 하는 기간 동안 소유 상한을 초과하는 농지를 계속 소유할 수 있다.

5) 제32조(용도구역에서의 행위 제한)

① 농업진흥구역에서는 농업 생산 또는 농지 개량과 직접적으로 관련된 행위로서 대통령령으로 정하는 행위 외의 토지이용행위를 할 수 없다. 다만, 다음 각 호의 토지이용행위는 그러하지 아니하다.

1. 대통령령으로 정하는 농수산물(농산물 · 임산물 · 축산물 · 수산물을 말한다. 이하 같다)의 가공 · 처리 시설의 설치 및 농수산업(농업 · 임업 · 축산업 · 수산업을 말한다. 이하 같다) 관련 시험 · 연구 시설의 설치
2. 어린이놀이터, 마을회관, 그 밖에 대통령령으로 정하는 농업인의 공동생활에 필요한 편의 시설 및 이용 시설의 설치
3. 대통령령으로 정하는 농업인 주택, 어업인 주택, 농업용 시설, 축산업용 시설 또는 어업용 시설의 설치
4. 국방 · 군사 시설의 설치
5. 하천, 제방, 그 밖에 이에 준하는 국토 보존 시설의 설치
6. 문화재의 보수 · 복원 · 이전, 매장 문화재의 발굴, 비석이나 기념탑, 그 밖에 이와 비슷한 공작물의 설치

7. 도로, 철도, 그 밖에 대통령령으로 정하는 공공시설의 설치
8. 지하자원 개발을 위한 탐사 또는 지하광물 채광(採鑛)과 광석의 선별 및 적치(積置)를 위한 장소로 사용하는 행위
9. 농어촌 소득원 개발 등 농어촌 발전에 필요한 시설로서 대통령령으로 정하는 시설의 설치

② 농업보호구역에서는 다음 각 호 외의 토지이용행위를 할 수 없다.

1. 제1항에 따라 허용되는 토지이용행위
2. 농업인 소득 증대에 필요한 시설로서 대통령령으로 정하는 건축물 · 공작물, 그 밖의 시설의 설치
3. 농업인의 생활 여건을 개선하기 위하여 필요한 시설로서 대통령령으로 정하는 건축물 · 공작물, 그 밖의 시설의 설치

③ 농업진흥지역 지정 당시 관계 법령에 따라 인가 · 허가 또는 승인 등을 받거나 신고하고 설치한 기존의 건축물 · 공작물과 그 밖의 시설에 대하여는 제1항과 제2항의 행위 제한 규정을 적용하지 아니한다.

④ 농업진흥지역 지정 당시 관계 법령에 따라 다음 각 호의 행위에 대하여 인가 · 허가 · 승인 등을 받거나 신고하고 공사 또는 사업을 시행 중인 자(관계 법령에 따라 인가 · 허가 · 승인 등을 받거나 신고할 필요가 없는 경우에는 시행 중인 공사 또는 사업에 착수한 자를 말한다)는 그 공사 또는 사업에 대하여만 제1항과 제2항의 행위 제한 규정을 적용하지 아니한다.

1. 건축물의 건축
2. 공작물이나 그 밖의 시설의 설치
3. 토지의 형질변경
4. 그 밖에 제1호부터 제3호까지의 행위에 준하는 행위

6) 제34조(농지의 전용허가 · 협의)

① 농지를 전용하려는 자는 다음 각 호의 어느 하나에 해당하는 경우 외에는 대통령령으로 정하는 바에 따라 농림축산식품부장관의 허가를 받아야 한다. 허가받은 농지의 면적 또는 경계 등 대통령령으로 정하는 중요 사항을 변경하려는 경우에도 또한 같다.

1. 다른 법률에 따라 농지전용허가가 의제되는 협의를 거쳐 농지를 전용하는 경우
2. 「국토의 계획 및 이용에 관한 법률」에 따른 도시지역 또는 계획관리지역에 있는 농지로서 제2항에 따른 협의를 거친 농지나 제2항제1호 단서에 따라 협의 대상에서 제외되는 농지를 전용하는 경우
3. 제35조에 따라 농지전용신고를 하고 농지를 전용하는 경우

4. 「산지관리법」 제14조에 따른 산지전용허가를 받지 아니하거나 같은 법 제15조에 따른 산지전용신고를 하지 아니하고 불법으로 개간한 농지를 산림으로 복구하는 경우
5. 「하천법」에 따라 하천관리청의 허가를 받고 농지의 형질을 변경하거나 공작물을 설치하기 위하여 농지를 전용하는 경우

② 주무부장관이나 지방자치단체의 장은 다음 각 호의 어느 하나에 해당하면 대통령령으로 정하는 바에 따라 농림축산식품부장관과 미리 농지전용에 관한 협의를 하여야 한다.

1. 「국토의 계획 및 이용에 관한 법률」에 따른 도시지역에 주거지역 · 상업지역 또는 공업지역을 지정하거나 도시 · 군계획시설을 결정할 때에 해당 지역 예정지 또는 시설 예정지에 농지가 포함되어 있는 경우. 다만, 이미 지정된 주거지역 · 상업지역 · 공업지역을 다른 지역으로 변경하거나 이미 지정된 주거지역 · 상업지역 · 공업지역에 도시 · 군계획시설을 결정하는 경우는 제외한다.

1의2. 「국토의 계획 및 이용에 관한 법률」에 따른 계획관리지역에 지구단위계획구역을 지정할 때에 해당 구역 예정지에 농지가 포함되어 있는 경우

2. 「국토의 계획 및 이용에 관한 법률」에 따른 도시지역의 녹지지역 및 개발제한구역의 농지에 대하여 같은 법 제56조에 따라 개발행위를 허가하거나 「개발제한구역의 지정 및 관리에 관한 특별조치법」 제12조제1항 각 호 외의 부분 단서에 따라 토지의 형질변경허가를 하는 경우

5 농지법 시행령

1) 제2조(농지의 범위)

① 「농지법」(이하 "법"이라 한다) 제2조제1호가목 본문에서 "대통령령으로 정하는 다년생식물 재배지"란 다음 각 호의 어느 하나에 해당하는 식물의 재배지를 말한다.

1. 목초 · 종묘 · 인삼 · 약초 · 잔디 및 조림용 묘목
2. 과수 · 뽕나무 · 유실수 그 밖의 생육기간이 2년 이상인 식물
3. 조경 또는 관상용 수목과 그 묘목(조경목적으로 식재한 것을 제외한다)

2) 제29조(농업진흥구역에서 할 수 있는 행위)

① 법 제32조제1항 각 호 외의 부분 본문에서 "대통령령으로 정하는 행위"란 다음 각 호의 어느 하나에 해당하는 행위를 말한다.

1. 농작물의 경작
2. 다년생식물의 재배

3. 고정식온실 · 버섯재배사 및 비닐하우스와 농림축산식품부령으로 정하는 그 부속시설의 설치
4. 축사 · 곤충사육사와 농림축산식품부령으로 정하는 그 부속시설의 설치
5. 간이퇴비장의 설치
6. 농지개량사업 또는 농업용수개발사업의 시행
7. 농막 · 간이저온저장고 및 간이액비 저장조 중에서 농림축산식품부령으로 정하는 시설의 설치

⑥ 법 제32조제1항제7호에서 "대통령령으로 정하는 공공시설"이란 다음 각 호의 시설을 말한다.

1. 상하수도(하수종말처리시설 및 정수시설을 포함한다), 운하, 공동구(共同溝), 가스공급설비, 전주(유 · 무선송신탑을 포함한다), 통신선로, 전선로(電線路), 변전소, 소수력(小水力) · 풍력발전설비, 송유설비, 방수설비, 유수지(遊水池) 시설, 하천부속물 및 기상관측을 위한 무인(無人)의 관측시설

3) 제34조(농지의 전용에 관한 협의 등)

① 주무부장관 또는 지방자치단체의 장이 법 제34조제2항에 따라 농지의 전용에 관하여 협의(다른 법률에 따라 농지전용허가가 의제되는 협의를 포함한다)하려는 경우에는 농지전용협의요청서에 농림축산식품부령으로 정하는 서류를 첨부하여 농림축산식품부장관에게 제출하여야 한다.

4) 제35조(농지의 전용신고)

① 법 제35조제1항에 따라 농지전용의 신고 또는 변경신고를 하려는 자는 농지전용신고서에 농림축산식품부령으로 정하는 서류를 첨부하여 해당 농지의 소재지를 관할하는 시장 · 군수 또는 자치구구청장에게 제출하여야 한다.

6 농지법 시행규칙

1) 제12조(농지이용계획의 수립)

① 법 제14조제2항에 따른 농지이용계획에 포함되어야 할 세부사항은 다음 각 호와 같다.

1. 농지이용계획의 목표와 기본방향에 관한 사항
2. 농지의 지대구분 및 용도구분에 관한 사항
3. 농업생산기반의 정비방향 및 계획에 관한 사항
4. 농업경영규모확대 목표 및 계획에 관한 사항

5. 농지의 농업환경보전에 관한 사항
6. 농지의 농업 외 용도로의 이용에 관한 사항
7. 농지이용계획의 집행 및 관리에 관한 사항
8. 그 밖에 농림축산식품부장관이 정하는 사항

② 시장 · 군수 또는 자치구구청장은 법 제14조에 따라 농지이용계획을 수립하는 때에는 농지이용계획이 「농업 · 농촌 및 식품산업 기본법」에 따른 농업 · 농촌 및 식품산업 발전계획, 「농어촌정비법」에 따른 농업생산기반 정비사업 기본계획, 「국토의 계획 및 이용에 관한 법률」에 따른 도시기본계획 그 밖에 다른 법률에 따른 토지 등의 이용에 관한 계획과 조화를 이루도록 하여야 한다.

7 환경정책기본법

1) 제1조(목적)

이 법은 환경보전에 관한 국민의 권리 · 의무와 국가의 책무를 명확히 하고 환경정책의 기본 사항을 정하여 환경오염과 환경훼손을 예방하고 환경을 적정하고 지속가능하게 관리 · 보전함으로써 모든 국민이 건강하고 쾌적한 삶을 누릴 수 있도록 함을 목적으로 한다.

2) 제2조(기본이념)

① 환경의 질적인 향상과 그 보전을 통한 쾌적한 환경의 조성 및 이를 통한 인간과 환경 간의 조화와 균형의 유지는 국민의 건강과 문화적인 생활의 향유 및 국토의 보전과 항구적인 국가발전에 반드시 필요한 요소임에 비추어 국가, 지방자치단체, 사업자 및 국민은 환경을 보다 양호한 상태로 유지 · 조성하도록 노력하고, 환경을 이용하는 모든 행위를 할 때에는 환경보전을 우선적으로 고려하며, 기후변화 등 지구환경상의 위해(危害)를 예방하기 위하여 공동으로 노력함으로써 현 세대의 국민이 그 혜택을 널리 누릴 수 있게 함과 동시에 미래의 세대에게 그 혜택이 계승될 수 있도록 하여야 한다.

② 국가와 지방자치단체는 환경 관련 법령이나 조례 · 규칙을 제정 · 개정하거나 정책을 수립 · 시행할 때 모든 사람들에게 실질적인 참여를 보장하고, 환경에 관한 정보에 접근하도록 보장하며, 환경적 혜택과 부담을 공평하게 나누고, 환경오염 또는 환경훼손으로 인한 피해에 대하여 공정한 구제를 보장함으로써 환경정의를 실현하도록 노력한다.

3) 제3조(정의)

이 법에서 사용하는 용어의 뜻은 다음과 같다.

1. "환경"이란 자연환경과 생활환경을 말한다.
2. "자연환경"이란 지하 · 지표(해양을 포함한다) 및 지상의 모든 생물과 이들을 둘러싸고 있는 비생물적인 것을 포함한 자연의 상태(생태계 및 자연경관을 포함한다)를 말한다.
3. "생활환경"이란 대기, 물, 토양, 폐기물, 소음 · 진동, 악취, 일조(日照), 인공조명, 화학물질 등 사람의 일상생활과 관계되는 환경을 말한다.
4. "환경오염"이란 사업활동 및 그 밖의 사람의 활동에 의하여 발생하는 대기오염, 수질오염, 토양오염, 해양오염, 방사능오염, 소음 · 진동, 악취, 일조 방해, 인공조명에 의한 빛공해 등으로서 사람의 건강이나 환경에 피해를 주는 상태를 말한다.
5. "환경훼손"이란 야생동식물의 남획(濫獲) 및 그 서식지의 파괴, 생태계질서의 교란, 자연경관의 훼손, 표토(表土)의 유실 등으로 자연환경의 본래적 기능에 중대한 손상을 주는 상태를 말한다.
6. "환경보전"이란 환경오염 및 환경훼손으로부터 환경을 보호하고 오염되거나 훼손된 환경을 개선함과 동시에 쾌적한 환경 상태를 유지 · 조성하기 위한 행위를 말한다.
7. "환경용량"이란 일정한 지역에서 환경오염 또는 환경훼손에 대하여 환경이 스스로 수용, 정화 및 복원하여 환경의 질을 유지할 수 있는 한계를 말한다.
8. "환경기준"이란 국민의 건강을 보호하고 쾌적한 환경을 조성하기 위하여 국가가 달성하고 유지하는 것이 바람직한 환경상의 조건 또는 질적인 수준을 말한다.

4) 제41조(환경영향평가)

① 국가는 환경기준의 적정성을 유지하고 자연환경을 보전하기 위하여 환경에 영향을 미치는 계획 및 개발사업이 환경적으로 지속가능하게 수립 · 시행될 수 있도록 전략환경영향평가, 환경영향평가, 소규모 환경영향평가를 실시하여야 한다.

② 제1항에 따른 전략환경영향평가, 환경영향평가 및 소규모 환경영향평가의 대상, 절차 및 방법 등에 관한 사항은 따로 법률로 정한다.

8 기후위기 대응을 위한 탄소중립 · 녹색성장 기본법(약칭 : 탄소중립기본법)

1) 제1조(목적)

이 법은 기후위기의 심각한 영향을 예방하기 위하여 온실가스 감축 및 기후위기 적응대책을 강화하고 탄소중립 사회로의 이행 과정에서 발생할 수 있는 경제적 · 환경적 · 사회적 불평등을 해소하며 녹색기술과 녹색산업의 육성 · 촉진 · 활성화를 통하여 경제와 환경의 조화로운 발전을 도모함으로써, 현재 세대와 미래 세대의 삶의 질을 높이고 생태계와 기후체계를 보호하며 국제사회의 지속가능발전에 이바지하는 것을 목적으로 한다.

2) 제2조(정의)

이 법에서 사용하는 용어의 뜻은 다음과 같다.

1. "기후변화"란 사람의 활동으로 인하여 온실가스의 농도가 변함으로써 상당 기간 관찰되어 온 자연적인 기후변동에 추가적으로 일어나는 기후체계의 변화를 말한다.
2. "기후위기"란 기후변화가 극단적인 날씨뿐만 아니라 물 부족, 식량 부족, 해양산성화, 해수면 상승, 생태계 붕괴 등 인류 문명에 회복할 수 없는 위험을 초래하여 획기적인 온실가스 감축이 필요한 상태를 말한다.
3. "탄소중립"이란 대기 중에 배출 · 방출 또는 누출되는 온실가스의 양에서 온실가스 흡수의 양을 상쇄한 순배출량이 영(零)이 되는 상태를 말한다.
4. "탄소중립 사회"란 화석연료에 대한 의존도를 낮추거나 없애고 기후위기 적응 및 정의로운 전환을 위한 재정 · 기술 · 제도 등의 기반을 구축함으로써 탄소중립을 원활히 달성하고 그 과정에서 발생하는 피해와 부작용을 예방 및 최소화할 수 있도록 하는 사회를 말한다.
5. "온실가스"란 적외선 복사열을 흡수하거나 재방출하여 온실효과를 유발하는 대기 중의 가스 상태의 물질로서 이산화탄소(CO_2), 메탄(CH_4), 아산화질소(N_2O), 수소불화탄소(HFCs), 과불화탄소(PFCs), 육불화황(SF_6) 및 그 밖에 대통령령으로 정하는 물질을 말한다.
6. "온실가스 배출"이란 사람의 활동에 수반하여 발생하는 온실가스를 대기 중에 배출 · 방출 또는 누출시키는 직접배출과 다른 사람으로부터 공급된 전기 또는 열(연료 또는 전기를 열원으로 하는 것만 해당한다)을 사용함으로써 온실가스가 배출되도록 하는 간접배출을 말한다.
7. "온실가스 감축"이란 기후변화를 완화 또는 지연시키기 위하여 온실가스 배출량을 줄이거나 흡수하는 모든 활동을 말한다.
8. "온실가스 흡수"란 토지이용, 토지이용의 변화 및 임업활동 등에 의하여 대기로부터 온실가스가 제거되는 것을 말한다.
9. "신 · 재생에너지"란 「신에너지 및 재생에너지 개발 · 이용 · 보급 촉진법」 제2조 제1호 및 제2호에 따른 신에너지 및 재생에너지를 말한다.
10. "에너지 전환"이란 에너지의 생산, 전달, 소비에 이르는 시스템 전반을 기후위기 대응(온실가스 감축, 기후위기 적응 및 관련 기반의 구축 등 기후위기에 대응하기 위한 일련의 활동을 말한다. 이하 같다)과 환경성 · 안전성 · 에너지안보 · 지속

가능성을 추구하도록 전환하는 것을 말한다.

11. “기후위기 적응”이란 기후위기에 대한 취약성을 줄이고 기후위기로 인한 건강피해와 자연재해에 대한 적응역량과 회복력을 높이는 등 현재 나타나고 있거나 미래에 나타날 것으로 예상되는 기후위기의 파급효과와 영향을 최소화하거나 유익한 기회로 촉진하는 모든 활동을 말한다.
12. “기후정의”란 기후변화를 야기하는 온실가스 배출에 대한 사회계층별 책임이 다름을 인정하고 기후위기를 극복하는 과정에서 모든 이해관계자들이 의사결정과정에 동등하고 실질적으로 참여하며 기후변화의 책임에 따라 탄소중립 사회로의 이행 부담과 녹색성장의 이익을 공정하게 나누어 사회적 · 경제적 및 세대 간의 평등을 보장하는 것을 말한다.
13. “정의로운 전환”이란 탄소중립 사회로 이행하는 과정에서 직 · 간접적 피해를 입을 수 있는 지역이나 산업의 노동자, 농민, 중소상공인 등을 보호하여 이행 과정에서 발생하는 부담을 사회적으로 분담하고 취약계층의 피해를 최소화하는 정책방향을 말한다.
14. “녹색성장”이란 에너지와 자원을 절약하고 효율적으로 사용하여 기후변화와 환경훼손을 줄이고 청정에너지와 녹색기술의 연구개발을 통하여 새로운 성장동력을 확보하며 새로운 일자리를 창출해 나가는 등 경제와 환경이 조화를 이루는 성장을 말한다.
15. “녹색경제”란 화석에너지의 사용을 단계적으로 축소하고 녹색기술과 녹색산업을 육성함으로써 국가경쟁력을 강화하고 지속가능발전을 추구하는 경제를 말한다.
16. “녹색기술”이란 기후변화대응 기술(「기후변화대응 기술개발 촉진법」 제2조제6호에 따른 기후변화대응 기술을 말한다), 에너지 이용 효율화 기술, 청정생산기술, 신 · 재생에너지 기술, 자원순환(「자원순환기본법」 제2조제1호에 따른 자원순환을 말한다. 이하 같다) 및 친환경 기술(관련 융합기술을 포함한다) 등 사회 · 경제 활동의 전 과정에 걸쳐 화석에너지의 사용을 대체하고 에너지와 자원을 효율적으로 사용하여 탄소중립을 이루고 녹색성장을 촉진하기 위한 기술을 말한다.
17. “녹색산업”이란 온실가스를 배출하는 화석에너지의 사용을 대체하고 에너지와 자원 사용의 효율을 높이며, 환경을 개선할 수 있는 재화의 생산과 서비스의 제공 등을 통하여 탄소중립을 이루고 녹색성장을 촉진하기 위한 모든 산업을 말한다.

9 자연재해대책법

1) 제1조(목적)

이 법은 태풍, 홍수 등 자연현상으로 인한 재난으로부터 국토를 보존하고 국민의 생명 · 신체 및 재산과 주요 기간시설(基幹施設)을 보호하기 위하여 자연재해의 예방 · 복구 및 그 밖의 대책에 관하여 필요한 사항을 규정함을 목적으로 한다.

10 전기사업법

1) 제1조(목적)

이 법은 전기사업에 관한 기본제도를 확립하고 전기사업의 경쟁과 새로운 기술 및 사업의 도입을 촉진함으로써 전기사업의 건전한 발전을 도모하고 전기사용자의 이익을 보호하여 국민경제의 발전에 이바지함을 목적으로 한다.

2) 제2조(정의)

이 법에서 사용하는 용어의 뜻은 다음과 같다.

1. "전기사업"이란 발전사업 · 송전사업 · 배전사업 · 전기판매사업 및 구역전기사업을 말한다.
2. "전기사업자"란 발전사업자 · 송전사업자 · 배전사업자 · 전기판매사업자 및 구역전기사업자를 말한다.
3. "발전사업"이란 전기를 생산하여 이를 전력시장을 통하여 전기판매사업자에게 공급하는 것을 주된 목적으로 하는 사업을 말한다.
4. "발전사업자"란 제7조제1항에 따라 발전사업의 허가를 받은 자를 말한다.
5. "송전사업"이란 발전소에서 생산된 전기를 배전사업자에게 송전하는 데 필요한 전기설비를 설치 · 관리하는 것을 주된 목적으로 하는 사업을 말한다.
6. "송전사업자"란 제7조제1항에 따라 송전사업의 허가를 받은 자를 말한다.
7. "배전사업"이란 발전소로부터 송전된 전기를 전기사용자에게 배전하는 데 필요한 전기설비를 설치 · 운용하는 것을 주된 목적으로 하는 사업을 말한다.
8. "배전사업자"란 제7조제1항에 따라 배전사업의 허가를 받은 자를 말한다.
9. "전기판매사업"이란 전기사용자에게 전기를 공급하는 것을 주된 목적으로 하는 사업(전기자동차충전사업과 재생에너지전기공급사업은 제외한다)을 말한다.
10. "전기판매사업자"란 제7조제1항에 따라 전기판매사업의 허가를 받은 자를 말한다.
11. "구역전기사업"이란 대통령령으로 정하는 규모 이하의 발전설비를 갖추고 특정한 공급구역의 수요에 맞추어 전기를 생산하여 전력시장을 통하지 아니하고 그 공급구역의 전기사용자에게 공급하는 것을 주된 목적으로 하는 사업을 말한다.
12. "구역전기사업자"란 제7조제1항에 따라 구역전기사업의 허가를 받은 자를 말한다.

12의2. "전기신사업"이란 전기자동차충전사업, 소규모전력중개사업, 재생에너지전기공급사업 및 통합발전소사업을 말한다.

12의3. "전기신사업자"란 전기자동차충전사업자, 소규모전력중개사업자, 재생에너지 전기공급사업자 및 통합발전소사업자를 말한다.

12의4. "전기자동차충전사업"이란 「환경친화적 자동차의 개발 및 보급 촉진에 관한 법률」 제2조제3호에 따른 전기자동차(이하 "전기자동차"라 한다)에 전기를 유상으로 공급하는 것을 주된 목적으로 하는 사업을 말한다.

12의5. "전기자동차충전사업자"란 제7조의2제1항에 따라 전기자동차충전사업의 등록을 한 자를 말한다.

12의6. "소규모전력중개사업"이란 다음 각 목의 설비(이하 "소규모전력자원"이라 한다)에서 생산 또는 저장된 전력을 모아서 전력시장을 통하여 거래하는 것을 주된 목적으로 하는 사업을 말한다.

가. 대통령령으로 정하는 종류 및 규모의 「신에너지 및 재생에너지 개발 · 이용 · 보급 촉진법」 제2조제3호에 따른 신에너지 및 재생에너지 설비

나. 대통령령으로 정하는 규모의 전기저장장치

다. 대통령령으로 정하는 유형의 전기자동차

12의7. "소규모전력중개사업자"란 제7조의2제1항에 따라 소규모전력중개사업의 등록을 한 자를 말한다.

12의8. "재생에너지전기공급사업"이란 「신에너지 및 재생에너지 개발 · 이용 · 보급 촉진법」 제2조제2호에 따른 재생에너지를 이용하여 생산한 전기를 전기사용자에게 공급하는 것을 주된 목적으로 하는 사업을 말한다.

12의9. "재생에너지전기공급사업자"란 제7조의2제1항에 따라 재생에너지전기공급사업의 등록을 한 자를 말한다.

13. "전력시장"이란 전력거래를 위하여 제35조에 따라 설립된 한국전력거래소(이하 "한국전력거래소"라 한다)가 개설하는 시장을 말한다.

14. "전력계통"이란 전기의 원활한 흐름과 품질유지를 위하여 전기의 흐름을 통제 · 관리하는 체제를 말한다.

15. "보편적 공급"이란 전기사용자가 언제 어디서나 적정한 요금으로 전기를 사용할 수 있도록 전기를 공급하는 것을 말한다.

16. "전기설비"란 발전 · 송전 · 변전 · 배전 · 전기공급 또는 전기사용을 위하여 설치하는 기계 · 기구 · 댐 · 수로 · 저수지 · 전선로 · 보안통신선로 및 그 밖의 설비(「댐건설 · 관리 및 주변지역지원 등에 관한 법률」에 따라 건설되는 댐 · 저수지와 선박 · 차량 또는 항공기에 설치되는 것과 그 밖에 대통령령으로 정하는 것은 제외한다)로서 다음 각 목의 것을 말한다.

가. 전기사업용 전기설비

나. 일반용 전기설비

다. 자가용 전기설비

16의2. "전선로"란 발전소 · 변전소 · 개폐소 및 이에 준하는 장소와 전기를 사용하는 장소 상호 간의 전선 및 이를 지지하거나 수용하는 시설물을 말한다.

17. "전기사업용 전기설비"란 전기설비 중 전기사업자가 전기사업에 사용하는 전기설비를 말한다.

18. "일반용 전기설비"란 산업통상자원부령으로 정하는 소규모의 전기설비로서 한정된 구역에서 전기를 사용하기 위하여 설치하는 전기설비를 말한다.

19. "자가용 전기설비"란 전기사업용 전기설비 및 일반용 전기설비 외의 전기설비를 말한다.

20. "안전관리"란 국민의 생명과 재산을 보호하기 위하여 이 법 및 「전기안전관리법」에서 정하는 바에 따라 전기설비의 공사 · 유지 및 운용에 필요한 조치를 하는 것을 말한다.

21. "분산형 전원"이란 전력수요 지역 인근에 설치하여 송전선로[발전소 상호 간, 변전소 상호 간 및 발전소와 변전소 간을 연결하는 전선로(통신용으로 전용하는 것은 제외한다)를 말한다. 이하 같다]의 건설을 최소화할 수 있는 일정 규모 이하의 발전설비로서 산업통상자원부령으로 정하는 것을 말한다.

3) 제3조(정부 등의 책무)

① 산업통상자원부장관은 이 법의 목적을 달성하기 위하여 전력수급(電力需給)의 안정과 전력산업의 경쟁촉진 등에 관한 기본적이고 종합적인 시책을 마련하여야 한다.

② 산업통상자원부장관은 제1항에 따른 시책 및 제25조에 따른 전력수급기본계획을 수립할 때 전기설비의 경제성, 환경 및 국민안전에 미치는 영향 등을 종합적으로 고려하여야 한다.

③ 제35조에 따라 설립된 한국전력거래소는 전력시장 및 전력계통의 운영과 관련하여 경제성, 환경 및 국민안전에 미치는 영향 등을 종합적으로 검토하여야 한다.

④ 특별시장 · 광역시장 · 특별자치시장 · 도지사 · 특별자치도지사(이하 "시 · 도지사"라 한다) 및 시장 · 군수 · 구청장(구청장은 자치구의 구청장을 말한다. 이하 같다)은 그 관할 구역의 전기사용자가 전기를 안정적으로 공급받기 위하여 필요한 시책을 마련하여야 하며, 제1항에 따른 산업통상자원부장관의 전력수급 안정을 위한 시책의 원활한 시행에 협력하여야 한다.

4) 제4조(전기사용자의 보호)

전기사업자와 전기신사업자(이하 "전기사업자 등"이라 한다)는 전기사용자의 이익을 보호하기 위한 방안을 마련하여야 한다.

5) 제5조(환경보호)

전기사업자 등은 전기설비를 설치하여 전기사업 및 전기신사업(이하 "전기사업 등"이라 한다)을 할 때에는 자연환경 및 생활환경을 적정하게 관리 · 보존하는 데 필요한 조치를 마련하여야 한다.

6) 제6조(보편적 공급)

① 전기사업자는 전기의 보편적 공급에 이바지할 의무가 있다.

② 산업통상자원부장관은 다음 각 호의 사항을 고려하여 전기의 보편적 공급의 구체적 내용을 정한다.

1. 전기기술의 발전 정도
2. 전기의 보급 정도
3. 공공의 이익과 안전
4. 사회복지의 증진

7) 제7조(전기사업의 허가)

① 전기사업을 하려는 자는 대통령령으로 정하는 바에 따라 전기사업의 종류별 또는 규모별로 산업통상자원부장관 또는 시 · 도지사(이하 "허가권자"라 한다)의 허가를 받아야 한다. 허가받은 사항 중 산업통상자원부령으로 정하는 중요 사항을 변경하려는 경우에도 또한 같다.

② 산업통상자원부장관은 전기사업을 허가 또는 변경허가를 하려는 경우에는 미리 제53조에 따른 전기위원회(이하 "전기위원회"라 한다)의 심의를 거쳐야 한다.

③ 동일인에게는 두 종류 이상의 전기사업을 허가할 수 없다. 다만, 대통령령으로 정하는 경우에는 그러하지 아니하다.

④ 허가권자는 필요한 경우 사업구역 및 특정한 공급구역별로 구분하여 전기사업의 허가를 할 수 있다. 다만, 발전사업의 경우에는 발전소별로 허가할 수 있다.

⑤ 전기사업의 허가기준은 다음 각 호와 같다.

1. 전기사업을 적정하게 수행하는 데 필요한 재무능력 및 기술능력이 있을 것
2. 전기사업이 계획대로 수행될 수 있을 것
3. 배전사업 및 구역전기사업의 경우 둘 이상의 배전사업자의 사업구역 또는 구역전기사업자의 특정한 공급구역 중 그 전부 또는 일부가 중복되지 아니할 것
4. 구역전기사업의 경우 특정한 공급구역의 전력수요의 50퍼센트 이상으로서 대통령령으로 정하는 공급능력을 갖추고, 그 사업으로 인하여 인근 지역의 전기사용자에 대한 다른 전기사업자의 전기공급에 차질이 없을 것

4의2. 발전소나 발전연료가 특정 지역에 편중되어 전력계통의 운영에 지장을 주지 아니할 것

5. 「신에너지 및 재생에너지 개발 · 이용 · 보급 촉진법」 제2조에 따른 태양에너지 중 태양광, 풍력, 연료전지를 이용하는 발전사업의 경우 대통령령으로 정하는 바에 따라 발전사업 내용에 대한 사전고지를 통하여 주민 의견수렴 절차를 거칠 것

6. 그 밖에 공익상 필요한 것으로서 대통령령으로 정하는 기준에 적합할 것

⑥ 제1항에 따른 허가의 세부기준 · 절차와 그 밖에 필요한 사항은 산업통상자원부령으로 정한다.

8) 제8조(결격사유)

① 다음 각 호의 어느 하나에 해당하는 자는 전기사업의 허가를 받을 수 없다.

1. 피성년후견인
2. 파산선고를 받고 복권되지 아니한 자
3. 「형법」 제172조의2, 제173조, 제173조의2(제172조제1항의 죄를 범한 자는 제외한다), 제174조(제172조의2 제1항 및 제173조 제1항 · 제2항의 미수범만 해당한다) 및 제175조(제172조의2제1항 및 제173조제1항 · 제2항의 죄를 범할 목적으로 예비 또는 음모한 자만 해당한다) 중 전기에 관한 죄를 짓거나 이 법을 위반하여 금고 이상의 실형을 선고받고 그 집행이 끝나거나(집행이 끝난 것으로 보는 경우를 포함한다) 집행이 면제된 날부터 2년이 지나지 아니한 자
4. 제3호에 규정된 죄를 지어 금고 이상의 형의 집행유예선고를 받고 그 유예기간 중에 있는 자
5. 제12조제1항에 따라 전기사업의 허가가 취소(제1호 또는 제2호의 결격사유에 해당하여 허가가 취소된 경우는 제외한다)된 후 2년이 지나지 아니한 자
6. 제1호부터 제5호까지의 어느 하나에 해당하는 자가 대표자인 법인

9) 제12조(사업허가의 취소 등)

① 허가권자는 전기사업자가 다음 각 호의 어느 하나에 해당하는 경우에는 전기위원회의 심의(허가권자가 시 · 도지사인 전기사업의 경우는 제외한다)를 거쳐 그 허가를 취소하거나 6개월 이내의 기간을 정하여 사업정지를 명할 수 있다. 다만, 제1호부터 제4호까지 또는 제4호의2의 어느 하나에 해당하는 경우에는 그 허가를 취소하여야 한다.

1. 제8조제1항 각 호의 어느 하나에 해당하게 된 경우
2. 제9조에 따른 준비기간에 전기설비의 설치 및 사업을 시작하지 아니한 경우

3. 원자력발전소를 운영하는 발전사업자(이하 "원자력발전사업자"라 한다)에 대한 외국인의 투자가 「외국인투자 촉진법」 제2조제1항제4호에 해당하게 된 경우
4. 거짓이나 그 밖의 부정한 방법으로 제7조제1항에 따른 허가 또는 변경허가를 받은 경우

4의2. 산업통상자원부장관이 정하여 고시하는 시점까지 정당한 사유 없이 제61조제1항에 따른 공사계획 인가를 받지 못하여 공사에 착수하지 못하는 경우

5. 제10조제1항에 따른 인가를 받지 아니하고 전기사업의 전부 또는 일부를 양수하거나 법인의 분할이나 합병을 한 경우
6. 제14조를 위반하여 정당한 사유 없이 전기의 공급을 거부한 경우
7. 제15조제1항 또는 제16조제1항을 위반하여 산업통상자원부장관의 인가 또는 변경인가를 받지 아니하고 전기설비를 이용하게 하거나 전기를 공급한 경우
8. 제18조제3항에 따른 산업통상자원부장관의 명령을 위반한 경우
9. 제23조제1항에 따른 허가권자의 명령을 위반한 경우
10. 제29조제1항에 따른 산업통상자원부장관의 명령을 위반한 경우

10의2. 제31조의2제2항에 따른 산업통상자원부장관의 명령을 위반한 경우

11. 제34조제2항에 따라 차액계약을 통하여서만 전력을 거래하여야 하는 전기사업자가 같은 조 제3항에 따라 인가받은 차액계약을 통하지 아니하고 전력을 거래한 경우
12. 제61조제1항부터 제5항까지의 규정에 따라 인가를 받지 아니하거나 신고를 하지 아니한 경우
13. 제93조제1항을 위반하여 회계를 처리한 경우
14. 사업정지기간에 전기사업을 한 경우

② 산업통상자원부장관은 전기신사업자가 다음 각 호의 어느 하나에 해당하는 경우에는 그 사업의 등록을 취소하거나 그 사업자에게 6개월 이내의 기간을 정하여 사업정지를 명할 수 있다. 다만, 제1호부터 제3호까지의 어느 하나에 해당하는 경우에는 그 등록을 취소하여야 한다.

1. 거짓이나 그 밖의 부정한 방법으로 제7조의2제1항에 따른 등록 또는 같은 조 제4항에 따른 변경등록을 한 경우
2. 제7조의2제3항에 따른 등록기준에 부합하지 않게 된 경우. 다만, 30일 이내에 그 기준을 충족시킨 경우는 제외한다.
3. 제8조제2항 각 호의 어느 하나에 해당하게 된 경우
4. 제14조를 위반하여 정당한 사유 없이 전기의 공급을 거부한 경우
5. 제23조제1항에 따른 산업통상자원부장관의 명령을 위반한 경우
6. 사업정지기간에 전기신사업을 한 경우

③ 다음 각 호의 어느 하나에 해당하는 경우에는 그 사유가 발생한 날부터 6개월간은 제1항 또는 제2항을 적용하지 아니한다.
1. 법인이 제8조제1항제6호 또는 같은 조 제2항제3호에 해당하게 된 경우
2. 원자력발전사업자가 제1항제3호에 해당하게 된 경우
3. 전기사업자의 지위를 승계한 상속인이 제8조제1항제1호부터 제5호까지의 어느 하나에 해당하는 경우
4. 전기신사업자의 지위를 승계한 상속인이 제8조제2항제1호 또는 제2호에 해당하는 경우

④ 허가권자는 배전사업자가 사업구역의 일부에서 허가받은 전기사업을 하지 아니하여 제6조를 위반한 사실이 인정되는 경우에는 그 사업구역의 일부를 감소시킬 수 있다.

⑤ 허가권자는 다음 각 호의 어느 하나에 해당하는 경우로서 그 사업정지가 전기사용자 등에게 심한 불편을 주거나 공익을 해칠 우려가 있는 경우에는 대통령령으로 정하는 바에 따라 사업정지명령을 갈음하여 5천만 원 이하의 과징금을 부과할 수 있다.
1. 전기사업자가 제1항제5호부터 제10호까지, 제11호부터 제14호까지의 어느 하나에 해당하는 경우
2. 전기신사업자가 제2항제4호부터 제6호까지의 어느 하나에 해당하는 경우

⑥ 제1항 및 제2항에 따른 위반행위별 처분기준과 제5항에 따른 과징금의 부과기준은 대통령령으로 정한다.

⑦ 허가권자는 제5항에 따른 과징금을 내야 할 자가 납부기한까지 이를 내지 아니하면 국세 체납처분의 예 또는 「지방행정제재 · 부과금의 징수 등에 관한 법률」에 따라 징수할 수 있다.

10) 제14조(전기공급의 의무)

발전사업자, 전기판매사업자, 전기자동차충전사업자 및 재생에너지전기공급사업자는 대통령령이 정하는 정당한 사유 없이 전기의 공급을 거부하여서는 아니 된다.

11) 제16조의3(구역전기사업자와 전기판매사업자의 전력거래 등)

① 구역전기사업자는 사고나 그 밖에 산업통상자원부령으로 정하는 사유로 전력이 부족하거나 남는 경우에는 부족한 전력 또는 남는 전력을 전기판매사업자와 거래할 수 있다.

② 전기판매사업자는 정당한 사유 없이 제1항의 거래를 거부하여서는 아니 된다.

③ 전기판매사업자는 제1항의 거래에 따른 전기요금과 그 밖의 거래조건에 관한 사

항을 내용으로 하는 약관(이하 "보완공급약관"이라 한다)을 작성하여 산업통상자원부장관의 인가를 받아야 한다. 이를 변경하는 경우에도 또한 같다.

④ 제3항에 따른 인가에 관하여는 제16조제2항을 준용한다.

12) 제19조(전력량계의 설치 · 관리)

① 다음 각 호의 자는 시간대별로 전력거래량을 측정할 수 있는 전력량계를 설치 · 관리하여야 한다.

1. 발전사업자(대통령령으로 정하는 발전사업자는 제외한다)
2. 자가용 전기설비를 설치한 자(제31조제2항 단서에 따라 전력을 거래하는 경우만 해당한다)
3. 구역전기사업자(제31조제3항에 따라 전력을 거래하는 경우만 해당한다)
4. 배전사업자
5. 제32조 단서에 따라 전력을 직접 구매하는 전기사용자

② 제1항에 따른 전력량계의 허용오차 등에 관한 사항은 산업통상자원부장관이 정한다.

13) 제31조(전력거래)

① 발전사업자 및 전기판매사업자는 제43조에 따른 전력시장운영규칙으로 정하는 바에 따라 전력시장에서 전력거래를 하여야 한다. 다만, 도서지역 등 대통령령으로 정하는 경우에는 그러하지 아니하다.

② 자가용 전기설비를 설치한 자는 그가 생산한 전력을 전력시장에서 거래할 수 없다. 다만, 대통령령으로 정하는 경우에는 그러하지 아니하다.

③ 구역전기사업자는 대통령령으로 정하는 바에 따라 특정한 공급구역의 수요에 부족하거나 남는 전력을 전력시장에서 거래할 수 있다.

④ 전기판매사업자는 다음 각 호의 어느 하나에 해당하는 자가 생산한 전력을 제43조에 따른 전력시장운영규칙으로 정하는 바에 따라 우선적으로 구매할 수 있다.

1. 대통령령으로 정하는 규모 이하의 발전사업자
2. 자가용 전기설비를 설치한 자(제2항 단서에 따라 전력거래를 하는 경우만 해당한다)
3. 「신에너지 및 재생에너지 개발 · 이용 · 보급 촉진법」 제2조제1호 및 제2호에 따른 신에너지 및 재생에너지를 이용하여 전기를 생산하는 발전사업자
4. 「집단에너지사업법」 제48조에 따라 발전사업의 허가를 받은 것으로 보는 집단에너지사업자
5. 수력발전소를 운영하는 발전사업자

⑤ 「지능형전력망의 구축 및 이용촉진에 관한 법률」 제12조제1항에 따라 지능형전력망 서비스 제공사업자로 등록한 자 중 대통령령으로 정하는 자(이하 "수요관리사업자"라 한다)는 제43조에 따른 전력시장운영규칙으로 정하는 바에 따라 전력시장에서 전력거래를 할 수 있다. 다만, 수요관리사업자 중 「독점규제 및 공정거래에 관한 법률」 제31조제1항의 상호출자제한기업집단에 속하는 자가 전력거래를 하는 경우에는 대통령령으로 정하는 전력거래량의 비율에 관한 기준을 충족하여야 한다.

⑥ 소규모전력중개사업자는 모집한 소규모전력자원에서 생산 또는 저장한 전력을 제43조에 따른 전력시장운영규칙으로 정하는 바에 따라 전력시장에서 거래하여야 한다.

14) 제61조(전기사업용 전기설비의 공사계획의 인가 또는 신고)

① 전기사업자는 전기사업용 전기설비의 설치공사 또는 변경공사로서 산업통상자원부령으로 정하는 공사를 하려는 경우에는 그 공사계획에 대하여 산업통상자원부장관의 인가를 받아야 한다. 인가받은 사항을 변경하려는 경우에도 또한 같다.

15) 제63조(사용 전 검사)

제61조에 따라 전기설비의 설치공사 또는 변경공사를 한 자는 산업통상자원부령으로 정하는 바에 따라 허가권자가 실시하는 검사에 합격한 후에 이를 사용하여야 한다.

11 전기공사업법

1) 제1조(목적)

이 법은 전기공사업과 전기공사의 시공·기술관리 및 도급에 관한 기본적인 사항을 정함으로써 전기공사업의 건전한 발전을 도모하고 전기공사의 안전하고 적정한 시공을 확보함을 목적으로 한다.

2) 제2조(정의)

이 법에서 사용하는 용어의 뜻은 다음과 같다.

1. "전기공사"란 다음 각 목의 어느 하나에 해당하는 설비 등을 설치·유지·보수하는 공사 및 이에 따른 부대공사로서 대통령령으로 정하는 것을 말한다.
   가. 「전기사업법」 제2조제16호에 따른 전기설비
   나. 전력 사용 장소에서 전력을 이용하기 위한 전기계장설비(電氣計裝設備)
   다. 전기에 의한 신호표지
   라. 「신에너지 및 재생에너지 개발·이용·보급 촉진법」 제2조제3호에 따른

신 · 재생에너지 설비 중 전기를 생산하는 설비
마. 「지능형전력망의 구축 및 이용촉진에 관한 법률」 제2조제2호에 따른 지능형 전력망 중 전기설비

2. "공사업(工事業)"이란 도급이나 그 밖에 어떠한 명칭이든 상관없이 전기공사를 업(業)으로 하는 것을 말한다.
3. "공사업자(工事業者)"란 제4조제1항에 따라 공사업의 등록을 한 자를 말한다.
4. "발주자(發注者)"란 전기공사를 공사업자에게 도급을 주는 자를 말한다. 다만, 수급인으로서 도급받은 전기공사를 하도급 주는 자는 제외한다.
5. "도급(都給)"이란 원도급(原都給), 하도급, 위탁, 그 밖에 어떠한 명칭이든 상관없이 전기공사를 완성할 것을 약정하고, 상대방이 그 일의 결과에 대하여 대가를 지급할 것을 약정하는 계약을 말한다.
6. "하도급(下都給)"이란 도급받은 전기공사의 전부 또는 일부를 수급인이 다른 공사업자와 체결하는 계약을 말한다.
7. "수급인(受給人)"이란 발주자로부터 전기공사를 도급받은 공사업자를 말한다.
8. "하수급인(下受給人)"이란 수급인으로부터 전기공사를 하도급받은 공사업자를 말한다.
9. "전기공사기술자"란 다음 각 목의 어느 하나에 해당하는 사람으로서 제17조의2에 따라 산업통상자원부장관의 인정을 받은 사람을 말한다.
   가. 「국가기술자격법」에 따른 전기분야의 기술자격을 취득한 사람
   나. 일정한 학력과 전기분야에 관한 경력을 가진 사람
10. "전기공사관리"란 전기공사에 관한 기획, 타당성 조사 · 분석, 설계, 조달, 계약, 시공관리, 감리, 평가, 사후관리 등에 관한 관리를 수행하는 것을 말한다.
11. "시공책임형 전기공사관리"란 전기공사업자가 시공 이전 단계에서 전기공사관리업무를 수행하고 아울러 시공단계에서 발주자와 시공 및 전기공사관리에 대한 별도의 계약을 통하여 전기공사의 종합적인 계획 · 관리 및 조정을 하면서 미리 정한 공사금액과 공사기간 내에서 전기설비를 시공하는 것을 말한다. 다만, 「전력기술관리법」에 따른 설계 및 공사감리는 시공책임형 전기공사관리 계약의 범위에서 제외한다.

3) 제4조(공사업의 등록)

① 공사업을 하려는 자는 산업통상자원부령으로 정하는 바에 따라 주된 영업소의 소재지를 관할하는 특별시장 · 광역시장 · 특별자치시장 · 도지사 또는 특별자치도지사(이하 "시 · 도지사"라 한다)에게 등록하여야 한다.

② 제1항에 따른 공사업의 등록을 하려는 자는 대통령령으로 정하는 기술능력 및 자

본금 등을 갖추어야 한다.

③ 제1항에 따라 공사업을 등록한 자 중 등록한 날부터 5년이 지나지 아니한 자는 제2항에 따른 기술능력 및 자본금 등(이하 "등록기준"이라 한다)에 관한 사항을 대통령령으로 정하는 기간이 지날 때마다 산업통상자원부령으로 정하는 바에 따라 시 · 도지사에게 신고하여야 한다.

④ 시 · 도지사는 제1항에 따라 공사업의 등록을 받으면 등록증 및 등록수첩을 내주어야 한다.

4) 제5조(결격사유)

다음 각 호의 어느 하나에 해당하는 자는 제4조제1항에 따른 공사업의 등록을 할 수 없다.

1. 피성년후견인
2. 파산선고를 받고 복권되지 아니한 자
3. 다음 각 목의 어느 하나에 해당되어 금고 이상의 실형을 선고받고 그 집행이 끝나거나(집행이 끝난 것으로 보는 경우를 포함한다) 면제된 날부터 2년이 지나지 아니한 사람
4. 제3호에 따른 죄를 범하여 금고 이상의 형의 집행유예를 선고받고 그 유예기간에 있는 사람
5. 제28조제1항에 따라 등록이 취소(제1호 또는 제2호에 해당하여 등록이 취소된 경우는 제외한다)된 후 2년이 지나지 아니한 자. 이 경우 공사업의 등록이 취소된 자가 법인인 경우에는 그 취소 당시의 대표자와 취소의 원인이 된 행위를 한 사람을 포함한다.
6. 임원 중에 제1호부터 제5호까지의 규정 중 어느 하나에 해당하는 사람이 있는 법인

5) 제11조(전기공사 및 시공책임형 전기공사관리의 분리발주)

① 전기공사는 다른 업종의 공사와 분리발주하여야 한다.

② 시공책임형 전기공사관리는 「건설산업기본법」에 따른 시공책임형 건설사업관리 등 다른 업종의 공사관리와 분리발주하여야 한다.

6) 제14조(하도급의 제한 등)

① 공사업자는 도급받은 전기공사를 다른 공사업자에게 하도급 주어서는 아니 된다. 다만, 대통령령으로 정하는 경우에는 도급받은 전기공사의 일부를 다른 공사업자에게 하도급 줄 수 있다.

② 하수급인은 하도급받은 전기공사를 다른 공사업자에게 다시 하도급 주어서는 아

니 된다. 다만, 하도급받은 전기공사 중에 전기기자재의 설치 부분이 포함되는 경우로서 그 전기기자재를 납품하는 공사업자가 그 전기기자재를 설치하기 위하여 전기공사를 하는 경우에는 하도급 줄 수 있다.

③ 공사업자는 제1항 단서에 따라 전기공사를 하도급 주려면 미리 해당 전기공사의 발주자에게 이를 서면으로 알려야 한다.

④ 하수급인은 제2항 단서에 따라 전기공사를 다시 하도급 주려면 미리 해당 전기공사의 발주자 및 수급인에게 이를 서면으로 알려야 한다.

002 신재생에너지 관련 법령

1 신에너지 및 재생에너지 개발 · 이용 · 보급 촉진법

1) 제1조(목적)

이 법은 신에너지 및 재생에너지의 기술개발 및 이용 · 보급 촉진과 신에너지 및 재생에너지 산업의 활성화를 통하여 에너지원을 다양화하고, 에너지의 안정적인 공급, 에너지 구조의 환경친화적 전환 및 온실가스 배출의 감소를 추진함으로써 환경의 보전, 국가경제의 건전하고 지속적인 발전 및 국민복지의 증진에 이바지함을 목적으로 한다.

2) 제2조(정의)

이 법에서 사용하는 용어의 뜻은 다음과 같다.

1. "신에너지"란 기존의 화석연료를 변환시켜 이용하거나 수소 · 산소 등의 화학 반응을 통하여 전기 또는 열을 이용하는 에너지로서 다음 각 목의 어느 하나에 해당하는 것을 말한다.
   가. 수소에너지
   나. 연료전지
   다. 석탄을 액화 · 가스화한 에너지 및 중질잔사유(重質殘渣油)를 가스화한 에너지로서 대통령령으로 정하는 기준 및 범위에 해당하는 에너지
   라. 그 밖에 석유 · 석탄 · 원자력 또는 천연가스가 아닌 에너지로서 대통령령으로 정하는 에너지
2. "재생에너지"란 햇빛 · 물 · 지열(地熱) · 강수(降水) · 생물유기체 등을 포함하는 재생 가능한 에너지를 변환시켜 이용하는 에너지로서 다음 각 목의 어느 하나에 해당하는 것을 말한다.
   가. 태양에너지
   나. 풍력
   다. 수력
   라. 해양에너지
   마. 지열에너지
   바. 생물자원을 변환시켜 이용하는 바이오에너지로서 대통령령으로 정하는 기준 및 범위에 해당하는 에너지
   사. 폐기물에너지(비재생폐기물로부터 생산된 것은 제외한다)로서 대통령령으로 정하는 기준 및 범위에 해당하는 에너지

아. 그 밖에 석유 · 석탄 · 원자력 또는 천연가스가 아닌 에너지로서 대통령령으로 정하는 에너지

3. "신에너지 및 재생에너지 설비"(이하 "신 · 재생에너지 설비"라 한다)란 신에너지 및 재생에너지(이하 "신 · 재생에너지"라 한다)를 생산 또는 이용하거나 신 · 재생에너지의 전력계통 연계조건을 개선하기 위한 설비로서 산업통상자원부령으로 정하는 것을 말한다.
4. "신 · 재생에너지 발전"이란 신 · 재생에너지를 이용하여 전기를 생산하는 것을 말한다.
5. "신 · 재생에너지 발전사업자"란 「전기사업법」 제2조제4호에 따른 발전사업자 또는 같은 조 제19호에 따른 자가용전기설비를 설치한 자로서 신 · 재생에너지 발전을 하는 사업자를 말한다.

3) 제5조(기본계획의 수립)

① 산업통상자원부장관은 관계 중앙행정기관의 장과 협의를 한 후 제8조에 따른 신 · 재생에너지정책심의회의 심의를 거쳐 신 · 재생에너지의 기술개발 및 이용 · 보급을 촉진하기 위한 기본계획(이하 "기본계획"이라 한다)을 5년마다 수립하여야 한다.

② 기본계획의 계획기간은 10년 이상으로 하며, 기본계획에는 다음 각 호의 사항이 포함되어야 한다.

1. 기본계획의 목표 및 기간
2. 신 · 재생에너지원별 기술개발 및 이용 · 보급의 목표
3. 총전력생산량 중 신 · 재생에너지 발전량이 차지하는 비율의 목표
4. 「에너지법」 제2조제10호에 따른 온실가스의 배출 감소 목표
5. 기본계획의 추진방법
6. 신 · 재생에너지 기술수준의 평가와 보급전망 및 기대효과
7. 신 · 재생에너지 기술개발 및 이용 · 보급에 관한 지원 방안
8. 신 · 재생에너지 분야 전문인력 양성계획
9. 직전 기본계획에 대한 평가
10. 그 밖에 기본계획의 목표달성을 위하여 산업통상자원부장관이 필요하다고 인정하는 사항

③ 산업통상자원부장관은 신 · 재생에너지의 기술개발 동향, 에너지 수요 · 공급 동향의 변화, 그 밖의 사정으로 인하여 수립된 기본계획을 변경할 필요가 있다고 인정하면 관계 중앙행정기관의 장과 협의를 한 후 제8조에 따른 신 · 재생에너지정책심의회의 심의를 거쳐 그 기본계획을 변경할 수 있다.

4) 제6조(연차별 실행계획)

① 산업통상자원부장관은 기본계획에서 정한 목표를 달성하기 위하여 신 · 재생에너지의 종류별로 신 · 재생에너지의 기술개발 및 이용 · 보급과 신 · 재생에너지 발전에 의한 전기의 공급에 관한 실행계획(이하 "실행계획"이라 한다)을 매년 수립 · 시행하여야 한다.

② 산업통상자원부장관은 실행계획을 수립 · 시행하려면 미리 관계 중앙행정기관의 장과 협의하여야 한다.

③ 산업통상자원부장관은 실행계획을 수립하였을 때에는 이를 공고하여야 한다.

5) 제10조(조성된 사업비의 사용)

산업통상자원부장관은 제9조에 따라 조성된 사업비를 다음 각 호의 사업에 사용한다.

1. 신 · 재생에너지의 자원조사, 기술수요조사 및 통계작성
2. 신 · 재생에너지의 연구 · 개발 및 기술평가
3. 삭제 〈2015.1.28.〉
4. 신 · 재생에너지 공급의무화 지원
5. 신 · 재생에너지 설비의 성능평가 · 인증 및 사후관리
6. 신 · 재생에너지 기술정보의 수집 · 분석 및 제공
7. 신 · 재생에너지 분야 기술지도 및 교육 · 홍보
8. 신 · 재생에너지 분야 특성화대학 및 핵심기술연구센터 육성
9. 신 · 재생에너지 분야 전문인력 양성
10. 신 · 재생에너지 설비 설치기업의 지원
11. 신 · 재생에너지 시범사업 및 보급사업
12. 신 · 재생에너지 이용의무화 지원
13. 신 · 재생에너지 관련 국제협력
14. 신 · 재생에너지 기술의 국제표준화 지원
15. 신 · 재생에너지 설비 및 그 부품의 공용화 지원
16. 그 밖에 신 · 재생에너지의 기술개발 및 이용 · 보급을 위하여 필요한 사업으로서 대통령령으로 정하는 사업

6) 제11조(사업의 실시)

① 산업통상자원부장관은 제10조 각 호의 사업을 효율적으로 추진하기 위하여 필요하다고 인정하면 다음 각 호의 어느 하나에 해당하는 자와 협약을 맺어 그 사업을 하게 할 수 있다.

1. 「특정연구기관 육성법」에 따른 특정연구기관
2. 「기초연구진흥 및 기술개발지원에 관한 법률」 제14조의2제1항에 따라 인정받은 기업부설연구소
3. 「산업기술연구조합 육성법」에 따른 산업기술연구조합
4. 「고등교육법」에 따른 대학 또는 전문대학
5. 국공립연구기관
6. 국가기관, 지방자치단체 및 공공기관
7. 그 밖에 산업통상자원부장관이 기술개발능력이 있다고 인정하는 자

② 산업통상자원부장관은 제1항 각 호의 어느 하나에 해당하는 자가 하는 기술개발사업 또는 이용 · 보급 사업에 드는 비용의 전부 또는 일부를 출연(出捐)할 수 있다.

③ 제2항에 따른 출연금의 지급 · 사용 및 관리 등에 필요한 사항은 대통령령으로 정한다.

7) 제12조(신 · 재생에너지사업에의 투자권고 및 신 · 재생에너지 이용의무화 등)

① 산업통상자원부장관은 신 · 재생에너지의 기술개발 및 이용 · 보급을 촉진하기 위하여 필요하다고 인정하면 에너지 관련 사업을 하는 자에 대하여 제10조 각 호의 사업을 하거나 그 사업에 투자 또는 출연할 것을 권고할 수 있다.

② 산업통상자원부장관은 신 · 재생에너지의 이용 · 보급을 촉진하고 신 · 재생에너지산업의 활성화를 위하여 필요하다고 인정하면 다음 각 호의 어느 하나에 해당하는 자가 신축 · 증축 또는 개축하는 건축물에 대하여 대통령령으로 정하는 바에 따라 그 설계 시 산출된 예상 에너지사용량의 일정 비율 이상을 신 · 재생에너지를 이용하여 공급되는 에너지를 사용하도록 신 · 재생에너지 설비를 의무적으로 설치하게 할 수 있다.

1. 국가 및 지방자치단체
2. 공공기관
3. 정부가 대통령령으로 정하는 금액 이상을 출연한 정부출연기관
4. 「국유재산법」 제2조제6호에 따른 정부출자기업체
5. 지방자치단체 및 제2호부터 제4호까지의 규정에 따른 공공기관, 정부출연기관 또는 정부출자기업체가 대통령령으로 정하는 비율 또는 금액 이상을 출자한 법인
6. 특별법에 따라 설립된 법인

③ 산업통상자원부장관은 신 · 재생에너지의 활용 여건 등을 고려할 때 신 · 재생에너지를 이용하는 것이 적절하다고 인정되는 공장 · 사업장 및 집단주택단지 등에 대하여 신 · 재생에너지의 종류를 지정하여 이용하도록 권고하거나 그 이용설비를 설치하도록 권고할 수 있다.

8) 제12조의5(신 · 재생에너지 공급의무화 등)

① 산업통상자원부장관은 신 · 재생에너지의 이용 · 보급을 촉진하고 신 · 재생에너지산업의 활성화를 위하여 필요하다고 인정하면 다음 각 호의 어느 하나에 해당하는 자 중 대통령령으로 정하는 자(이하 "공급의무자"라 한다)에게 발전량의 일정량 이상을 의무적으로 신 · 재생에너지를 이용하여 공급하게 할 수 있다.

1. 「전기사업법」 제2조에 따른 발전사업자
2. 「집단에너지사업법」 제9조 및 제48조에 따라 「전기사업법」 제7조제1항에 따른 발전사업의 허가를 받은 것으로 보는 자
3. 공공기관

② 제1항에 따라 공급의무자가 의무적으로 신 · 재생에너지를 이용하여 공급하여야 하는 발전량(이하 "의무공급량"이라 한다)의 합계는 총전력생산량의 25퍼센트 이내의 범위에서 연도별로 대통령령으로 정한다. 이 경우 균형 있는 이용 · 보급이 필요한 신 · 재생에너지에 대하여는 대통령령으로 정하는 바에 따라 총의무공급량 중 일부를 해당 신 · 재생에너지를 이용하여 공급하게 할 수 있다.

③ 공급의무자의 의무공급량은 산업통상자원부장관이 공급의무자의 의견을 들어 공급의무자별로 정하여 고시한다. 이 경우 산업통상자원부장관은 공급의무자의 총발전량 및 발전원(發電源) 등을 고려하여야 한다.

④ 공급의무자는 의무공급량의 일부에 대하여 3년의 범위에서 그 공급의무의 이행을 연기할 수 있다.

⑤ 공급의무자는 제12조의7에 따른 신 · 재생에너지 공급인증서를 구매하여 의무공급량에 충당할 수 있다.

⑥ 산업통상자원부장관은 제1항에 따른 공급의무의 이행 여부를 확인하기 위하여 공급의무자에게 대통령령으로 정하는 바에 따라 필요한 자료의 제출 또는 제5항에 따라 구매하여 의무공급량에 충당하거나 제12조의7제1항에 따라 발급받은 신 · 재생에너지 공급인증서의 제출을 요구할 수 있다.

⑦ 제4항에 따라 공급의무의 이행을 연기할 수 있는 총량과 연차별 허용량, 그 밖에 필요한 사항은 대통령령으로 정한다.

9) 제12조의6(신 · 재생에너지 공급 불이행에 대한 과징금)

① 산업통상자원부장관은 공급의무자가 의무공급량에 부족하게 신 · 재생에너지를 이용하여 에너지를 공급한 경우에는 대통령령으로 정하는 바에 따라 그 부족분에 제12조의7에 따른 신 · 재생에너지 공급인증서의 해당 연도 평균거래 가격의 100분의 150을 곱한 금액의 범위에서 과징금을 부과할 수 있다.

② 제1항에 따른 과징금을 납부한 공급의무자에 대하여는 그 과징금의 부과기간에 해당하는 의무공급량을 공급한 것으로 본다.
③ 산업통상자원부장관은 제1항에 따른 과징금을 납부하여야 할 자가 납부기한까지 그 과징금을 납부하지 아니한 때에는 국세 체납처분의 예를 따라 징수한다.
④ 제1항 및 제3항에 따라 징수한 과징금은 「전기사업법」에 따른 전력산업기반기금의 재원으로 귀속된다.

10) 제12조의7(신 · 재생에너지 공급인증서 등)

① 신 · 재생에너지를 이용하여 에너지를 공급한 자(이하 "신 · 재생에너지 공급자"라 한다)는 산업통상자원부장관이 신 · 재생에너지를 이용한 에너지 공급의 증명 등을 위하여 지정하는 기관(이하 "공급인증기관"이라 한다)으로부터 그 공급 사실을 증명하는 인증서(전자문서로 된 인증서를 포함한다. 이하 "공급인증서"라 한다)를 발급받을 수 있다. 다만, 제17조에 따라 발전차액을 지원받은 신 · 재생에너지 공급자에 대한 공급인증서는 국가에 대하여 발급한다.
② 공급인증서를 발급받으려는 자는 공급인증기관에 대통령령으로 정하는 바에 따라 공급인증서의 발급을 신청하여야 한다.
③ 공급인증기관은 제2항에 따른 신청을 받은 경우에는 신 · 재생에너지의 종류별 공급량 및 공급기간 등을 확인한 후 다음 각 호의 기재사항을 포함한 공급인증서를 발급하여야 한다. 이 경우 균형 있는 이용 · 보급과 기술개발 촉진 등이 필요한 신 · 재생에너지에 대하여는 대통령령으로 정하는 바에 따라 실제 공급량에 가중치를 곱한 양을 공급량으로 하는 공급인증서를 발급할 수 있다.
1. 신 · 재생에너지 공급자
2. 신 · 재생에너지의 종류별 공급량 및 공급기간
3. 유효기간
④ 공급인증서의 유효기간은 발급받은 날부터 3년으로 하되, 제12조의5제5항 및 제6항에 따라 공급의무자가 구매하여 의무공급량에 충당하거나 발급받아 산업통상자원부장관에게 제출한 공급인증서는 그 효력을 상실한다. 이 경우 유효기간이 지나거나 효력을 상실한 해당 공급인증서는 폐기하여야 한다.
⑤ 공급인증서를 발급받은 자는 그 공급인증서를 거래하려면 제12조의9제2항에 따른 공급인증서 발급 및 거래시장 운영에 관한 규칙으로 정하는 바에 따라 공급인증기관이 개설한 거래시장(이하 "거래시장"이라 한다)에서 거래하여야 한다.
⑥ 산업통상자원부장관은 다른 신 · 재생에너지와의 형평을 고려하여 공급인증서가 일정 규모 이상의 수력을 이용하여 에너지를 공급하고 발급된 경우 등 산업통상자원부령으로 정하는 사유에 해당할 때에는 거래시장에서 해당 공급인증서가 거래

될 수 없도록 할 수 있다.

⑦ 산업통상자원부장관은 거래시장의 수급조절과 가격안정화를 위하여 대통령령으로 정하는 바에 따라 국가에 대하여 발급된 공급인증서를 거래할 수 있다. 이 경우 산업통상자원부장관은 공급의무자의 의무공급량, 의무이행실적 및 거래시장 가격 등을 고려하여야 한다.

⑧ 신 · 재생에너지 공급자가 신 · 재생에너지 설비에 대한 지원 등 대통령령으로 정하는 정부의 지원을 받은 경우에는 대통령령으로 정하는 바에 따라 공급인증서의 발급을 제한할 수 있다.

11) 제27조(보급사업)

① 산업통상자원부장관은 신 · 재생에너지의 이용 · 보급을 촉진하기 위하여 필요하다고 인정하면 대통령령으로 정하는 바에 따라 다음 각 호의 보급사업을 할 수 있다.

1. 신기술의 적용사업 및 시범사업
2. 환경친화적 신 · 재생에너지 집적화단지(集積化團地) 및 시범단지 조성사업
3. 지방자치단체와 연계한 보급사업
4. 실용화된 신 · 재생에너지 설비의 보급을 지원하는 사업
5. 그 밖에 신 · 재생에너지 기술의 이용 · 보급을 촉진하기 위하여 필요한 사업으로서 산업통상자원부장관이 정하는 사업

② 산업통상자원부장관은 개발된 신 · 재생에너지 설비가 설비인증을 받거나 신 · 재생에너지 기술의 국제표준화 또는 신 · 재생에너지 설비와 그 부품의 공용화가 이루어진 경우에는 우선적으로 제1항에 따른 보급사업을 추진할 수 있다.

③ 관계 중앙행정기관의 장은 환경 개선과 신 · 재생에너지의 보급 촉진을 위하여 필요한 협조를 할 수 있다.

12) 제30조의3(하자보수)

① 신 · 재생에너지 설비를 설치한 시공자는 해당 설비에 대하여 성실하게 무상으로 하자보수를 실시하여야 하며 그 이행을 보증하는 증서를 신 · 재생에너지 설비의 소유자 또는 산업통상자원부령으로 정하는 자에게 제공하여야 한다. 다만, 하자보수에 관하여 「국가를 당사자로 하는 계약에 관한 법률」 또는 「지방자치단체를 당사자로 하는 계약에 관한 법률」에 특별한 규정이 있는 경우에는 해당 법률이 정하는 바에 따른다.

② 제1항에 따른 하자보수의 대상이 되는 신 · 재생에너지 설비 및 하자보수 기간 등은 산업통상자원부령으로 정한다.

13) 제30조의4(신 · 재생에너지 설비에 대한 사후관리)

① 신 · 재생에너지 보급사업의 시행기관 등 대통령령으로 정하는 기관의 장(이하 이 조에서 "시행기관의 장"이라 한다)은 제27조제1항에 따라 설치된 신 · 재생에너지 설비 등 산업통상자원부장관이 정하여 고시하는 신 · 재생에너지 설비에 대하여 사후관리에 관한 계획을 매년 수립 · 시행하여야 한다.

② 시행기관의 장은 제1항에 따라 고시된 신 · 재생에너지 설비에 대한 사후관리 계획을 수립할 때에는 신 · 재생에너지 설비의 시공자에게 해당 설비의 가동상태 등을 조사하여 그 결과를 보고하게 할 수 있다.

③ 제1항에 따라 고시된 신 · 재생에너지 설비의 시공자는 대통령령으로 정하는 바에 따라 연 1회 이상 사후관리를 의무적으로 실시하고, 그 실적을 시행기관의 장에게 보고하여야 한다.

④ 시행기관의 장은 제1항에 따른 사후관리 시행결과를 센터에 제출하여야 하고, 센터는 이를 종합하여 산업통상자원부장관에게 보고하여야 한다.

⑤ 제1항에 따른 사후관리 계획에 포함될 점검사항 및 점검시기, 제3항 또는 제4항에 따른 보고의 절차 등에 관하여 필요한 사항은 산업통상자원부령으로 정한다.

⑥ 산업통상자원부장관은 제4항에 따라 센터로부터 보고받은 신 · 재생에너지 설비에 대한 사후관리 시행결과를 확정한 후 국회 소관 상임위원회에 제출하여야 한다.

14) 제34조(벌칙)

① 거짓이나 부정한 방법으로 제17조에 따른 발전차액을 지원받은 자와 그 사실을 알면서 발전차액을 지급한 자는 3년 이하의 징역 또는 지원받은 금액의 3배 이하에 상당하는 벌금에 처한다.

② 거짓이나 부정한 방법으로 공급인증서를 발급받은 자와 그 사실을 알면서 공급인증서를 발급한 자는 3년 이하의 징역 또는 3천만 원 이하의 벌금에 처한다.

③ 제12조의7제5항을 위반하여 공급인증기관이 개설한 거래시장 외에서 공급인증서를 거래한 자는 2년 이하의 징역 또는 2천만 원 이하의 벌금에 처한다.

④ 법인의 대표자나 법인 또는 개인의 대리인, 사용인, 그 밖의 종업원이 그 법인 또는 개인의 업무에 관하여 제1항부터 제3항까지의 어느 하나에 해당하는 위반행위를 하면 그 행위자를 벌하는 외에 그 법인 또는 개인에게도 해당 조문의 벌금형을 과(科)한다. 다만, 법인 또는 개인이 그 위반행위를 방지하기 위하여 해당 업무에 관하여 상당한 주의와 감독을 게을리 하지 아니한 경우에는 그러하지 아니하다.

2 신에너지 및 재생에너지 개발 · 이용 · 보급 촉진법 시행령

1) 제2조(석탄을 액화 · 가스화한 에너지 등의 기준 및 범위)

① 「신에너지 및 재생에너지 개발 · 이용 · 보급 촉진법」(이하 "법"이라 한다) 제2조 제1호다목에서 "대통령령으로 정하는 기준 및 범위에 해당하는 에너지"란 별표 1 제1호 및 제2호에 따른 석탄을 액화 · 가스화한 에너지 및 중질잔사유(重質殘渣油)를 가스화한 에너지를 말한다.

② 법 제2조제2호바목에서 "대통령령으로 정하는 기준 및 범위에 해당하는 에너지"란 별표 1 제3호에 따른 바이오에너지를 말한다.

③ 법 제2조제2호사목에서 "대통령령으로 정하는 기준 및 범위에 해당하는 에너지"란 별표 1 제4호에 따른 폐기물에너지를 말한다.

④ 법 제2조제2호아목에서 "대통령령으로 정하는 에너지"란 별표 1 제5호에 따른 수열에너지를 말한다.

■ **신에너지 및 재생에너지 개발 · 이용 · 보급 촉진법 시행령 [별표 1] 〈개정 2021.1.2.〉**

바이오에너지 등의 기준 및 범위(제2조 관련)

에너지원의 종류	기준 및 범위	
1. 석탄을 액화 · 가스화한 에너지	가. 기준	석탄을 액화 및 가스화하여 얻어지는 에너지로서 다른 화합물과 혼합되지 않은 에너지
	나. 범위	1) 증기 공급용 에너지 2) 발전용 에너지
2. 중질잔 사유(重質殘渣油)를 가스화한 에너지	가. 기준	1) 중질잔사유(원유를 정제하고 남은 최종 잔재물로서 감압증류 과정에서 나오는 감압잔사유, 아스팔트와 열분해 공정에서 나오는 코크, 타르 및 피치 등을 말한다)를 가스화한 공정에서 얻어지는 연료 2) 1)의 연료를 연소 또는 변환하여 얻어지는 에너지
	나. 범위	합성가스
3. 바이오에너지	가. 기준	1) 생물유기체를 변환시켜 얻어지는 기체, 액체 또는 고체의 연료 2) 1)의 연료를 연소 또는 변환시켜 얻어지는 에너지 ※ 1) 또는 2)의 에너지가 신 · 재생에너지가 아닌 석유제품 등과 혼합된 경우에는 생물유기체로부터 생산된 부분만을 바이오에너지로 본다.

3. 바이오에너지	나. 범위	1) 생물유기체를 변환시킨 바이오가스, 바이오에탄올, 바이오 액화유 및 합성가스 2) 쓰레기매립장의 유기성폐기물을 변환시킨 매립지가스 3) 동물 · 식물의 유지(油脂)를 변환시킨 바이오디젤 및 바이오중유 4) 생물유기체를 변환시킨 땔감, 목재칩, 펠릿 및 숯 등의 고체연료
4. 폐기물에너지	기준	1) 폐기물을 변환시켜 얻어지는 기체, 액체 또는 고체의 연료 2) 1)의 연료를 연소 또는 변환시켜 얻어지는 에너지 3) 폐기물의 소각열을 변환시킨 에너지 ※ 1)부터 3)까지의 에너지가 신 · 재생에너지가 아닌 석유제품 등과 혼합되는 경우에는 폐기물로부터 생산된 부분만을 폐기물에너지로 보고, 1)부터 3)까지의 에너지 중 비재생폐기물(석유, 석탄 등 화석연료에 기원한 화학섬유, 인조가죽, 비닐 등으로서 생물 기원이 아닌 폐기물을 말한다)로부터 생산된 것은 제외한다.
5. 수열에너지	가. 기준	물의 열을 히트펌프(Heat Pump)를 사용하여 변환시켜 얻어지는 에너지
	나. 범위	해수(海水)의 표층 및 하천수의 열을 변환시켜 얻어지는 에너지

2) 제3조(신 · 재생에너지 기술개발 등에 관한 계획의 사전협의)

① 법 제7조에서 "대통령령으로 정하는 자"란 다음 각 호의 어느 하나에 해당하는 자를 말한다.

1. 정부로부터 출연금을 받은 자
2. 정부출연기관 또는 제1호에 따른 자로부터 납입자본금의 100분의 50 이상을 출자받은 자

② 법 제7조에 따라 신에너지 및 재생에너지(이하 "신 · 재생에너지"라 한다) 기술개발 및 이용 · 보급에 관한 계획을 협의하려는 자는 그 시행 사업연도 개시 4개월 전까지 산업통상자원부장관에게 계획서를 제출하여야 한다.

③ 산업통상자원부장관은 제2항에 따라 계획서를 받았을 때에는 다음 각 호의 사항을 검토하여 협의를 요청한 자에게 그 의견을 통보하여야 한다.

1. 법 제5조에 따른 신 · 재생에너지의 기술개발 및 이용 · 보급을 촉진하기 위한 기본계획(이하 "기본계획"이라 한다)과의 조화성
2. 시의성(時宜性)
3. 다른 계획과의 중복성
4. 공동연구의 가능성

3) 제15조(신 · 재생에너지 공급의무 비율 등)

① 법 제12조제2항에 따른 예상 에너지사용량에 대한 신 · 재생에너지 공급의무 비율은 다음 각 호와 같다.

1. 「건축법 시행령」 별표 1 제5호부터 제16호까지, 제23호가목부터 다목까지, 제24호 및 제26호부터 제28호까지의 용도의 건축물로서 신축 · 증축 또는 개축하는 부분의 연면적이 1천제곱미터 이상인 건축물(해당 건축물의 건축 목적, 기능, 설계 조건 또는 시공 여건상의 특수성으로 인하여 신 · 재생에너지 설비를 설치하는 것이 불합리하다고 인정되는 경우로서 산업통상자원부장관이 정하여 고시하는 건축물은 제외한다) : 별표 2에 따른 비율 이상
2. 제1호 외의 건축물 : 산업통상자원부장관이 용도별 건축물의 종류로 정하여 고시하는 비율 이상

② 제1항제1호에서 "연면적"이란 「건축법 시행령」 제119조제1항제4호에 따른 연면적을 말하되, 하나의 대지(垈地)에 둘 이상의 건축물이 있는 경우에는 동일한 건축허가를 받은 건축물의 연면적 합계를 말한다.

③ 제1항에 따른 건축물의 예상 에너지사용량의 산정기준 및 산정방법 등은 신 · 재생에너지의 균형 있는 보급과 기술개발의 촉진 및 산업 활성화 등을 고려하여 산업통상자원부장관이 정하여 고시한다.

■ **신에너지 및 재생에너지 개발 · 이용 · 보급 촉진법 시행령 [별표 2] 〈개정 2020.9.29.〉**

신 · 재생에너지의 공급의무 비율(제15조제1항제1호 관련)

해당 연도	2020~2021	2022~2023	2024~2025	2026~2027	2028~2029	2030 이후
공급의무 비율[%]	30	32	34	36	38	40

4) 제16조(신 · 재생에너지 설비 설치의무기관)

① 법 제12조제2항제3호에서 "대통령령으로 정하는 금액 이상"이란 연간 50억 원 이상을 말한다.

② 법 제12조제2항제5호에서 "대통령령으로 정하는 비율 또는 금액 이상을 출자한 법인"이란 다음 각 호의 어느 하나에 해당하는 법인을 말한다.

1. 납입자본금의 100의 50 이상을 출자한 법인
2. 납입자본금으로 50억 원 이상을 출자한 법인

5) 제18조의4(연도별 의무공급량의 합계 등)

① 법 제12조의5제2항 전단에 따른 의무공급량(이하 "의무공급량"이라 한다)의 연도별 합계는 공급의무자의 다음 계산식에 따른 총전력생산량에 별표 3에 따른 비율을 곱한 발전량 이상으로 한다. 이 경우 의무공급량은 법 제12조의7에 따른 공급인증서(이하 "공급인증서"라 한다)를 기준으로 산정한다.

총전력생산량=지난 연도 총전력생산량－(신·재생에너지 발전량+「전기사업법」 제2조제16호나목 중 산업통상자원부장관이 정하여 고시하는 설비에서 생산된 발전량)

② 산업통상자원부장관은 3년마다 신·재생에너지 관련 기술 개발의 수준 등을 고려하여 별표 3에 따른 비율을 재검토하여야 한다. 다만, 신·재생에너지의 보급 목표 및 그 달성 실적과 그 밖의 여건 변화 등을 고려하여 재검토 기간을 단축할 수 있다.

③ 법 제12조의5제2항 후단에 따라 공급하게 할 수 있는 신·재생에너지의 종류 및 의무공급량에 대하여 적용하는 기준은 별표 4와 같다. 이 경우 공급의무자별 의무공급량은 산업통상자원부장관이 정하여 고시한다.

④ 제3항에 따라 공급하는 신·재생에너지에 대해서는 산업통상자원부장관이 정하여 고시하는 비율 및 방법 등에 따라 공급인증서를 구매하여 의무공급량에 충당할 수 있다.

⑤ 공급의무자는 법 제12조의5제4항에 따라 연도별 의무공급량(공급의무의 이행이 연기된 의무공급량은 포함하지 아니한다. 이하 같다)의 100분의 20을 넘지 아니하는 범위에서 공급의무의 이행을 연기할 수 있다. 이 경우 공급의무자는 연기된 의무공급량의 공급이 완료되기까지는 그 연기된 의무공급량 중 매년 100분의 20 이상을 연도별 의무공급량에 우선하여 공급하여야 한다.

⑥ 공급의무자는 법 제12조의5제4항에 따라 공급의무의 이행을 연기하려는 경우에는 연기할 의무공급량, 연기 사유 등을 산업통상자원부장관에게 다음 연도 2월 말일까지 제출하여야 한다.

■ 신에너지 및 재생에너지 개발 · 이용 · 보급 촉진법 시행령 [별표 3] 〈개정 2023.4.11.〉

연도별 의무공급량의 비율(제18조의4제1항 관련)

해당 연도	비율[%]
2023년	13.0
2024년	13.5
2025년	14.0
2026년	15.0
2027년	17.0
2028년	19.0
2029년	22.5
2030년 이후	25.0

6) 제18조의9(신 · 재생에너지의 가중치)

법 제12조의7제3항 후단에 따른 신 · 재생에너지의 가중치는 해당 신 · 재생에너지에 대한 다음 각 호의 사항을 고려하여 산업통상자원부장관이 정하여 고시하는 바에 따른다.

1. 환경, 기술개발 및 산업 활성화에 미치는 영향
2. 발전 원가
3. 부존(賦存) 잠재량
4. 온실가스 배출 저감(低減)에 미치는 효과
5. 전력 수급의 안정에 미치는 영향
6. 지역주민의 수용(受容) 정도

7) 제18조의12(신 · 재생에너지 연료의 기준 및 범위)

법 제12조의11제1항에서 "대통령령으로 정하는 기준 및 범위에 해당하는 것"이란 다음 각 호의 연료(「폐기물관리법」 제2조제1호에 따른 폐기물을 이용하여 제조한 것은 제외한다)를 말한다.

1. 수소
2. 중질잔사유를 가스화한 공정에서 얻어지는 합성가스
3. 생물유기체를 변환시킨 바이오가스, 바이오에탄올, 바이오액화유 및 합성가스
4. 동물 · 식물의 유지(油脂)를 변환시킨 바이오디젤 및 바이오중유
5. 생물유기체를 변환시킨 목재칩, 펠릿 및 숯 등의 고체연료

8) 제18조의13(신 · 재생에너지 품질검사기관)

법 제12조의12제1항에서 "대통령령으로 정하는 신 · 재생에너지 품질검사기관"이란 다음 각 호의 기관을 말한다.

1. 「석유 및 석유대체연료 사업법」 제25조의2에 따라 설립된 한국석유관리원
2. 「고압가스 안전관리법」 제28조에 따라 설립된 한국가스안전공사
3. 「임업 및 산촌 진흥촉진에 관한 법률」 제29조의2에 따라 설립된 한국임업진흥원

9) 제23조(신 · 재생에너지 기술의 국제표준화를 위한 지원 범위)

법 제20조제2항에 따른 지원 범위는 다음 각 호와 같다.

1. 국제표준 적합성의 평가 및 상호인정의 기반 구축에 필요한 장비 · 시설 등의 구입비용
2. 국제표준 개발 및 국제표준 제안 등에 드는 비용
3. 국제표준화 관련 국제협력의 추진에 드는 비용
4. 국제표준화 관련 전문인력의 양성에 드는 비용

10) 제24조(신 · 재생에너지 설비 및 그 부품 중 공용화 품목의 지정절차 등)

① 법 제21조제2항 및 제4항에 따라 신 · 재생에너지 설비 및 그 부품 중 공용화 품목의 지정을 요청하려는 자는 산업통상자원부령으로 정하는 바에 따라 대상 품목의 명칭, 규격, 지정 요청 사유 및 기대효과 등을 적은 지정요청서에 대상 품목에 대한 설명서를 첨부하여 산업통상자원부장관에게 제출하여야 한다.

② 산업통상자원부장관은 제1항에 따른 지정 요청을 받은 경우에는 산업통상자원부령으로 정하는 바에 따라 전문가 및 이해관계인의 의견을 들은 후 해당 신 · 재생에너지 설비 및 그 부품을 공용화 품목으로 지정할 수 있다.

③ 산업통상자원부장관은 법 제21조제3항에 따라 공용화 품목의 개발, 제조 및 수요 · 공급 조절에 필요한 자금을 다음 각 호의 구분에 따른 범위에서 융자할 수 있다.

1. 중소기업자 : 필요한 자금의 80퍼센트
2. 중소기업자와 동업하는 중소기업자 외의 자 : 필요한 자금의 70퍼센트
3. 그 밖에 산업통상자원부장관이 인정하는 자 : 필요한 자금의 50퍼센트

11) 제26조의3(자료제출)

① 산업통상자원부장관은 법 제23조의2제2항에 따라 혼합의무자에게 다음 각 호의 자료 제출을 요구할 수 있다.

1. 신 · 재생에너지 연료 혼합의무 이행확인에 관한 다음 각 목의 자료
   가. 수송용연료의 생산량

나. 수송용연료의 내수판매량
다. 수송용연료의 재고량
라. 수송용연료의 수출입량
마. 수송용연료의 자가소비량
2. 신 · 재생에너지 연료 혼합시설에 관한 다음 각 목의 자료
가. 신 · 재생에너지 연료 혼합시설 현황
나. 신 · 재생에너지 연료 혼합시설 변동사항
다. 신 · 재생에너지 연료 혼합시설의 사용실적
3. 혼합의무자의 사업에 관한 다음 각 목의 자료
가. 수송용연료 및 신 · 재생에너지 연료 거래실적
나. 신 · 재생에너지 연료 평균거래가격
다. 결산재무제표

3 신에너지 및 재생에너지 개발 · 이용 · 보급 촉진법 시행규칙

1) 제2조(신 · 재생에너지 설비)

「신에너지 및 재생에너지 개발 · 이용 · 보급 촉진법」(이하 "법"이라 한다) 제2조제3호에서 "산업통상자원부령으로 정하는 것"이란 다음 각 호의 설비 및 그 부대설비(이하 "신 · 재생에너지 설비"라 한다)를 말한다.

1. 수소에너지 설비 : 물이나 그 밖에 연료를 변환시켜 수소를 생산하거나 이용하는 설비
2. 연료전지 설비 : 수소와 산소의 전기화학 반응을 통하여 전기 또는 열을 생산하는 설비
3. 석탄을 액화 · 가스화한 에너지 및 중질잔사유(重質殘渣油)를 가스화한 에너지 설비 : 석탄 및 중질잔사유의 저급 연료를 액화 또는 가스화시켜 전기 또는 열을 생산하는 설비
4. 태양에너지 설비
   가. 태양열 설비 : 태양의 열에너지를 변환시켜 전기를 생산하거나 에너지원으로 이용하는 설비
   나. 태양광 설비 : 태양의 빛에너지를 변환시켜 전기를 생산하거나 채광(採光)에 이용하는 설비
5. 풍력 설비 : 바람의 에너지를 변환시켜 전기를 생산하는 설비
6. 수력 설비 : 물의 유동(流動) 에너지를 변환시켜 전기를 생산하는 설비
7. 해양에너지 설비 : 해양의 조수, 파도, 해류, 온도차 등을 변환시켜 전기 또는 열

을 생산하는 설비
8. 지열에너지 설비 : 물, 지하수 및 지하의 열 등의 온도차를 변환시켜 에너지를 생산하는 설비
9. 바이오에너지 설비 : 「신에너지 및 재생에너지 개발 · 이용 · 보급 촉진법 시행령」(이하 "영"이라 한다) 별표 1의 바이오에너지를 생산하거나 이를 에너지원으로 이용하는 설비
10. 폐기물에너지 설비 : 폐기물을 변환시켜 연료 및 에너지를 생산하는 설비
11. 수열에너지 설비 : 물의 열을 변환시켜 에너지를 생산하는 설비
12. 전력저장 설비 : 신에너지 및 재생에너지(이하 "신 · 재생에너지"라 한다)를 이용하여 전기를 생산하는 설비와 연계된 전력저장 설비

2) 제2조의2(신 · 재생에너지 공급인증서의 거래 제한)

법 제12조의7제6항에서 "산업통상자원부령으로 정하는 사유"란 다음 각 호의 경우를 말한다.

1. 공급인증서가 발전소별로 5천킬로와트를 넘는 수력을 이용하여 에너지를 공급하고 발급된 경우
2. 공급인증서가 기존 방조제를 활용하여 건설된 조력(潮力)을 이용하여 에너지를 공급하고 발급된 경우
3. 공급인증서가 영 별표 1의 석탄을 액화 · 가스화한 에너지 또는 중질잔사유를 가스화한 에너지를 이용하여 에너지를 공급하고 발급된 경우
4. 공급인증서가 영 별표 1의 폐기물에너지 중 화석연료에서 부수적으로 발생하는 폐가스로부터 얻어지는 에너지를 이용하여 에너지를 공급하고 발급된 경우

3) 제16조의2(신 · 재생에너지 설비의 하자보수)

① 법 제30조의3제1항에서 "산업통상자원부령으로 정하는 자"란 법 제27조제1항 각 호의 어느 하나에 해당하는 보급사업에 참여한 지방자치단체 또는 공공기관을 말한다.

② 법 제30조의3제1항에 따른 하자보수의 대상이 되는 신 · 재생에너지 설비는 법 제12조제2항 및 제27조에 따라 설치한 설비로 한다.

③ 법 제30조의3제1항에 따른 하자보수의 기간은 5년의 범위에서 산업통상자원부장관이 정하여 고시한다.

4 신 · 재생에너지 공급의무화제도 및 연료 혼합의무화제도 관리 · 운영지침

1) 제1조(목적)

이 지침은 「신에너지 및 재생에너지 개발 · 이용 · 보급 촉진법」(이하 "법"이라 한다) 제12조의5 등에 의한 신 · 재생에너지 공급의무화제도(이하 "공급의무화제도"라 한다) 및 법 제23조의2 등에 의한 신 · 재생에너지 연료 혼합의무화제도(이하 "혼합의무화제도"라 한다)를 효율적으로 운영하기 위하여 필요한 세부사항을 규정함을 목적으로 한다.

2) 제3조(용어의 정의)

6. "REC(Renewable Energy Certificate)"란 공급인증서의 발급 및 거래단위로서 공급인증서 발급대상 설비에서 공급된 MWh 기준의 신 · 재생에너지 전력량에 대해 가중치를 곱하여 부여하는 단위를 말한다.
9. "REP(Renewable Energy Point)"란 생산인증서의 발급 및 거래단위로서 생산인증서 발급대상 설비에서 생산된 MWh 기준의 신 · 재생에너지 전력량에 대해 부여하는 단위를 말한다.
12. "부생가스"란 영 별표 1의 폐기물에너지 중 화석연료로부터 부수적으로 발생하는 폐가스를 말한다.

3) 제7조(공급인증서 가중치)

① 영 제18조의9에 따른 공급인증서의 가중치는 별표 2와 같다. 단, 장관은 3년마다 기술개발 수준, 신 · 재생에너지의 보급 목표, 운영 실적과 그 밖의 여건 변화 등을 고려하여 공급인증서 가중치를 재검토하여야 하며, 필요한 경우 재검토기간을 단축할 수 있다.

② 제6조제2항에 따른 공급인증서 가중치는 별표 3과 같다.

〈별표 1〉 공급의무자별 의무공급량의 산정기준

■ **공급의무자별 의무공급량**

- 의무공급량[GWh] = 기준발전량[GWh] × 조정의무비율[%]

〈별표 2〉 신 · 재생에너지원별 가중치

<table>
<tr><th rowspan="2">구분</th><th rowspan="2">공급인증서
가중치</th><th colspan="2">대상에너지 및 기준</th></tr>
<tr><th>설치유형</th><th>세부기준</th></tr>
<tr><td rowspan="10">태양광
에너지</td><td>1.2</td><td rowspan="3">일반부지에 설치하는 경우</td><td>100[kW] 미만</td></tr>
<tr><td>1.0</td><td>100[kW] 부터</td></tr>
<tr><td>0.8</td><td>3,000[kW] 초과부터</td></tr>
<tr><td>0.5</td><td>임야에 설치하는 경우</td><td>-</td></tr>
<tr><td>1.5</td><td rowspan="2">건축물 등 기존 시설물을
이용하는 경우</td><td>3,000[kW] 이하</td></tr>
<tr><td>1.0</td><td>3,000[kW] 초과부터</td></tr>
<tr><td>1.6</td><td rowspan="3">유지 등의 수면에 부유하여
설치하는 경우</td><td>100[kW] 미만</td></tr>
<tr><td>1.4</td><td>100[kW] 부터</td></tr>
<tr><td>1.2</td><td>3,000[kW] 초과부터</td></tr>
<tr><td>1.0</td><td colspan="2">자가용 발전설비를 통해 전력을 거래하는 경우</td></tr>
<tr><td rowspan="11">기타
신 · 재생
에너지</td><td>0.25</td><td colspan="2">폐기물에너지(비재생폐기물로부터 생산된 것은 제외), Bio-SRF, 흑액</td></tr>
<tr><td>0.5</td><td colspan="2">매립지가스, 목재펠릿, 목재칩</td></tr>
<tr><td>1.0</td><td colspan="2">조력(방조제 有), 기타 바이오에너지(바이오중유, 바이오가스 등)</td></tr>
<tr><td>1.0~2.5</td><td>지열, 조력(방조제 無)</td><td>변동형</td></tr>
<tr><td>1.2</td><td colspan="2">육상풍력</td></tr>
<tr><td>1.5</td><td colspan="2">수력, 미이용 산림바이오매스 혼소설비</td></tr>
<tr><td>1.75</td><td colspan="2">조력(방조제 無, 고정형)</td></tr>
<tr><td>1.9</td><td colspan="2">연료전지</td></tr>
<tr><td>2.0</td><td colspan="2">조류, 미이용 산림바이오매스(바이오에너지 전소설비만 적용), 지열(고정형)</td></tr>
<tr><td>2.0</td><td rowspan="2">해상풍력</td><td>연안해상풍력 기본가중치</td></tr>
<tr><td>2.5</td><td>기본가중치</td></tr>
</table>

목재펠릿, 목재칩, Bio-SRF의 경우 별표 2에도 불구하고 아래의 기준에 해당하는 경우 각각에 해당하는 가중치를 적용할 수 있다.

<table>
<tr><th>구분</th><th>가중치</th><th>기준</th></tr>
<tr><td>목재펠릿,
목재칩</td><td>1.0</td><td rowspan="2">2019년 6월 30일까지 전기사업법 제61조에 따른 공사계획 인가(신고) 또는 집단에너지사업법 제22조에 따른 공사계획 승인(신고)을 받은 경우(단, 발전사업허가 또는 집단에너지사업 허가를 받고 2018년 6월 26일 이전에 상업운전을 개시한 경우는 제외)</td></tr>
<tr><td>Bio-SRF</td><td>0.5</td></tr>
</table>

[비고]

1. "건축물"이란 발전사업허가일 이전(단, 건축물의 용도가 건축법 시행령 별표 1에 따른 창고시설과 동물 및 식물 관련 시설의 경우에 발전사업허가일로부터 1년 이전)에 건축물 사용승인을 득하여야 하며(단, 전원개발촉진법 제5조에 따른 전원개발사업구역 내 설치된 경우 및 건물일체형 태양광시스템의 경우 제외), ㉠ 지붕과 외벽이 있는 구조물이며, ㉡ 사람이 출입할 수 있어야 하며, ㉢ 사람, 동 · 식물을 보호 또는 물건을 보관하는 건축물의 본래의 목적에 합리적으로 사용되도록 설계 · 설치된 구조물을 대상으로 「건축법」 등 관련 규정 준수 여부 및 안전성 등을 확보할 수 있도록 공급인증기관의 장이 정하는 세부 기준을 충족하는 설비를 의미한다. 다만, 관련 법령 등에 의한 공공건축물의 외벽 등은 해당 기준을 적용할 수 있다.
2. "기존 시설물"이라 함은 「도로법」에 의한 도로의 방음벽 등 고유의 목적을 가진 시설물을 대상으로 「건축법」 등 관련 규정 준수 여부 및 안전성 등을 확보할 수 있도록 공급인증기관의 장이 정하는 세부 기준을 충족하는 설비를 의미한다.
3. 태양광에너지 가중치와 관련하여, 일반부지에 해당하는 가중치를 적용받는 발전소 중 인근지역(설치장소의 경계가 250미터 이내의 지역을 의미한다) 내 동일사업자의 발전소는 해당 발전소 합산용량에 해당하는 가중치를 적용하며, 공급인증기관의 장은 다음 각 호의 어느 하나에 해당하는 경우는 해당 발전설비의 일부 또는 전부에 대하여 가중치 적용을 제한할 수 있다.
   ① 사업자 등이 태양광에너지 발전설비 설치를 위해 일정 토지를 취득 또는 임대하고, 가중치 우대를 목적으로 해당 토지를 분할하거나 발전사업 허가용량을 분할하여 다수의 발전설비로 분할 설치하는 경우에는 해당 발전설비의 일부 또는 전부에 대하여 합산용량에 따른 가중치를 적용한다.
   ② 태양광에너지 발전설비의 실질 소유주가 가중치 우대를 목적으로 타인 명의로 태양광에너지 발전소를 준공하여 운영하는 것이 명백하다고 인정되는 경우는 동일사업자 규정을 적용한다.
4. 태양광에너지 가중치는 전체용량에 대하여 부여하되 소수점 넷째 자리에서 절사하며, 설치유형별 용량기준 순으로 구분하여 구간별 해당 가중치를 아래와 같이 적용한다.
   ① 일반부지에 설치하는 경우

설치용량	태양광에너지 가중치 산정식
100[kW] 미만	1.2
100[kW]부터 3,000[kW] 이하	$\dfrac{99.999 \times 1.2 + (\text{용량} - 99.999) \times 1.0}{\text{용량}}$
3,000[kW] 초과부터	$\dfrac{99.999 \times 1.2}{\text{용량}} + \dfrac{2{,}900.001 \times 1.0}{\text{용량}} + \dfrac{(\text{용량} - 3{,}000) \times 0.8}{\text{용량}}$

   ② 건축물 등 기존 시설물을 이용하는 경우

설치용량	태양광에너지 가중치 산정식
3,000[kW] 이하	1.5
3,000[kW] 초과부터	$\dfrac{3{,}000 \times 1.5 + (\text{용량} - 3{,}000) \times 1.0}{\text{용량}}$

③ 유지 등의 수면에 부유하여 설치하는 경우

설치용량	태양광에너지 가중치 산정식
100[kW] 미만	1.6
100[kW]부터 3,000[kW] 이하	$\frac{99.999 \times 1.6 + (\text{용량} - 99.999) \times 1.4}{\text{용량}}$
3,000[kW] 초과부터	$\frac{99.999 \times 1.6}{\text{용량}} + \frac{2{,}900.001 \times 1.4}{\text{용량}} + \frac{(\text{용량} - 3{,}000) \times 1.2}{\text{용량}}$

5. "유지 등의 수면에 부유(浮游)하여 설치하는 경우(이하 수상태양광)"는 다음에 해당하는 경우에 한하며, 안정성, 환경성 등을 확보할 수 있도록 공급인증기관의 장이 정하는 세부 기준을 충족하는 설비를 의미한다.
   ① 「댐건설 및 주변지역지원 등에 관한 법률」 제2조에 따른 댐
   ② 「전원개발촉진법」 제5조에 따라 전원개발사업구역으로 지정된 지역의 발전용 댐
   ③ 「농어촌정비법」 제2조에 따른 농업생산기반 정비사업에 따른 저수지 및 담수호와 농업생산기반시설로서의 방조제 내측
   ④ 「산업입지 및 개발에 관한 법률」 제6조, 제7조, 제8조에 따른 산업단지 내의 유수지
   ⑤ 「공유수면 관리 및 매립에 관한 법률」 제2조에 따른 공유수면 중 방조제 내측
6. "부생가스"는 2010년 4월 12일 이전에 전기사업법 제7조에 따른 발전사업 허가를 받고 2011년 12월 31일 이전에 전기사업법 제63조에 따른 사용 전 검사를 합격한 발전소에 한한다.
7. "IGCC", "부생가스", "수열"의 공급인증서 가중치는 공급의무자별 의무공급량의 10% 이내 발전량에 대해서 적용하며, 이를 상회하는 발전량의 경우 공급인증서 가중치는 0을 적용한다.
8. ① "해상풍력"이란 「공유수면 관리 및 매립에 관한 법률」 제2조제1호가목에 따른 바다이거나 같은 법 제2조제1호나목에 따른 바닷가 중 「해양조사와 해양정보 활용에 관한 법률」 제8조제1항제2호에 따른 수심(「해양조사와 해양정보 활용에 관한 법률」 제8조제1항제2호에 따른 기본수준면을 기준으로 측량한다)이 존재하는 해역에 풍력발전기를 설치하는 경우를 말한다.
   ② "연안해상풍력"이란 제1항에 따른 해상풍력 중에서 「공유수면 관리 및 매립에 관한 법률」 제2조제3호에 따른 간석지이거나 같은 법 제2조제1호나목에 따른 바닷가 중 수심이 존재하는 해역(방조제 내측)에 풍력발전기를 설치하는 경우를 말한다.
   ③ 제1항 및 제2항의 해상풍력과 연안해상풍력을 제외한 나머지는 모두 "육상풍력"으로 본다. 단, 하나의 발전소 내에 육상풍력, 해상풍력, 연안해상풍력이 혼재하는 경우에는 해당 가중치를 각각 적용하며, 해당 설비별 전력공급량 계량설비를 각각 설치함을 원칙으로 한다.
   ④ 해상풍력 가중치 산정 시 고려하는 "연계거리"란 「해양조사와 해양정보 활용에 관한 법률」 제8조제1항제3호에 따른 해안선(인공해안선을 포함하되, 한전계통과 연계되는 육지 또는 육지로부터 계통이 연결되는 섬의 해안선을 의미)과 그 해안선에서 가장 근접한 발전기의 중앙부 위치와의 직선거리를 의미한다. 다만, 공급인증기관의 장은 풍력발전단지의 산업기여도 등을 고려하여 별도의 기준을 통해 "발전단지 내부에서 각 풍력발전기간의 직선거리"를 연계거리 산정 시 추가할 수 있다.

⑤ 해상풍력 가중치 산정 시 고려하는 "수심"은 「해양조사와 해양정보 활용에 관한 법률」 제8조 제1항제2호에 따라 기본수준면을 기준으로 측량하고, 같은 법에 따라 제작된 국립해양조사원의 전자해도에 따른다. 단, 하나의 발전소 내에 여러 개의 풍력발전기를 설치하는 경우에는 풍력발전기들의 평균 수심을 기준으로 가중치를 적용한다.

⑥ 해상풍력 가중치는 발전단지 전체용량에 대하여 부여하되 소수점 넷째 자리에서 절사하며, 연계거리 및 수심별로 구분하여 구간별 해당 가중치를 아래와 같이 적용한다.

- 해상풍력 가중치 기본산정식 = (①연계거리 복합가중치 + ②수심 복합가중치) − 기본가중치

4) 제9조(공급인증서 발급 및 거래수수료)

① 「신에너지 및 재생에너지 개발 · 이용 · 보급 촉진법 시행규칙」(이하 "시행규칙"이라 한다) 제10조제2항에 따른 공급인증서 발급수수료는 공급인증서 1REC당 50원으로 하며, 공급인증서 거래수수료는 공급인증서 1REC당 50원으로 한다.

② 영 제18조의7제2항 또는 제3항에 따라 국가 또는 지방자치단체에 대하여 발급하는 공급인증서의 경우 공급인증서 발급수수료 및 매도자 거래수수료를 면제한다.

③ 한국수자원공사가 발급받는 공급인증서 중 시행규칙 제2조의2 제1호 및 제2호에 해당하는 공급인증서에 대해서는 발급수수료를 면제한다.

④ 신재생에너지 발전설비용량이 100kW 미만인 발전소는 공급인증서 발급수수료 및 거래수수료를 면제한다.

003 출제예상문제

01 신 · 재생에너지 발전사업 최대 준비기간은 몇 년인가?

해답

10년

02 신에너지 및 재생에너지 개발 · 이용 · 보급 촉진법령에 따라 신재생에너지 설비를 설치한 시공자는 해당 설비에 대하여 성실하게 무상으로 하자보수를 실시하여야 하며 그 이행을 보증하는 증서를 신재생에너지 설비의 소유자 또는 산업통상자원부령으로 정하는 자에게 제공하여야 한다. 이때 하자보수의 기간을 몇 년의 범위에서 산업통상자원부장관이 정하여 고시하는가?

해답

5년

해설 시행규칙 제16조의2(신 · 재생에너지 설비의 하자보수)

① 법 제30조의3제1항에서 "산업통상자원부령으로 정하는 자"란 법 제27조제1항 각 호의 어느 하나에 해당하는 보급사업에 참여한 지방자치단체 또는 공공기관을 말한다.

② 법 제30조의3제1항에 따른 하자보수의 대상이 되는 신 · 재생에너지 설비는 법 제12조제2항 및 제27조에 따라 설치한 설비로 한다.

③ 법 제30조의3제1항에 따른 하자보수의 기간은 5년의 범위에서 산업통상자원부장관이 정하여 고시한다.

[별표 1] 신 · 재생에너지 설비의 하자이행보증기간(제19조제5항 관련)

원별	하자이행보증기간
태양광발전설비	3년
풍력발전설비	3년
소수력발전설비	3년
지열이용설비	3년
태양열이용설비	3년
기타 신 · 재생에너지설비	3년

※ 신 · 재생에너지 설비의 지원 등에 관한 규정 제35조의 사업으로 설치한 신 · 재생에너지 설비의 하자이행보증기간은 5년으로 한다.

제35조(융 · 복합지원사업 등)
융 · 복합지원사업은 동일한 장소(건축물 등)에 2종 이상 신 · 재생에너지원의 설비(전력저장장치 포함)를 동시에 설치하거나 주택 · 공공 · 상업(산업)건물 등 지원대상이 혼재되어 있는 특정지역에 1종 이상 신 · 재생에너지원의 설비를 동시에 설치하려는 경우에 국가가 보조금을 지원해 주는 사업을 말한다.

03 신 · 재생에너지의 종류를 쓰시오.

해답

1) 신에너지
   ① 수소에너지
   ② 연료전지
   ③ 석탄을 액화가스화한 에너지, 중질잔사유를 가스화한 에너지

2) 재생에너지
   ① 태양에너지(태양광에너지, 태양열에너지)
   ② 풍력
   ③ 수력
   ④ 지열에너지
   ⑤ 해양에너지
   ⑥ 바이오에너지
   ⑦ 폐기물에너지

04 신에너지 및 재생에너지 개발 · 이용 · 보급 촉진법 기본계획 수립 기간과 기본계획 수립권자를 쓰시오.

해답

1) 기본계획의 계획기간은 10년 이상으로 한다.
2) 기본계획 수립권자 : 산업통상자원부장관

05 신 · 재생에너지 공급의무화제도(RPS)를 간단히 설명하시오.

해답

일정 규모 이상의 발전설비를 보유한 발전사업자에게 총 발전량의 일정량 이상을 신 · 재생에너지로 생산한 전력을 공급토록 의무화한 제도

06 신 · 재생에너지 가중치를 결정하는 요소 4가지를 쓰시오.

해답

1) 환경, 기술개발 및 산업활성화에 미치는 효과
2) 발전 원가
3) 부존 잠재량
4) 온실가스 배출 저감에 미치는 효과

해설 시행령 제18조의9 : 산업통상자원부장관이 정하여 고시

5) 전력수급의 안정에 미치는 영향
6) 지역주민의 수용 정도

07 신 · 재생에너지 시공기준에 의한 구분에서 태양광, 풍력, 수력, 폐기물, 바이오, 발전설비의 측정항목은?

해답

인버터 출력

해설

구분	모니터링 항목	데이터(누계치)	측정 항목
태양광, 풍력, 수력, 폐기물, 바이오	일일발전량[kWh]	24개(시간당)	인버터 출력
	생산시간[분]	1개(1일)	
태양열	일일열생산량[kW]	24개(시간당)	• 열교환기 · 축열조 입출구 온도 • 축열부 유량(열량)
	생산시간[분]	1개(1일)	
폐기물, 바이오	일일열생산량[kW]	24개(시간당)	부하 측 입출구 온도차, 유량
	생산시간[분]	1개(1일)	
지열	일일열생산량[kW]	24개(시간당)	• 물－물 방식 : 부하 측 입출구 온도차, 유량 • 물－공기(냉매)방식 : 지열원 측 입출구 온도차, 유량 • 전력소비량 : 히트펌프, 축열 & 지중펌프
	생산시간[분]	1개(1일)	
	전력소비량[kWh]	24개(시간당)	
수소 · 연료전지	일일발전량[kWh]	24개(시간당)	인버터 출력
	일일열생산량[kW]	24개(시간당)	
	생산시간[분]	1개(1일)	

구분	모니터링 항목	데이터(누계치)	측정 항목
해수온도차	일일열생산량[kW]	24개(시간당)	• 물－물 방식 : 부하 측 입출구 온도차, 유량 • 물－공기(냉매)방식 : 해수열원 측 입출구 온도차, 유량 • 전력소비량 : 히트펌프, 해수취수 펌프
	생산시간[분]	1개(1일)	
	전력소비량[kWh]	24개(시간당)	

NEW AND RENEWABLE ENERGY EQUIPMENT(PHOTOVOLTAIC) INDUSTRIAL ENGINEER

PART 04

태양광발전사업 허가

001 태양광발전사업 인허가

1 인허가 사항

1) 전기(발전)사업 허가권자

① 3,000[kW] 초과 설비 : 산업통상자원부 장관

② 3,000[kW] 이하 설비 : 시 · 도지사

※ 단, 제주특별자치도는 제주국제자유도시 특별법에 따라 3,000[kW] 이상의 발전설비도 제주특별자치도지사의 허가사항임

2) 전기(발전)사업 허가기준

① 전기사업을 적정하게 수행하는 데 필요한 재무능력, 기술능력이 있을 것

② 전기사업이 계획대로 수행될 수 있을 것

③ 배전사업 및 구역전기사업의 경우 둘 이상의 배전사업자의 사업구역 및 구역 전기사업자의 특정한 공급구역 중 그 전부 또는 일부가 중복되지 아니할 것

④ 발전소가 특정지역에 편중되어 전력계통의 운영에 지장을 주지 않을 것

⑤ 발전연료가 어느 하나에 편중되어 전력수급에 지장을 초래하지 않을 것

3) 환경영향평가 협의

(1) 허가기준

발전용량 100,000[kW] 미만인 경우 소규모 환경영향평가, 발전용량이 100,000[kW] 이상일 경우 환경영향평가의 대상

(2) 소규모환경영향평가 : 검토대상(보전이 필요한 지역 내의 개발사업)

① 보전관리지역, 자연환경보전지역, 개발제한구역 : 5,000[m^2]

② 생산관리지역 : 7,500[m^2]

③ 계획관리지역 : 10,000[m^2]

4) 개발행위 허가

(1) 목적

「국토의 계획 및 이용에 관한 법률」에 따라 개발계획의 적정성 및 기반시설을 확보하여 난개발 방지

(2) 허가권자 : 시장, 군수

(3) 개발행위 대상

① 건축물의 건축
② 공작물의 설치
③ 토지의 형질변경(단, 경작을 위한 토지의 형질변경은 제외)
④ 토석 채취
⑤ 토지 분할
⑥ 물건을 쌓아 놓는 행위

(4) 용도지역별 허가면적

① **도시지역**
   ㉠ 주거지역, 상업지역, 자연녹지지역, 생산녹지지역 : 1만[m^2] 미만
   ㉡ 공업지역 : 3만[m^2] 미만
   ㉢ 보전녹지지역 : 5천[m^2] 미만
② **관리지역** : 3만[m^2] 미만
③ **농림지역** : 3만[m^2] 미만
④ **자연환경보전지역** : 5천[m^2] 미만

(5) 개발행위 허가의 항목

① 산지전용 허가 및 입목 벌채 허가
② **농지전용 허가** : 농지의 형질변경
③ 사방지 지정의 해제
④ 사도 개설의 허가
⑤ 무연분묘의 개장 허가
⑥ **초지 전용의 허가** : 초지의 형질변경

2 인허가 절차 : 태양광발전사업의 추진절차

1) 발전사업 허가신청

① 3,000[kW] 초과 시 : 산업통상자원부 장관
② 3,000[kW] 이하 시 : 시 · 도지사

2) 환경영향평가

① 100,000[kW] 미만 : 소규모환경영향평가
② 100,000[kW] 이상 : 환경영향평가

3) 개발행위 허가

4) 전기사업용 전기설비의 공사계획 인가 또는 신고

① 신고 : 출력 10,000[kW] 미만(시 · 도지사)
② 인가 : 출력 10,000[kW] 이상(산업통상자원부장관)

5) 사용 전 검사

검사기관 : 한국전기안전공사

6) 대상설비 확인

7) 전력수급계약 체결

① 1[MW] 이하 : 한국전력거래소 또는 한국전력공사
② 1[MW] 초과 : 한국전력거래소

8) 사업개시 신고

① 3,000[kW] 이하 : 시 · 도지사
② 3,000[kW] 초과 : 산업통상자원부장관

▼ 발전사업 허가신청 시 제출서류

구분	200[kW] 이하	3,000[kW] 이하	3,000[kW] 초과
신규 허가 제출 서류	1. 사업허가신청서 2. 사업계획서	1. 사업허가신청서 2. 사업계획서 3. 송전관계일람도 (발전/구역전기사업 경우) 4. 발전원가명세서 (발전/구역전기사업 경우) 5. 기술인력 확보계획 6. 수력 : 하천점용허가서 사본 (하천법) 원자력 : 건설허가서 사본 (원자력법) ※ 신청서 사본도 가능	1. 사업허가신청서 2. 사업계획서 3. 송전관계일람도 (발전/구역전기사업의 경우) 4. 발전원가명세서 (발전/구역전기사업의 경우) 5. 기술인력 확보계획 6. 5년간 예상 손익산출서 7. 전기설비개요서 (배전선로 제외) 8. 공급구역 5만분의 1 지도 (배전/구역전기사업의 경우) 9. 신용평가의견서 10. 소요재원 조달계획 11. 법인은 정관, 등기부등본, 직전 연도 손익계산서, 대차대조표 ※ 설립 중 법인은 정관 12. 수력 : 하천점용허가서 사본 (하천법) 원자력 : 건설허가서 사본 (원자력법)
변경 허가	1. 사업허가 변경신청서 2. 변경내용을 증명할 수 있는 서류		

NEW AND RENEWABLE ENERGY EQUIPMENT(PHOTOVOLTAIC) INDUSTRIAL ENGINEER

PART 05

태양광발전장치 준공검사

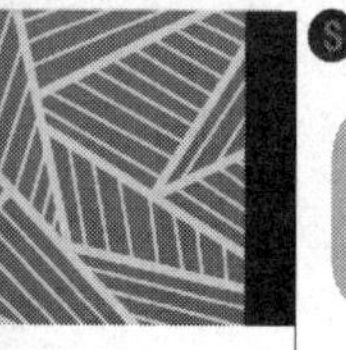

001 태양광발전 정밀안전진단

1 보호계전기

보호계전기란 단락, 지락(접지) 또는 과부하나 기타의 원인으로 이상상태 발생 시 이를 검출하여 신속히 계통으로부터 분리하여 전기기기를 보호하는 목적을 가진 것을 말한다.

1) 보호계전기의 구비조건

① **신뢰성** : 사고 시 확실히 동작하고 오부동작이 없을 것
② **선택성** : 고장구간만 차단하고 건전구간은 통전할 것
③ **협조성** : 무보호구간이 없고 즉시 작동할 것인지 혹은 시간을 갖고 작동할 것인지 판단하여 동작할 것
④ **후비성** : 후비보호기능이 있을 것
⑤ **동작감도** : 동작조건이 충족되면 확실히 동작할 것

2) 보호계전기의 종류

(1) 과전류 계전기(OCR : Over Current Relay) 50/51

전류의 크기가 일정치 이상으로 되었을 때 동작하는 계전기

(2) 과전압 계전기(OVR : Over Voltage Relay) 59

전압의 크기가 일정치 이상일 때 동작하는 계전기

(3) 부족전압 계전기(UVR : Under Voltage Relay) 27

전압의 크기가 일정치 이하일 때 동작하는 계전기

(4) 주파수 계전기(FR : Frequency Relay) 81

① 교류의 주파수에 응동하는 계전기
② 과주파수 계전기(Over Frequency Relay) : 주파수가 일정치보다 높을 경우에 동작
③ 저주파수 계전기(Under Frequency Relay) : 주파수가 일정치보다 낮을 경우에 동작

3) 보호계전기의 동작 특성

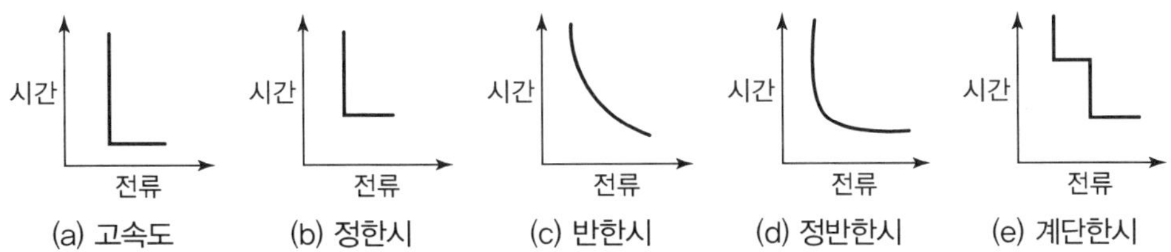

(1) 고속도형

① 응동시간이 빨라지도록 고려한 경우의 응동

② 일정입력(200[%])에서 0.04초 이내에 동작

(2) 정한시형

입력의 크기에 관계없이 정해진 시간에 동작하는 것

(3) 반한시형

입력이 커질수록 짧은 시간에 동작하는 것

(4) 정반한시형

입력이 커질수록 짧은 시간에 작동하나 입력이 일정치 이상이면 일정 시간에 동작하는 것

(5) 계단한시형

입력의 일정 범위별로 일정 시간에 계단식으로 동작하는 것

2 모선과 기기의 절연저항 측정

1) 전선로의 전선 및 절연성능

① 저압전선로 중 절연부분의 전선과 대지 사이 및 전선과 심선 상호 간의 절연저항은 사용 전압에 대한 누설전류가 최대 공급전류의 1/2,000을 넘지 않도록 하여야 한다.

② 저압전로에서 정전이 어려운 경우 등 절연저항 측정이 곤란한 경우 저항성분의 누설전류가 1[mA] 이하이면 그 전로의 절연성능이 적합한 것으로 본다.(KEC 규정 132)

2) 절연저항의 측정

(1) 태양전지

① 절연저항 측정 시 유의사항

㉠ 태양전지는 낮에 전압이 발생되므로 주의하여 절연저항을 측정한다.

㉡ 뇌보호를 위한 어레스터 등 피뢰소자는 태양전지 어레이 출력단에 설치되어 있으며 절연저항 측정 시 접지 측과 분리한다.

㉢ 절연저항 측정 시 기온, 습도를 기록한다.(절연저항은 기온과 습도에 많은 영향을 받음)

② 측정회로

시험기자재 : 절연저항계(메거), 온도계, 습도계, 단락용 개폐기

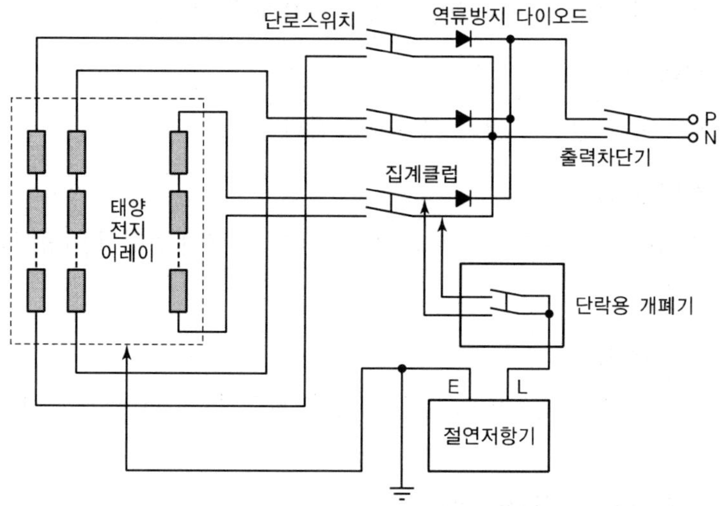

③ 측정순서

㉠ 출력개폐기를 OFF한다.(출력개폐기의 입력부에 서지업 서버를 취부하고 있는 경우는 접지 단자를 분리시킨다.)

㉡ 단락용 개폐기를 OFF한다.

㉢ 전체 스트립의 단로스위치를 OFF한다.

㉣ 단락용 개폐기의 1차 측 (+) 및 (−)의 클립을, 역류방지 다이오드에서 태양전지 측과 단로스위치 사이에 각각 접속한다. 접속 후 대상으로 하는 스트링 단로스위치를 ON으로 한다. 마지막으로 단락용 개폐기를 ON한다.

㉤ 메거의 E측을 접지단자에, L측을 단락용 개폐기의 2차 측에 접속하고, 메거를 ON하여 저항치를 측정한다.

㉥ 측정 종료 후에 반드시 단락용 개폐기를 OFF한 뒤 단로스위치를 OFF로 하고 마지막에 스트링의 클립을 제거한다. 이 순서를 절대로 다르게 해서는 안 된다. 단로스위치에는 단락전류를 차단하는 기능이 없으며, 또한 단락상태에서 클립을 제거하면 아크방전이 생겨 측정자가 화상을 입을 가능성이 있다.

㉦ 서지업 서버의 접지 측 단자를 복원하여 대지전압을 측정해서 전류전하의 방전상태를 확인한다.

(2) 인버터 회로

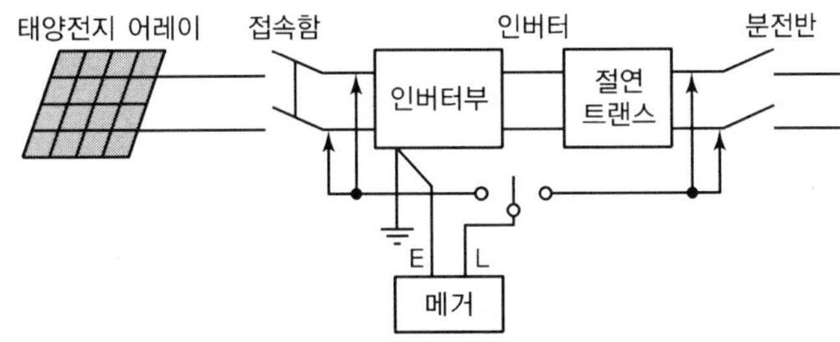

① 입력회로

㉠ 태양전지 회로를 접속함에서 분리한다.

㉡ 분전반 내의 분기 차단기를 개방한다.

㉢ 직류 측의 모든 입력단자 및 교류 측의 전체 출력단자를 각각 단락한다.

㉣ 직류단자와 대지 간의 절연저항을 측정한다.

② 출력회로

㉠ 태양전지 회로를 접속함에서 분리한다.

㉡ 분전반 내의 분기 차단기를 개방한다.

㉢ 직류 측의 모든 입력단자 및 교류 측의 전체 출력단자를 각각 단락한다.

㉣ 교류단자와 대지 간의 절연저항을 측정한다.

(3) 저압전로의 절연성능

전기사용 장소의 사용 전압이 저압인 전로의 전선 상호 간 및 전로와 대지 사이의 절연저항은 개폐기 또는 과전류차단기로 구분할 수 있는 전로마다 다음 표에서 정한 값 이상이어야 한다. 다만, 전선 상호 간의 절연저항은 기계기구의 분리가 용이하지 않은 분기회로의 경우 기기 접속 전에 측정할 수 있다.

또한, 측정 시 영향을 주거나 손상을 받을 수 있는 SPD 또는 기타 기기 등은 측정 전에 분리시켜야 하고, 부득이하게 분리가 어려운 경우에는 시험전압을 250[V] DC로 낮추어 측정할 수 있지만 절연저항 값은 1[MΩ] 이상이어야 한다.

전로의 사용 전압[V]	DC 시험전압[V]	절연저항[MΩ]
SELV 및 PELV	250	0.5
FELV, 500[V] 이하	500	1.0
500[V] 초과	1,000	1.0

※ 특별저압(Extra Low Voltage : 2차 전압이 AC 50[V], DC 120[V] 이하)으로 SELV(비접지회로 구성) 및 PELV(접지회로 구성)는 1차와 2차가 전기적으로 절연된 회로, FELV는 1차와 2차가 전기적으로 절연되지 않은 회로

- FELV(Functional Extra Low Voltage)
- SELV(Safety Extra Low Voltage)
- PELV(Protective Extra Low Voltage)

(4) 절연내력시험

① 연료전지 및 태양전지 모듈의 절연내력

㉠ 시험전압 : 최대사용 전압의 1.5배 직류전압 또는 1배의 교류전압(500[V] 미만으로 되는 경우에는 500[V])

㉡ 시험방법 : 충전부분과 대지 사이에 연속하여 10분간 가했을 때 이에 견디는 것이어야 한다.

② 변압기 전로의 권선 종류 및 절연내력시험전압(교류시험전압 → 연속 10분간)

구분		배수	최저전압
7,000[V] 이하		최대사용 전압×1.5배	500[V]
비접지식	7,000[V] 초과	최대사용 전압×1.25배	10,500[V]
중성점 다중접지식	7,000[V] 초과 25,000[V] 이하	최대사용 전압×0.92배	-
중성점 접지식	60,000[V] 초과	최대사용 전압×1.1배	75,000[V]
중성점 직접접지식	170,000[V] 이하	최대사용 전압×0.72배	-
	170,000[V] 넘는 구내에서만 적용	최대사용 전압×0.64배	-

002 태양광발전 사용 전 검사

1 사용 전 검사 대상 · 기준(전기사업법 시행규칙)

제31조(사용 전 검사의 대상 · 기준 및 절차 등)

① 법 제63조에 따라 사용 전 검사를 받아야 하는 전기설비는 법 제61조에 따라 공사계획의 인가를 받거나 신고를 하고 설치 또는 변경공사를 하는 전기설비(원자력발전소의 전기설비는 제외한다)로 한다.

③ 사용 전 검사의 기준은 다음 각 호와 같다.

1. 전기설비의 설치 및 변경공사 내용이 법 제61조에 따라 인가 또는 신고를 한 공사계획에 적합할 것
2. 기술기준에 적합할 것
3. 「전기안전관리법」 제18조에 따라 산업통상자원부장관이 고시하는 검사 · 점검의 방법 · 절차 등에 적합할 것

④ 사용 전 검사의 시기는 별표 9와 같다.

⑤ 사용 전 검사를 받으려는 자는 별지 제28호 서식의 사용 전 검사 신청서에 다음 각 호의 서류를 첨부하여 검사를 받으려는 날의 7일 전까지 「전기안전관리법」 제30조에 따른 한국전기안전공사(이하 "안전공사"라 한다)에 제출해야 한다. 다만, 제5호의 서류는 사용 전 검사를 받는 날까지 제출할 수 있다.

1. 공사계획인가서 또는 신고수리서 사본
2. 「전력기술관리법」 제2조제3호에 따른 설계도서 및 같은 법 제12조의2제4항에 따른 감리원 배치확인서
3. 자체감리를 확인할 수 있는 서류(전기안전관리자가 자체감리를 하는 경우만 해당한다)
4. 전기안전관리자 선임신고증명서 사본
5. 그 밖에 사용 전 검사를 실시하는 데 필요한 서류로서 산업통상자원부장관이 정하여 고시하는 서류

■ **전기사업법 시행규칙 [별표 9] 〈개정 2022.4.22.〉**

사용 전 검사를 받는 시기(제31조제4항 관련)

9. 전기수용설비에 관한 공사
   가. 전압 5만볼트 이상의 지중전선로 중 토목공사가 완성된 때
   나. 전기수용설비 중 공사계획에 따른 설비의 일부가 완성되어 그 완성된 설비만을 사용하려고 할 때
   다. 전체 공사가 완료된 때
10. 태양광발전소에 관한 공사
   가. 공사계획에 따른 설비의 일부가 완성되어 그 완성된 설비만을 사용하려고 할 때
   나. 전체 공사가 완료된 때
11. 연료전지발전소에 관한 공사
   가. 100킬로와트 초과 연료전지 발전설비의 경우 제품 출하 전 시험준비가 완료된 때
   나. 전체 공사가 완료된 때
12. 전기저장장치의 관한 공사
   가. 계통연계설비 공사가 완료된 때
   나. 전체 공사가 완료된 때
13. 제1호부터 제12호까지의 규정 외의 공사의 경우에는 공사계획에 따른 전체 공사가 완료된 때

2 사용 전 검사 대상의 범위

구분	검사종류	용량	선임
일반용	사용 전 점검	10[kW] 이하	미선임
자가용	사용 전 검사 (저압설비 공사계획 미신고)	10[kW] 초과	대행업체 대행 가능 (1,000[kW] 미만)
사업용	사용 전 검사 (시 · 도에 공사계획 신고)	전용량 대상	대행업체 대행 가능 (20[kW] 이하 미선임 가능)

3 사용 전 검사(준공 시의 점검)

1) 전기사업법 제61조의 규정에 따라 공사계획 인가 또는 신고를 필한 상용, 사업용 태양광발전시스템을 대상으로 하며, 공사가 완료되면 사용 전 검사(준공 시의 점검)를 받아야 한다.
2) 자가용 및 사업용 중 저압 배전계통 연계형 용량 200[kW] 이하를 대상으로 하며, 200[kW] 초과 시 한국전기안전공사의 '검사업무처리 방법'에 의해 발전설비검사 담당부서에서 점검한다.
3) 점검내용은 육안점검 외에 태양전지 어레이의 개방전압 측정, 각부의 절연저항 및 접지저항 등을 측정한다. 단, 정기점검 대상에서는 제외한다.
4) 준공 시의 점검설비와 점검항목, 점검요령을 나타내면 다음과 같다.

(1) 태양전지 어레이

점검항목		점검요령
육안 점검	표면의 오염 및 파손	오염 및 파손이 없을 것
	프레임 파손 및 변형	파손 및 뚜렷한 변형이 없을 것
	가대의 부식 및 녹	가대의 부식 및 녹이 없을 것 (녹의 진행이 없는 도금강판의 끝단부는 제외)
	가대의 고정	볼트 및 너트의 풀림이 없을 것
	가대의 접지	배선공사 및 접지의 접속이 확실할 것
	코킹	코킹의 파손 및 불량이 없을 것
	지붕재 파손	지붕재의 파손, 어긋남, 균열이 없을 것
측정	접지저항	접지저항 100[Ω] 이하
	가대고정	볼트가 규정된 토크 수치로 조여져 있을 것

(2) 접속함

점검항목		점검요령
육안 점검	외함의 부식 및 파손	부식 및 파손이 없을 것
	방수처리	전선인입구가 실리콘 등으로 방수처리될 것
	배선의 극성	태양전지에서 배선의 극성이 바뀌지 않을 것
	단자대 나사 풀림	확실히 취부되고 나사의 풀림이 없을 것
측정	절연저항(태양전지 – 접지 간)	DC 500[V] 메거로 측정 시 0.2[MΩ] 이상
	절연저항(각 출력단자 – 접지 간)	DC 500[V] 메거로 측정 시 1[MΩ] 이상
	개방전압 및 극성	규정된 전압범위 이내이고 극성이 올바를 것 (각 회로마다 모두 측정)

(3) 인버터

점검항목		점검요령
육안 점검	외함의 부식 및 파손	부식 및 파손이 없을 것
	취부	• 견고하게 고정되어 있을 것 • 유지보수에 충분한 공간이 확보되어 있을 것 • 옥내용 : 과도한 습기, 기름, 연기, 부식성 가스, 가연가스, 먼지, 염분, 화기 등이 존재하지 않은 장소일 것 • 옥외용 : 눈이 쌓이거나 침수의 우려가 없을 것 • 화기, 가연가스 및 인화물이 없을 것
	배선의 극성	• P는 태양전지(+), N은 태양전지(−) • V, O, W는 계통측 배선(단상 3선식 220[V]) [V−O, O−W 간 220[V](O는 중성선)] • 자립 운전용 배선은 전용 콘센트 또는 단자에 의해 전용배선으로 하고 용량은 15[A] 이상일 것
	단자대 나사의 풀림	확실히 취부되고 나사의 풀림이 없을 것
	접지단자와의 접속	접지와 바르게 접속되어 있을 것 (접지봉 및 인버터 '접지단자'와 접속)
측정	절연저항(인버터 입출력단자−접지 간)	DC 500[V] 메거로 측정 시 1[MΩ] 이상
	접지저항	접지저항 100[Ω] 이하

(4) 운전정지

점검항목		점검요령
조작 및 육안 점검	보호계전기능의 설정	전력회사 정정치를 확인할 것
	운전	운전스위치 '운전'에서 운전할 것
	정지	운전스위치 '정지'에서 정지할 것
	투입저지 시한타이머동작시험	인버터가 정지하여 5분 후 자동기동할 것
	자립운전	자립운전으로 전환할 때, 자립운전용 콘센트에서 사양서의 규정전압이 출력될 것
	표시부의 동작 확인	표시가 정상으로 표시되어 있을 것
	이상음 등	운전 중 이상음, 이상진동, 악취 등의 발생이 없을 것
측정	발생전압(태양전지 모듈)	태양전지의 동작전압이 정상일 것 (동작전압 판정 일람표에서 확인)

(5) 발전전력

점검항목		점검요령
육안 점검	인버터의 출력표시	인버터 운전 중 전력표시부에 사양대로 표시될 것
	전력량계(송전 시)	회전을 확인할 것
	전력량계(수신 시)	정지를 확인할 것

4 자가용 태양광발전설비의 사용 전 검사

검사항목	세부 검사내용	수검자 준비자료
1. 태양광발전설비표	태양광발전설비표 작성	• 공사계획인가(신고)서 • 태양광발전설비 개요
2. 태양광전지 검사		
태양광전지 일반 규격	규격 확인	• 공사계획인가(신고)서 • 태양광전지 규격서
태양광전지 검사	• 외관검사 • 전지 전기적 특성시험 • 어레이	• 단선결선도 • 태양전지 트립 인터록 도면 • 시퀀스 도면 • 보호장치 및 계전기시험 성적서 • 절연저항 시험성적서
3. 전력변환장치 검사		
전력변환장치 일반 규격	규격 확인	공사계획인가(신고)서
전력변환장치 검사	• 외관검사 • 절연저항 • 절연내력 • 제어회로 및 경보장치 • 전력조절부/Static 스위치 자동 · 수동절체시험 • 역방향운전 제어시험 • 단독운전 방지 시험 • 인버터 자동 · 수동절체 시험 • 충전기능 시험	• 단선결선도 • 시퀀스 도면 • 보호장치 및 계전기시험 성적서 • 절연저항시험 성적서 • 절연내력시험 성적서 • 경보회로시험 성적서 • 부대설비시험 성적서
보호장치 검사	• 외관검사 • 절연저항 • 보호장치 시험	

검사항목	세부 검사내용	수검자 준비자료
축전지	• 시설상태 확인 • 전해액 확인 • 환기시설 상태	
4. 종합연동시험 검사 5. 부하운전시험 검사	검사 시 일사량을 기준으로 가능 출력 확인하고 발전량 이상 유무 확인(30분)	• 종합 인터록 도면 • 출력 기록지
6. 기타 부속설비	전기수용설비 항목 준용	

NEW AND RENEWABLE ENERGY EQUIPMENT(PHOTOVOLTAIC) INDUSTRIAL ENGINEER

PART 06

태양광발전시스템 감리

001 착공 시 감리업무

1 감리업무 검토

1) 감리업무 착수 시 검토사항

① 감리업자는 감리용역계약 즉시 상주 및 비상주감리원의 투입 등 감리업무 수행준비에 대하여 발주자와 협의하여야 하며, 계약서상 착수일에 감리용역을 착수하여야 한다. 다만, 감리대상 공사의 전부 또는 일부가 발주자의 사정 등으로 계약서상 착수일에 감리용역을 착수할 수 없는 경우에는 발주자는 실 착수시점 및 상주감리원 투입시기 등을 조정하여 감리업자에게 통보하여야 한다.

② 감리업자는 감리용역 착수 시 다음 각 호의 서류를 첨부한 착수신고서를 제출하여 발주자의 승인을 받아야 한다.

㉠ 감리업무 수행계획서

㉡ 감리비 산출내역서

㉢ 상주, 비상주 감리원 배치계획서의 감리원의 경력확인서

㉣ 감리원 조직 구성내용과 감리원별 투입기간 및 담당업무

③ 감리업자는 제2항 제3호에 따른 감리원 배치계획서에 따라 감리원을 배치하여야 한다.

2 설계도서 검토

① 감리원은 설계도면, 설계설명서, 공사비 산출내역서, 기술계산서, 공사계약서의 계약내용과 해당 공사의 조사 설계보고서 등의 내용을 완전히 숙지하여 새로운 방향의 공법 개선 및 예산 절감을 도모하도록 노력하여야 한다.

② 감리원은 설계도서 등에 대하여 공사계약문서 상호 간의 모순되는 사항, 현장 실정과의 부합 여부 등 현장 시공을 주안으로 하여 해당 공사 시작 전에 검토하여야 하며, 검토 내용에는 다음 각 호의 사항 등이 포함되어야 한다.

㉠ 현장조건에 부합 여부

㉡ 시공의 실제 가능 여부

㉢ 다른 사업 또는 다른 공정과의 상호부합 여부

㉣ 설계도면, 설계설명서, 기술계산서, 산출내역서 등의 내용에 대한 상호일치 여부

㉤ 설계도서의 누락, 오류 등 불명확한 부분의 존재 여부

ⓑ 발주자가 제공한 물량 내역서와 공사업자가 제출한 산출내역서의 수량일치 여부
ⓢ 시공 상의 예상 문제점 및 대책 등

③ 감리원이 제2항의 검토결과 불합리한 부분, 착오, 불명확하거나 의문사항이 있을 때에는 그 내용과 의견을 발주자에게 보고하여야 한다. 또한, 공사업자에게도 설계도서 및 산출내역서 등을 검토하도록 하여 검토결과를 보고 받아야 한다.

3 사무실의 설치 및 설계도서 관리

1) 현장사무소, 공사용 도로, 작업장부지 등의 선정

감리원은 공사 시작과 동시에 공사업자에게 다음 각 호에 따른 가설시설물의 면적, 위치 등을 표시한 가설시설물 설치계획표를 작성하여 제출하도록 하여야 한다.

① 공사용 도로(발 · 변전설비, 송 · 배전설비에 해당)
② 가설사무소, 작업장, 창고, 숙소, 식당 및 그 밖의 부대설비
③ 자재 야적장
④ 공사용 임시전력

2) 설계도서 등의 관리

감리원은 감리업무 착수와 동시에 공사에 관한 설계도서 및 자료, 공사계약문서 등을 발주자로부터 인수하여 관리번호를 부여하고, 관리대장을 작성하여 공사관계자 이외의 자에게 유출을 방지하는 등 관리를 철저히 하여야 하며, 외부에 유출하고자 하는 때에는 발주자 또는 지원업무담당자의 승인을 받아야 한다.

4 착공 신고서 검토 및 보고

① 감리원은 공사가 시작된 경우에는 공사업자로부터 다음 각 호의 서류가 포함된 착공 신고서를 제출받아 적정성 여부를 검토하여 7일 이내에 발주자에게 보고하여야 한다.

ⓖ 시공관리 책임자 지정통지서(현장관리조직, 안전관리자)
ⓝ 공사예정공정표
ⓓ 품질관리계획서
ⓡ 공사도급 계약서 사본 및 산출내역서
ⓜ 공사 시작 전 사진
ⓑ 현장기술자 경력사항 확인서 및 자격증 사본
ⓢ 안전관리계획서
ⓞ 그 밖에 발주자가 지정한 사항

② 감리원은 다음 각 호를 참고하여 착공신고서의 적정 여부를 검토하여야 한다.

㉠ 계약 내용의 확인
- 공사기간(착공~준공)
- 공사비 지급조건 및 방법(선급금, 기성부분 지급, 준공금 등)
- 그 밖에 공사계약문서에 정한 사항

㉡ 현장기술자의 적격 여부(시공관리책임자 : 전기공사업법 제17조)

㉢ 공사 예정공정표 : 작업 간 선행 · 동시 및 완료 등 공사 전 · 후 간의 연관성이 명시되어 작성되고, 예정 공정률이 적정하게 작성되었는지 확인

㉣ 품질관리계획 : 공사 예정공정표에 따라 공사용 자재의 투입시기와 시험방법, 빈도 등이 적정하게 반영되었는지 확인

㉤ 공사 시작 전 사진 : 전경이 잘 나타나도록 촬영되었는지 확인

㉥ 안전관리계획 : 산업안전보건법령에 따른 해당 규정 반영 여부

㉦ 작업인원 및 장비투입 계획 : 공사의 규모 및 성격, 특성에 맞는 장비형식이나 수량의 적정 여부 등

5 공사표지판 등의 설치

① 감리원은 공사업자가 공사표지를 게시하고자 할 때에는 표지판의 제작방법, 크기, 설치 장소 등이 포함된 표지판 제작설치계획서를 제출받아 검토한 후 설치하도록 하여야 한다.

② 공사현장의 표지는 공사 시작 일부터 준공 전일까지 게시 · 설치하여야 한다.

6 인허가 업무 검토

1) 사업인허가

전기사업은 국민 생활과 산업 활동에 필수 불가결한 공공재이고 막대한 투자와 상당 기간의 건설기간이 필요하므로, 전기사용자의 이익 보호와 건전한 전기사업 육성을 위해 적정한 자격과 능력이 있는 자만이 전기사업에 참여할 수 있도록 해야 한다.

(1) 허가권자

① 3,000[kW] 초과 설비 : 산업통상자원부 장관

② 3,000[kW] 이하 설비 : 시 · 도지사

단, 제주도특별자치도는 제주국제자유도 특별법에 따라 3,000[kW] 이상의 발전설비도 제주특별자치도지사의 허가사항임

(2) 허가기준

① 전기사업 수행에 필요한 재무능력 및 기술능력이 있을 것
② 전기사업이 계획대로 수행될 것
③ 발전소가 특정 지역에 편중되어 전력계통의 운영에 지장을 초래하여서는 아니 될 것
④ 발전연료가 어느 하나에 편중되어 전력수급에 지장을 초래하여서는 아니 될 것

(3) 허가절차

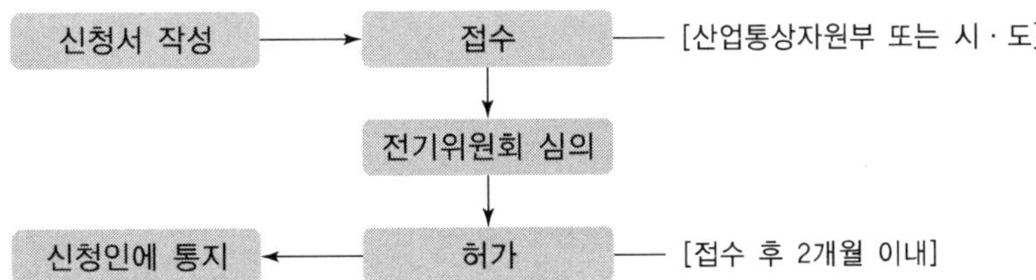

(4) 인허가 시 필요서류 목록

① 3,000[kW] 이하
㉠ 전기사업허가신청서(전기사업법 시행규칙 별지 제1호 서식) 1부
㉡ 전기사업법 시행규칙 별표 1의 요령에 의한 사업계획서 1부
㉢ 송전관계 일람도 1부
㉣ 발전원가 명세서(200[kW] 이하는 생략) 1부
㉤ 발전설비의 운영을 위한 기술인력의 확보계획을 기재한 서류(200[kW] 이하는 생략) 1부

② 3,000[kW] 초과
㉠ 전기사업허가신청서(전기사업법 시행규칙 별지 제1호 서식) 1부
㉡ 전기사업법 시행규칙 별표 제1의 작성요령에 의한 사업계획서 1부
㉢ 사업 개시 후 5년간의 기간에 대한 연도별 예상사업 손익산출서 1부
㉣ 발전설비의 개요서 1부
㉤ 송전관계 일람도 및 발전원가명세서 1부
㉥ 신용평가 의견서 및 소요재원 조달계획서 1부
㉦ 발전설비의 운영을 위한 기술인력의 확보계획을 기재한 서류 1부
㉧ 신청인이 법인인 경우에는 그 정관 등 재무현황 관련 자료 1부
㉨ 신청인이 설립 중인 법인인 경우에는 그 정관 1부

2) 허가의 취소

전기사업자가 사업 준비기간(발전사업 허가를 득한 후부터 사업개시 신고 전까지) 내에 전기설비의 설치 및 사업의 개시를 하지 아니한 경우, 전기위원회의 심의를 거쳐 허가를 취소한다.

※ 신 · 재생에너지 발전사업 준비기간의 상한은 10년이며, 발전사업 허가 시 사업 준비기간을 지정한다.

3) 감리원의 배치현황 신고(제21조의2)

감리원의 배치현황을 신고하려는 자는 별지 제27호 서식 신고서에 다음 각 호의 서류를 첨부하여 한국전기기술인협회에 제출하여야 한다.

① 감리원 배치계획서(발주자의 확인을 받은 것)
② 전력시설물공사의 예정공정표 사본
③ 예정공사비의 총괄내역서 사본
④ 감리용역계약서 사본
⑤ 감리원 재직증명서
⑥ 전력시설물 공사의 현장 간 거리도면(통합하여 공사감리를 하는 경우에만 해당)

4) 감리원 배치기준(제22조)

공사종류	총예정공사비	책임감리원	보조감리원
발전, 송전, 변전, 배전, 전기철도	총공사비 100억 원 이상	특급감리원	초급감리원 이상
	총공사비 50억 원 이상 100억 원 미만	고급감리원 이상	초급감리원 이상
	총공사비 50억 원 미만	중급감리원 이상	초급감리원 이상
수전, 구내 배전, 가로등 전력 사용설비 및 그 밖의 설비	총공사비 20억 원 이상	특급감리원	초급감리원 이상
	총공사비 10억 원 이상 20억 원 미만	고급감리원 이상	초급감리원 이상
	총공사비 10억 원 미만	중급감리원 이상	초급감리원 이상

002 시공 시 감리업무

1 상주감리원이 현장에서 근무해야 하는 상황

상주감리원은 다음 각 호에 따라 현장 근무를 하여야 한다.

① 상주감리원은 공사현장(공사와 관련한 외부 현장점검, 확인 등 포함)에서 운영요령에 따라 배치된 일수를 상주하여야 하며, 다른 업무 또는 부득이한 사유로 1일 이상 현장을 이탈하는 경우에는 반드시 감리업무일지에 기록하고, 발주자(지원업무담당자)의 승인(부재 시 유선보고)을 받아야 한다.

② 상주감리원은 감리사무실 출입구 부근에 부착한 근무상황판에 현장 근무위치 및 업무내용 등을 기록하여야 한다.

③ 감리업자는 감리원이 감리업무 수행기간 중 법에 따른 교육훈련이나 「민방위기본법」 또는 「향토예비군설치법」 등에 따른 교육을 받는 경우나 「근로기준법」에 따른 유급휴가로 현장을 이탈하게 되는 경우에는 감리업무에 지장이 없도록 직무대행자를 지정(동일 현장의 상주감리원 또는 비상주감리원)하여 업무 인계 · 인수 등의 필요한 조치를 하여야 한다.

④ 상주감리원은 발주자의 요청이 있는 경우에는 초과근무를 하여야 하며, 공사업자의 요청이 있을 경우에는 발주자의 승인을 받아 초과근무를 해야 한다. 이 경우 대가 지급은 운영요령 또는 「국가를 당사자로 하는 계약에 관한 법률」에 따른 회계예규(기술용역계약 일반조건)에서 정하는 바에 따른다.

⑤ 감리업자는 감리현장이 원활하게 운영될 수 있도록 감리용역비 중 직접경비를 감리대가기준에 따라 적정하게 사용하여야 하며, 발주자가 요구할 경우 직접경비의 사용에 대한 증빙을 제출하여야 한다.

2 비상주감리원이 수행하여야 할 업무

비상주감리원은 다음 각 호에 따라 업무를 수행하여야 한다.

① 설계도서 등의 검토

② 상주감리원이 수행하지 못하는 현장 조사분석 및 시공상의 문제점에 대한 기술검토와 민원사항에 대한 현지조사 및 해결방안 검토

③ 중요한 설계변경에 대한 기술검토

④ 설계변경 및 계약금액 조정의 심사

⑤ 기성 및 준공검사

⑥ 정기적(분기 또는 월별)으로 현장 시공상태를 종합적으로 점검 · 확인 · 평가하고 기술지도
⑦ 공사와 관련하여 발주자(지원업무수행자 포함)가 요구한 기술적 사항 등에 대한 검토
⑧ 그 밖에 감리 업무 추진에 필요한 기술지원 업무

3 행정업무

① 감리업자는 감리용역계약 즉시 상주 및 비상주감리원의 투입 등 감리업무 수행 준비에 대하여 발주자와 협의하여야 하며, 계약서상 착수일에 감리용역을 착수하여야 한다. 다만, 감리대상 공사의 전부 또는 일부가 발주자의 사정 등으로 계약서상 착수일에 감리용역을 착수할 수 없는 경우에는 발주자의 실 착수 시점 및 상주감리원 투입시기 등을 조정하여 감리업자에게 통보하여야 한다.
② 감리업자는 감리용역 착수 시 다음 각 호의 서류를 첨부한 착수신고서를 제출하여 발주자의 승인을 받아야 한다.
   ㉠ 감리업무 수행계획서
   ㉡ 감리비 산출내역서
   ㉢ 상주, 비상주 감리원 배치계획서와 감리원의 경력확인서
   ㉣ 감리원 조직 구성내용과 감리원별 투입기간 및 담당업무
③ 감리업자는 감리원 배치계획서에 따라 감리원을 배치하여야 한다. 다만, 감리원의 퇴직 · 입원 등 부득이한 사유로 감리원을 교체하려는 때에는 운영요령에 따라 교체 · 배치하여야 한다.
④ 발주자는 내용을 검토하여 감리원 또는 감리조직 구성 내용이 해당 공사현장의 공종 및 공사 성격에 적합하지 아니하다고 인정될 경우에는 감리업자에게 사유를 명시하여 서면으로 변경을 요구할 수 있으며, 변경 요구를 받은 감리업자는 특별한 사유가 없으면 응하여야 한다.
⑤ 발주자의 승인을 받은 감리원은 업무의 연속성, 효율성 등을 고려하여 특별한 사유가 없으면 감리용역이 완료될 때까지 근무하여야 한다.

4 감리보고

① 책임감리원은 감리업무 수행 중 긴급하게 발생되는 사항 또는 불특정하게 발생하는 중요사항에 대하여 발주자에게 수시로 보고하여야 하며, 보고서 작성에 대한 서식은 특별히 정해진 것이 없으므로 보고 사안에 따라 보고하여야 한다.
② 책임감리원은 다음 각 호의 사항이 포함된 분기보고서를 작성하여 발주자에게 제출하여야 한다. 보고서는 매 분기 말 다음 달 7일 이내로 제출한다.

㉠ 공사추진 현황(공사계획의 개요와 공사추진계획 및 실적, 공정현황, 감리용역현황, 감리조직, 감리원 조치내역 등)
㉡ 감리원 업무일지
㉢ 품질검사 및 관리현황
㉣ 검사 요청 및 결과 통보내용
㉤ 주요 기자재 검사 및 수불내용(주요 기자재 검사 및 입 · 출고가 명시된 수불현황)
㉥ 설계변경 현황
㉦ 그 밖에 책임감리원이 감리에 관하여 중요하다고 인정하는 사항

③ 책임감리원은 최종감리보고서를 감리기간 종료 후 14일 이내에 발주자에게 제출하여야 한다.
㉠ 공사 및 감리용역 개요 등(사업목적, 공사개요, 감리용역 개요, 설계용역 개요)
㉡ 공사추진 실적현황(기성 및 준공검사 현황, 공종별 추진실적, 설계변경 현황, 공사현장 실정보고 및 처리현황, 지시사항 처리, 주요 인력 및 장비투입현황, 하도급현황, 감리원 투입현황)
㉢ 품질관리 실적(검사요청 및 결과 통보 현황, 각종 측정기록 및 조사표, 시험장비 사용현황, 품질관리 및 측정자 현황, 기술검토실적 현황 등)
㉣ 주요기자재 사용실적(기자재 공급원 승인현황, 주요 기자재 투입현황, 사용자재 투입현황)
㉤ 안전관리 실적(안전관리조직, 교육실적, 안전점검실적, 안전관리비 사용실적)
㉥ 환경관리 실적(폐기물 발생 및 처리실적)
㉦ 종합분석

④ 위의 사항을 따른 분기 및 최종감리보고서는 규칙에 따라 전산프로그램(CD-ROM)으로 제출할 수 있다.

5 현장 정기교육

감리원은 공사업자에게 현장에 종사하는 시공기술자의 양질 시공 의식 고취를 위한 다음 각 호와 같은 내용의 현장 정기교육을 해당 현장의 특성에 적합하게 실시하도록 하고, 그 내용을 교육실적 기록부에 기록 · 비치하여야 한다.

① 관련 법령 · 전기설비기준, 지침 등의 내용과 공사현황 숙지에 관한 사항
② 감리원과 현장에 종사하는 기술자들의 화합과 협조 및 양질 시공을 위한 의식 교육
③ 시공결과 · 분석 및 평가
④ 작업 시 유의사항 등

6 시공기술자 등의 교체

① 감리원은 공사업자의 시공기술자 등이 항 각 호에 해당되어 해당 공사현장에 적합하지 않다고 인정되는 경우에는 공사업자 및 시공기술자에게 문서로 시정을 요구하고, 이에 불응하는 때에는 발주자에게 그 실정을 보고하여야 한다.

② 감리원으로부터 시공기술자의 실정보고를 받은 발주자는 지원업무담당자에게 실정 등을 조사·검토하게 하여 교체사유가 인정될 경우에는 공사업자에게 시공 기술자의 교체를 요구해야 한다. 이 경우 교체 요구를 받은 공사업자는 특별한 사유가 없으면 신속히 교체요구에 응하여야 한다.

㉠ 시공기술자 및 안전관리자가 관계 법령에 따른 배치기준, 겸직금지, 보수교육이수 및 품질관리 등의 법규를 위반하였을 때

㉡ 시공관리책임자가 감리원과 발주자의 사전 승낙을 받지 아니하고 정당한 사유 없이 해당 공사현장을 이탈한 때

㉢ 시공관리책임자가 고의 또는 과실로 공사를 조잡하게 시정하거나 부실시공을 하여 일반인에게 위해(危害)를 끼친 때

7 공사진도 관리

① 감리원은 공사업자로부터 전체 실시공정표에 따른 월간, 주간 상세공정표를 사전에 제출받아 검토·확인하여야 한다.

㉠ 월간 상세공정표 : 작업 착수 7일 전 제출

㉡ 주간 상세공정표 : 작업 착수 4일 전 제출

② 감리원은 매주 또는 매월 정기적으로 공사진도를 확인하여 예정공정과 실시 공정을 비교하여 공사의 부진 여부를 검토한다.

③ 감리원은 현장여건, 기상조건, 지장물 이설 등에 따른 관련 기관 협의사항이 정상적으로 추진되는지를 검토·확인하여야 한다.

④ 감리원은 공정진척도 현황을 최근 1주일 전의 자료가 유지될 수 있도록 관리하고 공정지연을 방지하기 위하여 주 공정 중심의 일정관리가 될 수 있도록 공사업자를 감리하여야 한다.

⑤ 감리원은 주간 단위의 공정계획 및 실적을 공사업자로부터 제출받아 검토·확인하고, 필요한 경우에는 공사업자와 시공관리책임자를 포함한 관계 직원 합동으로 금주 작업에 대한 실적을 분석·평가하고, 공사 추진에 지장을 초래하는 문제점, 잘못 시공된 부분의 지적 및 재시공 등의 지시와 재발 방지대책, 공정 진도의 평가, 그 밖에 공사추진상 필요한 내용의 협의를 위한 주간 또는 월간 공사추진회의를 개최하고 그 회의록을 관리하여야 한다.

8 부진공정 만회대책

① 감리원은 공사 진도율이 계획공정 대비 월간 공정실적이 10[%] 이상 지연되거나 누계 공정 실적이 5[%] 이상 지연될 때에는 공사업자에게 부진사유 분석, 만회대책 및 만회공정표를 수립하여 제출하도록 지시하여야 한다.
② 감리원은 공사업자가 제출한 부진공정 만회대책을 검토 · 확인하고, 그 이행 상태를 주간 단위로 점검 · 평가하여야 하며, 공사추진회의 등을 통하여 미조치 내용에 대한 필요대책 등을 수립하여 정상 공정으로 회복할 수 있도록 조치하여야 한다.
③ 감리원은 검토 · 확인한 부진공정 만회대책과 그 이행상태의 점검 · 평가결과를 감리보고서에 수록하여 발주자에게 보고하여야 한다.

9 수정 공정계획

감리원은 설계변경 등으로 인한 물공량의 증감, 공법변경, 공사 중 재해, 천재지변 등 불가항력에 따른 공사중지, 지급자재 공급지연 등으로 인하여 공사진척 실적이 지속적으로 부진할 경우에는 공정계획을 재검토하여 수정 공정계획 수립의 필요성을 검토하여야 한다.

10 공정보고

① 감리원은 주간 및 월간 단위의 공정현황을 공사업자로부터 제출받아 검토 · 확인하여야 한다.
② 감리원은 공정현황을 분기감리보고서에 포함하여 발주자에게 보고하여야 한다.
③ 감리원은 공사업자가 준공기한 연기를 요청할 경우에는 타당성을 검토 · 확인하고 검토의견서를 첨부하여 발주자에게 보고하여야 한다.

11 안전관리

① 감리원은 공사의 안전 시공을 위해서 안전조직을 갖추도록 하고 안전조직은 현장 규모와 작업내용에 따라 구성하며 동시에 「산업안전보건법」에 명시된 업무가 수행되도록 조직을 편성하여야 한다.
② 책임감리원은 소속 직원 중 안전담당자를 지정하여 공사업자의 안전관리자를 지도 · 감독하도록 하여야 하며, 공사 전반에 대한 안전관리계획의 사전검토, 실시 확인 및 평가, 자료의 기록 유지 등 사고예방을 위한 제반 안전관리업무에 대하여 확인을 하도록 하여야 한다.

③ 감리원은 공사업자에게 공사현장에 배치된 소속 직원 중에서 안전보건관리책임자(시공관리책임자)와 안전관리자(법정자격자)를 지정하게 하여 현장의 전반적인 안전 · 보건문제를 책임지고 추진하도록 하여야 한다.

④ 감리원은 공사업자에게 관계 법규를 준수하도록 하여야 한다.

⑤ 감리원은 산업재해 예방을 위한 제반 안전관리 지도에 적극적인 노력과 동시에 안전관계 법규를 이행하도록 하기 위하여 다음 각 호와 같은 업무를 수행하여야 한다.

㉠ 공사업자의 안전조직 편성 및 임무의 법상 구비조건 충족 및 실질적인 활동 가능성 검토

㉡ 안전관리자에 대한 임무수행 능력 보유 및 권한 부여 검토

㉢ 시공계획과 연계된 안전계획의 수립 및 그 내용의 실효성 검토

㉣ 유해, 위험 방지계획(수립 대상에 한함) 내용 및 실천 가능성 검토

12 품질관리 · 검사 요령

① 감리원은 공사업자가 작성 · 제출한 품질관리계획서에 따라 검사 · 확인이 실시되는지를 확인하여야 한다.

② 감리원은 품질관리를 위한 검사 · 확인은 「전기사업법」에 따른 전기설비기술기준 및 「산업표준화법」에 따른 한국산업규격에 따라 실시되는지 확인하여야 한다.

③ 감리원은 발주자 또는 공사업자가 품질검사 · 확인을 외부 전문기관 등에 대행시키고자 할 때에는 그 적정성 여부를 검토 · 확인하여야 한다.

13 검사 성과에 관한 확인

감리원은 해당 공사의 품질관리를 효율적으로 수행하기 위하여 공정별 검사종목과 측정방법 및 품질관리 기준을 숙지하고 공사업자가 제출한 품질관리검사 성과를 확인하여야 하며, 검사성과표를 다음 각 호와 같이 활용하여야 한다.

① 감리원은 공사업자에게 공사의 검사성과표가 준공검사 완료까지 기록 · 보관되도록 하고 이를 기성검사, 준공검사 등에 활용하여야 한다.

② 감리원은 검사결과 미비점이 발견되거나 불합격으로 판정되어 재검사를 실시하였을 경우에는 애초 검사성과표를 반드시 첨부하고 이를 모두 정비 · 보관하여야 한다.

③ 발주자는 지형 · 지세에 따라 달라지는 대지저항률과 접지저항 측정 등의 확인 · 기록 미 입회절차를 생략하고 매몰하는 행위를 발견하였을 때에는 해당 부위에 대한 각종 시험 등을 무효로 처리하고 필요시 재시험을 할 수 있으며, 설계도서 및 관계법령에 적합하게 유지 · 관리되도록 하여야 한다.

003 공정관리

1 시공계획서 검토

1) 시공계획서의 검토 · 확인

감리원은 공사업자가 작성한 시공계획서를 공사 시작 일부터 30일 이내에 제출받아 이를 검토 · 확인하여 7일 이내에 승인하여 시공하도록 하여야 하고, 시공계획서의 보완이 필요한 경우에는 그 내용과 사유를 문서로서 공사업자에게 통보하여야 한다. 시공계획서에는 시공계획서의 작성기준과 함께 다음 각 호의 내용이 포함되어야 한다.

① 현장 조직표
② 공사 세부공정표
③ 주요 공정의 시공 절차 및 방법
④ 시공일정
⑤ 주요 장비 동원계획
⑥ 주요 기자재 및 인력투입 계획
⑦ 주요 설비
⑧ 품질 · 안전 · 환경관리 대책 등

2) 공정관리

① 감리원은 해당 공사가 정해진 공기 내에 설계설명서, 도면 등에 따라 우수한 품질을 갖추어 완성될 수 있도록 공정관리의 계획 수립, 운영, 평가에 있어서 공정진척도 관리와 기성 관리가 동일한 기준으로 이루어질 수 있도록 감리하여야 한다.
② 감리원은 공사 시작일부터 30일 이내에 공사업자로부터 공정관리 계획서를 제출받아 제출받은 날부터 14일 이내에 검토하여 승인하고 발주자에게 제출하여야한다.

3) 공사 진도 관리

감리원은 공사업자로부터 전체 실시공정표에 따른 월간, 주간 상세공정표를 사전에 제출받아 검토 · 확인하여야 한다.

① **월간 상세공정표** : 작업 착수 7일 전 제출
② **주간 상세공정표** : 작업 착수 4일 전 제출

2 시공상세도 검토

1) 시공상세도 작성 기본 원칙

① 시공상세도 작성은 실시설계도면을 기준으로 각 공종별, 형식별 세부사항들이 표현되도록 현장여건을 반영하여 상세하게 작성하여야 한다.

② 각종 구조물의 시공상세도는 현장 여건과 공종별 시공계획을 최대한 반영하여 시공 시 문제점이 발생하지 않도록 작성하여야 한다.
③ 시공상세도는 원칙적으로 시공현장 책임자인 현장대리인이 작성 · 보급하는 것으로 한다.
④ 시공상세도는 원칙적으로 해당 사업 전 공종을 대상으로 작성하는 것으로 한다. 다만, 감리원과 협의하여 필요가 없다고 판단되는 보통, 단순공종에 대해서는 구체적인 사유 및 근거를 제시하는 경우 시공상세도 작성 생략 또는 해당 공종의 표준도로 대체할 수 있다.
⑤ 시공자는 실시설계도면과 시방서 등에 표기된 부분을 명확히 하여 시공상의 오류 예방과 공사안전을 확보할 수 있도록 시공상세도를 작성해야 한다.
⑥ 시공계획서와 중복되는 부분은 감리원과 협의하여 시공상세도 작성을 아니할 수도 있다.

2) 시공상세도의 요구조건

(1) 정확성(Accuracy)

현장제작 및 설치 시공 시 기준이 되는 도면으로 정확한 치수는 정밀시공을 위한 가장 중요한 요소이다.

(2) 평이성(Legibility)

건설 및 구조적인 지식이 없는 일반 기능공이 쉽게 이해할 수 있어야 한다.

(3) 명확성(Clarity)

반드시 표현해야 할 내용은 간단 · 명료하면서도 완전하게 표현되어야 한다.

(4) 정돈성(Neatness)

부재의 평면, 단면, 상세 등의 배치나 순서는 공사의 순서를 고려하여 부재별로 합리적으로 배치하여야 한다.

3 시공상세도 확인 및 검사

1) 시공 확인

① 공사목적물을 제조, 조립, 설치하는 시공과정에서 가설시설물공사와 영구시설물공사의 모든 작업단계의 시공상태 확인
② 시공 · 확인하여야 할 구체적인 사항은 해당 공사의 설계도면, 설계설명서 및 관계규정에 정한 공종을 반드시 확인

③ 공사업자가 측량하여 말뚝 등으로 표시한 시설물의 배치 위치를 공사업자로부터 제출받아 시설물의 위치, 표고, 치수의 정확도 확인

④ 수중 또는 지하에서 수행하는 시공이나 외부에서 확인하기 곤란한 시공은 반드시 검사하여 시공 당시 상세한 경과기록 및 사진촬영 등의 방법으로 그 시공내용을 명확히 입증할 수 있는 자료를 작성하여 비치하고, 발주자 등의 요구가 있을 때에는 제시해야 한다.

2) 검사업무

① 감리원은 다음 각 호의 검사업무 수행 기본방향에 따라 검사업무를 수행하여야 한다.

㉠ 감리원은 현장에서의 시공확인을 위한 검사는 해당 공사와 현장조건을 감안한 "검사업무지침"을 현장별로 작성 · 수립하여 발주자의 승인을 받은 후 이를 근거로 검사 업무를 수행함을 원칙으로 한다. 검사업무지침은 검사하여야 할 세부공종, 검사절차, 검사시기 또는 검사빈도, 검사 체크리스트 등의 내용을 포함하여야 한다.

㉡ 수립된 검사업무지침은 모든 시공 관련자에게 배포하고 주지시켜야 하며, 보다 확실한 이행을 위하여 교육한다.

㉢ 현장에서의 검사는 체크리스트를 사용하여 수행하고, 그 결과를 검사 체크리스트에 기록한 후 공사업자에게 통보하여 후속 공정의 승인 여부와 지적사항을 명확히 전달한다.

㉣ 검사 체크리스트에는 검사항목에 대한 시공기준 또는 합격기준을 기재하여 검사결과의 합격 여부를 합리적으로 신속히 판정한다.

㉤ 단계적인 검사로는 현장 확인이 곤란한 공종은 시공 중 감리원의 계속적인 입회 · 확인으로 시행한다.

㉥ 공사업자가 검사요청서를 제출할 때 시공기술자 실명부가 첨부되었는지를 확인한다.

㉦ 공사업자가 요청한 검사일에 감리원이 정당한 사유 없이 검사를 하지 않는 경우에는 공정 추진에 지장이 없도록 요청한 날 이전 또는 휴일 검사를 하여야 하며, 이때 발생하는 감리대가는 감리업자가 부담한다.

② 감리원은 다음 각 호의 사항이 유지될 수 있도록 검사 체크리스트를 작성하여야 한다.

㉠ 체계적이고 객관성 있는 확인과 승인

㉡ 부주의, 착오, 미확인에 따른 실수를 사전 예방하여 충실한 현장 확인업무 유도

㉢ 확인 · 검사의 표준화로 현장의 시공기술자에게 작업의 기준 및 주안점을 정확

히 주지시켜 품질 향상을 도모

㉣ 객관적이고 명확한 검사결과를 공사업자에게 제시하여 현장에서의 불필요한 시비를 방지하는 등의 효율적인 확인 · 검사업무 도모

③ 감리원은 다음 각 호의 검사절차에 따라 검사업무를 수행하여야 한다.

㉠ 검사 체크리스트에 따른 검사는 1차적으로 시공관리책임자가 검사하여 합격된 것을 확인한 후 그 확인한 검사 체크리스트를 첨부하여 검사 요청서를 감리원에게 제출하면 감리원은 1차 점검내용을 검토한 후, 현장 확인 검사를 실시하고 검사결과 통보서를 시공관리책임자에게 통보한다.

㉡ 검사결과 불합격인 경우에는 그 불합격된 내용을 공사업자가 명확히 이해할 수 있도록 상세하게 불합격 내용을 첨부하여 통보하고, 보완시공 후 재검사를 받도록 조치한 후 감리일지와 감리보고서에 반드시 기록하고 공사업자가 재검사를 요청할 때에는 잘못 시공한 시공기술자의 서명을 받아 그 명단을 첨부하도록 하여야 한다.

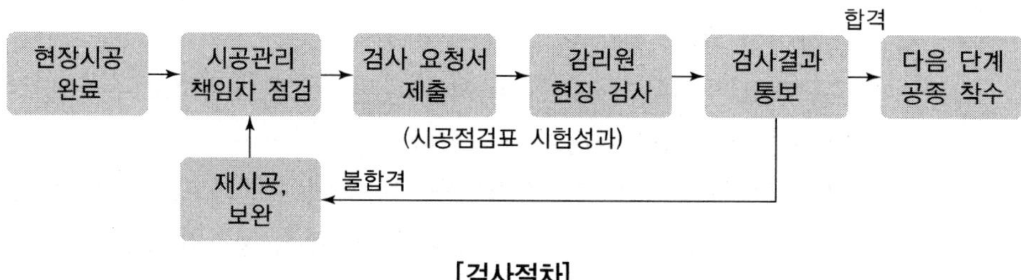

[검사절차]

④ 감리원은 검사할 검사항목(Check Point)을 계약설계도면, 설계설명서, 기술기준, 지침 등의 관련 규정을 기준으로 작성하며, 공사 목적물을 소정의 규격과 품질로 완성하는 데 필수적인 사항을 포함하여 검사항목을 결정하여야 한다.

⑤ 감리원은 시공계획서에 따른 일정 단계의 작업이 완료되면 공사업자로부터 검사 요청서를 제출받아 그 시공상태를 확인 · 검사하는 것을 원칙으로 하고, 가능한 한 공사의 효율적인 추진을 위하여 시공과정에서 수시 입회하여 확인 · 검사하도록 한다.

⑥ 감리원은 검사할 세부공종과 시기를 작업 단계별로 정확히 파악하여 검사를 수행하여야 한다.

004 태양광발전의 안전점검 절차서 작성

1) 감리원은 공사의 안전 시공을 위해서 안전조직을 갖추도록 하고 안전조직은 현장 규모와 작업내용에 따라 구성하며 동시에 「산업안전보건법」에 명시된 업무가 수행되도록 조직을 편성하여야 한다.

2) 책임감리원은 소속 직원 중 안전담당자를 지정하여 공사업자의 안전관리자를 지도 · 감독하도록 하여야 하며, 공사 전반에 대한 안전관리계획의 사전검토, 실시확인 및 평가, 자료의 기록유지 등 사고예방을 위한 제반 안전관리업무에 대하여 확인을 하도록 하여야 한다.

3) 감리원은 안전에 관한 감리업무를 수행하기 위하여 공사업자에게 다음 각 호의 자료를 기록 · 유지하도록 하고 이행상태를 점검한다.
   ① 안전업무일지(일일보고)
   ② 안전점검 실시(안전업무일지에 포함 가능)
   ③ 안전교육(안전업무일지에 포함 가능)
   ④ 각종 사고 보고
   ⑤ 월간 안전통계(무재해, 사고)
   ⑥ 안전관리비 사용실적(월별)

005 기성부분검사 절차서 작성

감리업자는 기성부분검사 전에 검사에 필요한 전문기술자의 참여, 필수적인 검사공종, 검사를 위한 시험장비 등 체계적으로 작성한 검사계획서를 발주자에게 제출하여 승인을 받고, 승인을 받은 계획서에 따라 다음과 같은 검사절차에 따라 검사를 실시하여야 한다.

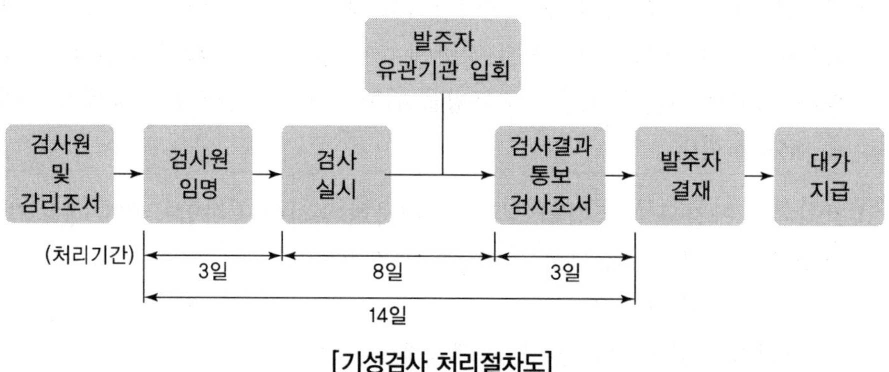

[기성검사 처리절차도]

006 품질관리 관련 업무

1) 감리원은 공사업자가 공사계약문서에서 정한 품질관리계획대로 품질에 영향을 미치는 모든 작업을 성실하게 수행하는지 검사 · 확인 및 관리할 책임이 있다.

2) 감리원은 품질관리계획 이행을 위해 제출하는 문서를 검토 · 확인 후 필요한 경우에는 발주자에게 승인을 요청하여야 한다.

3) 감리원은 품질관리계획이 발주자로부터 승인되기 전까지는 공사업자에게 해당 업무를 수행하게 하여서는 아니 된다.

4) 감리원이 품질관리계획과 관련하여 검토 · 확인하여야 할 문서는 계획서, 절차 및 지침서 등을 말한다.

5) 감리원은 공사업자가 작성 · 제출한 품질관리계획서에 따라 품질관리 업무를 적정하게 수행하였는지 여부를 검사 · 확인하여야 하고, 검사결과 시정이 필요한 경우에는 공사업자에게 시정을 요구할 수 있으며, 시정을 요구받은 공사업자는 지체 없이 시정하여야 한다.

6) 감리원은 부실시공으로 인하여 재시공 또는 보완 시공되지 않도록 가급적 품질상태를 수시로 검사 · 확인하여 부실공사가 사전에 방지되도록 적극 노력하여야 한다.

007 시방서 및 공정표

1 일반시방서

입찰요구건과 계약조건으로 구분되어 비기술적인 일반사항을 규정하는 시방서를 말한다.

2 공사시방서

표준시방서와 전문시방서의 내용을 기본으로 하여 작성한다.

3 특기시방서

일반시방서와 달리 시공 전반에 걸쳐 전문분야에 대한 기술기능에 관하여 기록

4 공사공정도 작성

1) 기간 및 체계에 따른 분류

(1) 예정공정표

예정공정표는 공사 주요 일정을 명시하기 위한 최상위의 공정표로서 주요 작업 항목으로 분류하며, 주요 단위 작업 간의 상관관계와 제한조건을 표시한다.

(2) 월간공정표

예정공정표를 기준으로 월간 단위로 관리 상태를 세분화하여 예정공정표를 달성할 수 있도록 작성한다.

(3) 주간공정표

공정관리체계에 있어서 최하위 공정표로서 당일 작업 일정을 점검, 감독하는 데 활용되도록 작성한다.

2) 형식에 따른 분류

(1) 횡선식 공정표(Bar Chart, Gant Chart)

세로축에 공사 종목별 각 공사명을 배열하고 가로축에 날짜를 표기한 다음 공사명별 공사의 소요 시간을 횡선의 길이로 나타내는 공정표

(2) 사선식 공정표(Linear of Balance Charts)

매일의 공사 기성고를 누계 형식으로 표현, 공사예정과 실적을 비교하는 기법으로 가로축에는 경과 일수, 세로축에는 공사 기성고 또는 시공량의 누계를 기입

(3) 진도관리 곡선(Banana Curve)

계획대비 실적을 평가하기에 적합하다. S곡선(Learning Curves)으로 불리기도 하며 X-Y 평면 위에 공사의 각 기간 대비 인력 투입 현황, 인력투입시간 대비 공사비 지출 현황 등을 기록하는 데 용이하다.

(4) 네트워크 공정표

① 각 작업의 상호관계를 네트워크(Network)로 표현하는 수법으로 CPM(Critical Path Method) 기법과 PERT(Program Evaluation & Review Technique) 기법이 있으며 흔히 PERT/CPM 또는 그냥 네트워크 기법이라고 한다.

② 공정별 작업단위를 망상도[O표(결합점 : Event 또는 Node)와 화살표(작업 활동 : Activity)]로 표시하고 각 공사의 선후 관계 및 일정 관계를 도해식으로 표시한 것

008 내역서

1 견적

수량 파악과 더불어 이에 따른 공수, 노임, 자재비, 단가 등을 적용하여 물량과 함께 금액을 산출하는 작업

2 물량내역서

단가 및 금액이 없고 재료의 수량 및 직종별 노무량만 기재되어 있는 내역서

3 산출내역서

재료의 수량 및 노무량은 물론 단가와 금액까지 기재되어 있는 내역서

4 내역서의 구성

1) 공사비 총괄표

총 공사비에 대한 공급가액, 부가가치세, 합계액을 표기한 것

2) 원가계산서

총 공사비를 구성하는 순공사비, 이윤, 일반관리비를 한눈에 알아보기 쉽도록 일목요연하게 정리하여 나타낸 것

3) 집계표

재료비, 노무비, 경비의 내역서 항목의 집계 및 금액을 합산한 것

4) 내역서

재료비, 노무비, 경비의 세부 항목을 품명, 단위, 수량, 단가, 금액의 순으로 나타낸 것

5) 일위대가 목록

일위대가의 목록에 대한 재료비, 노무비, 경비의 금액만을 정리한 것

6) 일위대가

내역서에 모두 나타내기 어려운 자재, 장비, 단위 공종 등의 단가를 구성하는 재료비, 노무비, 경비의 세부 항목을 품명, 단위, 수량, 단가, 금액의 순으로 나타낸 것

7) 순공사원가의 금액 링크(연결) 순서

일위대가 → 일위대가 목록 → 내역서 → 집계표 → 원가계산서 → 공사비 총괄표

009 준공검사

1 준공검사를 위한 요건 검토

1) 기성 및 준공검사자의 임명

감리원은 기성부분 검사원 또는 준공 검사원을 접수하였을 때에는 신속히 검토 · 확인하고, 기성부분 감리조서와 다음의 서류를 첨부하여 지체 없이 감리업자에게 제출하여야 한다.

① 주요기자재 검수 및 수불부
② 감리원의 검사기록 서류 및 시공 당시의 사진
③ 품질시험 및 검사성과 총괄표
④ 발생품 정리부
⑤ 그 밖에 감리원이 필요하다고 인정하는 서류와 준공검사원에는 지급기자재 잉여분 조치현황과 공사의 사전검사 · 확인서류, 안전관리점검 총괄표 추가 첨부

2) 준공검사 등의 절차

감리원은 해당 공사 완료 후 준공검사 전에 사전시운전 등이 필요한 부분에 대하여는 공사업자에게 다음 각 호의 사항이 포함된 시운전을 위한 계획을 수립하여 시운전 30일 이내에 제출하도록 하고, 이를 검토하여 발주자에게 제출하여야 한다.

① 시운전 일정
② 시운전 항목 및 종류
③ 시운전 절차
④ 시험장비 확보 및 보정
⑤ 기계 · 기구 사용계획
⑥ 운전요원 및 검사요원 선임계획

3) 예비준공검사

① 공사현장의 주요 공사가 완료되고 현장이 정리단계에 있을 때에는 준공예정일 2개월 전에 준공기한 내 준공 가능 여부 및 미진한 사항의 사전보완을 위해 예비준공검사를 실시하여야 한다. 다만, 소규모 공사인 경우에는 발주자와 협의하여 생략할 수 있다.
② 감리업자는 전체공사 준공 시에는 책임감리원, 비상주감리원 중에서 고급감리원 이상으로 검사자를 지정하여 합동으로 검사하도록 하여야 하며, 필요시 지원업무

담당자 또는 시설물 유지관리 직원 등을 입회하도록 하여야 한다. 연차별로 시행하는 장기계속공사의 예비준공검사의 경우에는 해당 책임감리원을 검사자로 지정할 수 있다.

③ 예비준공검사는 감리원이 확인한 정산설계도서 등에 따라 검사하여야 하며, 그 검사내용은 준공검사에 준하여 철저히 시행되어야 한다.

④ 책임감리원은 예비준공검사를 실시하는 경우에는 공사업자가 제출한 품질시험 · 검사총괄표의 내용을 검토하여야 한다.

⑤ 예비준공 검사자는 검사를 행한 후 보완사항에 대하여는 공사업자에게 보완을 지시하고 준공검사자가 검사 시 확인할 수 있도록 감리업자 및 발주자에게 검사 결과를 제출하여야 한다. 공사업자는 예비준공검사의 지적사항 등을 완전히 보완하고 책임감리원의 확인을 받은 후 준공 검사원을 제출하여야 한다.

4) 준공도면 등의 검토 · 확인

① 감리원은 준공 설계도서 등을 검토 · 확인하고 완공된 목적물이 발주자에게 차질없이 인계될 수 있도록 지도 · 감독하여야 한다. 감리원은 공사업자로부터 가능한 한 준공 예정일 1개월 전까지 준공 설계도서를 제출받아 검토 · 확인하여야 한다.

② 감리원은 공사업자가 작성 · 제출한 준공도면이 실제 시공된 대로 작성되었는지 여부를 검토 · 확인하여 발주자에게 제출하여야 한다. 준공도면은 계약서에 정한 방법으로 작성되어야 하며, 모든 준공도면에는 감리원의 확인 · 서명이 있어야 한다.

5) 준공내역서

공사가 완료되었을 때 설계변경분을 포함하여 소요된 공사비, 자재수량 등 설계물량을 기술한 내역서

6) 준공표지의 설치

감리원은 공사업자가 「전기공사업법」에 따라 준공표지판을 설치할 때에는 보기 쉬운 곳에 영구적인 시설물로 준공 표지판을 설치하도록 조치하여야 한다.

7) 시설물 인수 · 인계

감리원은 공사업자에게 해당 공사의 예비준공검사(부분 준공, 발주자의 필요에 따른 기성부분 포함) 완료 후 14일 이내의 다음의 사항이 포함된 시설물의 인수 · 인계를 위한 계획을 수립하도록 하고 이를 검토하여야 한다.

8) 현장문서 인수 · 인계

① 감리원은 해당 공사와 관련한 감리기록서류 중 다음 각 호의 서류를 포함하여 발주자에게 인계할 문서의 목록을 발주자와 협의하여 작성하여야 한다.

㉠ 준공사진첩

㉡ 준공도면

㉢ 품질시험 및 검사성과 총괄표

㉣ 기자재 구매서류

㉤ 시설물 인수 · 인계서

㉥ 그 밖에 발주자가 필요하다고 인정하는 서류

② 감리업자는 법에 따라 해당 감리용역이 완료된 때에는 15일 이내에 공사감리 완료보고서를 협회에 제출하여야 한다.

9) 준공 후 현장 문서 인수 인계 목록

① 준공사진첩

② 준공도면

③ 품질시험 및 검사성과 총괄표

④ 기자재 구매서류

⑤ 시설물 인수인계서

⑥ 그 밖에 발주자가 필요하다고 인정하는 서류

010 출제예상문제

01 설계 시 설계도면의 제도원칙을 3가지 쓰시오.

해답

1) 대상물의 크기, 모양, 자세, 위치의 정보, 재료제작, 설치방법 등의 정보를 포함한다.
2) 도면은 알아보기 쉽도록 간결하게 표기하고 중복을 피한다.
3) 도면에 불필요한 것은 표기하지 않는다.

02 설계도의 표제란에 기재되는 '도면 정보영역'의 정보 내용을 모두 쓰시오.

해답

1) 도면명
2) 도면번호
3) 축적
4) 승인란
5) 일련번호

해설 설계도의 표제란에는 도면명, 도면번호, 축적, 승인란, 일련번호 등이 있다.

03 시방서의 종류 중 모든 공사의 공통적인 사항을 규정하는 시방서는?

해답

표준시방서

04 일반시방서의 주요 내용 5가지를 쓰시오.

해답

1) 적용법규 및 제 규정
2) 설계도서의 적용순위
3) 계약상대자의 의무
4) 공사현장관리
5) 자재반입, 검수관리 등에 관한 사항

해설 6) 설계제작 및 설치에 관한 제반사항
7) 품질관리, 검사 및 시험에 관한 사항
8) 품질보증 및 하자보증에 관한 내용
9) 설계도서관리

05 표준시방서 및 전문시방서를 기본으로 한 공사계약문서의 하나로서 건설공사관리에 필요한 시공기준으로 품질과 직접적으로 관련된 문서는?

해답

공사시방서

06 태양광발전소 설치 공사에 적용되는 공사시방서의 공종을 쓰시오.

해답

1) 가설공사
2) 토목공사
3) 기초공사
4) 철근콘크리트공사
5) 어레이설치공사
6) 배관배선공사

07 시방서 검토 시 검토해야 할 사항 5가지를 쓰시오.

해답

1) 시방서가 사업 주체의 지침 및 요구사항 설계기준 등과 일치 여부
2) 모든 정보 및 자료의 정확성, 완성도 및 일관성 여부
3) 관계 법령 및 규정 기준이 적절하게 언급되었는지 여부
4) 설계도면, 계산서, 공사내역서 등과 일치성 여부
5) 관련된 다른 시방서 내용과 일관성 및 일치성 여부

해설 6) 시방서 내용 상호 조항 간에 일관성 및 일치성 적합 여부
7) 시방서 내용이 제반 법규 및 규정과 기준 등에 적합하게 적용되었는지 여부

08 시설물별 표준시방서를 기본으로 모든 공종을 대상으로 하여 특정한 공사의 시공 또는 공사시방서의 작성에 활용하기 위한 종합적인 시공기준은?

해답

전문시방서

09 계약서류에 포함되는 설계도서의 하나로서 법적 구속력을 갖는 시방서는?

해답

공사시방서

10 일반시방서와 달리 시공 전반에 걸쳐 전문 분야에 대한 기술, 기능에 관하여 기록된다. 통상적으로 공종별 구체적 시공방법, 시공자재의 규격, 유지보수를 위한 각종 지침 자료를 위주로 작성되는 시방서는?

해답

특기시방서

11 설계도면 검토 시 공통적으로 검토해야 할 사항 5가지를 쓰시오.

해답

1) 사업승인조건과 설계도면과의 일치 여부 확인
2) 기본설계와 실시설계의 비교
3) 현장실정과의 부합 여부
4) 건축 구조, 설비, 전기, 토목, 소방 등의 상호 Cross Check
5) 실제 시공 가능 여부

해설 6) 시공 시 예상되는 문제점
7) 산출내역서상의 수량과 도면 수량과의 일치 여부

12 설계도서 검토 관련 도서 4가지를 쓰시오.

해답

1) 설계도면 및 시방서
2) 구조계산서 및 각종 계산서
3) 계약내역서 및 산출근거
4) 공사계약서

13 시방서란 무엇인가?

해답

설계, 시공, 주문제작품 등에 관하여 도면이나 그림으로 표현할 수 없는 사항을 기재한 문서를 말한다.

해설 시방서

1) 공사수행에 관련된 제반규정 및 요구사항을 총칭
2) 표준시방서는 일반적으로 적용하고, 공통적으로 수용할 수 있도록 인정된 주시방서와 특별시방서는 특수공종이 발생하거나 특수한 현장조건에 따라 표준시방서의 추가, 수정, 삭제를 하여야 할 필요가 있을 때 지정된 공사에만 적용되는 시방서

14 공사발주 절차 중 시공단계에서의 업무내용 5가지를 쓰시오.

해답

1) 관리감독
2) 품질안전관리
3) 하도급 관리
4) 기성준공검사
5) 시운전

15 다음은 시방서의 종류에 대한 설명이다. 해당 시방서의 명칭은?

1) 시설물, 설비 등의 성능만을 명시해 놓은 시방서
2) 계획된 성능을 확보하기 위한 방법과 수단을 서술한 시방서
3) 공사 전반에 걸친 기술적인 사항을 규정한 시방서
4) 공사기일 등 공사 전반에 걸친 비기술적인 사항을 규정한 시방서
5) 공사시방서를 작성하는 데 안내 및 지침이 되는 시방서
6) 특정 공사별로 건설공사 시공에 필요한 사항을 규정한 시방서

해답

1) 성능시방서
2) 공법시방서
3) 기술시방서
4) 일반시방서
5) 안내시방서
6) 공사시방서

16 설계도면과 시방서상의 상이점 발생 시 우선순위를 쓰시오.

1) 설계도면과 공사시방서가 상이
2) 표준시방서와 전문시방서가 상이
3) 기본도면과 상세도면이 상이

해답

1) 공사시방서
2) 전문시방서
3) 상세도면

17 공사관리자의 주요 업무 5가지를 쓰시오.

해답

1) 시공계획서의 검토 및 승인
2) 시공상세도의 검토 및 확인
3) 금일작업실적 및 명일작업계획
4) 시공확인 및 검측업무
5) 구조물의 규격관리

해설 6) 매몰부분 검사
7) 특수공법 검토

18 공사가 완료되었을 때 시설물의 형태 · 구조를 나타낸 도면으로서, 현장 설계변경 내용을 반영한 도면을 무엇이라 하는가?

해답

준공도면

19 준공도면은 실시설계도면을 기준으로 (①)을 반영하여 작성하여야 하며, (②) 잘 활용될 수 있도록 관리자가 알아보기 쉽게 작성하여야 한다. ①, ②의 내용은?

해답

① 현장 변경사항
② 유지 관리 시

20 시공 상세도의 요구조건 4가지를 쓰시오.

해답

1) 정확성
2) 평이성
3) 명확성
4) 정돈성

21 시공 상세도에 반드시 기재되어야 할 서명 또는 날인의 대상자 3인을 쓰시오.

해답

1) 작성자
2) 검토자
3) 확인자

22 태양광발전시스템 품질관리에서 성능평가를 위한 측정요소는?

해답

1) 구성요인의 성능 신뢰성
2) 장소(site)
3) 발전성능
4) 신뢰성
5) 설치가격(경제성)

23 공사가 완료되었을 때 설계변경분을 포함하여 소요된 공사비, 자재수량 등 설계물량을 기술한 내역서를 의미하는 것은?

해답

준공내역서

24 준공내역서 작성과 관련하여 순공사원가의 금액 링크(연결) 순서를 쓰시오.

해답

일위대가 → 일위대가표 → 내역서 → 집계표 → 원가계획서 → 공사비총괄표

25 감리원이 유지관리지침서를 작성하여 발주자에게 제출하여야 하는 시기는?

해답

공사 준공 후 14일 이내

26 착공 시 신고서류 5가지를 쓰시오.

해답

1) 시공관리자 지정통지서(현장관리조직, 안전관리자)
2) 공사예정공정표
3) 품질관리계획서
4) 공사도급계약서 사본 및 산출내역서
5) 공사 시작 전 사진

해설 6) 현장기술자 경력사항 확인서 및 자격증 사본
7) 안전관리계획서
8) 작업인원 및 장비투입계획서
9) 그 밖에 발주자가 지정한 사항

27 감리업자가 감리용역 착수 시 발주자에게 제출하여 승인을 받아야 할 감리착수 신고서에 포함될 첨부서류에 대해 쓰시오.

해답

1) 감리업무 수행계획서
2) 감리비 산출내역서
3) 상주 비상주감리원 배치계획서와 감리원의 경력확인서
4) 감리원 조직구성내용과 감리원 투입기간 및 담당 업무

28 "감리원이 설계도면, 설계설명서, 공사비 산출내역서, 기술계산서, 공사계약서의 계약내용과 해당 공사의 조사 설계보고서 등의 내용을 완전히 숙지하여 새로운 방향의 (①) 및 (②)을 도모하도록 노력하여야 한다."에서 ①, ②의 내용은?

해답

① 공법 개선 ② 예산 절감

29 감리원별 분담업무에 따라 항목별로 수행업무의 내용을 육하원칙에 따라 기록하며 공사업자가 작성한 공사일지를 매일 제출받아 확인 후 보관하는 것은 무엇인가?

해답

감리일지

30 시방서의 종류 중 모든 공사의 공통적인 사항을 규정하는 시방서의 명칭을 쓰시오.

해답

표준시방서

31 설계감리계약 문서에 포함되는 서류 5가지를 쓰시오.

해답

1) 계약서
2) 설계감리용역 입찰 유의서
3) 설계감리용역 계약 일반조건
4) 설계감리용역 계약 특수조건
5) 과업내용서

해설 6) 설계감리비 산출내역서

32 감리원이 착공신고서의 적정 여부에 대한 검토 사항 중 공사 예정공정표에 따라 공사용 자재의 투입시기와 시험방법, 빈도 등이 적정하게 반영되었는지의 확인에 해당하는 것은?

해답

품질관리계획

33 인수 · 인계서 작성 시 포함 내용 4가지를 쓰시오.

해답

1) 운영지침서
2) 시운전 결과 보고서
3) 예비 준공 검사 결과
4) 일반 사항

해설 5) 특기 사항

34 다음 (　　) 안을 채우시오.

사업계획수립자 − ○○○○ − 체크리스트 − ○○○○
(　①　) − (설계자) − (　②　) − (시공자)

해답

① 발주자
② 감리자

35 **전력시설물의 설치 · 보수 공사의 계획 · 조사 및 설계가 전력기술기준과 관계 법령에 따라 적정하게 시행되도록 관리하는 것을 무엇이라 하는가?**

해답

설계감리

36 **감리원은 설계도서 등에 대하여 공사계약문서 상호 간의 모순되는 사항, 현장 실정과의 부합 여부 등 현장 시공을 주안으로 하여 해당 공사 시작 전에 검토하여야 하는 검토내용 7가지를 쓰시오.**

해답

1) 현장조건의 부합 여부
2) 시공의 실제 가능 여부
3) 다른 사업 또는 다른 공정과의 상호 부합 여부
4) 설계도면, 설계설명서, 기술계산서, 산출내역서 등의 내용과의 상호 일치 여부
5) 설계도서의 누락, 오류 등 불명확한 부분의 존재 여부
6) 발주자가 제공한 물량 내역서와 공사업자가 제출한 산출내역서의 수량일치 여부
7) 시공상의 예상문제점 및 대책

37 **감리원은 공사 시작과 동시에 공사업자에게 가설시설물의 면적, 위치 등을 표시한 가설시설물 설치계획표를 작성하여 제출하도록 하여야 하는데, 설치계획표 작성에 포함되어야 할 사항에 대하여 4가지를 쓰시오.**

해답

1) 공사용 도로
2) 가설사무소, 작업장, 창고, 숙소 등
3) 자재야적장
4) 공사용 임시전력

38 **설계감리원이 설계감리의 기성 및 준공을 처리할 때 발주자에게 제출하는 서류 중 감리기록 서류 5가지를 쓰시오.**

해답

1) 설계감리일지
2) 설계감리지시부
3) 설계감리요청서
4) 설계감리기록부
5) 설계자와의 협의사항기록부

39 다음 빈칸에 공통으로 들어갈 내용은 무엇인가?

> 사용 전 검사는 자가용 및 사업용 중 저압 배전계통 연계형 용량 (   ) 이하를 대상으로 하며, (   ) 초과 시 한국전기안전공사의 「검사업무처리방법」에 의해 발전설비검사 담당부서에서 수리한다. 단, 정기검사 대상에서는 제외한다.

해답

200[kW]

40 감리원이 착공신고서의 적정 여부를 검토하기 위해 확인해야 할 계약내용 3가지를 쓰시오.

해답

1) 공사기간
2) 공사비 지급조건 및 방법
3) 그 밖에 공사계약문서에 정한 사항

41 태양광발전설비 시공 중 공사 전면중지 사항 4가지를 쓰시오.

해답

1) 공사업자가 고의로 공사의 추진을 지연시키거나, 공사의 부실 우려가 짙은 상황에서 적절한 조치를 취하지 않은 채 공사를 진행하는 경우
2) 부분중지가 이행되지 않음으로써 전체공정에 영향을 끼칠 것으로 판단될 때
3) 지진 · 해일 · 폭풍 등 불가항력적인 사태가 발생하여 시공을 계속할 수 없다고 판단될 때
4) 천재지변 등으로 발주자의 지시가 있을 때

42 설계도서 등의 적용 우선순위와 관련하여 설계도서 · 법령 해석 · 감리자의 지시 등이 서로 일치하지 아니하는 경우에 있어 계약으로 그 적용의 우선순위를 정하지 아니한 때에 적용해야 할 순서의 원칙을 순서대로 나열하시오.

해답

공사시방서 → 설계도면 → 전문시방서 → 표준시방서 → 산출내역서 → 승인된 상세시공도면 → 관계법령의 유권해석 → 감리자의 지시사항

43 용량 및 전압 기준에 따라 설계감리를 받아야 할 전기설비의 대상 3가지를 쓰시오.

해답

1) 용량 80만[kW] 이상의 발전설비
2) 전압 30만[V] 이상의 송전 및 변전설비
3) 전압 10만[V] 이상의 수전설비, 구내배전설비, 전력사용 설비

해설 설계감리(제18조)

4) 전기철도의 수전설비, 철도신호설비, 구내배전설비, 전차선설비, 전력사용설비
5) 국제공항의 수전설비, 구내배전설비, 전력사용설비
6) 21층 이상이거나 연면적 5만 제곱미터 이상인 건축물의 전력시설물 (다만, 공동주택의 전력시설물은 제외한다.)

44 감리원이 품질관리를 위해 시공 시 수시로 확인해야 하는 사항 3가지를 쓰시오.

해답

1) 공사 계약문서
2) 예정공정표
3) 발주자의 지시사항

45 감리원의 해당 공사에 대한 기술지도 사항 3가지를 쓰시오.

해답

1) 품질관리
2) 공사관리
3) 안전관리

46 비상주감리원이 수행하여야 할 업무 5가지를 쓰시오.

해답

1) 설계도서 검토
2) 상주감리원이 수행하지 못하는 현장조사 분석 및 시공 상의 문제점에 대한 기술 검토와 민원사항에 대한 현지조사 및 해결방안 검토
3) 중요한 설계변경에 대한 기술 검토
4) 설계변경 및 계약 금액 조정의 심사
5) 기성 및 준공검사

47 감리원은 공사업자에게 현장에 종사하는 시공기술자의 양질시공 의식 고취를 위한 내용의 현장 정기교육을 해당 현장의 특성에 적합하게 실시하도록 하게 하고, 그 내용을 교육실적 기록부에 기록 · 비치하여야 하는데, 현장 정기교육에 포함되어야 할 사항 3가지는?

해답

1) 관련 법령 전기설비기술기준 지침 내용
2) 현장기술자 화합 협조, 양질시공을 위한 교육
3) 시공결과 분석 및 평가

해설 4) 작업 시 유의사항

48 발주자는 지형 · 지세에 따라 달라지는 대지저항률과 접지저항 측정 등의 확인 · 기록 및 입회절차를 생략하고, 매몰하는 행위를 발견하였을 때에는 해당 부위에 대한 각종 시험 등을 어떠한 절차에 따라 처리하여야 하는가?

해답

1) 무효로 처리하고 필요시 재시험
2) 설계도서 및 관계 법령에 적합하게 유지관리되도록 한다.

49 시공감리가 확인하는 기기의 품질기준 중 태양전지 셀(Cell)의 전류－전압 특성시험, 육안 외형 및 치수검사의 평가 기준에 대해 쓰시오.

해답

1) 전류－전압 특성시험 : 출력 분포는 정격출력의 ±3[%] 이내
2) 육안 외형 및 치수검사
   ① 셀 : 깨짐, 크랙이 없는 것
   ② 치수는 156[mm] 미만일 때 제시값 대비 ±0.5[mm]
   ③ 두께는 제시값 대비 ±40[μm]

50 감리원은 시공계획서를 공사 착공신고서와 별도로 실제 공사 시작 전에 제출받아야 하며, 공사 중 시공계획서에 중요한 내용변경이 발생할 경우에는 그때마다 변경시공 계획서를 제출받은 후 며칠 이내에 검토 · 확인하여 승인한 후 시공하도록 하여야 하는가?

해답

5일 이내

51 감리원은 공사업자가 작성한 시공계획서를 제출받아 이를 검토 · 확인하여 승인하고 시공하도록 하여야 하며, 시공계획서의 보완이 필요한 경우에는 그 내용과 사유를 문서로서 공사업자에게 통보하여야 한다. 시공계획서에 포함되어야 할 내용 3가지를 쓰시오.

해답

1) 현장조직표
2) 공사세부공정표
3) 주요 공정의 시공절차 및 방법
   ① 시공 일정
   ② 주요 기자재 및 인력투입계획
   ③ 주요 장비동원계획
   ④ 주요 설비

52 "감리원은 공사업자가 작성한 시공계획서를 공사 시작일부터 (①) 이내에 제출받아 이를 검토 · 확인하여 (②) 이내에 승인하여 시공하도록 하여야 하고, 시공계획서의 보완이 필요한 경우에는 그 내용과 사유를 문서로서 공사업자에게 통보하여야 한다." 에서 (　　) 안에 알맞은 내용은?

해답

① 30일　　② 7일

53 감리원은 공사업자로부터 전체 실시공정표에 따른 월간, 주간 상세공정표를 사전에 제출받아 검토 · 확인하여야 하는데, 작업착수 며칠 전에 제출받아야 하는가?

해답

1) 주간 상세공정표 : 작업착수 4일 전 제출
2) 월간 상세공정표 : 작업착수 7일 전 제출

54 감리원은 해당 공사 완료 후 준공검사 전에 사전 시운전 등이 필요한 부분에 대하여는 공사업자에게 다음 각 호의 사항이 포함된 시운전을 위한 계획을 수립하여 시운전 30일 이내에 제출하도록 하고, 이를 검토하여 발주자에게 제출하여야 하는데 준공 검사 전 시운전 계획 수립내용 6가지를 쓰시오.

해답

1) 시운전 일정
2) 시운전 항목 및 종류
3) 시운전 절차
4) 시험장비 확보 및 보정
5) 기계 · 기구 사용계획
6) 운전요원 및 검사요원 선임계획

55 "발주자는 필요한 경우에는 소속 직원에게 준공검사 과정에 입회하도록 하고, 준공검사 과정에는 소속 직원을 입회시켜 (①)가 계약서, 설계 설명서, 설계도서 등 관계 서류에 따라 준공검사를 실시하는지 여부를 확인하여야 하며, 필요시 (②)에게 검사에 입회 · 확인할 수 있도록 조치하여야 한다."에서 ①, ②에 알맞은 말은?

해답

① 준공 검사자
② 완공된 시설물 인수기관 또는 유지관리기관의 직원

56 태양광발전시스템 준공 후 현장문서 인수, 인계 시 서류 5가지를 쓰시오.

해답

1) 준공도면
2) 준공내역서
3) 준공사진첩
4) 시공도
5) 시방서

57 태양광설비(전기설비) 공사관리에서 시공 상세도작성 목적은 무엇인지 3가지를 쓰시오.

해답

1) 설계도면 및 설계설명서 등의 불명확한 부분을 정확히
2) 시공상의 착오가 없도록 사전예방
3) 공사의 품질성 확보

58 **책임 감리원은 최종보고서 작성 · 제출과 관련하여 감리 종료 후 며칠 이내로 제출하여야 하며, 최종감리보고서에 포함되어야 할 사항 5가지를 쓰시오.**

해답

1) 14일 이내

2) 최종 감리보고서 내용

① 공사 및 감리용역 개요
② 공사 추진실적 현황
③ 품질관리실적
④ 주요 기자재 사용실적
⑤ 안전관리실적

해설 최종 감리보고서 내용

⑥ 환경관리실적

59 **감리원이 착공신고서의 적정 여부를 검토한 내용이다. 다음 내용에 해당하는 것은?**

- 작업 간 선행 · 동시 및 완료 등 공사 전 · 후 간의 연관성이 명시되어 작성되었는지 확인
- 예정 공정률에 따라 적정하게 작성되었는지 확인

해답

공사 예정공정표

NEW AND RENEWABLE ENERGY EQUIPMENT(PHOTOVOLTAIC) INDUSTRIAL ENGINEER

PART 07

태양광발전시스템 운영 및 유지보수

001 태양광발전시스템의 운영

1 태양광발전 사업개시 신고

1) 사업개시 신고

① 3,000[kW] 이하 : 시 · 도지사
② 3,000[kW] 초과 : 산업통상자원부장관

2) 처리절차

신고서 작성 및 제출 → 접수 → 내용검토 → 신고수리

3) 처리기한 : 14일

4) 전력수급 계약

① 1,000[kW] 이하 발전사업자 : 한국전력거래소 또는 한국전력공사
② 1,000[kW] 초과 발전사업자 : 한국전력거래소

2 태양광발전설비 설치확인

1) 태양광발전설비 설치확인 절차

① 신재생에너지설비의 설치확인을 받고자 하는 자는 설치가 완료된 날로부터 30일 이내에 신재생에너지설비 설치확인서를 작성하여 센터의 장에게 신청하여야 한다.
② 센터의 장은 평가결과를 제출일로부터 14일 이내에 신청자에게 통보해야 한다.

2) 설치된 태양광발전설비 부품의 성능검사

(1) 시스템 성능평가의 대분류

① 구성요인의 성능 신뢰성
② 사이트
③ 발전성능
④ 신뢰성
⑤ 경제성(설치비용)

(2) 사이트 평가방법

① 설치대상기관

② 설치시설의 분류

③ 설치시설의 지역

④ 설치형태

⑤ 설치용량

⑥ 설치각도와 방위

⑦ 시공업자

⑧ 기기 제조사

(3) 신뢰성 평가분석 항목

① 트러블(Trouble)

㉠ **시스템트러블** : 인버터 정지, 직류지락, 계통지락, RCD 트립, 원인불명 등에 의한 시스템 운전정지

㉡ **계측트러블** : 컴퓨터 전원의 차단, 컴퓨터의 조작오류 등

② 운전데이터의 결측 상황

③ **계획정지** : 정전 등

002 태양광발전시스템의 유지보수

1 태양광발전 준공 후 점검

1) 태양광발전 모듈, 어레이 측정 및 점검

(1) 태양광발전 모듈

① 제품

인증받은 설비를 설치하되, 건물일체형 태양광시스템은 센터의 장이 별도로 정하는 품질기준(KS C 8561 또는 8562 일부 준용)에 따라 발전성능 및 내구성 등을 만족하는 시험결과가 포함된 시험성적서를 센터로 제출할 경우에 인증받은 설비와 유사한 형태의 모듈을 사용할 수 있다.

② 모듈 설치용량

사업계획서상의 모듈 설계용량과 동일하되, 단위모듈당 용량을 설계용량과 동일하게 설치할 수 없을 경우에 한하여 설계용량의 110[%] 이내까지 가능하다.

③ 설치상태

㉠ **모듈의 일조면** : 정남향으로 설치하고, 불가능할 경우에 한하여 정남향을 기준으로 동쪽 또는 서쪽 방향으로 45° 이내에 설치할 수 있다.

㉡ **모듈의 일조시간** : 장애물로 인한 음영에도 불구하고 춘분(3~5월) · 추분(9~11월) 기준 1일 5시간 이상이어야 한다. 단, 전깃줄, 피뢰침, 안테나 등 경미한 음영은 장애물로 보지 않는다.

㉢ 태양광모듈 설치열이 2열 이상일 경우 앞열은 뒷열에 음영이 지지 않도록 설치한다.

(2) 모듈 관리

① 모듈 표면은 강한 충격이 있을 시 파손될 우려가 있으므로 충격이 발생되지 않도록 주의한다.

② 모듈 표면에 그늘이 지거나 공해물질이 쌓이는 경우 또는 나뭇잎 등이 떨어진 때에는 전체적인 발전효율이 저하되므로 고압 분사기를 이용하여 정기적으로 물을 뿌려주거나 부드러운 천으로 이물질을 제거하여 발전효율을 높일 수 있도록 해야 한다.

③ 태양광에 의해 모듈온도가 상승할 경우 살수장치 등을 사용하여 물을 뿌려 온도를 조절해 주면 발전효율을 높일 수 있다.

④ 풍압이나 진동으로 인해 모듈과 형강의 체결부위가 느슨해질 수 있으므로 정기적인 점검이 필요하다.

(3) 태양전지 모듈의 설치

① 태양전지 모듈 운반 시 주의사항

㉠ 파손 방지를 위해 태양전지 모듈에 충격이 가해지지 않도록 한다.
㉡ 모듈의 인력 이동 시 2인 1조로 한다.
㉢ 접속하지 않은 모듈의 리드선에 이물질이 유입되지 않도록 조치한다.

② 태양전지 모듈의 설치방법

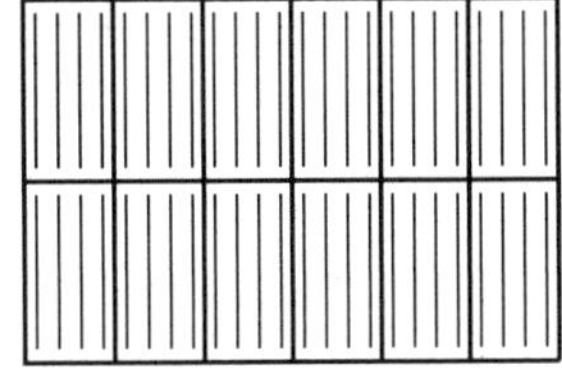

(a) 가로깔기(2단 적층)

(b) 세로깔기(3단 적층)

③ 태양전지 모듈의 설치

㉠ 태양전지 모듈의 직렬매수(스트링)는 직류 사용 전압 또는 파워컨디셔너의 입력전압 범위에서 선정한다.
㉡ 태양전지 모듈은 가대의 하단에서 상단으로 순차적으로 조립한다.
㉢ 태양전지 모듈과 가대의 접합 시 전식 방지를 위해 개스킷(Gasket)을 사용하여 조립한다.

④ 태양전지 모듈의 직 · 병렬 접속의 예

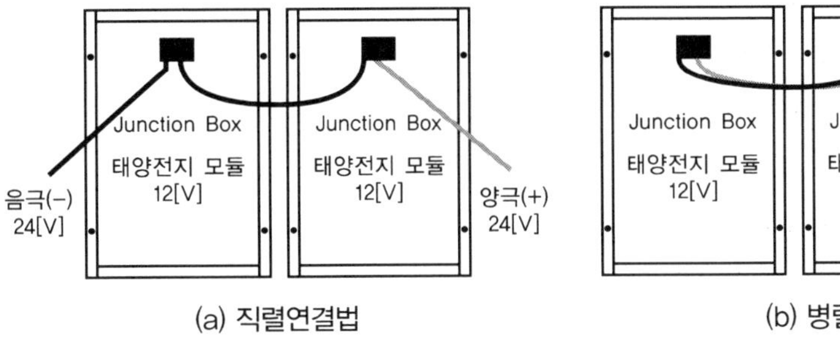

(a) 직렬연결법 (b) 병렬연결법

⑤ 태양전지 모듈의 설치 완료 후 실시하는 검사

㉠ 전압, 극성 확인
㉡ 단락전류 측정
㉢ 접지 확인 : 직류 측 회로의 비접지 여부 확인

⑥ 태양전지 모듈 간 배선

㉠ 태양전지 모듈을 포함한 모든 충전부분은 노출되지 않도록 시설한다.

㉡ 태양전지 모듈 배선은 단락전류에 충분히 견딜 수 있도록 2.5[mm^2] 이상의 전선을 사용한다.

㉢ 태양전지 모듈 배선은 바람에 흔들리지 않도록 스테이플, 스트랩, 행거나 이와 유사한 부속품으로 130[cm] 이내 간격으로 견고하게 고정하여 가장 늘어진 부분이 모듈 면으로부터 30[cm] 내에 들도록 한다.

㉣ 모듈에서 인버터에 이르는 배선에 사용되는 케이블은 모듈 전용선 또는 단심(1C) 난연성 케이블(TFR−CV, F−CV, FR−CV 등)을 사용하며, 케이블이 지면 위에 설치되거나 포설되는 경우에는 피복에 손상이 발생되지 않게 별도의 조치를 취한다.

㉤ 태양전지발전시스템 어레이의 각 직렬군은 동일한 단락전류를 가진 모듈로 구성하며, 1대의 파워컨디셔너에 연결된 태양전지 어레이의 직렬군(스트링)이 2병렬 이상일 경우에는 각 직렬군(스트링)의 출력전압이 동일하게 되도록 배열한다.

㉥ 모듈 뒷면의 접속용 케이블은 2개씩 나와 있으므로 반드시 극성(+, −) 표시를 확인한 후 결선을 해야 한다. 극성 표시는 제조사에 따라 단자함 내부 또는 리드선의 케이블커넥터에 표시한다.

㉦ 배선접속부는 이물질이 유입되지 않도록 용융접착테이프와 보호테이프로 감는다.

㉧ 케이블이나 전선은 모듈 뒷면에 설치된 전선관에 설치하거나 가지런히 배열 및 고정하며, 최소 곡률반경은 지름의 6배 이상이 되도록 한다.

⑦ 태양광 어레이 검사

㉠ 어레이 검사 방법

태양전지 모듈의 배선이 끝나면 각 모듈 극성 확인, 전압 확인, 단락전류 확인, 양극과의 접지 여부 확인을 한다.

㉡ 태양전지 어레이 검사

태양전지 모듈의 배열 및 결선방법은 모듈의 출력전압이나 설치장소 등에 따라 다르므로 체크리스트를 이용해 배열 및 결선방법 등에 대해 시공 전과 시공 완료 후에 각각 확인한다.

㉢ 태양전지 어레이의 출력 확인

체크리스트를 활용한다.

⑧ 어레이 검사내용

㉠ 전압 극성확인

멀티테스터, 직류전압계를 이용하여, 태양전지 모듈이 바르게 시공되어 모듈 제작사에서 제공한 카탈로그 설명서대로 전압이 나오고 있는지, 극성이 바른지 등을 확인한다.

㉡ 단락전류 측정

태양전지 모듈의 설명서에 기재된 단락전류가 흐르는 직류전류계로 측정하고, 타 모듈과 비교해 측정치가 현저히 다른 경우는 재차 점검한다.

㉢ 비접지 확인

- KS C IEC 60364-7-712(태양전지 전원시스템)에 따르면 AC 측과 DC 측 사이에 최소한의 단순한 분리가 있다면 DC 측의 충전 도체 중 하나의 접지가 허용된다. 그러나 파워컨디셔너는 절연변압기를 시설하는 경우가 드물기 때문에 일반적으로 직류 측 회로를 비접지로 하고 있다.

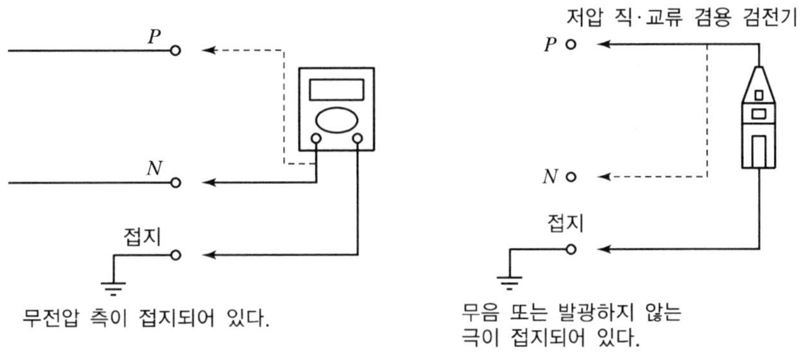

[비접지 확인방법]

- 이동통신용 중계기 등 통신용 전원으로 사용할 때에는 편단접지를 하는 경우가 있으므로 통신기기 제작사와 협의하여 접지한다.

2) 토목시설물의 점검

(1) 기초지반, 절토부, 굴착사면

① 기초지반

㉠ 맨홀, 공동구, 지하구조물, 터파기 구간, 경사면, 지반 연약화로 붕괴 여부

㉡ 구조물 균열 발생과 변형 여부

㉢ 세굴 활동 발생 여부

㉣ 침하 발생 여부

② 절토부
㉠ 인장균열 발생 여부
㉡ 침하 발생 여부
㉢ 급격한 지하수 용출 여부
㉣ 지속적인 낙석 발생 여부

③ 굴착사면
㉠ 붕괴 또는 낙하위험이 있는 부석 및 나무 제거 여부
㉡ 굴착단면의 출입금지 여부
㉢ 산마루 측구 설치 여부
㉣ 굴착면 적정구배 및 표면수 입방지용 배수로 설치 여부
㉤ 높이 5[m]마다 최소 2[m] 이상의 소단 설치 여부

3) 접속반 인버터 주변기기 장치의 점검

(1) 태양광발전시스템의 구성요소(모듈, 출력조절기(Power Conditioner System), 주변장치(Balance of System))

① 태양광 어레이(PV Array)
태양광 어레이는 발전장치 역할을 하는 것으로, 구성요소는 모듈, 구조물, 접속함, 다이오드 등이다.

② 인버터
㉠ 인버터의 기능
- 직류를 교류로 변환
- 고효율 제어
- 고조파 억제
- 단독운전 방지기능
- 자동운전 정지기능
- 최대전력점 추종
- 직류 제어
- 계통연계 및 보호기능
- 역조류 기능
- 자동전압조절 기능

㉡ 인버터의 절연방식에 따른 분류
- 상용주파 절연방식
- 고주파 절연방식
- 무변압기방식

③ 바이패스다이오드(By Pass Diode) 및 역류방지다이오드(Blocking Diode)

㉠ 바이패스다이오드

태양전지에 그늘이 지면 그 부위가 저항역할을 하게 되어 모듈에 악영향을 미치므로 일부 태양전지의 출력을 포기하고 나머지 태양전지로 회로를 구성하기 위해 바이패스다이오드를 사용한다.(태양전지 모듈 후면에 위치)

㉡ 역류방지다이오드

어레이 내 스트링과 스트링 사이에서도 전압불균형 등의 원인으로, 병렬접속한 스트링 사이에 전류가 흘러 어레이에 악영향을 미칠 수 있는데 이를 방지하기 위해 설치한다.(스트링마다 설치)

④ 축전지

㉠ 가장 경제적인 전원공급장치이다.

㉡ 알칼리 축전지와 연축전지 사용된다.

⑤ 충 · 방전 컨트롤러

충 · 방전 컨트롤러는 주로 독립형 시스템에서 태양전지 모듈로부터 생산된 전기를 축전지에 저장 또는 방전하는 데 사용한다.

(2) 접속함

① 접속함의 설치목적

㉠ 보수 · 점검 시 회로를 분리하거나 점검을 용이하게 하기 위해 설치한다.

㉡ 스트링별 고장 시 정지범위를 분리하여 운전을 할 수 있도록 설치한다.

② 접속함의 내부회로결선도

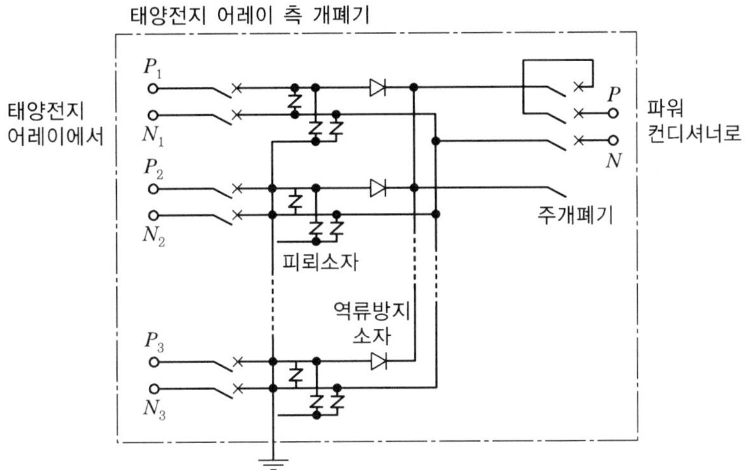

③ 접속함 내 설치되는 기기

㉠ 태양전지 어레이 측 기기

㉡ 주개폐기

㉢ 서지보호장치(SPD ; Surge Protected Device)

㉣ 역류방지소자

㉤ 출력단자대

㉥ 감시용 DCCT(Shunt), DCPT, T/D(transducer)

④ 접속함의 연결전선

㉠ 태양전지에서 옥내에 이르는 배선에 쓰이는 전선은 모두 모듈 전용선(TFR-CV선)을 사용하여야 한다.

㉡ 전선이 지면을 통과할 경우에는 피복에 손상이 발생되지 않게 별도의 조치를 취해야 한다.

㉢ 리드선의 극성 표시방법은 케이블에 (+), (-)의 마크 표시, 케이블 색은 적색(+), 청색(-)으로 구분한다.

⑤ 접속함 선정 시 고려사항

독립형 또는 계통연계형 태양광발전시스템에 사용되는 개폐장치 및 제어장치 부속품을 포함하는 직류 1,500[V]를 초과하지 않는 태양광발전용 접속함은 KS C 8567(2017)에 의한 인증제품을 사용하여야 한다.

접속함의 병렬스트링 수에 의한 분류와 설치장소에 의한 보호등급은 다음과 같다.

▼ **접속함의 분류 및 보호등급**

병렬스트링 수에 의한 분류	설치장소에 의한 분류
소형(3회로 이하)	IP 54 이상
중대형(4회로 이상)	실내형 : IP 20 이상
	실외형 : IP 54 이상

⑥ 단자대

태양전지 어레이의 스트링별로 배선을 접속함까지 가지고 와서 접속 내부 단자대를 통해 접속한다.

⑦ 접속함의 외부 · 내부

[외부]

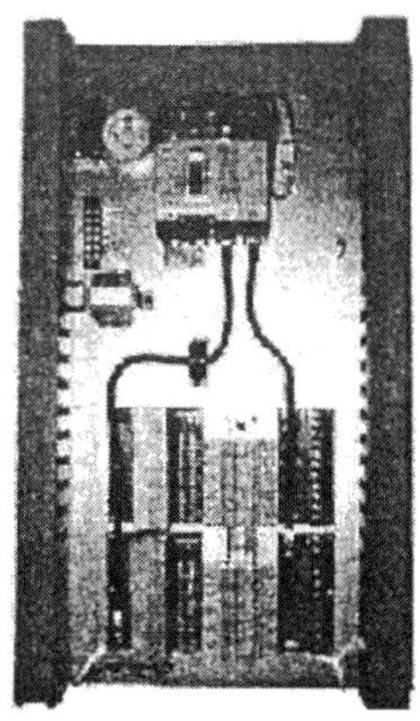

[내부]

⑧ 접속함 선정 시 주의사항

㉠ **전압** : 접속함의 정격전압은 태양전지스트링의 개방 시의 최대직류전압으로 선정한다.

㉡ **전류** : 정격입력전류는 접속함에 안전하게 흘릴 수 있는 전류값이며 최대전류를 기준으로 하여 선정한다.

⑨ 주개폐기

㉠ 주개폐기는 태양전지 어레이의 출력을 1개소에 통합한 후 파워컨디셔너와 회로도 중에 설치한다.

㉡ 주개폐기는 태양전지 어레이의 최대사용 전압, 통과전류를 만족하는 것으로서 최대통과전류(표준 태양전지 어레이 단락전류)를 개폐할 수 있는 것을 사용하면 좋다. 또한 보수도 용이하고 MCCB를 사용해도 좋지만 태양전지 어레이의 단락전류에서는 자동차단(트립)되지 않는 정격의 것을 사용하는 것이 좋다. 그리고 반드시 정격전압에 적정한 직류차단기를 사용하여야 한다.

㉢ 태양전지 어레이 측 개폐기로 단로기나 Fuse를 사용하는 경우에는 반드시 주개폐기로 MCCB를 설치하여야 한다.

㉣ 배선용 차단기(MCCB) : 배선용 차단기는 개폐기구, 트립장치 등을 절연물의 용기 내에 일체로 조립한 것이다.

⑩ 어레이 측 개폐기

태양전지 어레이 측 개폐기는 태양전지 어레이의 점검 · 보수 또는 일부 태양전지 모듈의 고장 발생 시 스트링 단위로 회로를 분리시키기 위해 스트링 단위로 설치한다.

2 태양광발전 일상 및 정기점검

1) 점검방법

(1) 일상점검

① 유지보수 요원의 감각기관에 의존하여 시각 점검(변색, 파손, 단자 이완 등), 비정상적인 소리, 냄새 점검 등을 통해 시설물의 외부에서 점검항목별로 실시한다.

② 이상상태가 발견된 경우에는 시설물의 문을 열고 그 정도를 확인한다.

③ 직접 운전이 불가할 정도인 경우를 제외하고는 이상상태의 내용을 일지 및 점검기록부에 기록하여 운전 중 및 정기점검 시 점검에 참고한다.

(2) 정기점검

① 원칙적으로 정전을 시킨 다음 무전압상태에서 기기의 이상상태를 점검해야 하며 필요시 기기를 분해하여 점검한다.

② 태양광발전시스템이 계통에 연계되어 운영 중인 상태에서 점검할 때에는 감전사고가 일어나지 않도록 주의한다.

(3) 임시점검

대형 사고가 발생한 경우에는 사고의 원인 파악, 영향(사고의 파급, 발전출력의 감소 등) 분석, 대책 수립을 하여 보수 조치하여야 한다.

2) 점검주기

① 점검주기는 대상기기의 환경조건, 운전조건, 설비의 중요성, 사용연수 등을 고려하여 선정한다.

② 모선정전은 별로 없으나 심각한 사고를 방지하기 위해 3년에 1회 정도 점검하는 것이 좋다.

③ 점검의 제약조건과 점검종류

구분	Door 개발	Cover 개방	무정전	회로정전	모선정전	차단기 인출	점검주기
일상점검			○				매일
	○		○				1회/월
정기점검	○	○		○		○	1회/반기
	○	○		○	○	○	1회/3년
임시점검	○	○		○	○	○	필요시

3 태양광발전시스템의 유지보수

1) 유지보수의 의미

유지관리란 태양광발전시스템의 기능을 유지하기 위해 수시점검, 일상점검, 정기점검을 통하여 사전에 유해요인을 제거하고 손상된 부분은 원상복구하여 초기상태를 유지함과 동시에 최적의 발전량을 이루고 근무자 및 주변인의 안전확보를 위해 시행하는 것이다.

2) 유지보수 절차

(1) 유지관리 절차 시 고려사항

① 시설물별 적절한 유지관리계획서를 작성한다.
② 유지관리자는 유지관리계획서에 따라 시설물을 점검하고, 점검결과는 점검기록부에 기록하여 보관한다.
③ 점검결과에 따라 발견된 결함의 진행성 여부, 발생시기, 결함의 형태나 발생위치, 원인 및 장해추이를 정확히 평가 · 판정한다.
④ 점검결과에 의한 평가 · 판정 후 적절한 대책을 수립한다.

(2) 유지보수 측면에서의 점검의 종류

일상점검, 정기점검, 임시점검으로 분류한다.

① **일상점검** : 일상점검은 주로 점검자의 감각(오감)을 통해 실시하는 것으로 소리, 냄새 등으로 판별한다.
② **정기점검** : 정기점검은 무전압상태에서 기기의 이상상태를 점검한다.
③ **임시점검** : 일상점검 등에서 이상을 발견한 경우 및 사고 발생 시에 실시하는 점검이다.

(3) 유지관리지침서

① 시설물의 규격 및 기능설명서
② 시설물 유지관리기구에 대한 의견서
③ 시설물 유지관리방법
④ 특기사항

(4) 보수점검작업 시 주의사항

① 점검 전의 유의사항
㉠ **준비작업** : 응급처치방법 및 설비·기계의 안전 확인
㉡ **회로도 검토** : 전원스위치의 차단상태 및 접지선의 접속상태

ⓒ 연락처 : 관련부서와 긴밀하고 확실하게 연락할 수 있는 비상연락망을 사전에 확인

ⓓ 무전압상태 확인 및 안전조치
- 차단기, 단로기의 무전압상태 확인
- 검전기를 사용하여 무전압 확인하고 필요개소에 접지
- 고압 및 특고압차단기는 개방하고, 점검 중 표찰 부착
- 단로기는 쇄정 후 점검 중 표찰

ⓔ 전류, 전압에 대한 주의 : 콘덴서 및 Cable의 접속부 점검 시 잔류전하는 방전하고 접지 실시

ⓕ 오조작 방지 : 차단기, 단로기 쇄정 후 점검 중 표찰

ⓖ 절연용 보호기구 준비

ⓗ 쥐, 곤충, 뱀 등의 침입방지대책을 세운다.

② 점검 후의 유의사항

ⓐ 접지선 제거

ⓑ 최종확인
- 작업자가 수배전반 내에 들어가 있는지 확인한다.
- 점검을 위해 임시로 설치한 가설물 등이 철거되었는지 확인한다.
- 볼트, 너트 단자반 결선의 조임 및 연결작업의 누락은 없는지 확인한다.
- 작업 전에 투입된 공구 등이 목록을 통해 회수되었는지 확인한다.
- 점검 중 쥐, 곤충, 뱀 등의 침입은 없는지 확인한다.

3) 유지보수계획 시 고려사항

(1) 유지관리계획

① 점검계획

ⓐ 시설물의 종류, 범위, 항목, 방법 및 장비

ⓑ 점검대상 부위의 설계자료, 과거이력 파악

ⓒ 시설물의 구조적 특성 및 특별한 문제점 파악

ⓓ 시설물의 규모 및 점검의 난이도

② 점검계획 시 고려사항

ⓐ 설비의 사용기간 : 오래된 설비일수록 고장발생확률이 높다.

ⓑ 설비의 중요도 : 중요도에 따라 점검내용과 주기 검토

㉢ **환경조건** : 악조건, 옥내, 옥외 등
㉣ **고장이력** : 고장을 많이 일으키는 설비의 점검
㉤ **부하상태** : 사용빈도가 높은 설비, 부하의 증가상태 점검

(2) 유지관리의 경제성

① 유지관리비의 구성

유지비, 보수비, 개량비, 일반관리비, 운용지원비로 구성

② 내용연수

㉠ **물리적 내용연수** : 사용 또는 세월의 흐름에 따른 손상열화 등의 변질로 위험상태에 이르는 기간
㉡ **기능적 내용연수** : 기능의 저하로 시설물의 편익과 효용을 저하시켜 그 기능을 발휘하기 어려운 상태에 이르기까지의 기간
㉢ **사회적 내용연수** : 사회적 환경변화에 적응하지 못하여 발생하는 효용성의 감소
㉣ **법정 내용연수** : 물리적 마모, 기능상 · 경제상의 조건을 고려하여 규정한 연수

4) 유지보수 관리지침

(1) 일상정기점검에 대한 조치

<table>
<tr><th colspan="2">대상</th><th>조치방법 및 유의사항</th></tr>
<tr><td colspan="2">청소</td><td>① 공기를 사용하는 경우에는 흡입방식을 추천하며, 토출방식을 사용하는 경우에는 공기의 습도(제습필터), 압력에 주의한다.
② 문, 커버 등을 열기 전에는 배전반 상부의 먼지나 이물질을 제거한다.
③ 절연물은 충전부를 가로지르는 방향으로 청소한다.
④ 청소걸레는 화학적으로 중성인 것을 사용하고 섬유의 올이나, 습기(물기) 등에 주의한다.</td></tr>
<tr><td rowspan="2">볼트 조임</td><td>모선</td><td>① 조임방법 : 조임은 지정된 재료, 부품을 정확히 사용하고 다음 항목에 주의한다.
• 볼트의 크기에 맞는 토크렌치를 사용하여 규정된 힘으로 조인다.
• 조임은 너트를 돌려서 조인다.
• 2개 이상의 볼트를 사용하는 경우 한쪽만 심하게 조이지 않도록 주의한다.
② 조임 확인 : 토크렌치의 힘이 부족할 경우 또는 조임작업을 하지 않는 경우에는 접촉저항에 의해 열이 발생하여 사고가 발생할 수 있으므로 반드시 규정된 힘으로 조여졌는지 확인하여야 한다.
③ 볼트 크기별 조이는 힘
<table>
<tr><th>볼트 크기</th><th>M6</th><th>M8</th><th>M10</th><th>M12</th><th>M16</th></tr>
<tr><td>힘[kg/m^3]</td><td>50</td><td>120</td><td>240</td><td>400</td><td>850</td></tr>
</table></td></tr>
<tr><td>구조물</td><td>① 구조물(태양광가대 등)의 볼트 크기별 조이는 힘은 다음 표를 참조한다.
<table>
<tr><th>볼트 크기</th><th>M3</th><th>M4</th><th>M5</th><th>M6</th><th>M8</th><th>M10</th><th>M12</th><th>M16</th></tr>
<tr><td>힘[kg/m^3]</td><td>7</td><td>18</td><td>35</td><td>58</td><td>135</td><td>270</td><td>480</td><td>1,180</td></tr>
</table></td></tr>
<tr><td>절연물 보수</td><td>공통</td><td>① 자기성 절연물에 오손 및 이물질이 부착된 경우에는 상기 표의 청소방법에 따라 청소한다.
② 합성수지 적층판, 목재 등이 오래되어 헐거움이 발생되는 경우에는 부품을 교환한다.
③ 절연물에 균열, 파손, 변형이 있는 경우 부품을 교환한다.
④ 절연물의 절연저항이 떨어진 경우에는 종래의 데이터를 기초로 하여 계열적으로 비교검토한다(구간, 부품별로 분리하여 측정). 동시에 접속되어 있는 각 기기 등을 체크하여 원인을 규명하고 처리한다.
⑤ 절연저항값은 온도, 습도 및 표면의 오손상태에 따라 크게 영향을 받는다.
▼ 주회로차단기, 단로기(부하개폐기 포함)
<table>
<tr><th>구분</th><th>측정 장비</th><th>절연저항값[MΩ]</th></tr>
<tr><td>주도전부</td><td>1,000[V] 메거</td><td>500 이상</td></tr>
<tr><td>저압제어회로</td><td>500[V] 메거</td><td>2 이상</td></tr>
</table></td></tr>
</table>

4 점검결과에 대한 처리방법

1) 점검의 분류와 점검주기

제약조건 / 점검의 분류	문의 개폐	커버류의 분류	무정전	회로 정전	모선 정전	차단기 인출	점검주기
일상순시점검	–	–	○	–	–	–	매일
	○	–	○	–	–	–	1회/월
정기점검	○	○	–	○	–	○	1회/6개월
	○	○	–	○	○	○	1회/3년
임시점검	○	○	–	○	○	○	–

주 1) 점검주기는 대상기기의 환경조건, 운전조건, 설비의 중요성, 경과년수 등에 의하여 영향을 받기 때문에 상기에 표시된 점검주기를 고려하여 선정한다.

2) 무정전 상태에서도 문을 열고 점검할 수 있으며 1개월에 1회 정도는 문을 열고 점검한다.

3) 모선정전의 기회는 별로 없으나 심각한 사고를 방지하기 위하여 3년에 1번 정도 점검한다.

2) 일상정기점검 처리 절차 및 방법

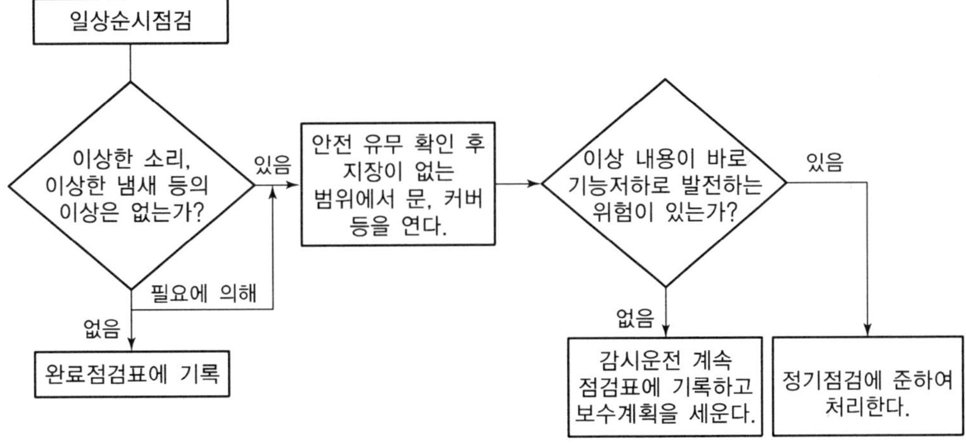

5 유지보수 장비 리스트

품명	소요장비	
	주장비	보조장비
모듈제조장비(cell tester, 태방기, laminator, simulator, lay－up 장비)	●	
오실로스코프	●	
디지털멀티미터		●
인버터 시험용 PC(시험프로그램 내장)	●	
전력분석계	●	
온도계(외부, 표면)		●
일사량계		●
풍속계		●
강우량계		●
절연저항측정기		●
전압계		●
전류계		●
접지저항측정기		●
멀티테스터	●	
누설전류계	●	
레벨기	●	
나침반	●	
외부온도계		●

6 사용 전 점검 및 사용 전 검사 대상

구분	검사 종류	용량
일반용	사용 전 점검	10[kW] 이하
자가용	사용 전 검사 (저압설비 공사계획 미신고)	10[kW] 초과
사업용	사용 전 검사 (시 · 도에 공사계획 신고)	전 용량 대상

1) 전기안전관리자의 선임(상주 및 대행)

① 용량 1,000[kW] 이상 : 선임(상주안전관리자)
② 용량 20[kW] 초과 1,000[kW] 미만 : 안전공사 및 대행사업자 위탁
③ 용량 20[kW] 초과 250[kW] 미만 : 개인대행자 가능
④ 용량 20[kW] 이하 : 미선임

2) 「전기안전관리법」 제22조(전기안전관리자의 선임 등)

① 전기사업자나 자가용전기설비의 소유자 또는 점유자는 전기설비(휴지 중인 전기설비는 제외한다)의 공사 · 유지 및 운용에 관한 전기안전관리업무를 수행하게 하기 위하여 산업통상자원부령으로 정하는 바에 따라 「국가기술자격법」에 따른 전기 · 기계 · 토목 분야의 기술자격을 취득한 사람 중에서 각 분야별로 전기안전관리자를 선임하여야 한다.

② 제1항에도 불구하고 자가용전기설비의 소유자 또는 점유자는 전기안전관리에 관한 업무를 다음 각 호의 자에게 위탁할 수 있다. 이 경우 안전관리업무를 위탁받은 자는 제1항에 따른 분야별 전기안전관리자를 선임하여야 한다.

1. 전기안전관리업무를 전문으로 하는 자로서 자본금, 기술인력, 장비 등 대통령령으로 정하는 요건을 갖춘 자
2. 시설물관리를 전문으로 하는 자로서 자본금, 기술인력, 장비 등 대통령령으로 정하는 요건을 갖춘 자

③ 제1항에도 불구하고 산업통상자원부령으로 정하는 규모 이하의 전기설비(자가용전기설비와 「신에너지 및 재생에너지 개발 · 이용 · 보급 촉진법」 제2조제1호 및 제2호에 따른 신에너지와 재생에너지를 이용하여 전기를 생산하는 발전설비만 해당한다)의 소유자 또는 점유자는 다음 각 호의 어느 하나에 해당하는 자에게 산업통상자원부령으로 정하는 바에 따라 전기안전관리업무를 대행하게 할 수 있고, 전기안전관리업무를 대행하는 자는 전기안전관리자로 선임된 것으로 본다. 다만, 제1호에

따른 안전공사는 격지, 오지 등 산업통상자원부령으로 정하는 지역으로서 산업통상자원부장관이 정하는 전기설비에 한정하여 대행할 수 있다.

1. 안전공사
2. 자본금, 기술인력 등 대통령령으로 정하는 요건을 갖춘 전기안전관리대행사업자
3. 전기 분야의 기술자격을 취득한 사람으로서 대통령령으로 정하는 장비를 보유하고 있는 자

④ 제1항부터 제3항까지의 규정에도 불구하고 전기안전관리자를 선임 또는 선임 의제(擬制)하는 것이 곤란하거나 적합하지 아니하다고 인정되는 지역 또는 전기설비에 대하여는 산업통상자원부령으로 정하는 바에 따라 전기안전관리자를 선임할 수 있다.

⑤ 제1항부터 제4항까지의 규정에 따라 전기안전관리자를 선임한 자는 전기안전관리자가 여행 · 질병이나 그 밖의 사유로 일시적으로 그 직무를 수행할 수 없는 경우에는 그 기간 동안, 전기안전관리자를 해임한 경우에는 다른 전기안전관리자를 선임하기 전까지 산업통상자원부령으로 정하는 바에 따라 대행자를 각각 지정하여야 한다.

⑥ 제1항부터 제4항까지의 규정에 따른 전기안전관리자의 세부기술자격 및 직무와 제3항에 따라 전기안전관리업무를 대행하는 자가 준수하여야 하는 전기안전관리대행업무의 범위, 업무량 및 최소점검횟수에 관한 사항은 산업통상자원부령으로 정한다.

⑦ 제3항에 따라 전기안전관리업무를 대행하게 하는 경우의 대가(代價)는 「엔지니어링산업 진흥법」 제31조에 따른 엔지니어링사업의 대가 기준 중에서 산업통상자원부령으로 정하는 방식에 따라 산정한다.

⑧ 제1항에 따라 전기안전관리자를 선임한 자는 산업통상자원부령으로 정하는 바에 따라 전기안전관리에 필요한 장비를 보유하여야 한다.

3) 태양광발전설비의 규모별 정기점검 횟수

① 300[kW] 미만의 경우 매월 1회 이상
② 300[kW] 이상 500[kW] 미만의 경우 매월 2회 이상
③ 500[kW] 이상 700[kW] 미만의 경우 매월 3회 이상
④ 700[kW] 이상 1,500[kW] 미만의 경우 매월 4회 이상
⑤ 1,500[kW]이상 2,000[kW] 미만의 경우 매월 5회 이상
⑥ 2,000[kW]이상 2,500[kW] 미만의 경우 매월 6회 이상

7 발전설비의 유지관리

1) 사용 전 검사(준공 시의 점검)

상용사업용 태양광발전시스템의 공사가 완료되면 사용 전 검사를 받아야 한다.

(1) 준공 시의 점검설비와 점검항목, 점검방법

구분	점검항목		점검요령
태양전지 어레이	육안점검	표면의 오염 및 파손	오염 및 파손이 없을 것
		프레임 파손 및 변형	파손 및 뚜렷한 변형이 없을 것
		가대의 부식 및 녹	가대의 부식 및 녹이 없을 것 (녹의 진행이 없는 도금강판의 끝단부는 제외)
		가대의 고정	볼트 및 너트의 풀림이 없을 것
		가대의 접지	배선공사 및 접지의 접속이 확실할 것
		코킹	코킹의 파손 및 불량이 없을 것
		지붕재 파손	지붕재의 파손, 어긋남, 균열이 없을 것
	측정	접지저항	접지저항 100[Ω] 이하
		가대고정	볼트가 규정된 토크 수치로 조여 있을 것
인버터	육안점검	외함의 부식 및 파손	부식 및 파손이 없을 것
		취부	• 견고하게 고정되어 있을 것 • 유지보수에 충분한 공간이 확보되어 있을 것 • 옥내용 : 과도한 습기, 기름 습기, 연기, 부식성 가스, 가연가스, 먼지, 염분, 화기 등이 존재하지 않는 장소일 것 • 옥외용 : 눈이 쌓이거나 침수의 우려가 없을 것 • 화기, 가연가스 및 인화물이 없을 것
		배선의 극성	• P는 태양전지(+), N은 태양전지(−) • V, O, W는 계통 측 배선(단상 3선식 220[V]) [V−O, O−W 간 220[V](O는 중성선)] • 자립운전용 배선은 전용콘센트 또는 단자에 의해 전용배선으로 하고 용량은 15[A] 이상일 것
		단자대 나사의 풀림	확실히 취부되고 나사의 풀림이 없을 것
		접지단자와의 접속	접지와 바르게 접속되어 있을 것 (접지봉 및 인버터 '접지단자'와 접속)

구분	점검항목		점검요령
접속함	육안 점검	외함의 부식 및 파손	부식 및 파손이 없을 것
		방수처리	전선인입구가 실리콘 등으로 방수처리될 것
		배선의 극성	태양전지에서 배선의 극성이 바뀌지 않을 것
		단자대 나사 풀림	확실히 취부되고 나사의 풀림이 없을 것
	측정	절연저항 (태양전지 – 접지 간)	DC 500[V] 메거로 측정 시 0.2[MΩ] 이상
		절연저항 (각 출력단자 – 접지 간)	DC 500[V] 메거로 측정 시 1[MΩ] 이상
		개방전압 및 극성	규정된 전압범위 내이고 극성이 올바를 것(각 회로마다 모두 측정)
		절연저항 (인버터 입출력 단자 – 접지 간)	DC 500[V] 메거로 측정 시 1[MΩ] 이상
		접지저항	접지저항 100[Ω] 이하
발전 전력	육안 점검	인버터의 출력표시	인버터 운전 중 전력표시부에 사양대로 표시될 것
		전력량계(송전 시)	회전을 확인할 것
		전력량계(수전 시)	정지를 확인할 것
운전 정지	조작 및 육안 점검	보호계전기능의 설정	전력회사 정정치를 확인할 것
		운전	운전스위치의 '운전'에서 운전할 것
		정지	운전스위치의 '정지'에서 정지할 것
		투입저지 시한타이머동작시험	인버터가 정지하여 5분 후 자동기동할 것
		자립운전	자립운전으로 전환할 때, 자립운전용 콘센트에서 사양서의 규정전압이 출력될 것
		표시부의 동작확인	표시가 정상으로 표시되어 있을 것
		이상음 등	운전 중 이상음, 이상진동, 악취 등의 발생이 없을 것
	측정	발생전압 (태양전지 모듈)	태양전지의 동작전압이 정상일 것 (동작전압 판정 일람표에서 확인)
축전지	육안 점검	외관점검 전해액비중 전해액면 저하	부하로의 급전을 정지한 상태에서 실시할 것
	측정 및 시험	단자전압 (총 전압/셀전압)	

(2) 일상점검

① 일상점검은 육안점검으로 매월 1회 정도 실시

② 점검설비 : 태양전지 어레이, 접속함, 인버터, 축전지

(3) 정기점검

① 무전압상태에서 기기의 이상상태 점검

② 점검설비 : 태양전지 어레이, 접속함, 인버터, 축전지, 태양광발전용 개폐기 등

8 송변전설비의 유지관리

송변전설비의 유지관리는 배전반과 배전반 내의 기기 및 부속기기에 대해 일상점검, 정기점검으로 유지보수하는 것이다.

1) 일상점검

(1) 배전반

① 외함 : 문, 외부, 명판 인출기구, 반출기구

② 모선 및 지지물 : 모선전반(소리, 냄새)

③ 주회로 인입 · 인출부 : 접속부, 부싱, 단말부, 관통부

④ 제어회로의 배선 : 배선전반

⑤ 단자대 : 외부 일반

⑥ 접지 : 접지단자, 접지선

(2) 내장기기 및 부속기기

① 주회로용 차단기 : 개폐표시등, 표시기, 개폐도수계

② 배선용 차단기, 누전차단기 : 조작장치

③ 단로기 : 개폐표시기, 개폐표시등

④ 변압기, 리액터 : 온도계, 유면계, 가스압력계

⑤ 주회로용 퓨즈 : 외부 일반

2) 정기점검

(1) 배전반

① 외함 : 문, 격벽, 주회로단자부

② 배전반 : 제어회로부, 명판표시물, 인출기구

③ 모선 및 지지물 : 모선 전반, 애자부싱, 절연지지물

④ 주회로인입인출부 : 접속부, 부싱, 단말부
⑤ 배선 : 전선 일반, 전선지지대
⑥ 단자대 : 외부 일반
⑦ 접지 : 접지단자, 접지모선
⑧ 장치일반 : 주회로, 제어회로, 인터록

(2) 내장기기 및 부속기기

① 주회로용 차단기 : 개폐표시기, 개폐표시등, 개폐도수계 조작장치
② 배선용 차단기 : 조작장치
③ 단로기(DS) : 주접촉부 조작장치
④ LBS : 부하개폐기
⑤ 변성기 : 외부 일반
⑥ 변압기 : 유면계, 냉각팬 온도계
⑦ 주회로용 퓨즈 : 외부 일반
⑧ 피뢰기 : 외부 일반
⑨ 전력용 콘덴서 : 외부 일반 등

9 태양광발전시스템의 고장원인

① 제조결함
② 시공불량
③ 운영과정의 외상
④ 전기적 · 기계적 스트레스에 의한 셀의 파손
⑤ 모듈 표면의 흙탕물, 새의 배설물에 의한 고장
⑥ 경년열화에 의한 셀의 노화
⑦ 주변환경(염해, 부식성 가스 등)에 의한 부식

10 태양광발전시스템의 문제진단

1) 외관검사

(1) 태양전지 모듈, 어레이의 점검

시공 시 반드시 외관점검 실시

(2) 배선케이블의 점검

설치 시 및 공사 도중에 외관점검

(3) 접속함 인버터

설치 및 접속 시 양극, 음극 접속확인 및 점검

(4) 축전지 및 주변설비 점검

2) 운전상황 확인

(1) 이음, 이상진동, 이취에 주의

(2) 운전상황 점검

표시상태, 계측장치가 평상시와 크게 다를 때

3) 태양전지 어레이의 출력 확인

(1) 개방전압 측정

① **측정목적** : 동작불량 스트링이나 태양전지 모듈 검출, 직렬접속선의 결선누락 사고 등을 검출

② **측정방법** : 직류전압계(테스터)

③ **측정순서**

㉠ 접속함의 출력개폐기 개방(Off)

㉡ 접속함에 각 스트링단로스위치(MCCB 또는 퓨즈)가 있는 경우 MCCB 또는 퓨즈 개방

㉢ 각 모듈이 그늘져 있지 않은지 확인한다.

㉣ 측정하는 스트링의 MCCB 또는 퓨즈 투입(On)

㉤ 직류전압계로 각 스트링의 P－N 단자 간의 전압을 측정

㉥ **평가** : 각 스트링의 개방전압값이 측정 시의 조건하에서 타당한 값인지 확인한다.

④ **측정 시 주의사항**

㉠ 어레이 표면을 청소한다.

㉡ 각 스트링 측정은 안정된 일사강도가 얻어질 때 실시한다.

㉢ 측정시각은 일사강도, 온도의 변동을 적게 하기 위해 맑은 날 남쪽에 있을 때 전후 1시간에 실시한다.

㉣ 셀은 비오는 날에도 미소한 전압이 발생하므로 주의하여 측정한다.

(2) 단락전류의 확인

① 모듈 표면의 온도변화에 따른 단락전류의 변화는 거의 없으나 일사량의 차이에 의한 모듈의 단락전류 변화는 매우 크므로 측정 시 고려해야 한다.

② 단락전류를 측정함으로써 모듈의 이상 유무를 검출할 수 있다.

(3) 인버터 회로(절연변압기 부착)의 절연저항 측정기기

① 인버터 정격전압 300[V] 이하 : 500[V] 절연저항계(메거)

② 인버터 정격전압 300[V] 초과 600[V] 이하 : 1,000[V] 절연저항계(메거)

4) 절연내력의 측정

(1) 태양전지 어레이 회로 및 인버터 회로

최대사용 전압의 1.5배의 직류전압이나 1배의 교류전압을(500[V] 미만일 때는 500[V]로) 10분간 인가하여 절연파괴 등의 이상이 발생하지 않을 것

5) 접지저항의 측정

(1) 접지목적

① 감전 방지

② 기기의 손상 방지

③ 보호계전기의 확실한 동작 확보

(2) 접지저항 측정법

① 콜라우시 브리지법

② 전위차계 접지저항계법

③ 간이접지저항계 측정법

④ 클램프온 측정법

11 태양광발전시스템의 운영조작(인버터 운전 시 조작방법 : 특고압계통 연계 시)

1) 운전 시 조작방법

① Main VCB반 전압 확인

② 접속반, 인버터 DC전압 확인

③ DC용 차단기 On, AC측 차단기 On

④ 5분 후 인버터 정상작동 여부 확인

2) 정전 시 조작방법

① Main VCB반 전압 및 계전기를 점검하여 정전 여부 확인, 버저 Off
② 태양광 인버터 상태 확인(정지)
③ 한전 전원 복구 여부 확인
④ 인버터 DC전압 확인 후 운전 시 조작방법에 의해 재시동

3) 응급조치 방법

(1) 태양광발전설비가 작동되지 않는 경우

① AC 차단기 개방(Off)
② 접속함 내부 DC 차단기 개방(Off)
③ 인버터 정지 후 점검

(2) 점검 완료 후 복귀 순서 – 점검 완료 후에는 역으로 투입

① 접속함 내부 DC차단기 투입(On)
② AC 차단기 투입(On)

4) 운전상태에 따른 시스템의 발생 신호

(1) 정상운전

태양전지로부터 전력을 공급받아 인버터가 계통전압과 동기로 운전하며 계통과 부하에 전력을 공급한다.

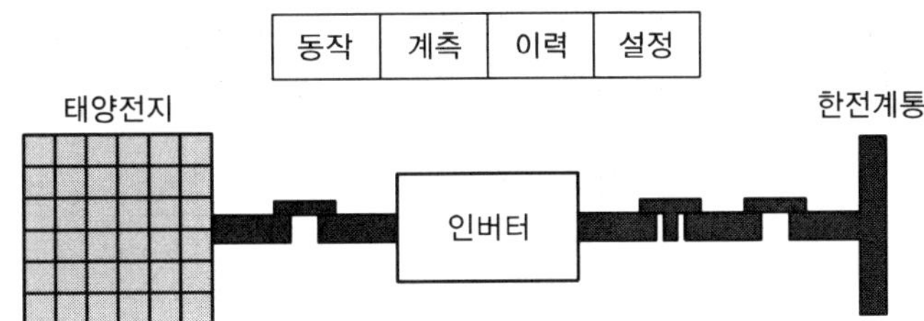

(2) 인버터 이상 시 운전

인버터에 이상이 발생하면 인버터는 자동정지하고 이상신호를 나타낸다.

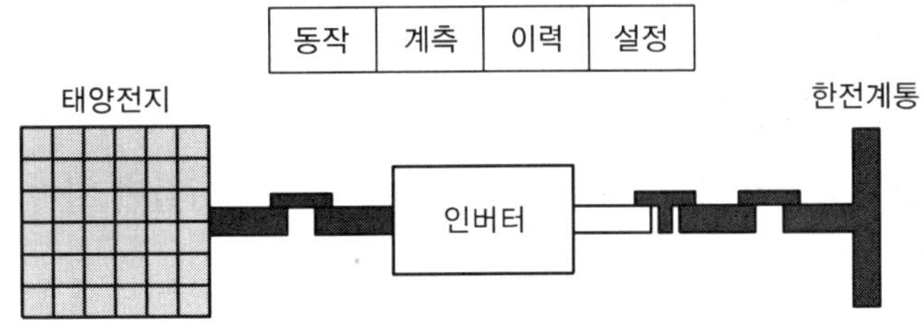

(3) 태양전지 전압 이상 시 운전

태양전지 전압이 저전압 또는 과전압이 되면 이상신호를 나타내고 인버터 정지, M/C off 상태로 된다.

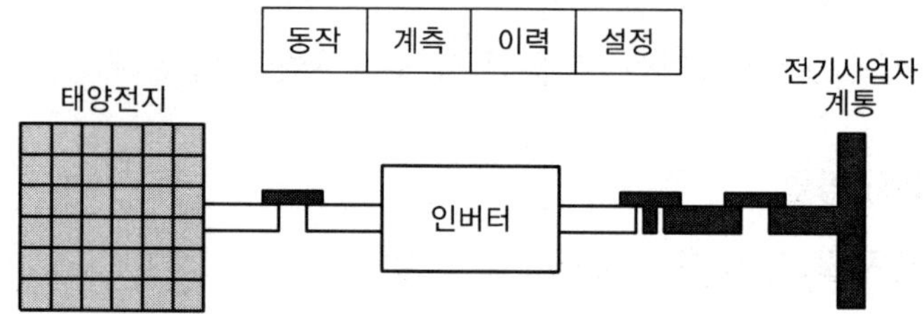

12 고장별 조치방법

1) 인버터의 고장

직접 수리가 곤란하므로 제조업체에 A/S를 의뢰한다.

2) 태양전지 모듈의 고장

(1) 모듈의 개방전압 문제

① 원인 : 셀 및 바이패스다이오드 손상

② 대책 : 손상된 모듈을 찾아 교체

(2) 모듈의 단락전류 문제

① 원인 : 음영에 의한 경우와 모듈 불량, 모듈 표면의 흙탕물, 새의 배설물 등에 따라 모듈의 단락전류가 다른 경우 출력 저하

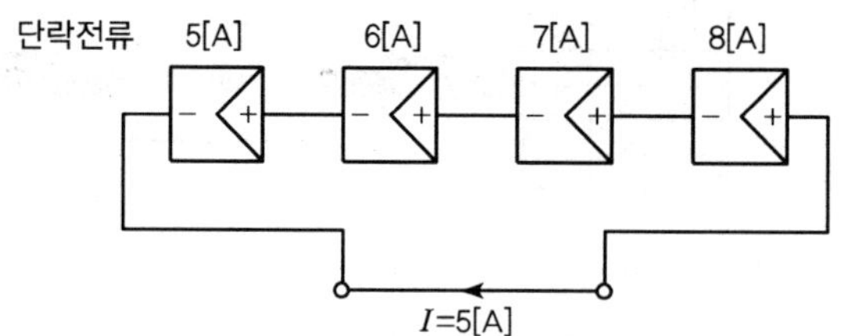

② 대책 : 불량모듈 교체, 이물질 제거

3) 모듈의 절연저항 문제

① 원인 : 모듈의 파손, 케이블 열화, 피복손상 시 절연 저하

② 대책 : 모듈 교체

13 발전형태별 정기보수

1) 자가용 태양광발전설비의 사용 전 검사 항목

(1) 태양광발전설비표 : 태양광발전설비표 작성

(2) 태양광전지검사
① 태양광전지 일반규격
② 태양광전지검사 : 외관검사, 전지전기적 특성시험, 어레이

(3) 전력변환장치검사
① 전력변환장치 일반규격
② 전력변환장치검사 : 외관검사, 절연저항, 절연내력, 제어회로 및 경보장치, 역방향운전 제어시험, 단독운전 방지시험
③ 보호장치검사 : 절연저항시험, 보호장치시험
④ 축전지 : 시설상태 확인, 전해액 확인, 환기시설상태 확인

(4) 종합연동시험검사

(5) 부하운전시험검사

2) 사업용 태양광발전설비의 사용 전 검사 항목

(1) 태양광발전설비표 : 태양광발전설비표 작성

(2) 태양전지검사
① 태양전지 일반규격
② 태양전지검사 : 외관검사, 전지전기적 특성시험, 어레이

(3) 전력변환장치검사
① 전력변환장치 일반규격
② 전력변환장치검사 : 절연저항, 절연내력, 제어회로 및 경보장치, 역방향운전 제어시험, 단독운전 방지시험
③ 보호장치검사 : 절연저항시험, 보호장치시험
④ 축전지 : 시설상태 확인, 전해액 확인, 환기시설 상태 확인

(4) 변압기검사

① 변압기 일반규격

② 변압기 본체검사 : 절연저항, 절연내력, 접지시공상태 특성시험, 절연유내압시험, 상회전시험

③ 보호장치검사 : 절연저항, 보호장치 및 계전기시험

④ 제어 및 경보장치검사 : 절연저항, 경보장치, 제어장치, 계측장치

⑤ 부대설비검사 : 절연유 유출방지시설, 피뢰장치, 계기용 변성기, 접지시공상태 표시

(5) 차단기검사

(6) 전선로(모선)검사

(7) 접지설비검사

(8) 비상발전기검사

(9) 종합연동시험검사

(10) 부하운전검사

3) 자가용 태양광발전설비의 정기검사 항목

① 태양전지검사

② 전력변환장치검사

③ 종합연동시험검사

④ 부하운전시험

4) 사업용 태양광발전설비의 정기검사 항목

① 태양광전지검사

② 전력변환장치검사

③ 변압기검사

④ 차단기검사

⑤ 전선로(모선)검사

⑥ 접지설비검사

⑦ 종합연동시험검사

⑧ 부하운전시험

003 출제예상문제

01 **다음의 전기(발전)사업 허가권자는 누구인지 쓰시오.**

1) 3,000[kW] 초과 설비
2) 3,000[kW] 이하 설비

해답
1) 3,000[kW] 초과 설비 : 산업통상자원부장관
2) 3,000[kW] 이하 설비 : 특별시장, 광역시장, 도지사

02 **괄호 안에 알맞은 허가권자를 쓰시오.**

전기사업 허가 시, 3,000[kW] 이하는 (①), 3,000[kW] 초과는 (②)이다.

해답
① 시 · 도지사 ② 산업통상자원부장관

03 **태양광발전설비 시험성적서 확인 방법과 관련하여 국내 공인시험기관의 시험성적서(공인시험)를 확인함을 원칙으로 하는 국내생산품과 수입품 모두 동일하게 적용하는 품목은 무엇인가?**

해답
고압 이상 전기기계 · 기구의 시험 성적서

04 **사업용 태양광발전소의 안정적인 운용을 위해 몇 년마다 정기적으로 검사를 해야 하며, 이에 대한 사업용 태양광발전설비에 대한 정기검사 항목 5가지를 쓰시오.**

해답
1) 4년
2) ① 태양전지 검사 ② 전력 변환장치검사
③ 변압기 검사 ④ 차단기 검사
⑤ 전선로(모선) 검사

해설 사업용 태양광발전설비의 정기검사 항목

⑥ 접지설비검사

⑦ 종합연동시험검사

⑧ 부하운전시험

05 다음은 주요 인허가 및 유관기관 업무협의 흐름도이다. (A), (B), (C)에 해당하는 업무와 기관은?

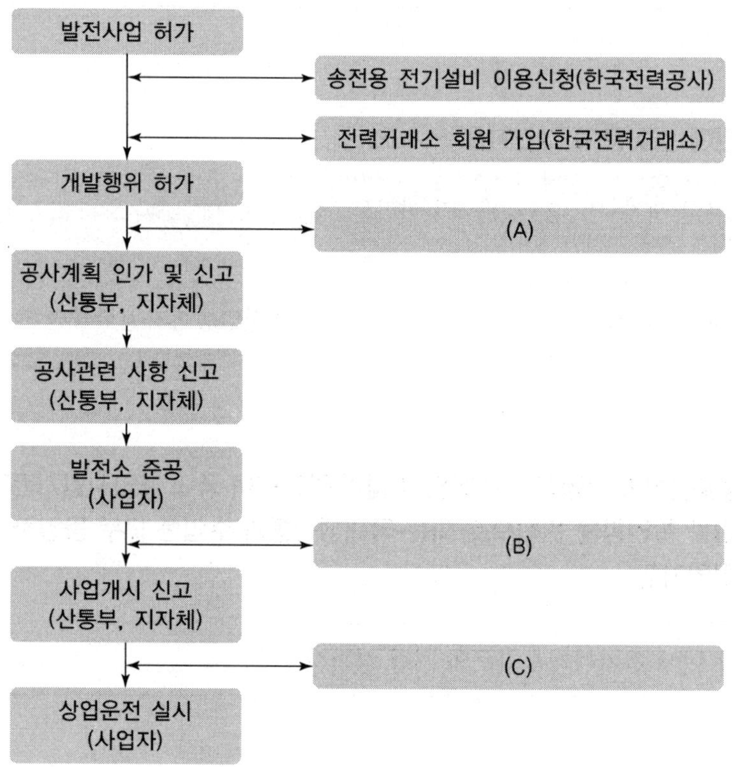

해답

(A) 발전사업을 위한 업무 협의(한국전력거래소)

(B) 사업용 전기설비 사용 전 검사(한국전기안전공사)

(C) 발전 차액지원을 위한 설치 확인(에너지관리공단)

06 다음은 인허가업무 흐름도이다. 다음 각 물음에 답하시오.

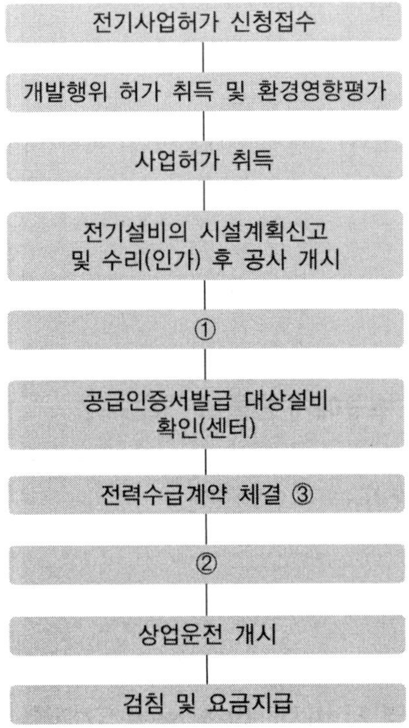

1) ①에 알맞은 내용을 쓰시오.
2) ②에 일맞은 내용을 쓰시오.
3) ③의 전력수급계약 체결 시, 용량에 따른 관할행정기관을 구분하여 쓰시오.
   - 1[MW] 이상 :
   - 1[MW] 미만 :

해답

1) 사용 전 검사
2) 사업개시신고
3) • 1[MW] 이상 : 한국전력거래소
   • 1[MW] 미만 : 한국전력거래소 또는 한국전력공사

07 사용 전 검사 및 점검 기준 중 일반용, 자가용, 사업용에 대해 용량 기준, 안전관리자 선임기준에 대하여 쓰시오.

해답

1) 일반용(10[kW] 이하) : 미선임
2) 자가용(10[kW] 초과) : 선임(1,000[kW] 이하 대행업체 대행 가능)
3) 사업용(전용량대상) : 선임(1,000[kW] 이하 대행업체 대행 가능)

08 발전사업 변경허가는 누구에게 받을 수 있는가?

해답

산업통상자원부장관 또는 시 · 도지사

09 태양광발전시스템 운영 시 비치해야 할 목록 5가지를 쓰시오.

해답

1) 발전시스템에 사용된 핵심기기의 매뉴얼(인버터 등)
2) 발전시스템 운영 매뉴얼
3) 발전시스템에 사용된 부품 및 기기의 카탈로그
4) 발전시스템 일반점검표
5) 발전시스템의 한전계통연계 관련 서류

해설 태양광발전시스템 운영 시 비치 목록

- 발전시스템 건설 관련 도면
- 발전시스템 시방서 및 계약서 사본
- 발전시스템 구조물의 구조계산서
- 전기안전 관련 주의 명판 및 안전경고표시 위치도
- 전기안전관리용 정기점검표
- 발전시스템 긴급복구 안내문
- 발전시스템 안전교육 표지판

10 차단기의 일상점검사항 5가지를 쓰시오.

해답

1) 코로나 방전 등에 의한 이상한 소리는 없는가
2) 코로나 방전, 과열에 의한 이상한 냄새 유무 확인
3) 개폐 표시기의 표시의 정확 유무 확인
4) 개폐 표시등의 표시의 정확 유무 확인
5) 기계적인 수명회수에 도달하여 있지는 않는가

해설

대상	점검개소	목적	점검내용
주 회로용 차단기, GCB, VCB, ACB	외부 일반	이상한 소리	코로나 방전 등에 의한 이상한 소리는 없는가
		이상한 냄새	코로나 방전, 과열에 의한 이상한 냄새 유무 확인
		누출	GCB의 경우 가스 누출은 없는가
	개폐 표시기	지시	표시의 정확 유무 확인
	개폐 표시등	표시	표시의 정확 유무 확인
	개폐 도수계	표시	기계적인 수명 회수에 도달하여 있지는 않는가
배선용 차단기, 누전 차단기	외부 일반	이상한 냄새	과열에 의한 이상한 냄새는 없는가
	조작장치	표시	동작 상태를 표시하는 부분이 잘 보이는가
			개폐기구의 핸들과 표시등의 상태는 올바른가

11 태양광발전설비 일상점검 사항이다. 다음 ①, ②, ③에 해당하는 작업요령을 쓰시오.

작업항목	작업기준	작업요령
전압	각 선간전압은 정상인가	절환스위치로 각 선간전압 측정
전류	부하전류는 정상인가	각 상전전류는 평행인가 정격치 이내에 있는가를 점검
계기류	이상의 유무	①
개폐표시	표시등	②
이상한 냄새	이상한 냄새의 유무	냄새를 맡아본다.
애자	파손의 유무, 먼지 부착 유무	눈으로 점검, 코로나에 주의
도체	과열되어 변색되어 있지 않은가	③

해답

① 이상의 유무점검
② 표시등 이상 유무의 점검
③ 접속볼트 조임부분에 특히 주의

12 22.9[kV] 주회로(특고압) 차단기의 일상점검에서 일상점검개소 4개소를 쓰시오.

해답

1) 외부일반
2) 개폐표시기
3) 개폐표시등
4) 개폐도수계

13 태양광발전설비 시스템 운영 중 응급조치방법을 기술하시오.

해답

1) AC 차단기 개방(Off)
2) 접속함 내부 차단기 차단(Off)
3) 인버터 정지 후 점검
4) 점검 완료 후 복귀 – 역으로 투입

해설 응급조치방법

1) 태양광발전설비가 작동되지 않는 경우
   ① AC 차단기 개방(Off)
   ② 접속함 내부 DC 차단기 개방(Off)
   ③ 인버터 정지 후 점검

2) 점검 완료 후 복귀 순서 – 점검 완료 후에는 역으로 투입한다.
   ① 접속함 내부 DC 차단기 투입(On)
   ② AC 차단기 투입(On)

14 태양광발전시스템의 운전 시 조작방법을 순서대로 나열하시오.

해답

운전 시 조작방법

1) Main VCB반 전압 확인
2) 접속반, 인버터 DC전압 확인
3) DC용 차단기 On, AC측 차단기 On
4) 5분 후 인버터 정상작동 여부 확인

15 태양광발전시스템의 정전 시 조작방법을 순서대로 쓰시오.

해답

정전 시 조작방법

1) Main VCB반 전압확인 및 계전기를 확인하여 정전 여부 확인, 버저 Off
2) 태양광 인버터 상태 확인(정지)
3) 한전 전원 복구 여부 확인
4) 인버터 DC전압 확인 후 운전 시 조작방법에 의해 재시동

16 태양광발전시스템의 시운전 방법 2가지를 쓰시오.

해답

1) 단독시운전 : 수전단위기기별 계통별 예비점검 및 시험운전
2) 종합시운전 : 단위기기 및 계통 간 병렬운전 계통연계 상업운전

17 배전반 제어회로의 배선에서 일상점검항목(점검내용)을 쓰시오.

해답

1) 가동부 등의 연결전선의 절연피복 손상 여부 확인
2) 전선의 지지물의 탈락 여부 확인
3) 과열에 의한 이상한 냄새 여부의 확인

해설 배전반 제어회로의 배선 일상점검 항목

대상	점검개소	목적	점검내용
제어회로의 배선	배선 전반	손상	가동부 등의 연결전선의 절연피복 손상 여부 확인
			전선 지지물의 탈락 여부 확인
		이상한 냄새	과열에 의한 이상한 냄새 여부 확인

18 배전용 차단기(누전차단기)의 일상점검 목적 및 점검내용을 쓰시오.

해답

1) 이상한 냄새 : 과열에 의한 이상한 냄새는 없는가
2) 표시 : ① 동작 상태를 표시하는 부분이 잘 보이는가
　　　② 개폐기구의 핸들과 표시등의 상태는 올바른가

해설 배선용 차단기 일상점검 항목

대상	점검개소	목적	점검내용
배선용 차단기, 누전 차단기	외부일반	이상한 냄새	과열에 의한 이상한 냄새는 없는가
	조작장치	표시	동작 상태를 표시하는 부분이 잘 보이는가
			개폐기구의 핸들과 표시등의 상태는 올바른가

19 변압기(리액터)의 일상점검 목적 및 점검내용을 쓰시오.

해답

1) 이상한 소리 : 코로나 방전 등에 의한 이상한 소리는 없는가
2) 이상한 냄새 : 코로나 방전 또는 과열에 의한 이상한 냄새는 없는가
3) 누출 : 절연유의 누출은 없는가
4) 온도계 지시표시 : 지시는 소정의 범위 내에 들어가 있는가
5) 유면계 지시표시 : 유면은 적당한 위치에 있는가

해설

대상	점검개소	목적	점검내용
변압기 리액터	외부 일반	이상한 소리	코로나 방전 등에 의한 이상한 소리는 없는가
		이상한 냄새	코로나 방전 또는 과열에 의한 이상한 냄새는 없는가
		누출	절연유의 누출은 없는가
	온도계	지시표시	지시는 소정의 범위 내에 들어가 있는가
	유면계 가스압력계	지시표시	유면은 적당한 위치에 있는가
			가스의 압력은 규정치보다 낮지 않은가(질소봉입의 경우)

20 전력용 콘덴서의 정기점검 목적 및 점검내용을 쓰시오.

해답

1) 볼트의 조임이완 : 단자부 볼트류의 조임 이완은 없는가
2) 손상 : 부싱부의 균열, 파손이나 외함의 변형은 없는가
3) 변색 : 부싱, 단자부 등의 균열에 의한 변색은 없는가
4) 오손 : 부싱부에 이물질, 먼지 등이 부착되어 있지 않는가

해설

대상	점검개소	목적	점검내용
전력용 콘덴서	외부 일반	볼트의 조임 이완	단자부 볼트류의 조임 이완은 없는가
		손상	부싱부의 균열, 파손이나 외함의 변형은 없는가
		변색	부싱, 단자부 등의 균열에 의한 변색은 없는가
		오손	부싱부에 이물질, 먼지 등이 부착되어 있지 않는가

21 주 회로용 퓨즈의 일상점검 목적 및 점검내용을 쓰시오.

해답

1) 손상 : 퓨즈통, 애자 등의 균열, 파손 및 변형은 없는가
2) 이상한 소리 : 코로나 방전에 의한 이상한 소리는 없는가
3) 이상한 냄새 : 코로나 방전 또는 과열에 의한 이상한 냄새는 없는가

해설

대상	점검개소	목적	점검내용
주회로용 퓨즈	외부 일반	손상	퓨즈통, 애자 등의 균열, 파손 및 변형은 없는가
		이상한 소리	코로나 방전에 의한 이상한 소리는 없는가
		이상한 냄새	코로나 방전 또는 과열에 의한 이상한 냄새는 없는가

22 태양광발전시스템의 점검에서 유지보수 관점에서의 점검 종류를 모두 쓰시오.

해답

1) 일상점검
2) 정기점검
3) 임시점검

해설 태양광발전시스템의 점검 종류

태양광발전시스템의 점검은 일반적으로 준공 시의 점검, 일상점검, 정기점검의 3가지로 구별되나 유지보수 관점에서는 일상점검, 정기점검, 임시점검으로 재분류된다.

23 태양광발전시스템의 유지관리 절차 시 고려해야 할 사항을 쓰시오.

해답

1) 시설물별 적절한 유지관리계획서 작성
2) 유지관리계획서에 따라 시설물 점검실시, 점검결과는 점검기록부(또는 일지)에 기록, 보관
3) 점검결과에 따른 결함의 진행성 여부, 형태, 발생시기, 발생위치, 원인과 장해추이를 평가 · 판정
4) 평가 · 판정 후 적절한 대책 수립

해설 태양광발전시스템의 유지관리 절차 시 고려할 사항

1) 시설물별 적절한 유지관리계획서를 작성한다.
2) 유지관리자는 유지관리계획서에 따라 시설물의 점검을 실시하며, 점검결과는 점검기록부(또는 일지)에 기록 · 보관하여야 한다.
3) 점검결과에 따라 발견된 결함의 진행성 여부, 발생시기, 결함의 형태나 발생위치와 그 원인과 장해추이를 정확히 평가 · 판정한다
4) 점검결과에 의한 평가 · 판정 후 적절한 대책을 수립하여야 한다.

24 태양광발전시스템의 유지관리 절차이다. 다음의 (　　) 안에 해당되는 사항을 모두 쓰시오.

시설물 점검 → (　　) → 이상 및 결함 발생 → 응급처치/작동금지/안전성 검토 → 정밀조사/정밀안전진단 → 보수 판단 → 보수 필요 → 교체/보수방법 검토 → 설계 및 예산 확보 → 공사 및 준공검사 → 시설물 사용 및 유지관리

해답

일상점검, 정기점검, 임시점검

25 모선정전의 정기점검 점검주기는 얼마인가?

해답

3년 1회

26 일상점검의 점검표준표 작성요령 (A)~(C)를 쓰시오.

작업항목	작업기준	작업요령
전압	각 선간전압은 정상인가	(A)
전류	부하전류는 정상인가	(B)
계기류	이상의 유무	이상의 유무 점검
개폐표시	표시등	표시등 이상 유무의 점검
이상한 냄새	이상한 냄새의 유무	냄새를 맡아봄
애자	파손의 유무, 먼지의 부착 유무	(C)
도체	과열되어 변색되지 않았는가	접속 볼트 조임 부분에 특히 주의

해답

(A) 절환스위치로 각 선간전압 측정
(B) 각 상전전류는 평형인가, 정격치 이내에 있는가를 점검
(C) 눈으로 점검(코로나에 주의)

27 태양광발전설비의 규모가 500[kW] 이상 700[kW] 미만의 경우 정기점검 횟수는 매월 몇 회 이상으로 하여야 하는가?

해답

매월 3회 이상

해설 태양광발전설비의 규모별 정기점검 횟수

1) 300[kW] 미만의 경우 매월 1회 이상
2) 300[kW] 이상 500[kW] 미만의 경우 매월 2회 이상
3) 500[kW] 이상 700[kW] 미만의 경우 매월 3회 이상

4) 700[kW] 이상 1,500[kW] 미만의 경우 매월 4회 이상
5) 1,500[kW] 이상 2,000[kW] 미만의 경우 매월 5회 이상
6) 2,000[kW] 이상 2,500[kW] 미만의 경우 매월 6회 이상

28 **태양광발전시스템의 일상점검 및 정기점검 주기를 쓰시오.(단, 700[kW] 이상 1,500[kW] 미만일 때)**

해답

1) 일상점검 : 매월 1회
2) 정기점검 : 매월 4회 이상

해설

정기점검 설비용량	300[kW] 미만	500[kW] 미만	700[kW] 미만	1,500[kW] 미만
점검주기	1회 이상	2회 이상	3회 이상	4회 이상

29 **안전관리업무를 외부에 대행시킬 수 있는 태양광발전설비 용량은 얼마인지 쓰시오.**

해답

1. 안전공사 및 대행사업자 : 1,000[kW] 미만(원격감시, 제어기능을 갖춘 경우 용량 3,000[kW])
2. 개인대행자 : 250[kW] 미만(원격감시, 제어기능을 갖춘 경우 용량 750[kW])

해설 전기안전관리법 시행규칙 제26조(전기안전관리업무의 대행규모)

1. 안전공사 및 대행사업자 : 다음 각 목의 어느 하나에 해당하는 전기설비
   가. 용량 1,000[kW] 미만의 전기수용설비
   나. 용량 300[kW] 미만의 발전설비
   다. 용량 1,000[kW](원격감시, 제어기능을 갖춘 경우 용량 3,000[kW]) 미만의 태양광발전설비
2. 개인대행자 : 다음 각 목의 어느 하나에 해당하는 전기설비
   가. 용량 500[kW] 미만의 전기수용설비
   나. 용량 150[kW] 미만의 발전설비
   다. 용량 250[kW](원격감시, 제어기능을 갖춘 경우 용량 750[kW]) 미만의 태양광발전설비

30 일상정기점검 처리에 대한 다이어그램이다. (A), (B), (C)에 들어갈 내용을 쓰시오.

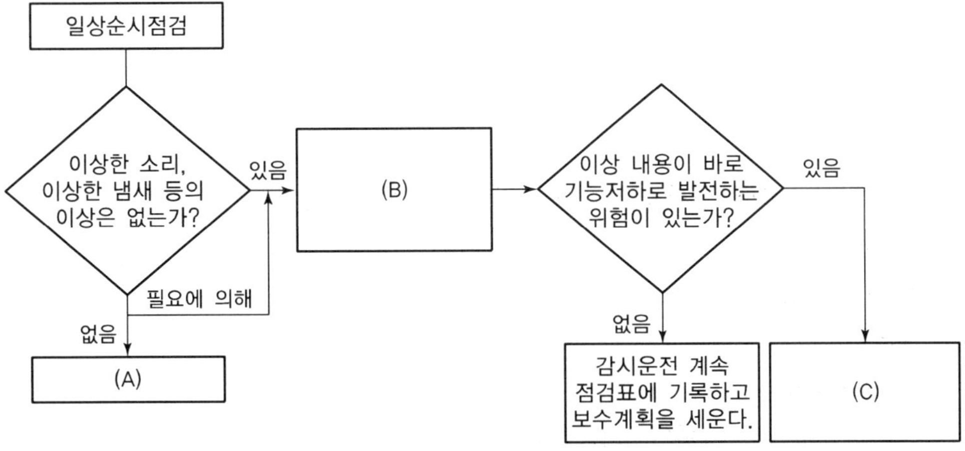

해답

(A) 완료 점검표에 기록

(B) 안전 유무 확인 후 지장이 없는 범위에서 문, 커버 등을 연다.

(C) 정기점검에 준하여 처리한다.

해설

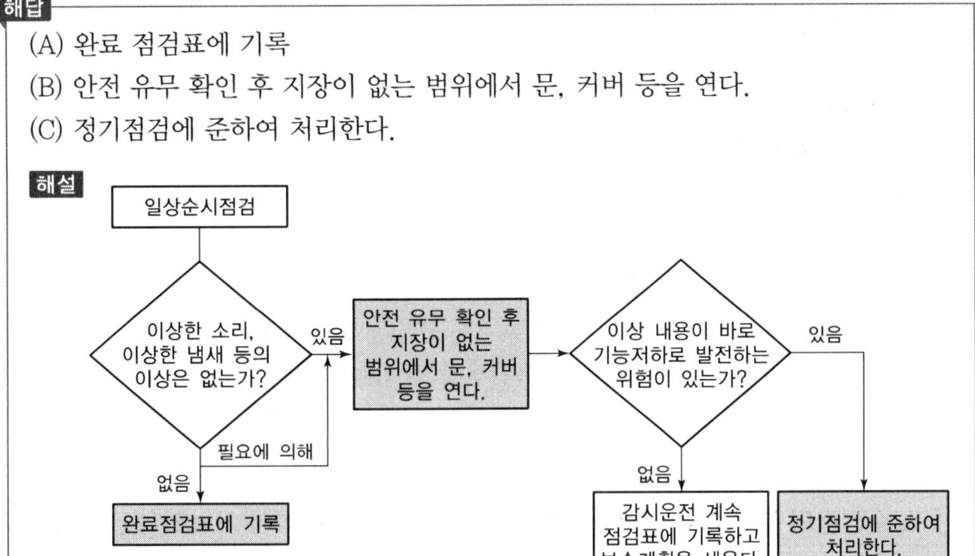

31 태양전지 어레이의 육안점검 시 점검항목 3가지를 쓰시오.

해답

1) 모듈 표면의 오염 및 파손

2) 지지대의 부식 및 녹

3) 외부배선(접속케이블)의 손상

해설 태양전지어레이 육안점검항목

1) 표면의 오염 및 파손 2) 프레임 파손 및 변형

3) 가대의 부식 및 녹
4) 가대의 고정
5) 가대의 접지
6) 코킹
7) 지붕재 파손

32 일상점검 시 태양전지 어레이의 점검항목과 점검요령 3가지를 각각 쓰시오.

1) 점검항목
2) 점검요령

해답

1) 점검항목
① 유리 등 표면의 오염 및 파손
② 가대의 부식 및 녹
③ 외부배선(접속케이블)의 손상

2) 점검요령
① 심한 오염 및 파손이 없을 것
② 부식 및 녹이 없을 것
③ 외부배선(접속케이블)에 손상이 없을 것

해설 1) 표면의 오염 및 파손 여부 육안점검(현저한 오염 및 파손이 없을 것)
2) 지지대의 부식 및 녹 여부 육안점검(부식 및 녹이 없을 것)
3) 외부배선의 손상 여부 육안점검(접속케이블에 손상이 없을 것)

33 보수점검의 분류에서 설비의 상태가 운전 중이고 점검횟수가 1회/1주~1회/3개월인 것은?

해답

일상점검

해설 점검의 분류

NO.	점검의 분류	설비의 상태	점검횟수
1	운전점검	운전 중	1회/8시간
2	일상점검	운전 중	1회/1주~1회/3개월
3	정기점검(보통)	정지(단시간)	1회/6개월~1회/2년
4	정기점검(세밀)	정지(장시간)	1회/1년~1회/5년
5	임시점검	정지	

34 **태양광발전시스템의 점검 중 유지보수 요원의 감각기관에 의거 시각점검, 비정상적인 소리, 냄새 등을 통해 시설물의 외부에서 실시하는 점검의 명칭을 쓰시오.**

해답
일상점검

35 **정기점검 중 제어장치의 절연물의 열화가 발생할 경우의 조치방법은?**

해답
불량품 교체

해설 점검요령

1) 개폐 표시는 원활한가
2) 개폐기, 전자접촉기의 접촉상태는 좋은가
3) 제어개폐기, 전자접촉기의 스프링와셔는 이상이 없는가
4) 마그네트 코일의 단선, 층간 단락은 없는가
5) 고정(조임) 등에는 이상이 없는가
6) 단자의 조임이 느슨하게 된 것은 없는가
7) 먼지는 쌓이지 않았나

36 **다음의 정기점검 조치사항은 언제 실시하는지 답하시오.**

1) 태양전지 모듈 표면이 파손되었는지 확인
2) 태양전지 모듈 주위에 그림자가 발생하는 물체가 있는지 확인
3) 태양전지 모듈과 구조물 간 이격이 발생하였는지 확인

해답
1) 주간 정기점검　　2) 월간 정기점검　　3) 연간 정기점검

37 **전선의 소유량 계산에서 전선가선 시 선로의 고저가 심할 때 산출하는 식은?**

해답
선로긍장 × 전선조수 × 1.03

38 태양광발전 시공 시 태양전지 모듈 배선이 끝난 후 어레이 검사항목 3가지를 쓰시오.

해답

1) 전압 · 극성 확인
2) 단락전류 측정
3) 비접지 확인

해설 1) 전압 · 극성 확인 : 태양전지 모듈의 전압이 올바른지, 정극 · 부극의 극성이 실수가 없는지 확인한다.
2) 단락전류 측정 : 태양전지 모듈의 사양서에 기재된 전류가 흐르는지 확인한다.
3) 비접지 확인 : 접지와 양극단을 테스터, 점검기 등으로 측정한다.

39 태양전지 어레이 육안점검 시 점검항목 및 점검요령 5가지를 쓰시오.

해답

점검항목		점검요령
육안점검	1) 표면의 오염 및 파손	오염 및 파손이 없을 것
	2) 프레임 파손 및 변형	파손 및 뚜렷한 변형이 없을 것
	3) 가대의 부식 및 녹	가대의 부식 및 녹이 없을 것 (녹의 진행이 없는 도금강판의 끝단부는 제외)
	4) 가대의 고정	볼트 및 너트의 풀림이 없을 것
	5) 가대의 접지	배선공사 및 접지의 접속이 확실할 것

해설

점검항목		점검요령
육안점검	6) 코킹	코킹의 파손 및 불량이 없을 것
	7) 지붕재 파손	지붕재의 파손, 어긋남, 균열이 없을 것

40 사용 전 검사 시 태양전지의 전기적 특성 확인사항 4가지를 쓰시오.

해답

1) 최대출력
2) 개방전압 및 단락전류
3) 최대출력 전압 및 전류
4) 전력변환효율 및 충진율

41 인버터의 육안점검 항목을 쓰시오.(준공 시 점검)

해답

1) 외함의 부식 및 파손
2) 취부
3) 배선의 극성
4) 단자대의 나사의 풀림
5) 접지단자와의 접속

해설

대상	점검항목		점검요령
인버터	육안점검	외함의 부식 및 파손	부식 및 파손이 없을 것
		취부	• 견고하게 고정되어 있을 것 • 유지보수에 충분한 공간이 확보되어 있을 것 • 옥내용 : 과도한 습기, 기름, 연기, 부식성 가스, 가연가스, 먼지, 염분, 화기 등이 존재하지 않은 장소일 것 • 옥외용 : 눈이 쌓이거나 침수의 우려가 없을 것 • 화기, 가연가스 및 인화물이 없을 것
		배선의 극성	• P는 태양전지(+), N은 태양전지(−) • V, O, W는 계통 측 배선(단상 3선식 220[V]) [V−O, O−W간 220[V](O는 중성선)] • 자립 운전용 배선은 전용 콘센트 또는 단자에 의해 전용배선으로 하고 용량은 15[A] 이상일 것
		단자대 나사의 풀림	확실히 취부되고 나사의 풀림이 없을 것
		접지단자와의 접속	접지와 바르게 접속되어 있을 것 (접지봉 및 인버터 '접지단자'와 접속)
	측정	절연저항(인버터 입출력단자−접지 간)	DC 500[V] 메거로 측정 시 1[MΩ] 이상
		접지저항	접지저항 100[Ω] 이하

42 사용 전 검사 시 공사계획인가(신고)서의 내용과 일치하는지 확인하여야 하는 태양전지 모듈과 관련된 사항 4가지를 쓰시오.

해답

1) 셀 용량 : 태양전지 셀 제작사가 설계 설명서에 제시한 용량을 기록한다.
2) 셀 온도 : 태양전지 셀 제작사가 설계 설명서에 제시한 셀의 발전 시 온도를 기록한다.
3) 셀 크기 : 제작자의 설계서상 셀의 크기를 기록한다.
4) 셀 수량 : 공사계획서상 출력을 발생할 수 있도록 설치된 셀의 전체수량을 기록한다.

43 태양광발전설비 정기점검 중 태양전지 어레이 육안점검항목은?

해답

접지선의 접속 및 접속단자 이완

해설 어레이 정기점검 항목 및 점검요령

1) 육안점검항목 : 접지선의 접속 및 접속단자 이완
2) 육안점검요령 : 접지선이 확실하게 되어 있을 것, 나사의 풀림이 없을 것

44 태양광발전설비 정기점검 중 접속함의 측정 및 시험 점검항목 2가지를 쓰시오.

해답

1) 절연저항
2) 개방전압 및 극성

45 태양광발전설비 정기점검 중 인버터의 측정 및 시험 점검항목 3가지는?

해답

1) 절연저항(인버터 입출력단자－접지 간 1[MΩ] 이상)
2) 접지저항
3) 투입저지 시한 타이머 동작시험

해설 4) 표시부 동작 확인

46 태양광발전설비의 정기점검 중 인버터의 측정 및 시험에서 확인할 점검항목 및 점검내용을 쓰시오.

해답

1) 절연저항(인버터 입출력단자－접지 간) : 1[MΩ] 이상
2) 접지저항

47 태양광발전설비의 정기검사항목 중 전력변환장치 세부 검사항목 5가지를 쓰시오.

해답

1) 외관검사
2) 절연저항
3) 절연내력
4) 제어회로 및 경보장치
5) 단독운전 방지시험

해설

검사항목	세부 검사항목
전력변환장치 일반 규격	규격 확인
전력변환장치 검사	• 외관검사 • 절연저항 • 절연내력 • 제어회로 및 경보장치 • 역방향운전 제어시험 • 단독운전 방지 시험 • 인버터 자동 · 수동절체시험 • 충전기능 시험 • 전력조절부/Static 스위치 자동 · 수동절체시험

48 절연저항 측정결과 점검일지에 기록하여야 할 항목 3가지를 쓰시오.

해답

1) 절연저항
2) 온도
3) 습도

해설 절연저항 측정 시 필요한 시험기자재는 다음과 같으므로 관련 항목을 기록한다.

① 절연저항계(메거) ② 온도계
③ 습도계 ④ 단락용 개폐기

49 다음 중 태양광발전용 인버터의 누설전류 시험을 할 때 인버터의 기체와 대지 사이에 저항을 접속해서 누설전류가 5[mA]이면 정상으로 본다. 이때 접속하는 저항 값은 몇 [Ω]인가?

해답

1,000[Ω] 이상

해설 인버터의 기체와 대지 사이에서 1[kΩ] 이상의 저항을 접속해서 저항에 흐르는 누설전류를 측정하여 5[mA] 이하이면 정상으로 본다.
(단위 : 1[kΩ]=1,000[Ω])

50 태양광발전설비 정기점검 중 인버터의 육안점검항목 5가지는?

해답

1) 외함의 부식 및 파손
2) 외부배선의 손상 및 접속단자의 풀림
3) 접지선의 파손 및 접속단자의 풀림
4) 환기 확인
5) 운전 시 이상음 진동 및 악취의 유무

해설

점검항목		점검요령
육안 점검	외함의 부식 및 파손	부식 및 파손이 없을 것
	외부배선의 손상 및 접속단자의 풀림	• 배선에 이상이 없을 것 • 볼트의 풀림이 없을 것
	접지선의 파손 및 접속단자의 풀림	• 접지선에 이상이 없을 것 • 볼트의 풀림이 없을 것
	환기 확인(환기구, 환기필터 등)	• 환기구를 막고 있지 않을 것 • 환기필터가 막혀 있지 않을 것
	운전 시의 이상음, 진동 및 악취의 유무	운전 시 이상음, 이상 진동, 악취가 없을 것

51 태양광발전시스템의 발전전력 점검 중 육안점검 항목을 쓰시오.

해답

점검항목	점검요령
인버터 출력 표시	인버터 운전 중 전력표시부에 사양대로 표시될 것
전력량계(송전 시)	회전을 확인할 것
전력량계(수전 시)	정지를 확인할 것

52 태양광발전시스템의 공사완료 후 사용 전 검사 및 점검항목 4가지를 쓰시오.

해답

1) 어레이 검사
2) 어레이 출력확인
3) 절연저항 측정
4) 접지저항 측정

53 자가용 태양광발전설비의 사용 전 검사항목 중 태양광 전지의 세부 검사내용을 쓰시오.

해답

1) 외관검사
2) 전지 전기적 특성시험
3) 어레이

54 사업용 태양광발전설비의 사용 전 검사항목 중 전력변환장치의 축전지 세부 검사내용을 쓰시오.

해답

1) 시설상태 확인
2) 전해액 확인
3) 환기시설 상태

55 사용 전 검사의 기관 및 목적을 쓰시오.

해답

1) 사용 전 검사 기관 : 한국전기안전공사
2) 목적 : 전기설비공사 완료 후 전기설비가 공사계획의 인가, 신고한 내용, 전기설비기술기준의 적합성 여부를 검사하기 위함

56 태양광발전시스템의 계측기구나 표시장치의 설치목적을 쓰시오.

해답

1) 시스템의 운전상태를 감시하기 위한 계측 또는 표시
2) 시스템에 의한 발전전력량을 알기 위한 계측
3) 시스템 기기 또는 시스템 종합평가를 위한 계측
4) 시스템의 운전상황을 견학하는 사람 등에게 보여주고, 시스템 홍보를 위한 계측 또는 표시

57 태양광발전시스템 계측에서 계측 표시에 필요한 기기 및 취급사항 4가지를 쓰시오.

해답

1) 검출기(센서) : 전압 · 전류, 주파수일사량, 기온, 풍속 등의 전기신호를 검출
2) 신호변환기 : 검출된 데이터를 컴퓨터 및 먼 거리에 설치된 표시장치에 전송하는 장치
3) 연산장치 : 계측데이터를 적산하여 일정기간마다의 평균값 또는 적산값을 얻는 장치
4) 기억장치 : 순시발전량, 누적발전량, 석유절약량, CO_2 삭감량을 표시 · 기억하는 장치

58 자가용 태양광발전설비 정기검사 항목 중 종합연동시험 검사의 세부 검사내용에 대해 쓰시오.

해답

검사 시 일사량을 기준으로 가능 출력 확인하고 발전량 이상 유무 확인(30분)

59 태양광발전설비의 점검 전 유의사항 5가지를 쓰시오.

해답

1) 준비작업
2) 회로도 검토
3) 무전압 상태 확인 및 안전조치
4) 잔류전압에 대한 주의
5) 오조작 방지

해설 점검 전 유의사항

6) 연락처
7) 절연용 보호기구 준비
8) 쥐, 곤충 등의 침입대책

60 태양광발전설비의 점검 중 유의사항 4가지를 쓰시오.

해답

1) 감전에 주의
2) 인버터 정지를 확인 후 점검
3) 먼지나 이물질 상태 확인
4) 인버터는 일정 시간(5분) 경과 후 자동으로 재기동하므로 유의하여 점검

61 태양광발전설비의 점검 후 유의사항 5가지를 쓰시오.

해답

1) 접지선 제거
2) 작업자가 수배전반에 들어가 있는지 확인
3) 임시로 설치한 가설물 철거 확인
4) 볼트 너트 단자반 결선의 조임 확인
5) 쥐, 곤충의 침입상태 확인

해설 1) 점검 전 유의사항

① 준비작업 : 응급처치 방법 및 설비, 기계의 안전을 확인한다.

② 회로도의 검토 : 전원계통이 Loop가 형성되는 경우를 대비하여 태양광발전시스템의 각종 전원스위치의 차단상태 및 접지선의 접속상태를 확인한다.

③ 연락처 : 관련 부서와 긴밀하고 확실하게 연락할 수 있도록 비상연락망을 사전에 확인하여 만일의 사태에 신속히 대처할 수 있도록 한다.

④ 무전압 상태확인 및 안전조치

㉮ 관련된 차단기, 단로기를 열어 무전압 상태로 만든다.

㉯ 검전기를 사용하여 무전압 상태를 확인하고 필요한 개소는 접지를 실시한다.

㉰ 특고압 및 고압 차단기는 개방하여 Test Position 위치로 인출하고, "점검 중"이라는 표찰을 부착하여야 한다.

㉱ 단로기는 쇄정시킨 후 "점검 중" 표찰을 부착한다.

㉲ 특히, 수배전반 또는 모선 연락반은 전원이 되돌아와서 살아 있는 경우가 있으므로 상기 ㉰, ㉱항의 조치를 취하여야 한다.

⑤ 잔류전압에 대한 주의 : 콘덴서 및 Cable의 접속부를 점검할 경우에는 잔류전하를 방전시키고 접지를 실시한다.

⑥ 오조작 방지 : 인출형 차단기 및 단로기는 쇄정 후 "점검 중" 표찰을 부착한다.

⑦ 절연용 보호기구를 준비한다.

⑧ 쥐, 곤충 등의 침입 대책 : 쥐, 곤충, 뱀 등의 침입 방지대책을 세운다.

2) 점검 중 유의사항

① 태양광발전 모듈은 햇빛을 받으면 발전하는 소자로 구성되어 있어 접속반의 차단기를 개방시켰다 하더라도 전압이 유기되고 있으므로 감전에 주의하여야 한다.

② 태양광발전시스템의 인버터는 계통(한전 측)전원을 OFF시키면 자동으로 정지하게 되어 있으나 인버터 정지를 확인 후 점검을 실시한다.

③ 흐린 날, 낮은 구름이 많은 날 등은 일사량의 급격한 변화가 있으므로 인버터의 MPPT 제어의 실패로 인한 인버터 정지현상이 발생할 수 있으며, 인버터는 일정시간(5분)이 경과 후 자동으로 재기동한다. 인버터 고장이 의심되더라도 이러한 현상이 있음을 유의하고 점검을 실시한다.

④ 태양광 어레이 부근에서 건축공사 등을 시행하는 경우에는 먼지나 이물질 등이 태양전지 모듈에 부착되면 전력생산의 저하와 수명에 직접적인 영향을 주므로 주의해야 한다.

3) 점검 후 유의사항

① 접지선 제거 : 점검 시 안전을 위하여 접지한 것을 점검 후에는 반드시 제거하여야 한다.

② 최종 확인사항

㉮ 작업자가 수 · 배전반 내에 들어가 있는지 확인한다.

㉯ 점검을 위해 임시로 설치한 가설물 등이 철거되었는지 확인한다.

㉰ 볼트, 너트 단자반 결선의 조임 및 연결작업의 누락은 없는지 확인한다.

㉱ 작업 전에 투입된 공구 등이 목록을 통해 회수되었는지 확인한다.

㉲ 점검 중 쥐, 곤충, 뱀 등의 침입은 없는지 확인한다.

62 전기설비 안전관리 규정에 의해 실시되어야 할 전기안전 점검의 종류를 쓰시오.

해답

1) 일상점검
2) 정기점검
3) 정밀(연차)점검
4) 공사 중 점검

해설 전기안전 점검의 종류

1) 일상점검 : 전기설비의 외관, 작동기능 등을 점검하여 이상유무 확인

2) 정기점검 : 전기사업법규에 정한 점검횟수에 따라 일정주기별로 방문하여 육안점검 및 계측장비를 이용하여 전기설비 이상유무를 점검

3) 정밀(연차)점검 : 전기설비 주요 구성품의 동작시험 및 계기측정 등을 통해 전기설비기술기준에 적합한지 여부를 1년에 1회 이상 점검

4) 공사 중 점검 : 전기설비를 설치 또는 변경 중인 공사의 경우 매주 1회 이상 점검

63 전기설비 안전관리 규정에 의해 실시되어야 할 안전교육의 종류를 쓰시오.

해답

1) 월간 안전교육
2) 분기 안전교육

64 태양광발전소 공사의 경우 사용 전 검사를 받는 시기는?

해답

전체 공사가 완료된 때

65 완공된 자가용 태양광발전설비의 사용 전 검사항목 5가지를 쓰시오.

해답

1) 태양광발전설비표
2) 태양광전지 검사
3) 전력변환장치 검사
4) 종합연동 시험검사
5) 부하운전시험

해설 6) 기타 부속설비

66 유지관리비의 구성요소 4가지를 쓰시오.

해답

1) 유지비
2) 보수비와 개량비
3) 일반관리비
4) 운용지원비

67 유지관리지침서 작성과 관련하여 점검계획 시 고려사항 5가지를 쓰시오.

해답

1) 설비의 사용기간
2) 설비의 중요도
3) 환경조건
4) 고장이력
5) 부하상태

68 태양광 유지관리 보수를 위한 계획 수립 시의 고려사항을 3가지만 쓰시오.

해답

1) 설비 중요도
2) 고장 이력
3) 부하상태

해설 4) 환경조건
5) 설비사용기간

69 유지관리지침서 작성 시 포함되어야 할 내용 3가지를 쓰시오.

해답

1) 시설물의 규격 및 기능설명서
2) 시설물 유지관리기구에 대한 의견서
3) 시설물 유지관리 방법

70 태양광발전시스템에서 유지관리란 건설된 태양광발전시스템의 제 기능을 유지하기 위하여 (1), (2), (3)을 통하여 사전에 유해요인을 제거하고 손상된 부분을 원상 복구하여, 당초 건설된 상태를 유지함과 동시에 경과시간에 따라 요구되는 시설물의 개량을 통해 (4)를 이루고, 근무자 및 주변인의 안전을 확보하기 위해 작성하는 것으로 시공자는 (5)에서부터 유지관리를 염두에 둔 시공이 필요하며 준공 후 유지관리에 필요한 제반 사항을 작성하여 관리자로 하여금 원활한 운전관리가 되도록 하여야 한다. (1)~(5)에 들어갈 내용은?

해답

(1) 일상점검
(2) 정기점검
(3) 임시점검
(4) 태양광발전량 최적화
(5) 시공단계

71 유지관리지침서 작성과 관련하여 태양광발전설비 점검주기 작성 시 모선정전은 별로 없으나 심각한 사고를 방지하기 위해 몇 년에 몇 회 정도 점검하는 것이 좋은가?

해답

3년 1회 정도

72 유지관리의 경제성에서 내용연수에 대해 기술하시오.

해답

1) 물리적 내용연수
2) 기능적 내용연수
3) 사회적 내용연수
4) 법적 내용연수

73 태양광발전시스템 전기실의 통풍상태 점검사항을 3가지만 쓰시오.

해답

1) 전기실의 온도가 설정온도를 유지하는지 확인한다.
2) 급기 팬과 배기 팬은 정상적으로 동작하는지 확인한다.
3) 부식성 가스나 폭발성 가스의 유입은 없는지 확인한다.

해설 전기실의 통풍상태 점검사항

1) 전기실의 실내온도가 설정온도를 유지하는지 확인한다.
2) 급기 팬과 배기 팬은 정상적으로 동작하는지 확인한다.
3) 부식성 가스나 폭발성 가스의 유입은 없는지 확인한다.
4) 언제나 양(+)압을 유지하는지 확인한다. 즉, 급기 팬이 가동되지 않는 상태에서 배기 팬만 가동되면 전기실은 음(−)압이 형성되어 부식성 가스, 폭발성 가스, 유독성 가스가 전기실로 유입되어 전기설비의 부식과 폭발위험이 존재하게 된다.

74 그림은 운전상태에 따른 시스템 발생 신호를 나타낸 것이다. 현재의 상태는?

동작
계측
이력
설정
태양전지
인버터

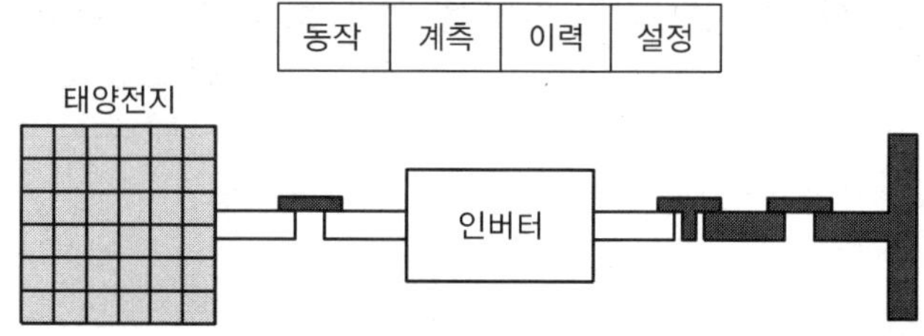

해답

태양전지 전압 이상 시 운전

해설 운전상태에 따른 시스템의 발생 신호

1) 정상운전

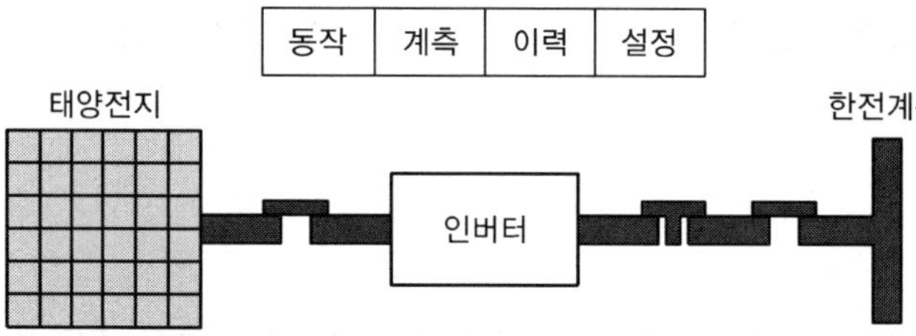

동작
계측
이력
설정
태양전지
한전계통
인버터

2) 인버터 이상 시 운전

동작
계측
이력
설정
태양전지
한전계통
인버터

3) 태양전지 전압 이상 시 운전

동작
계측
이력
설정
전기사업자
계통
태양전지
인버터

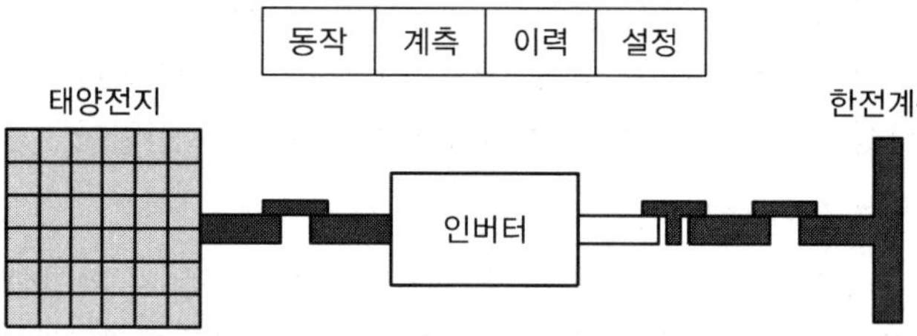

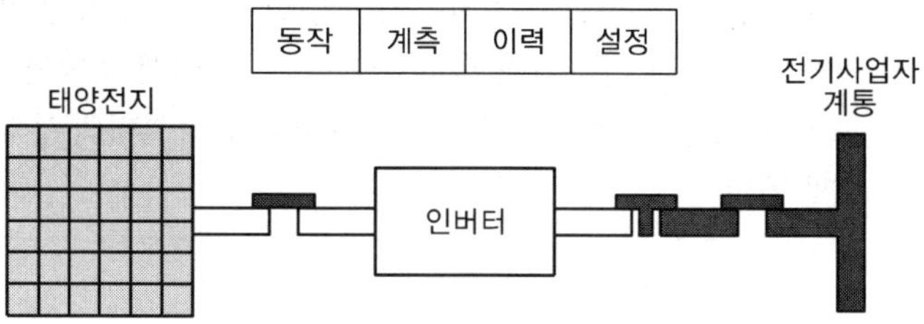

NEW AND RENEWABLE ENERGY EQUIPMENT(PHOTOVOLTAIC) INDUSTRIAL ENGINEER

PART 08

태양광발전 주요 장치 및 전기시설

SECTION 001 NEW AND RENEWABLE ENERGY EQUIPMENT/PHOTOVOLTAIC

태양전지

1 태양전지의 종류와 특징

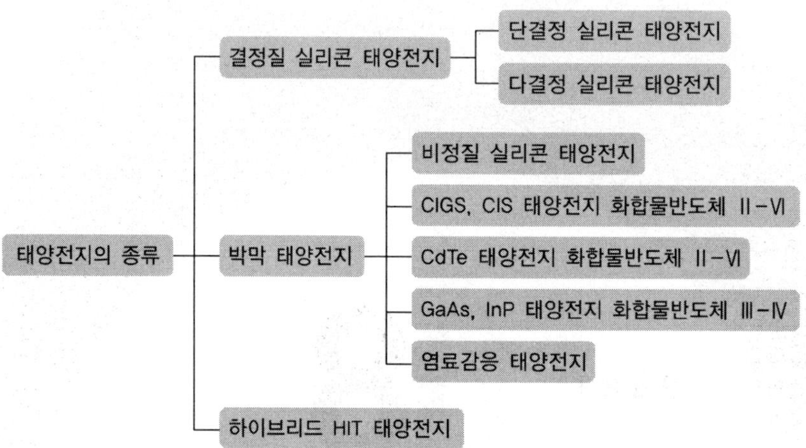

1) 태양전지 소재의 형태에 따른 분류

결정질 실리콘태양전지와 박막태양전지로 구분된다.

(1) 결정질 실리콘태양전지(기판형)

① 태양전지 전체 시장의 80% 이상을 차지한다.

② 결정질 실리콘태양전지는 실리콘 덩어리(잉곳)를 얇은 기판으로 절단하여 제작한다.

③ 실리콘 덩어리의 제조방법에 따라 단결정과 다결정으로 구분된다.

(2) 박막태양전지

① 얇은 플라스틱이나 유리 기판에 막을 입히는 방식으로 제조한다.

② 접합구조에 따라 단일접합, 이중 또는 삼중의 다중접합 태양전지 등으로 구분할 수 있다.

③ 결정질보다 두께가 얇다.

④ 결정질보다 변환효율이 낮다.

⑤ 결정질보다 온도특성이 강하다.

⑥ 동일용량 설치 시 결정질보다 박막형이 면적을 많이 차지한다. → 효율이 낮으므로 면적을 많이 차지

2) 태양전지에 이용되는 반도체 재료

결정질 및 비정질	실리콘계	단결정 실리콘(Single-crystalline Silicon)
		다결정 실리콘(Multi-crystalline Silicon)
		비정질 실리콘(Amorphous Silicon)
Compound Semiconductor	Ⅲ-Ⅴ족 화합물계	GaAs, InP, GaAlAs, GaP, GaInAs 등
	Ⅱ-Ⅵ족 화합물계	$CuInSe_2$, CdS, CdTe, ZnS 등
화합물 또는 적층형	화합물/Ⅵ족 계열	GaAs/Ge, GaAlAs/Si, InP/Si 등
	화합물/화합물 계열	GaAs/InP, GaAlAs/GaAs, GaAs/$CuInSe_2$ 등

3) 재료에 따른 태양전지의 분류

(1) 실리콘태양전지

① 실리콘의 제조방법에 따라 단결정과 다결정으로 분류된다.

② 단결정 태양전지의 효율이 높지만 최근에는 다결정 실리콘 재료의 생산기술이 크게 진보하여 생산량이 증가하고 있다.

③ 박막형 태양전지는 수소화된 비정질의 아몰퍼스상을 기본으로 한 태양전지와 박막을 다시 결정화한 다결정 실리콘 박막태양전지로 분류된다.

㉠ 단결정(Single Crystal) 실리콘태양전지

- 단결정은 순도가 높고 결정결함밀도가 낮은 고품위의 재료이다.
- 단단하고 구부러지지 않는다.
- 무늬가 다양하지 않다.
- 검은색이다.
- 제조에 필요한 온도는 1,400[℃]이다.
- 집광장치를 사용하지 않는 경우 효율은 약 24[%]이다.
- 집광장치를 사용하는 경우 효율은 약 28[%] 이상이다.
- 도달한계효율은 약 35[%]이다.

㉡ 다결정(Poly Crystal) 실리콘태양전지

- 저급한 재료를 저렴한 공정으로 처리한 것이다.
- 현재 다결정 태양전지 생산량이 단결정 생산량을 넘어섰다.
- 전지효율은 약 18[%]이다.
- 도달한계효율은 약 23[%]이다.

㉢ 단결정과 다결정 실리콘셀의 특성 비교

구분	단결정 실리콘셀	다결정 실리콘셀
제조방법	복잡하다.	단결정에 비해 간단하다.
실리콘순도	높다.	단결정에 비해 낮다.
효율	높다.	단결정에 비해 낮다.
한계효율	약 35[%]	약 23[%]
원가	고가이다.	단결정에 비해 저가이다.
특징	변환효율은 높으나, 가격이 고가이다.	단결정에 비해 효율은 낮으나, 가격이 저렴하다.

㉣ 단결정 및 다결정 태양전지 셀(Cell)의 제조과정

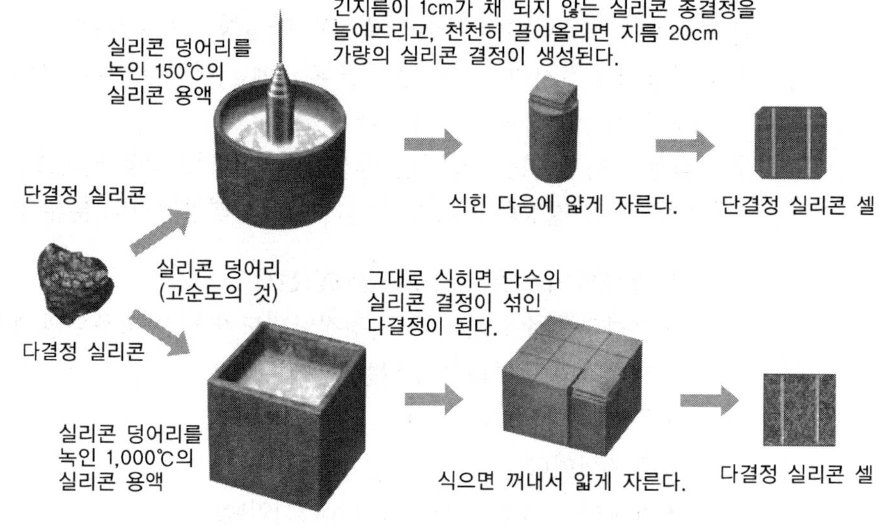

• 단결정 태양전지 제조공정
폴리실리콘(실리콘덩어리) → Czochralski 공정(실리콘용액 사각절단) → 웨이퍼슬라이싱(웨이퍼절단) → 인도핑 → 반사 방지막 → 전/후면 전극 → 단결절 셀

• 다결정 태양전지 제조공정
폴리실리콘 → 방향성고결(주조결정) → 블록 → 웨이퍼슬라이싱 → 인도핑 → 반사 방지막 → 전/후면 전극 → 다결정 셀

2 태양전지의 광변환효율

1) 태양전지 변환효율

태양광을 전기에너지로 바꾸어 주는 태양전지의 성능을 결정하는 중요한 요소 가운데 하나이다. 같은 조건하에서 태양전지 셀에 태양이 조사가 되었을 시에 태양광에너지가 전기에너지를 얼마만큼 발생시키는가를 나타내는 양, 즉 퍼센트[%]를 말한다.

2) 광변환효율(η)

$$\eta = \frac{P_m}{P_{input}} = \frac{I_m \cdot V_m}{P_{input}} = \frac{V_{oc} \cdot I_{sc}}{P_{input}} \cdot FF$$

여기서, P_{input} : 태양에너지로부터 입사된 환상전력

$P_{input} = E \times A$ = 표준일조강도[W/m^2] × 태양전지면적[m^2]

E : 표준일조강도[W/m^2](=1,000W/m^2)

A : 태양전지면적[m^2](가로×세로)

P_m : 최대 출력

V_m : 최대출력일 때의 전압

I_m : 최대출력일 때의 전류

V_{oc} : 개방전압

I_{sc} : 단락전류

FF : 충진율

(1) 태양전지의 충진율(FF ; Fill Factor, 곡선인자)

태양전지의 충진율은 개방전압과 단락전류의 곱에 대한 출력의 비로 정의된다.

$$FF = \frac{I_m \cdot V_m}{I_{sc} \cdot V_{oc}} = \frac{P_{max}}{I_{sc} \cdot V_{oc}}$$

① 충진율은 최적동작전류 I_m과 최적동작전압 V_m이 I_{sc}와 V_{oc}에 가까운 정도를 나타낸다.

② 충진율은 태양전지 내부의 직 · 병렬 저항으로부터도 영향을 받는다.

③ 일반적으로 실리콘 태양전지의 개방전압은 약 0.6[V]이고 충진율은 약 0.7~0.8[V]로 보며, GaAs의 개방전압은 약 0.95[V]이고, 충진율은 약 0.78~0.85[V]이다.

④ 전압에 따른 태양전지의 출력전류와 전력곡선

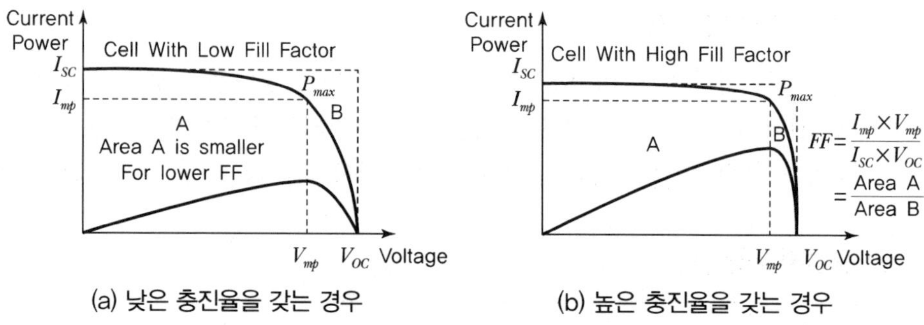

(a) 낮은 충진율을 갖는 경우 (b) 높은 충진율을 갖는 경우

[전압에 따른 태양전지의 출력전류와 전력곡선]

3) 태양전지의 기본단위 – 셀(Cell)

① 실리콘 계열은 단결정과 다결정의 셀로 구분된다.

② 셀은 만드는 잉곳(Ingot)의 크기에 따라 5인치와 6인치로 나뉜다.

③ 5인치 규격은 [mm] 단위로 125×125, 6인치 규격은 [mm] 단위로 156×156의 크기이다.

④ 통상적으로 현재는 6인치 셀을 많이 사용한다.

4) 태양광발전시스템의 효율의 종류

효율의 종류에는 최고효율, 추적효율, 유러피언효율이 있다.

(1) 최고효율

전력변환(직류 → 교류, 교류 → 직류)을 행하였을 때, 최고의 변환효율을 나타내는 단위

$$\eta_{\max} = \frac{AC_{power}}{DC_{power}} \times 100[\%]$$

(2) 추적효율

태양광발전시스템용 파워컨디셔너가 일사량과 온도변화에 따른 최대 전력점을 추적하는 효율

$$\text{추적효율} = \frac{\text{운전최대출력[kW]}}{\text{일조량과 온도에 따른 최대출력[kW]}} \times 100[\%]$$

(3) 유러피언효율(European Efficiency)

변환기의 고효율 성능척도를 나타내는 단위로서 출력에 따른 변환효율에 비중을 두어 측정하는 단위(예 각 출력 5[%]/10[%]/20[%]/30[%]/50[%]/100[%]에서 효율을 측정하여 그 비중(계수)을 0.03/0.06/0.13/0.10/0.48/0.20으로 두어 곱한 값을 합산하여 계산한 값)

$$\eta_{EURO} = 0.03 \cdot \eta_{5\%} + 0.06 \cdot \eta_{10\%} + 0.13 \cdot \eta_{20\%} + 0.10 \cdot \eta_{30\%} + 0.48 \cdot \eta_{50\%} + 0.20 \cdot \eta_{100\%}$$

총 Euro효율을 구하기 위한 출력전력별 비중(계수)은 다음 표와 같다.

출력전력(%)	5	10	20	30	50	100
출력별 비중(계수)	0.03	0.06	0.13	0.10	0.48	0.20

3 단락전류

(1) 단락전류(Short Circuit Current)는 태양전지 양단의 전압이 "0"일 때 흐르는 전류를 의미한다. 단락전류는 태양전지로부터 끌어낼 수 있는 최대전류이다.

(2) 단락전류는 다음과 같은 요소들에 의해 영향을 받는다.

① 태양전지의 면적
② 입사광자 수(입사광원의 출력)
③ 입사광 스펙트럼
④ 태양전지의 광학적 특성(빛의 흡수 및 반사)
⑤ 태양전지의 수집확률

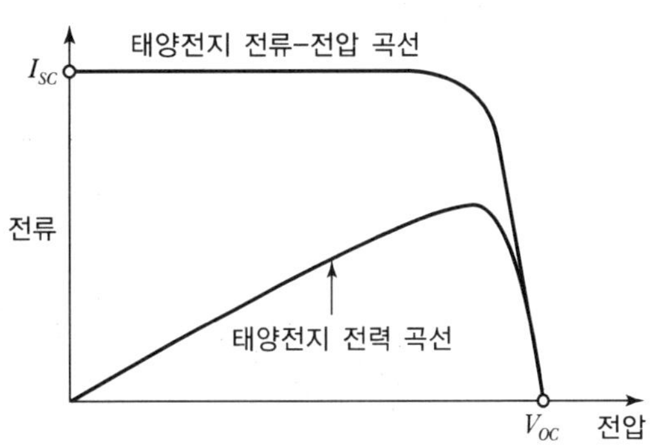

[태양전지 전류–전압 곡선에서의 단락전류]

4 개방전압

개방전압(Open Circuit Voltage)은 전류가 "0"일 때 태양전지 양단에 나타나는 전압으로, 태양전지로부터 얻을 수 있는 최대전압에 해당한다.

002 태양전지 모듈

1 태양전지 모듈의 개요

1) 태양전지 셀

① 태양전지는 태양의 빛에너지를 전기에너지로 변환하는 기능을 가지고 있는 최소 단위인 태양전지 셀(Cell)이 기본이 된다.

② 셀 한 개에서 생기는 전압은 0.6[V] 정도이며 발전용량은 1.5[W] 정도이다.

③ 태양전지 셀은 10~15[cm] 각 판상의 실리콘에 PN접합을 한 반도체의 일종으로, 36장, 60장, 72장, 88장, 96장을 직렬로 접속한 후 모듈 형태로 제작하여 이용한다.

2) 태양전지의 구성단위

① 셀(Cell) : 태양전지의 최소단위

② 모듈(Module) : 셀(Cell)을 내후성 패키지에 수십 장 모아 일정한 틀에 고정하여 구성한 것

③ 스트링(String) : 모듈(Module)의 직렬연결 집합단위

④ 어레이(Array) : 스트링(String), 케이블(전선), 구조물(가대)을 포함하는 모듈의 집합단위

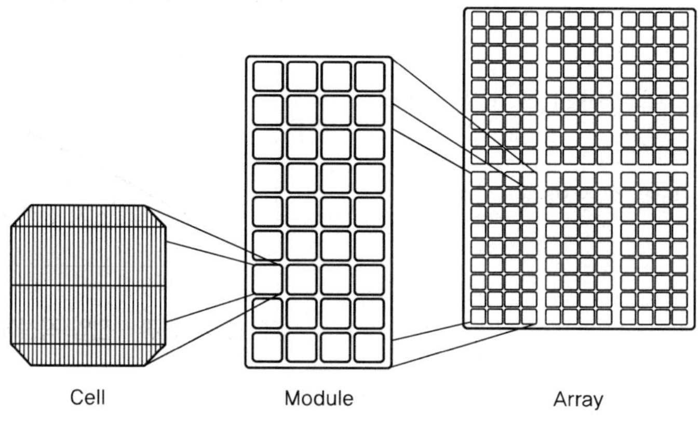

[태양전지의 셀/모듈/어레이]

2 태양광 모듈의 전류 – 전압($I-V$) 특성곡선

태양전지 모듈(PV Module)에 입사된 빛에너지를 전기적 에너지로 변환하는 출력특성을 태양전지 전류 – 전압($I-V$) 특성곡선이라 한다.

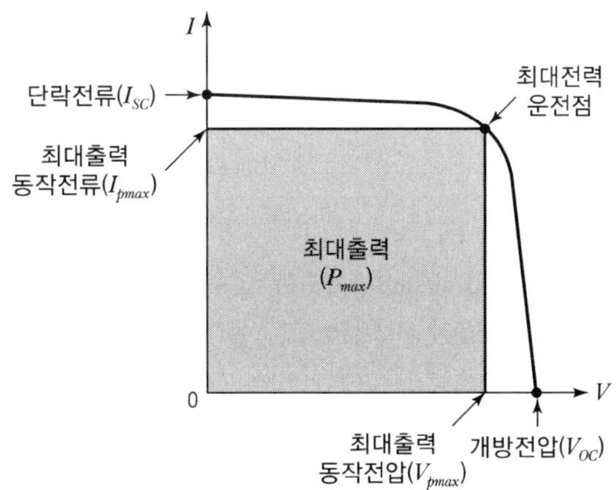

[태양전지 모듈의 전류–전압 특성곡선]

1) 태양전지 모듈의 $I-V$ 특성지표

(1) 표준시험조건(STC ; Standard Test Condition)에서 각각 다음과 같은 의미를 가지고 있다.

① 최대출력($P_{\max}$) : 최대출력동작전압(V_{pmax})×최대출력동작전류(I_{pmax})

② 개방전압(V_{oc}) : 태양전지 양극 간을 개방한 상태의 전압

③ 단락전류(I_{sc}) : 태양전지 양극 간을 단락한 상태에서 흐르는 전류

④ 최대출력동작전압(V_{pmax}) : 최대출력 시의 동작전압

⑤ 최대출력동작전류(I_{pmax}) : 최대출력 시의 동작전류

(2) 표준시험조건(STC ; Standard Test Condition)은 다음과 같다.

① 소자 접합온도 : 25[℃]

② 대기질량지수 : AM 1.5

③ 조사강도 : 1,000[W/m²]

(3) 공칭 태양광발전전지 동작온도(NOCT ; Nominal Operating photovoltaic Cell Temperature)는 다음 조건에서 모듈을 개방회로로 하였을 때 도달하는 온도이다.

① 표면에서의 일조강도 : 800[W/m²]

② 공기온도(T_{Air}) : 20[℃]

③ 풍속 : 1[m/s]

④ 모듈 지지방법 : 후면을 개방한 상태(Open Back Side)

(4) 공칭 태양광발전전지 동작온도(NOCT)가 주어졌을 때 셀의 온도(T_{cell}) 계산식은 다음과 같으며, 셀의 온도(T_{cell})는 주위 온도가 높을 때, 인버터의 최저 동작전압에 모듈의 최소직렬수량 산정 시 사용된다.

$$T_{cell} = T_{Air} + \left\{\left(\frac{NOCT - 20}{800}\right) \times S\right\} [℃]$$

여기서, T_{Air} : 공기온도(주위 온도)[℃]

$NOCT$: 공칭 태양광발전전지 동작온도[℃]

S : 일조강도[W/m^2](주어지지 않으면, 표준일조 강도 1,000[W/m^2] 적용)

3 태양전지 모듈의 구조와 설치요건

1) 모듈의 단면구조

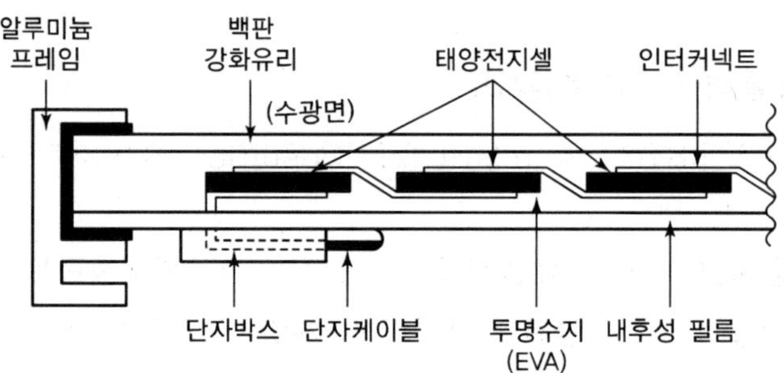

① 태양전지 셀은 인터커넥트라고 하는 셀 접속 금속부품에 의해 셀의 표면전극과 인접하는 셀의 이면전극이 순차적으로 직렬 접속한다.

② 직렬 접속된 셀군은 강화유리상에서 투명수지에 매립되며 뒷면에는 필름이 부착된다.

③ 주변을 알루미늄 프레임으로 고정하여 태양전지 모듈이 완성된다.

④ 태양전지 모듈과 다른 태양전지 모듈은 단자박스의 경유로 케이블 접속된다.

⑤ 모듈의 단면구조도에서 인터커넥트 표면과 뒷면이 번갈아가며 직렬 접속된 태양전지 셀이 유리와 뒷면 필름 사이에 배치되는 것을 알 수 있다.

2) 어레이의 설치높이

어레이를 지표면에 설치하는 경우 강우 시에 모듈 표면으로 흙탕물이 튀는 것을 방지하기 위해 지면으로부터 0.6[m] 이상 높이에 설치해야 한다.

3) 기대수명

태양전지 모듈은 안전성, 내구성 확보를 위해 연구 · 개발 및 설계되고 있으며, 20년 이상의 내용연수가 기대된다.

4) PV 인증

태양전지 모듈의 안전성, 성능, 신뢰성의 유지 · 확인을 목적으로 한 국제적인 인증제도가 마련되고 있다. 국제표준 및 한국산업표준(KS)에 적합한 제품을 인증하는 것이다.

5) 모듈의 설치 경사각 및 방향

(1) 최적 효율 경사각 및 방향

① 최적 경사각 : 태양전지 모듈과 태양광선의 각도가 90°가 될 때

② 최적 방위각(방향) : 정남향
그림자의 영향을 받지 않는 곳에 정남향 설치를 원칙으로 하되 건축물의 디자인 등에 부합되도록 현장여건에 따라 설치한다.

6) 일사시간

① 장애물로 인한 음영에도 불구하고 일사시간은 1일 5시간 이상이어야 한다. 단, 전기줄, 피뢰침, 안테나 등 경미한 음영은 장애물로 보지 아니한다.

② 태양광 모듈 설치열이 2열 이상일 경우 앞열은 뒷열에 음영이 지지 않도록 설치하여야 한다.

7) 태양광 모듈의 설치용량

설치용량은 사업계획서상에 제시된 설계용량 이상이어야 하며 설계용량의 110[%]를 초과하지 않아야 한다.

8) 태양전지 모듈의 시공 · 설치방법에 따른 온도상승과 에너지 감소율

① 태양전지 모듈에 자연통풍을 적용한다면 최소 10～15[cm]의 이격공간을 확보해야 한다.

② 후면통풍이 없을 때의 출력감소는 10[%] 정도이다.

9) 모듈 뒷면 표시사항

KS C IEC 표준에 기초하여 다음 항목이 모듈의 뒷면에 표시되어 있다.

① 제조업자명 또는 그 약호

② 제조연월일 및 제조번호
③ 내풍압성의 등급
④ 최대시스템전압(H 또는 L)
⑤ 어레이의 조립형태(A 또는 B)
⑥ 공칭 최대출력($P_{\max}$)(W_p)
⑦ 공칭 개방전압(V_{oc})[V]
⑧ 공칭 단락전류(I_{sc})[A]
⑨ 공칭 최대출력동작전압(V_{pmax})[V]
⑩ 공칭 최대출력동작전류(I_{pmax})[A]
⑪ 역내전압[V] : 바이패스다이오드의 유무(Amorphous계만 해당)
⑫ 공칭 중량[kg]
⑬ 크기 : 가로×세로×높이[mm]

4 태양전지 모듈의 등급별 용도

1) A등급(Class A)

① 접근제한 없음, 위험한 전압, 위험한 전력용
② 직류 50[V] 이상 또는 240[W] 이상으로 동작하는 것으로, 일반인의 접근이 예상되는 곳에 사용된다.

2) B등급(Class B)

① 접근제한, 위험한 전압, 위험한 전력용
② 울타리나 위치 등으로 공공의 접근이 금지된 시스템으로 사용이 제한된다.

3) C등급(Class C)

① 제한된 전압, 제한된 전력용
② 직류 50[V] 미만이고, 240[W] 미만에서 동작하는 것으로, 일반인의 접근이 예상되는 곳에 사용된다.

5 태양전지 모듈의 설치부위, 설치방식에 따른 분류

건축물에 설치하는 태양전지는 설치부위, 설치방식, 부가기능 등의 차이에 따라 분류되며, 시공 · 설치 관련 분류는 설치되는 부위에 따라 지붕, 벽, 기타로 분류하며 각각에 대하여 설치방식과 부가적인 기능이 있다.

설치부위	설치방식	부가기능
지붕	지붕설치형	경사지붕형
		평지붕형
	지붕건재형	지붕재일체형
		지붕재형
	아트리움 지붕 및 천창	
벽	벽 일체형	
	벽 건재형	
기타	창재형	
	차양형	

1) 경사지붕형

최적의 경사각을 지닌 남향의 경사지붕은 태양전지를 설치하기에 이상적이며 유럽의 전통 주택에서 가장 많이 이용되는 형식이다.

2) 평지붕형

평지붕은 태양광발전에 매우 적절한 장소이다.

3) 아트리움 지붕 및 천창

수직 파사드에 비해 천창은 태양전지 이용면에서 일사조건이 많이 이롭다. 천장이 남향으로 경사져 있다면 더욱 좋다. 전형적으로 아트리움, 온실, 외기로부터 피할 수 있도록 제공되는 지하철 입구 또는 건물 로비공간에 많이 적용된다.

4) 벽(입면) 일체형

외피 마감재의 후면통풍이 되는 소위 Cold-파사드는 통풍이 가능하므로 태양전지 설치가 유리하다. 기존의 외장재를 PV-유리 모듈로 교체하거나 또는 비정질 태양전지 모듈이 접착된 금속판으로 대체 가능하다.

6 건물일체형 태양광발전시스템

건물일체형 태양광발전(BIPV ; Building Integrated PhotoVoltaic)시스템은 건축자재＋태양광발전시스템의 개념으로

① 건축재료와 발전기능을 동시에 발휘한다.

② 태양광발전시스템 설계 시 건축설계자와 사전협의가 필요하다.
③ 태양전지 모듈을 지붕 파사드 · 블라인드 등 건물 외피에 적용한다.
④ 실리콘 태양전지에 비해 가격이 고가이고 효율이 낮아 적용실적은 낮다.

7 태양전지 모듈의 검사

1) 출하검사

① 전기적 특성검사
② 구조 및 조립시험
③ 절연저항시험
④ 강박시험(우박시험)
⑤ 내전압검사

2) 신뢰성검사

① 내풍압검사
② 내습성검사
③ 내열성검사
④ 온도사이클테스트
⑤ 염수분무시험
⑥ 자외선(UV)피복시험

8 모듈의 설치

1) 설치 전 검토사항

① 설계도면(설치 상세도) 및 특기시방서를 검토한다.
② 모듈 제조사에서 제공하는 설치 매뉴얼(기계적, 전기적 설치방법)을 검토한다.

2) 태양전지 모듈의 설치방법

① 가로 깔기 : 모듈의 긴 쪽이 상하가 되도록 설치
② 세로 깔기 : 모듈의 긴 쪽이 좌우가 되도록 설치

3) 태양전지 모듈 설치 시 고려사항

① 태양전지 모듈의 직렬매수(스트링)는 직류 사용 전압 또는 파워컨디셔너(PCS)의 입력 전압 범위에서 선정한다.
② 태양전지 모듈의 설치는 가대의 하단에서 상단으로 순차적으로 조립한다.
③ 태양전지 모듈과 가대의 접합 시 전식방지를 위해 개스킷을 사용하여 조립한다.
④ 태양전지 모듈 제조사에서 제공하는 조립 금속을 사용하여 모듈 설치 매뉴얼이 요구하는 힘을 가하여 고정하여야 한다.
⑤ 태양전지 모듈의 접지는 1개 모듈을 해체하더라도 전기적 연속성이 유지되도록 각 모듈에서 접지단자까지 접지선을 각각 설치한다.

4) 모듈의 고정방법 및 접지 방법

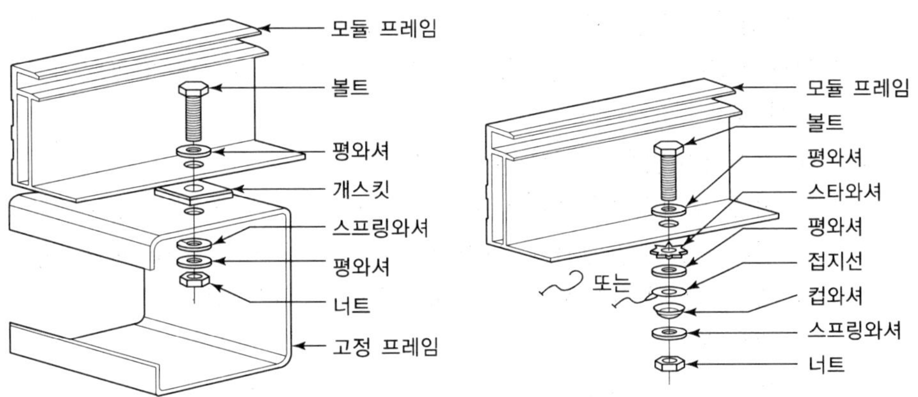

5) 태양전지 모듈 설치 시 안전대책으로 복장 및 추락 방지

① 안전모 착용
② 안전대 착용(추락방지를 위해 필히 사용할 것)
③ 안전화(미끄럼 방지의 효과가 있는 신발)
④ 안전허리띠 착용(공구, 공사부재의 낙하 방지를 위해 사용된다.)

6) 태양전지 모듈 설치 시 : 작업 중 감전 방지대책

① 작업 전 태양전지 모듈 표면에 차광막을 씌워 태양광을 차폐한다.
② 저압 절연장갑을 착용한다.
③ 절연 처리된 공구를 사용한다.
④ 강우 시에는 감전사고뿐만 아니라 미끄러짐으로 인한 추락사고로 이어질 우려가 있으므로 작업을 금지한다.

7) 태양광발전 모듈 배선

① 태양전지판의 모듈과 모듈을 연결하는 전선
② 공칭단면적 2.5[mm^2] 이상 연동선 또는 동등 이상의 세기 및 굵기의 전선으로 배선해야 한다.
③ 반드시 극성 표시 확인 후 배선 : 정극(+, P) 부극(−, N)
태양전지 모듈 이면에서 접속용 케이블이 2본씩 나오기 때문이다.
④ 모듈접속함에서 인버터까지 배선의 전압강하율 : 1~2[%]

9 바이패스소자와 역류방지소자

1) 바이패스소자

(1) 태양전지의 직렬접속 시 전류의 우회로를 만드는 다이오드를 말한다.
(2) 모듈의 일부 셀에 나뭇잎, 응달(음영)이 발생하면 그 부분의 셀은 전기를 생산하지 못할 경우
① 발전되지 않은 셀에서 저항이 커진다.
② 이 셀에 직렬접속되어 있는 스트링(회로)에 전전압이 인가되어 고저항의 셀에 전류가 흘러 발열된다. 이 발열부분을 핫스팟(Hot Spot)이라 한다.
③ 셀이 고온이 되면 셀 및 그 주변의 충진재가 변색되고 이면 커버의 부풀림이 발생한다.
④ 셀의 온도가 더 높아지면 셀 및 모듈이 파손된다.
⑤ 이를 방지하기 위해 바이패스다이오드를 설치한다.

2) 바이패스다이오드 설치위치

태양전지 모듈 후면에 있는 출력단자함에 설치한다.

3) 태양전지 모듈의 바이패스다이오드 설치 예

태양전지 모듈의 일부 셀이 나뭇잎, 새 배설물 등으로 음영(그늘)이 생기면 그 부분의 셀은 전기를 생산하지 못하고 저항이 증가한다. 그늘진 셀에는 직렬로 접속된 다른 셀들의 회로(String)의 모든 전압이 인가되어 그 셀은 발열(Hot Spot)하게 된다. 즉, 셀이 고온이 되면 셀과 주변의 충진재(EVA)가 변색되며 뒷면 커버의 팽창 등을 일으킨다. 이를 방지하기 위해 고저항이 된 셀들과 병렬로 접속하여 음영된 셀에 흐르는 전류를 바이패스(By−pass)하도록 하는 것이 바이패스소자이다.

① 태양전지 모듈 내의 셀의 18~22개마다 셀의 전류방향과 반대로 바이패스다이오드를 설치하여 출력을 저하시키고 발열을 억제한다.

→ 태양전지 정상작동 시 바이패스다이오드에 역방향전압이 걸려 있어 작동하지 않다가 부분음영이 발생하면 태양전지에는 역방향전압, 바이패스다이오드에는 순방향전압이 인가되어 바이패스다이오드가 작동한다.

② 바이패스다이오드 역내전압은 스트링전압의 1.5배 이상이다.

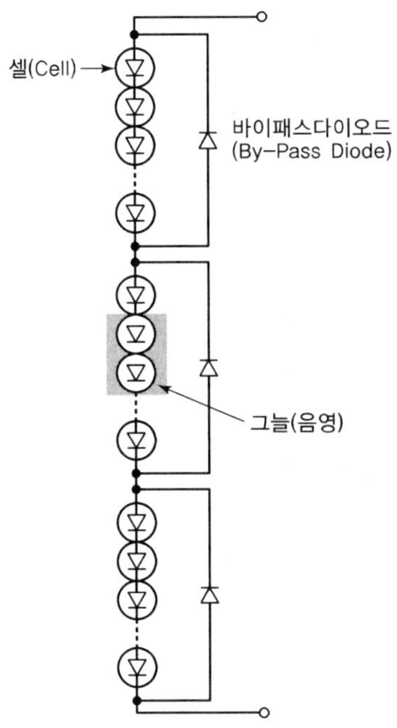

4) 모듈의 음영과 바이패스다이오드

(1) 음영과 모듈의 직병렬에 따른 출력전력 비교

① 직렬 시

㉠ 음영이 없을 때 출력

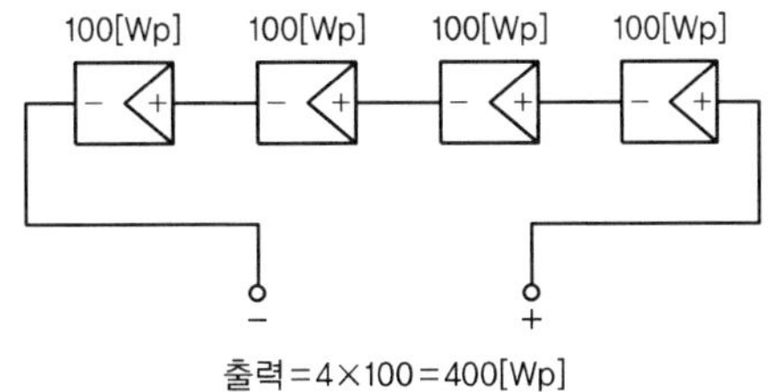

㉡ 일부 셀에 음영 발생 시 출력

음영이 발생한 셀이 전체에 영향을 미친다.

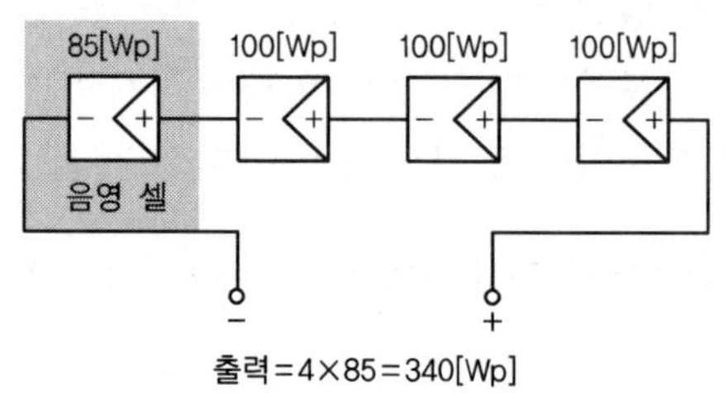

② 병렬 시

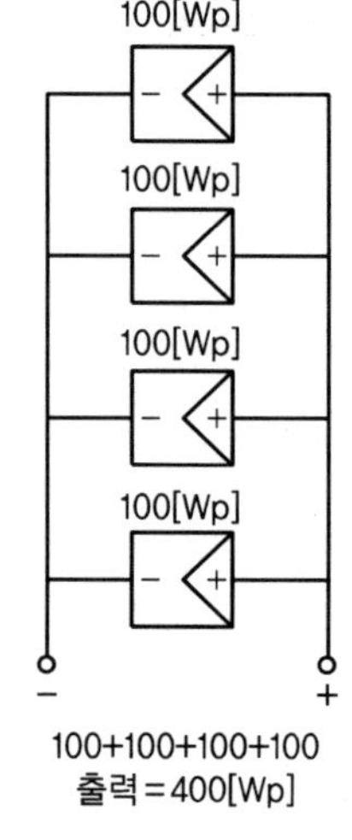

(a) 음영이 없을 때

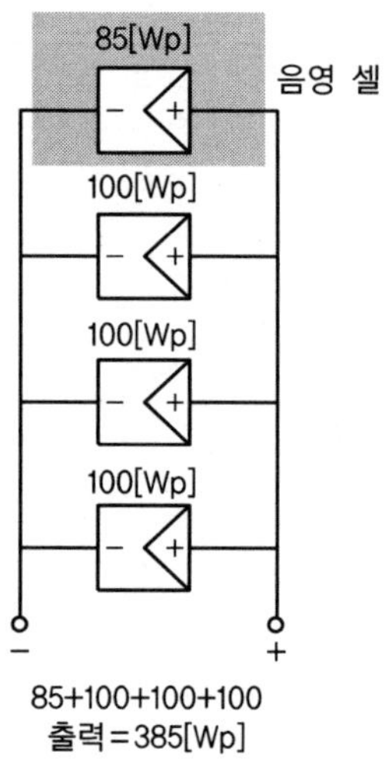

(b) 음영이 있을 때
음영이 발생한 셀이 전체에 영향을 미치지 않는다.

5) 역류방지소자

(1) 역류방지소자의 설치목적

① 태양전지 모듈에 그늘(음영)이 생긴 경우, 그 스트링 전압이 낮아져 부하가 되는 것을 방지한다.

② 독립형 태양광발전시스템에서 축전지를 가진 시스템이 야간에 태양광발전이 정지된 상태에서 축전지 전력이 태양전지 모듈 쪽으로 흘러들어 소모되는 것을 방지한다.

(2) 역류방지소자(Blocking Diode) 설치위치

역류방지소자(Blocking Diode)는 태양전지 어레이의 스트링(String)별로 설치한다.

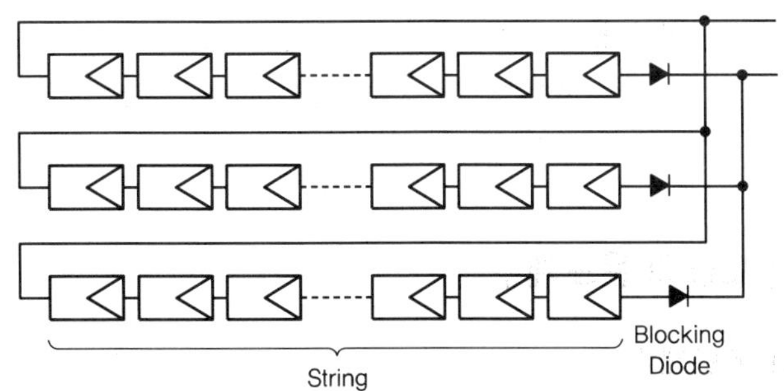

10 모듈의 시험조건(STC, NOCT)

모든 모듈은 솔라시뮬레이터를 사용하여 다음의 표준시험조건(STC)에서 시험을 하고, 그 결과를 모듈 뒷면에 성능을 표시한다.

1) 표준시험조건

① 소자 적합온도 : 25[℃]

② 대기질량지수 : AM 1.5

③ 조사강도 : 1,000[W/m^2]

2) 공칭태양광발전전지 동작온도(NOCT)

공칭태양광발전전지 동작온도(NOCT ; Nominal Operating photovoltaic Cell Temperature)는 다음 조건에서 모듈을 개방회로(부하 없음)로 하였을 때 도달하는 온도이다.

① 표면에서의 기준분광 방사조도 : 800[W/m^2]

② 공기온도(T_{Air}) : 20[℃]

③ 풍속 : 1[m/s]

④ 경사각 : 수평선상에서 45°

3) 셀의 온도 계산식

공칭태양광발전전지 동작온도(NOCT)가 주어졌을 때 셀의 온도(T_{cell}) 계산식은 다음과 같으며, 셀의 온도(T_{cell})는 주위온도가 높을 때, 인버터의 최저동작전압에 따른 모듈의 최소 직렬수량 산정 시 사용된다.

$$T_{cell} = T_{Air} + \left\{\left(\frac{NOCT-20}{800}\right)\times S\right\}[℃]$$

여기서, T_{Air} : 공기온도(주위온도)[℃]
$NOCT$: 공칭태양광발전전지 동작온도[℃]
S : 일조강도[W/m^2]

11 태양전지 모듈의 온도계수

1) 모듈의 온도계수

태양전지 표준시험조건(STC ; Standard Test Conditions)의 셀의 기준온도는 25[℃]이다. 지역 및 계절적 요인에 따라 셀의 표면온도가 상승하거나 하강하면 온도계수에 따라 출력 및 전압이 변화하게 된다. 일반적으로 태양전지 모듈의 셀 온도가 상승하면 출력과 전압은 감소하게 된다.

① 온도계수는 [%/℃] 또는 [W/℃], [V/℃]로 주어진다.
② 출력과 전압의 온도계수는 부(−)특성을 갖는다.
③ 전류의 온도계수는 정(+)특성을 갖는다.

2) 온도계수에 따른 출력계산

(1) 온도계수로 [%/℃]가 주어진 경우

$$P_{max}' = P_{max}\{1+\gamma(T_{cell}-25)\}[W]$$

여기서, P_{max}' : T_{cell} 온도에서의 출력[W]
P_{max} : 표준시험조건[25℃]에서의 출력[W]
γ : 출력 온도계수[%/℃]
T_{cell} : 셀의 표면온도[℃]

(2) 온도계수로 [W/℃]가 주어진 경우

$$P_{max}' = P_{max} + \{\gamma(T_{cell}-25)\}[W]$$

여기서, γ : 출력온도계수[W/℃]
P_{max} : 표준시험조건[25℃]에서의 출력[W]

3) 온도계수에 따른 전압계산

(1) 온도계수로 [%/℃]가 주어진 경우

$$V' = V\{1+\alpha(T_{cell}-25)\}[\mathrm{V}]$$

여기서, V' : T_{cell} 온도에서의 전압[V]
V : 표준시험조건[25℃]에서의 전압[V]
α : 전압 온도계수[%/℃]
T_{cell} : 셀의 표면온도[℃]

(2) 온도계수로 [V/℃]가 주어진 경우

$$V' = V+\{\alpha(T_{cell}-25)\}[\mathrm{V}]$$

여기서, α : 전압온도계수[V/℃]
V : 표준시험조건[25℃]에서의 전압[V]

12 모듈의 직병렬 계산

1) 모듈의 직병렬 수량 산출

(1) 발전시스템 용량 결정

부지면적(설치가능 면적), 모듈 1장의 크기, 모듈 1장의 최대출력 등에 의해 결정

(2) 태양전지 모듈의 설정

태양전지의 종류, 효율, 크기, 최대출력, 가격 등을 고려하여 결정

(3) 파워컨디셔너(PCS, 태양광인버터) 선정

절연방식, 입력전류 범위, 정격출력, 운전 대수, 효율 등을 고려하여 결정

(4) 모듈의 직렬수 계산

① 모듈의 개방전압 온도계수(− 특성)를 고려한다.
② "모듈 표면온도가 최저일 때의 개방전압(V_{oc})×직렬수"가 "파워컨디셔너(PCS)의 최대입력전압" 미만이 되도록 선정한다.
③ 최저온도일 때 모듈의 개방전압이 최대가 된다.

④ 최대직렬 모듈 수 = $\dfrac{\text{인버터(PCS)의 최고입력전압 (PCS 입력전압 변동범위 최고값)}}{\text{최저온도일 때의 모듈 개방전압}(\Delta_L V_{oc})}$

상기 계산값의 소수점 이하는 버린다.(예 17.99 = 17)

$$V_{oc(\text{최저온도})} = V_{oc}\{1+(\beta\times\theta_L)\}[\text{V}]$$
$$V_{oc(\text{최저온도})} = V_{oc}+(\beta'\times\theta_L)[\text{V}]$$

여기서, V_{oc} : STC조건의 개방전압[V]
β : 전압온도계수[%/℃]
β' : 전압온도계수[V/℃]
θ_L : STC온도와 셀 표면 최저온도의 편차[℃] = 셀 최저온도 − 25[℃]

NOCT가 주어진 경우라 하더라도 셀의 최저온도는 설치지역의 최저온도를 적용한다. 왜냐하면, 일출 시 곧바로 셀의 온도가 일조에 의해 상승할 수 없기 때문이다.

⑤ 최대직렬 모듈 수 = $\dfrac{\text{인버터 MPP 최고전압}}{\text{최저온도에서 최대전압}(V_{mpp})}$

⑥ 최저직렬 모듈 수 = $\dfrac{\text{인버터의 MPP 최저전압}}{\text{모듈 표면온도가 최고인 상태의 최대출력 동작전압}(\Delta_H V_{mpp})}$

상기 계산값의 소수점 이하는 절상한다.(예 17.02 = 18)

온도계수가 [%/℃]로 주어질 때 : $V_{mpp(\text{최고온도})} = V_{mpp}\{1+(\beta\times\theta_H)\}[\text{V}]$
온도계수가 [V/℃]로 주어질 때 : $V_{mpp(\text{최고온도})} = V_{mpp}+(\beta'\times\theta_H)[\text{V}]$

여기서, V_{mpp} : STC조건의 운전전압[V]
β : 전압온도계수[%/℃]
β' : 전압온도계수[V/℃]
θ_H : STC온도와 셀 표면 최고온도의 편차[℃] = 셀 최고온도 − 25[℃]

003 어레이 결선

1 어레이 결선 전 검토사항

① 태양광발전시스템의 모듈용량 계산서의 직렬 수와 병렬 수를 확인한다.
② 모듈 제조사에서 제공하는 매뉴얼(결선방법)을 검토한다.

2 태양전지 어레이 직병렬 연결 시 고려사항

① 태양전지 모듈을 포함한 모든 충전부분은 노출되지 않도록 시설해야 한다.
② 태양전지 모듈 배선은 바람에 흔들리지 않도록 스테이플, 스트랩 또는 행거나 이와 유사한 부속품으로 130[cm] 이내 간격으로 견고하게 고정하여 가장 늘어진 부분이 모듈 면으로부터 30[cm] 내에 들도록 하여야 한다.
③ 태양전지 어레이가 추적형인 경우 가동부분의 배선은 가혹한 조건에서 사용 가능한 옥외용 가요전선이나 케이블을 사용해야 하며, 수분과 태양의 자외선으로 인해 열화되지 않는 소재로 제작된 것을 사용하여야 한다.
④ 태양전지발전시스템 어레이의 각 직렬군은 동일한 단락전류를 가진 모듈로 구성해야 하며, 1대의 파워컨디셔너(PCS)에 연결된 태양전지 어레이의 직렬군(스트링)이 1병렬 이상일 경우에는 각 직렬군(스트링)의 출력전압이 동일하게 되도록 배열해야 한다.
⑤ 모듈 뒷면의 접속용 케이블은 2개씩 나와 있으므로 반드시 극성(+, −) 표시를 확인한 후 결선을 해야 한다. 극성 표시는 제조사에 따라 단자함 내부 또는 리드선의 케이블 커넥터에 표시한다.
⑥ 태양전지 모듈 간의 배선은 도면 및 특기시방서에 명시된 전선을 사용해야 한다.
⑦ 배선 접속부는 빗물 등이 유입되지 않도록 용융접착테이프와 보호테이프로 감는다.
⑧ 케이블이나 전선은 모듈 뒷면에 설치된 전선관에 설치되거나 가지런히 배열 및 고정되어야 하며, 이들의 최소 곡률반경은 지름의 6배 이상이 되도록 한다.

3 태양광발전시스템 설치공사 완료 후 점검 및 검사항목

① 어레이 검사
② 어레이의 출력 확인
③ 절연저항 측정
④ 접지저항 측정

4 태양전지 어레이용 가대(기초구조물)

1) 가대의 구성

프레임(수평부재, 수직부재), 지지대, 기초판의 구성

2) 태양전지 어레이용 가대 및 지지대 설치

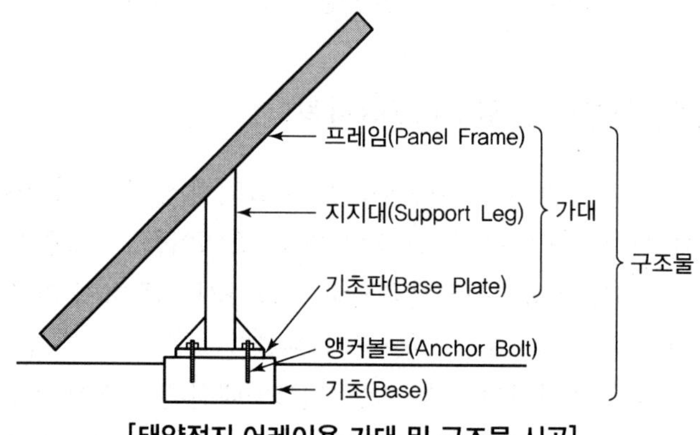

[태양전지 어레이용 가대 및 구조물 시공]

3) 상정하중

① 시공 및 설계 시 검토된 하중인 고정하중(자중), 적설하중, 활하중, 풍하중(풍압하중), 지진하중 등을 고려한다.

② 하중의 조합

㉠ 적설하중 : 고정＋적설하중

㉡ 풍하중 : 고정＋풍압하중

㉢ 지진하중 : 고정＋지진하중

③ 하중의 크기 : 풍하중 > 적설하중 > 지진하중

004 접속함 설치

1 접속함 설치 전 검토사항

① 설계도면(설치 상세도) 및 특기시방서의 접속함 설치방법을 확인한다.
② 태양전지 어레이의 접속함에 접속되는 스트링 회로수 및 번호를 확인한다.
③ 접속함 제조사에서 제공하는 설치 매뉴얼(기계적, 전기적 설치방법)을 검토한다.

2 접속함 설치공사

① 접속함 설치위치는 어레이 근처가 적합하다.
② 접속함은 풍압 및 설계하중에 견디고 방수, 방부형으로 제작되어야 한다.
③ 태양전지 어레이 측 전선은 접속함 배선 홀에 맞추어 압착단자를 사용하여 견고하게 전선을 연결해야 하며, 접속 배선함 연결부위는 방수용 커넥터를 사용한다.
④ 접속함 내부에는 직류 출력 개폐기, 서지 보호 장치, 역류 방지 다이오드, 단자대 등이 설치되므로 구조, 미관, 추후 점검 및 보수 등을 고려하여 설치한다.
⑤ 접속함은 내부과열을 피할 수 있게 제작되어야 하며, 역류 방지 다이오드용 방열판은 다이오드에서 발생된 열이 접속부분으로 전달되지 않도록 충분한 크기로 하거나, 별도의 분전반에 설치해야 한다.
⑥ 역류 방지 다이오드의 용량은 모듈 단락전류의 1.4배 이상으로 한다.(개방전압 V_{oc}의 1.2배 이상)
⑦ 접속함 입 · 출력부는 견고하게 고정을 하여 외부 충격에 전선이 움직이지 않도록 한다.
⑧ 태양전지의 각 스트링(String) 단위로 인입된 직류전류를 역전류방지 다이오드 및 배선용 차단기 말단을 병렬로 연결하여 파워컨디셔너(PCS) 입력단에 직류전원을 공급하는 기능과 모니터링 설비를 위한 각종 센서류의 신호선을 입력받아 태양전지 어레이 계측 장치에 공급하는 외함으로써 재질은 가급적 SUS304 재질로 제작 설치하는 것이 바람직하다.

3 접속함 결선

1) 접속함 결선 전 검토사항

① 설계도면(설치 상세도) 및 특기시방서의 접속함 결선방법을 확인한다.
② 태양전지 어레이의 접속함에 접속되는 스트링 회로수 및 번호를 확인한다.
③ 접속함 제조사에서 제공하는 매뉴얼(접속함 결선)을 검토한다.

2) 접속함 결선 시 고려사항

① 태양전지 모듈의 뒷면으로부터 접속용 케이블 2가닥씩이므로 반드시 극성을 확인하여 결선한다.

② 케이블은 건물마감이나 러닝보드의 표면에 가깝게 시공해야 하며, 필요할 경우 전선관을 이용하여 물리적 손상으로부터 보호해야 한다.

③ 태양전지 모듈은 파워컨디셔너(PCS) 입력전압 범위 내에서 스트링 필요매수를 직렬 결선하고, 어레이 지지대 위에 조립한다.

④ 케이블을 각 스트링으로부터 접속함까지 배선하고 접속함 내에서 병렬로 결선한다. 이 경우 케이블에 스트링 번호를 기입해 두면 차후 점검 및 보수 시 편리하다.

⑤ 옥상 또는 지붕 위에 설치한 태양전지 어레이로부터 처마 밑 접속함으로 배선할 경우, 다음 그림과 같이 물의 침입을 방지하기 위한 물빼기를 반드시 해야 한다.

⑥ 케이블 차수 시공의 예는 다음과 같다.

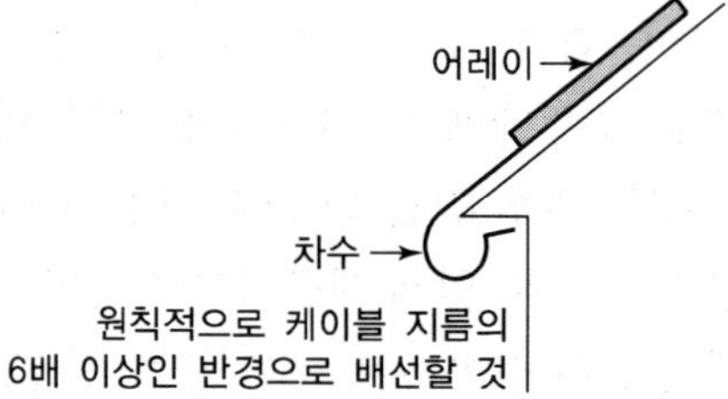

⑦ 접속함은 일반적으로 어레이 근처에 설치한다. 그러나 건물의 구조나 미관상 설치장소가 제한될 수 있으며, 이때에는 점검 및 유지보수 등을 고려하여 설치해야 한다.

⑧ 태양광발전시스템의 직류전원과 교류전원은 격벽에 분리되거나 함께 접속되어 있지 않은 경우 동일한 전선관, 케이블 트레이, 접속함 내에 시설하지 않아야 한다.

SECTION 005 태양광발전용 인버터

1 인버터의 개요

어레이에서 발전된 전력은 직류이기 때문에 부하기기에 필요한 교류전력으로 변환한다. 이러한 역할을 하는 PCS는 태양전지 어레이 출력이 항상 최대전력점에서 발전할 수 있도록 최대전력점추종(MPPT ; Maximum Power Point Tracking) 제어기능을 가져야 하며 계통과 연계되어 운전되기 때문에 계통사고로부터 PCS를 보호하고 태양광발전시스템 고장으로부터 계통을 보호하는 기능을 가지고 있어야 한다.
이 때문에 전력조절기능을 갖춘 계통연계형 인버터를 PCS(Power Conditioning System)라고 한다.

2 인버터의 원리

① 인버터는 트랜지스터와 IGBT(Insulated Gate Bipolar Transistor), MOSFET 등의 스위칭소자로 구성된다.

② 스위칭소자를 정해진 순서대로 On-off를 규칙적으로 반복함으로써 직류입력을 교류출력으로 변환한다.

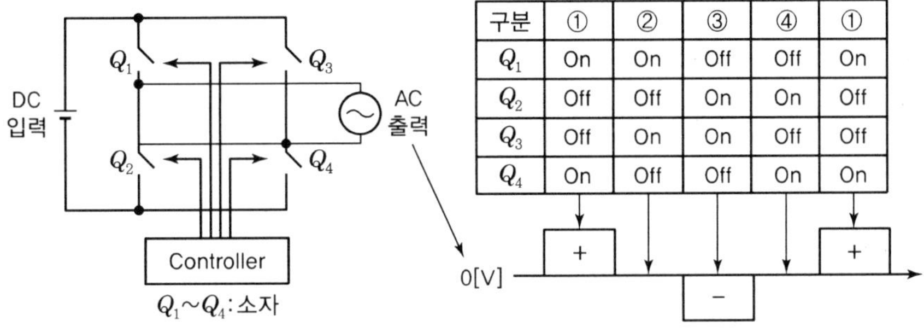

구분	①	②	③	④	①
Q_1	On	On	Off	Off	On
Q_2	Off	Off	On	On	Off
Q_3	Off	On	On	Off	Off
Q_4	On	Off	Off	On	On

③ 단순히 On-off만으로 직류를 교류로 변환하게 되면 다수 고조파가 교류출력에 포함되어 전력계통 및 부하기기에 악영향을 끼치므로, 약 20[kHz]의 고주파 PWM(Pulse Width Modulation) 제어방식을 이용하여 정현파의 양쪽 끝에 가까운 곳은 전압 폭을 좁게 하고, 중앙부는 전압 폭을 넓혀 1/2 Cycle 사이에 같은 방향(정 또는 부)으로 스위칭 동작을 하여 그림과 같은 구형파의 폭을 만든다. 이 구형파는 L-C필터를 이용하여 파선형태로 나타낸 정현파 교류를 만든다.

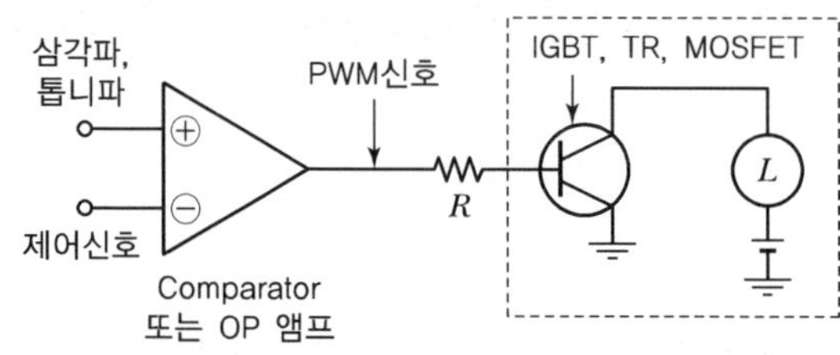

[제어(Controller)부 고조파 PWM(Pulse Width Modulation) 제어방식]

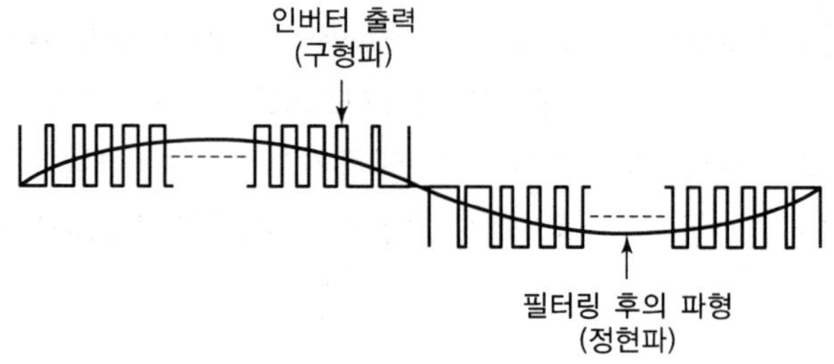

[PWM인버터의 출력파형]

3 인버터의 기본기능

태양광 어레이로부터 입력받은 DC전력을 AC전력으로 변환시키는 기능을 한다.

4 파워컨디셔너시스템

1) 파워컨디셔너시스템(PCS ; Power Conditioner System)

파워컨디셔너는 태양전지에서 발전된 직류전력을 교류전력으로 변환하고, 교류부하에 전력을 공급함과 동시에 잉여전력을 한전계통으로 역송전하는 장치이다.

2) 파워컨디셔너의 기능(역할)

(1) 자동전압조정기능

태양광발전시스템이 한전계통에 접속하여 역송병렬운전을 하는 경우 전력 전송을 위한 수전점의 전압이 상승하여 한전의 전압 유지범위를 벗어날 수 있으므로 이를 방지하기 위하여 자동전압조정기능을 부가하여 전압의 상승을 방지하고 있다. 자동전압조정기능에는 진상무효전력제어기능과 출력제어기능이 있으며, 가정용으로 사용되는 3[kW] 미만의 것에는 이 기능이 생략된 것도 있다.

(2) 자동운전, 자동정지기능

새벽에 태양전지 어레이에 일조량이 확보되어 파워컨디셔너의 DC입력전압의 최저전압 이상이 되면 자동적으로 운전을 개시하여 발전을 시작하고, 일몰 시에도 발전이 가능한 파장범위까지 발전을 하다가 파워컨디셔너의 최저 DC입력전압 이하가 되면 자동으로 운전을 정지한다.

(3) 계통연계 보호장치

① **한전계통과 병렬운전되는 저압연계시스템 보호장치 설치**

과전압계전기(OVR), 저전압계전기(UVR), 과주파수계전기(OFR), 저주파수계전기(UFR)

② **한전계통과 병렬운전되는 특고압연계의 보호계전기 설치장소**

지락과전류계전기(OCGR)를 수용가 특고압 측에 특고압연계의 보호계전기 설치장소는 태양광발전소 구내 수전점(수전보호배전반)에 설치함을 원칙으로 하고 있다.

③ **보호계전기의 검출레벨과 동작시한**

계전기기	기기번호	용도	검출레벨	동작시한
유효전력 계전기	32P	유효전력 역송방지	상시병렬운전 발전상태에서 전력계통 동요 시 및 외부 사고 시 오동작하지 않는 범위 내에서 최솟값	0.5~2.0초
무효전력 계전기	32Q	단락사고 보호	배후계통 최소조건하에서 상대 단모선 2상 단락 사고 시 유입 무효전력의 1/3 이하	0.5~2.0초 (외부사고 시 오동작하지 않도록 보호협조 정정)
부족전력 계전기	32U	부족전력 검출	상시병렬운전 발전상태에서 전력계통 동요 시 및 외부 사고 시 오동작하지 않는 범위 내에서 최솟값, 계전기의 동작은 발전기의 운전상태에서만 차단기가 트립(Trip)되도록 한다.	0.5~2.0초
과전압 계전기	59	과전압 보호	• 순시형 : 정격전압의 150[%] • 반한시형 : 정격전압의 115[%]	순시 정정치의 120[%]에서 2.0초
저전압 계전기	27	사고검출 또는 무전압 검출	정격전압의 80[%]	Supervising용 0.2~0.3초
주파수 계전기	81O 81U	주파수 변동 검출	• 고주파수 : 63.0[Hz] • 저주파수 : 57.0[Hz]	0.5초 1분
과전류 계전기	50/51	과전류 보호	• 순시 : 단락보호 • 한시 : 150[%]에서 과부하보호 및 후비보호	TR 2차 3상 단락 시 0.6초 이하

④ 태양광 역전력계전기

㉠ 태양광 역전력계전기는 태양광발전으로 생성된 전기가 전력계통으로 들어가면 감지하여 차단하는 장치이다.

㉡ 태양광발전에서 생성된 전기가 자체에서 소비하고 부족한 전기는 전력계통에서 수급받는다. 자체 소비전력이 작으면 남는 전기가 전력계통으로 들어가는데 이를 차단한다.

㉢ 50[kW]를 초과하는 단순 병렬운전 분산형 전원에는 역전력계전기를 설치하도록 되어 있다. 이는 분산형 전원으로부터 전기사업자의 전력계통으로의 간헐적이고 예상되지 않는 역전력 유입을 제한하여 계통의 이상 전압 상승, 주파수 변동 등의 문제를 막기 위해서이다.

㉣ 다만, 설비용량 50[kW] 이하의 현장에는 신 · 재생에너지 발전설비의 보급 · 확산 등을 위해 예외로 두고 있다.

㉤ 태양광에서 남는 전기를 전력계통으로 공급하기 위해서는 상계거래를 신청해야 한다. 이때는 역전력계전기를 설치하지 않아도 된다.

⑤ 연계계통 이상 시 태양광발전시스템의 분리와 투입

㉠ 단락 및 지락 고장으로 인한 선로보호장치 설치

㉡ 정전 복전 후 5분을 초과하여 재투입

㉢ 차단장치는 한전 배전계통의 정전 시에는 투입 불가능하도록 시설

㉣ 연계계통 고장 시에는 0.5초 이내 분리하는 단독운전방지장치 설치

(4) 최대전력추종제어기능(MPPT)

파워컨디셔너는 태양전지 어레이에서 발생되는 시시각각의 전압과 전류를 최대출력으로 변환하기 위하여 태양전지 셀의 일사강도-온도 특성 또는 태양전지 어레이의 전압-전류 특성에 따라 최대출력운전이 될 수 있도록 추종하는 기능을 최대전력추종(MPPT ; Maximum Power Point Tracking)제어라고 한다.
제어방식에는 직접제어식과 간접제어식이 있다.

① 직접제어방식

센서를 통해 온도, 일사량 등의 외부조건을 측정하여 최대전력동작점이 변하는 파라미터(온도, 일사량)를 미리 입력하여 비례제어하는 방식

㉠ 장점 : 구성이 간단, 외부상황에 즉각적 대응 가능

㉡ 단점 : 성능이 떨어진다.

② 간접제어방식

㉠ P & O(Perturb & Observe) 제어

- 태양전지 어레이의 출력전압을 주기적으로 증가 · 감소시키고, 이전의 출력전력을 현재의 출력전력과 비교하여 최대전력동작점을 찾는 방식이다.
- 간단하여 가장 많이 채용되는 방식이다.
- 최대전력점 부근에서 Oscillation이 발생하여 손실이 생긴다.
- 외부 조건이 급변할 경우 전력손실이 커지고 제어가 불안정하게 된다.

㉡ Incremental Conductance(IncCond) 제어

- 태양전지 출력의 컨덕턴스와 증분 컨덕턴스를 비교하여 최대전력동작점을 추종하는 방식이다.
- 최대전력점에서 어레이 출력이 안정된다.
- 일사량이 급변하는 경우에도 대응성이 좋다.
- 계산량이 많아서 빠른 프로세서가 요구된다.

㉢ Hysteresis-band 변동제어

- 태양전지 어레이 출력전압을 최대전력점까지 증가시킨 후, 임의의 Gain을 최대전력점에서 전력과 곱하여 최소전력값을 지정한다.
- 지정된 최소전력값은 두 개가 생기므로 최대전력을 기준으로 어레이 출력전압을 증가 혹은 감소시키면서 매 주기 동작한다.
- 어레이 그림자 영향 혹은 모듈의 특성으로 인하여 최대전력점 부근에서 최대전력점이 한 개 이상 생기는 경우 최대전력점을 추종할 수 있다.

(5) 단독운전방지기능

① **단독운전** : 태양광발전시스템이 한전계통과 연계되어 발전을 하고 있는 상태에서 한전계통에 정전이 발생한 경우 태양광발전시스템은 정전으로 분리된 계통에 전력을 계속 공급하게 되는 운전상태를 단독운전이라 한다.

② 단독운전 시 보수점검자에게 감전 등의 안전사고 위험이 있으므로 태양광발전시스템을 정지시켜야 한다.

③ 분리된 구간의 부하용량보다 태양광발전시스템의 용량이 큰 경우 단독운전상태에서 전압계전기(OVR, UVR), 주파수계전기(OFR, UFR)에서는 보호할 수 없으므로 단독운전방지기능을 설치하여 안전하게 정지할 수 있도록 한다.

④ 파워컨디셔너에는 수동적 방식과 능동적 방식 2종류의 단독운전방지기능이 내장되어 있다.

㉠ 수동적 방식(검출시간 0.5초 이내, 유지시간 5～10초)

종별	개요
전압위상 도약 검출방식	• 단독운전 시 파워컨디셔너 출력이 역률1에서 부하의 역률로 변화하는 순간의 전압위상 도약을 검출한다. • 단독운전 시 위상변화가 발생하지 않을 때에는 검출할 수 없지만, 오동작이 적고 실용적이다.
제3고조파 전압급증 검출방식	• 단독운전 시 변압기의 여자전류 공급에 따른 전압 변동의 급변을 검출한다. • 부하가 되는 변압기로 인하여 오작동의 확률이 비교적 높다.
주파수 변화율 검출방식	단독운전 시 발전전력과 부하의 불평형에 의한 주파수의 급변을 검출한다.

㉡ 능동적 방식(검출시한 0.5～1초)

종별	개요
주파수시프트방식	파워컨디셔너의 내부발전기에 주파수 바이어스를 주었을 때, 단독운전 발생 시 나타나는 주파수 변동을 검출하는 방식이다.
유효전력 변동방식	파워컨디셔너의 출력에 주기적인 유효전력 변동을 주었을 때, 단독운전 발생 시 나타나는 전압, 전류, 또는 주파수 변동을 검출하는 방식으로 상시 출력의 변동 가능성이 있다.
무효전력 변동방식	파워컨디셔너의 출력에 주기적인 무효전력 변동을 주었을 때 단독운전 발생 시 나타나는 주파수 변동 등을 검출하는 방식이다.
부하 변동방식	파워컨디셔너의 출력과 병렬로 임피던스를 순간적 또는 주기적으로 삽입하여 전압 또는 전류의 급변을 검출하는 방식이다.

(6) 직류 검출기능

① 파워컨디셔너는 직류를 교류로 변환하기 위하여 반도체스위칭소자(MOSFET, IGBT)를 고주파수로 스위칭하기 때문에 소자의 불규칙 분포 등에 의해 그 출력에는 적지만 직류분이 리플(Ripple) 형태로 포함된다.

② 교류 성분에 직류분을 함유하는 경우 주상변압기의 자기포화로 인한 고조파 발생, 계전기 등의 오 · 부작동 등 한전계통 운영에 문제를 야기하게 된다.

③ 이를 방지하기 위해서 무변압기방식의 파워컨디셔너에서는 파워컨디셔너의

정격교류 최대출력전류의 직류성분 함유율을 분산형 배전계통 연계기술 가이드라인에서는 0.5[%] 초과하지 않도록 유지할 것을 규정하고 있다.

(7) 직류지락 검출기능

① 무변압기방식의 파워컨디셔너에서는 태양전지 어레이의 직류 측과 한전계통의 교류 측이 전기적으로 절연되어 있지 않기 때문에 태양전지 어레이의 직류 측 지락사고에 대한 대책이 필요하다.

② 태양전지 어레이의 직류 측에서 지락사고가 발생하면 지락전류에 직류성분이 중첩되어 일반적으로 사용되고 있는 누전차단기는 이를 검출할 수 없는 상황이 발생한다.

③ 이런 상황에 대비하여 파워컨디셔너의 내부에 직류지락검출기를 설치하여, 태양전지 어레이 측 직류지락사고를 검출하여 차단하는 기능이 필요하다. 일반적으로 직류 측 지락사고 검출레벨은 100[mA]로 설정되어 운전되고 있다.

3) 파워컨디셔너 선정 시 점검(Check Point)사항

(1) 태양광발전시스템에 적용하고 있는 파워컨디셔너의 용량

① **소용량** : 10[kW] 미만

② **공공산업시설용, 발전사업용** : 10～1,000[kW]

(2) 파워컨디셔너 선정 시 반드시 확인하여야 할 사항

① **파워컨디셔너 제어방식** : 전압형 전류제어방식

② **출력 기본파 역률** : 95[%] 이상

③ **전류왜형률** : 총합 5[%] 이하, 각 차수마다 3[%] 이하

④ 최고효율 및 유러피언효율이 높을 것

(3) 태양광 유효이용에 관한 점검사항

① 최대전력 변환효율이 높을 것

② 최대전력 추종제어(MPPT)에 의한 최대전력의 추출이 가능할 것

③ 야간 등의 대기손실이 적을 것

④ 저부하 시의 손실이 적을 것

(4) 전력품질 공급 안정성에 관한 점검사항

① 잡음발생 및 직류유출이 적을 것

② 고조파의 발생이 적을 것

③ 기동정지가 안정적일 것

4) 태양광발전시스템의 효율의 종류

효율의 종류에는 최고효율 · 유러피언효율 · 추적효율이 있다.

5) 파워컨디셔너의 종류

(1) 파워컨디셔너는 전류(Commutation)방식, 제어방식, 절연방식에 따라 분류할 수 있다.

① **전류방식** : 자기전류(Self Commutation), 강제전류(Line Commutation)

② **제어방식** : 전압제어형, 전류제어형

③ **절연방식** : 상용주파절연방식, 고주파절연방식, 무변압기방식

(2) **파워컨디셔너의 절연(회로)방식**

① 계통연계용 파워컨디셔너의 직류 측과 교류 측의 절연방법에 따른 회로방식에는 상용주파절연방식, 고주파절연방식, 무변압기방식이 있으며 기준(저압계통연계 시 직류유출방지변압기 시설)에 적합한 파워컨디셔너 회로방식을 선정하여야 한다.

② **파워컨디셔너의 절연방식에 따른 분류**
태양광발전시스템의 직류 측과 교류 측(상용전원 전력계통)과의 절연방식에 따른 파워컨디셔너의 종류 및 회로도 특징은 다음과 같다.

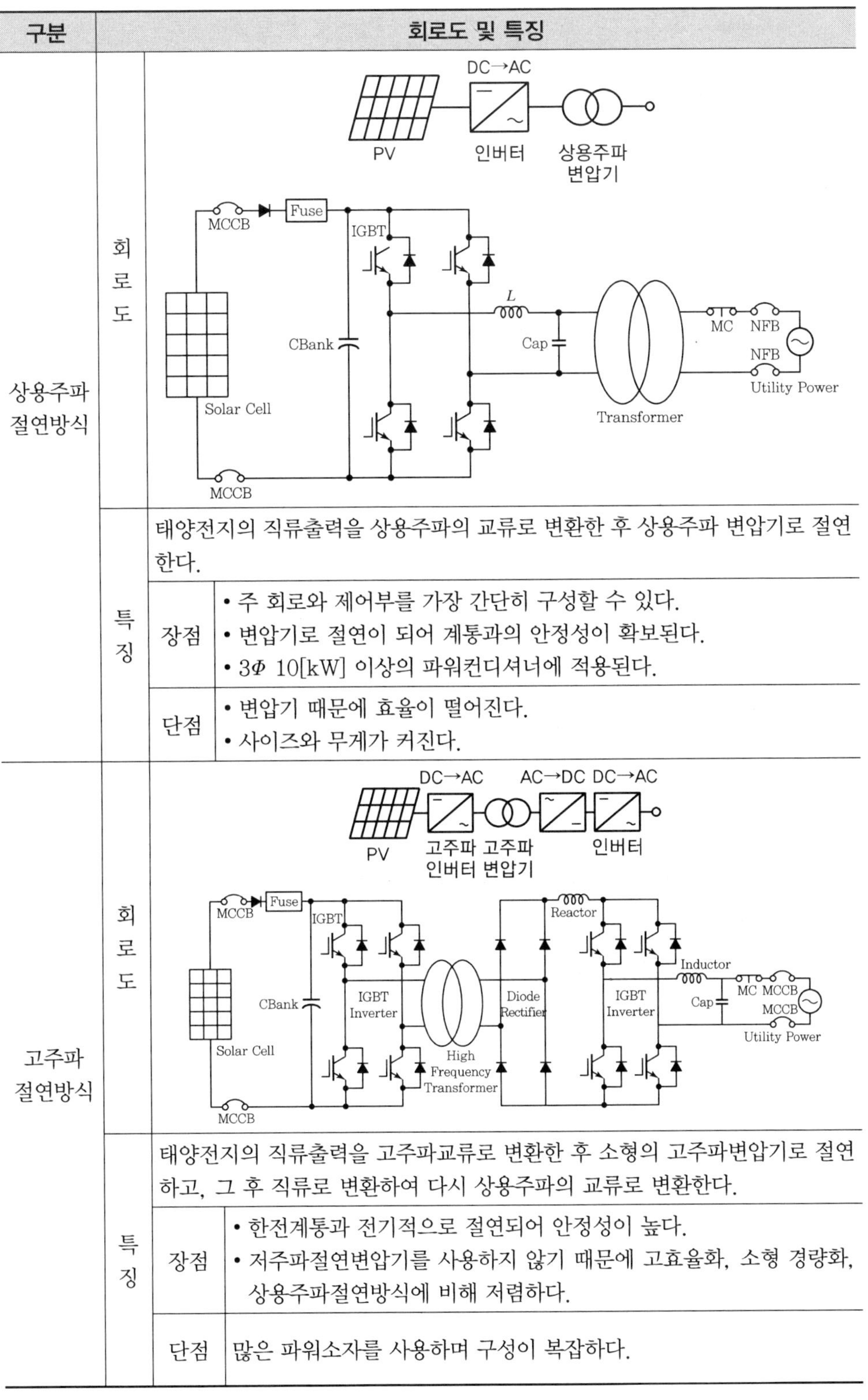

구분			회로도 및 특징
상용주파 절연방식	회로도		(회로도)
	특징		태양전지의 직류출력을 상용주파의 교류로 변환한 후 상용주파 변압기로 절연한다.
		장점	• 주 회로와 제어부를 가장 간단히 구성할 수 있다. • 변압기로 절연이 되어 계통과의 안정성이 확보된다. • 3Φ 10[kW] 이상의 파워컨디셔너에 적용된다.
		단점	• 변압기 때문에 효율이 떨어진다. • 사이즈와 무게가 커진다.
고주파 절연방식	회로도		(회로도)
	특징		태양전지의 직류출력을 고주파교류로 변환한 후 소형의 고주파변압기로 절연하고, 그 후 직류로 변환하여 다시 상용주파의 교류로 변환한다.
		장점	• 한전계통과 전기적으로 절연되어 안정성이 높다. • 저주파절연변압기를 사용하지 않기 때문에 고효율화, 소형 경량화, 상용주파절연방식에 비해 저렴하다.
		단점	많은 파워소자를 사용하며 구성이 복잡하다.

<table>
<tr><th>구분</th><th colspan="3">회로도 및 특징</th></tr>
<tr><td rowspan="4">무변압기 방식</td><td>회로도</td><td colspan="2">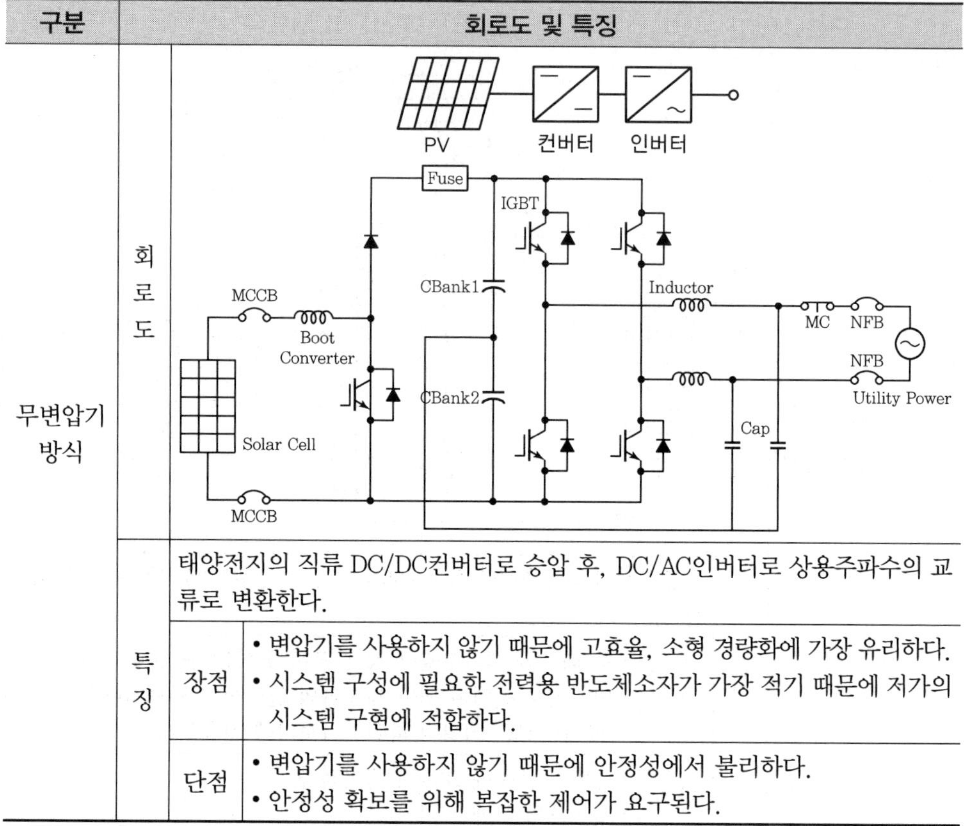
</td></tr>
<tr><td rowspan="3">특징</td><td colspan="2">태양전지의 직류 DC/DC컨버터로 승압 후, DC/AC인버터로 상용주파수의 교류로 변환한다.</td></tr>
<tr><td>장점</td><td>• 변압기를 사용하지 않기 때문에 고효율, 소형 경량화에 가장 유리하다.
• 시스템 구성에 필요한 전력용 반도체소자가 가장 적기 때문에 저가의 시스템 구현에 적합하다.</td></tr>
<tr><td>단점</td><td>• 변압기를 사용하지 않기 때문에 안정성에서 불리하다.
• 안정성 확보를 위해 복잡한 제어가 요구된다.</td></tr>
</table>

6) 파워컨디셔너 시스템방식

(1) 태양광시스템의 설치조건에 따른 계통연계형 인버터 설치 유형

① 인버터시스템 구성방식에 따른 분류

㉠ 전압방식에 따른 분류

- 저전압병렬방식
- 고전압방식

㉡ 인버터의 대수 및 연결에 따른 분류

- 중앙집중식
- 마스터 슬레이브
- 병렬운전방식
- 모듈인버터
- 서브어레이와 스트링인버터

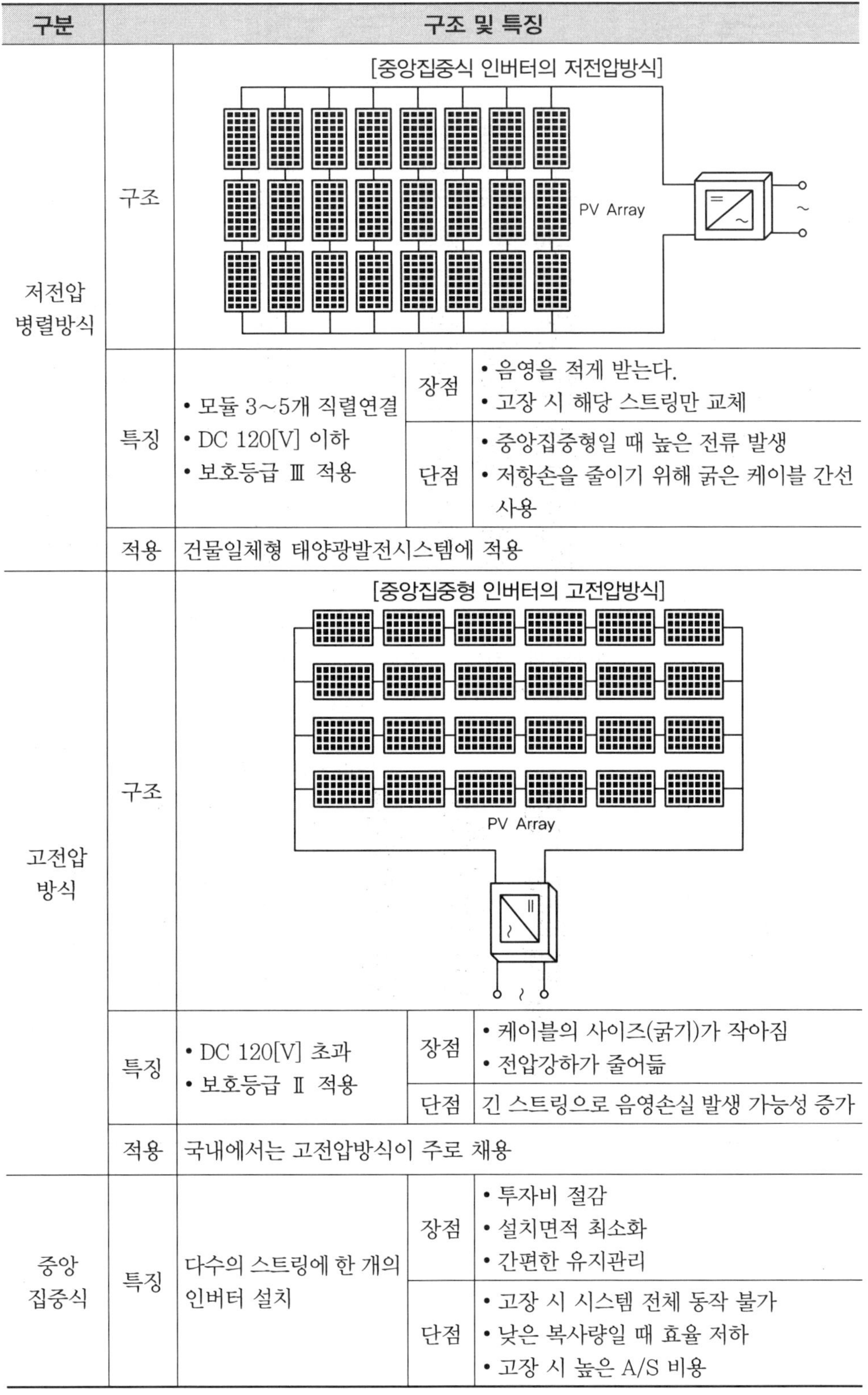

구분	구조 및 특징			
저전압 병렬방식	구조	[중앙집중식 인버터의 저전압방식] PV Array		
	특징	• 모듈 3~5개 직렬연결 • DC 120[V] 이하 • 보호등급 Ⅲ 적용	장점	• 음영을 적게 받는다. • 고장 시 해당 스트링만 교체
			단점	• 중앙집중형일 때 높은 전류 발생 • 저항손을 줄이기 위해 굵은 케이블 간선 사용
	적용	건물일체형 태양광발전시스템에 적용		
고전압 방식	구조	[중앙집중형 인버터의 고전압방식] PV Array		
	특징	• DC 120[V] 초과 • 보호등급 Ⅱ 적용	장점	• 케이블의 사이즈(굵기)가 작아짐 • 전압강하가 줄어듦
			단점	긴 스트링으로 음영손실 발생 가능성 증가
	적용	국내에서는 고전압방식이 주로 채용		
중앙 집중식	특징	다수의 스트링에 한 개의 인버터 설치	장점	• 투자비 절감 • 설치면적 최소화 • 간편한 유지관리
			단점	• 고장 시 시스템 전체 동작 불가 • 낮은 복사량일 때 효율 저하 • 고장 시 높은 A/S 비용

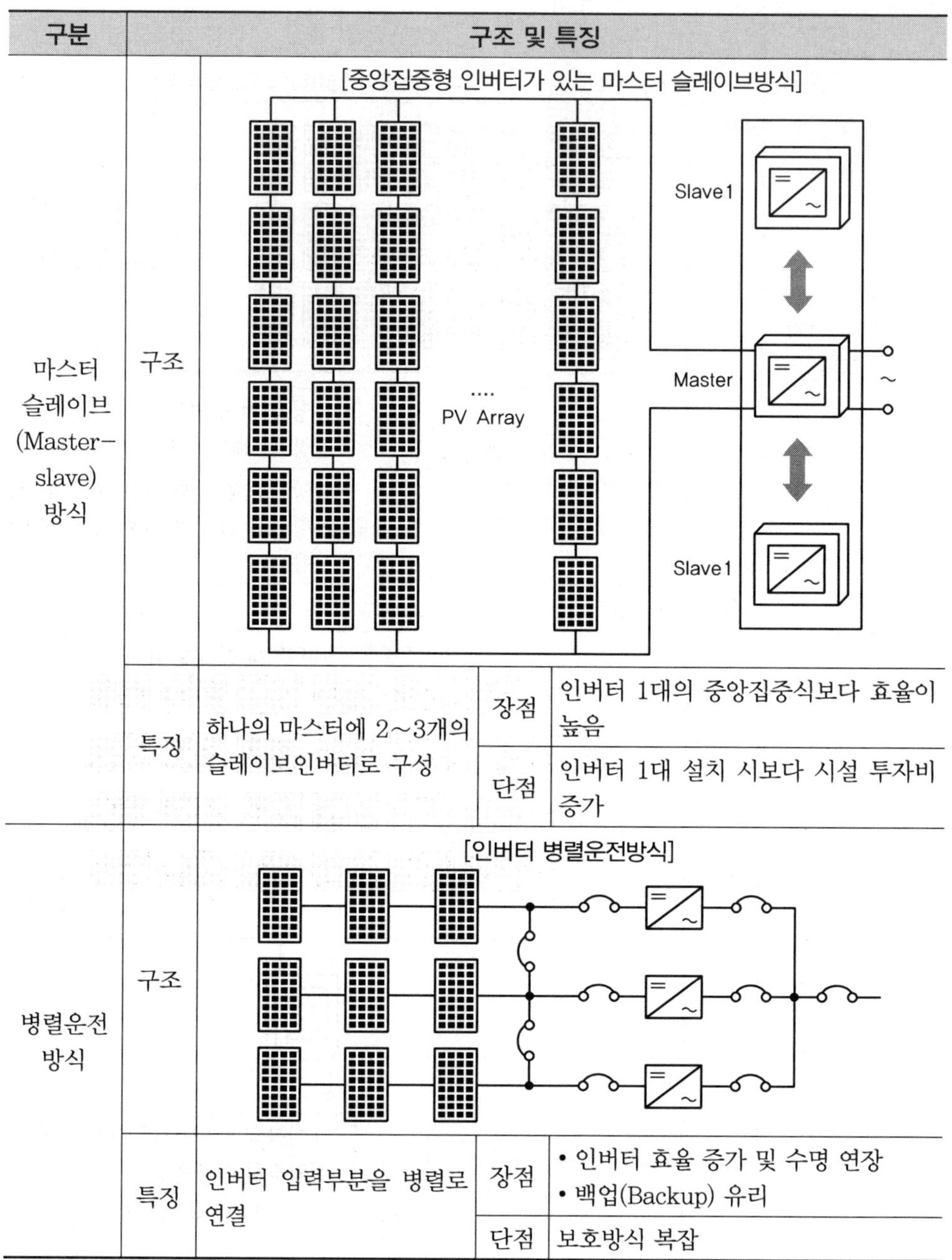

구분	구조 및 특징			
마스터 슬레이브(Master-slave) 방식	구조	[중앙집중형 인버터가 있는 마스터 슬레이브방식]		
	특징	하나의 마스터에 2~3개의 슬레이브인버터로 구성	장점	인버터 1대의 중앙집중식보다 효율이 높음
			단점	인버터 1대 설치 시보다 시설 투자비 증가
병렬운전 방식	구조	[인버터 병렬운전방식]		
	특징	인버터 입력부분을 병렬로 연결	장점	• 인버터 효율 증가 및 수명 연장 • 백업(Backup) 유리
			단점	보호방식 복잡

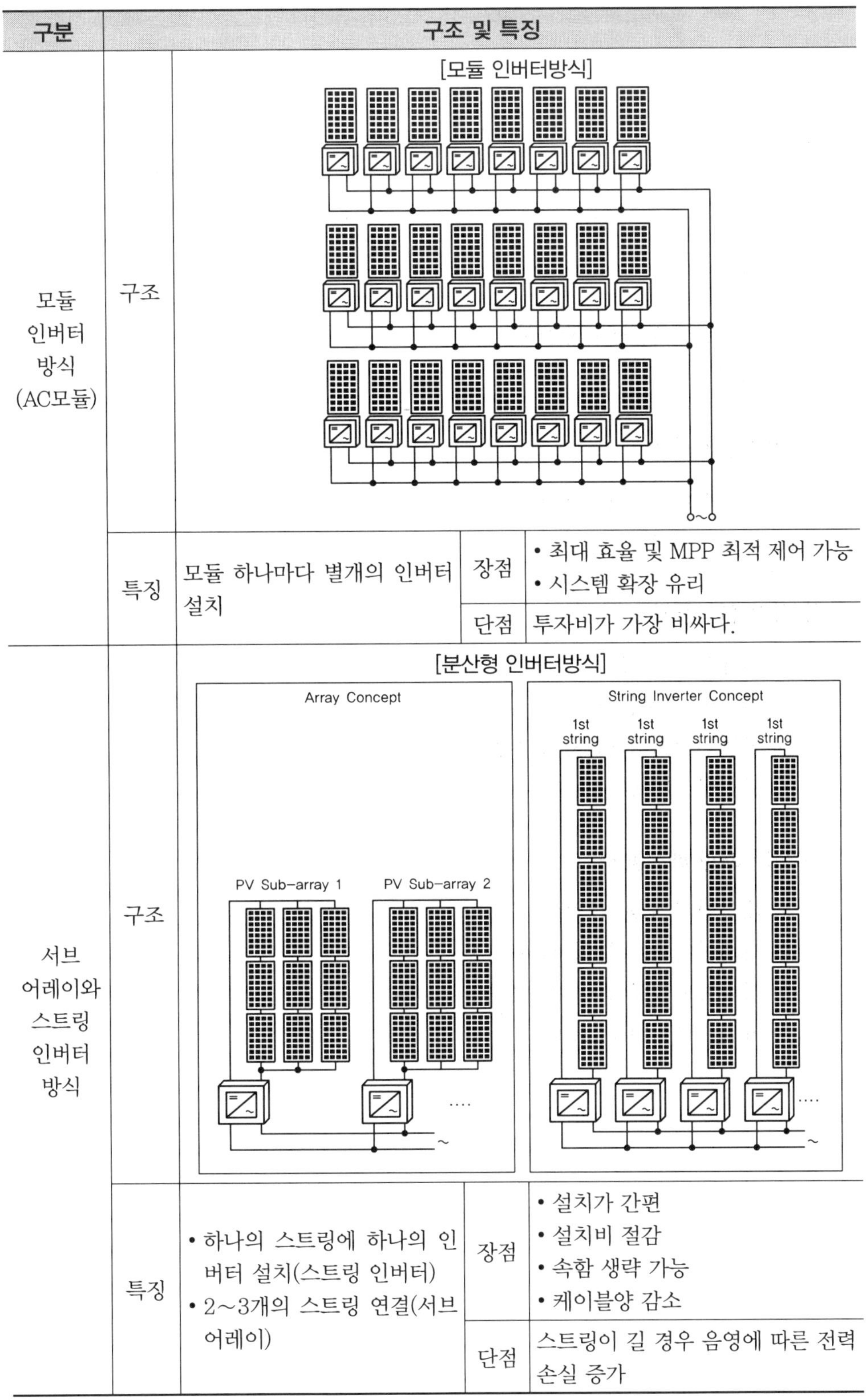

구분	구조 및 특징			
모듈 인버터 방식 (AC모듈)	구조	[모듈 인버터방식]		
	특징	모듈 하나마다 별개의 인버터 설치	장점	• 최대 효율 및 MPP 최적 제어 가능 • 시스템 확장 유리
			단점	투자비가 가장 비싸다.
서브 어레이와 스트링 인버터 방식	구조	[분산형 인버터방식]		
	특징	• 하나의 스트링에 하나의 인버터 설치(스트링 인버터) • 2~3개의 스트링 연결(서브 어레이)	장점	• 설치가 간편 • 설치비 절감 • 속함 생략 가능 • 케이블양 감소
			단점	스트링이 길 경우 음영에 따른 전력 손실 증가

006 태양광발전시스템의 시공절차

토목공사(지반공사 및 구조물 시공) → 반입자재 검수 → 기기 설치공사 → 전기 배관 배선공사 → 점검 및 검사

1) 토목공사

① 지반공사 및 구조물공사
② 접지공사

2) 반입자재 검수

① 책임감리 승인된 자재 반입 및 검수
② 필요시 공장검수 실시

3) 기기 설치공사

① 어레이 설치공사
② 접속함 설치공사
③ 파워컨디셔너(PCS) 설치공사
④ 분전반 설치공사

4) 전기 배관 배선공사

① 태양전지 모듈 간 배선공사
② 어레이와 접속함의 배선공사
③ 접속함과 파워컨디셔너(PCS) 간 배선공사
④ 파워컨디셔너(PCS)와 분전반 간 배선

007 전기설비 설치

1 배관 배선공사

1) 연료전지 및 태양전지 모듈의 절연내력

최대 사용 전압의 1.5배의 직류전압, 또는 1배의 교류전압을 충전부분과 대지 사이에 연속하여 10분간 가하여 절연내력을 시험했을 때 이에 견뎌야 한다.

2) 전압, 전류, 전력 계측장치의 설치 유무 관련

① 10[kW]급 미만의 용량은 해당 없다.
② 10[kW]급 이상의 용량은 연계점에 다른 발전소가 있는 경우에 한해 설치해야 한다.

3) 배전반 시설

배전반은 기기 및 전선의 점검이 가능하도록 설치해야 한다.

4) 조명설비 시설

감시 및 조작이 용이하도록 필요한 조명시설을 해야 한다.

5) 태양전지 모듈, 전선 및 개폐기 시설

① 단락 및 과전류 대책 및 안전성 확보를 위한 규정
② 태양전지 모듈 지지물의 외압에 대한 구조적 안정성

6) 태양광발전시설 설치 허용조건 및 태양광발전시설 설치 시 필수 시설

① 전기 공급에 영향을 주지 않고 기술자가 순시하는 곳은 허용한다.
② 태양광발전시설 설치 시 부대 장치로 부하조절장치, 운전 및 정지를 감시하는 장치, 운전 시 필요한 차단기를 감시하는 장치 등을 설치하여야 한다.

2 전기공사 절차

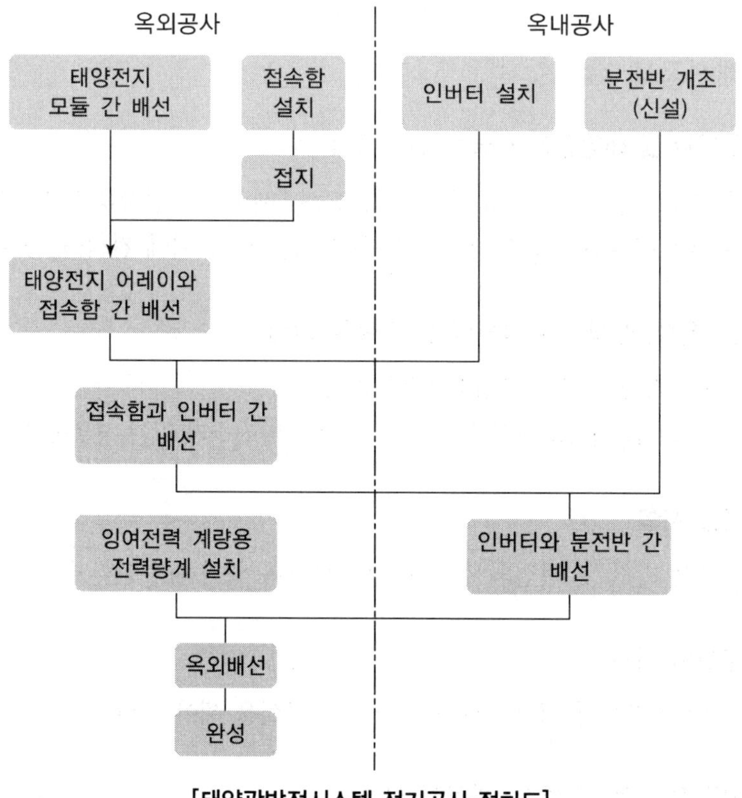

[태양광발전시스템 전기공사 절차도]

3 기기단자와 케이블 접속

태양전지 모듈 및 개폐기 그 밖의 기구에 전선을 접속하는 경우에는 나사 조임 그 밖에 이와 동등 이상의 효력이 있는 방법에 의하여 견고하고 또한 전기적으로 완전하게 접속함과 동시에 접속점에 장력이 가해지지 않도록 해야 한다. 또한, 모선의 접속 부분은 조임의 경우 지정된 재료, 부품을 정확히 사용하고 다음에 유의하여 접속한다.

① 볼트의 크기에 맞는 토크렌치를 사용하여 규정된 힘으로 조여 준다.
② 조임은 너트를 돌려서 조여 준다.
③ 2개 이상의 볼트를 사용하는 경우 한쪽만 심하게 조이지 않도록 주의한다.
④ 토크렌치의 힘이 부족할 경우 또는 조임작업을 하지 않는 경우에는 사고가 일어날 위험이 있으므로, 토크렌치에 의해 규정된 힘이 가해졌는지 확인할 필요가 있다.

4 케이블의 단말처리

(1) 전선의 피복을 벗겨내어 상호 접속하는 접속부의 절연물과 동등 이상의 절연효과가 있는 재료로 접속해야 한다.

(2) XLPE 케이블의 XLPE 절연체는 내후성이 약하므로, 비닐시스가 벗겨져 절연체가 노출된 채로 장기간 사용하면 절연체에 균열이 생겨 절연불량을 야기하는 원인이 된다. 이것을 방지하기 위해서는 자기융착 테이프 및 보호 테이프를 절연체에 감아 내후성을 향상시켜야 한다. 절연테이프의 종류는 다음과 같다.

① 자기융착 절연테이프

자기융착 절연테이프는 시공 시 테이프 폭이 3/4으로부터 2/3 정도로 중첩해 감아놓으면 시간이 지남에 따라 융착하여 일체화한다. 자기융착 절연테이프에는 부틸고무제와 폴리에틸렌 부틸고무가 합성된 제품이 있으며, 저압의 경우에는 폴리에틸렌 부틸고무제가 일반적으로 사용된다.

② 보호 테이프

자기융착 절연테이프의 열화를 방지하기 위해 자기융착 절연테이프 위에 다시 한번 감아주는 것이 보호 테이프이다.

③ 비닐 절연테이프

비닐 절연테이프는 장기간 사용하면 점착력이 떨어질 가능성이 있기 때문에 태양광발전시스템처럼 장기간 사용하는 설비에는 적합하지 않다.

008 출제예상문제

01 태양광발전시스템의 구성 요소 5가지를 적으시오.

해답

1) 태양전지 어레이
2) 접속함
3) 축전지
4) PCS(Inverter 기능과 전력품질 및 보호기능을 갖는 것)
5) 계통연계 보호장치

02 태양전지의 원리를 간단히 설명(전기 생산과정)하시오.

해답

태양전지는 빛에너지를 흡수하여 전기에너지의 근원인 전하(전자, 정공)를 생성한다. 즉, 빛에너지 흡수 → 전하 생성 → 전하 분리 → 전하 수집과정으로 태양전지는 전기를 생산한다.

03 기초 구조물의 명칭 5개를 쓰시오.

해답

프레임, 지지대, 기초판(베이스 플레이트), 앵커볼트, 기초

해설

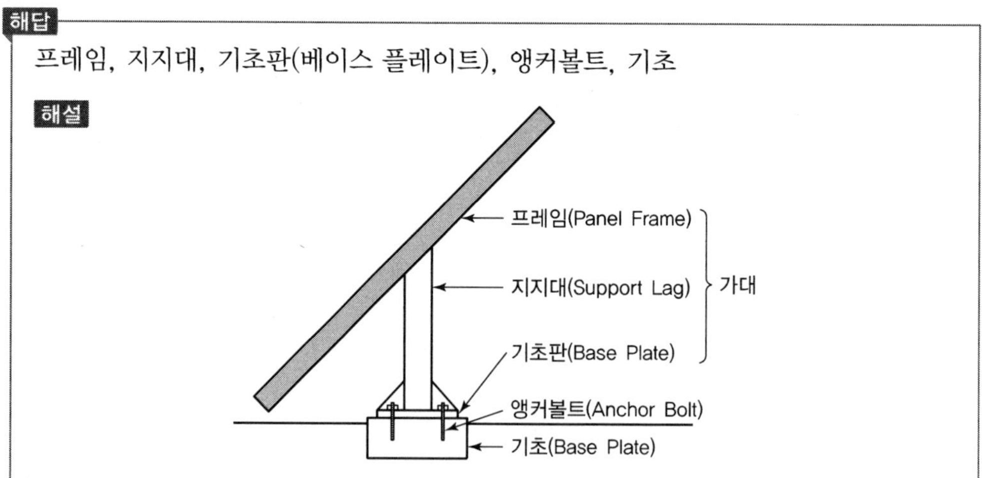

04 태양전지는 결정 구조에 따라 어떤 종류가 있는지 3가지를 쓰시오.

해답

1) 단결정
2) 다결정
3) 비결정질

해설 1) 단결정 : 순도가 높고 결정 결함 밀도가 낮은 고품질의 재료로서 당연히 높은 효율을 달성할 수 있으나 가격이 고가이다.
2) 다결정 : 상대적으로 저급한 재료를 저렴한 공정으로 처리하여 상용화가 가능한 효율의 전지를 낮은 비용으로 생산 가능하다.
3) 비결정질 : 재료 및 제조를 하는 데 필요한 에너지를 절감할 수 있고 대폭적으로 가격을 낮출 수 있지만, 효율 및 장기 안정성은 떨어진다.

05 태양전지 모듈의 구성 부품 5가지를 쓰시오.

해답

1) 프론트 커버(강화유리)
2) 프레임
3) 태양전지
4) 내부 연결전극(인터커넥터)
5) 충진재(봉지재)

해설

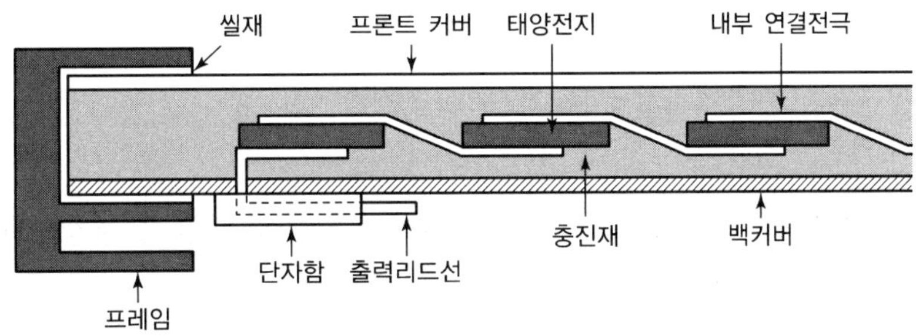

태양광 봉지재

1) 태양광 모듈이 외부 노출에 잘 견딜 수 있도록 유리와 태양광 봉지재가 방어 역할을 한다.
2) 에틸렌초산비닐(Ethylene Vinyl Acetate, EVA)은 태양광 모듈에서 태양광 봉지재에 가장 많이 사용되는 원료이다.
3) 태양광 봉지재는 가능한 한 많은 빛을 투과시키도록 투명해야 하며, 접착성이 뛰어나 외부 공기와 수분을 차단할 수 있어야 한다. 또한 UV안정제 등 첨가제와 상용성도 뛰어나야 한다.

06 태양전지 모듈을 구성하는 요소 6가지를 쓰시오.

해답

1) 프론트 커버(강화유리)
2) 프레임
3) 태양전지
4) 인터커넥터(내부연결전극)
5) 충진재
6) 바이패스 다이오드

해설 1) 프론트 커버(Front Cover) : 프론트 커버는 90[%] 이상의 투과율을 확보하여 높은 내 충격력을 보유한 약 3[mm] 두께의 백판 열처리 유리 등이 일반적으로 사용된다.

2) 프레임 : 알루마이트 내식 처리를 한 알루미늄 표면에 아크릴 도장을 한 프레임재가 일반적으로 사용된다.

3) 설치용 홀 : 모듈을 구조물 등에 설치하기 위해 ϕ6.0~9.7[mm]의 설치용 구멍이 양쪽 긴 방향 프레임에 3~4개씩 합 6~8개 정도가 필요하다. 이 외에 ϕ4.0~6.5[mm]의 지면 설치용과 배선용 구멍을 필요로 한다.

4) 리드선 : 리드선의 극성 표시는 케이블의 플러스(+)와 마이너스(−)의 마크 표시, 케이블 색에 따른 표시나 단자함 표시 등이 있다.

5) 바이패스 다이오드 : 모듈 중 일부 태양전지 셀에 그늘이 생기면 그 부분의 발전량이 저하함과 동시에 단순한 다오이오드를 역접속한 것과 같이 되어 저하에 의한 발열을 일으킨다. 이러한 경우에 대비하여 그 부분을 바이패스를 함으로써 출력 저하 및 발열을 억제하기 위해 보통 단자함 속에 바이패스 다이오드를 내장한다.

07 건축물의 에너지절약설계기준에서 정하고 있는 설치 요건 중 태양전지판은 어떤 사항을 고려하여 설치하여야 하는지 3가지를 쓰시오.

해답

1) 음영이 발생하지 않는 곳에 설치한다.
2) 방위각은 최대한 남향으로 설치하도록 한다. 다만, 건축물의 디자인 등 현장 여건에 따라 최대의 일사 효율을 얻을 수 있도록 방위각을 조절할 수 있다.
3) 경사각은 지역별로 최대 일사량을 받을 수 있도록 계획하여 설치한다.

08 발전 중인 모듈의 셀구조 중 충진재(EVA)가 노랗게 되는 현상과 원인을 쓰시오.

해답

1) 현상 : 황변현상
2) 원인 : 자외선과 화학반응을 일으켜 변색되는 것이 주원인

09 태양전지 모듈의 내습 · 내열시험 조건을 쓰시오.

해답

1) 시험 온도 : 85[℃]±2[℃]
2) 상대 습도 : 85[%]±5[%]
3) 시험 기간 : 1,000시간

10 태양광발전 모듈의 가동이나 또는 그 부품의 고장 때문에 발생할 수 있는 화재 위험을 평가하기 위한 시험 항목 5가지를 쓰시오.

해답

1) 내열 시험
2) 과열점 시험
3) 내화 시험
4) 우회 다이오드 시험
5) 역전류 과부하 시험

11 태양광발전 모듈이 옥외 조건에 노출되었을 때 견디는 능력을 미리 평가하는 옥외 노출 시험 시 총 조사량은?

해답

60[kWh/m^2]

해설 태양광발전 모듈이 옥외 조건에 노출되었을 때 견디는 능력을 미리 평가하는 옥외 노출 시험 시 총 조사량은 60[kWh/m^2]이어야 한다.

12 태양전지 모듈의 물리적 부하시험 시 눈이나 얼음을 고려한 인가 하중은?

해답

5,400[Pa] 이상

해설 태양전지 모듈의 물리적 부하시험 시 눈이나 얼음은 흘러내리지 않고 누적되는 속성을 가지고 있으므로 이에 대한 내성을 시험하기 위해서는 모듈에 5,400[Pa] 이상의 하중을 가해야 한다.

13 태양광발전시스템에서 전류가 흐르는 부품이 모듈 테두리나 모듈 외부와 잘 절연되어 있는지를 확인하기 위한 시험의 명칭과 시험방법을 쓰시오.

해답

1) 명칭 : 절연내성시험
2) 시험방법 : A등급 : 2,000[V]+(4×시스템 최고전압)
B등급 : 1,000[V]+(2×시스템 최고전압)

해설 모듈의 시험 최고 전압은 A등급은 2,000[V]에 장치 시스템 최고 전압의 4배를 더한 것과 같고, B등급은 1,000[V]에 시스템 최고 전압의 2배를 더한 것과 같다.

14 태양전지 어레이의 전기적 구성요소 6가지를 쓰시오.

해답

1) 태양전지 모듈의 직렬집합체로서의 스트링
2) 역류 방지 다이오드
3) 바이패스다이오드
4) 서지보호장치(SPD)
5) 직류차단기
6) 접속함

15 태양전지 모듈과 가대 접합 시 건식 방지를 위해 사용하는 것은?

해답

개스킷

16 다음 그림과 같이 태양전지의 전압 · 전류 특성을 나타낸다면 이 태양전지의 충진율(Fill Factor)은 얼마인가?

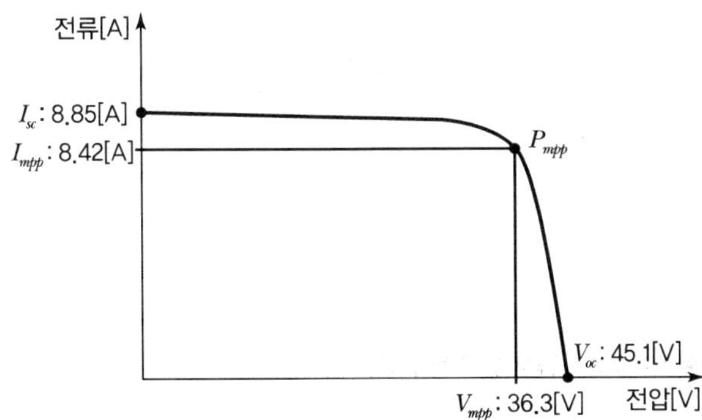

해답

충진율 $FF = \dfrac{V_{mpp} \times I_{mpp}}{V_{oc} \times I_{sc}} = \dfrac{36.3 \times 8.42}{45.1 \times 8.85} = 0.7657 \fallingdotseq 0.77$　　$\therefore$ 0.77

17 다음과 같은 모듈의 곡선인자(Fill Factor)는?

V_{mpp}	30[V]
I_{mpp}	8[A]
V_{oc}	35[V]
I_{sc}	8.5[A]

해답

곡선인자(충진율, Fill Factor) $= \dfrac{P_{mpp}}{V_{oc} \times I_{sc}} = \dfrac{V_{mpp} \times I_{mpp}}{V_{oc} \times I_{sc}}$

$FF = \dfrac{30 \times 8}{35 \times 8.5} \times 100 = 80.67[\%]$

18 태양전지 모듈의 사양이 다음과 같을 때 충진율(FF)을 계산하시오.(단, 소수 셋째 자리에서 반올림할 것)

태양전지 모듈 특성	
개방전압 V_{oc}[V]	36.0
단락전류 I_{sc}[A]	8.6
최대출력 시 전압 V_{mpp}[V]	28.3
최대출력 시 전류 I_{mpp}[A]	7.0

해답

충진율 $FF = \dfrac{V_{mpp} \times I_{mpp}}{V_{oc} \times I_{sc}} = \dfrac{28.3 \times 7}{36 \times 8.6} = 0.6399 \fallingdotseq 0.64$

19 태양전지 효율식에서 다음 인자의 의미는?

$$\eta = \frac{P_{mpp}}{A \cdot E} = \frac{FF \cdot V_{oc} \cdot I_{sc}}{A.\ E.}$$

해답

$$\eta = \frac{P_{mpp}}{A \cdot E} = \frac{FF \cdot V_{oc} \cdot I_{sc}}{A \cdot E}$$

여기서, P_{mpp} : 최대출력, A : 태양전지 면적, E : 태양복사
FF : 충진율, V_{oc} : 개방전압, I_{sc} : 단락전류

20 단결정 태양전지 모듈의 사양이 다음 표와 같을 때 공칭효율을 구하시오.

공칭개방전압(V_{oc})	46.4[V]
공칭단락전류(I_{sc})	9.54[A]
공칭최대출력동작전압(V_{max})	37.7[V]
공칭최대출력동작전류(I_{max})	9.02[A]
모듈 크기($L \times W \times T$)	1,960×1,000×46[mm]

해답

태양전지 모듈의 공칭효율(변환효율) η

$$\eta = \frac{P_{\max}}{P_{input}} \times 100[\%] = \frac{I_{\max} \times V_{\max}}{P_{input}} \times 100[\%]$$

$$= \frac{I_{\max} \times V_{\max}}{E \times A} = \frac{9.02 \times 37.7}{1{,}000 \times 1.96 \times 1} \times 100[\%] = 17.349 \fallingdotseq 17.35[\%]$$

$\eta = 17.35[\%]$

21 태양전지 모듈의 특성이 다음과 같을 때 STC 조건에서 이 모듈의 광변환 효율[%]은?

- V_{oc} : 44.3[V]
- I_{sc} : 8.65[A]
- V_{mpp} : 35.1[V]
- I_{mpp} : 8.13[A]
- 태양광모듈 치수 : 2,000[mm](L) × 1,000[mm](W) × 40[mm](D)

해답

$$\text{광변환 효율} = \frac{\text{최대출력 } P_{mpp}}{\text{모듈면적} \times \text{입사조사강도}}$$

$$= \frac{35.1 \times 8.13}{2 \times 1 \times 1{,}000} \times 100 = 14.268 \fallingdotseq 14.27$$

$\therefore$ 14.27[%]

22 태양광발전소 발전용량이 894[kWp]이고 모듈의 설치면적은 6,400[m^2]이다. 발전효율이 88.7[%]일 때 최종 출력단의 변환효율은?

해답

$$\text{변환효율 } \eta = \frac{\text{발전용량} \times \text{발전효율}}{\text{어레이 면적} \times \text{일사강도}} \times 100$$

$$= \frac{894 \times 0.887 \times 10^3}{6{,}400 \times 1{,}000} \times 100 = 12.39[\%]$$

23 다음 조건을 참고하여 태양전지 모듈의 변환효율을 구하시오.

구분	특성
개방전압(V_{oc})	38.8[V]
단락전류(I_{sc})	9.33[A]
최대출력 동작전압(V_{mpp})	31.9[V]
최대출력 동작전류(I_{mpp})	8.78[A]
모듈 치수($L\times W\times T$)	1,640(L)×1,000(W)×35(D)[mm]

해답

$$\text{모듈 변환효율} = \frac{31.9[\text{V}]\times 8.78[\text{A}]}{1.64[\text{m}]\times 1[\text{m}]\times 1,000[\text{W/m}^2]}\times 100[\%] = 17.08[\%]$$

해설 $$\text{모듈 변환효율} = \frac{\text{모듈 출력}[\text{W}]}{\text{모듈 면적}[\text{m}^2]\times 1,000[\text{W/m}^2]}\times 100[\%]$$

24 다음 태양전지 모듈의 충진율과 변환효율을 구하시오.(단, STC 조건에서 계산하시오.)

구분	특성
개방전압(V_{oc})	37.3[V]
단락전류(I_{sc})	8.86[A]
최대출력 동작전압(V_{mpp})	29.7[A]
최대출력 동작전류(I_{mpp})	8.42[A]
모듈규격	1,650[mm]×990[mm]×30[mm]

해답

1) $$\text{충진율}(FF) = \frac{P_{mpp}}{V_{oc}\times I_{sc}} = \frac{V_{mpp}\times I_{mpp}}{V_{oc}\times I_{sc}}$$

$$= \frac{29.7\times 8.42}{37.3\times 8.86} = 0.7567 \fallingdotseq 0.757$$

2) $$\text{태양전지 모듈의 변환효율} = \frac{\text{모듈출력}(V_{mpp}\times I_{mpp})}{\text{모듈면적}\times 1,000[\text{W/m}^2]}$$

$$= \frac{29.7\times 8.42}{1.65\times 0.99\times 1,000}\times 100 = 15.309 \fallingdotseq 15.31[\%]$$

25 최대 태양전력을 교류로 변환시키기 위해 인버터가 최적동작점으로 자동으로 조정하는 특성을 무엇이라 하는가?

해답

추적효율

해설 추적효율은 태양모듈의 출력이 최대가 되는 최대전력점(MPP ; Maximum Power Point)을 찾는 기술에 대한 성능지표이다.

26 태양광 인버터 효율의 종류 중 추적효율이란 무엇인지 간단히 설명하시오.

해답

일조량과 온도에 따른 최대출력과 운전최대출력의 최대전력점을 추적하는 효율

해설 $추적효율 = \frac{운전최대출력[kW]}{일조량과\ 온도에\ 따른\ 최대출력[kW]} \times 100[\%]$

27 계통연계형 인버터의 특성을 나타내는 효율 4가지를 쓰시오.

해답

1) 변환효율
2) 추적효율
3) 정격효율
4) 유로효율

28 정격효율의 정의 및 공식을 쓰시오.

해답

1) 정의 : 변환효율과 추적효율의 곱
2) 공식 : $\eta_{INV} = \eta_{con} \times \eta_{TR}$

29 변환효율이 95[%]이고 추적효율이 92[%]일 때 인버터의 정격효율을 구하시오.

해답

정격효율＝변환효율×추적효율

＝(0.95×0.92)×100＝87.4[%]

30 태양전지 변환효율의 정의 및 공식을 설명하시오.

해답

1) 정의 : 태양으로부터 입사된 에너지에 대한 출력에너지의 비(빛에너지를 전기에너지로 변환하는 비율)

2) 공식 : 효율 $\eta = \dfrac{P_m}{P_{input}} = \dfrac{I_m V_m}{P_{input}} = \dfrac{I_m V_m}{A \times E}$

여기서, P_m : 최대출력　　P_{input} : 입력

I_m : 최적동작전류　　V_m : 최적동작전압

A : 면적[m^2]　　E : 표준일사량 1,000[W/m^2]

31 최고효율이란 무엇인가?

해답

전력 변환(직 → 교, 교 → 직)을 행하였을 때 최고효율을 나타내는 기능

$$\eta_{max} = \frac{AC_{power}}{DC_{power}} \times 100$$

해설 인버터 변환효율 : DC를 AC로 변환하는 인버터의 효율

32 태양전지 모듈의 변환효율의 공식을 쓰고 설명하시오.

해답

1) 모듈의 변환효율 공식(η) $= \dfrac{P_{max}}{E \times A} \times 100$

여기서, P_{max} : 모듈 최대출력

E : 표준일사량 = 1,000[W/m^2]

A : 모듈면적[m^2]

2) 모듈의 변환효율

모듈의 입력에너지에 대한 출력에너지에 대한 비율(빛에너지를 전기에너지로 변환하는 비율)

33 다음은 인버터 출력전력별 효율 측정값이다. 이를 이용하여 출력 전력별 Euro 효율과 총 Euro 효율을 구하시오.

1) 출력 전력별 Euro 효율

출력전력[%]	효율 측정값 η[%]	출력 전력별 Euro 효율 η_{EU}[%]
5	98.31	①
10	98.77	②
20	98.42	③
30	97.81	④
50	97.05	⑤
100	97.47	⑥

2) 총 Euro 효율

해답

1) 출력 전력별 Euro 효율

① 98.31×0.03=2.95

② 98.77×0.06=5.93

③ 98.42×0.13=12.80

④ 97.81×0.10=9.78

⑤ 97.05×0.48=46.58

⑥ 97.47×0.20=19.49

2) 총 Euro 효율

η_{EU}[%]=① 2.95+② 5.93+③ 12.80+④ 9.78+⑤ 46.58+⑥ 19.49

=97.56[%]

34 유러피언 효율이란 무엇인가?

해답

1) 변환기의 고효율 성능척도를 나타내는 단위로서 출력에 따른 변환효율을 비중을 둬서 측정하는 단위
2) 각 출력 5[%], 10[%], 20[%], 30[%], 50[%], 100[%]에서 효율을 측정하여 그 비중계수를 0.03, 0.06, 0.13, 0.10, 0.48, 0.2를 두어 곱한 값을 합산하여 계산한 값
$\eta_{EURO} = \eta_5 \times 0.03 + \eta_{10} \times 0.06 + \eta_{20} \times 0.13 + \eta_{30} \times 0.10 + \eta_{50} \times 0.48 + \eta_{100} \times 0.2$

35 추적효율에 대해 쓰시오.

해답

일조량과 온도에 따른 최대출력과 운전최대출력의 최대전력점을 추적하는 효율

해설 $\text{추적효율} = \dfrac{\text{운전최대출력}}{\text{일조량과 온도에 따른 최대출력}} \times 100$

36 태양전지의 직·병렬저항의 직렬저항 요소, 병렬저항 요소에 대해 설명하시오.

해답

1) 직렬저항 요소(0.5[Ω] 이하)
   ① 전지의 전면과 후면에서의 금속 접촉
   ② 기판 자체 저항
   ③ 표면층의 면저항
   ④ 금속전극 자체 저항
2) 병렬저항 요소(1[kΩ]보다 큰 값)
   ① 측면의 표면 누설저항
   ② 접합 결함에 의한 누설저항
   ③ 전위(Dislocation) 또는 결정입계를 따라 발생하는 누설저항
   ④ 결정이나 전극의 미세균열에 의한 누설저항

37 태양전지의 손실요인 2가지를 쓰시오.

해답

1) 실리콘계 태양전지의 손실요인은 물질 자체 특성에서 발생
   ① 기판물질 손실
   ② 제조공정에 기인한 손실
2) 실리콘에너지 밴드캡과 관련된 손실
   장파장 손실이 가장 크다.

해설 태양전지의 손실요인

1) 실리콘계 태양전지의 손실요인은 물질 자체의 특성에서 발생하는 손실로 두 가지 요인에 기인한다.
   ① 기판물질을 바꾸는 방법 외에는 특별히 제거할 방법이 없는 부분
   ② 제조공정의 최적화로 어느 정도 제거가 가능한 손실요인
2) 가장 큰 손실요인을 제공하는 부분은 실리콘에너지 밴드캡과 관련된 것이다.
   ① 손실이 큰 요인 : 장파장 손실

38 태양전지 모듈 선정 시 고려사항 6가지를 쓰시오.

해답

1) KS규격에 적합한 모듈 선정
2) Bypass Diode 부착용
3) 수명이 길고 신뢰성이 높을 것
4) 고온에서도 효율저하가 적을 것
5) 경년에 따른 효율저하가 적을 것
6) 효율이 높고 경제적일 것

39 태양전지 모듈의 표준시험(STC) 조건 3가지를 쓰시오.

해답

1) 소자 접합온도 : 25[℃]
2) 대기 질량지수 : AM 1.5
3) 조사강도 : 1,000[w/m^2]

40 태양전지 모듈의 신뢰성 검사항목 5가지를 쓰시오.

해답

1) 내열성 검사
2) 내습성 검사
3) 내풍압 검사
4) 온도사이클 테스트
5) 자외선 피복시험

41 태양전지 모듈 설치 시 중요 고려사항 5가지를 적으시오.(시공설치)

해답

1) 태양전지 모듈의 직렬매수(스트링)는 직류사용 전압 또는 PCS의 입력전압 범위 내 선정
2) 태양전지 모듈의 설치는 가대의 하단에서 상단으로 순차적 조립
3) 태양전지 모듈과 가대의 접합 시 전식 방지를 위해 개스킷을 사용하여 조립
4) 모듈 설치 매뉴얼이 요구하는 힘을 가하여 고정
5) 태양전지 모듈의 접지는 1개의 모듈을 해체하더라도 전기적 연속성이 유지되도록 각 모듈에서 접지단자까지 접지선을 각각 설치한다.

42 태양전지 모듈 지붕 설치 시 고려사항 2가지를 쓰시오.

해답

1) 지붕은 태양전지를 설치한 경우에 예상되는 하중에 견딜 수 있는 강도일 것
2) 태양전지는 풍압력을 검토해 처마 끝, 캐노피, 용마루에 설치한다.

43 지붕에 설치하는 모듈 설치 방식의 형태 3가지를 쓰시오.

해답

1) 경사지붕형
2) 평지붕형
3) 건물일체형

44 모듈 설치 전 검토사항 2가지를 쓰시오.

해답

1) 설계도면(설치상세도) 및 특기시방서를 검토
2) 제조사에서 제공하는 설치매뉴얼(전기적 · 기계적 설치방법) 검토

해설 설치용량, 경사각, 일조시간 등 고려

45 태양광발전모듈의 등급별 용도에 대해 쓰시오.

해답

1) A등급(Class A)
   ① 접근제한 없음. 위험한 전압, 위험한 전력용
   ② 모듈은 직류 50[V] 이상 또는 240[W] 이상으로 동작하는 것
2) B등급(Class B)
   ① 접근제한, 위험한 전압, 위험한 전력용
   ② 울타리나 위치 등으로 공공의 접근이 금지된 시스템으로 사용이 제한
3) C등급(Class C)
   ① 제한된 전압, 제한된 전력용
   ② 모듈은 직류 50[V] 미만이고 240[W] 미만에서 동작하는 것

46 전기충격위험 시험에서 모듈 부품과 접촉하게 되어 발생할 수 있는 충격과 부상으로 인한 인체위험을 평가하기 위한 시험항목 5가지를 쓰시오.

해답

1) 접근성 시험
2) 접지연속성 시험
3) 절연내성 시험
4) 절단취약성 시험
5) 단말처리견고성 시험

해설 6) 충격전압 시험
7) 젖은(습윤) 누설전류 시험

47 효율시험의 판정기준을 쓰시오.(단, 인버터 경우 Euro 변환효율로 측정 시)

구분	독립형	계통연계형
정격용량 10[kW] 초과 30[kW] 이하	①	④
정격용량 30[kW] 초과 100[kW] 이하	②	⑤
정격용량 100[kW] 초과	③	⑥

해답

① 88[%] 이상　② 90[%] 이상　③ 92[%] 이상
④ 90[%] 이상　⑤ 92[%] 이상　⑥ 94[%] 이상

48 충진율의 정의 및 공식을 쓰시오.

해답

1) 정의 : 충진율 FF(Fill Factor)이란 개방전압과 단락전류의 곱에 대한 출력비

2) 공식 : $FF = \frac{I_m V_m}{I_{sc} V_{oc}} = \frac{P_{\max}}{I_{sc} V_{oc}}$

여기서, I_m : 최대출력 동작전류, V_m : 최대출력 동작전압
I_{sc} : 단락전류, V_{oc} : 개방전압, $P_{\max}$: 최대출력전력

49 일반적인 단결정 실리콘 태양전지의 곡선인자(충진율, Fill Factor)는 얼마인지 범위를 쓰시오.

해답

단결정 실리콘 태양전지 충진율 : 0.75~0.85

해설 비결정질 태양전지 충진율 : 0.5~0.7

50 PCS에 대해 간단히 기술하시오.

해답

PCS란 인버터, 제어장치, 보호장치를 일체화한 Unit(태양전지 어레이와 축전지 제외)

51 **신재생에너지 태양광 원별시공기준에 적합한 시공을 수행하려 한다. 설치될 200[W] 태양전지 모듈이 8직렬 3병렬로 어레이가 구성될 경우 가장 경제적으로 설치할 수 있는 태양광 인버터 종류에서 선택하고 그 이유를 쓰시오.(단, 용량이 낮을수록 가격이 낮다.)**

인버터 종류
4[kW] 4.4[kW] 4.6[kW] 5[kW] 5.2[kW] 5.5[kW]

해답

1) 설치할 수 있는 인버터 용량 : 4.6[kW]
2) 선택 이유

태양광발전 총량 $=8\times3\times200[W]\times10^{-3}=4.8[kW]$

인버터의 설치용량은 설계용량 이상이어야 하고 인버터에 연결된 모듈의 설치용량은 인버터의 설치용량 105[%] 이내이어야 하므로

표에서 인버터 종류에 따른 최대 모듈 설치용량은

$4\times1.05=4.2[kW]$　　$4.4\times1.05=4.62[kW]$

$4.6\times1.05=4.83[kW]$　　$5\times1.05=5.25[kW]$

$5.2\times1.05=5.46[kW]$　　$5.5\times1.05=5.775[kW]$

이므로 4.6[kW]를 선택하면 $4.6\times1.05=4.83[kW]$이므로 총용량 4.8[kW]를 포함한 어레이를 연결하기에 가장 경제적이고 효율적이다.

52 **PCS(인버터)의 기능(역할) 6가지를 쓰고 설명하시오.**

해답

1) 자동전압조정 기능 : 역송병렬 시 한전 전압 유지범위를 벗어나는 것을 방지
2) 자동운전정지 기능 : DC 입력전압이 최저전압 이상이 되어 자동운전 이하가 되면 정지
3) 계통연계보호장치 기능 : 태양광발전설비와 전력망과 병렬운전을 위한 주파수, 전압, 위상제어
4) 최대전력추종제어 기능(MPPT) : 태양전지 어레이의 전압, 전류 특성에 따라 최대출력운전이 될 수 있도록 하는 것
5) 단독운전 방지 기능 : 태양광발전시스템이 계통과 연계 시 계통 측에 정전이 발생할 경우 계통 측으로 전력이 공급되는 것을 방지
6) 직류검출 기능 : 정격교류 최대 출력전류의 직류성분 함유율이 배전계통에 0.5[%] 초과하지 않도록 할 것

53 파워컨디셔너시스템 방식의 종류 5가지를 쓰시오.(어레이와 인버터접속방식)

해답

1) 중앙집중식
2) 마스터슬레이브
3) 병렬운전
4) 모듈인버터
5) 스트링인버터

해설

구분	설치방식	장점	단점
중앙집중식	다수의 스트링에 한 개의 인버터 설치	• 투자비 절감 • 설치면적 최소화 • 간편한 유지관리	• 고장 시 시스템 전체 동작 불가 • 낮은 복사량일 때 효율 저하 • 고장 시 높은 A/S 비용
마스터 슬레이브	하나의 마스터에 2~3개의 슬레이브 인버터로 구성	인버터 1대의 중앙집중식보다 효율이 높음	인버터 1대 설치 시보다 시설투자비 증가
병렬 운전방식	인버터 입력부분을 병렬로 연결	• 인버터 효율 증가 및 수명 연장 • 백업(Backup) 유리	보호방식이 복잡
모듈인버터	모듈 하나마다 별개의 인버터 설치	• 최대 효율 및 MPP 최적 제어 가능 • 시스템 확장 유리	투자비가 가장 많이 듦
스트링 인버터/서브 어레이	• 하나의 스트링에 하나의 인버터 설치(스트링 인버터) • 2~3개의 스트링 연결(서브 어레이)	• 설치가 간편 • 설치비 절감 • 접속함 생략 가능 • 케이블량 감소	스트링이 길 경우 음영에 따른 전력 손실 증가

파워컨디셔너 시스템 방식의 종류

1) 인버터 방식의 선정
   ① 중앙집중형과 분산형으로 구분
   ② 일반적으로 중앙집중형 선정
   ③ 인버터 전체 시스템에 대해서는 중앙집중형 인버터
   ④ 스트링에 대해서는 스트링 인버터
   ⑤ 하부 어레이 구성 또는 부분적으로 음영이 되는 시스템은 분산형 인버터 고려

2) 저전압 방식

① 표준모듈을 3~5개로 직렬연결하여 스트링 전압을 DC 120[V] 이하로 구성

② 장점 : 음영을 적게 받는다.

③ 단점 : 저항 손실을 줄이기 위해 굵기가 굵은 케이블을 간선으로 사용

④ 적용 : 건자재 일체형 태양광발전시스템

3) 고전압방식

① 스트링이 길고 인버터의 입력전압이 DC 120[V]를 초과하는 것

② 장점 : 전류가 낮아 케이블의 굵기를 가늘게 할 수 있다.

③ 단점 : 스트링이 길기 때문에 음영 손실이 높다.

④ 적용 : 국내에서는 일반적으로 고전압방식을 주로 채용

4) 마스터슬레이브 방식

마스터슬레이브 원리를 이용한 중앙집중형 인버터 방식

5) 서브어레이와 스트링 인버터 방식(분산형 인버터 방식)

① 대부분 태양전지 어레이는 한 개의 스트링으로 형성

② 중간 규모의 경우 2~3개의 스트링 인버터에 연결되어 서브 어레이 구성

③ 서브 어레이와 스트링 인버터 방식은 복사량 조건에 따라 전력을 조절할 수 있으며 분산형 인버터라 한다.

6) 모듈 인버터 방식(AC 모듈)

부분 음영이 있는 곳에서도 높은 시스템 효율을 얻기 위해서는 인버터를 태양전지 모듈마다 제각기 연결시키는 것

7) 병렬운전방식

인버터의 DC 입력부분과 AC 출력부분을 모두 병렬로 접속

54 그림과 같은 인버터 방식의 명칭을 쓰시오.

1)

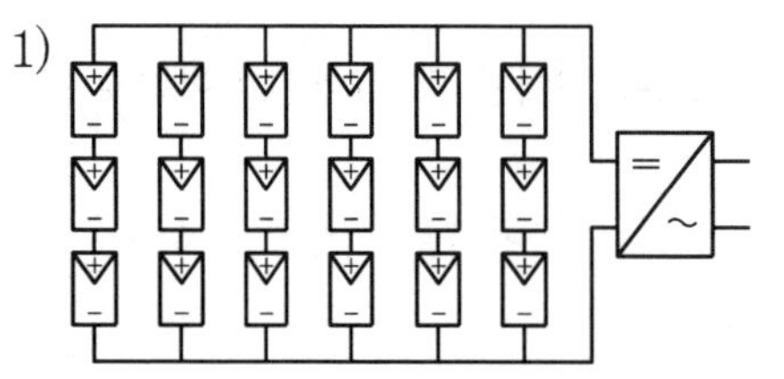

2)

3)

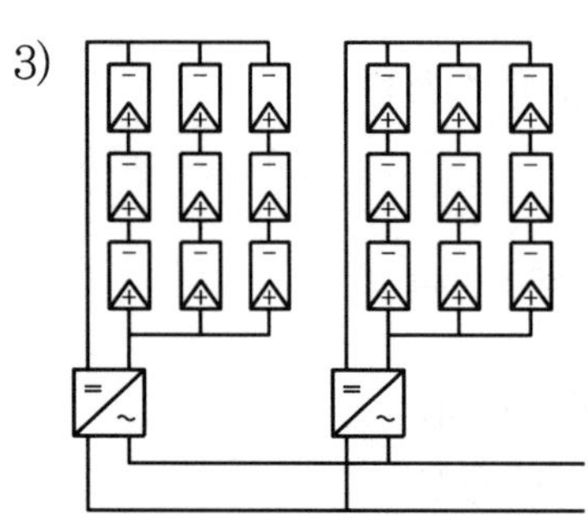

4)

해답

1) 중앙집중형 인버터(저전압) 방식
2) 모듈 인버터 방식
3) 서브어레이 인버터 방식
4) 스트링 인버터 방식

55 그림과 같은 인버터 방식은 어떤 방식인가?

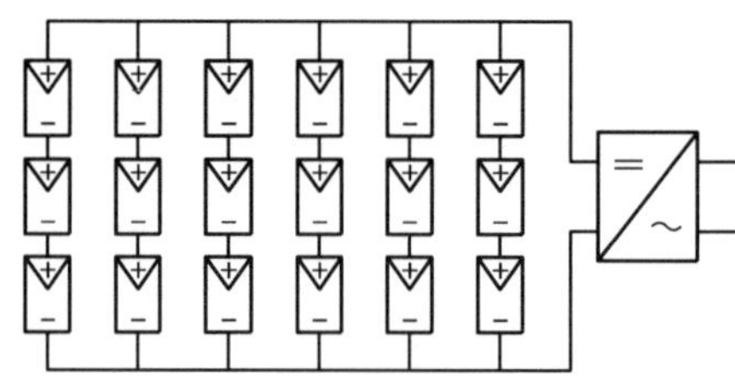

해답

중앙 집중형 인버터 방식

해설 중앙 집중형 인버터(저전압) 방식

1) 중앙집중형 인버터(저전압)방식 : 몇 개의 모듈(3~5)만이 직렬 연결되어 스트링을 이룬다.
2) 장점 : 음영의 영향을 적게 받는다. 스트링에서 가장 많이 음영이 지는 모듈전류에 따라 전체 스트링 전류가 결정된다.
3) 단점 : 높은 전류가 발생한다. 저항손실을 줄이기 위해서는 상대적으로 사이즈가 굵은 케이블 간선이 사용된다.

56 다음에서 설명하는 인버터 방식을 쓰시오.

- PV 분전함이 없어도 되는 인버터 방식
- 상호 연결에 소모되는 모듈 케이블양의 감소
- DC 전원 케이블 생략

해답

스트링 인버터 방식

57 인버터 운전 효율을 증가시키지만 입력 측 차단기 및 보호회로방식이 복잡해지는 인버터 운전방식을 쓰시오.

해답

병렬운전 인버터 방식

58 태양전지 모듈 개별로 인버터를 부착하는 방식은?

해답

모듈 인버터 방식

59 중앙집중형 인버터 방식 중 120[V] 미만의 저압은 어느 보호등급에 설계하는가?

해답

보호등급 Ⅲ

해설
- 스트링전압이 120[V] 미만인 경우 보호등급 Ⅲ(AC 50[V], DC 120[V]) 적용
- 고전압방식 : 스트링이 길고 인버터의 입력전압이 DC 120[V]를 초과하는 경우 보호등급 Ⅱ 적용

60 인버터 선정 체크 포인트 중 전력품질 · 공급 안전성과 관계있는 사항 3가지를 쓰시오.

해답

1) 잡음 발생이 적을 것
2) 직류, 고조파 발생이 적을 것
3) 기동, 정지가 안정적일 것

61 파워컨디셔너의 종합적인 선정 포인트 5가지를 쓰시오.

해답

1) 연계하는 계통(한전) 측과 전압 및 전기방식이 일치하는가
2) 수명이 길고 신뢰성이 높은 기기인가
3) 보호장치의 설정이나 시험은 간단한가
4) 설치는 용이한가
5) 국내외 인증된 제품인가

62 인버터의 기능 중 단독운전 검출방식에서 능동적 방식의 종류와 개요를 쓰시오.

종별 방식	개요

해답

능동적 방식

종별 방식	개요
주파수 시프트방식	인버터의 내부발진기에 주파수 바이어스가 입력되면, 단독운전 시에 나타나는 주파수 변동을 검출한다.
유효전력 변동방식	• 인버터의 출력에 주기적인 유효전력 변동을 주었을 때 단독운전 시에 나타나는 전압, 전류 또는 주파수 변동을 검출한다. • 상시 출력 변동의 가능성이 있다.
무효전력 변동방식	인버터의 출력에 주기적인 무효전력 변동을 주었을 때, 단독운전 시 나타나는 주파수 변동 등을 검출한다.
부하변동방식	인버터의 출력과 병렬로 임피던스를 순간적 또는 주기적으로 삽입하는 전압 또는 전류의 급변을 검출한다.

해설

종별 방식	개요
전압위상도약 검출방식	• 단독운전 이행시 인버터 역률 운전에서 부하의 역률로 변화하는 순간의 전압위상의 도약을 검출한다. • 단독운전 이행 시 위상 변화가 발생하지 않을 때에는 검출되지 않는다. • 오작동이 적고 실용적이다.
제3차 고조파 전압급증 검출방식	• 단독운전 이행 시 변압기의 여자전류 공급에 따른 전압 변형의 급변을 검출한다. • 부하가 되는 변압기와의 조합 때문에 오작동 확률이 비교적 높다.
주파수 변화율 검출방식	주로 단독운전 이행 시 발전전력과 부하의 불평형에 의한 주파수의 급변을 검출한다.

63 **전력회사의 배전망에서 전기적으로 끊어져 있는 배전선으로 태양광발전시스템에서 전력이 공급되어 보수점검자에게 위해를 끼칠 위험이 있으므로 태양광발전시스템의 운전을 정지시키는 인버터의 기능은?**

해답

단독운전 방지기능

64 인버터 회로도를 참고하여 절연방식을 쓰고 설명하시오.

회로도	절연방식	설명
DC→AC / PV, 인버터, 상용주파 변압기		
DC→AC, AC→DC, DC→AC / PV, 고주파 인버터, 고주파 변압기, 인버터		
PV, 컨버터, 인버터		

해답

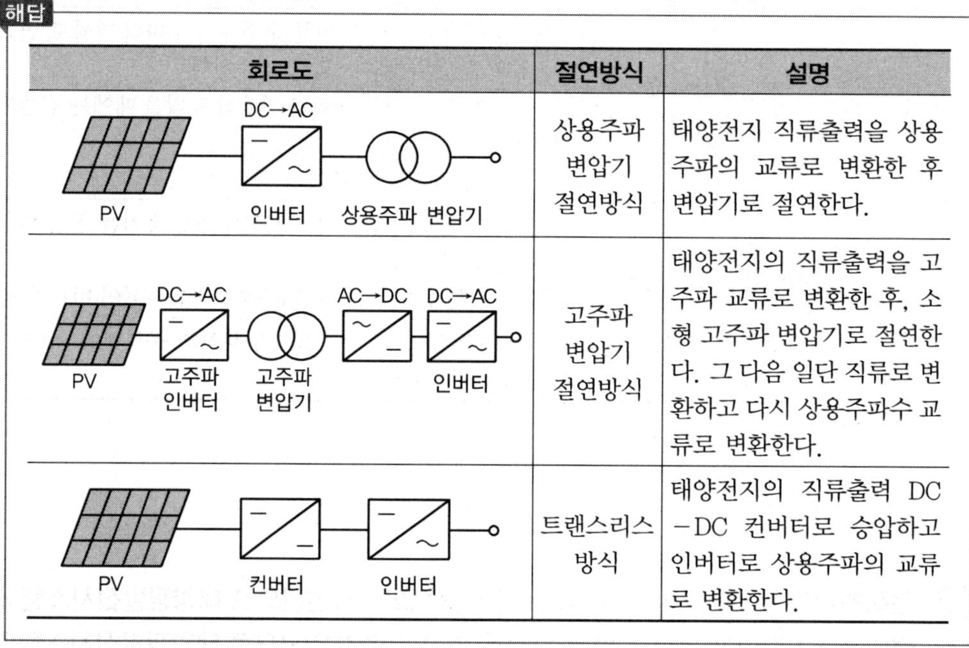

회로도	절연방식	설명
DC→AC / PV, 인버터, 상용주파 변압기	상용주파 변압기 절연방식	태양전지 직류출력을 상용주파의 교류로 변환한 후 변압기로 절연한다.
DC→AC, AC→DC, DC→AC / PV, 고주파 인버터, 고주파 변압기, 인버터	고주파 변압기 절연방식	태양전지의 직류출력을 고주파 교류로 변환한 후, 소형 고주파 변압기로 절연한다. 그 다음 일단 직류로 변환하고 다시 상용주파수 교류로 변환한다.
PV, 컨버터, 인버터	트랜스리스 방식	태양전지의 직류출력 DC−DC 컨버터로 승압하고 인버터로 상용주파의 교류로 변환한다.

65 **태양광발전시스템 인버터의 직류 측과 교류 측과의 절연방식 중 고주파 절연방식에 대하여 설명하시오.**

해답

고주파 절연방식

1) 회로도

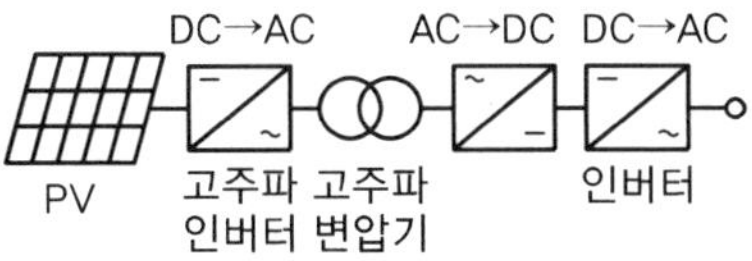

2) 설명(개요)

태양전지의 직류출력을 고주파교류로 변환한 후 소형 고주파 변압기로 절연하고, 그 후 직류로 변환하고 다시 인버터로 상용주파의 교류로 변환하는 절연방식이다.

66 **분산형 전원을 인버터를 이용하여 전력계통에 연계하는 경우 접속점과 인버터 사이에 상용주파수 변압기를 설치해야 하는데 이의 예외사항 3가지를 쓰시오.**

해답

1) 인버터의 직류 측 회로가 비접지인 경우
2) 고주파 변압기를 사용하는 경우
3) 인버터의 교류출력 측에 직류 검출기를 구비하고, 직류 검출 시에 교류출력을 정지하는 기능을 갖춘 경우

해설 제281조 분산형 전원을 인버터를 이용하여 배전사업자의 저압 전력계통에 연계하는 경우 인버터로부터 직류가 계통으로 유출되는 것을 방지하기 위하여 접속점(접속설비와 분산형 전원 설치자측 전기설비의 접속점을 말한다.)과 인버터 사이에 상용주파수 변압기(단권변압기를 제외한다.)를 시설하여야 한다. 다만, 다음 각 호를 모두 충족하는 경우에는 예외로 한다.

① 인버터의 직류 측 회로가 비접지인 경우 또는 고주파 변압기를 사용하는 경우
② 인버터의 교류출력 측에 직류 검출기를 구비하고, 직류 검출 시에 교류출력을 정지하는 기능을 갖춘 경우

67 인버터의 회로방식에서 고주파 변압기 절연방식의 단점 2가지를 쓰시오.

해답

1) 많은 파워 소자를 사용하며 구성이 복잡하고 비용이 증가한다.
2) 직류 전류성분 유출의 우려가 있다.

해설

구분	상용주파 절연방식	고주파 절연방식	무변압기방식
장점	• 주 회로와 제어부를 가장 간단히 구성할 수 있다. • 변압기로 절연되어 계통과의 안정성이 확보된다. • 3ϕ, 10[kW] 이상의 파워 컨디셔너에 적용된다.	• 계통선과 전기적으로 절연되어 안정성이 높다. • 저주파 절연 변압기를 사용하지 않기 때문에 고효율화, 소형 경량화, 전체 시스템의 저가화가 가능하다.	• 저주파 변압기를 사용하지 않기 때문에 고효율, 소형 경량화에 가장 유리하다. • 시스템 구성에 필요한 전력용 반도체 소자가 가장 적기 때문에 저가의 시스템 구현에 적합하다.
단점	• 변압기 때문에 효율이 떨어진다. • 사이즈와 무게가 커진다.	• 많은 파워 소자를 사용하며 구성이 복잡하다. • 직류전류성분 유출의 우려가 있다.	• 변압기를 사용하지 않기 때문에 안전성에서 불리하다. • 안정성 확보를 위해 복잡한 제어가 요구된다.

68 아래 회로도는 어떤 방식의 PCS를 나타낸 것인가?

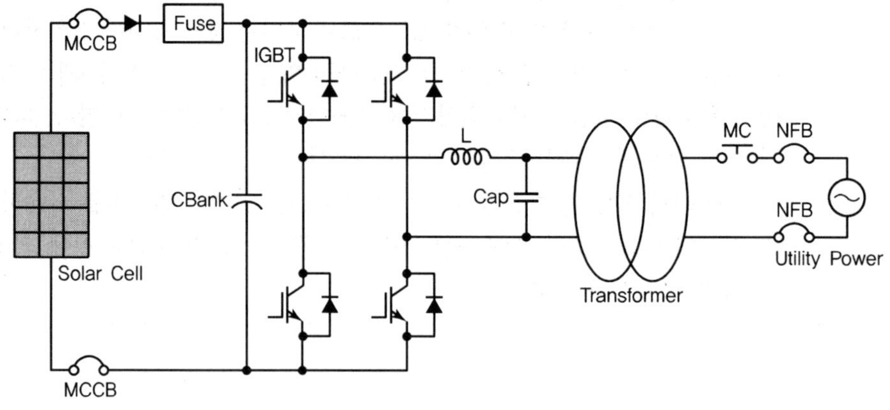

해답

상용주파절연방식

69 인버터 선정 시 주의사항(고려사항) 5가지를 적으시오.

해답

1) 국내외 인증제품
2) 전력변환효율이 높을 것
3) 수명이 길고 신뢰성이 높을 것
4) 고조파 잡음 발생이 적을 것
5) 저부하 시 대기 손실이 적을 것

해설 인버터 선정 시 주의사항

6) 기동정지가 안정적일 것
7) 설치가 용이할 것

70 인버터의 용량산정계수(C_{INV})의 범위는?

해답

$0.83 < C_{INV} < 1.25$

71 대기손실에 대해 간략하게 설명하고 판정기준을 적으시오.

해답

1) 계통 연계형인 경우 인버터를 운전하지 않을 때 상용전력 계통에서 수전하는 경우 태양광발전설비기기에서, 즉 인버터에서 발생하는 전력손실
2) 대기손실 판정기준 : 대기손실전력이 100[W] 이하일 것

72 태양전지 출력특성(전압 전류)을 나타낸 것으로 DC 측정법으로 측정되는 방법은?

해답

$I-V$ 곡선

73 아래 그림에 해당하는 파워컨디셔너의 장점 3가지를 쓰시오.

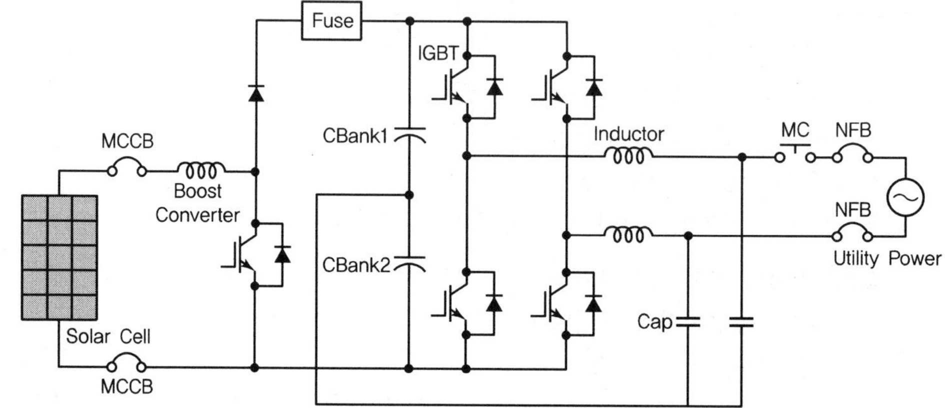

해답

1) 저주파 변압기를 사용하지 않기 때문에 효율이 높다.
2) 변압기가 없으므로 소형, 경량화가 가능하다.
3) 모듈형태가 가능하여 시스템의 구성이 간단하다.

해설 무변압기 방식으로서 저가의 시스템 구현에 적합하다.

74 파워컨디셔너 선정 시 태양광 유효이용과 전력품질 면에서의 고려사항을 쓰시오.

해답

1) 태양광 유효이용에 관한 선정 시 고려사항
   ① 전력변환효율이 높을 것
   ② 최대전력 추종제어(MPPT)에 의한 최대전력의 추출이 가능할 것
   ③ 야간 등에 대기 손실이 적을 것
   ④ 저부하 시의 손실이 적을 것
2) 전력품질, 공급안정성에 관한 고려사항
   ① 잡음 발생이 적을 것
   ② 직류, 고조파 발생이 적을 것
   ③ 기동, 정지가 안정적일 것

75 **태양광 모듈의 공칭 태양전지 동작온도(NOCT) 조건에 대해 다음 물음에 답하시오.**

1) 일사 강도는 몇 [W/m²]인가?
2) 외기온도는 몇 [℃]인가?
3) 풍속은 몇 [m/s]인가?
4) 모듈은 어느 면에 개방하는가?

해답

1) 800[W/m²]
2) 20[℃]
3) 1[m/s]
4) 모듈 뒷면 개방

76 **모듈 최대출력이 140[Wp], 1스트링 직렬매수가 15직렬, 시스템 출력전력이 30,000[W]일 때 태양광 어레이 병렬 수를 구하시오.**

해답

$$병렬수 = \frac{시스템\ 출력\ 전력}{직렬 \times 모듈\ 최대\ 출력} = \frac{30,000}{15 \times 140[W]} = 14.28에서\ 14병렬$$

77 **PV 발전소 부지면적이 그림과 같은 규모이고, 1,800×950[mm], 250[Wp], 모듈의 온도에 따른 전압범위가 26~40[V]인 모듈로 스트링(String) 어레이를 구성할 경우 다음의 물음에 답하시오.(단, PCS의 입력전압범위는 350~650[V], 모듈의 경사각은 33°, 동지 시 발전한계 시각에서의 태양의 고도는 16°, 모듈의 배열은 1단 세로쌓기라 가정하고 세로배열 모듈의 간격은 무시하는 것으로 한다.)**

1) 모듈의 효율[%]은?
2) 발전시간 내 음영이 생기지 않는 모듈의 최대 배치 개수는?
3) 최대 발전 가능량[kWp]은?

해답

1) 모듈의 효율[%] $= \dfrac{\text{모듈출력[Wp]}}{\text{모듈에 입사된 에너지량}} \times 100$

$= \dfrac{250}{1.8 \times 0.95 \times 1,000} \times 100 = 14.6198 \fallingdotseq 14.62$

$\therefore$ 14.62[%]

2) 최대 배치 개수(세로깔기 : 모듈의 긴 쪽이 좌우, 가로깔기 : 모듈의 긴 쪽이 상하)

① 세로배열 : 17÷0.95=17.8947

남향배치 및 세로쌓기이므로 어레이 1열의 모듈 수는 17개 가능

스트링 전압 확인 : 40×17=680(PCS 동작범위 초과)

40×16=640(PCS 동작범위 이내)

세로배열 수는 16개로 한다.

② 가로배열 : 어레이 간 이격거리를 계산하여 배치

이격거리

$d = L \times \{\cos\alpha + \sin\alpha \times \tan(90° - \text{동지 시 발전한계시각에서의 태양고도})\}$

$= 1.8 \times \{\cos 33° + \sin 33° \times \tan(90° - 16°)\}$

$= 4.9284 \fallingdotseq 4.93[\text{m}]$

부지의 가로길이가 18[m]이므로 18÷4.93=3.651

가로배열 수는 4열까지 가능

(마지막 열은 음영에 관계없으므로 4열까지 가능)

최대 배치 개수=16×4=64개

3) 최대 발전 가능용량 $= 64 \times 250 \times 10^{-3} = 16[\text{kWp}]$

78 **아래의 조건을 참조하여 외기온도가 38℃일 때의 V_{oc} 및 V_{mpp}를 구하시오.(단, 소수점 셋째 자리에서 반올림할 것)**

[조건]

V_{oc} : 33.5[V], V_{mpp} : 30.8[V], 전압온도계수 : −0.32[%/℃]

일사강도 : 1,000[W/m^2], NOCT : 46[℃]

해답

1) $V_{oc}(℃) = V_{oc} \times \{1 + \beta(T_{cell} - 25)\}$에서

외기온도 38도일 때 셀 표면온도 T_{cell}

$$T_{cell} = T_{air} + \frac{NOCT - 20}{800} \times 1,000$$

$$= 38 + \frac{46 - 20}{800} \times 1,000 = 70.5[℃]$$

$$V_{oc}(70.5℃) = 33.5 \times \left\{1 + \left(\frac{-0.32}{100}\right)(70.5 - 25)\right\} = 28.6224 ≒ 28.62[V]$$

2) $V_{mpp}(70.5℃) = V_{mpp} \times \{1 + \beta(T_{cell-\min} - 25)\}$

$$= 30.8 \times \left\{1 + \left(\frac{-0.32}{100}\right)(70.5 - 25)\right\} = 26.315 ≒ 26.32[V]$$

79 태양전지 모듈의 전기적 특성이 다음 표와 같을 때, 개방전압(V_{oc})과 최대출력 시 동작 전압(V_{mpp})를 각각 계산하시오.(단, 셀의 접합점 온도가 73[℃]이다.)

최대출력($P_{\max}$)	355[W_p]
최대출력 동작전압(V_{mpp})	37.4[V]
최대출력 동작전류(I_{mpp})	9.5[V]
개방전압(V_{oc})	46.4[V]
단락전류(I_{sc})	10.1[A]
전압온도계수(%/℃)	−0.30
NOCT	47

해답

1) 개방전압(V_{oc})

$$V_{oc}(73℃) = V_{oc}\{1 + \beta(T_{cell.\max} - 25)\}$$

$$= 46.4\left\{1 + \frac{-0.3}{100}(73 - 25)\right\} = 39.718 ≒ 39.72[V]$$

2) 최대출력 동작전압(V_{mpp})

$$V_{mpp}(73℃) = V_{mpp}\{1 + \beta(T_{cell.\max} - 25)\}$$

$$= 37.4\left\{1 + \frac{-0.3}{100}(73 - 25)\right\} = 32.014 ≒ 32.01[V]$$

80 **태양광발전설비의 태양전지판의 크기는 2×5[m]이고 어레이 경사각 30°이며 햇빛이 지표면에 수직으로 입사할 때 1[m^2]의 지표면에서 단위시간당 받는 빛에너지가 1,000 [W/m^2]이고 태양전지의 변환효율이 20[%]일 때, 이 태양광발전시설이 2시간 동안 생산하는 전력량은 몇 [kWh]인가?(단, 햇빛은 2시간 내내 동일하게 지면에 수직으로 입사하며, 태양전지 표면에서 빛의 반사는 일어나지 않는다.)**

해답

1) 태양광발전 시설의 전력량＝태양전지판의 출력×발전시간
2) 태양전지판의 출력＝경사면의 일조강도×태양전지면적×변환효율
3) 경사면 일조강도＝법선면 일조강도×$\sin\alpha$
   여기서, α : 경사면 입사각

   경사면 입사각＝90°－어레이 경사각＝90°－30°＝60°
   법선면 일조강도＝1,000[W/m^2]
4) 경사면 일조강도＝$1{,}000\times\sin 60° = 866.025 ≒ 866.03$[W/$m^2$]
5) 태양전지판의 출력[W]＝$866.03\times2\times5\times0.2$
6) 2시간 동안 생산하는 전력량＝태양전지판의 출력[W]×발전시간[h]
   $= 866.03\times2\times5\times0.2\times2\times10^{-3}$
   $= 3.46412 ≒ 3.46$[kW/h]

$\therefore$ 3.46[kW/h]

81 **파워컨디셔너(PCS, 태양광용 인버터)에 대한 다음 물음에 답하시오.**

1) 파워컨디셔너의 용량은 모듈설치용량의 몇 [%] 이내여야 하는가?
2) 파워컨디셔너의 옥내용과 옥외용의 IP최소등급을 각각 쓰시오.

해답

1) 105[%] 이내
2) ① 옥내용 IP 20 이상
   ② 옥외용 IP 44 이상

82 태양광발전 부지의 기후 조건은 태양광발전 모듈 최저온도 −11[℃], 최고온도 70[℃]이다. 30[kW] 태양광발전용 인버터에 적합한 직 · 병렬 어레이를 구하고자 한다. 다음 각 물음에 계산과정과 답을 쓰시오.(단, 전압강하는 무시한다.)

태양광발전 모듈 특성	
최대전력 P_{max}[W]	250
개방전압 V_{oc}[V]	37.3
단락전류 I_{sc}[A]	8.7
최대전압 V_{mpp}[V]	30.5
최대전류 I_{mpp}[A]	8.2
전압온도 변화율[mV/℃]	−114
NOCT[℃]	45

태양광발전용 인버터 특성	
최대입력전력[kW]	30
MPP 범위[V]	300~600
최대입력전압[V]	650
최대입력전류[A]	106
정격출력[kW]	30
주파수[Hz]	60

1) 태양광발전 모듈 온도별 V_{oc}, V_{mpp}를 계산하시오.

① 최저 셀 온도

- V_{oc}(−11[℃])
- V_{mpp}(−11[℃])

② 최고 셀 온도

- V_{oc}(70[℃])
- V_{mpp}(70[℃])

2) 최대, 최소 직렬 모듈 수를 계산하시오.

① 연중 최저 −11[℃]에서 직렬 모듈 수 V_{oc}(−11[℃])

② 연중 최저 −11[℃]에서 직렬 모듈 수 V_{mpp}(−11[℃])

③ 연중 최고 70[℃]에서 직렬 모듈 수 V_{mpp}(70[℃])

3) 병렬 모듈 수를 구하여 최대전력을 생산하기 위한 직 · 병렬 모듈 수를 구하시오.

해답

1) 태양광발전 모듈의 온도별 V_{oc}, V_{mpp}

① 최저 셀 온도

- $V_{oc}(-11[℃]) = V_{oc} + \{\alpha(T_{cell} - 25)\}[\text{V}]$

$$= 37.3 + \left\{\left(\frac{-114}{1{,}000}\right)(-11-25)\right\}$$

$$= 41.404[\text{V}] \fallingdotseq 41.40[\text{V}]$$

- $V_{mpp}(-11[℃]) = V_{mpp} + \alpha(T_{cell} - 25)\}[V]$

$$= 30.5 + \left\{\left(\frac{-114}{1,000}\right)(-11-25)\right\}$$

$$= 34.604 ≒ 34.60[V]$$

② 최고 셀 온도

- $V_{oc}(70[℃]) = V_{oc} + \alpha(T_{cell} - 25)\}[V]$

$$= 37.3 + \left\{\left(\frac{-114}{1,000}\right)(70-25)\right\}$$

$$= 32.17[V]$$

- $V_{mpp}(70[℃]) = V_{mpp} + \{\alpha(T_{cell} - 25)\}[V]$

$$= 30.5 + \left\{\left(\frac{-114}{1,000}\right)(70-25)\right\}$$

$$= 25.37[V]$$

2) 최대 최소 직렬 모듈 수

① 연중 최저 −11[℃]에서 직렬 모듈 수 $V_{oc}(-11[℃])$

$$V_{oc}\text{ 모듈 수} = \frac{\text{최대입력전압}}{\text{모듈 표면온도가 최저인 상태에서 개방전압}}$$

$$= \frac{650}{41.40} = 15.7$$

∴ 최대 모듈 수 15장

② 연중 최저 −11[℃]에서 직렬 모듈 수 $V_{mpp}(-11[℃])$

$$V_{mpp}\text{ 모듈 수} = \frac{\text{MPP 최댓값}}{\text{모듈 표면온도가 최저인 상태에서 최대출력동작전압}}$$

$$= \frac{600}{34.6} = 17.34$$

∴ 최대 모듈 수 17장

최대전력을 얻을 수 있는 직병렬 계산 시 ①<②이면 ①을 적용해야 최대전력을 얻을 수 있는 조건과 인버터 최고전압을 모두 만족

③ 연중 최고 70[℃]에서 직렬 모듈 수 $V_{mpp}(70[℃])$

$$\text{최소 직렬 수} = \frac{\text{MPP 최솟값}}{\text{모듈 표면온도가 최고인 상태에서 최대출력동작전압}}$$

$$= \frac{300}{25.37} = 11.824$$

∴ 최소 모듈 수 12장

3) 최대전력 생산을 위한 직 · 병렬 모듈 수

- 12직렬= $\dfrac{30\times10^3}{12\times250}=10$에서 10병렬

  출력=$12\times10\times250=30{,}000$[W]

- 13직렬= $\dfrac{30\times10^3}{13\times250}=9.23$에서 9병렬

  출력=$13\times9\times250=29{,}250$[W]

- 14직렬= $\dfrac{30\times10^3}{14\times250}=8.571$에서 8병렬

  출력=$14\times8\times250=28{,}000$[W]

- 15직렬= $\dfrac{30\times10^3}{15\times250}=8$에서 8병렬

  출력=$15\times8\times250=30{,}000$[W]

∴ 최대전력을 생산하기 위한 직 · 병렬 모듈 수 : 12직렬 10병렬 또는 15직렬 8병렬

83 파워컨디셔너 선정 시 반드시 확인하여야 할 사항을 쓰시오.(인버터 3ϕ4W 불평형 판단 기준)

1) 파워컨디셔너 제어방식
2) 출력 기본파 역률
3) 전류 왜형률
4) 효율

해답

1) 전압형 전류제어 방식
2) 95[%] 이상
3) 종합 5[%] 이하 각 차수마다 3[%] 이하
4) 최고효율 및 유로피언 효율이 높을 것

84 인버터 선정 시 전력품질 · 공급 안정성 관점에서 고려되어야 할 사항 4가지를 쓰시오.

해답

1) 잡음 발생이 적을 것
2) 고조파의 발생이 적을 것
3) 기동 · 정지 안정적일 것
4) 직류성분이 적을 것

85 아래 그림은 어레이의 전기회로도이다. ①, ②, ③, ④에 알맞은 명칭을 쓰시오.

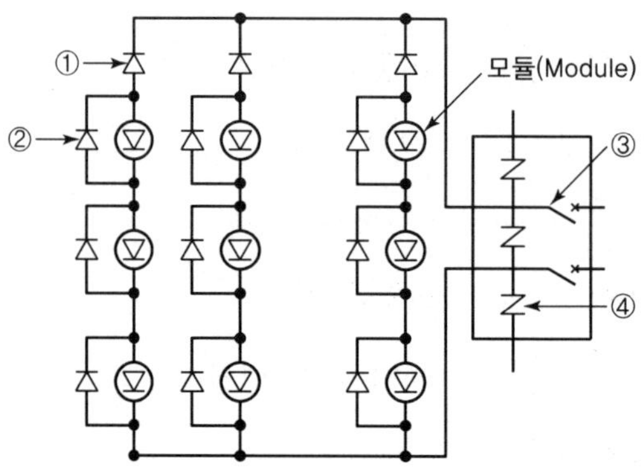

해답

① 역류방지 다이오드 ② 바이패스 다이오드
③ 직류차단기(직류출력 차단기) ④ 피뢰소자(SPD, 서지 보호장치)

86 아래 모듈에 들어가는 소자(다이오드)의 명칭을 쓰고, 역할을 간단히 설명하시오.

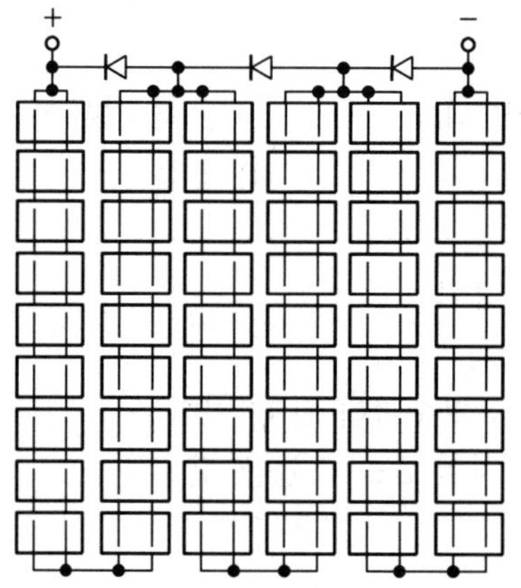

해답

1) 소자 명칭 : 바이패스 다이오드(Bypass Diode)
2) 역할 : 셀의 오염 또는 음영 발생시 오염된 회로를 바이패스 시켜 셀을 보호한다.

87 태양전지 발전소의 전선을 옥측 또는 옥외에 시설할 경우에 전기설비기술기준에서 말하는 시설공사 종류 4가지를 쓰시오.

해답

1) 합성수지관공사
2) 금속관공사
3) 가요전선관공사
4) 케이블공사

88 태양광발전시스템의 시공 시 강우에 의해 모듈 표면으로 흙탕물을 튀는 것을 방지하기 위해 지면으로부터 몇 [m] 이상 높이로 설치해야 하는지 쓰시오.

해답

0.6[m] 이상

해설 한국전기안전공사 "태양광발전설비 점검 · 검사 기술지침(ESG−4002)"에 의거 강우 시 모듈 표면으로 흙탕물이 튀는 것을 방지하기 위해 지면으로부터 0.6[m] 이상의 높이에 설치하여야 한다.

89 케이블 포설 시 주의사항 5가지를 쓰시오.

해답

1) 접지 장애 방지 및 단락 방지 결선 가능하면 (+), (−)극 케이블을 분리포설
2) 케이블 곡률 반지름을 넘지 않도록 주의
3) 케이블은 겨울 기온에 유의하여 취급
4) 지붕 덮개에는 케이블을 포설하지 않는다.
5) 빗물이 지나가는 데 지장이 없어야 한다.

해설 케이블 포설 시 주의사항

가. 접지 장애 방지 및 단락 방지 결선이 가능하면 (+), (−)극 케이블을 분리포설
나. 케이블 곡률 반지름을 넘지 않도록 주의
다. 케이블은 겨울 기온에 유의하여 취급하여야 한다.(케이블절연은 겨울에 손상되기 쉽다.)
라. 지붕 덮개에는 케이블을 포설하지 않는다.
마. 빗물이 지나가는 데 지장이 없어야 한다.
바. 케이블은 가능하면 음영지역에 포설한다.
사. 루프 회로가 생기지 않도록 한다.

90 태양광발전설비와 케이블 접속하기 위해 주의해야 할 사항 3가지는?

해답

1) 규정된 힘으로 볼트에 맞는 토크렌치를 사용
2) 2개 이상 볼트 사용 시 한쪽을 심하게 조이지 않는다.
3) 조임은 너트를 돌려서 조여준다.

해설 기기단자와 케이블 접속

태양전지 모듈 및 개폐기 그 밖의 기구에 전신을 접속하는 경우에는 나사 조임 그 밖에 이와 동등 이상의 효력이 있는 방법에 의하여 견고하고 또한 전기적으로 완전하게 접속함과 동시에 접속점에 장력이 가해지지 않도록 해야 한다. 또한, 모선의 접속 부분은 조임의 경우 지정된 재료, 부품을 정확히 사용하고 다음에 유의하여 접속한다.

1) 볼트의 크기에 맞는 토크렌치를 사용하여 규정된 힘으로 조여 준다.
2) 조임은 너트를 돌려서 조여 준다.
3) 2개 이상의 볼트를 사용하는 경우 한쪽만 심하게 조이지 않도록 주의한다.
4) 토크렌치의 힘이 부족할 경우 또는 조임 작업을 하지 않는 경우에는 사고가 일어날 위험이 있으므로, 토크렌치에 의해 규정된 힘이 가해졌는지 확인할 필요가 있다.

91 주택용 계통연계형 태양광발전설비의 시설에서 중간단자함을 시설하는 경우에 시설 조건 4가지를 쓰시오.

해답

1) 중간단자함은 쉽게 점검이 가능한 은폐장소 또는 점검이 가능한 전개된 장소에 시설할 것
2) 중간단자함은 사용상태에서 내부에 기능상 지장이 없도록 방수형이나 결로가 생기지 않는 구조일 것
3) 외함의 구조는 함 내에 있는 기기의 최고허용온도를 초과하지 않는 구조일 것
4) 중간단자함 내는 필요한 경우 피뢰소자 등을 시설할 것

해설 중간단자함 = 접속함

92 태양광발전설비 시공 중 케이블 단말처리에 사용하는 절연테이프 3가지는?

해답

1) 자기융착 절연테이프
2) 보호테이프
3) 비닐절연테이프

93 P－N 접합으로 구성된 태양전지(solar cell)에 태양광이 조사되면 광 에너지에 의한 전자－정공 쌍이 여기되고, 전자와 정공이 이동하여 N층과 P층을 가로질러 전류가 흐르게 되는 현상을 무엇이라 하는가?

해답

광기전력 효과

94 벽 건재형의 특징 4가지는?

해답

1) 셀의 배치에 따라 개구율을 바꿀 수 있다.
2) 알루미늄 새시 등 지지공법이 여러 가지이므로 선택할 수 있다.
3) 태양전지가 벽재로서 기능하는 타입이다.
4) 주로 커튼월 등으로 설치되어 있다.

95 태양전지 모듈 지붕 설치 시 고려사항 2가지는?

해답

1) 지붕에 태양전지를 설치한 경우에 예상되는 하중에 견딜 수 있는 강도여야 한다.
2) 태양전지는 풍압력을 검토해 처마 끝, 케노피, 용마루의 설치를 고려한다.

96 **주택용 계통연계형 태양광발전설비의 시설에서 중간단자함을 시설하는 경우에는 어떤 기준에 의해 시설하는지 다음 물음에 답하시오.**

1) 중간단자함은 쉽게 점검이 가능한 어떤 장소에 시설하여야 하는가?
2) 중간단자함은 사용 상태에서 내부에 기능상 지장이 없도록 어떤 형의 결로가 생기지 않는 구조이어야 하는가?
3) 중간단자함 내는 필요한 경우 어떤 소자 등을 시설하여야 하는가?

해답

1) 은폐장소
2) 방수형
3) 피뢰소자

97 **주택용 계통연계형 태양광발전설비의 시설에서 어레이 출력 개폐기는 어떤 기준에 의해 시설하는지 다음 내용의 (   ) 안에 들어갈 내용을 써넣으시오.**

1) 태양전지 모듈에 접속하는 부하 측의 전로는 인접한 접속점에 (①) 또는 이와 유사한 기구를 시설하여야 한다.
2) 어레이 출력개폐기는 점검이나 조작이 가능한 (②) 및 또는 (③) 등에 시설할 것
3) 어레이 출력개폐기 외함을 시설하는 경우에는 사용 상태에 따라서 내부의 기능에 지장이 없도록 (④)형이나 결로가 생기지 않는 구조일 것

해답

① 개폐기
② 처마
③ 벽
④ 방수

98 **주택용 계통연계형 태양광발전설비는 태양전지 모듈로부터 (①), (②), 배선 등의 설비까지 적용된다. (   ) 안에 알맞은 단어를 써넣으시오.**

해답

① 접속함
② 파워컨디셔너 시스템(PCS)

99 **태양광발전설비에서 전로 및 기기의 사용 전압은 400[V] 이하로 한다. 다만, 태양전지 모듈에 접속하는 부하 측의 옥내배선(복수의 태양전지 모듈을 시설한 경우는 그 집합체에 접속하는 부하 측의 배선)은 어떤 기준에 의해 시설하는지 3가지를 쓰시오. 단, 주택 옥내전로의 대지전압이 직류 600[V] 이하인 경우는 적용하지 않는다.**

해답

1) 전로에 지락이 발생하였을 경우 자동적으로 차단하는 장치를 시설할 것
2) 사람이 접촉되지 않는 은폐장소에 합성수지관 배선 금속관배선 케이블배선에 의한 시설 또는 사람이 접촉하지 않도록 케이블 배선에 의하여 시설할 것
3) 전선은 적당한 방호장치를 시설할 것

100 **주택용 계통연계형 태양광발전설비의 시설에서 어레이 출력개폐기는 어떤 조건에 의해서 시설해야 하는지 3가지를 쓰시오.**

해답

1) 태양전지 모듈에 접속하는 부하 측의 전로는 인접한 접속점에 개폐기 또는 이와 유사한 기구를 시설할 것
2) 어레이 출력개폐기는 점검이나 조작이 가능한 처마 밑 또는 벽등에 시설할 것
3) 어레이 출력개폐기 외함을 시설하는 경우는 사용 상태에 따라서 내부의 기능에 지장이 없도록 방수형이나 결로가 생기지 않는 구조일 것

101 태양광발전시스템의 시공절차를 쓰시오.

해답

토목공사 → 반입자재검수 → 기기설치공사 → 전기배관배선공사 → 점검 및 검사

해설 시공절차

구분	시공절차 내용
토목공사	• 지반공사 및 구조물 공사 • 접지공사
반입 자재검수	• 책임감리 승인된 자재 반입 및 검수 • 필요시 공장검수실시
기기설치공사	• 어레이설치공사 • 접속함 설치공사 • 파워컨디셔너(PCS) 설치공사 • 분전반설치공사
전기배관배선공사	• 태양전지 모듈 간 배선공사 • 어레이와 접속함의 배선공사 • 접속함과 파워컨디셔너(PCS) 간 배선공사 • 파워컨디셔너(PCS)와 분전반 간 배선
점검 및 검사	• 어레이 검사 • 어레이의 출력 확인 • 절연저항측정 • 접지저항측정

102 태양광발전시스템의 기기설치 공사의 종류 4가지를 쓰시오.

해답

1) 어레이 설치공사
2) 접속함 설치공사
3) 파워컨디셔너 설치공사
4) 분전반 설치공사

103 태양전지 모듈 설치 시 고려사항 5가지를 쓰시오.

해답

1) 모듈의 직렬매수(스트링)는 사용 전압 또는 파워컨디셔너의 입력전압 범위에서 선정
2) 모듈 설치는 가대의 하단에서 상단으로 순차적으로 조립
3) 모듈과 가대 접합 시 전식 방지를 위해 개스킷을 사용하여 조립
4) 모듈 설치 시 매뉴얼이 요구하는 힘을 가하여 고정
5) 모듈의 접지는 1개 모듈을 해체하더라도 전기적 연속성이 유지되도록 모듈에서 접지 단자까지 접지선을 각각 설치한다.

104 태양전지 모듈의 조립 시 주의사항 4가지를 쓰시오.

해답

1) 태양전지 모듈의 파손방지를 위해 충격이 가지 않도록 조심한다.
2) 태양전지 모듈의 인력 이동 시 2인 1조로 한다.
3) 구조물의 높이로 인한 장비 사용 시 정확한 수신호로 충격을 방지한다.
4) 접속하지 않은 모듈의 리드선은 빗물 등 이물질이 유입되지 않도록 보호테이프로 감는다.

105 태양광발전시스템의 설치공사 완료 후 점검 및 검사항목 4가지를 쓰시오.

해답

1) 어레이 검사
2) 어레이 출력 확인
3) 절연저항 측정
4) 접지저항 측정

106 태양전지 모듈을 고정 프레임에 고정시키는 방법을 나타내는 명세도를 보고 빈칸을 채우시오.

해답

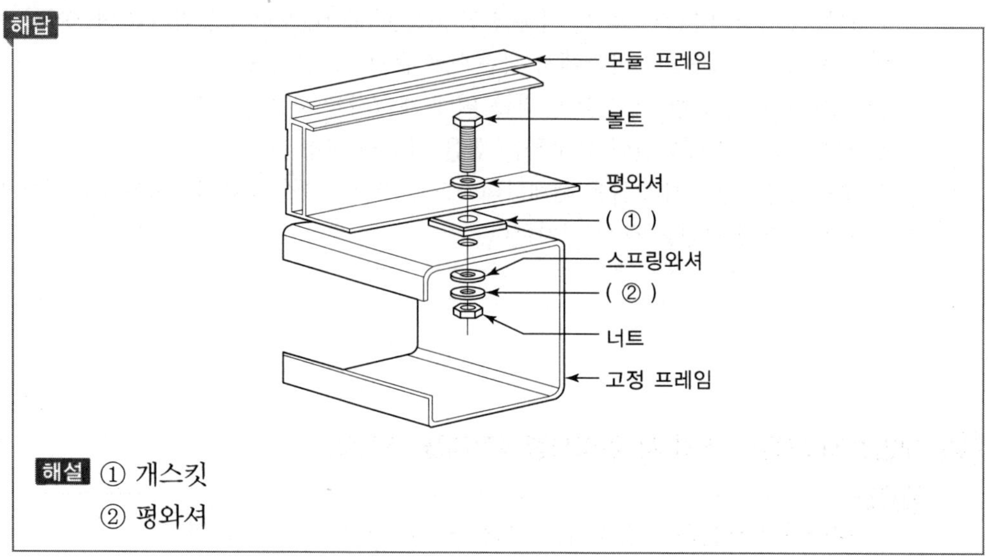

해설 ① 개스킷
② 평와셔

107 태양전지에 사용되는 배선은?

해답

1) 옥내배선 : 모듈전용선, XLPE Cable, 직류전용선, F−CV선, TFR−CV선
2) 옥외사용 Cable : UV Cable

108 태양광발전에서 사용되는 전선관 공사에서 옥내 및 옥측, 옥외에 시설하는 공사방법은?

해답

태양광발전에 사용되는 전선관공사(옥내, 옥측, 옥외 시설 시)
1) 합성수지관 공사
2) 금속관 공사
3) 가요전선관 공사
4) Cable 공사

109 태양전지 어레이 직 · 병렬 연결 시 고려사항 중 태양전지 모듈 배선은 바람에 흔들리지 않도록 스테이플, 스트랩 또는 행거나 이와 유사한 부속품으로 (①)[cm] 내에 간격으로 견고하게 고정하여 가장 늘어진 부분이 모듈면으로부터 (②)[cm] 내에 들도록 하여야 한다. (　　) 안에 알맞은 숫자를 쓰시오.

해답

① 130

② 30

110 다음 표의 수용가 A, B, C에 공급하는 배전선로의 최대 전력은 500[kW]이다. 이때의 부등률은 얼마인가?

수용가	설비용량[kW]	수용률[%]
A	400	60
B	400	60
C	400	80

해답

$$\text{부등률} = \frac{400\times0.6+400\times0.6+400\times0.8}{500} = 1.6$$

해설 $\text{부등률} = \frac{\text{각개 최대 전력의 합}}{\text{합성최대전력}} = \frac{\text{설비용량}\times\text{수용률}}{\text{합성최대전력}}$

111 태양전지 직렬군이 2병렬 이상일 경우에는 각 직렬군에 무엇을 별도로 접속함에 설치하여야 하는지를 쓰시오.

해답

역전류 방지다이오드

해설 역전류 방지다이오드

1) 1대의 인버터에 연결된 태양전지 직렬군이 2병렬 이상일 경우에는 각 직렬군에 역전류방지 다이오드를 별도의 접속함에 설치
2) 접속함은 발생하는 열을 외부에 방출할 수 있도록 환기구 및 방열판 등을 설치
3) 용량은 모듈단락전류의 1.4배 이상이어야 하며 현장에서 확인할 수 있도록 표시

112 역류 방지 다이오드 용량은 모듈단락 전류의 몇 배 이상이어야 하는가?

해답

1.4배 이상

해설 역류 방지 소자

역류 방지 소자(Blocking Diode)는 태양전지 어레이의 스트링(String)별로 설치되며, 역류방지 소자의 설치 목적은 태양전지 모듈에 그늘(음영)이 생긴 경우, 그 스트링 전압이 낮아져 부하가 되는 것을 방지하는 것과 독립형 태양광발전시스템에서 축전지를 가진 시스템에서 야간에 태양광발전이 정지된 상태에서 축전지 전력이 태양전지 모듈 쪽으로 흘러들어 소모되는 것을 방지하기 위한 것으로 다음 그림과 같이 설치된다.

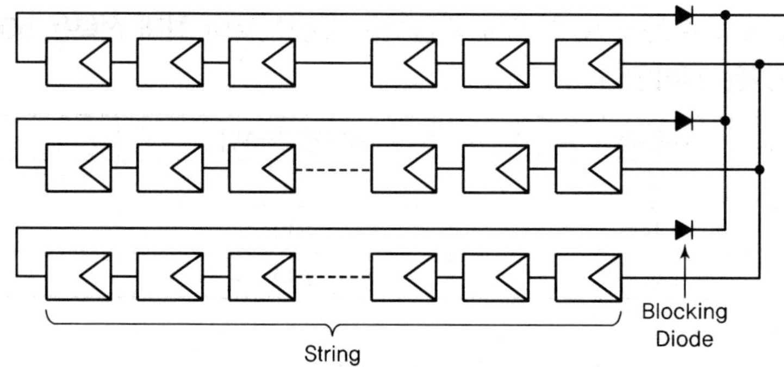

[역류 방지 소자(Blocking Diode)]

역류 방지 소자는 1대의 파워컨디셔너에 연결된 태양전지 직렬군(String)이 1병렬 이상일 경우에는 각 직렬 군에 역류방지 소자를 일반적으로는 접속함에 설치하나, 모듈 제조사에서 모듈 후면 단자함에 부착된 경우도 있으므로 유의하여야 한다. 또한 회로의 최대 전류를 안전하게 흘릴 수 있음과 동시에 최대 역전류에 충분히 견딜 수 있도록 선정되어야 하며, 역류 방지 다이오드의 용량은 모듈 단락전류의 1.4배 이상이어야 하고, 현장에서 확인할 수 있도록 표시된 것을 사용하여야 한다.

113 태양전지 모듈의 단락전류가 9.8[A]인 경우 역류방지 소자의 용량은 최소 얼마로 하여야 하는지를 계산과정과 답을 쓰시오.

해답

1) 계산과정 : 역류방지소자 용량 = 모듈의 단락전류 × 1.4 = 9.8 × 1.4 = 13.72[A]
2) 답 : 13.72[A]

114 태양광발전설비에 역류방지 다이오드를 사용하는 목적과 용량을 쓰시오.

해답

1) 목적 : 태양전지 모듈의 다른 태양전지 회로와 축전지의 전류가 유입되는 것을 방지하기 위해 설치
2) 용량
   ① 태양전지 모듈의 정격전류보다 1.4 이상의 정격전류를 갖는다.
   ② 역전류방지 다이오드 용량은 모듈단락전류의 1.4배 이상

115 태양광발전시스템에서 여러 개의 태양전지 모듈의 스트링을 하나의 접속점에 모이게 하는 것의 명칭과 설치목적에 대해 설명하시오.

해답

1) 명칭 : 접속함
2) 설치 목적 : 보수, 점검시 회로를 분리하거나 점검의 편리성을 위해 설치

116 접속함 선정 시 특히 주의해야 할 사항 4가지를 적으시오.

해답

1) 전압
2) 전류
3) 보호구조
4) 보수점검

해설 1) 전압 : 접속함의 정격전압은 태양전지 스트링의 개방 시의 최대직류전압으로 선정
2) 전류 : 정격입력전류는 접속함에 안전하게 흘릴 수 있는 전류값이며 최대전류를 기준하여 선정
3) 보호구조 : 노출된 장소에 설치되는 경우 빗물, 먼지 등이 접속함에 침입하지 않는 구조의 것으로 보호등급 IP 54 이상의 것을 선정
4) 보수 및 점검 : 태양전지 어레이의 점검, 보수 시 스트링별로 분리하거나 또는 내부부품 교체 시 작업의 편리성을 고려한 공간의 여유를 고려하여 선정

117 태양광설비 시공기준에서 전기배선 및 접속함에 대한 사항이다. 다음 물음에 답하시오.

1) 연결전선에서 태양전지 옥내에 쓰이는 모듈전용선은 무엇인가?
2) 전선이 지면을 통과하는 경우에는 무엇에 손상이 발생되지 않게 별도의 조치를 하여야 하는가?

해답

1) TFR－CV선 사용
2) 피복

해설 1) 태양전지 옥내에 배선에 쓰이는 전선은 모듈전용선, TFR－CV선을 사용
2) 전선이 지면을 통과하는 경우에는 피복에 손상이 발생되지 않게 별도의 조치

118 태양광발전시스템의 접속함 설치공사에서 다음 질문에 답하시오.

1) 접속함 설치목적
2) 접속함 설치위치
3) 접속함 제작조건
4) 접속함 내부설치 기기
5) 역류 방지 다이오드 용량

해답

1) 접속함의 설치목적 : 여러 개의 태양전지 모듈의 직렬 연결된 스트링 회로를 이용하여 접속하여 보수점검 시 회로를 분리하거나 점검을 용이하게 하기 위해 설치
2) 접속함 설치위치 : 태양전지 어레이와 파워컨디셔너 사이에 설치(어레이 근처)
3) 접속함 제작조건 : 풍압 및 설계하중에 견디고 방수, 방부형으로 제작
4) 접속함 내부설치 기기 : 피뢰소자(SPD), 역류 방지 소자, 직류 측 차단기, 어레이 측 개폐기 단자대
5) 역류 방지 다이오드 용량 : 모듈 단락전류의 1.4배 이상

119 태양광발전용 접속함의 내전압시험의 판정기준은?

해답

$(2E+1,000)$[V] 1분 이상

120 태양광발전시스템의 접속함 결선 시 고려사항 4가지를 쓰시오.

해답

1) 극성을 확인한다.
2) 케이블은 필요시 전선관을 이용하여 물리적 손상으로부터 보호한다.
3) 모듈은 PCS 입력전압 범위 내에서 스트링 필요매수를 직렬결선한다.
4) 접속함 내 결선은 병렬로 한다.

해설 접속함 결선 시 고려사항

1) 태양전지 모듈의 뒷면으로부터 접속용 케이블 2가닥씩이므로 반드시 극성을 확인하여 결선한다.
2) 케이블은 건물마감이나 런닝보드의 표면에 가깝게 시공해야 하며, 필요할 경우 전선관을 이용하여 물리적 손상으로부터 보호해야 한다.
3) 태양전지 모듈은 파워컨디셔너(PCS) 입력전압 범위 내에서 스트링 필요매수를 직렬 결선하고, 어레이 지지대 위에 조립한다.
4) 케이블을 각 스트링으로부터 접속함까지 배선하여 다음 그림과 같이 접속함 내에서 병렬로 결선한다. 이 경우 케이블에 스트링 번호를 기입해 두면 차후의 점검 및 보수 시 편리하다.

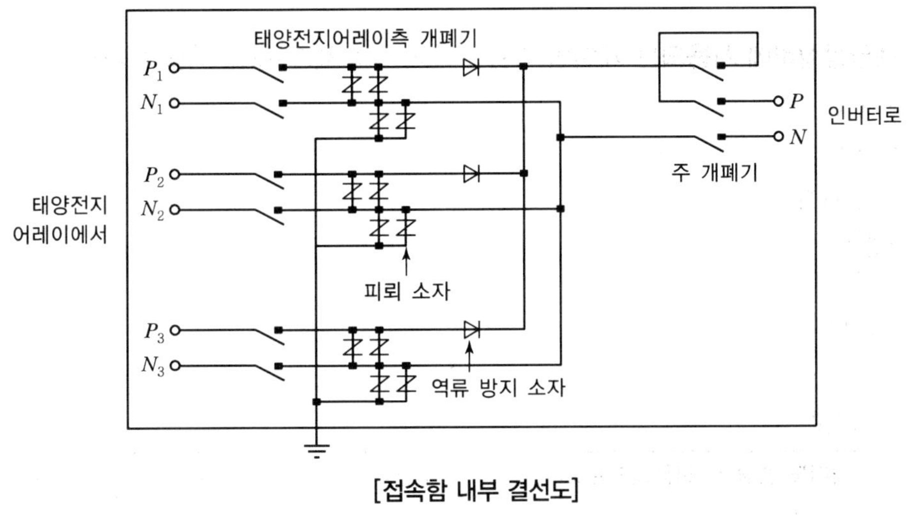

[접속함 내부 결선도]

121 태양광설비 시공기준에서 전기배선 및 접속함에 대한 사항이다. 다음 물음에 답하시오.

1) 태양전지판 직 · 병렬 상태에서 태양전지 각 직렬군은 동일한 단락전류를 가진 모듈로 구성할 경우에는 몇 대의 인버터에 연결하여야 하는가?
2) 태양전지 직렬군이 몇 병렬 이상일 경우에는 각 직렬군의 출력 전압이 동일 배열하여야 하는가?

해답

1) 1대
2) 2병렬

해설 태양전지판 직 · 병렬 상태

1) 태양전지 각 직렬군은 동일한 단락전류를 가진 모듈로 구성하며 1대의 인버터에 연결
2) 태양전지 직렬군이 2병렬 이상일 경우에는 각 직렬군의 출력 전압이 동일 배열

122 태양광설비에 사용되는 케이블의 종류이다. 허용최고온도[℃]를 쓰시오.

1) CV
2) VV
3) PNCT

해답

1) 90
2) 60
3) 80

해설

케이블 종류	허용최고온도[℃]	내연성	열변형성	내후성
CV	90	양호	양호	양호
VV	60	양호	가능	양호
PNCT	80	우수	가능	양호

1) CV(0.6/1[kV] 가교 폴리에틸렌 절연비닐시스 케이블)
2) VV(0.6/1[kV] 비닐절연 비닐시스 케이블)
3) PNCT(0.6/1[kV] EP 고무절연 클로로프렌 캡타이어 케이블

123 전선 접속 시 유의사항 5가지만 쓰시오.

해답

1) 접속으로 인해 전기 저항이 증가하지 아니할 것
2) 전선의 강도를 20[%] 이상 감소시키지 말 것
3) 접속 부분의 절연을 절연전선의 절연물과 동등 이상의 절연 효력이 있는 것으로 피복할 것
4) 전기화학적 성질이 다른 도체를 접속하는 경우 접속부분에 전기적 부식이 생기지 아니할 것
5) 접속부가 부식되지 않을 것, 수분침투 되지 않을 것

124 전선관의 굵기는 동일 전선의 경우에는 피복을 포함한 단면적의 총 합계를 관의 내 단면적의 (①)[%] 이하로 할 수 있으며, 서로 다른 굵기의 전선을 동일 관내에 넣은 경우 피복을 포함한 단면적의 총 합계를 관의 내 단면적의 (②)[%] 이하가 되도록 선정하는 것이 원칙이다. (   ) 안에 알맞은 것을 쓰시오.

해답

① 48
② 32

해설 전선관의 두께는 전선의 피복절연물을 포함하는 단면적의 총합을 관의 48[%] 이하로 한다. 두께가 다른 케이블의 경우는 32[%] 이하를 원칙으로 한다.

125 다음 표에서 재료의 할증률에 대하여 답란에 쓰시오.

종류		할증률[%]
전선	옥외	①
	옥내	②
케이블	옥외	③
	옥내	④
전선관	옥외	⑤
	옥내	⑥
합성수지파형 전선관		⑦

해답

① 5 ② 10
③ 3 ④ 5
⑤ 5 ⑥ 10
⑦ 3

126 다음 설명의 ( ) 안에 알맞은 내용을 쓰시오.

- 태양광발전소에 시설하는 태양전지 전선의 공칭단면적은 (①) 이상의 연동선 또는 이와 동등 이상의 세기 및 굵기의 것일 것
- 옥내에 시설할 경우에는 공사방법을 (②), (③), (④) 또는 케이블공사로 시설할 것

해답

① 2.5[mm^2]
② 합성수지관 공사
③ 금속관 공사
④ 가요전선관공사

127 다음 표에서 재료의 할증률에 대하여 답란에 쓰시오.

종류		할증률[%]
전선	옥내	①
	옥외	②
케이블	옥내	③
	옥외	④

해답

① 10 ② 5
③ 5 ④ 3

128 역조류가 없는 경우, 발전장치 내의 파워컨디셔너(PCS)는 역률 (①)[%] 운전은 원칙으로 하며, 발전설비의 종합 역률은 지상역률 (②)[%] 이상이 되도록 한다. 단, 전압변동 기술요건을 유지하기 힘든 경우에는 전력회사와 개별적으로 협의한다. ( ) 안에 알맞은 값을 쓰시오.

해답

① 100 ② 95

129 절연테이프는 시공 시 테이프 폭이 3/4으로부터 2/3 정도로 중첩해 감아놓으면 시간이 지남에 따라 융착하여 일체화된다. 이 절연테이프의 명칭은?

해답

자기 융착 절연테이프

130 대지전압이 ( )[V]를 넘는 회로에 콘센트를 설치하는 경우에는 접지극이 있는 것을 사용하여야 한다. ( ) 안에 알맞은 값을 쓰시오.

해답

150

131 직류 지락 검출기능에서 직류 측 사고 검출 레벨은 얼마로 선정되어 운전하는가?

해답

100[mA]

132 태양전지 모듈의 $I-V$ 특성곡선의 파라미터를 5가지 쓰시오.

해답

1) 최대출력전력(P_{max})
2) 개방전압(V_{oc})
3) 단락전류(I_{sc})
4) 최대 출력 동작전압(V_{mpp})
5) 최대 출력 동작전류(I_{mpp})

133 **태양전지 모듈의 설치용량은 사업계획서 상에 제시된 설계용량 이상이어야 하며, 설계용량의 몇 [%]를 초과하지 않아야 하는가?**

해답

110[%]

해설 모듈의 설치용량은 사업계획서상의 모듈설계용량과 동일하여야 한다. 다만, 단위모듈당 용량에 따라 설계용량과 동일하게 설치할 수 없을 경우에 한하여 설계용량의 110% 이내까지 가능하다.

134 **파워컨디셔너(PCS) 설치용량은 설계용량 이상이어야 하고 파워컨디셔너에 연결된 모듈 설치용량은 파워컨디셔너의 설치용량의 얼마 이내여야 하는가?**

해답

105[%] 이내

135 **파워컨디셔너(PCS) 표시사항을 입력단과 출력단으로 구분하여 기술하시오.**

해답

1) 입력단(모듈출력) : 전압, 전류, 전력
2) 출력단(파워컨디셔너, 출력) : 전압, 전류, 전력, 역률, 주파수, 누적 발전량, 최대출력량

136 **태양전지 모듈의 배선이 끝난 후 어레이 점검 및 검사 항목을 기술하시오.**

해답

1) 전압, 극성의 확인
2) 단락전류의 측정
3) 비접지 확인

해설 1) 전압·극성의 확인 : 태양전지 모듈의 전압이 올바른지, 정극·부극의 극성이 실수가 없는지 측정한다.
2) 단락전류 측정 : 태양전지 모듈의 사양서에 기재된 전류가 흐르는지 측정한다.
3) 비접지 확인 : 접지와 양극단을 테스터, 검점기 등으로 측정한다.

137 태양전지 모듈의 바이패스 다이오드 소자는 대상 스트링 공칭 최대출력 동작전압의 몇 배 이상의 역내압을 가져야 하는가?

해답

1.5배

138 태양전지 어레이 출력 확인에서 개방전압 측정 목적을 쓰시오.

해답

개방전압의 불균일에 따라 동작불량의 스트링 검출, 동작불량의 모듈 검출, 직렬접속선의 결선누락사고 검출

139 태양전지 어레이 출력 확인에서 개방전압 측정기기를 쓰시오.

해답

직류전압계(테스터)

140 개방전압 측정 시 감전방지 대책 4가지를 쓰시오.

해답

1) 절연장갑을 착용한다.
2) 절연 처리된 계측장비나 공구를 사용한다.
3) 비 오는 날에는 미소전압이 발생하므로 주의하여 측정한다.
4) 측정 전 태양전지 모듈표면에 차광막을 씌운다.

141 태양전지 어레이의 각스트링의 개방전압 측정 시 유의사항 3가지를 쓰시오.

해답

1) 태양전지 어레이의 표면을 청소한다.
2) 각 스트링의 측정은 안정된 일사강도가 얻어질 때 실시한다.
3) 측정시각은 맑은 날 남쪽에 있을 때의 전후 1시간에 실시한다.

해설 4) 비 오는 날에도 미소전압이 발생하므로 매우 주의하여 측정해야 한다.

142 태양광발전시스템용 접속함에서 개방전압 측정순서를 쓰시오.

해답

1) 접속함의 출력 개폐기를 개방(Off)한다.
2) 접속함의 각 스트링 단로스위치(MCCB, fuse)가 있는 경우 MCCB, fuse 개방(Off)
3) 각 모듈이 그늘져 있지 않은지 확인한다.
4) 측정하는 스트링의 MCCB, fuse를 투입(On)한다.
5) 직류전압계로 각 스트링의 P－N 단자 간의 전압을 측정한다.

143 태양전지 회로의 절연저항을 측정하기 위한 순서를 쓰시오.

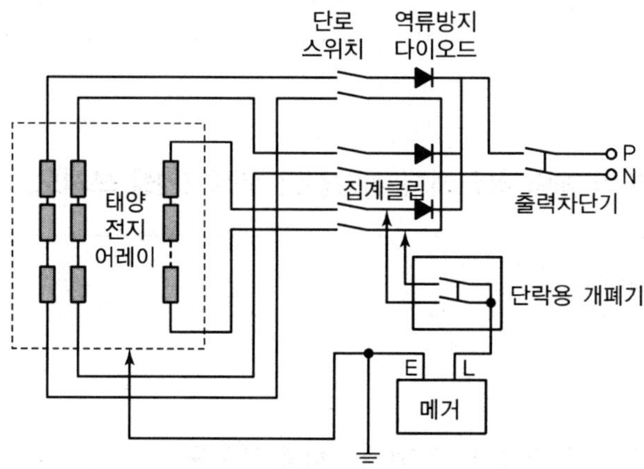

해답

절연저항 측정순서

① 출력개폐기를 개방(Off)한다.
② 단락용 개폐기를 개방(Off)한다.
③ 전체 스트링의 MCCB 또는 퓨즈를 개방(Off)한다.
④ 단락용 개폐기의 1차 측 (+) 및 (－)의 클립을, 역류방지 다이오드에서도 태양전지 측과 MCCB 또는 퓨즈의 사이에 각각 접속한다.
⑤ 절연저항계(메거)의 E측을 접지단자에, L측을 단락용 개폐기의 2차 측에 접속하고 절연저항계를 투입(On)하여 저항값을 측정한다.

해설 절연저항 측정순서 및 측정결과 판정기준

① 출력개폐기를 개방(Off)한다. 출력개폐기의 입력부에서 SPD를 취부하고 있는 경우는 접지단자를 분리시킨다.
② 단락용 개폐기(태양전지의 개방전압에서 차단전압이 높고 출력개폐기와 동등 이상의 전류 차단능력을 가진 전류개폐기의 2차 측을 단락하여 1차 측에 각각 클립을 취부한 것)를 개방(Off)한다.

③ 전체 스트링의 MCCB 또는 퓨즈를 개방(Off)한다.
④ 단락용 개폐기의 1차 측 (+) 및 (−)의 클립을, 역류방지 다이오드에서도 태양전지 측과 MCCB 또는 퓨즈의 사이에 각각 접속한다. 접속 후 대상으로 하는 스트링의 MCCB 또는 퓨즈를 투입(On)한다. 마지막으로 단락용 개폐기를 투입(On)한다.
⑤ 절연저항계(메거)의 E측을 접지단자에, L측을 단락용 개폐기의 2차 측에 접속하고 절연저항계를 투입(On)하여 저항값을 측정한다.
⑥ 측정 종료 후에 반드시 단락용 개폐기를 개방(Off)하고 어레이 측 MCCB 또는 퓨즈, 단로기를 개방(Off)한 후 마지막에 스트링의 클립을 제거한다. 이 순서를 반드시 지켜야 한다. 특히 단로기는 단락전류를 차단하는 기능이 없으며 또한 단락상태에서 클립을 제거하면 아크방전이 발생하여 측정자가 화상을 입을 가능성이 있다.
⑦ SPD의 접지 측 단자를 복원하여 대전압을 측정해서 잔류전하의 방전상태를 확인한다.
⑧ 측정결과의 판정기준을 전기설비기술기준에 따라 표시한다.

144 MPPT 제어기법의 종류 4가지를 쓰시오.

해답

1) 직접제어
2) P&O 제어
3) Inc Cond 제어
4) Hysterisis−band

해설 MPPT 제어기법의 장단점

구분	장점	단점
직접제어	• 구성이 간단 • 즉각적인 대응 가능	성능이 떨어짐
P&O	제어가 간단	출력전압이 연속적으로 진동하여 손실 발생
IncCond	최대 출력점에서 안정	많은 연산이 필요
Hysterisis−band	일사량 변화 시 효율이 높다.	IncCond 방식보다 전반적으로 성능이 낮다.

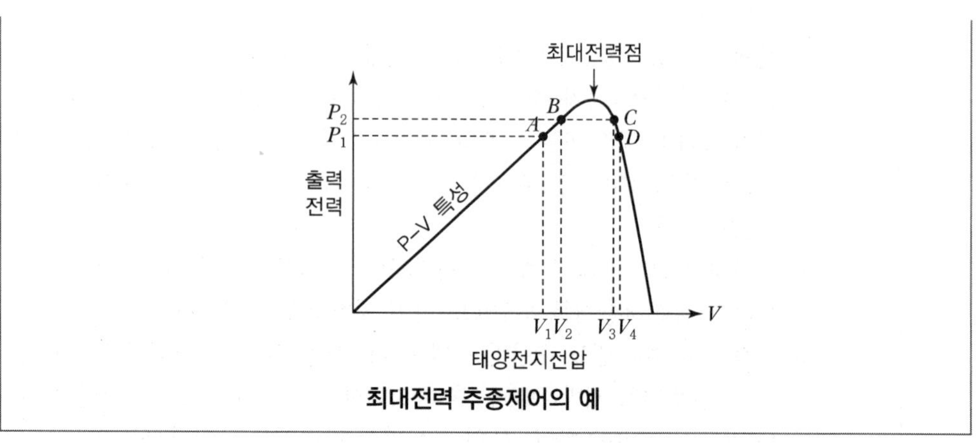

최대전력 추종제어의 예

145 **최대 전력 추종제어 기능(MPTT : Maximum Power Point Tracking)에 대하여 쓰시오.**

해답

태양전지 어레이에서 발생되는 시시각각의 전압과 전류를 최대 출력으로 변환하기 위하여 태양전지 셀의 일사강도-온도 특성 또는 태양전지 어레이의 전압-전류 특성에 따라 최대 출력운전이 될 수 있도록 추종하는 기능

146 **전기사용 장소의 사용 전압이 저압인 전로의 전선 상호 간 및 전로와 대지 사이의 절연저항은 개폐기 또는 과전류차단기로 구분할 수 있는 전로마다 다음 표에서 정한 값 이상이어야 한다. ①~⑥에 해당하는 전로의 사용 전압 및 절연저항값을 쓰시오.**

전로의 사용 전압[V]	DC 시험전압[V]	절연저항[MΩ]
①	250	④
②	500	⑤
③	1,000	⑥

해답

① SELV 및 PELV
② FELV, 500[V] 이하
③ 500[V] 초과
④ 0.5
⑤ 1.0
⑥ 1.0

해설 저압전로의 절연성능

전기사용 장소의 사용 전압이 저압인 전로의 전선 상호 간 및 전로와 대지 사이의 절연저항은 개폐기 또는 과전류차단기로 구분할 수 있는 전로마다 다음 표에서 정한 값 이상이어야 한다. 다만, 전선 상호 간의 절연저항은 기계기구를 쉽게 분리

가 곤란한 분기회로의 경우 기기 접속 전에 측정할 수 있다.
또한, 측정 시 영향을 주거나 손상을 받을 수 있는 SPD 또는 기타 기기 등은 측정 전에 분리시켜야 하고, 부득이하게 분리가 어려운 경우에는 시험전압을 250[V] DC로 낮추어 측정할 수 있지만 절연저항값은 1[MΩ] 이상이어야 한다.

전로의 사용 전압[V]	DC 시험전압[V]	절연저항[MΩ]
SELV 및 PELV	250	0.5
FELV, 500[V] 이하	500	1.0
500[V] 초과	1,000	1.0

[주] 특별저압(Extra Low Voltage : 2차 전압이 AC 50[V], DC 120[V] 이하)으로 SELV(비접지회로 구성) 및 PELV(접지회로 구성)는 1차와 2차가 전기적으로 절연된 회로, FELV는 1차와 2차가 전기적으로 절연되지 않은 회로

- FELV(Functional Extra Low Voltage)
- SELV(Safety Extra Low Voltage)
- PELV(Protective Extra Low Voltage)

147 **야간에 발전을 하지 않을 경우 축전지로부터 전류유입을 방지하기 위하여 단자함에 설치하는 것은 무엇인가?**

해답

역류 방지 다이오드

148 **태양전지 어레이의 절연저항 측정에 필요한 시험 기자재 4가지를 쓰시오.**

해답

1) 절연저항계(메거)
2) 온도계
3) 습도계
4) 단락용 개폐기

149 **태양광발전시스템 인버터 회로의 절연저항 측정을 위한 절연저항계의 종류에는 500[V] 절연저항계와 1,000[V] 절연저항계가 있다. 이들 절연 저항계로 측정 가능한 인버터 정격전압 범위를 쓰시오.**

해답

1) 500[V] 절연저항계 : 인버터 정격전압 300[V] 이하
2) 1,000[V] 절연저항계 : 인버터 정격전압 300[V] 초과 600[V] 이하

150 **인버터 회로(절연변압기 부착) 절연저항 측정순서를 쓰시오.**

1) 입력회로 측정순서
2) 출력회로 측정순서

해답

1) 입력회로 측정순서
① 태양전지회로를 접속함에서 분리한다.
② 분전반 내의 분기차단기를 개방한다.
③ 직류 측의 모든 입력단자 및 교류 측의 전체 출력단자를 각각 단락한다.
④ 직류단자와 대지 간의 절연저항을 측정한다.
⑤ 측정결과의 판정기준은 전기설비기술기준에 따른다.

2) 출력회로 측정순서
① 태양전지회로를 접속함에서 분리한다.
② 분전반 내의 분기차단기를 개방한다.
③ 직류 측의 모든 입력단자 및 교류 측의 전체 출력단자를 각각 단락한다.
④ 교류단자와 대지 간의 절연저항을 측정한다.
⑤ 측정결과의 판정기준을 전기설비기술기준의 판단기준에 따른다.

해설 1) 입력회로 측정방법
① 태양전지 회로를 접속함에서 분리하여 인버터의 입출력단자를 각각 단락하면서 입력단자와 대지 간의 절연저항을 측정한다.
② 접속함까지의 전로를 포함하여 절연저항을 측정하는 것으로 한다.

2) 출력회로 측정방법
① 인버터의 입출력단자를 단락하여 출력단자와 대지 간의 절연저항을 측정한다.
② 교류 측 회로를 분전반 위치에서 분리하여 측정하기 위해 분전반까지의 전로를 포함하여 절연저항을 측정하게 된다.
③ 절연변압기가 별도로 설치된 경우에는 이를 포함하여 측정한다.

151 아래의 그림을 보고 인버터 절연저항 측정 순서를 옳은 순서대로 나열하시오.

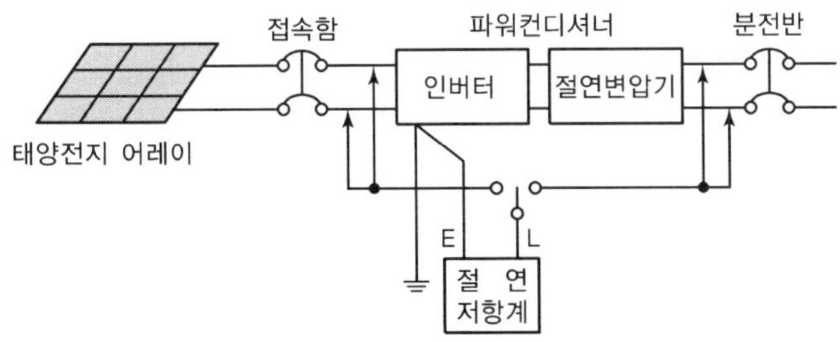

① 직류단자와 대지 간의 절연저항을 측정한다.
② 태양전지 회로를 접속함에서 분리한다.
③ 분전반 내의 분기차단기를 개방한다.
④ 직류 측의 모든 입력단자 및 교류 측의 전체 출력단자를 각각 단락한다.

해답

② → ③ → ④ → ①

152 다음 그림에서 (A), (B)의 명칭을 쓰시오.

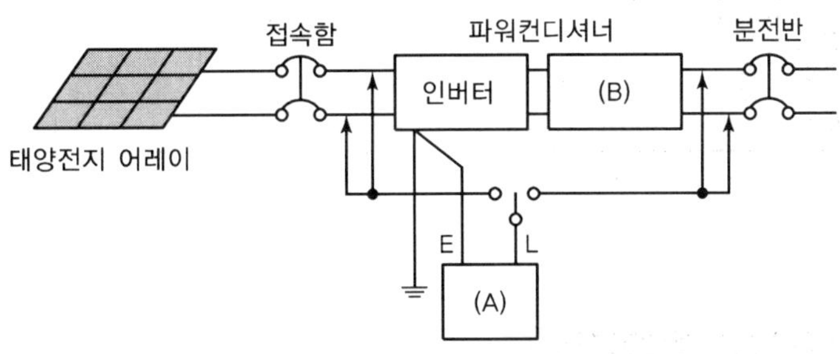

해답

(A) 절연저항계　　(B) 절연변압기

153 다음 그림의 물막이는 외경의 몇 배 이상으로 구부려 배선해야 하는가?

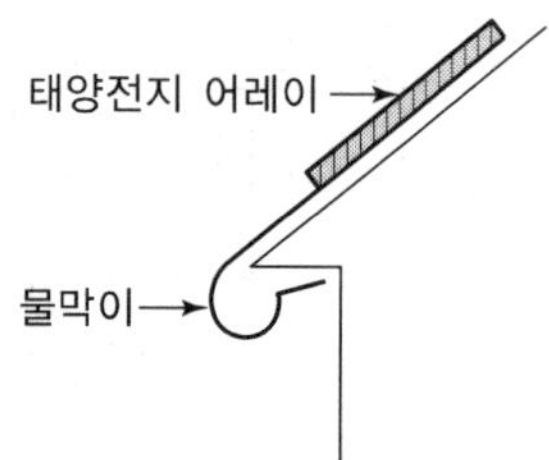

해답

6배 이상

154 다음 빈칸을 채우시오.

구분	고압 측 또는 조작계측기	뒷면점검면	열상호 간 점검하는 면	기타면
특고압배전반				–
저고압배전반				–
변압기 등				

해답

구분	고압 측 또는 조작계측기	뒷면점검면	열상호 간 점검하는 면	기타면
특고압배전반	1.7	0.8	1.4	–
저고압배전반	1.5	0.6	1.2	–
변압기 등	0.6	0.6	1.2	0.3

155 다음 설명에 맞는 결선방식은?

- 1차 권선의 전압은 선간전압의 $\frac{1}{\sqrt{3}}$ 이다.
- 높은 전압을 Y결선으로 하므로 절연이 유리하다.
- 한쪽 Y결선의 중성점을 접지할 수 있다.
- 강압 변압기에 적합하다.
- 기전력의 파형이 왜곡되지 않는다.

해답

Y－Δ 결선

156 태양전지 발전시스템의 시공절차에서 설치장소의 조사 내용 2가지를 쓰시오.

해답

1) 설치 장소의 형상, 방위
2) 설치 장소의 주위상황

해설 3) 설치 장소의 선정

157 예비전원에 시설하는 저압발전기 부하에 이르는 전로에는 발전기 가까운 곳에 쉽게 개폐점검을 할 수 있는 곳에 무엇을 시설하여야 하는지 4가지를 쓰시오.

해답

1) 개폐기
2) 과전류 차단기
3) 전압계
4) 전류계

158 다음과 같은 파워컨디셔너(PCS, 태양광발전용 인버터) 시험회로에서 "복전 후 일정시간 투입방지" 기능시험의 순서를 쓰시오.

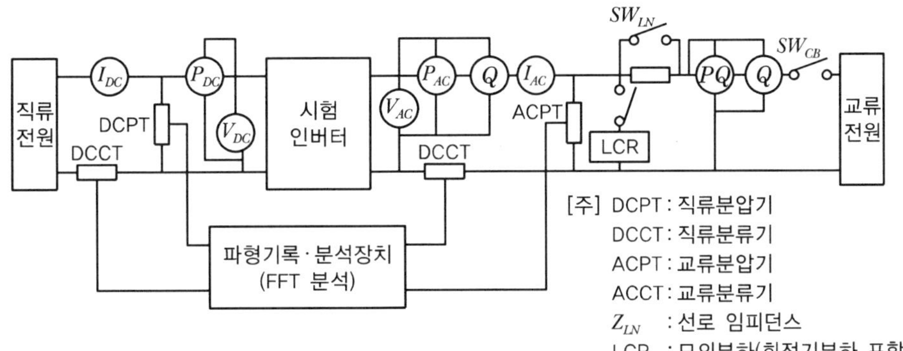

해답

1) 인버터를 정격 출력에서 운전
2) SW_{CB} 개방 정전 발생을 10초간 유지
3) SW_{CB} 투입
4) 복전 후 재운전 시간과 교류출력전압 전류를 측정

159 다음과 같은 파워컨디셔너(PCS, 태양광발전용 인버터) 시험회로에서 "복전 후 일정시간 투입방지" 기능시험의 판정기준 2개 항목을 쓰시오.

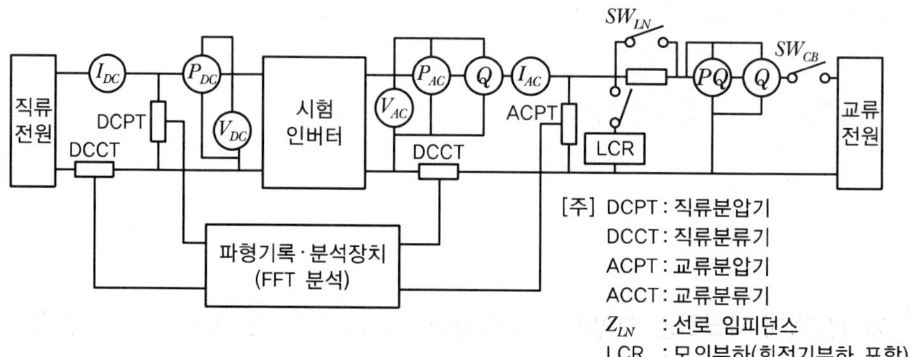

해답

1) 복전 후 5분 이상 재운전하지 않을 것
2) 재운전 시 출력전류의 실효치가 정격전류의 150[%] 이하일 것

160 파워컨디셔너의 입력전압변동범위가 450~820[V]일 때 정격전압은 몇 [V]인가?

해답

$$정격전압 = \frac{450+820}{2} = 635[V]$$

161 태양광발전용 독립형/연계형 인버터의 "절연성능시험" 항목 4가지를 쓰시오.

해답

1) 절연저항시험
2) 내전압시험
3) 감전보호시험
4) 절연거리

162 **태양광발전시스템에서 사용되는 인버터의 기능과 절연방식에 따른 인버터의 회로방식 3가지를 쓰고 설명하시오.**

해답

1) 인버터의 기능
   ① 자동 전압 조정 기능　② 자동운전 정지기능
   ③ 계통연계 보호기능　④ 최대전력 추종제어기능
   ⑤ 단독운전 검출 기능　⑥ 직류 검출 기능
2) 인버터 절연방식에 따른 회로방식 3가지
   ① 상용주파 절연 방식 : 태양전지의 직류출력을 인버터를 통해 상용주파 교류로 변환 후 상용주파 변압기로 절연한다.
   ② 고주파 절연방식 : 태양전지 직류출력은 고주파 교류로 변환 후 소형의 고주파 변압기로 절연하여 그 후 직류로 변환하여 상용주파 교류로 변환한다.
   ③ 무변압기방식 : 태양전지의 직류를 DC/DC 컨버터로 승압 후 DC/AC 인버터로 상용주파 교류로 변환한다.

163 **태양광발전시스템용 인버터의 주요 기능 5가지를 쓰시오.**

해답

1) 자동전압 조정기능　2) 자동운전 정지기능
3) 계통연계 보호기능　4) 최대 전력 추종 제어기능
5) 단독운전 검출기능

164 **다음 기호의 명칭과 기능 5가지를 쓰시오.**

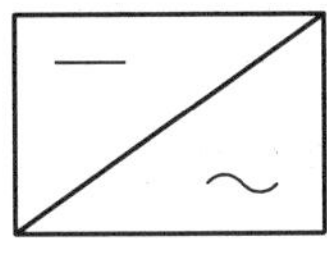

해답

1) 명칭 : 인버터(또는 PCS)
2) 기능 : ① 자동전압 조정기능　② 자동운전 정지기능
   ③ 계통연계 보호기능　④ 최대전력 추종제어 기능
   ⑤ 단독운전 방지기능

165 태양광발전용 독립형/연계형 인버터의 "정상특성 시험" 항목에서 독립형 인버터의 시험 대상인 항목 3가지를 쓰시오.

해답

1) 누설전류시험
2) 온도상승시험
3) 효율시험

해설 태양광발전용 독립형/연계형 인버터의 시험항목(정상특성 시험)

시험항목		독립형	계통연계형	구분
정상특성 시험	교류전압, 주파수 추종범위 시험	×	○	
	교류출력전류 변형률 시험	×	○	
	누설전류시험	○	○	비고 1
	온도상승시험	○	○	비고 1
	효율시험	○	○	
	대기 손실시험	×	○	
	자동기동 · 정지시험	×	○	
	최대전력 추종시험	×	○	
	출력전류 직류분 검출 시험	×	○	

166 태양전지의 출력을 스스로 감지하여 자동적으로 운전을 수행하고 출력을 얻을 수 없으면 정지하는 인버터의 기능은?

해답

자동운전 정지 기능

해설 자동 운전 · 정지 기능

① 일사강도가 증대하여 출력을 얻을 수 있는 조건이 되면 자동적으로 운전 시작
② 운전이 시작되면 태양전지의 출력을 스스로 감지하고 자동적으로 운전
③ 해가 질 때는 출력으로 얻을 수 있는 한 운전을 계속 진행, 일몰 시 해가 완전히 없어지면 정지하게 된다.
④ 흐린 날이나 비오는 날에도 운전을 계속할 수 있으나, 태양전지 출력이 적어 출력이 거의 '0'이 되면 대기 상태가 된다.

167 분산형 전원 연계 운전 시 인버터 단독운전 검출 기능 중 수동적 방식을 쓰시오.

해답

수동적 방식(검출시간 0.5초 이내 유지시간 5~10초)

1) 전압위상 도약검출방식
2) 제3고조파 전압급증 검출방식
3) 주파수 변화율 검출방식

168 태양광 인버터에는 단독운전 방지기능이 내장되어 있다. 단독운전 방지기능 중 능동적 운전방식에 대하여 설명하시오.

해답

능동적 방식(검출시한 0.5~1초) : 항상 파워컨디셔너에 변동요인을 주어 계통연계 운전시에는 그 변동요인이 출력에 나타나지 않고, 단독 운전시에만 그 이상을 검출하는 방식이다.

해설

1) 태양광발전시스템이 계통과 연계되어 있는 상태에서 계통측에 정전이 발생한 경우 부하전력이 인버터의 출력전력과 동일하게 되는 경우에는 인버터의 출력전압 주파수는 변하지 않고 전압 · 주파수 계전기에서 정전을 검출할 수 없다.
2) 단독운전이 발생하게 되면 전력회사의 배전망에서 전기적으로 끊어져 있는 배전선으로 태양광발전시스템에서 전력이 공급되어, 보수점검자에게 위해를 끼칠 위험이 있으므로 태양광발전시스템의 운전을 정지시킬 필요가 있지만, 단독운전 상태에서는 전압계 전기, 주파수계전기에서는 보호할 수 없다. 그 대책으로 단독운전 방지기능이 설치되어 안전하게 정지할 수 있도록 하고 있다.

① 수동적 방식(검출시간 0.5초 이내, 유지시간 5~10초)

종별	개요
1. 전압위상도약 검출방식	• 단독운전 이행 시 인버터 출력이 역률1 운전에서 부하의 역률로 변화하는 순간의 전압위상의 도약을 검출한다. • 단독운전 이행 시 위상변화가 발생하지 않을 때에는 검출되지 않는다. • 오작동이 적고 실용적이다.
2. 제3차 고조14 전압급증 검출 방식	• 단독운전 이행 시 변압기의 여자전류 공급에 따른 전압 변형의 급변을 검출한다. • 부하가 되는 변압기와의 조합 때문에 오작동 확률이 비교적 높다.
3. 주파수 변화율 검출방식	• 주로 단독운전 이행 시 발전전력과 부하의 불평형에 의한 주파수의 급변을 검출한다.

② 능동적 방식(검출시한 0.5~1초)

종별	개요
주파수 시프트방식	• 인버터의 내부발진기에 주파수 바이어스를 주었을 때 단독운전 시에 나타나는 주파수 변동을 검출한다.
유효전력 변동방식	• 인버터의 출력에 주기적인 유효전력 변동을 주었을 때 단독운전 시에 나타나는 전압, 전류 또는 주파수 변동을 검출한다. • 상시 출력이 변동의 가능성이 있다.
무효전력 변동방식	• 인버터의 출력에 주기적인 무효전력 변동을 주었을 때, 단독운전 시 나타나는 주파수 변동 등을 검출한다.
부하변동방식	• 인버터의 출력과 병렬로 임피던스를 순간적 또는 주기적으로 삽입하여 전압 또는 전류의 급변을 검출한다.

169 **파워컨디셔너(PCS, 태양광발전용 인버터)의 "주파수 상승 및 저하 보호" 기능 시험의 판정기준을 쓰시오.**

해답

단독운전을 검출하여 0.5 이내에 차단기 개방 또는 게이트 블록 기능이 동작할 것

170 **파워컨디셔너(PCS, 태양광발전용 인버터)의 "단독운전 방지" 기능 시험의 판정기준의 다음 항목을 쓰시오.**

1) 주파수 상승 보호등급

2) 주파수 저하 보호등급

해답

1) 표준주파수의 +0.5[Hz](허용오차는 ±0.5[Hz])

2) 표준주파수의 −0.7[Hz](허용오차는 ±0.5[Hz])

171 **파워컨디셔너(PCS, 태양광발전용 인버터)의 "기능보호 시험"을 위해서는 3가지 정격 운전 상태에서 해당 시험항목을 변화시켜 기준에서 정한 고장제거시간 내에 정지되는지를 시험하게 된다. 3가지 정격을 쓰시오.**

해답

1) 정격전압 2) 정격출력 3) 정격주파수

172 파워컨디셔너(PCS, 태양광발전용 인버터)의 "출력 과전압 및 부족 전압 보호" 기능시험에서 전압범위별 고장 제거시간은 다음 표와 같다. 기준전압에 대한 전압의 범위[%]를 쓰시오.

전압 범위(공칭전압에 대한 비율[%])	분리시간[초]
①	0.5
②	2.00
③	2.00
④	1.00
⑤	0.16

해답

① $V<50$ ② $50 \le V<70$
③ $70 \le V<90$ ④ $110< V<120$
⑤ $V \ge 120$

해설

전압 범위(공칭전압에 대한 백분율[%])	분리시간[초]	운전지속시간[초]
$V<50$	0.5	0.15
$50 \le V<70$	2.00	0.16
$70 \le V<90$	2.00	1.5
$110< V<120$	1.00	0.2
$V \ge 120$	0.16	–

173 파워컨디셔너(PCS, 태양광발전용 인버터)의 정상 운전 전압 범위는 공칭 전압의 몇 [%] 범위인가?

해답

88~110[%]

174 파워컨디셔너(PCS, 태양광발전용 인버터)의 "출력과전압 및 부족전압 보호" 기능시험에서 판정기준은?

1) 출력 과전압 보호등급
2) 출력 부족전압 보호등급

해답

1) 공칭전압의 +10[%](허용오차 ±2[%])
2) 공칭전압의 −12[%](허용오차 ±2[%])

175 단독운전의 개념 및 단독운전 방지에 대해 쓰시오.

해답

1) 단독운전의 개념 : 자가발전설비가 접속되는 일부 전력계통이 계통전원과 분리된 상태에서 자가발전설비가 선로 부하에 전력을 공급하거나 전압을 인가하는 상태
2) 단독운전 방지기능 : 단독운전 발생 후 최대 0.5초 이내에 한전계통에 대한 가압을 중지해야 한다.

해설 단독운전의 개념

태양광발전이 상용 전력계통과 병렬로 접속하여 운전 중 계통에서 고장 혹은 점검으로 계통이 정지상태로 되어 분산형 전원만 운전하는 상태

176 태양광 인버터의 기능 중 단독운전 방지기능이 사용되는 이유를 쓰시오.

해답

단독운전이 발생하게 되면 전력회사의 배전망에서 전기적으로 끊어져 있는 배전선으로 태양광발전시스템에서 전력이 공급되어 보수점검자에게 위해를 끼칠 위험이 있으므로 태양광발전시스템의 운전을 정지시킨다.

177 **파워컨디셔너(PCS, 태양광발전용 인버터)의 "주파수 상승 및 저하 보호" 기능 시험은 정격전압, 정격 주파수 및 정격 출력상태에서 기준에서 정한 비정상 주파수를 만들어 고장제거 시간 내에 제거되는지를 다음과 같이 시험한다. (　　) 안에 적합한 주파수를 쓰시오.**

1) 모의 계통전원을 조정하여 출력전압의 주파수를 정격에서부터 최대 (　　)[Hz] 단위로 서서히 상승시켜 인버터가 정지하는 등급(주파수 상승 보호 등급)을 측정한다.
2) 주파수를 정격 주파수에서 주파수 상승 보호 등급의 (　　)[Hz]까지 계단 함수형태로 올리면서 인버터가 정지하는 시간(또는 게이트 블록 기능 동작)을 측정한다.

해답

1) 0.05　　　　2) +0.1

178 **태양광발전 인버터 원별시공기준에 의해 옥내용을 옥외에 설치하는 경우 용량과 시설 방법을 쓰시오.**

해답

1) 설치용량 : 5[kW] 이상
2) 시설방법 : 빗물 침투를 방지할 수 있도록 옥내에 준하는 수준으로 외함 등을 설치

해설 인버터 원별 시공기준

1) 설치상태
   ① 옥내 · 옥외용을 구분하여 설치
   ② 옥내용을 옥외에 설치하는 경우는 5[kW]이상 용량일 경우에만 가능
   ③ 빗물 침투를 방지할 수 있도록 옥내에 준하는 수준으로 외함 등을 설치
2) 설치용량
   ① 인버터의 설치용량은 설계용량 이상
   ② 인버터에 연결된 모듈의 설치용량은 인버터의 설치용량 105[%]이내
   ③ 각 직렬군의 태양전지 개방전압은 인버터 입력전압 범위 안에 존재
3) 표시사항
   입력(모듈출력) 전압, 전류, 전력과 출력(인버터출력) 전압, 전류, 전력, 역률, 주파수, 누적발전량, 최대출력량(Peak)이 표시

179 분산형 전원 연계 운전 시 인버터 단독운전 검출 기능 중 능동적 방식 4가지를 쓰시오.

해답

능동적 방식(검출시한 0.5~1초)

1) 주파수 시프트 방식
2) 유효전력 변동방식
3) 무효전력 변동방식
4) 부하변동방식

180 인버터의 기능 중 단독운전 능동형 방식 4가지의 개요를 쓰시오.

종별	개요	종별	개요
주파수 시프트방식		무효전력 변동방식	
유효전력 변동방식		부하변동방식	

해답

종별	개요
주파수 시프트방식	인버터의 내부발진기에 주파수 바이어스를 주었을 때, 단독운전 시에 나타나는 주파수 변동을 검출한다.
유효전력 변동방식	인버터 출력에 주기적인 유효전력 변동을 주었을 때, 단독운전 시에 나타나는 전압, 전류 또는 주파수 변동을 검출한다. 상시 출력이 변동하는 가능성이 있다.
무효전력 변동방식	인버터의 출력에 주기적인 무효전력 변동을 주었을 때, 단독운전 시에 나타나는 주파수 변동 등을 검출한다.
부하변동방식	인버터의 출력과 병렬로 임피던스를 순간적 또는 주기적으로 삽입하여 전압 또는 전류의 급변을 검출한다.

해설 단독운전 방지기능

1) 태양광발전시스템이 계통과 연계되어 있는 상태에서 계통 측에 정전이 발생한 경우 부하전력이 인버터의 출력전력과 동일하게 되는 경우에는 인버터의 출력 전압 주파수는 변하지 않고 전압 · 주파수 계전기에서 정전을 검출할 수 없음
2) 단독운전이 발생하게 되면 전력회사의 배전망에서 전기적으로 끊어져 있는 배전선으로 태양광발전시스템에서 전력이 공급되어, 보수점검자에게 위해를 끼칠 위험이 있으므로 태양광발전시스템의 운전을 정지시킬 필요가 있지만, 단독운전 상태에서는 전압계전기, 주파수계전기에서는 보호할 수 없다. 그 대책으로 단독운전 방지기능이 설치되어 안전하게 정지할 수 있도록 하고 있다.

▼ 수동적 방식

종별	개요
전압위상도약 검출방식	• 단독운전 이행 시 인버터 역률 1 운전에서 부하의 역률로 변화하는 순간의 전압위상의 도약을 검출한다. • 단독운전 이행 시 위상변화가 발생하지 않을 때에는 검출되지 않는다. • 오작동이 작고 실용적이다.
제3차 고조파 전압급증 검출방식	• 단독운전 이행 시 변압기의 여자전류 공급에 따른 전압 변형의 급변을 검출한다. • 부하가 되는 변압기와의 조합 때문에 오작동 확률이 비교적 높다.
주파수 변화율 검출방식	주로 단독운전 이행 시 발전전력과 부하의 불평형에 의한 주파수의 급변을 검출한다.

181 태양광 인버터의 단독운전 방지기능 중 수동적 방식 3가지를 쓰시오.

해답

1) 전압위상 도약검출방식
2) 주파수 변화율 검출방식
3) 3고조파 전압 급증 검출방식

182 태양전지 어레이의 출력보다 변압기의 출력이 항상 낮게 나타난다. 이렇게 출력이 낮게 만드는 효율 관련 요소를 쓰시오.

해답

1) 인버터 변환 효율
2) 수변전설비(변압기 등) 효율
3) 배선(전압강하) 효율

183 다음은 태양전지 모듈의 일조량, 온도 변화에 따른 최대출력, 개방전압, 단락전류의 특성 변화를 나타낸 것이다. 빈칸에 해당 정(+), 부(−) 특성을 쓰시오.

구분	최대출력	개방전압	단락전류
일조량	정(+)	부(−)	①
온도	부(−)	②	정(+)

해답

① 정(+) ② 부(−)

184 결정질계 태양전지 모듈의 단락전류에 대한 온도 특성을 쓰시오.

해답

정(+)

185 다음 그림과 같이 단락전류가 다른 모듈로 스트링을 구성한 경우 −, +점에서 측정된 단락전류값은?

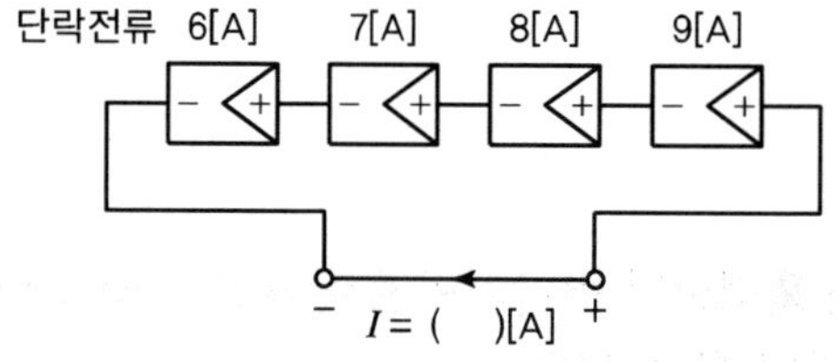

해답

6[A]

186 모듈의 최대출력전압(V_{mpp})=31[V], 최대출력전류(I_{mpp})=8.9[A] 모듈의 직병렬 수의 합이 5,000[EA]인 경우 3상 인버터의 최대출력전류는 몇 [A]가 흐르는지 구하시오. (단, 인버터의 출력전압은 380[V], 인버터의 효율은 97[%], 역률은 100[%]라고 하며, 기타 손실 및 온도계수는 무시한다.)

해답

3상 인버터의 최대출력 $P_m = \sqrt{3}\,VI$은 $P_{mpp} = V_{mpp} \times I_{mpp} \times$ 모듈 수 $\times \eta$이어야 P_m가 동일하게 되므로

1) $I_{3AC} = \dfrac{P_m}{\sqrt{3}\,V}$

2) $P_{mpp} = 31 \times 8.9 \times 5{,}000 \times 0.97$

$$I = \frac{31 \times 8.9 \times 5{,}000 \times 0.97}{\sqrt{3} \times 380} = 2{,}033.055 \fallingdotseq 2{,}033.06[\mathrm{A}]$$

해설 모듈 출력=인버터 입력≠인버터 출력이므로 $P_{in} = \dfrac{P_{out}}{n}$, $P_{out} = P_{in} \times \eta$

$P_m = \sqrt{3}\,VI\cos\theta \times \eta$, $P_{mpp} = V_{mpp} \times I_{mpp} \times$ 모듈 수에서

$P_m = \sqrt{3}\,VI$, $P_{mpp} = V_m \times I_m \times$ 모듈 수 $\times \eta$하면 인버터 입력=인버터 출력이 된다.

187 태양전지 모듈의 개방전압, 단락전류, 최대출력을 동시에 측정할 수 있는 계측기의 명칭을 쓰시오.

해답

모듈 $I-V$ Curve 측정기

188 일반적으로 사용되고 있는 멀티 테스터기의 직류전류[A] 최대 측정값을 쓰시오.

해답

10[A]

189 TDD(Total Demand Distortion)는 다음과 같이 정의된다. 물음에 답하시오.

$$TDD = \frac{\sqrt{\sum_{h=2}^{\infty} I_h^2}}{I_L} \times 100$$

1) I_h의 의미는?

2) h의 의미는?

3) I_L의 의미는?

해답

1) I_h : 각 차수의 고조파 전류크기

2) h : 고조파 차수

3) I_L : 최대 부하전류

해설 TDD : 고조파의 최대부하전류에 대한 비율

190 소출력 태양광발전설비의 경우 누전차단기 동작 시 발전원에 의해 지속적으로 전원이 공급되어 감전사고 발생의 우려가 있고 누전차단기 테스트 버튼 조작 등에 의한 지락발생 시 발전원에 의해 지속적으로 지락전류가 흘러 트립코일소손의 가능성이 상존하므로 계통으로의 연계점은 차단기의 어느 측에 설치하여야 하며, 차단기 설치와 관련하여 check 해야 할 사항은 무엇인가?

해답

누전차단기의 1차 측 접속, 연계점 전원 측의 과전류 차단기(MCCB)의 부설 여부를 확인

해설

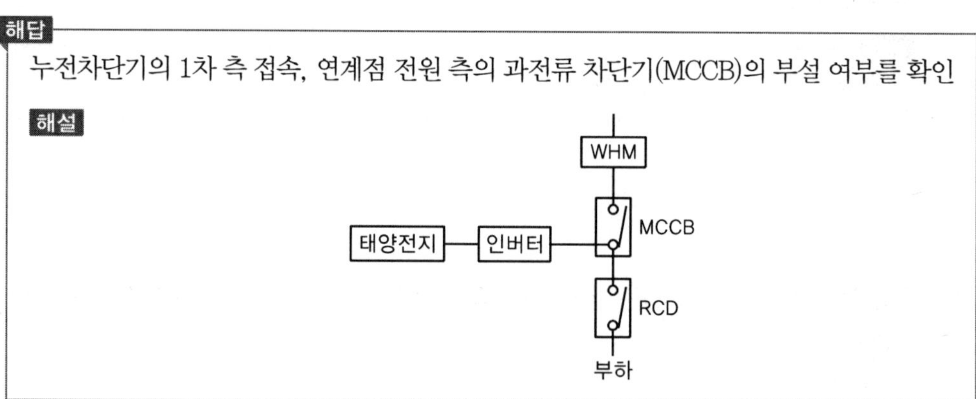

191 **다음 그림을 보고 각 물음에 답하시오.**

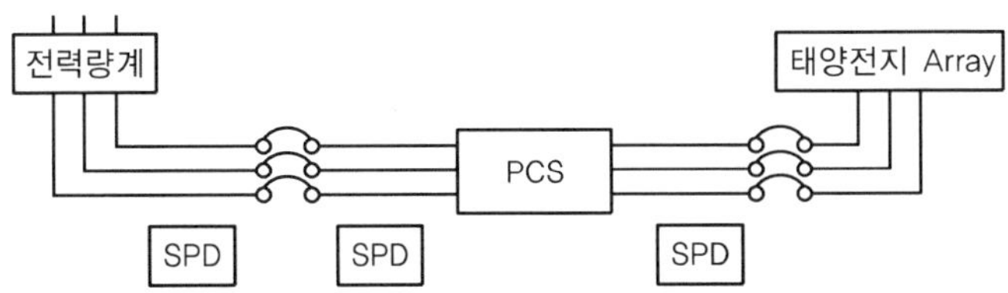

1) 그림에 SPD결선을 완성하시오.
2) SPD의 구비조건 3가지를 쓰시오.
3) 침입경로 3가지를 쓰시오.
4) 어떤 상황에서 SPD가 동작하는지 쓰시오.

해답

1) SPD 결선도 완성

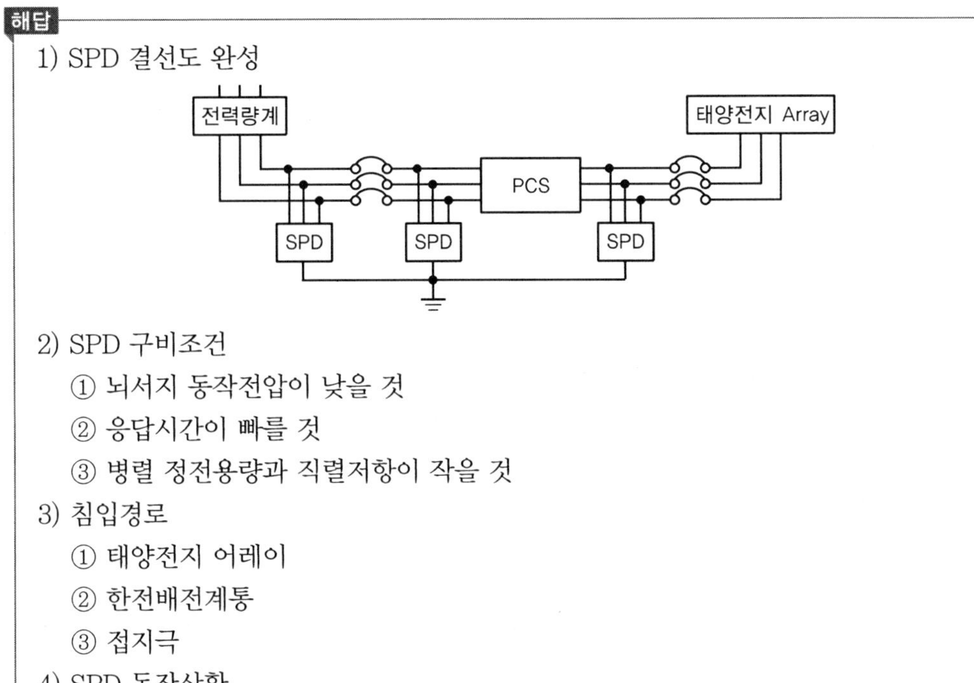

2) SPD 구비조건
   ① 뇌서지 동작전압이 낮을 것
   ② 응답시간이 빠를 것
   ③ 병렬 정전용량과 직렬저항이 작을 것
3) 침입경로
   ① 태양전지 어레이
   ② 한전배전계통
   ③ 접지극
4) SPD 동작상황
   뇌서지가 경로를 통해 침입 시 동작

192 태양광 모듈 출력량 점검을 할 수 있는 계측장비명을 기술하시오.

1) 온도 측정
2) 전압 측정
3) 전류 측정
4) 출력 측정
5) 일조강도 측정
6) 모듈의 특성 분석

해답

1) 적외선 온도계, 열화상카메라
2) 직류전압계, 멀티테스터기
3) 직류전류계, 멀티테스터기
4) 직류전력계
5) 일조계
6) 모듈 I－V Curve 측정기

193 태양광발전 시 태양광발전시스템의 모듈관리 운영방법 3가지를 쓰시오.

해답

1) 모듈 표면에 충격이 발생하지 않도록 주의 필요
2) 고압분사기를 이용하여 정기적으로 물을 뿌려주거나 부드러운 천으로 이물질 제거
3) 정기적인 점검

해설 모듈관리 운영방법

① 모듈 표면은 특수 처리된 강화유리로 되어 있어 강한 충격이 있을 시 파손될 우려가 있으므로 충격이 발생되지 않도록 주의가 필요하다.

② 모듈 표면에 그늘이 지거나 황사나 먼지, 공해물질이 쌓이고 나뭇잎 등이 떨어진 경우 전체적인 발전효율이 저하되므로 고압 분사기를 이용하여 정기적으로 물을 뿌려주거나 부드러운 천으로 이물질을 제거해주면 발전효율을 높일 수 있다. 이때 모듈 표면에 흠이 생기지 않도록 주의해야 한다.

③ 모듈 표면의 온도가 높을수록 발전효율이 저하되므로 태양광에 의해 모듈온도가 상승할 경우에는 살수장치 등을 사용하여 정기적으로 물을 뿌려 온도를 조절해 주면 발전효율을 높일 수 있다.

④ 풍압이나 진동으로 인해 모듈과 형강의 체결부위가 느슨해지는 경우가 있으므로 정기적인 점검이 필요하다.

194 다음 그림은 태양전지 모듈의 바이패스 다이오드(By－pass Diode)를 연결한 간략도이다. 네모 점선부분의 기호를 완성하시오.

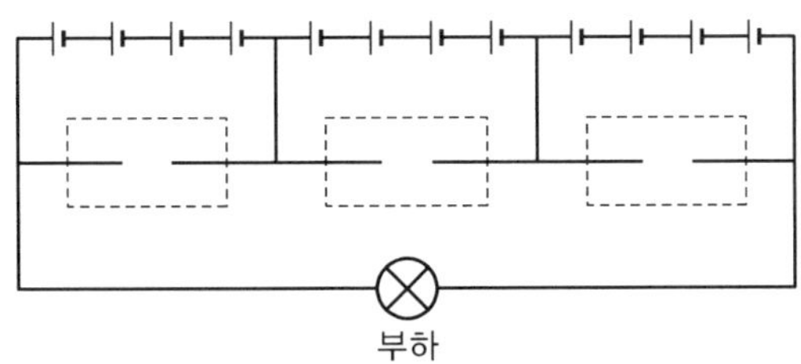

해답

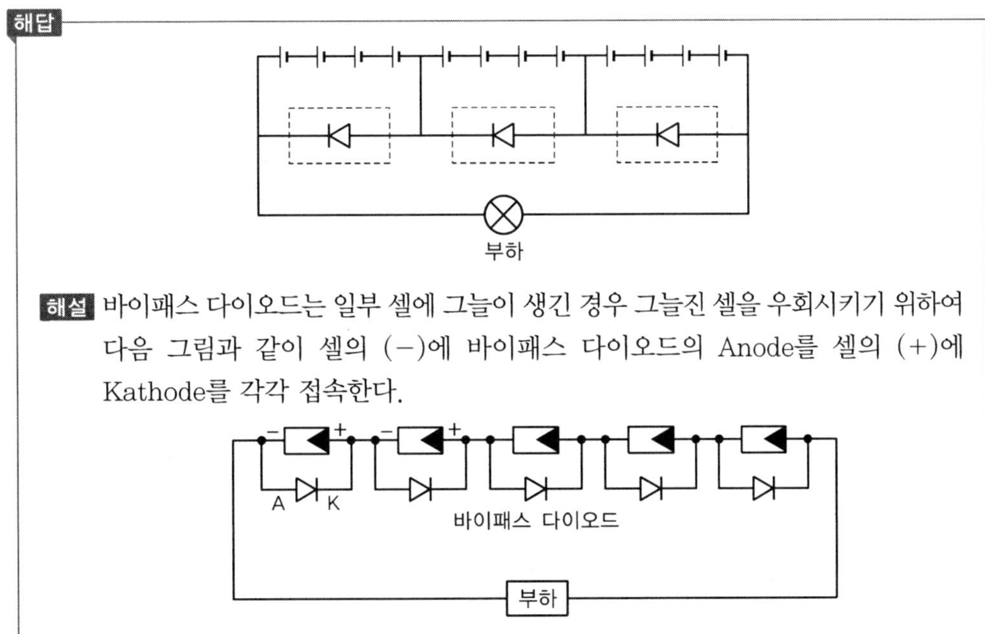

해설 바이패스 다이오드는 일부 셀에 그늘이 생긴 경우 그늘진 셀을 우회시키기 위하여 다음 그림과 같이 셀의 (－)에 바이패스 다이오드의 Anode를 셀의 (＋)에 Kathode를 각각 접속한다.

195 다음은 인버터의 절연저항 측정회로이다. (A)에 들어갈 계측기는?

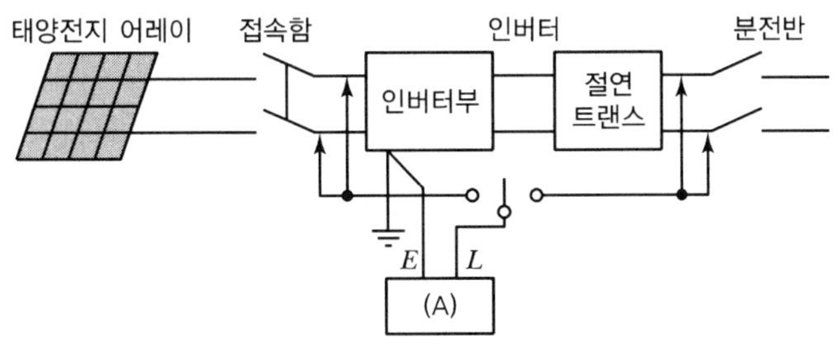

해답

메거(절연저항계)

해설 절연저항 측정장치는 메거 또는 절연저항계라 한다.

196 태양광발전용 접속함 성능시험항목 4가지를 쓰시오.

해답

태양광발전용 접속함 성능시험항목

1) 절연저항(태양전지－접지선 : 0.2[MΩ] 이상 출력단자－접지 간 : 1[MΩ] 이상)
2) 내전압
3) 조작성능
   ① 수동조작 : 개폐조작
   ② 전기조작 : 투입조작, 개방조작, 전압트립, 트립자유
4) 차단기 성능

해설 성능시험

<table>
<tr><th colspan="3">시험항목</th><th>판정기준</th></tr>
<tr><td colspan="3">절연저항</td><td>1[MΩ] 이상일 것</td></tr>
<tr><td colspan="3">내전압</td><td>(2E＋1,000)[V], 1분간 견딜 것</td></tr>
<tr><td rowspan="5">조작 성능</td><td>수동 조작</td><td>개폐 조작</td><td>조작이 원활하고 확실하게 개폐동작을 할 것</td></tr>
<tr><td rowspan="4">전기 조작</td><td>투입 조작</td><td>조작회로의 정격 전압(85～100)[%] 범위에서 지장 없이 투입할 수 있을 것</td></tr>
<tr><td>개방 조작</td><td>조작회로의 정격 전압(85～100)[%] 범위에서 지장 없이 개방 및 리셋 할 수 있을 것</td></tr>
<tr><td>전압 트립</td><td>조작회로의 정격 전압(75～125)[%] 범위에서 모든 트립 전압에서 지장 없이 트립이 될 것</td></tr>
<tr><td>트립 자유</td><td>차단기 트립을 확실히 할 수 있을 것</td></tr>
<tr><td colspan="3">차단기 성능</td><td>KS C IEC 60898－2에 따른 승인을 득한 부품을 시용할 것(태양광 어레이의 최대 개방 전압 이상의 직류 차단 전압을 가지고 있을 것)</td></tr>
</table>

197 접속함 조작 성능시험 중 전기조작사항 4가지를 쓰시오.

해답

투입 조작시험, 개방 조작시험, 전압 트립시험, 트립 자유시험

해설 전기조작 성능시험

1) 투입 조작시험 : 전기 투입 조작장치가 있는 차단기는 정격조작 전압의 85[%], 100[%] 및 110[%]에 대하여 시험하였을 때 조작회로의 정격 사용 전압의 (85∼100)[%] 범위에서 지장 없이 투입할 수 있어야 한다.
2) 개방 조작시험 : 전기 개방 및 리셋 조작 장치가 있는 차단기는 정격조작 전압의 85[%], 100[%] 및 110[%]에 대하여 시험하였을 때 조작회로의 정격 사용 전압의 (85∼100)[%] 범위에서 지장 없이 투입할 수 있어야 한다.
3) 전압 트립 시험 : 전압 트립장치가 있는 차단기는 직류인 경우 정격조작 전압의 85[%], 100[%] 및 100[%]에 대하여 정격조작 전압의 (75∼125)[%] 범위 내의 모든 트립 전압에서 지장이 없는 트립이 되어야 한다.
4) 트립 자유시험

   전압 트립장치 또는 부족 전압 트립장치가 붙은 차단기는 다음에 따라야 한다.

   ① 전압 트립장치를 조작회로의 정격 사용 전압으로 동작하고 또는 부족 전압 트립장치를 무전압으로 해서 트립 지령을 부여한다.

   ② 투입 지령을 주어 즉시 전압 트립장치를 동작하고 또는 부족 전압 트립장치를 무전압으로 한다. 전압트립장치 또는 부족전압 트립장치 이외의 차단기는 투입 지령을 주어 즉시 과전류 트립장치를 동작하게 한다.

198 접속함 조작 성능시험 중 수동조작시험은 어떤 시험인가?

해답

개폐 조작시험

199 보수 점검 시 회로를 분리하거나 점검의 편리성을 위해 설치하는 설비의 명칭을 쓰시오.

해답

접속함

200 접속함의 병렬 스트링 수에 의한 분류와 설치장소에 따른 보호등급에 대해 ①~④에 알맞은 내용을 쓰시오.

병렬 스트링 수에 의한 분류	설치장소에 의한 분류
①	②
③	실내형 : IP20 이상
	④

해답

① 소형(3회로 이하)
② 실내 · 실외형 : IP54 이상
③ 중대형(4회로 이상)
④ 실외형 : IP54 이상

해설 접속함의 병렬 스트링 수에 의한 분류와 설치장소에 의한 보호등급

병렬 스트링 수에 의한 분류	설치장소에 의한 분류
소형(3회로 이하)	실내 · 실외형 : IP54 이상
중대형(4회로 이상)	실내형 : IP20 이상
	실외형 : IP54 이상

201 접속함 염수분무시험에 대한 시험 조건이다. ①, ②에 알맞은 내용을 쓰시오.

시험항목	시험조건	판정기준
염수 분무시험	• 염수분무 : (①)시간 • (40±2)[℃], (90±5)[%] R.H. 22시간 • 시험주기 : (②)주기	성능시험의 각 항에 이상이 없을 것

해답

① 2
② 3

해설 염수분무시험

시험항목	시험조건	판정기준
염수 분무시험	• 염수분무 : 2시간 • (40±2)[℃], (90±5)[%] R.H. 22시간 • 시험주기 : 3주기	성능시험의 각 항에 이상이 없을 것

202 접속함 환경시험 항목 6가지를 쓰시오.

해답

1) 온습도 사이클시험
2) 진동시험
3) 충격시험
4) 염수분무시험
5) 서지내성시험
6) 방진방수시험

해설 환경시험방법

1) 온습도 사이클시험
2) 정현파 진동시험
3) 충격시험
4) 염수분무시험
5) 서지내성시험
6) 외곽의 방진 보호 및 방수 보호 등급 시 KS C IEC 60529(외곽의 방진 보호 및 방수보호 등급 시험)에서 규정하는 방진 및 방수에 대하여 시험한다.

203 접속함의 서지내성시험에서 전압서지와 전류서지의 값은 얼마인가?

해답

전압서지 : 1.2/50[μs], 전류서지 : 8/20[μs]

해설 서지내성시험

KS C 61000-4-5(전기자기 적합성)에서 규정하는 방법으로 인가하는 전압서지(개방 회로전압)이 1.2/50[μs]와 전류서지 8/20[μs]로 시험레벨에서 선정하여 시험한다. 시험 후 시료의 겉모양의 현저한 이상이 없어야 한다.

204 다음은 접속함의 서지내성시험의 시험레벨을 나타낸다. ①~④의 레벨별 시험전압은?

레벨	개방회로 시험전압 ±10[%], [kV]	비고
1	①	
2	②	
3	③	
4	④	
×	특별	제품 시방서의 상의 레벨

해답

① 0.5
② 1.0
③ 2.0
④ 4.0

해설 서지내성시험의 시험레벨

레벨	개방회로 시험전압 ±10[%], [kV]	비고
1	0.5	
2	1.0	
3	2.0	
4	4.0	
×	특별	제품 시방서의 상의 레벨

205 태양광발전설비를 위한 접속함에 적용되는 오염등급은?

해답

오염도 3

해설 오염도는 계획된 접속함의 환경적 조건을 참조한다. 외함 내부의 개폐장치와 구성요소에서는 외함의 환경적 조건의 오염 등급이 적용된다. 공간거리와 연면거리를 평가하는 목적에는 다음 극소 환경의 네 가지 오염등급이 정해진다. 다르게 명시되지 않는 한 태양광발전설비를 위한 접속함은 오염도 3의 환경에 쓰인다. 그러나 다른 오염이나 등급을 적용시키는 것은 특별한 적용이나 극소 환경에 달려 있다.

1) 오염도 1 : 오염이 없거나 또는 건조하기만 하는 비전도상 오염이 발생한다.
2) 오염도 2 : 일반적으로 비전도성 오염만 발생한다. 그러나 때때로 응축에 의한 일시적인 전도가 일어날 수도 있다.
3) 오염도 3 : 전도성 오염이 발생하거나 또는 응축에 의해 전도체가 되는 건조하고, 비전도성 오염이 발생한다.
4) 오염도 4 : 오염은 예를 들면, 전도성 먼지 또는 비나 눈에 의해 발생하는 영속적인 전도체를 생성한다.

206 접속함 충격시험에 대한 시험 조건이다. ①, ②에 알맞은 내용을 쓰시오.

시험항목	시험조건	판정기준
충격시험	• 정현파 • 가속도 : (①)[m/s²] • 공칭펄스 : (②)[m/s²] • 상하 방향 각 3회	성능시험의 각 항에 이상이 없을 것

해답

① 500

② 11

해설 충격시험

시험항목	시험조건	판정기준
충격시험	• 정현파 • 가속도 : 500[m/s²] • 공칭펄스 : 11[m/s²] • 상하 방향 각 3회	성능시험의 각 항에 이상이 없을 것

207 태양광발전설비 시스템 준공 시의 점검 중 접속함(중간단자함)의 측정점검 항목 3가지는?

해답

1) 절연저항(태양전지－접지 간 : 0.2[MΩ] 이상)

2) 절연저항(중간단자함 출력단자－접지 간 : 1[MΩ] 이상)

3) 개방전압 및 극성

208 태양광 어레이 접속함의 종류에 대한 내용이다. (　) 안에 적정한 사용 전압[V]은?

모듈 보호전류에 의한 분류	사용 전압에 의한 분류
10[A] 이하	(①)[V] 이하
10[A] 초과 15[A] 이하	(①)[V] 초과 (②)[V] 이하
15[A] 초과	(②)[V] 초과

해답

① 600

② 1,000

해설 태양광 어레이 접속함의 종류

모듈 보호전류에 의한 분류	사용 전압에 의한 분류
10[A] 이하	600[V] 이하
10[A] 초과 15[A] 이하	600[V] 초과 1,000[V] 이하
15[A] 초과	1,000[V] 초과

209 접속함 온습도 사이클 시험에 대한 시험 조건이다. ①~③에 알맞은 내용을 쓰시오.

시험항목	시험조건	판정기준
온습도 사이클 시험	• (25±2)[℃], (93±3) [%] R, H, 1시간 • (65±2)[℃], (93±3) [%] R, H, (①)시간 • (25±2)[℃], (93±3) [%] R, H, 1시간 • (−10±2)[℃], (②)시간 • 시험주기 : (③)주기	성능시험의 각 항에 이상이 없을 것

해답

① 5.5

② 3

③ 10

해설 온습도 사이클시험

시험항목	시험조건	판정기준
온습도 사이클 시험	• (25±2)[℃], (93±3) % R, H, 1시간 • (65±2)[℃], (93±3) % R, H, 5.5시간 • (25±2)[℃], (93±3) % R, H, 1시간 • (−10±2)[℃], 3시간 • 시험주기 : 10주기	성능시험의 각 항에 이상이 없을 것

210 접속함 내전압 성능시험 중 판정기준은?

해답

(2E+1,000)[V] – 1분간 견딜 것

해설 내전압 성능시험

내전압 시험은 KS C 8111에 규정하는 방법으로 정격전압이 E일 경우 (2E+1,000)[V]로 1분간 연속해서 가한다. 시험은 태양전지 어레이와 태양광 인버터(파워컨디셔너)를 분리하고 개폐를 통전상태에서 입력 단자(태양전지 어레이쪽) 또는 출력단자(태양광 인버터쪽)를 단락하고 구 부분과 대지 사이에 인가하여 시행한다. 태양전지 어레이 또는 태양광 인버터의 출력단자의 1단 또는 중간점이 접지된 경우 그 접지를 떼어내고 시행한다. 또한 접속함 중에 이 시험 전압으로 시험하는 것이 부당한 전자부품(피뢰기 등)이 있는 경우 그것을 제외하고 시험을 할 수 있다.

211 접속함 진동시험에 대한 시험조건이다. ①, ②에 알맞은 내용을 쓰시오.

시험항목	시험조건	판정기준
진동시험	• 시험주파수 : 10~(①)[Hz] • 진폭 : (②)[mm] • 스위프시간 : 10~55~10[Hz]/1분 • 시험시간 : 각 3시간/축, X, Y, Z 3축	성능시험의 각 항에 이상이 없을 것

해답

① 55

② 1.5

해설 진동시험

시험항목	시험조건	판정기준
진동시험	• 시험주파수 : 10~55[Hz] • 진폭 : 1.5[mm] • 스위프시간 : 10~55~10[Hz]/1분 • 시험시간 : 각 3시간/축, X, Y, Z 3축	성능시험의 각 항에 이상이 없을 것

212 태양광발전시스템의 접속함 점검에서 절연저항 점검요령을 쓰시오.

해답

1) 태양전지 모듈－접지선 : DC 500[V]로 측정 시 0.2[MΩ] 이상
2) 출력단자－접지 간 : DC 500[V]로 측정 시 1[MΩ] 이상

213 태양광발전설비의 정기점검에서 접속함의 육안점검항목 4가지를 쓰시오.

해답

1) 외함의 부식 및 파손
2) 방수처리
3) 배선의 극성
4) 단자대 나사 풀림

해설

구분	점검항목		점검요령
접속함	육안점검	외함의 부식 및 파손	부식 및 파손이 없을 것
		방수처리	전선인입구가 실리콘 등으로 방수처리될 것
		배선의 극성	태양전지에서 배선의 극성이 바뀌지 않을 것
		단자대 나사 풀림	확실히 취부되고 나사의 풀림이 없을 것
	측정	절연저항 (태양전지－접지 간)	DC 500[V] 메거로 측정 시 0.2[MΩ] 이상
		절연저항 (각 출력단자－접지 간)	DC 500[V] 메거로 측정 시 1[MΩ] 이상
		개방전압 및 극성	규정된 전압범위 이내이고 극성이 올바를 것 (각 회로마다 모두 측정)

214 다음은 태양전지 성능평가 중 무엇에 대한 설명인가?

시험기 전압을 500[V/s]를 초과하지 않는 상승률로 500 또는 모듈시스템의 최대전압이 500보다 큰 경우 모듈의 최대시스템전압까지 올린 후 이 수준에서 2분간 유지한다. KS C IEC 61215의 시험방법에 따라 시험한다.

해답

절연저항시험

해설 태양전지 성능평가 중 절연저항시험은 500[V]를 기준으로 시험

215 사업용 태양광발전설비 정기검사 항목 중 차단기 검사의 세부 검사내용 5가지를 쓰시오.

해답

1) 규격 확인
2) 외관검사
3) 조작용 전원 및 회로점검
4) 절연저항 측정
5) 개폐표시 상태 확인

해설 사업용 태양광발전설비 정기검사 항목의 세부 검사내용

6) 제어회로 및 경보장치 시험

216 전기설비에서 고장 전류 발생원인 또는 요인 4가지는?

해답

1) 절연불량의 원인
2) 전기적인 요인
3) 기계적인 요인
4) 열적 요인

해설 1) 절연불량의 원인 : 설계결함 또는 실수, 제작불량, 시공불량, 절연열화

2) 전기적인 요인 : 뇌 서지, 개폐 서지

3) 기계적인 요인 : 바람, 눈 또는 얼음, 오염

4) 열적 요인 : 과전류, 과전압

217 변성기의 정기점검 항목 5가지를 쓰시오.

해답

1) 단자부의 볼트류의 조임 이완은 없는가
2) 절연물 등에 균열, 파손 손상은 없는가
3) 철심에 녹의 발생 손상은 없는가
4) 부싱 단자부에 변색은 없는가
5) 부싱 등에 이물질, 먼지 등의 부착은 없는가

218 배전반이 고압회로 각 상과 대지 간의 절연저항값을 쓰시오.

해답

5[MΩ] 이상

219 주회로 단로기의 주도전부 측정장비 및 절연저항값을 쓰시오.

해답

1) 측정장비 : 1,000[V] 메거
2) 절연저항값 : 500[MΩ] 이상

NEW AND RENEWABLE ENERGY EQUIPMENT(PHOTOVOLTAIC) INDUSTRIAL ENGINEER

PART 09

태양광발전 계통연계

001 분산형 전원 전력계통 연계기준

1) 분산형 전원(DR ; Distributed Resources)

대규모 집중형 전원과는 달리 소규모로 전력소비지역 부근에 분산하여 배치가 가능한 전원을 말한다.

2) 한전계통(Area EPS ; Electric Power System)

구내계통에 전기를 공급하거나 그로부터 전기를 공급받는 한전의 계통을 말하는 것으로 접속설비를 포함한다.

3) 연계(Interconnection)

분산형 전원을 한전계통과 병렬운전하기 위하여 계통에 전기적으로 연결하는 것을 말한다.

4) 연계시스템(Interconnection System)

분산형 전원을 한전계통에 연계하기 위해 사용되는 모든 연계 설비 및 기능들의 집합체를 말한다.

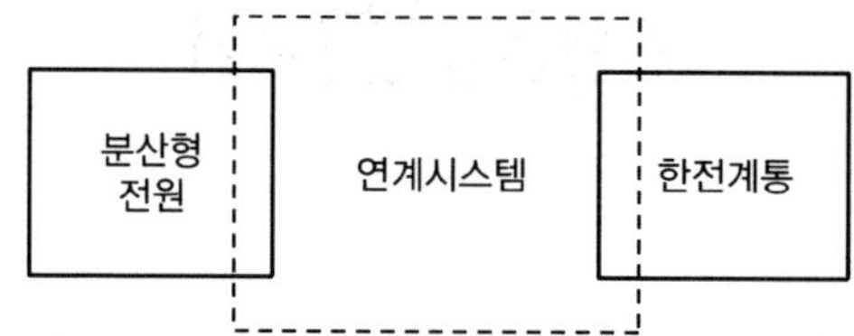

5) 동기화

분산형 전원의 계통 연계 또는 가압된 구내계통의 가압된 한전계통에 대한 연계에 대하여 병렬연계장치의 투입 순간에 표의 모든 동기화 변수들이 제시된 제한범위 이내에 있어야 하며, 만일 어느 하나의 변수라도 제시된 범위를 벗어날 경우에는 병렬연계장치가 투입되지 않아야 한다.

▼ 계통 연계를 위한 동기화 변수 제한범위

분산형 전원 정격용량 합계[kW]	주파수 차 (Δf, [Hz])	전압 차 (ΔV, [%])	위상각 차 ($\Delta\phi$, [°])
0~500	0.3	10	20
500 초과~1,500	0.2	5	15
1,500 초과~20,000 미만	0.1	3	10

6) 비정상 전압에 대한 분산형 전원 분리시간

▼ 전압범위별 고장 제거시간 및 운전지속시간

전압 범위(공칭전압에 대한 백분율[%])	분리시간[초]	운전지속시간[초]
$V<50$	0.5	0.15
$50\le V<70$	2.00	0.16
$70\le V<90$	2.00	1.5
$110< V<120$	1.00	0.2
$V\ge 120$	0.16	–

※ 고장제거시간 : 계통에서 비정상 전압상태가 발생한 때로부터 전원 발전설비가 계통으로부터 완전히 분리될 때까지의 시간

※ 기준전압 : 계통의 공칭전압

7) 주파수

계통 주파수가 표와 같은 비정상 범위 내에 있을 경우 분산형 전원은 해당 분리시간 내에 한전계통에 대한 가압을 중지하여야 한다.

▼ 비정상 주파수에 대한 분산형 전원 분리시간

분산형 전원 용량	주파수 범위[주)][Hz]	분리시간[주)][초]
30[kW] 이하	>60.5	0.16
	<59.3	0.16
30[kW] 초과	>60.5	0.16
	<{57.0~59.8} (조정 가능)	{0.16~300} (조정 가능)
	<57.0	0.16

주) 분리시간이란 비정상 상태의 시작부터 분산형 전원의 계통가압 중지까지의 시간을 말한다. 최대용량 30[kW] 이하의 분산형 전원에 대해서는 주파수 범위 및 분리시간 정정치가 고정되어 있어도 무방하나, 30[kW]를 초과하는 분산형 전원에 대해서는 주파수 범위 정정치를 현장에서 조정할 수 있어야 한다. 상기 표의 분리시간은 분산형 전원의 용량이 30[kW] 이하일 경우에는 분리시간 정정치의 최댓값

을, 30[kW]를 초과하는 경우에는 분리시간 정정치의 초기값(Default)을 나타낸다. 저주파수 계전기 정정치 조정 시에는 한전계통 운영과의 협조를 고려하여야 한다.

8) 전기품질

(1) 직류 유입 제한

분산형 전원 및 그 연계시스템은 분산형 전원 연결점에서 최대 정격 출력전류의 0.5[%]를 초과하는 직류 전류를 계통으로 유입시켜서는 안 된다.

(2) 역률

① 분산형 전원의 역률은 90[%] 이상으로 유지함을 원칙으로 한다. 다만, 역송병렬로 연계하는 경우로서 연계계통의 전압상승 및 강하를 방지하기 위하여 기술적으로 필요하다고 평가되는 경우에는 연계계통의 전압을 적절하게 유지할 수 있도록 분산형 전원 역률의 하한값과 상한값을 고객과 한전이 협의하여 정할 수 있다.

② 분산형 전원의 역률은 계통 측에서 볼 때 진상역률(분산형 전원 측에서 볼 때 지상역률)이 되지 않도록 함을 원칙으로 한다.

(3) 플리커(Flicker)

분산형 전원은 빈번한 기동 · 탈락 또는 출력변동 등에 의하여 한전계통에 연결된 다른 전기사용자에게 시각적인 자극을 줄 만한 플리커나 설비의 오동작을 초래하는 전압요동을 발생시켜서는 안 된다.

(4) 고조파

특고압 한전계통에 연계되는 분산형 전원은 연계용량에 관계없이 한전이 계통에 적용하고 있는 「배전계통 고조파 관리기준」에 준하는 허용기준을 초과하는 고조파 전류를 발생시켜서는 안 된다.

9) 순시전압변동

① 특고압 계통의 경우, 분산형 전원의 연계로 인한 순시전압변동률은 발전원의 계통 투입 · 탈락 및 출력 변동 빈도에 따라 다음 표에서 정하는 허용 기준을 초과하지 않아야 한다. 단, 해당 분산형 전원의 변동 빈도를 정의하기 어렵다고 판단되는 경우에는 순시전압변동률 3[%]를 적용한다. 또한 해당 분산형 전원에 대한 변동 빈도 적용에 대해 설치자의 이의가 제기되는 경우, 설치자가 이에 대한 논리적 근거 및 실험적 근거를 제시하여야 하고 이를 근거로 변동 빈도를 정할 수 있으며 제10조에 의한 감시설비를 설치하고 이를 확인하여야 한다.

▼ 순시전압변동률 허용기준

변동 빈도	순시전압변동률
1시간에 2회 초과 10회 이하	3[%]
1일 4회 초과 1시간에 2회 이하	4[%]
1일에 4회 이하	5[%]

② 저압계통의 경우, 계통 병입 시 돌입전류를 필요로 하는 발전원에 대해서 계통 병입에 의한 순시전압변동률이 6[%]를 초과하지 않아야 한다.

③ 분산형 전원의 연계로 인한 계통의 순시전압변동이 제1항 및 제2항에서 정한 범위를 벗어날 경우에는 해당 분산형 전원 설치자가 출력변동 억제, 기동 · 탈락 빈도 저감, 돌입전류 억제 등 순시전압변동을 저감하기 위한 대책을 실시한다.

④ 제3항에 의한 대책으로도 제1항 및 제2항의 순시전압변동 범위 유지가 불가할 경우에는 다음 각 호의 하나에 따른다.

1. 계통용량 증설 또는 전용선로로 연계
2. 상위전압의 계통에 연계

10) 단독운전

연계된 계통의 고장이나 작업 등으로 인해 분산형 전원이 공통 연결점을 통해 한전계통의 일부를 가압하는 단독운전 상태가 발생할 경우 해당 분산형 전원 연계시스템은 이를 감지하여 단독운전 발생 후 최대 0.5초 이내에 한전계통에 대한 가압을 중지해야 한다.

(1) 단독운전 검출방식

① 수동방식
- ㉠ 전압위상도약 검출방식
- ㉡ 주파수 변화율 검출방식
- ㉢ 제3고조파 전압급증 검출방식

② 능동방식
- ㉠ 주파수 시프트 방식
- ㉡ 부하변동방식
- ㉢ 유효전력변동방식
- ㉣ 무효전력변동방식

11) 상시전압 변동범위

(1) 저압의 표준전압 허용오차

표준전압	허용오차
220[V]	220[V]의 상하로 13[V] 이내
380[V]	380[V]의 상하로 38[V] 이내

(2) 분산형 전원의 저압한전계통 연계 시 상시전압변동률 기준은 3[%], 순시전압변동률 기준은 4[%]이다.

(3) 수용가 설비의 전압강하

설비의 유형	조명[%]	기타[%]
A－저압으로 수전하는 경우	3	5
B－고압 이상으로 수전하는 경우	6	8

가능한 한 최종회로 내의 전압강하가 A유형의 값을 넘지 않도록 하는 것이 바람직하다. 사용자의 배선설비가 100[m]를 넘는 부분의 전압강하는 미터당 0.005[%] 증가할 수 있으나 이러한 증가분은 0.5[%]를 넘지 않아야 한다.

다음의 경우에는 위의 표보다 더 큰 전압강하를 허용할 수 있다.
① 기동시간 중의 전동기
② 돌입전류가 큰 기타 기기

002 태양광발전 수배전반

1 교류 측 기기

1) 분전반

① 분전반은 계통에 연계하는 경우에, 파워컨디셔너의 교류출력을 계통으로 접속할 때 사용하는 차단기를 수납하는 함이다.

② 일반주택, 빌딩의 경우 대부분 분전반이나 배전반이 설치되어 있으므로 태양광발전시스템의 정격출력전류에 적합한 차단기가 있으면 그것을 사용한다.

③ 기설치된 분전반 내 차단기의 여유가 없으면 별도의 분전반을 설치한다.

④ 차단기는 역접속 가능형 누전차단기를 설치한다.(지락검출기능)
(단, 기설치된 분전반의 계통 측에 지락검출기능이 부착된 과전류차단기가 이미 설치된 경우에는 교체할 필요가 없다.)

2) 적산전력량계

적산전력량계는 계통연계에서 역송전한 전력량을 계측하여 전력회사에 판매한 전력요금을 산출하는 계량기로서 계량법에 의한 검정을 받은 적산전력량계를 사용해야 한다.

(1) 적산전력량계의 설치

① 종래 전력회사가 설치한 수요전력량계의 적산전력량계도 역송전이 있는 계통연계시스템을 설치할 때는 전력회사가 역송방지장치가 부착된 적산전력량계로 변경하게 된다.

② 역송전력계량용의 적산전력량계는 전력회사가 설치한 수요전력량계의 적산전력량계에 인접하여 설치한다.

③ 적산전력량계는 옥외용의 경우 옥외용 함에 내장하는 것으로 하고 옥내용의 경우 창이 부착된 옥외용 수납함의 내부에 설치한다.

(2) 적산전력량계의 접속(결선)도

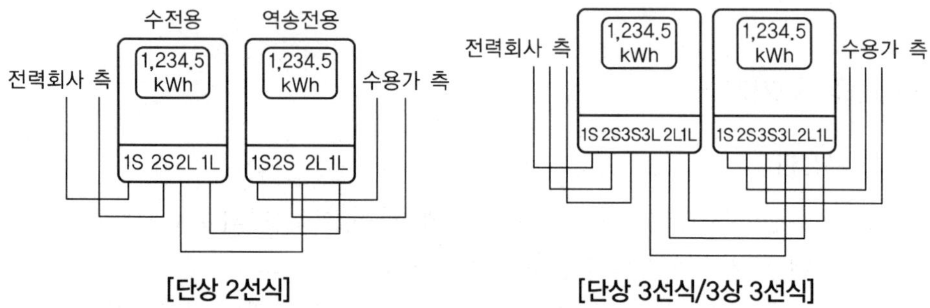

[단상 2선식] [단상 3선식/3상 3선식]

역송전계량용의 적산전력계는 수요전력량계와는 역으로 수용가 측을 전원 측으로 접속한다.

2 변전설비

1) 변전소

높은 전압을 낮은 전압(부하에 알맞은 전압)으로 변환하는 장소

2) 변전설비

특고압 수전설비 결선도 : CB 1차 측에 PT를, CB 2차 측에 CT를 시설하는 경우

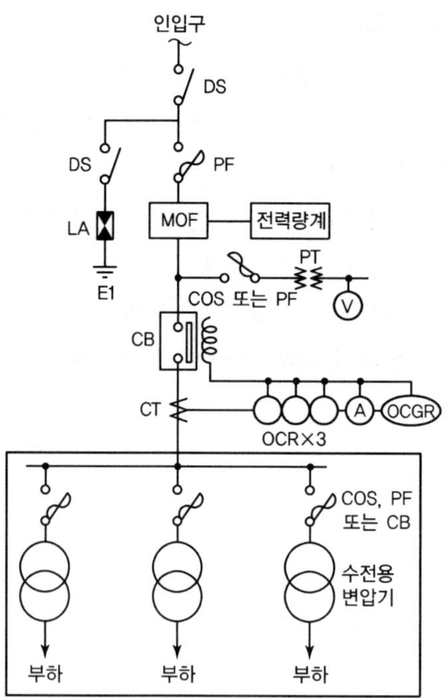

3 책임분계점(재산한계점)

고객과 한전의 재산한계점을 접속점으로 한다. 다만, 다음의 경우에는 연계점을 책임분계점으로 할 수 있다.

① 한전 표준규격이 아닌 비표준규격 설비로 연계할 경우
② 발전기를 송전선로 1회선으로 연계할 경우
③ 향후 공용 송전망으로 활용 가능성이 없는 경우

4 저압연계계통 수배전반 구성

1) 전기실 설계 시 고려사항

(1) 전기실 면적 설계 시 고려사항(영향을 주는 요소)

① 수전전압 및 수전방식
② 변압기 용량
③ 강압방식
④ 기기 배치 및 유지보수 시 필요면적

(2) 건축적 고려사항

① 장비의 반입, 반출 통로 확보
② 천장높이
③ 수변전실은 불연재료를 사용, 출입문은 방화문 시설

(3) 전기적 고려사항

① 외부의 수전이 편리한 곳
② 부하의 중심
③ 간선 배선이 용이한 곳

(4) 환경적 고려사항

① 환기가 잘되고 고온 다습한 곳이 아닌 장소
② 화재 폭발 우려가 없는 장소
③ 염해, 부식성 가스가 체류하지 않는 장소
④ 침수 방지를 위해 예상침수높이 이상으로 설치

5 변압기

1) 변압기의 종류

아몰퍼스 변압기, 유입변압기, 몰드변압기 등이 있다.

※ **아몰퍼스 변압기 :** 철, 붕소, 규소 등이 혼합된 용융금속을 급랭시켜 만든 변압기로 규소강판 변압기에 비해 철손을 1/3~1/4로 감소시킨 고효율 변압기이다.

2) 변압기의 역할

1차 전압(22.9[kV])을 2차 전압(부하에 알맞은 전압 220~380[V])으로 변성하는 기기

3) 변압기의 결선

① △－△ 결선
② Y－Y 결선
③ △－Y 결선
④ Y－Y－△결선

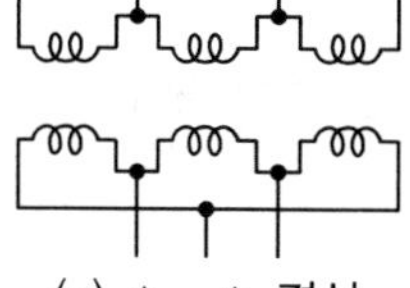

(a) △－△ 결선

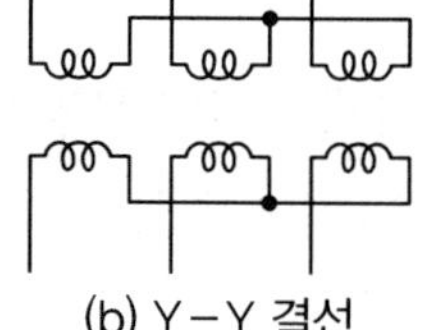

(b) Y－Y 결선

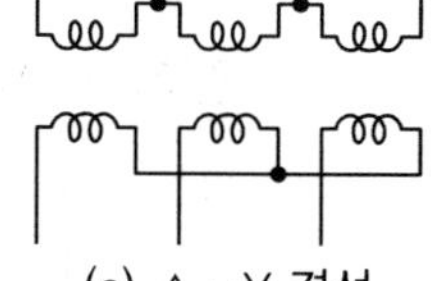

(c) △－Y 결선

[변압기의 결선도]

4) 변압기 용량 계산

(1) 변압기의 용량

$$\text{변압기의 용량}(Tr) = \frac{\text{설비용량} \times \text{수용률}}{\text{부등률} \times \text{역률}} (= \text{합성최대수용전력}[\text{kVA}])$$

▼ **변압기의 표준정격(KS규격)**

변압기의 표준용량[kVA]		주상 변압기의 표준용량[kVA]	
5	100	1	25
7.5	150	2	30
10	200	3	40
15	300	5	50
20	500	7.5	
30	750	10	
50	1,000	15	
75		20	

① 수용률(Demand Factor) : 전력소비 기기가 동시에 사용되는 정도

$$수용률 = \frac{최대수요전력[kW]}{부하설비용량[kW]} \times 100[\%]$$

② $부등률 = \frac{각\ 부하의\ 최대수요전력의\ 합계[kW]}{합성최대전력[kW]} > 1$

③ $부하율 = \frac{평균수요전력[kW]}{최대수요전력[kW]} \times 100[\%]$

5) 변압기의 접지

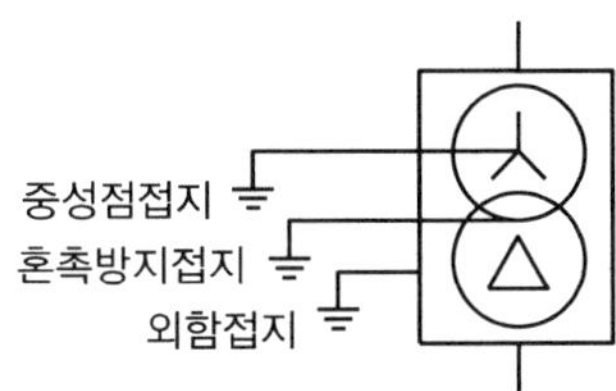

6 차단기

차단기는 회로를 개방 투입하고 사고전류는 신속히 차단하여 기기 및 선로를 보호한다.

1) 소호방식에 따른 차단기 종류

① OCB(Oil Circuit Breaker) : 유입차단기
② ABB(Air Blast Circuit Breaker) : 공기차단기
③ MBB(Magnetic Blast Circuit Breaker) : 자기차단기
④ VCB(Vacuum Circuit Breaker) : 진공차단기
⑤ GCB(Gas Circuit Breaker) : 가스차단기

2) 차단기 용량 계산

(1) 정격차단 용량 계산

① 차단기의 차단 용량

정격차단 용량[MVA]= $\sqrt{3}$×정격전압[kV]×정격차단전류[kA]

② $I_s = \frac{100}{\%Z} I_n[A]$

③ $I_n = \dfrac{P_n}{\sqrt{3}\,V}$

여기서, $\%Z$: 퍼센트 임피던스[%]
I_s : 단락전류[A]
I_n : 정격전류[A]
P_s : 단락용량[kVA]
P_n : 기준용량[kVA]
V : 전압[V]

(2) 계산순서

① 기준 용량 P_n을 선정

② 기준 용량에 대한 $\%Z$ 환산

기준 용량에 대한 $\%Z = \dfrac{\text{기준용량}}{\text{자기용량}} \times$ 자기용량에 대한 $\%Z$

③ 고장점까지 $\%Z$ 합산

④ 단락전류 I_s, 단락용량 P_s 계산

(3) 차단기 표준동작 책무

동작책무란 1~2회 이상 투입차단하거나 또는 투입차단을 일정한 시간 간격으로 행하는 일련의 동작

종별	동작 책무
일반용	CO－15초－CO
고속도 재투입용	O－0.3초－CO－3분－CO

※ O : 차단기 개방, CO : 투입 후 즉시 개방

(4) 단로기(DS : Disconnecting Switch)

무부하 상태에서 선로를 분리하는 장치

(5) MOF : 계기용 변압변류기(계기용 변성기함)

CT와 PT를 한 함 내에 넣어 계측

(6) COS(Cut Out Switch)

과부하 전류차단

(7) PF(Power Fuse)

전력용 퓨즈(단락전류 차단)

7 조상설비

1) 조상설비의 특징

① 조상설비는 부하변동으로 인한 전압변동을 조정하여 수전단전압을 일정하게 유지한다.

② 역률을 개선하여 송전손실을 경감시킨다.

③ 조상설비는 회전기와 정지기로 구분한다.

㉠ 회전기 : 동기조상기

㉡ 정지기 : 전력용 콘덴서, 분로리액터

2) 조상설비의 종류

(1) 전력용 콘덴서(진상용, 병렬)

① 직렬콘덴서와 병렬콘덴서가 있다.

② 직렬콘덴서는 사용하지 않는다.

③ 병렬(전력용, 진상용)콘덴서

㉠ 콘덴서를 부하와 병렬로 접속

㉡ 콘덴서는 전압보다 90° 위상이 빠른 진상무효전력을 공급하여 부하의 역률개선

(2) 직렬리액터

콘덴서를 조상용으로 연결할 때 전압파형이 비틀려 콘덴서에 발생하는 고조파전압이 커지게 된다. 따라서 선로에 고조파돌입전류를 억제하고자 직렬리액터를 전력용 콘덴서와 직렬로 연결한다.

(3) 방전코일(저항)

콘덴서를 회로로부터 분리 시 잔류전하는 쉽게 자기방전을 할 수 없어 코일이나 저항을 통해 방전시킨다.

(4) 분로리액터

지상전류를 얻어 전압 상승을 억제할 목적으로 분로리액터를 설치한다.

8 보호계전방식

1) 계통 보호 개요

① 이상상태 항상 감시

② 고장 발생 시 고장구간 신속 분리

2) 보호계전기 구비조건

① 보호동작이 정확할 것
② 고장 개소를 정확하게 선택할 것
③ 온도와 파형에 의한 오차가 적을 것
④ 장시간 사용해도 특성 변화가 없을 것
⑤ 열적 · 기계적으로 견고할 것
⑥ 보수 점검이 용이할 것
⑦ 가격이 싸고, 소비전력도 적을 것

3) 보호계전기의 종류

(1) 형태상 분류

① **아날로그형** : 전자기계형, 정지형
② **디지털형** : 정해진 프로그램에 의거하여 마이크로프로세서로 계산해서 크기, 위상을 판단하여 동작

(2) 기능상의 분류

① **전류계전기**
㉠ 과전류계전기(OCR ; Over Current Relay) : 전류가 일정값 이상일 때 동작
㉡ 부족전류계전기(UCR ; Under Current Relay) : 전류가 일정값 이하일 때 동작

② **전압계전기**
㉠ 과전압계전기(OVR ; Over Voltage Relay) : 전압이 일정값 이상일 때 동작
㉡ 부족전압계전기(UVR ; Under Voltage Relay) : 전압이 일정값 이하일 때 동작

③ **차동계전기(DCR ; Differential Current Relay)**
유입전류와 유출전류의 차에 의해 동작

④ **주파수계전기**
㉠ 저주파수계전기(UFR ; Under Frequency Relay)
㉡ 과주파수계전기(OFR ; Over Frequency Relay)

⑤ **역전류계전기(Reverse Current Protection)**
직류회로의 전류가 소정의 규정방향과는 역의 방향으로 흘렀을 때 동작하는 계전기

003 전력저장장치(축전지)

1 축전지의 개요

① 축전지(Electric Storage Batteries)는 전기에너지를 화학에너지로 바꿔 저장하고, 필요할 때 다시 전기에너지로 바꿔 쓰는 장치로서 전력저장장치라 할 수 있다.

② 발전량 부족 시나 야간, 일조가 없을 때의 부하로 전력을 공급하기 위해 전력저장장치(축전지)를 설치한다. 독립형 태양광발전에서 섬 지방이나 산간지방 등 상용전원이 없는 곳에서 활용한다.

③ 계통연계형 태양광발전시스템에서도 축전지를 설치하여 재해 시 비상전원 공급, 발전전력 급변 시의 버퍼, 전력저장, 피크 시프트 등 시스템의 적용범위를 확대함으로써 비상전원의 확보, 전력품질의 유지, 경제성 등의 목적으로 설치하는 경우도 있다.

④ 최근에는 다수의 태양광발전시스템이 계통에 연계되었을 때 계통전압 안정화 및 피크제어 목적으로 축전지를 이용한 ESS(Energy Storage System)를 도입하고 있다.

2 축전지의 종류

1) 연축전지

양극판(PbO_2), 음극판(Pb), 격리판, 전해액(H_2SO_4) 및 전조(Container)로 구성되어 있는 축전지로, 태양광발전시스템에서 가장 많이 사용된다.

2) 알칼리축전지

수산화물질과 같은 알칼리용액으로 전해액이 구성된 축전지이다.

3 축전지의 기대수명에 영향을 미치는 요소

① 방전심도(DOD) → 가장 영향을 크게 미침

② 방전횟수

③ 사용온도

4 축전지의 선정

1) 독립형 전원시스템용 축전지

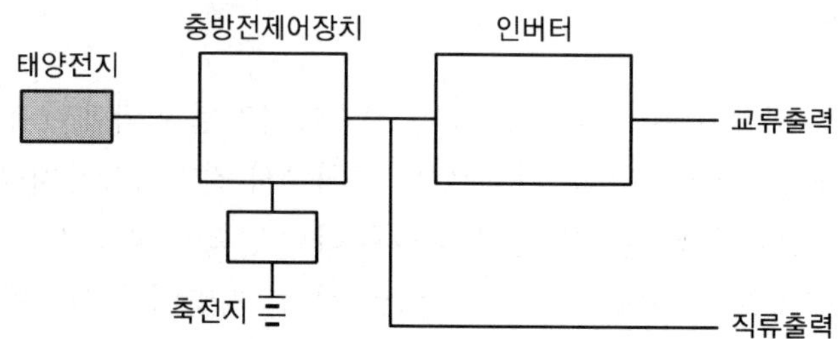

① 축전지 용량$(C) = \dfrac{1일\ 소비전력량 \times 불일조일수}{보수율 \times 방전심도 \times 축전지전압(방전종지전압)}$[Ah]

㉠ 방전심도(DOD ; Depth Of Discharge) : 축전지의 잔존용량을 표현하는 방법

㉡ 불일조일수 : 기상상태의 변화로 발전을 할 수 없을 때의 일수

② 직류부하 전용일 때는 인버터가 필요 없다.

③ 직류출력전압과 축전지의 전압을 서로 같게 한다.

2) 계통연계시스템용 축전지

(1) 방재 대응형

재해 시 인버터를 자립운전으로 전환하고 특정 재해 대응 부하로 전력을 공급한다.

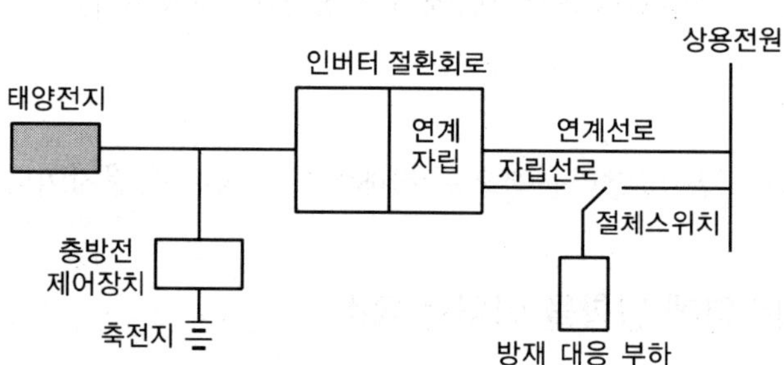

① 평상시에는 계통연계 운전을 한다.

② 정전 시에는 방재, 비상 부하 자립운전을 한다.

③ 정전 회복 후나 야간에는 충전운전을 한다.

(2) 부하평준화 대응형(피크시프트형, 야간전력저장형)

태양전지출력과 축전지출력을 병용하여 부하의 피크 시에 인버터를 필요 출력으로 운전하여 수전전력의 증대를 막고 기본전력요금을 절감하려는 시스템이다.

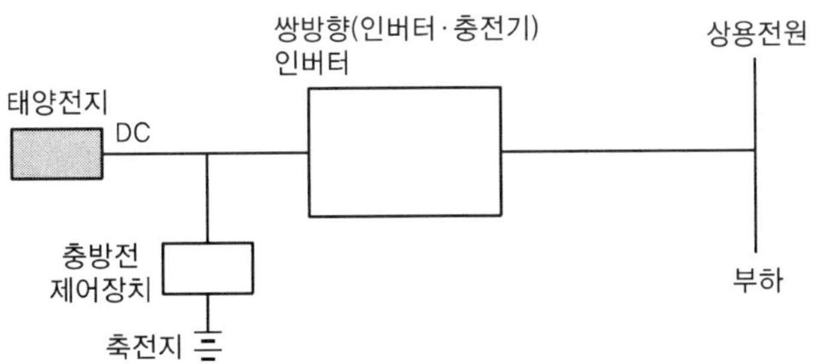

① 평상시에는 연계운전을 한다.

② 피크 시에는 태양전지+축전지 겸용에 의해 피크부하를 부담한다.

③ 정전 회복 후나 야간에는 충전운전을 한다.

(3) 계통안정화 대응형

기후가 급변할 때나 계통부하가 급변할 때는 축전지를 방전하고, 태양전지출력이 증대하여 계통전압이 상승하도록 할 때에는 축전지를 충전하여 역류를 줄이고 전압의 상승을 방지하는 방식이다.

5 축전지설비의 설치기준

축전지설비를 설치할 경우에는 다음 표와 같이 최소한의 이격거리를 확보할 필요가 있으므로 시스템의 설계 시에 이를 반영해야 한다.

이격거리를 확보해야 할 부분	이격거리[m]
큐비클 이외의 발전설비와의 사이	1.0
큐비클 이외의 변전설비와의 거리	1.0
옥외에 설치할 경우 건물과의 사이	2.0
전면 또는 조작면	1.0
점검면	0.6
환기면*	0.2

* 전면, 조작면 또는 점검면 이외에 환기구가 설치되는 면을 말한다.

6 축전지용량 산출식

1) 계통연계형의 축전지용량 산출식

$$C = \frac{KI}{L}[\text{Ah}]$$

여기서, C : 온도 25[℃]에서 정격 방전율 환산용량(축전지의 표시 용량)
K : 방전시간, 축전지 온도, 허용최저전압으로 결정되는 용량환산계수, K값은 축전지별 용량환산시간표 참조
I : 평균 방전전류
L : 보수율(수명 말기의 용량감소율 고려, 0.8 적용)

2) 독립형 전원시스템용 축전지 용량

$$C = \frac{\text{1일 소비전력량} \times \text{부조일수}}{\text{보수율} \times \text{방전심도} \times \text{방전종지전압}}[\text{Ah}]$$

$$C = \frac{L_d \times D_r \times 1{,}000}{L \times V_b \times N \times DOD}[\text{Ah}]$$

여기서, L_d : 1일 적산 부하 전력량[kWh]
D_r : 일조가 없는 날의 일수[일]
L : 보수율(0.8 적용)
V_b : 공칭축전지 전압[V]⇒납축전지 2[V]
N : 축전지 개수[개]
DOD : 방전심도[%]
(일조가 없는 날의 마지막 날을 기준하여 방전심도 결정)

- 방전심도(DOD ; Depth of Discharge)는 축전지의 잔존용량(SOC ; State of Charge)을 표현하는 다른 방법이다.

$$\text{방전심도} = \frac{\text{실제 방전량}}{\text{축전지의 정격용량}} \times 100[\%]$$

방전심도를 30~40[%] 정도로 낮게 설정하면 전지 수명이 길어지고, 방전심도를 70~80[%]까지 설정하면 전지 이용률은 높아지는 대신 그만큼 전지 수명이 단축된다.

7 축전지의 용도별 분류

구분		용도	특징
계통연계용	방재 대응형	정전 시 비상부하 공급	평상시 계통연계시스템으로 동작, 정전 시 인버터 자립운전, 복전 후 재충전
	부하평준화 대응형 (Peak Shift, 야간전력 저장)	전력부하 피크 억제	태양전지 출력과 축전지 출력을 병행, 부하피크 시 기본전력요금 절감, 피크전력 대응의 설비투자 절감
	계통안정화 대응형	계통 전압 안정	계통부하 급증 시 축전지 방전, 태양전지 출력 증대로 계통전압 상승 시 축전지 충전, 역전류 감소, 전압 상승 방지
독립형 시스템용		안정적인 전력 공급 및 부하 대응	잦은 충 · 방전 대응

8 축전지가 갖추어야 할 조건

① 에너지 밀도가 높을 것
② 중량 대비 효율이 높을 것
③ 자기방전율이 낮을 것
④ 과충전 · 과방전에 강할 것
⑤ 가격이 저렴하고 장수명일 것

SECTION 004 NEW AND RENEWABLE ENERGY EQUIPMENT/PHOTOVOLTAIC

태양광발전 주변기기

1 방범시스템

태양광발전설비의 방범시스템에는 CCTV(폐쇄회로텔레비전)시스템과 출입통제시스템이 있다.

2 방재시스템

태양광발전설비의 방재시스템은 뇌서지, 과전압, 방화, 지진 등에 대한 대책이다.

1) 뇌서지 대책

(1) 피뢰침

① 직격뢰에 대한 방지대책
② 태양광발전설비 주위에 접근한 뇌격전류를 흡입하여 대지로 방류

(2) 서지보호장치(SPD ; Surge Protective Device)

① 과도 · 과전압을 제한하고 서지전류를 우회하게 하는 장치
② 간접뢰에 대한 방지대책
③ 뇌서지가 태양전지 어레이, 출력조절기 등에 침입 시 이 기기들을 보호하기 위한 장치
④ 어레이 보호 시 스트링마다 피뢰소자 설치
⑤ 어레이 전체 출력단에 설치
⑥ 접속함 및 분전반 내에 설치하는 피뢰소자는 방전내량이 큰 것(타입 Ⅰ) 선정
⑦ 어레이 주회로 내에 설치하는 피뢰소자는 방전내량이 작은 것(타입 Ⅱ, 타입 Ⅲ) 선정

(3) 피뢰시스템

태양광발전설비는 야외에 상시 노출되어 있으므로 직격뢰의 위험과 접지선, 전력선을 통한 간접뢰에 대한 방지대책을 강구하여야 한다.
건축물 상부에 어레이를 설치할 경우 지면으로부터 어레이의 높이 합산 20[m] 이상 시 피뢰설비 설치 의무 대상이며, 개방된 넓은 공간에 설치된 발전설비구조물은 직격뢰의 피격 대상이 될 가능성이 있으므로 피뢰시스템을 설치하여야 한다.

① 시스템 보호대책

㉠ 구조물(어레이 포함)

단일 또는 조합으로 사용되는 다음 수단으로 구성된 LEMP(뇌전자계 임펄스) 보호대책시스템

- 접지 및 본딩 대책
- 자기차폐
- 선로의 경로
- 협조된 SPD 보호

㉡ 인입설비(전력선 등)

- 선로의 말단과 선로상의 여러 위치에 설치된 서지보호장치
- 케이블의 자기차폐

② 피뢰시스템의 역할

㉠ 외부 피뢰시스템

- 수뢰부시스템 : 구조물의 뇌격을 받아들임
- 인하도선시스템 : 뇌격전류를 안전하게 대지로 보냄
- 접지시스템 : 뇌격전류를 대지로 방류시킴

㉡ 내부 시스템의 고장 보호(차폐, 본딩(Bonding) 및 접지, SPD)

㉢ 외부 피뢰시스템의 구성 예

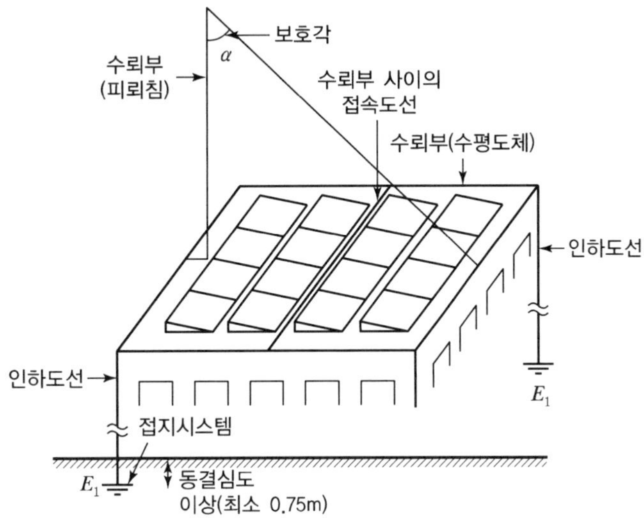

[외부 피뢰시스템의 구성]

③ 피뢰설비 수뢰부시스템

㉠ 수뢰부시스템을 적절하게 설계하면 뇌격전류가 구조물을 관통할 확률은 상당히 감소한다.

㉡ 수뢰부시스템은 다음 요소의 조합으로 구성된다.

- 돌침(받쳐주는 구조물 없이 세워진 지지대(마스트) 포함)
- 수평도체
- 메시도체

2) 내진 대책

지진 발생 시 성능에 지장을 주지 않도록 시설

3) 방화 대책

① 배선 : 접속부 저항 측정, 난연케이블 설치

② 기기 : 큐비클 내 설치

③ 자동화재탐지기 시설

005 태양광 모니터링 시스템

1 태양광 모니터링 시스템의 개요

태양광발전 모니터링 시스템은 태양광발전설비 설치 및 응용프로그램 설치에 관해 적용하며, 전기설비에서의 스마트 기능을 볼 수 있는 모듈, 부품별 이상 유무 상태, 부품에 걸리는 전위차 측정, 사용 전압, 정격전압, 전류, 사용 전력량, 역률의 자동계측, 경보, 알람, 상태 기록, Log 파일 저장 등을 행함으로써 설비의 감시제어 역할을 수행한다.

2 태양광 모니터링 시스템의 구성요소

① PC : 로컬 모니터링 프로그램 내장

② 모니터 : LCD, 디지털 감시 화면, 계통도 화면, 경보화면, 보고서 화면 표시

③ 공유기
- ㉠ CCTV 저장(DVR) 데이터, 인터넷, 직렬서버 데이터 공유
- ㉡ TCP/IP 유선(UTP케이블) 연결

④ 직렬서버(Serial Server)
- ㉠ 기상수집 데이터, 발전, 고장, 경보 전력 기기 감시 등 데이터 수집, 공유기를 통해 사용자 PC로 전달
- ㉡ RS232/485 Serial Port로 연결

⑤ 기상수집 I/O 통신모듈
일사량센서, 온도센서, 습도센서, 풍속센서 등으로부터 정보 수집

⑥ 각종 센서류 : 일사량, 온도, 습도, 풍속센서 등

3 태양광 모니터링 시스템의 주요 기능

1) 발전 진단

① 현재 발전전력, 누적 발전전력
② 금일 전력량, 금월 전력량, 전월 전력량, 이산화탄소 절감량
③ 설비용량, 설비이용률

2) 고장 진단

① 직렬회로 상태 표시(전압, 전류, 전력, 스위치상태, 현재 발전량, 평균발전율)
② 직렬회로 고장 진단, 설비 용량
③ 직렬회로 고장 진단이력(고장일자, 고장시간, 해제일자, 해제시간)
④ 직렬회로 제어 이력(제어일자, 제어시간, 제어구분, 제어방법)
⑤ 파워컨디셔너 감시, 파워컨디셔너 이상 유무 진단

3) 경보 현황

진행 경보 및 내역 조회(경보일자, 경보시간, 측정값, 경보내용)

4) 기록 및 통계 기능

① 시간대, 월별, 주간별, 월별 정기적 자료 기록
② 경보발생 이력에 대한 기록

5) 정보 분석

① 각 감시 요소별 아날로그 값을 라인, 막대, 면적 등 입체적으로 표시
② 파워컨디셔너 분석(전압, 전류, 전력, 전력량, 설비이용률)
③ 직렬회로 분석(전압, 전류, 전력, 평균발전량, 설비이용률)

6) 보고서 화면

① 디지털 감시 화면
② 계통도화면
③ 경보화면
④ 보고서화면

4 태양광 모니터링 시스템의 프로그램 기능

기능	설명
데이터 수집기능	각각의 인버터에서 서버로 전송되는 데이터는 데이터 수집 프로그램에 의하여 인버터로부터 전송받아 데이터를 가공 후 데이터베이스에 저장한다. 10초 간격으로 전송받은 데이터는 태양전지 출력전압, 출력전류, 인버터상 각상전류, 각상전압, 출력전력, 주파수, 역률, 누적전력량, 외기온도, 모듈 표면온도, 수평면일사량, 경사면일사량 등 각각의 데이터로 분리하고, 데이터베이스의 실시간 테이블 형식에 맞도록 데이터를 수집한다.

기능	설명
데이터 저장기능	데이터베이스의 실시간 테이블 형식에 맞도록 수집된 데이터는 데이터베이스에 실시간 테이블로 저장되며, 매 10분마다 60개의 저장된 데이터를 읽어 산술평균값을 구한 뒤 10분 평균값으로 10분 평균데이터를 저장하는 테이블에 데이터를 저장한다.
데이터 분석기능	데이터베이스에 저장된 데이터를 표로 작성하여 각각의 계측요소마다 일일 평균값과 시간에 따른 각 계측값의 변화를 알 수 있도록 표의 테이블 형식으로 데이터를 제공한다.
데이터 통계기능	데이터베이스에 저장된 데이터를 일간과 월간의 통계기능을 구현하여 엑셀에서 지정날짜 또는 지정 월의 통계 데이터를 출력한다.

5 태양광발전시스템의 계측

1) 태양광발전시스템의 계측표시 사용목적

① 시스템의 운전상태 감시를 위한 계측 또는 표시
② 시스템의 발전전력량을 알기 위한 계측
③ 시스템 기기 및 시스템 종합평가를 위한 계측
④ 시스템 운전상황을 견학자에게 보여주고, 시스템의 홍보를 위한 계측 또는 표시

2) 태양광발전시스템의 계측시스템 구성 및 요소

(1) 시스템 구성

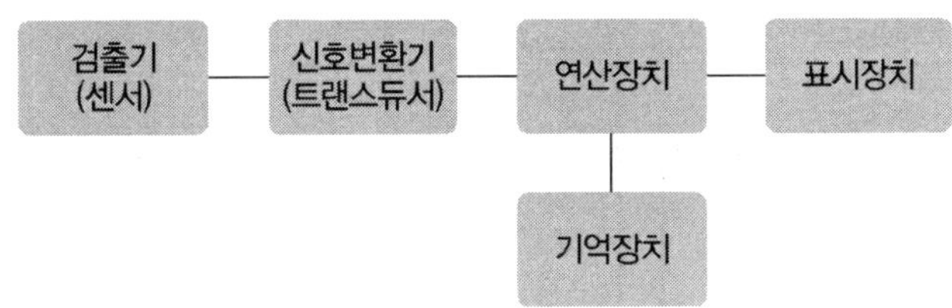

(2) 시스템 요소

① **검출기** : 직류회로의 전압, 전류를 검출, 교류회로의 전압, 전류, 전력, 역률, 주파수 등을 검출한다.
② **신호변환기** : 검출기로 측정한 데이터를 표시장치로 전송한다.
③ **연산장치** : 계측된 데이터를 적산하여 일정기간마다의 평균값, 적산값으로 얻는다.
④ **기억장치** : 컴퓨터 내의 메모리나 콤팩트 디스크를 사용하여 데이터를 저장한다.

006 접지시스템

1 접지의 정의 및 목적

1) 정의

접지는 대지에 전기적 단자를 설치하여 절연대상물을 대지의 낮은 저항으로 연결하는 것이다.

2) 목적

접지의 목적은 인축에 대한 안전과 설비 및 기기에 대한 안정이다. 즉, 전기설비나 전기기기 등의 이상전압제어 및 보호장치의 확실한 동작으로 인축에 대한 감전사고 방지와 전기 · 전자 통신설비 및 기기의 안정된 동작 확보를 위한 것이다.

2 접지설비의 개요

1개의 건축물에는 그 건축물 대지전위의 기준이 되는 접지극, 접지선 및 주 접지단자를 그림과 같이 구성한다. 건축 내 전기기기의 노출도전성부분 및 계통 외 도전성부분(건축구조물의 금속제 부분 및 가스, 물, 난방 등의 금속배관설비)은 모두 주 접지단자에 접속한다. 또한, 손의 접근한계 내에 있는 전기기기 상호 간 및 전기기기와 계통 외 도전성부분은 보조등전위 접속용 선에 접속한다.

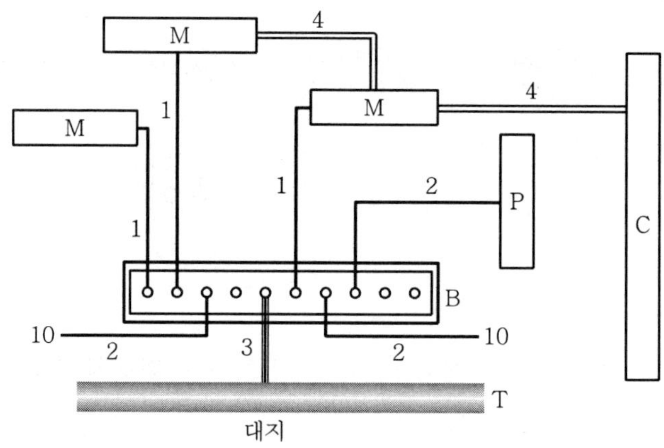

1 : 보호선(PE)
2 : 주등전위 접속용 선
3 : 접지선
4 : 보조등전위 접속용 선
10 : 기타 기기(예. 통신설비)

B : 주접지단자
M : 전기기구의 노출도전성부분
C : 철골, 금속덕트의 계통 외 도전성부분
P : 수도관, 가스관 등 금속배관
T : 접지극

3 접지시스템의 구분

1) 계통접지

전력계통의 이상현상에 대비하여 대지와 계통을 접속

2) 보호접지

감전보호를 목적으로 기기의 한 점 이상을 접지(전기기계외함과 대지면을 전선으로 연결)

3) 피뢰시스템접지

뇌격전류를 안전하게 대지로 방류하기 위한 접지

4 접지시스템의 시설 종류

1) 단독접지

(특)고압계통의 접지극과 저압접지계통의 접지극을 독립적으로 시설하는 접지방식

2) 공통/통합접지

공통접지는 (특)고압접지계통과 저압접지계통을 등전위 형성을 위해 공통으로 접지하는 방식이고 통합접지방식은 계통접지 · 통신접지 · 피뢰접지의 접지극을 통합하여 접지하는 방식

5 수전전압별 접지설계 시 고려사항

1) 저압수전수용가 접지설계

주상변압기를 통해 저압전원을 공급받는 수용가의 경우 지락전류 계산과 자동차단조건 등을 고려하여 접지설계

2) (특)고압수전수용가 접지설계

(특)고압으로 수전받는 수용가의 경우 접촉 · 보폭전압과 대지전위상승(EPR), 허용접촉전압 등을 고려하여 접지설계

6 접지선

1) 보호도체의 단면적(제19조)

① 다음 표에서 정한 값 이상의 단면적으로 한다.

상도체의 단면적 S[mm²]	대응하는 보호도체의 최소 단면적 [mm²]	
	보호도체의 재질이 상도체와 같은 경우	보호도체의 재질이 상도체와 다른 경우
$S \leq 16$	S	$\frac{k_1}{k_2} \times S$
$16 < S \leq 35$	16	$\frac{k_1}{k_2} \times 16$
$S > 35$	$\frac{S}{2}$	$\frac{k_1}{k_2} \times \frac{S}{2}$

여기서, k_1 : 도체 및 절연의 재질에 따라 KS C IEC 60364−5−54 부속서 A(규정)의 표 A54.1 또는 IEC 60364−4−43의 표 43A에서 선정된 상도체에 대한 값

k_2 : KS C IEC 60364−5−54 부속서 A(규정)의 표 A54.2~A54.6에서 선정된 보호도체에 대한 값. PEN 도체의 경우 단면적의 축소는 중성선의 크기결정에 대한 규칙에만 허용된다.

② 계산에 의한 경우는 다음 계산식으로 구한다.(이 식은 차단시간 5초 이하인 경우에 적용한다.)

$$S = \frac{\sqrt{I^2 t}}{k}$$

여기서, S : 단면적[mm²]

I : 보호계전기를 통해 흐를 수 있는(임피던스를 무시 가능한 경우) 지락고장전류값(교류실효값 : A)

t : 차단기 동작시간[s]

k : 보호선, 절연 및 기타 부위의 재료 및 초기온도와 최종온도로 정해지는 계수

③ 위 식으로 표준규격에 일치하지 않은 크기가 나온 경우는 가장 가까운 상위 표준 단면적을 가진 선을 사용해야 한다.

④ 보호선이 전원케이블 또는 케이블 용기의 일부로 구성되어 있지 않은 경우는 단면적을 어떠한 경우에도 다음 값 이상으로 해야 한다.

㉠ 기계적 보호가 된 것은 단면적 2.5[mm²] 동, 16[mm²] 알루미늄

㉡ 기계적 보호가 안 된 것은 단면적 4.0[mm²] 동, 16[mm²] 알루미늄

2) 보호선의 종류

① 다심케이블의 전선
② 충전전선과 공통 외함에 시설하는 절연전선 또는 나전선
③ 고정배선의 나전선 또는 절연전선
④ 금속케이블외장, 케이블차폐, 케이블외장
⑤ 금속관, 전선묶음, 동심전선

3) 보호선의 전기적 연속성 유지

① 보호선을 기계적, 화학적 열화 및 전기역학적 힘에 대해 적절히 보호해 주어야 한다.(예 합성수지관, 금속관 등에 포설)
② 보호선의 접속부는 콤파운드 충진 또는 캡슐(Capsule)에 수납한 경우를 제외하고 검사 및 시험 시에 접근 가능하도록 해야 한다.
③ 보호선은 개폐기를 삽입하지 않아야 한다. 다만, 시험을 위한 공구를 이용하여 분리하는 접속부 설치는 가능하다.

4) PEN 선(PEN 도체)

① PEN 선은 고정전기설비에서만 사용되고, 기계적으로 단면적 10[mm^2] 이상의 동 또는 16[mm^2] 이상의 알루미늄을 사용할 수 있다.
② PEN 선은 사용하는 최고전압을 위해서 절연되어야 한다.
③ 설비의 한 지점에 중성선과 보호선으로 시설할 경우 중성선을 설비의 다른 접지부분(예 PEN 선의 보호선)에 접속하여서는 안 된다. 다만, PEN 선은 각각 중성선과 보호선으로 구성하여야 한다. 별도의 단자 또는 바는 보호선과 중성선을 위해 시설한다. 이 경우에 PEN 선은 단자 또는 바에 접속하여야 한다.
④ 계통 외 도전성부분은 PEN 선으로 사용하지 않는다.

5) 등전위접속선(등전위결합도체)

① 주 접지단자에 접속되는 등전위접속선의 단면적은 다음 값 이상이어야 한다.
㉠ 동 : 6[mm^2]
㉡ 알루미늄 : 16[mm^2]
㉢ 철 : 50[mm^2]
② 두 개의 노출도전성부분에 접속하는 등전위접속선은 노출도전성부분에 접속된 작은 보호선의 도전성보다 큰 도전성을 가져야 한다.
③ 노출도전성부분을 계통 외 도전성부분에 접속하는 등전위접속선은 보호선 단면적의 1/2 이상의 도전성을 가져야 한다.

6) 중성선과 보호선의 식별

① 중성선 또는 중간선의 식별에는 청록색 또는 흰색이 사용된다.
② 보호선의 식별에는 녹색/황색 조합 또는 녹색이 사용된다.
③ PEN 선의 식별은 다음 중 하나로 표시한다.
- 선의 전체 표시는 녹색/노란색, 선의 끝부분 표시는 청록색으로 한다.

7) 최소단면적

① 접지선의 최소단면적은 내선규정에 따라야 하며, 지중에 매설하는 경우에는 아래 표에 따라야 한다.

▼ 접지선의 규약 단면적

구분	기계적 보호 있음	기계적 보호 없음
부식에 대한 보호 있음	2.5[mm^2] 동, 10[mm^2] 철	16[mm^2] 동, 16[mm^2] 철
부식에 대한 보호 없음	25[mm^2] 동, 50[mm^2] 철	

② 접지선이 외상을 받을 염려가 있는 경우에는 합성수지관(두께 2[mm] 미만의 합성수지제 전선관 및 난연성이 없는 CD관은 제외한다) 등에 넣어야 한다. 다만, 사람이 접촉할 우려가 없는 경우에는 금속관을 이용해서 보호할 수 있다.
③ 접지선과 접지극과의 접속은 튼튼하게 또는 전기적으로 충분해야 한다. 클램프를 사용하는 경우에는 접지극 또는 접지선이 손상되지 않도록 하여야 한다.

8) 전선식별법 국제표준화(KEC 121.2)

전선 구분	KEC 식별색상
상선(L1)	갈색
상선(L2)	흑색
상선(L3)	회색
중성선(N)	청색
접지/보호도체(PE)	녹황교차

9) 과전류차단기의 시설제한

접지공사의 접지선은 과전류차단기를 시설하여서는 안 된다.

10) 피뢰침용 접지선과 거리

전등전력용, 소세력회로용 및 출퇴표시등 회로용의 접지극 또는 접지선은 피뢰침용의 접지극 및 접지선에서 2[m] 이상 이격하여 시설하여야 한다. 다만, 건축물의 철골 등을 각각의 접지극 및 접지선에 사용하는 경우에는 적용하지 않는다.

7 접지극

접지극이란 접지선과 대지의 낮은 저항을 연결하여 주는 시설물이다.

1) 접지극의 종류

① 접지극에는 다음의 것을 사용할 수 있다.

㉠ 접지봉 및 판
㉡ 접지판
㉢ 접지테이프 또는 선
㉣ 건축물 기초에 매입된 접지극
㉤ 콘크리트 내의 철근
㉥ 금속제 수도관설비

② 접지극의 종류 및 매설깊이는 토양의 건조 또는 동결에 따라 접지저항값이 소요값보다 증가되지 않도록 선정하여야 한다.

2) 매설 또는 타입식 접지극

① 매설 또는 타입식 접지극은 동판, 동봉, 철관, 철봉, 동봉강관, 탄소피복강봉, 탄소접지모듈 등을 사용하고 이들을 가급적 물기가 있는 장소와 가스, 산 등으로 인하여 부식될 우려가 없는 장소를 선정하여 지중에 매설하거나 타입하여야 한다.

② 접지극은 다음 사항을 원칙으로 한다.

㉠ 동판 : 두께 0.7[mm] 이상, 면적 90[cm^2] 편면(片面) 이상
㉡ 동봉, 동피복강봉 : 지름 8[mm] 이상, 길이 0.9[m] 이상
㉢ 철관 : 외경 25[mm] 이상, 길이 0.9[m] 이상의 아연도금가스철관 또는 후강전선관
㉣ 철봉 : 지름 12[mm] 이상, 길이 0.9[m] 이상의 아연도금
㉤ 동봉강관 : 두께 1.6[mm] 이상, 길이 0.9[m] 이상, 면적 250[cm^2] 편면 이상
㉥ 탄소피복강관 : 지름 8[mm] 이상의 강심이고 길이 0.9[m] 이상

③ 접지선과 접지극은 CAD WELDING, 접지클램프, 커넥터, 납땜(소회로) 또는 기타 확실한 방법에 의하여 접속하여야 한다. 이때 납땜은 은(銀) 납류에 의한 것이어야 하고 납과 주석의 합금은 바람직하지 못하다.

8 계통접지의 방식

계통접지와 기기접지의 조합에 따라 접지방식에는 여러 가지 방식이 있는데 국내에서는 KS C IEC 60364 규정을 적용하여 TN 계통, TT 계통, IT 계통을 제안하고 있다.

1) 계통접지방식의 분류

저압전로의 보호도체 및 중성선의 접속방식에 따라 다음과 같이 분류한다.

① TN 계통(TN System)

② TT 계통(TT System)

③ IT 계통(IT System)

2) 계통접지에서 사용되는 문자의 정의

(1) 제1문자 : 전력계통과 대지의 관계

① **T** : 한 점을 대지에 직접 접속한다.

② **I** : 모든 충전부를 대지(접지)로부터 절연시키거나 임피던스를 삽입하여 한 점을 대지에 직접 접속한다.

(2) 제2문자 : 설비의 노출도전성부분과 대지와의 관계

① **T** : 전력계통의 접지와는 무관하며 노출도전성부분을 대지로 직접 접속한다.

② **N** : 노출도전성부분을 전력계통의 접지점(교류계통에서 통상적으로 중성점 또는 중성점이 없을 경우에는 단상)에 직접 접속한다.

* 그 다음 문자(문자가 있을 경우) : 중성선과 보호선의 조치

③ **S** : 보호선의 기능을 중성선 또는 접지 측 전선(또는 교류계통에서 접지 측)과 분리된 전선으로 실시한다.

④ **C** : 중성선 및 보호선의 기능을 한 개의 전선으로 겸용한다.(PEN 선)

기호	설명
(중성선 기호)	중성선(N)
(보호선 기호)	보호선(PE)
(PEN 기호)	보호선과 중성선 결합(PEN)

※ 기호 : TN 계통, TT 계통, IT 계통에 동일 적용

3) TN 계통(Terra Neutral System)

① TN 계통이란 전원의 한 점을 직접 접지하고 설비의 노출도전성부분을 보호선(PE)을 이용하여 전원의 한 점에 접속하는 접지계통을 말한다. 즉, 접지전류가 설비의 노출도전성부분에서 전원접지점으로 흐를 수 있는 금속경로가 형성된다.

② TN 계통은 중성선 및 보호선의 배치에 따라 TN-S 계통, TN-C-S 계통 및 TN-C 계통의 세 종류가 있다.

③ TN 계통방식에서 지락은 과전류차단기에 의해 보호된다. 따라서 사고가 발생한 경우에는 고장점임피던스를 고려하여 일정시간 안에 전원의 과전류차단기가 동작하도록 차단기 특성 및 도체의 크기를 선정할 필요가 있다.

㉠ TN-S 계통

계통 전체에 대해 별도의 중성선 또는 PE 도체를 사용한다.

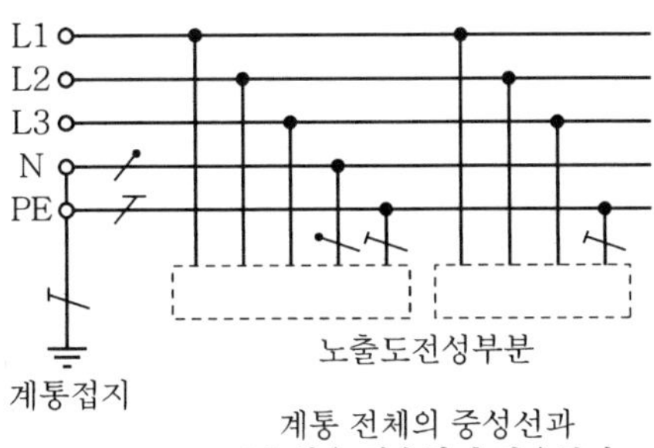

[계통 내에서 별도의 중성선과 보호도체가 있는 TN-S 계통]

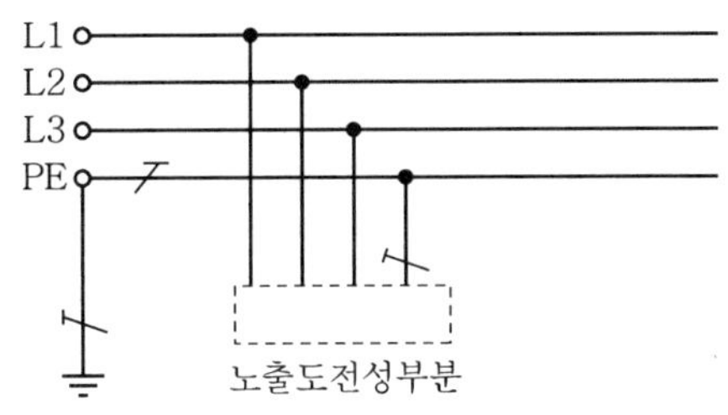

[계통 내에서 별도의 접지된 선도체와 보호도체가 있는 TN-S 계통]

㉡ TN－C 계통

계통 전체에 대해 중성선과 보호도체의 기능을 동일도체로 겸용한 PEN 도체를 사용한다.

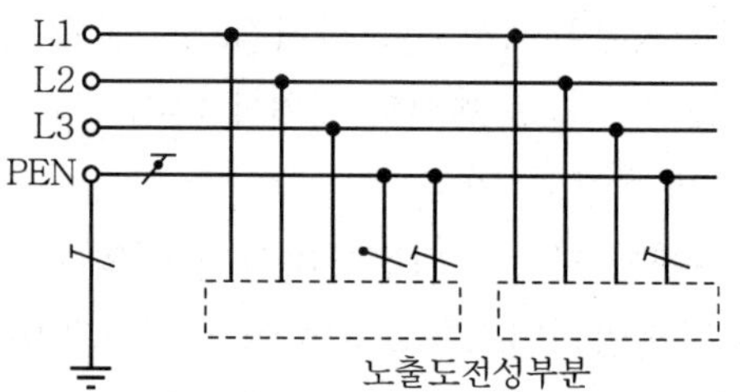

[TN－C 계통]

㉢ TN－C－S 계통

계통의 일부분에서 PEN 도체를 사용하거나 중성선과 별도의 PE 도체를 사용한다.

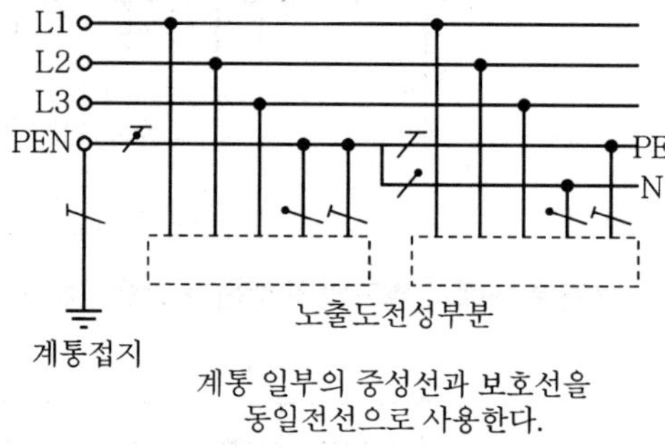

[TN－C－S 계통]

4) TT 계통(Terra Terra System)

① TT 계통이란 전원의 한 점을 직접 접지하고 설비의 노출도전성부분을 전원계통의 접지극과는 전기적으로 독립한 접지극에 접지하는 접지계통을 말한다.

② 이 계통방식에서 지락은 과전류차단기 또는 누전차단기로 보호되며, 이 경우 기기 프레임의 대지전위 상승을 제한하기 위한 조건이 필요하다.

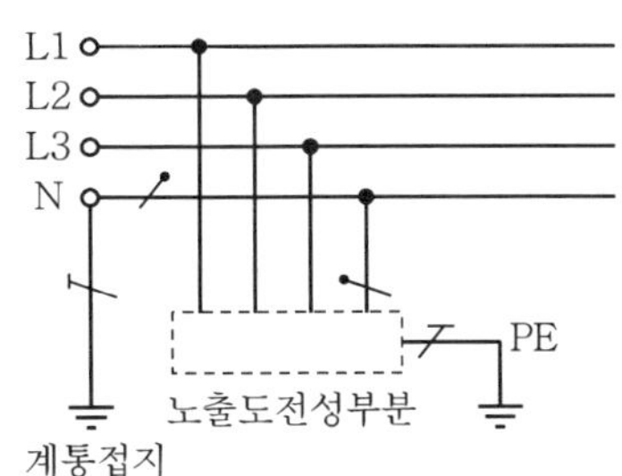

[설비 전체에서 별도의 중성선과 보호도체가 있는 TT 계통]

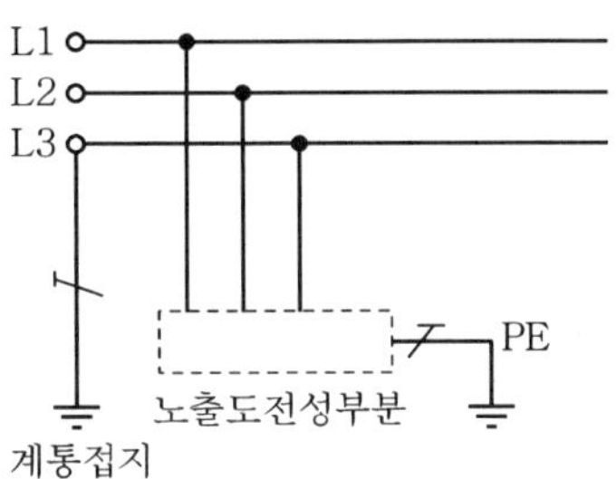

[설비 전체에서 접지된 보호도체가 있으나 배전용 중성선이 없는 TT 계통]

5) IT 계통(Insulation Terra System)

① IT 계통이란 충전부 전체를 대지로부터 절연시키거나, 한 점에 임피던스를 삽입하여 대지에 접속시키고, 전기기기의 노출도전성부분 단독 또는 일괄적으로 접지하거나 또는 계통접지로 접속하는 접지계통을 말한다.

② 1점 지락사고의 경우 기기 프레임 측의 접지저항을 낮게 함으로써 보호되지만 2점 지락사고 시에는 대책을 고려해야 한다.

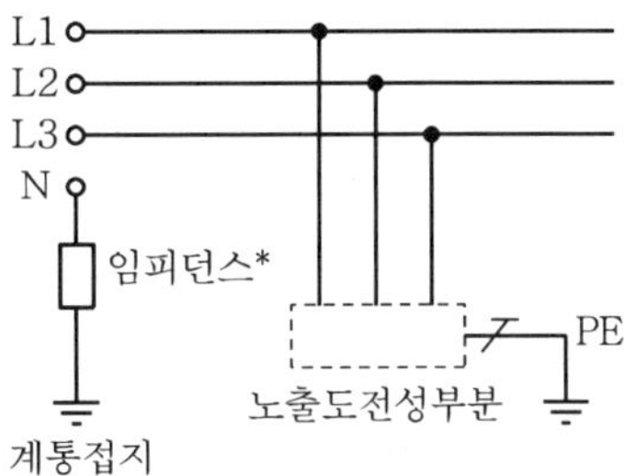

[계통 내의 모든 노출도전부가 보호도체에 의해 접속되어 일괄 접지된 IT 계통]

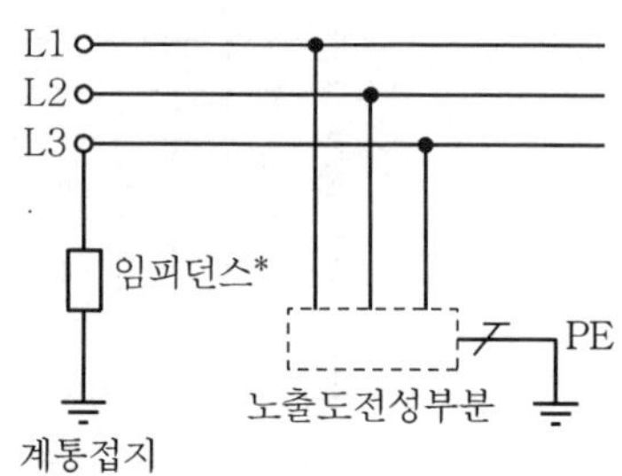

[노출도전부가 조합으로 또는 개별로 접지된 IT 계통]

9 접지공사의 시설기준

① 접지극은 지하 75[cm] 이상의 깊이에 매설할 것
② 접지선은 지표상 60[cm]까지 절연전선 및 케이블을 사용할 것
③ 접지선은 지하 75[cm]부터 지표상 2[m]까지는 합성수지관 또는 절연몰드 등으로 보호한다.

10 변압기 중성점접지

(1) 변압기의 중성점접지저항값은 다음에 의한다.

① 일반적으로 변압기의 고압 · 특고압 측 전로 1선 지락전류로 150을 나눈 값과 같은 저항값 이하

$$R = \frac{150}{\text{변압기의 고압 측 또는 특고압 측 1선 지락전류}}$$

② 변압기의 고압 · 특고압 측 전로 또는 사용 전압이 35[kV] 이하의 특고압전로가 저압 측 전로와 혼촉하고 저압전로의 대지전압이 150[V]를 초과하는 경우에는 저항값은 다음에 의한다.

㉠ 1초 초과 2초 이내에 고압 · 특고압 전로를 자동으로 차단하는 장치를 설치할 때는 300을 나눈 값 이하

㉡ 1초 이내에 고압 · 특고압 전로를 자동으로 차단하는 장치를 설치할 때는 600을 나눈 값 이하

(2) 전로의 1선 지락전류는 실측값에 의한다. 다만, 실측이 곤란한 경우에는 선로정수 등으로 계산한 값에 의한다.

11 전로의 중성점접지 목적

① 보호장치의 확실한 동작 확보
② 이상전압 억제
③ 대지전압 저하

12 전위차계 접지저항 측정방법

1) 접지저항계 사용방법

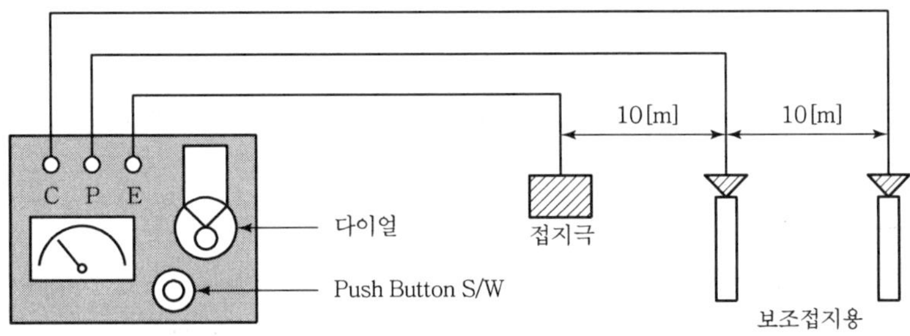

2) 측정방법

① 계측기를 수평으로 놓는다.
② 보조접지용을 습기가 있는 곳에 직선으로 10[m] 이상 간격을 두고 박는다.
③ E 단자의 리드선을 접지극(접지선)에 접속한다.
④ P, C 단자를 보조접지용에 접속한다.
⑤ Push Button을 누르면서 다이얼을 돌려 검류계의 눈금이 중앙(0)에 지시할 때 다이얼의 값을 읽는다.

3) 콜라우시 브리지법

접지극 E와 제1보조전극 P, 제2보조전극 C와의 간격을 10[m] 이상으로 하여 측정한다.

4) 간이접지저항계 측정법

측정할 때 접지보조전극을 타설할 수 없는 경우에는 간이접지저항계를 사용하여 접지저항을 측정한다.

5) 클램프 온 측정법

전위차계식 접지저항계 대신 측정할 수 있는 방식으로 22.9[kV−Y] 배전계통이나 통신케이블의 경우처럼 다중접지시스템의 측정에 사용되는 방법이다.

출제예상문제

01 분산형 전원의 연계변압기 결선으로 적합한 결선도를 그리고 장단점을 설명하시오.

해답

1) Y－Δ 결선방식

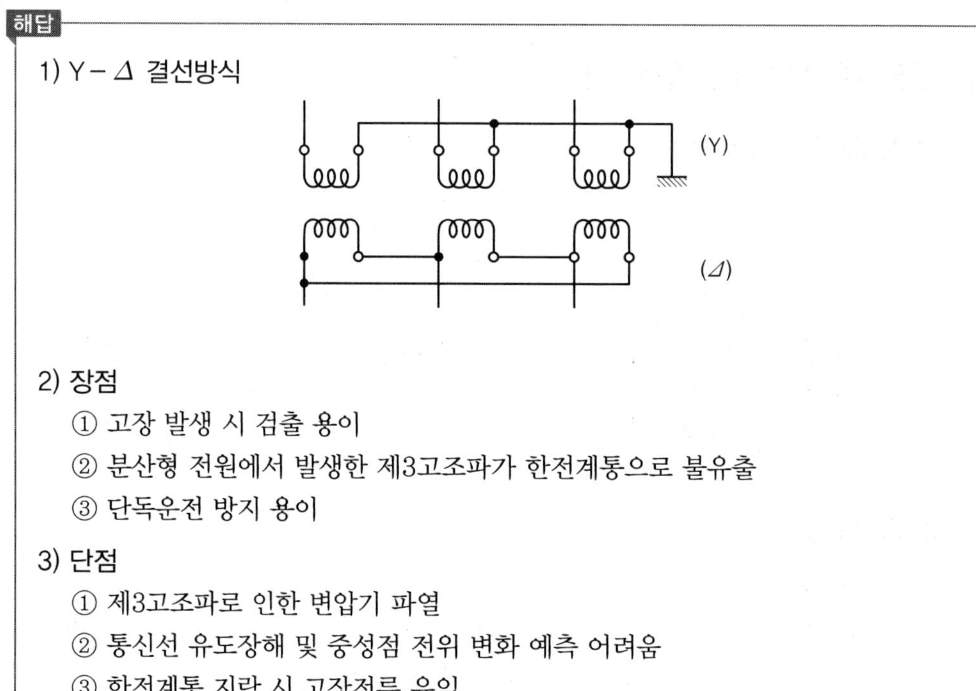

2) 장점
① 고장 발생 시 검출 용이
② 분산형 전원에서 발생한 제3고조파가 한전계통으로 불유출
③ 단독운전 방지 용이

3) 단점
① 제3고조파로 인한 변압기 파열
② 통신선 유도장해 및 중성점 전위 변화 예측 어려움
③ 한전계통 지락 시 고장전류 유입

02 3상 부하에 전기를 공급하는 가장 일반적인 결선방식의 결선도를 그리고 장점 및 단점에 대하여 설명하시오.

해답

1) Δ－Y 결선방식

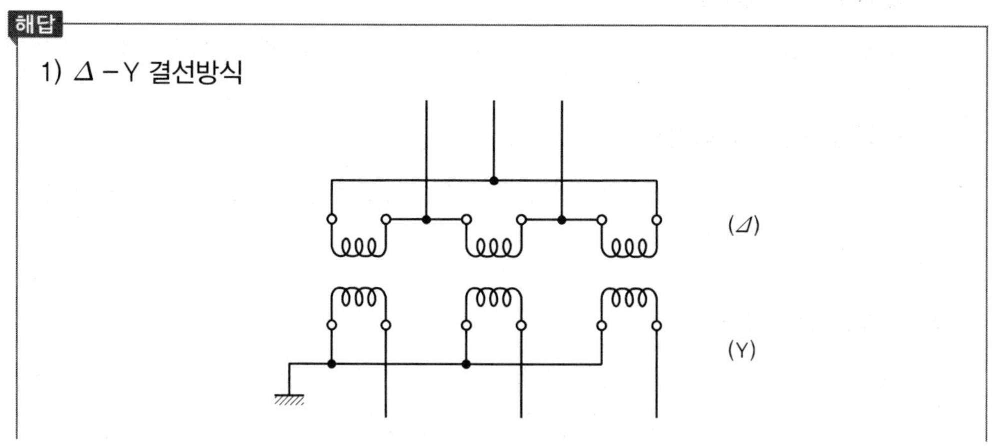

2) 장점
① 분산형 전원의 제3고조파가 한전계통으로 유출되지 않음
② 한전계통의 1선 지락 고장 시 직접적으로 분산형 전원이 고장전류를 공급하지 않음
③ 분산형 전원 측 1선 지락 고장 시 한전계통으로 고장이 파급되지 않음

3) 단점
① 한전계통의 1선 지락 고장 또는 개방상태에서 단독운전 시 과전압 위험
② 한전계통 고장 시 개방된 상태에서 철공진 발생
③ 구내계통의 중성선에 제3고조파에 의한 과전류 발생 가능

03 분산형 전원계통 연결 시 동기를 이루어야 하는 3가지 요소를 쓰시오.

해답

1) 전압
2) 주파수
3) 위상

04 분산형 전원이 유지해야 할 원칙적인 역률은?

해답

90[%] 이상

05 분산형 전원 연계로 인한 순시전압 변동률 기준에서 저압계통의 경우, 계통병입 시 돌입전류를 필요로 하는 발전원에 대해서 계통병입에 대한 순시전압 변동률은 몇 [%]를 초과하지 않아야 하며, 또한 상시전압 변동률은 몇 [%]를 초과하지 않아야 하는가?

해답

1) 순시전압 변동률 : 6[%]
2) 상시전압 변동률 : 3[%]

06 특고압계통의 경우 순시전압 변동률 허용기준에 대해 ①~③에 알맞은 내용을 쓰시오.

변동빈도	순시전압 변동률[%]
1시간에 2회 초과 10회 이하	①
1일 4회 초과 1시간에 2회 이하	②
1일 4회 이하	③

해답

① 3[%]
② 4[%]
③ 5[%]

07 전압변동률을 저감하기 위한 대책 3가지를 쓰시오.(단, 저압계통, 특고압계통)

해답

1) 분산형 전원의 출력 및 역률 조정
2) 상시전압 변동의 억제설비 설치
3) 기타 상시전압 변동 억제대책

08 태양광발전용 축전지가 갖추어야 할 요구 조건 5가지를 쓰시오.

해답

1) 과충전, 과방전에 강할 것
2) 자기방전율이 낮을 것
3) 방전전압 전류가 안정적일 것
4) 수명이 길 것
5) 에너지저장밀도가 높을 것

해설 축전지가 갖추어야 할 요구 조건

6) 유지보수가 용이할 것
7) 경제적일 것

09 ESS(에너지저장장치)의 축전지가 갖추어야 할 조건 5가지를 쓰시오.

해답

1) 과충전 과방전에 강할 것
2) 자기 방전율이 낮을 것
3) 방전 내량이 클 것
4) 수명이 길고 가격이 저렴할 것
5) 에너지 밀도가 높을 것

10 다음 그림과 같은 축전시스템을 무엇이라 하는가?

1)

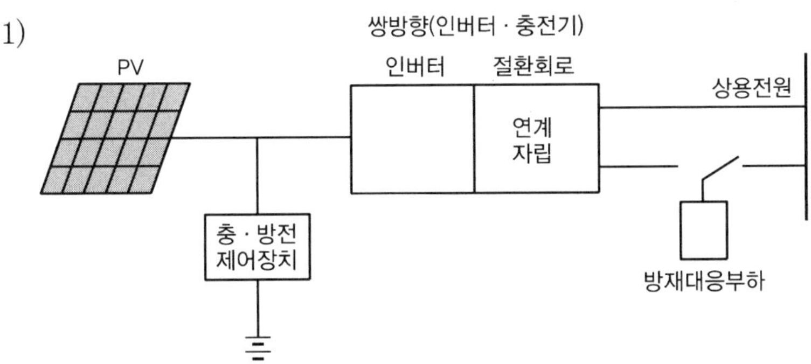

2)

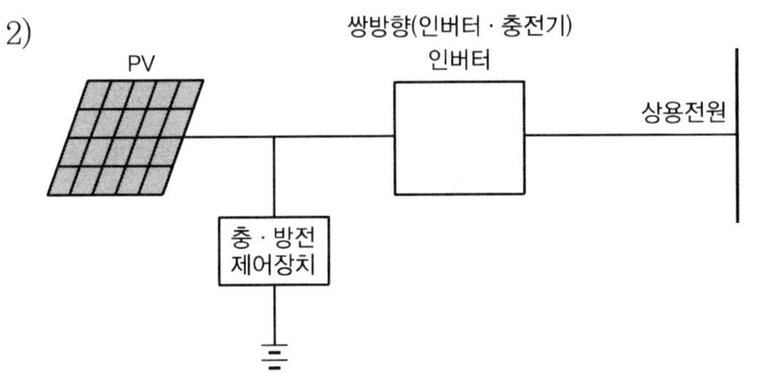

해답

1) 방재 대응형
2) 부하평준화 대응형

해설 1) 방재 대응형 : 방재 대응형 시스템은 계통연계 시스템으로 동작하고 재해 등의 정전 시에는 인버터 자립운전으로 절환함과 동시에 특정 재해대응 부하로 전력을 공급하도록 한다.

2) 부하평준화 대응형 : 태양전지 출력과 축전지 출력을 병용하여 부하의 피크 시에 인버터를 필요한 출력으로 운전하여 수전전력의 증대를 억제하고 기본전력요금을 절감시키려는 시스템이다. 본 시스템이 보급되면 수용가는 전력요금의 절감, 전력회사는 피크전력 대응의 설비투자를 절감할 수 있는 등의 큰 장점이 있다.

11 독립형 태양광발전설비의 축전지 설계순서를 쓰시오.

해답

1) 부하 전력량 계산
2) 일사량 데이터 입수
3) 일조가 없는 시간 설정
4) 방전 심도 설정
5) 일사 최저 월 충전량을 부하보다 크게 설정
6) 축전지 용량 계산

해설 독립형 태양광 축전지 용량$=\dfrac{\text{부하용량}\times\text{부조일수}}{\text{보수율}\times\text{방전심도}\times\text{셀수}\times\text{전압}}$

12 충전지의 공칭용량을 나타내는 식을 쓰시오.

해답

$C_N = I_n \times t_n$

해설 충전지의 공칭용량은 지속적인 방전전류 I_n과 방전시간 t_n의 곱이다.

13 축전지의 충방전 컨트롤러가 갖추어야 할 기능 4가지를 쓰시오.

해답

1) 역류 방지 기능
2) 차단 기능(축전지가 일정 전압 이하로 떨어질 경우 부하와의 연결을 차단하는 기능)
3) 야간타이머 기능
4) 온도 보정(축전지의 온도를 감지해 충전전압을 보정)

14 충 · 방전 제어기가 과충전으로부터 축전지를 보호하기 위한 동작사항은 무엇인지 쓰시오.

해답

1) PV 어레이 스위치를 차단한다.
2) PV 어레이 분로제어기를 단락시킨다.
3) MPP 충 · 방전 제어기로 전압을 제어한다.

15 축전지 부착 계통연계 시스템에서 이용되는 발전방식 3가지를 쓰시오.

해답

1) 방재 대응형
2) 부하 평준화 대응형
3) 계통안정화 대응형

해설 1) 방재 대응형 : 보통 계통연계 시스템으로 동작하고 재해 등의 정전 시에 인버터 자립운전으로 절환함과 동시에 특정 재해 대응 부하로 전력을 공급하도록 한다.
2) 부하 평준화 대응형 : 태양전지 출력과 축전지 출력을 병용하여 부하의 피크 시에 인버터를 필요한 출력으로 운전하여 수전전력의 증대를 억제하고 기본전력요금을 절감시키는 시스템이다.
3) 계통안정화 대응형 : 태양전지와 축전지를 병렬 운전하여 기후의 급변 시나 계통부하가 급변하는 경우에는 축전지를 방전하고, 태양전지 출력이 증대하여 계통전압이 상승하도록 할 때에는 축전지를 충전하여 역전류를 줄이고 전압의 상승을 방지하는 방식이다.

16 축전지의 방전심도를 구하는 식을 쓰고, 전지 수명과의 관계를 설명하시오.

해답

$$\text{방전심도} = \frac{\text{실제 방전량}}{\text{축전지의 정격용량}} \times 100[\%]$$

방전심도를 낮게 설정하면 전지 수명이 길어지고, 방전심도를 높게 설정하면 전지이용률은 높아지는 대신 그만큼 수명이 단축된다.

17 다음 조건에 의한 독립형 전원시스템용 축전지의 설치 용량을 산출하시오.(단, 12[V] 축전지를 설치하는 것으로 하며, 용량은 400[Ah], 500[Ah], 600[Ah] 등과 같이 100[Ah] 단위로 반올림한다.)

- 1일 부하 적산량(L_d) : 5[kWh]
- 보수율(L) : 0.8
- 일조가 없는 날의 일수(D_f) : 10일
- 축전지 개수(N) : 20개
- DOD : 0.6

해답

축전지 용량 $C=\dfrac{L_d \times D_f}{N\times V\times L\times DOD}=\dfrac{5\times10^3\times10}{20\times12\times0.8\times0.6}=434.0277$

∴ 용량은 반올림하여 500[Ah]로 선정

18 다음 조건에 맞는 독립형 전원시스템용 축전지 용량[Ah]은?

- L_d : 1일 적산 부하 전력량 : 2.4[kWh]
- D_f : 일조가 없는 날(일) : 10[일]
- L : 보수율 : 0.8
- V_b : 공칭 축전지 전압 : 2[V]
- N : 축전지 개수 : 48[개]
- DOD : 방전심도 0.65

해답

$C=\dfrac{2.4\times10\times1,000}{0.8\times2\times0.65\times48}=480.769 \fallingdotseq 480.77[\text{Ah}]$

해설 독립형 전원시스템용 축전지 용량 공식은 다음과 같다.

$$C=\frac{L_d\times D_f\times1,000}{L\times V_b\times DOD\times N}$$

여기서, L_d : 1일 적산 부하 전력량
D_f : 일조가 없는 날(일)
L : 보수율
V_b : 공칭 축전지 전압
N : 축전지 개수
DOD : 방전심도

19 다음의 조건에 대하여 부하 평준화 대응형 축전지 용량을 산출하시오.

인버터의 직류 입력 전류 431[A], 방전종지 전압은 1.8[V/cell], 축전지 용량 환산 시간 3.30이다.(단 보수율은 0.8)

해답

부하평준화 대응형 축전지 용량 C

$$C=\frac{IK}{L}=\frac{431\times 3.3}{0.8}=1{,}777.875 \fallingdotseq 1{,}777.88[\text{Ah}]$$

(단 I : 직렬 입력전류, K : 용량환산시간, L : 보수율)

20 납(연)축전지의 정격용량 100[Ah], 상시 부하 2[kW], 표준전압 100[V]인 부동 충전 방식의 충전기 2차 충전전류를 계산하시오.(단, 상용전원 정전 시의 비상 부하용량은 3[kW]이다.)

해답

$$2\text{차 충전전류}=\frac{\text{축전지의 정격용량}}{\text{정격방전율}}+\frac{\text{부하용량}}{\text{표준전압}}=\frac{100}{10}+\frac{2{,}000}{100}=30[\text{A}]$$

해설 정격방전율 연축전지 : 10[Ah], 알칼리축전지 : 5[Ah]

21 다음 조건에 맞는 독립형 전원시스템용 축전지 용량[Ah]을 구하시오.

- 1일 적산 부하 전력량 : 5[kWh]
- 보수율 : 0.8
- 축전지 개수 : 48
- 일조가 없는 날(일) : 10일
- 공칭 축전지 전압 : 2[V]
- 방전심도 : 0.6

해답

독립형 전원시스템의 축전지 용량

$$C=\frac{L_d\times D_f}{L\times V_b\times N\times DOD}=\frac{5\times 10\times 10^3}{0.8\times 2\times 48\times 0.6}=1{,}085.069 \fallingdotseq 1{,}085.07[\text{Ah}]$$

22 축전지 설비의 부하특성 곡선이 다음 그림과 같을 때 필요한 축전지 용량을 계산하시오. (단, $K_1 = 1.45$, $K_2 = 1.70$이고, 보수율은 0.8이다.)

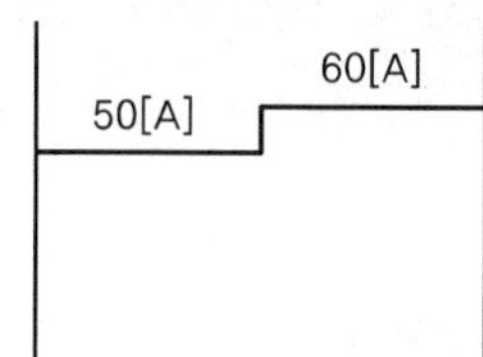

해답

축전지용량 $C = \frac{1}{L}\{k_1 I_1 + k_2(I_2 - I_1)\}$

$= \frac{1}{0.8}\{1.45 \times 50 + 1.7(60-50)\} = 111.875 ≒ 111.88[\text{Ah}]$

23 다음 조건을 참고하여 물음에 답하시오.

- 방전유지시간(T) : 20시간
- 평균부하용량(P) : 5[kW]([kW · h/방전시간])
- 파워컨디셔너간의 최저동작 직류 입력전압(V_i) : 250[V]
- 축전지 파워컨디셔너 간의 전압강하(V_d) : 2[V]
- 축전지 방전종지전압 : 1.8[V/셀]
- 축전지 최저동작온도 : 5[℃]
- 파워컨디셔너 효율(E_f) : 90[%]
- 용량환산시간(K) : 23.5

1) PCS 직류입력전류(I_d)를 구하시오.

2) 방재 대응형 축전지의 설치 용량을 산출하시오.(단, 12[V] 축전지를 설치하는 것으로 하며, 용량을 600[Ah], 700[Ah], 800[Ah] 등과 같이 100[Ah] 단위로 반올림한다.)

해답

1) $I_d = \frac{P}{E_f(V_i + V_d)} = \frac{5 \times 10^3}{0.9(250+2)} = 22.0458 ≒ 22.05[\text{A}]$

2) 축전지 용량 $C = \frac{KI_d}{L} = \frac{23.5 \times 22.05}{0.8} = 647.718$

∴ 반올림하여 700[Ah] 선정

24 태양광발전용 몰드 변압기의 시험 및 검사 항목 5가지를 쓰시오.

해답

1) 외관검사
2) 절연저항 측정
3) 권선저항 측정
4) 변압비 측정 및 각 변위 극성시험
5) 유도내전압 시험

해설 몰드 변압기의 시험 및 검사 항목

6) 상용주파 내전압시험
7) 충격 내전압 시험
8) 온도시험
9) 소음시험

25 고효율 변압기 1가지를 쓰시오.

해답

아몰퍼스 변압기

26 수변전실의 특고압 관련 기기 5가지를 쓰시오.

해답

1) 부하개폐기(LBS)
2) 계기용 변압변류기(MOF)
3) 피뢰기(LA)
4) 전력퓨즈
5) 진공차단기(VCB)

27 태양광발전소 설계 시 수변전실의 면적에 영향을 주는 요소 5가지를 쓰시오.

해답

1) 수전전압
2) 수전방식
3) 변압기 용량
4) 큐비클의 종류
5) 유지보수 시 필요면적

해설 1) 수전전압 및 수전방식
2) 변전실 변압방식 및 변압기 용량 수량
3) 설치기기와 큐비클의 종류 및 시방
4) 기기의 배치 방법 및 유지보수 시 필요면적
5) 건축물의 구조적 여건

28 다음 특고압 용어를 설명하시오.

1) LBS　　　　　　2) LA　3) MOF
4) VCB　　　　　　5) ACB

해답

1) LBS : 부하개폐기 – 부하전류개폐
2) LA : 피뢰기 – 이상전압으로부터 기기 및 선로보호
3) MOF : 계기용 변성기 – PT와 CT를 한 함 내에 넣어 측정하는 것
4) VCB : 진공차단기 – 부하전류는 개폐하고 고장전류는 신속히 차단
5) ACB : 기중차단기 – 저압의 집중부하를 가진 곳에 사용하여 고장전류 차단

29 전기실의 설치 시 고려사항을 5가지 쓰시오.

해답

1) 어레이 구성의 중심에 가깝고 배전에 편리한 장소
2) 전력회사로부터 전원인출과 구내배전선의 인입이 편리한 곳
3) 기기의 반 · 출입이 편리할 것
4) 지반이 견고하고 침수우려가 없을 것
5) 화재위험이 없고 부식성 가스, 먼지가 없는 곳

해설 6) 염해가 없는 곳
7) 경제적일 것
8) 고온다습한 곳은 피할 것

30 뇌서지 등의 피해로부터 PV 시스템(태양전지)을 보호하기 위한 대책을 3가지만 쓰시오.

해답

1) 피뢰소자를 어레이 주 회로 내부에 분산시켜 설치하고 접속함에도 설치
2) 저압배전선에 침입하는 뇌서지에 대해서는 분전반에 피뢰소자 설치
3) 뇌우 다발지역에서는 교류전원 측으로 내뢰트렌스를 설치

31 PV 시스템의 서지보호장치(SPD) 선정방법에 대해 쓰시오.

해답

1) 접속함 내와 분전반 내에 설치하는 피뢰소자는 어레스터(방전내량이 큰 것) 선정
2) 주 회로 내에 설치하는 피뢰소자는 서지업서버(방전내량이 작은 것) 선정

32 SPD의 등급을 타입별로 분류하여 설치 시 접속함 및 인버터 판넬, 인입구 배전반에 적합한 타입을 쓰시오.

해답

1) 접속함 : 타입 Ⅲ
2) 인버터판넬 : 타입 Ⅱ
3) 인입구배전반 : 타입 Ⅰ

33 모니터링 시스템의 프로그램 기능의 목적 4가지를 쓰시오.

해답

1) 데이터의 수집
2) 데이터의 저장
3) 데이터의 분석
4) 데이터의 통계

34 CCTV 시스템을 구성하기 위한 기기 및 설비 5가지를 모두 쓰시오.

해답

1) 카메라
2) 저장장치(DVR)
3) 영상선택기
4) 영상분배증폭기
5) 전원

해설 CCTV 시스템 구성 기기 및 설비

6) 배관 및 배선

35 외부 피뢰시스템의 구성 요소(시스템) 3가지를 쓰시오.

해답

1) 수뢰부 시스템
2) 인하도선 시스템
3) 접지 시스템

36 **피뢰설비의 외부 피뢰시스템 설계 시 피뢰레벨에 따라 규격 및 크기를 다르게 설정하는 항목 5가지를 쓰시오.**

해답

1) 회전구체의 반경(회전구체법)
2) 수뢰부의 높이, 보호각
3) 인하도선의 굵기, 간격
4) 메시의 간격
5) 접지시스템의 규모

37 **표준충격파 시험파형(8/20[μs])에서 8[μs]와 20[μs]의 의미를 쓰시오.**

해답

1) 8[μs] : 시험파형의 피크값 도달 시까지 소요시간
2) 20[μs] : 시험파형의 피크값 도달 이후 피크값의 반치 도달 시까지 소요시간

38 **태양광발전설비의 방화구획 관통부를 차단 처리하는 목적은 무엇을 방지하기 위한 것인지 답하시오.**

해답

다른 설비로 화재의 확산 방지

해설 화재 발생 시 방화 대책물인 벽, 바닥, 기둥 등을 통과하는 전선배관의 관통부분에서 다른 설비로 불길이 번지거나 확대되는 것을 방지하기 위한 것이다.

39 **그림은 어떤 차단기의 접속도를 나타낸 것인가?**

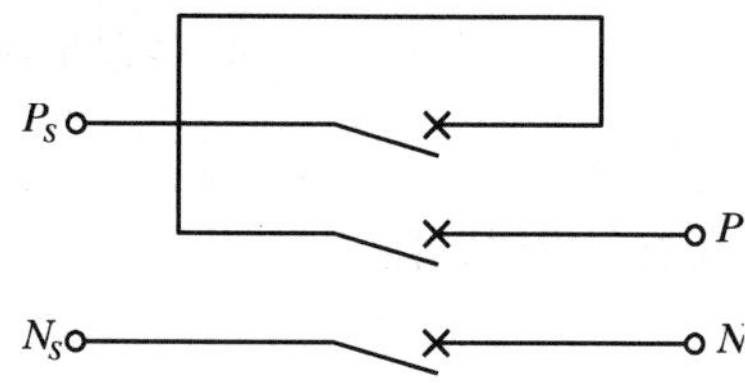

해답

MCCB(Molded Case Circuit Breaker : 배선용 차단기)

해설 배선용 차단기(MCCB)는 개폐기구, 트립장치 등을 절연물의 용기 내에 일체로 조립한 것이며, 통상 사용 상태의 전로를 수동 또는 절연물 용기 외부의 전기 조작장치 등에 의하여 개폐할 수가 있고, 또 과부하 및 단락 등일 경우 자동적으로 전로를 차단하는 기구를 말한다.

40 **파워컨디셔너(PCS, 태양광용 인버터)의 전류파형 왜율은 전부하 시 전체 및 각 차수별로 몇 [%] 이하이어야 하는가?**

1) 전체 : ( )[%] 이하

2) 각 차수별 : ( )[%] 이하

해답

1) 5 2) 3

41 **보호장치(MCCB, Fuse)의 정상전류 특성과 차단전류 특성을 쓰시오.(단, I_b : 회로의 설계전류, I_n : 보호장치의 정격전류, I_z : 케이블 허용전류, I_2 : 보호장치의 동작전류)**

1) 정상전류 특성

2) 차단전류 특성

해답

1) 정상전류 특성 : $I_b \leq I_n \leq I_z$

2) 차단전류 특성 : $I_2 \leq 1.45 \times I_z$

42 **태양광발전설비에서 단락전류의 정의 및 단락전류에 영향을 미치는 요소 5가지를 쓰시오.**

해답

1) 단락전류(I_{sc}) 정의

① 태양전지 양단의 전압이 0일 때 흐르는 전류

② 단락전류는 태양전지로부터 끌어낼 수 있는 최대전류이다.

③ 태양전지의 전극을 단락상태에서 도선을 흐르는 전류의 최댓값

2) 단락전류(I_{sc})에 영향을 미치는 요소

① 태양전지 면적

② 입사광자수(입사광원의 출력)

③ 입사광스펙트럼

④ 태양전지의 광학적 특성(빛의 흡수 및 반사)

⑤ 태양전지의 수집확률

43 **다음은 태양광발전용량 200[kW], 인버터 200[kW] 한 대를 이용하여 설계한 단선결선도이다. 그림을 참고하여 다음 물음에 답하시오.**

1) 도면에 표시된 (가)의 차단용량 [MVA]은 얼마인가?
2) 변압기에 표시된 (나)의 정격용량[kVA]은 얼마인가?
3) 점선 안에 들어갈 단선도와 접지를 표시하시오.

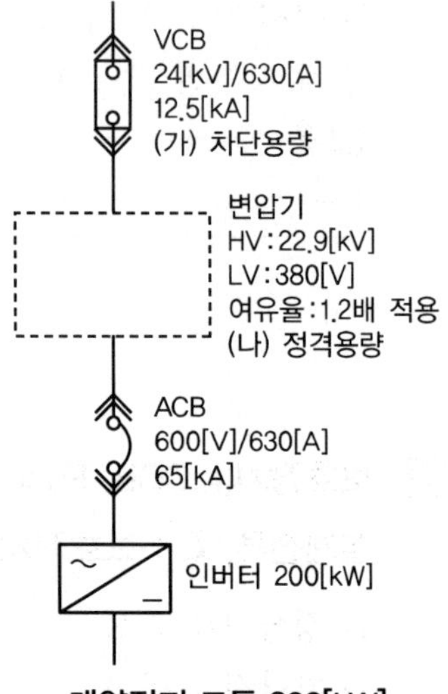

해답

1) VCB 차단기 용량은 24[kV]×12.5[kVA]× $\sqrt{3}$ =520[MVA]
2) 변압기의 여유율은 1.2배로 하고, 이것을 $Y-\Delta$에 적용하면 부하정격은 200[kW]×1.2배=240[kVA]로 한다.
∴ 표준용량 300[kVA]로 선정
3)

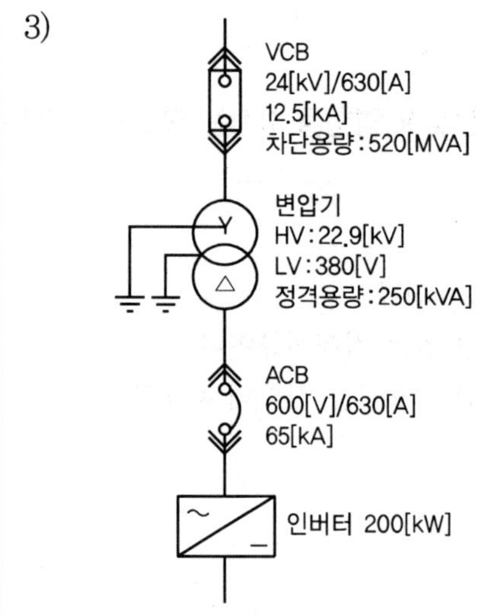

해설 변압기의 표준용량[kVA]

5, 7.5, 10, 15, 20, 30, 50, 75, 100, 150, 200, 300, 750, 1,000

44 다음은 태양광발전용량 100[kW], 인버터 50[kW] 두 대를 이용하여 설계한 단선결선도 이다. 그림을 참고하여 다음 물음에 답하시오.

1) 도면에 표시된 (가)의 차단용량[MVA]을 구하시오.
2) 변압기에 표시된 (나) 정격용량을 구하고 표준용량을 쓰시오.(단, 변압기 여유율은 1.2배이다.)
3) 점선 안에 들어갈 결선도(변압기 기호)를 완성하고 접지 표시를 하시오.

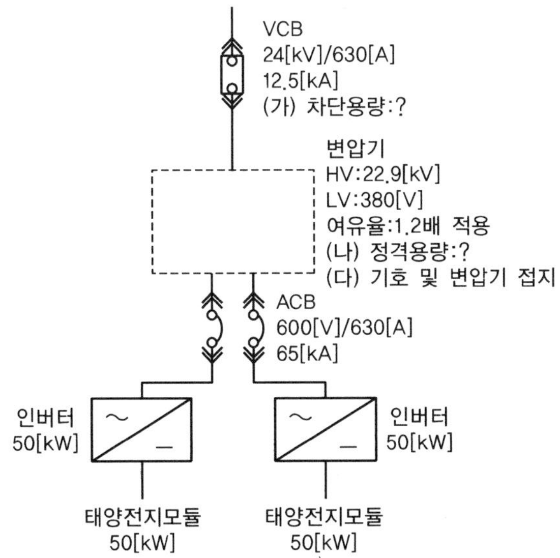

해답

1) 차단기 용량 $P_s = \sqrt{3} \times [\text{kV}] \times [\text{kA}] = \sqrt{3} \times 24[\text{kV}] \times 12.5[\text{kA}]$
$= 519.615[\text{MVA}] \fallingdotseq 520[\text{MVA}]$

2) 변압기 정격용량 $= (50+50) \times 1.2 = 120[\text{kVA}]$
변압기 표준용량 150[kVA] 선정

3) Y－△－△ 적용

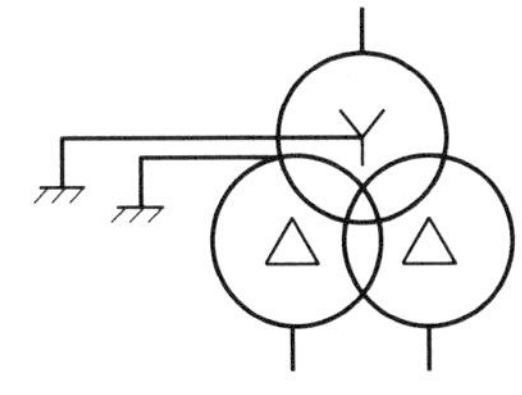

45 **다음은 태양광발전용량 500[kW], 인버터 500[kW] 한 대를 이용하여 설계한 단선결선도이다. 다음 각 물음에 답하시오.(단, 변압기 여유율은 1.25배로 하며, 인버터는 무 변압기 형식이다.)**

1) ①의 V_{CB} 차단용량을 구하시오.
   - 계산과정 :
   - 답 :

2) ②의 변압기 정격(표준)용량을 선정하시오.
   - 계산과정 :
   - 답 :

3) ③의 점선 안에 들어갈 적합한 변압기의 단선도(그림기호)를 그리시오.

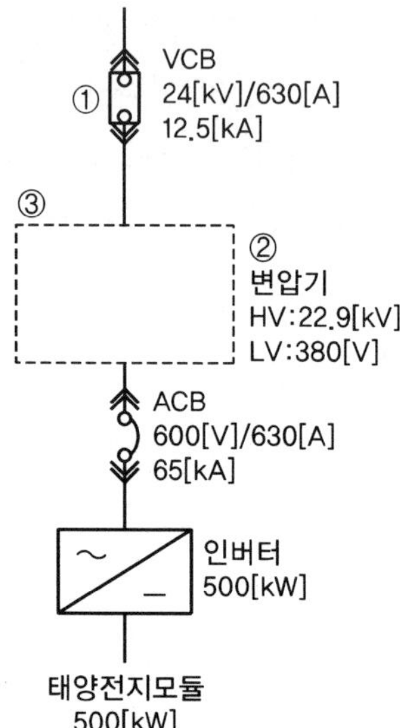

해답

1) ①의 V_{CB} 차단용량
   - 계산과정 : 차단용량 $P_s = \sqrt{3} \times [\text{kV}] \times [\text{kA}] = \sqrt{3} \times 24 \times 12.5$
     $= 519.6 \fallingdotseq 520[\text{MVA}]$
   - 답 : 520[MVA]

2) ②의 변압기 정격용량
   - 계산과정 : 변압기용량 = 인버터용량 × 1.25(여유율) = 500 × 1.25 = 625[kVA]
     정격(표준)용량은 750[kVA]로 선정
   - 답 : 750[kVA]

3) ③의 변압기 단선도

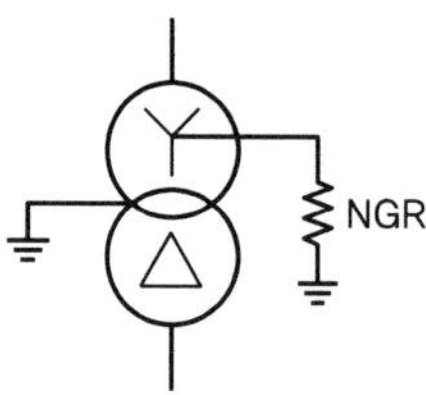

46 태양광발전설비에서 개방전압의 정의를 쓰시오.

해답

개방전압이란 전류가 0일 때 태양전지 양단에 나타나는 전압

47 22.9[kV] 3상 선로의 차단기 설치점에서 전원 측으로 바라본 합성 $\%Z$가 200[MVA] 기준으로 25[%]일 때 단락전류를 산출하고 차단용량[MVA]를 구하시오.(단, 기기의 정격전압은 25[kV]로 한다.)

해답

1) 단락전류 $I_s = \dfrac{100}{\%Z} \times I_n$(정격전류)

$$I_n = \frac{P}{\sqrt{3}\,V} = \frac{200 \times 10^3}{\sqrt{3} \times 22.9} = 5,042.36$$

$$I_s = \frac{100}{25} \times 5,042.36 = 20,169.44[\text{A}] \times 10^{-3} = 20.169[\text{kA}] \fallingdotseq 20.17[\text{kA}]$$

2) 차단용량 = $\sqrt{3} \times [\text{kV}] \times [\text{kA}] = \sqrt{3} \times 25 \times 20.17 = 873.386[\text{MVA}]$

48 22.9[kV] 주 차단기 차단용량이 250[MVA]이고 10[MVA], 22.9[kV], 380[V] 주변압기 %Z가 5.5[%]일 때 단락용량(주 변압기 2차 측)을 산출하고 제시된 정격차단용량표를 참조하여 변압기 2차 측 차단기를 선정하시오.

차단기 정격 [MVA]	50, 100, 150, 180, 220, 300, 400, 500

해답

변압기 2차 측 단락용량 $P_s = \dfrac{100}{\%Z} \times P_n$

합성 임피던스 $\%Z = \%Z_1 + \%Z_2$

전원 측 임피던스 Z_1은

$P_s = \dfrac{100}{\%Z_1} \times P_n$에서

$$\%Z_1 = \frac{100}{P_s} \times P_n = \frac{100}{250} \times 10 = 4[\%]$$

$$\%Z = Z_1 + Z_2 = 4 + 5.5 = 9.5[\%]$$

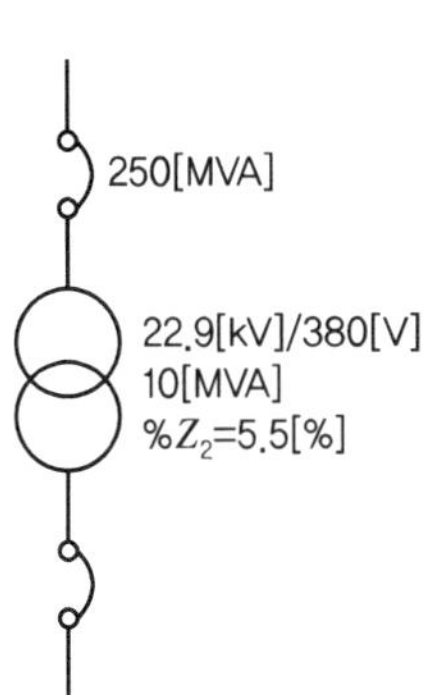

$P_s = \frac{100}{\%Z} \times P_n = \frac{100}{9.5} \times 10 = 105.263$[MVA]

표에서 150[MVA]로 선정

49 22.9[kV] 주차단기의 차단용량이 300[MVA]이고, 15[MVA], 22.9[kV]/380[V] 주변압기의 $\%Z$가 6[%]일 때, 단락용량(주변압기 2차 측)을 산출하고, 제시된 정격차단용량 표를 참조하여 변압기 2차 측 차단기를 선정하시오.

차단기 정격 [MVA]	5, 10, 15, 20, 50, 100, 150, 180, 220, 300, 400, 450, 540, 650

해답

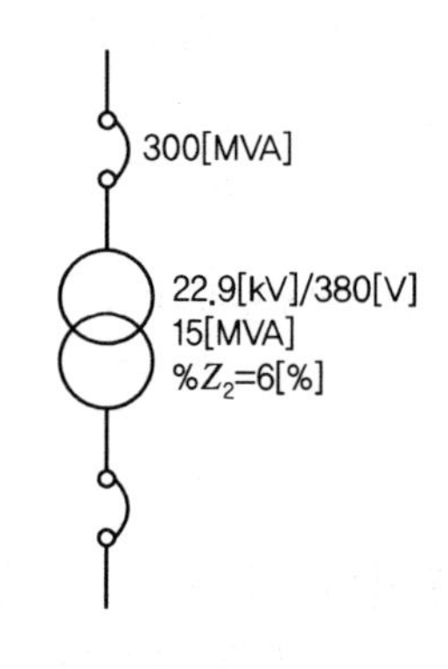

변압기 2차 측 단락용량 $P_s = \frac{100}{\%Z} \times P_n$

합성 임피던스 $\%Z = \%Z_1 + \%Z_2$

전원 측 임피던스 $\%Z_1$은

$P_s = \frac{100}{\%Z_1} \times P_n$에서

$\%Z_1 = \frac{100}{P_s} \times P_n = \frac{100}{300} \times 15 = 5[\%]$

$\%Z = \%Z_1 + \%Z_2 = 5 + 6 = 11[\%]$

$P_s = \frac{100}{\%Z} \times P_n = \frac{100}{11} \times 15 = 136.3636$[MVA]

표에서 150[MVA] 선정

50 배선용 차단기에서 Amper Frame(AF)란?

해답

AF는 프레임용량으로 단락등의 사고 시 화재 폭발 등이 발생하지 않고 흘릴 수 있는 최대용량의 전류, 즉 차단기의 프레임전류이다.

해설 AF는 차단기가 정격전류에 견디는 Frame의 정격 최대정격전류로 차단기 크기를 나타낸다.

51 **인버터 한 대당 태양광발전 용량 500[kW]이 입력될 때에 $Y-\Delta-\Delta$ 변압기의 정격용량은?(단, 여유율 1.20배, 인버터 2대)**

해답

정격용량 $=(500[\text{kW}]+500[\text{kW}])\times 1.2=1,200[\text{kVA}]$

52 **태양광발전 용량 200[kW]에 대한 $Y-\Delta$ 변압기의 정격용량은?(단, 여유율 1.25배)**

해답

정격용량 $=200[\text{kW}]\times 1.25=250[\text{kVA}]$

53 **아래의 그림은 태양광발전시스템의 계량기를 나타낸 것이다.**

1) 시스템의 종류를 쓰시오.

2) 결선도를 그리시오.

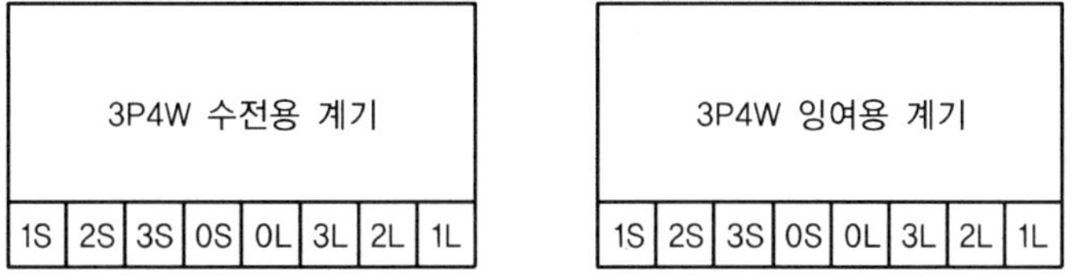

R S T N
KEPCO 전원

R S T N
태양광 발전소

해답

1) 역송병렬 계통연계형 시스템

2)

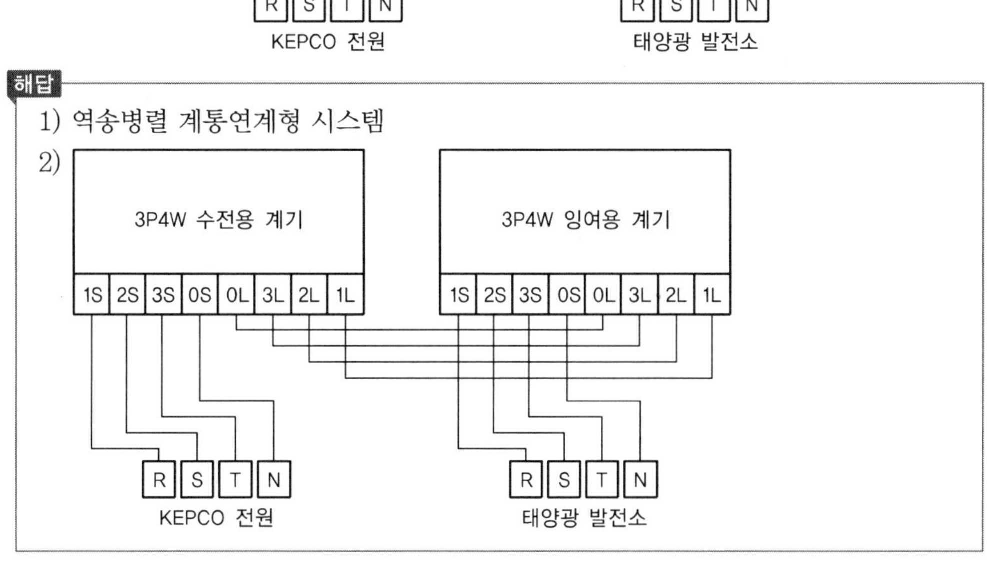

54 계통연계 시 주요 설비 3가지를 쓰시오.

해답

1) VCB(Vaccum Circuit Breaker) : 진공차단기
2) MOF(Metering Out Fitting) : 계기용 변성기
3) 전력량계

55 역송병렬 저압 계통 연계형 태양광발전시스템의 기본적인 보호계전기 4가지를 쓰시오.

해답

1) 과전압 계전기(OVR)
2) 저전압 계전기(UVR)
3) 과주파수계전기(OFR)
4) 저주파수 계전기(UFR)

56 변압기 용량 산정에 영향을 주는 FACTOR에서 알아야 할 3가지를 쓰시오.

해답

수용률, 부등률, 부하율

해설 1) 수용률(Demand Factor) : 수용 설비가 동시에 사용되는 정도를 나타내며 주상 변압기 등의 적정공급 설비용량을 파악하기 위하여 사용된다.
2) 부등률(Diversity Factor) : 각 수용가에서의 최대 수용 전력의 발생 시각은 시간적으로 차이가 있으며 이 경우에 배전변압기 또는 간선에서의 합성 최대 수용전력은 각 수용가에서의 최대 수용 전력의 합보다 적게 되는데 이 비를 부등률이라 하며 이 값은 항상 1보다 크고 수용률과 더불어 배전변압기 또는 배전 간선 등의 공급 설비 계획 자료로 사용된다.
3) 부하율 : 공급 설비가 어느 정도 유효하게 사용되는가를 나타내며 부하율이 클수록 공급설비가 유효하게 사용된다.

57 전기설비기술기준의 안전원칙 3가지를 쓰시오.

해답

1) 전기설비는 감전화재 그 밖에 사람에게 위해를 주거나 물건에 손상을 줄 우려가 없도록 시설
2) 전기설비는 사용목적에 적절하고 안전하게 작동하여야 하며 그 손상으로 인하여 전기공급에 지장을 주지 않도록 시설
3) 전기설비는 다른 전기설비 그 밖의 물건의 기능에 전기적 또는 자기적인 장해를 주지 않도록 시설

58 뇌서지 등의 피해로부터 태양광발전설비를 보호하기 위한 대책 3가지를 쓰시오.

해답

1) 피뢰소자를 어레이 주회로 내부에 분산시켜 설치하고 접속함에도 설치한다.
2) 저압 배전선에서 침입하는 뇌서지에 대해서는 분전반에 피뢰소자를 설치한다.
3) 뇌우 다발지역에서는 교류전원측으로 내뢰 트랜스를 설치한다.

해설 뇌서지 대책

태양광발전시스템 뇌서지 침입경로는 태양전지 어레이를 통한 침입 이외에 배전선이나 접지선을 통한 침입 및 그 조합에 의한 침입 등이 있다. 접지선에서의 침입은 주변의 낙뢰에 의해 대지전위가 상승하고 상대적으로 전원선 측의 전위가 낮게 되어 접지선에서 전원선 측으로 흐르는 경우에 발생한다.

따라서 뇌서지 등의 피해로부터 PV 시스템을 보호하기 위해 다음과 같은 대책이 필요하다.

1) 피뢰소자를 어레이 주회로 내부에 분산시켜 설치하고 접속함에도 설치한다.
2) 저압 배전선에서 침입하는 뇌서지에 대해서는 분전반에 피뢰소자를 설치한다.
3) 뇌우 다발지역에서는 교류전원측으로 내뢰 트랜스를 설치하여 보다 안전한 대책을 세운다.

59 접지극을 지중에 매설하여 설치하는 경우 매설 장소 조건 2가지는?

해답

1) 가능한 한 물기가 있는 장소
2) 가스나 산 등에 의한 부식의 우려가 없는 장소

60 역송병렬에 대해 간단히 설명하시오.

해답

분산형 전원을 한전계통에 연계하여 운전하되 생산한 전력의 전부 또는 일부가 한전계통으로 송전되는 형태

61 다음 표에 들어갈 특고압계통의 분산형 전원의 연계로 인한 순시전압 변동률이다. 표의 ( ) 안에 들어갈 순시전압변동률을 쓰시오.

변동빈도	순시전압 변동률
1시간에 2회 초과 10회 이하	①
1일 4회 초과 1시간 2회 이하	②
1일에 4회 이하	③

해답

① 3[%] ② 4[%] ③ 5[%]

해설 특고압 계통의 분산형 전원 순시전압변동률 허용기준

특고압 계통의 경우, 분산형 전원의 연계로 인한 순시전압변동률은 발전원의 계통 투입 · 탈락 및 출력 변동 빈도에 따라 다음 표에서 정하는 허용 기준을 초과하지 않아야 한다. 단, 해당 분산형 전원의 변동 빈도를 정의하기 어렵다고 판단되는 경우에는 순시전압변동률 3[%]를 적용한다. 또한 해당 분산형 전원에 대한 변동 빈도 적용에 대한 설치자의 이의가 제기되는 경우, 설치자가 이에 대한 논리적 근거 및 실험적 근거를 제시하여야 하고 이를 근거로 변동 빈도를 정할 수 있으며 제한 감시설비를 설치하고 이를 확인하여야 한다.

변동빈도	순시전압 변동률
1시간에 2회 초과 10회 이하	3[%]
1일 4회 초과 1시간 2회 이하	4[%]
1일에 4회 이하	5[%]

62 분산형 전원이 계통연계 또는 가압된 구내계통의 가압된 한전 계통에 대한 연계에 대하여 병렬연계 장치의 투입순간 분산형 전원 정격용량 합계가 500[kW] 초과 ~ 1,500[kW] 이하일 때 계통연계를 위한 동기화 변수 제한 범위를 쓰시오.

해답

주파수 : 0.2[Hz], 전압차 : 5[%], 위상각차 : 15°

해설

분산형 전원 정격용량 합계[kW]	주파수(Δf, [Hz])	전압차(ΔV, [%])	위상각차($\Delta\phi$, °)
0~500	0.3	10	20
500 초과~1,500 미만	0.2	5	15
1,500 초과~20,000 미만	0.1	3	10

63 분산형 전원을 계통에 연계할 경우 전기품질의 검토항목 4가지는?

해답

1) 직류유입제한
2) 역률
3) 플리커(Flicker)
4) 고조파

64 분산형 전원을 계통에 연계한 경우 전기품질의 검토항목 중 직류유입제한기준이란 무엇인가?

해답

분산형 전원 및 그 연계시스템은 분산형 전원 연결점에서 최대 정격 출력전류의 0.5[%]를 초과하는 직류전류를 계통으로 유입시켜서는 안 된다.

65 건축물의 설비기준 등에 관한 규칙 제20조(피뢰설비)에 의하면 공작물로서 설치높이 (　　) [m] 이상의 공작물에는 피뢰설비를 설치하여야 한다. (　　) 안에 알맞은 말을 쓰시오.

해답

20[m] 이상

66 축전지에 나타나는 다음과 같은 이상현상을 무엇이라 하는지 답하시오.

- 비중이 저하하고 충전용량이 감소한다.
- 충전 시 전압 상승이 빠르고 다량으로 가스가 발생한다.
- 극판이 백색으로 되거나 백색 반점이 생긴다.

해답

설페이션 현상

67 전기설비의 공급점 부근의 보기 쉬운 개소에 전기계통의 종류 및 접지 계통의 종류에 따라 표시방법이 다르다. 접지계통의 표 ①, ②, ③에 교류 ④, ⑤, ⑥에 직류의 접지계통의 종류를 쓰시오.

전기의 종류	접지계통의 종류
교류	①
	②
	③
직류	④
	⑤
	⑥

해답

① TN ② TT
③ IT ④ TN
⑤ TT ⑥ IT

해설 ① TN : TN계통이란 전원의 한 점을 직접접지하고 설비의 노출 도전성 부분을 보호선을 이용하여 전원의 한 점에 접속하는 접지계통을 말한다.

② TT : TT계통이란 전원의 한 점을 직접 접지하고 설비의 노출 도전성 부분을 전원 계통의 접지극과는 전기적으로 독립한 접지극에 접지하는 접지계통을 말한다.

③ IT : IT계통이란 충전부 전체를 대지로부터 절연시키거나, 한 점에 임피던스를 삽입하여 대지에 접속시키고, 전기기기의 노출 도전성 부분 단독 또는 일괄적으로 접지하거나 또는 계통접지로 접속하는 접지계통을 말한다.

68 저압접지계통의 종류 3가지를 쓰시오.

해답

1) TN계통
2) TT계통
3) IT계통

해설 TN계통에는 TN－S, TN－C, TN－C－S 계통의 세 종류가 있다.

69 전선식별법에 국제적으로 표준화되고 있는 색상 ①~⑤를 적으시오.

전선구분	KEC 식별색상
상선(L1)	①
상선(L2)	②
상선(L3)	③
중성선(N)	④
접지/보호도체(PE)	⑤

해답

① 갈색 ② 흑색 ③ 회색
④ 청색 ⑤ 녹황교차

해설 전선식별법 국제표준(KEC 121.2)

전선구분	KEC 식별색상
상선(L1)	갈색
상선(L2)	흑색
상선(L3)	회색
중성선(N)	청색
접지/보호도체(PE)	녹황교차

70 **접지저항계를 이용, 접지전극 및 보조전극 2개를 사용하여 접지저항을 측정하려고 한다. 다음 설명의 (　　) 안에 알맞은 내용을 쓰시오.**

접지전극과 보조전극의 간격은 (①)로 하고 (②)에 가까운 형태로 설치한다. 접지전극을 접지저항계의 (③)단자에 접속하고 보고전극을 (④)단자, (⑤)단자에 접속한다.

해답

① 10[m]　　② 직선　　③ E　　④ P　　⑤ C

해설

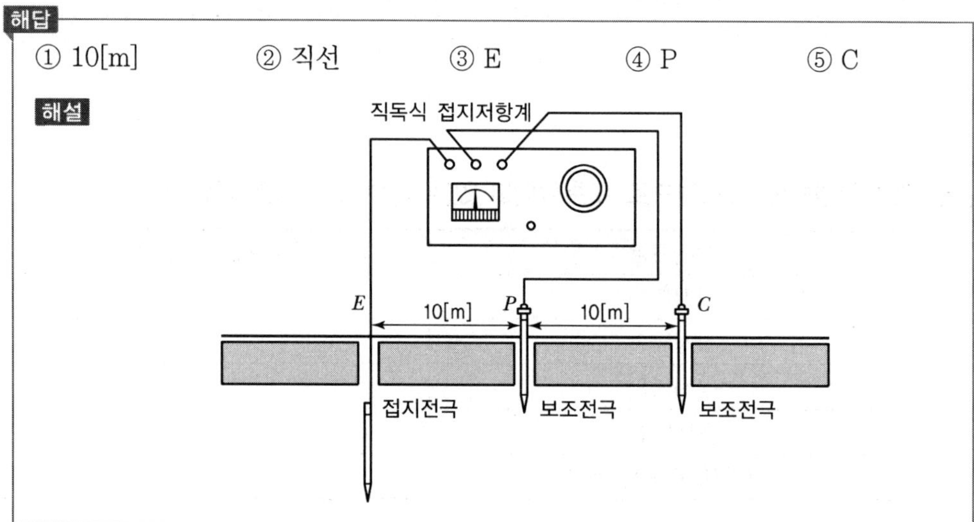

71 **배전용 변전소의 꼭 필요 개소에 접지공사를 실시하였다. 이에 따른 접지목적 3가지를 쓰시오.**

해답

1) 감전 방지
2) 이상전압 억제
3) 보호계전기 동작 확보

해설 1) 감전 방지 : 절연 열화 등으로 누전 발생 시 인체 감전 방지
2) 이상전압 억제 : 외전류 고저압 혼촉 시 기기의 손상 방지
3) 보호계전기 동작 확보 : 지락사고 시 지락계전기 등의 동작을 확실하게 할 수 있다.

72 대지 저항률의 중요성에서 접지저항을 결정하는 주요 요인 4가지를 쓰시오.

해답

접지극의 형상, 접지극의 크기, 접지극의 매설깊이, 대지 저항률

해설 이 중 가장 중요한 요인은 대지 저항률이다.

73 다음 접지극의 치수를 쓰시오.

1) 동판(두께, 면적)

2) 동봉, 동피복강봉(직경, 길이)

해답

1) 두께 : 0.7[mm] 이상, 면적 : 900[cm^2] 이상

2) 직경 : 8[mm] 이상, 길이 : 0.9[m] 이상

해설 접지극의 종류와 치수

종류	수치
동판	두께 0.7[mm] 이상, 면적 900[cm^2](편면) 이상
동봉, 동피복강봉	직경 8 [mm] 이상, 길이 0.9[m] 이상
아연도금가스철관 후강전선관	외형 25[mm] 이상, 길이 0.9[m] 이상
아연도금 강봉	직경 12[mm] 이상, 길이 0.9[m] 이상
동복강판	두께 1.6[mm] 이상, 길이 0.9[m] 이상, 면적 250[cm^2](편면) 이상
탄소피복강봉	직경 8[mm] 이상(강심), 길이 0.9[m] 이상

74 그림은 전류 동작형 누전 차단기의 원리를 나타낸 것이다. 여기에서 저항 R의 설치 목적을 쓰시오.

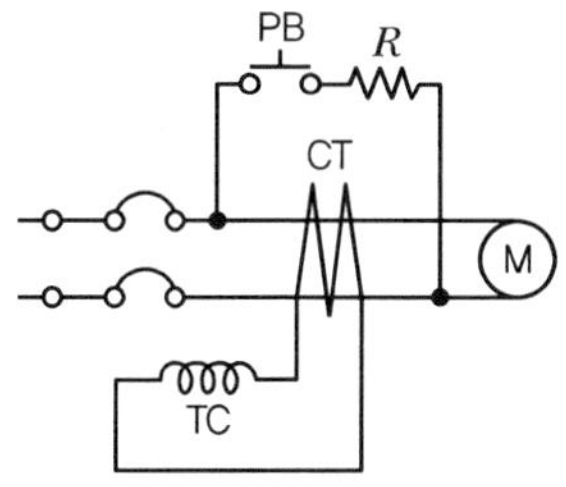

해답

누전 차단기 자체 동작시험 시 흐르는 전류를 일정값 이상으로 흐르지 못하게 억제

75 전위차계 접지저항계의 대지저항 측정방법을 5단계로 쓰시오.

해답

1) 계측기를 수평으로 놓는다.
2) 보조접지용을 습기가 있는 곳에 직선으로 10[m] 이상 간격을 두고 박는다.
3) E 단자의 리드선을 접지극에 접속한다.
4) PC 단자를 보조접지용에 접속한다.
5) Push Button을 누르면서 다이얼을 돌려 검류계의 눈금이 중앙(0)에 지시할 때 다이얼의 값을 읽는다.

76 접지저항 측정방법의 종류를 기술하시오.

해답

1) 코올라시 브리지법
2) 전위차계 접지저항 측정법
3) 간이접지저항계 측정법

77 분산형 전원 연결점에서 전압을 검출해야 하는 경우 3가지는 무엇인가?

해답

1) 하나의 구내계통에서 분산형 전원 용량의 총합이 30[kW] 이하인 경우
2) 연계시스템 설비가 단독운전 방지시험을 통과하는 것으로 확인될 경우
3) 분산형 전원 용량의 총합이 구내계통의 15분간 최대 수요전력 연간 최소값의 50[%] 미만이고, 한전계통으로의 유·무효전력 역송이 허용되지 않는 경우

해설 한전계통 이상 시 분산형 전원 분리 및 재병입에서의 전압 측정

연계시스템의 보호장치는 각 선간전압의 실효값 또는 기본파값을 감지해야 한다. 단, 구내 계통을 한전계통에 연결하는 변압기가 Y－Y 결선 접지 방식의 것 또는 단상 변압기일 경우에는 각 상전압을 감지해야 한다.

78 분산형 전원의 이상 또는 고장 발생 시 이로 인한 영향이 연계된 계통으로 파급되지 않게 분산형 전원을 보호계전기 또는 동등의 기능을 가진 장치를 설치하여 계통과의 연계를 분리할 수 있도록 설비를 갖추어야 하는 계전기 5가지를 쓰시오.

해답

1) 과전압 계전기(OVR)
2) 부족전압 계전기(UVR)
3) 과주파수 계전기(OFR)(역조류가 있는 경우)
4) 저주파수 계전기(UFR)
5) 역전력 계전기(RPR)(역조류가 없는 경우)

79 주택용 계통연계형 태양광발전설비의 시설에서 인버터, 절연변압기 및 계통연계보호장치 등 전력 변환장치의 시설은 어떤 장소에 시설해야 하는지 답하시오.

해답

점검이 가능한 장소

80 대규모 집중형전원과 달리 소규모 전력소비지역 부근에 분산하여 배치가 가능한 전원인 발전설비를 무엇이라 하는가?

해답

분산형 전원

81 분산형 전원을 한전계통에 연계하기 위해 사용되는 모든 연계 설비 및 기능들의 집합체를 무엇이라 하는가?

해답

연계시스템(Interconnection System)

82 분산형 전원의 연계용량의 범위는 몇 [kW]인가?

해답

100~10,000[kW]

83 연계된 계통의 고장이나 작업 등으로 인해 분산형 전원이 공통 연결점을 통해 한전계통의 일부를 가압하는 단독운전 상태가 발생할 경우 해당 분산형 전원 연계시스템은 이를 감지하여 단독운전 발생 후 최대 몇 초 이내에 한전계통에 대한 가압을 중지해야 하는가?

해답

0.5초

해설 단독운전

연계된 계통의 고장이나 작업 등으로 인해 분산형 전원이 공통 연결점을 통해 한전계통의 일부를 가압하는 단독운전 상태가 발생할 경우 해당 분산형 전원 연계시스템은 이를 감지하여 단독운전 발생 후 최대 0.5초 이내에 한전계통에 대한 가압을 중지해야 한다.

84 분산형 전원 연계시스템은 안정상태의 한전계통 전압 및 주파수가 정상 범위로 복원된 후 그 범위 내에서 몇 분간 유지되지 않는 한 분산형 전원의 재병입이 발생하지 않도록 하는 지연기능을 갖추어야 하는가?

해답

5분

해설 한전계통의 재병입

1) 한전계통에서 이상 발생 후 해당 한전계통의 전압 및 주파수가 정상 범위 내에 들어올 때까지 분산형 전원의 재병입이 발생해서는 안 된다.
2) 분산형 전원 연계시스템은 안정상태의 한전계통 전압 및 주파수가 정상 범위로 복원된 후 그 범위 내에서 5분간 유지되지 않는 한 분산형 전원의 재병입이 발생하지 않도록 하는 지연기능을 갖추어야 한다.

85 다음은 비정상 주파수에 대한 분산형 전원 분리시간을 나타낸 것이다. 표의 ( ) 안에 들어갈 내용을 쓰시오.

분산형 전원 용량	주파수 범위[Hz]	분리시간[초]
30[kW] 이하	>①	③
	<②	③
30[kW] 초과	>60.5	④
	<(57.0~59.8)(조정 가능)	(0.16~300)(조정 가능)
	<57.0	④

해답

① 60.5 ② 59.3 ③ 0.16 ④ 0.16

해설 비정상 주파수에 대한 분산형 전원 분리시간

분산형 전원 용량	주파수 범위[Hz]	분리시간[초]
30[kW] 이하	>60.5	0.16
	<59.3	0.16
30[kW] 초과	>60.5	0.16
	<(57.0~59.8)(조정 가능)	(0.16~300)(조정 가능)
	<57.0	0.16

86 뇌서지 등의 피해로부터 PV 시스템을 보호하기 위해 피뢰소자 설치장소 3곳을 쓰시오.

해답

주회로 내부, 접속함, 분전반

해설 1) 피뢰소자를 어레이 주회로 내부에 분산시켜 설치하고 접속함에도 설치한다.
2) 저압 배전선에서 침입하는 뇌서지에 대해서는 분전반에 피뢰소자를 설치한다.
3) 뇌우 다발지역에서는 교류전원 측으로 내뢰 트렌스를 설치한다.

87 태양광발전설비 모니터링 시스템에서 주요 구성 요소 5가지를 쓰시오.

해답

1) PC
2) 모니터
3) 공유기
4) 직렬서버
5) 기상수집 I/O 통신모듈

해설 모니터링 시스템의 주요 구성 요소

6) 각종 센서류

88 태양광발전설비 모니터링 시스템의 주요 기능 5가지를 쓰시오.

해답

1) 발전 진단
2) 고장 진단
3) 경보 현황
4) 기록 및 통계 기능
5) 정보 분석

해설 모니터링 시스템의 주요 기능

6) 보고서 화면

89 태양광발전 모니터링의 프로그램 기능에 대해 쓰시오.

해답

1) 데이터 수집기능
2) 데이터 저장기능
3) 데이터 분석기능
4) 데이터 통계기능

90 태양광발전시스템의 소요장비 중 주 장비 5가지를 쓰시오.

해답

1) 모듈제조장비
2) 오실로스코우프
3) 인버터 시험용 PC
4) 전력분석계
5) 멀티테스터

해설 보조장비

온도계, 일사계, 풍속계, 전압계, 전류계, 절연저항측정기, 접지저항측정기

주장비

누설전류계, 레벨기

91 태양광발전시스템 설치공사의 품질 확보를 위해 시공사가 설치공사 착공과 동시에 공인기관 검 · 교정 시험성적서를 제출하여야 한다. 이때 필수 보유 장비 5가지를 쓰시오.

해답

1) 접지저항 측정기
2) 절연저항 측정기(메거)
3) 전류계
4) 전압테스터
5) 검전기

해설 1) 품질 확보 보유 장비 일반사항

① 공사의 품질 확보를 위해 시공사는 다음 조건을 만족하는 장비를 구비하고, 시공에 임하여야 한다.

② 설비공사 착공과 동시에 사용 장비에 대한 목록과 공인기관 검 · 교정 시험성적서를 발주자에게 제출하여야 한다.

2) 필수 보유 장비 목록

① 접지저항 측정기(메거 : Megger)
② 절연저항 측정기
③ 전류계
④ 전압 Tester
⑤ 검전기
⑥ 상 Tester
⑦ 각도계
⑧ 수평 및 수직 일사량 측정기
⑨ 오실로 스코프

92 태양광발전 모니터링 중 태양전지 과전압이 발생되는 원인과 조치사항에 대해서 쓰시오.

해답

1) 발생원인 : 태양전지 전압이 규정 이상일 때 발생
2) 조치사항 : 태양전지전압 점검 후 정상 시 5분 후 재기동

93 다음 표의 태양광발전시스템의 모니터링 시스템의 계측설비별 요구사항을 쓰시오.

계측설비		요구사항
인버터(CT)		정확도 ①
온도센서	−20~80[℃] 미만	정확도 ②
전력량계		정확도 ③

해답

① 3[%] 이내
② ±0.1[℃]
③ 1[%] 이내

해설 유량계, 열량계의 정확도는 ±1.5% 이내로 한다.

94 전력설비의 기기를 개폐 시 이상전압 또는 낙뢰로부터 보호하는 장치의 이름은?

해답

LA(피뢰기)

95 분산형 전원 발전설비로부터 계통에 유입되는 고조파 전류는 10분 평균한 40차까지 (①)이 (②)[%]를 초과하지 않도록 각 차수별을 제어한다. (   ) 안에 들어갈 내용을 쓰시오.

해답

① 종합전류 왜형률
② 5

96 태양광발전시스템의 계측기구나 표시장치의 구성요소에 대해서 쓰시오.

해답

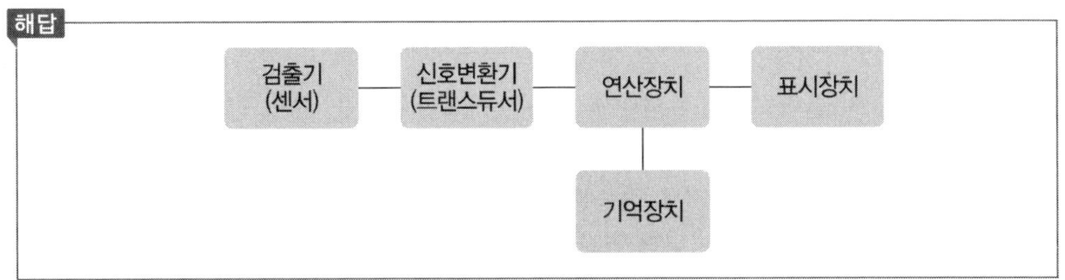

97 다음은 계측 표시장치의 구성요소이다. 각각의 역할을 쓰시오.

1) 검출기(센서)
2) 신호변환기
3) 연산장치
4) 기억장치

해답

1) 검출기(센서) : 전압, 전류, 주파수 일사량, 기온, 풍속 등의 전기 신호를 검출
2) 신호변환기 : 센서로부터 검출된 데이터의 0~100[%]을 0~5[V], 4~20[mA]로 변환하여 원거리 전송
3) 연산장치 : 계측 데이터를 적산하여 일정기간마다의 평균값 또는 적산값을 연산
4) 기억장치 : 순시발전량이나 누적발전량, 석유 절약량, CO_2 삭감량을 표시

98 태양광발전에 사용되는 계측시스템 기능에 대한 설명이다. 각 설명에 해당하는 명칭을 쓰시오.

1) 회로의 전압, 전류, 역률, 주파수를 검출하는 장치
2) 검출된 데이터를 컴퓨터 및 먼 거리에 설치한 표시장치에 전송하는 장치
3) 계측데이터를 적산하여 일정기간마다의 평균값 또는 적산 값을 얻는 장치
4) 컴퓨터를 이용하는 경우 메모리 기능을 활용하고 기억하는 장치

해답

1) 검출기
2) 신호변환기(트랜스듀서)
3) 연산장치
4) 기억장치

99 태양광발전시스템에서 계측시스템 구성요소 4가지와 역할을 각각 쓰시오.

해답

1) 검출기 : 직류회로 전압은 직접 또는 분압기로 분압하여 검출하고, 교류회로의 전압, 전류 및 전력, 역률, 주파수의 계측은 직접 또는 PT, CT를 통해서 검출하고, 지시계기 또는 신호변환기 등에 신호를 공급한다.
2) 신호변환기 : 검출기로 검출된 데이터를 컴퓨터 및 먼 거리에 설치한다.
3) 연산장치 : 검출데이터를 연산하지 않으면 안 되는 것에 사용하는 것과 일시 계측데이터를 적산하여 일정기간마다의 평균값 또는 적산값을 얻는다.
4) 기억장치 : 연산장치로서 컴퓨터를 사용하는 경우는 그 메모리 기능을 활용하여 기억하고, 필요하면 콤팩트디스크 등에 데이터를 복사하여 보존하는 방법이 일반적이다.

해설 표시장치 : 검출된 데이터를 디스플레이하여 전압, 전류 등을 알 수 있다.

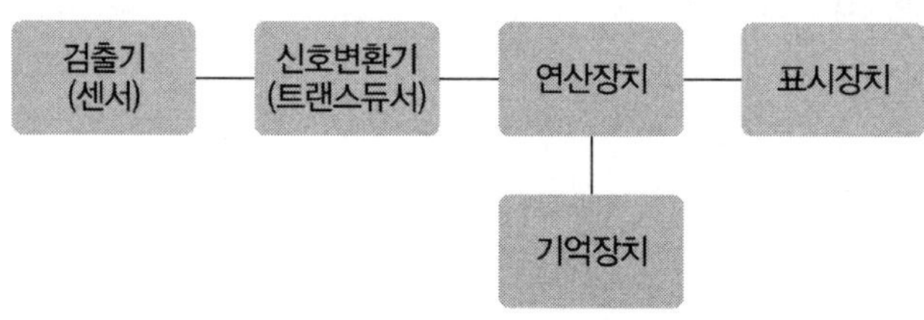

100 태양광발전시스템의 계측기구 중 검출기(센서)의 종류를 쓰시오.

해답

1) 분압기, 분류기
2) PT(계기용 변압기), CT(계기용 변류기)
3) 일사계, 온도계, 풍향풍속계

해설 1) 분압기 : 직류회로의 전압은 직접 또는 분압기로 분압하여 검출
2) 분류기 : 직류회로의 전류는 직접 또는 분류기를 사용하여 검출
3) PT, CT : 교류회로의 전압 전류를 PT, CT를 통해서 검출

101 **태양광발전시스템의 계측기구 중 신호변환기의 역할을 쓰시오.**

해답

검출기로 검출된 데이터를 컴퓨터 및 먼 거리에 설치된 표시장치에 전송

102 **검출기로 검출된 데이터를 컴퓨터 및 먼 거리에 설치된 표시장치에 전송하기 위한 기기의 명칭을 쓰시오.**

해답

신호변환기(Transducer)

NEW AND RENEWABLE ENERGY EQUIPMENT(PHOTOVOLTAIC) INDUSTRIAL ENGINEER

PART 10

태양광발전 토목공사 및 구조물 시공

SECTION NEW AND RENEWABLE ENERGY EQUIPMENT/PHOTOVOLTAIC

001 태양광발전 토목공사

1 관련 도서 목록

① 설계도면 및 시방서
② 구조계산서 및 각종 계산서
③ 계약내역서 및 산출근거(사업주체와 시공자가 다를 경우)
④ 공사계약서(사업주체와 시공자가 다를 경우)
⑤ 사업계획 승인조건 등

2 설계도면 검토

공통사항

① 사업승인(전기사업) 조건과 설계도면과의 일치 여부 확인
② 기본설계와 실시설계 비교
③ 공사설계서 상호 간의 모순되는 사항 : 특기시방서, 구조계산서 등
④ 현장 실정과의 부합 여부
⑤ 건축, 구조, 설비, 전기, 토목, 소방 등의 상호 Cross Check
⑥ 발주기관 결정을 필요로 하는 Item 발췌
⑦ 실제 시공 가능 여부
⑧ 설계도서에 누락, 오류 등 불명확한 부분의 존재 여부
⑨ 시공 시 예상 문제점
⑩ 산출내역서상의 수량과 도면 수량과의 일치 여부
⑪ 사용재료 및 제작기간의 적정성
⑫ 도면상의 치수, 메모(Note), 축척표기, 북향표기, 약호 및 기호에 대한 정확성, 일관성
⑬ 공법 및 시공자의 능력

3 토목시공 기준

1) 지질 및 지반조사

(1) 지반조사의 목적

① 구조물에 적합한 기초의 형식과 기초의 심도 결정
② 지반의 지내력 평가
③ 구조물의 예상침하량 평가
④ 지반 특성과 관련된 기초의 잠재적인 문제점 파악
⑤ 지하수위 결정
⑥ 기초지반의 변화에 따른 시공방법 결정

(2) 지반조사를 실시하는 과정에 반드시 포함되어야 할 내용

① 각 토층의 두께와 분포상태
② 지하수의 위치와 지하수와 관련된 특성
③ 토질시험을 위한 흙시료의 채취
④ 기초의 설계나 시공과 관련된 특이사항

2) 현장시험에 의한 지내력 검토 방안

지층의 구조를 알기 위한 가시적인 조사방법에는 시추조사가 있으며, 이 외에 얕은 기초에 적합한 지내력시험으로 표준관입시험, 콘관입시험, 평판재하시험 등이 있다.

(1) 시추조사

① 연속적인 지층의 분포현황을 파악하기 위한 시험으로 파쇄대 및 단층대의 확인, 지반 공학적 특성 파악 및 시료 채취를 목적으로 한다.

② 표준관입시험

63.5[kg]의 해머를 76[cm]의 높이에서 자유낙하시켜 정해진 규격의 원통분리형 시료채취기(Split Barrel Sampler)를 시추공 내에서 30[cm] 관입시키는데 필요한 해머 타격 횟수 값(N값)을 측정하여 지반을 분류하거나 연 · 경도를 평가하고 나아가 지반강도, 상대밀도, 내부마찰각 등의 지반정수를 추정할 수 있는 시험방법이다.

③ 평판재하시험(PBT)

예상 기초 위치까지 지반을 굴착한 다음에 재하판을 설치하고 하중을 가하면서 하중과 침하량을 측정하여 기초지반의 지지력을 구하는 시험(KS F 2444)이다.

④ 콘관입시험

㉠ 원추모양 콘의 관입저항으로 지반의 단단함, 다짐 정도를 조사하는 시험이다.

㉡ 깊은 세립토층(느슨하고 균질한 비점성)에 사용하도록 개발되었기 때문에 조밀하고 혼합된 토질에서는 시험이 어려울 수 있다.

3) 연약지반 여부 검토

연약지반은 토질분류상 점토 · 실트계열의 토질로서 지하수위가 높아 함수비가 클 경우 과도한 침하 발생과 측방변형으로 인하여 성토체와 구조물의 안전에 영향을 주는 지반이다.

(1) 연약지반의 문제점

① 측방유동 및 액상화

② 성토 및 굴착사면 파괴

③ 지반 장기침하

④ 주변지반 변형

⑤ 구조물 부등침하

⑥ 지하매설관 손상

⑦ 사면활동

4) 지반 개량공법

주요 공법	내용
치환공법	연약층의 일부 또는 전부를 제거하여 양질의 토사로 치환하는 공법
선행재하공법	지반에 미리 설계하중 이상의 하중을 재하(성토)하여 압밀을 촉진시키는 공법
연직배수공법	지중에 적당한 간격으로 연직방향의 모래기둥, 페이퍼, 플라스틱 등 배수재의 설치로 수평방향 배수거리를 단축하여 압밀을 촉진시키는 공법
모래다짐공법	지중에 모래 또는 쇄석의 다짐말뚝을 만들어 탈수 촉진, 다짐, 모래기둥 등으로 지반의 지지력을 증가시키는 공법
동다짐공법	진동기나 중량의 추를 낙하시켜 사질토의 지반을 다지는 공법
동압밀공법	진동기나 중량의 추를 낙하시켜 점성토의 지반을 다지는 공법
약액주입공법	생석회, 시멘트밀크, 물유리 등의 약액을 연약지층에 주입시켜 지반강도를 증가시키는 공법

5) 선정부지 정지작업

(1) 흙의 성질

흙은 흙입자, 물, 공기로 구성되어 있다.

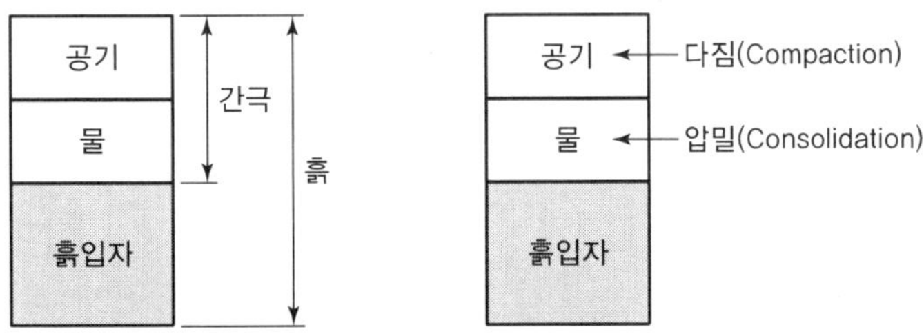

[흙의 간극, 다짐, 압밀]

(2) 흙의 전단강도

흙의 가장 중요한 역학적 성질로서 이것으로부터 기초의 극한 지지력을 알 수 있다. 기초의 하중이 그 흙의 전단강도 이상이면 흙은 "붕괴"되고 기초는 "침하"된다. 이하이면 흙은 "안정"되고 기초는 "지지"된다.

(3) 간극비, 함수비, 포화도

① 간극비(Void Ratio) $= \dfrac{\text{간극의 용적}}{\text{토립자의 용적}}$

② 함수비(Water Content) $= \dfrac{\text{물의 중량}}{\text{토립자의 중량}} \times 100[\%]$

③ 포화도(Degree of Saturation) $= \dfrac{\text{물의 용적}}{\text{간극의 용적}} \times 100[\%]$

(4) 흙의 압밀(Consolidation)

① 압밀침하

외력에 의하여 간극 내의 물이 빠져 흙 입자 간의 사이가 좁아지며 침하되는 것

② 예민비(Sensitivity Ratio) : 흙의 이김에 의해 약해지는 정도

예민비 $= \dfrac{\text{자연 시료의 강도}}{\text{이긴 시료의 강도}}$

6) 측량

(1) 측량의 목적

① 부지의 고저차를 파악한다.
② 설치 가능한 태양전지 모듈의 수량을 결정한다.
③ 최소한의 토목공사를 위한 시공기면을 결정한다.
④ 실제 부지와 지적도상의 오차를 파악한다.

(2) 측량의 종류

① 거리측량

㉠ 2점 간의 거리를 직접 또는 간접으로 1회 또는 여러 회로 나누어 측량한다.
㉡ 보측 : 보폭 75~80[cm]
㉢ 음측 : 340[m/sec]
㉣ 기구에 의한 측량 : 줄자, 스타디아(Stadia), 광파기

② 수준(고저)측량(레벨측량)

㉠ 기준면으로부터 구하고자 하는 점의 높이를 측정하거나, 두 지점 사이의 상대적인 고저차를 구하는 측량이다.
㉡ 지표면에 있는 제 점의 고저차를 관측하여, 그 점들의 고저(표고)를 결정하고 지도 제작, 공사의 계획, 설계 및 시공에 필요한 고저(표고) 자료를 제공하는 중요한 측량이다.

③ 각도측량

㉠ 두 방향선이 이루는 각을 구하는 측량으로, 일반적으로 트랜싯(Transit) · 세오돌라이트(Theodolite) 등의 측각의를 사용하여 측각한다.
㉡ 거리 측량 · 수준 측량 등과 함께 기본적인 측량의 하나이다.

④ 평판측량

㉠ 사람의 시각에 의존하는 측량으로서 삼각위에 평판을 올려놓고 그 위에 제도지를 붙인 다음, 앨리데이드(Alidade : 평판 위에 얹어 지상의 목표방향을 정하는 측량기기)를 사용하여 현장에서 점이나 사물의 위치, 거리, 방향, 높이 등을 측정하여 도면 위에 직접 작도하는 측량이다.
㉡ 지역이 넓지 않을 때, 복잡한 세부 측량을 할 때, 지형도를 작성할 때 사용하는 방법이다.

⑤ 지적 측량의 종목

㉠ 경계복원측량

경계복원측량은 지적공부에 등록된 경계점을 지표상에 복원하는 측량으로 건축물을 신축, 증축, 개축하거나 인접한 토지와의 경계를 확인하고자 할 때 주로 이용하는 측량

㉡ 분할측량

분할측량은 지적공부에 등록된 1필지를 2필지 이상으로 나누어 등록하기 위한 측량으로 소유권 이전, 매매, 지목변경 등을 할 때 주로 이용하는 측량

㉢ 지적현황측량

지적현황측량은 지상건축물 등의 현황을 지적도 및 임야도에 등록된 경계와 대비하여 도면에 표시하는 측량

㉣ 등록전환측량

등록전환측량은 임야대장 및 임야도에 등록된 토지를 토지대장 및 지적도에 옮겨 등록하기 위한 측량

㉤ 신규등록전환측량

신규등록전환측량은 새로 조성된 토지와 지적공부에 등록되어 있지 아니한 토지를 지적공부에 등록하기 위한 측량

4 건설사업관리(CM)

건설사업관리(CM ; Construction Management)란 건설의 전 과정에 걸쳐 프로젝트를 보다 효율적이고 경제적으로 수행하기 위하여 각 부분의 전문가들로 구성된 집단의 통합관리기술이다.

1) 주요 업무

① 사업관리 일반
② 계약관리
③ 사업비 관리
④ 공정관리
⑤ 품질관리
⑥ 안전관리
⑦ 사업정보관리

2) 장단점

(1) 장점

① 설계자와 시공자 간의 의사소통이 개선된다.
② 단계적 시공을 통해 공기 단축이 가능하다.
③ 가치공학(VE) 적용으로 원가 절감이 가능하다.
④ 기술적 조언과 설계 및 시공성 검토로 공법 및 기술의 다양화가 이루어진다.

(2) 단점

① 단계적 시공 적용 시 공사비가 증가한다.
② 프로젝트 성패가 건설사업 관리자의 능력에 좌우된다.
③ 발주자의 신속한 의사 결정에 따라 성패가 좌우된다.
④ 일반적인 건설사업관리는 공사비, 공사품질에 책임을 지지 않는다.

002 태양광발전 구조물 기초공사

1 기초

1) 기초의 요구조건

① 설계하중에 대한 구조적 안정성 확보
② 구조물의 허용침하량 이내의 침하
③ 환경변화, 지반쇄굴 등에 저항하여 최소의 근입 깊이 유지
④ 시공 가능성 측면에서 현장여건 고려

2) 기초의 형식 결정을 위한 고려사항

① **지반조건** : 지반 종류, 지하수위, 지반의 균일성, 암반의 깊이
② **상부구조물의 특성** : 허용침하량, 구조물의 중요도, 특이 요구조건
③ **상부구조물의 하중** : 기초의 설계하중
④ 기초형식에 따른 경제성을 비교 검토

3) 기초의 조건

① **구조적 안정성 확보** : 설계하중에 대한 안정성 확보
② 허용침하량 이내
③ **최소 깊이 유지** : 환경변화, 국부적 지반 쇄굴 등에 저항
④ **시공 가능성** : 현장 여건 고려

4) 기초의 종류

(1) **직접기초** : 지지층이 얕을 경우 기초

① **독립기초** : 지지물의 응력을 개개별로 지지하는 기초

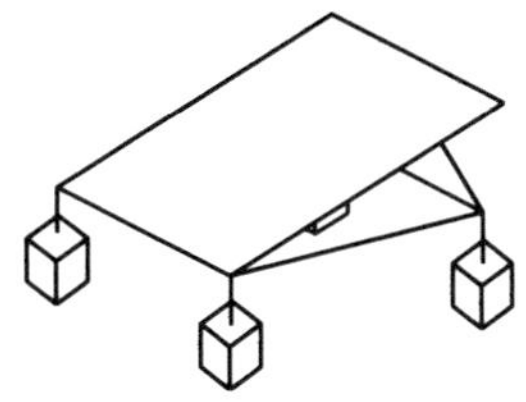
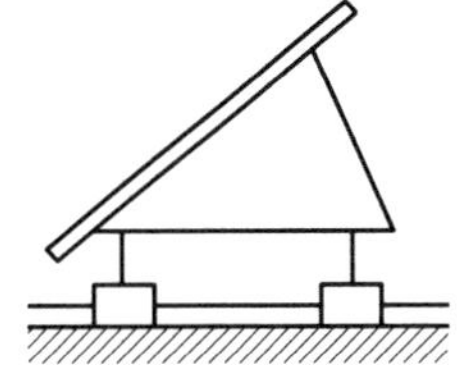

② **복합기초** : 2개 이상 지지물의 응력을 단일로 지지하는 기초

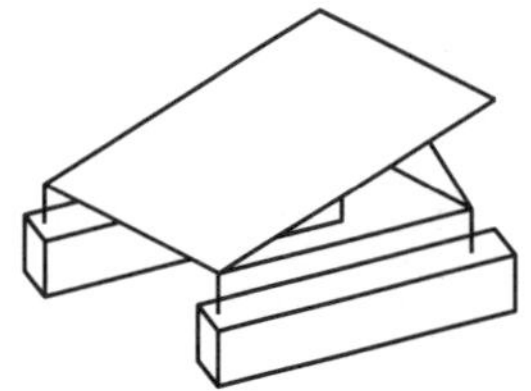
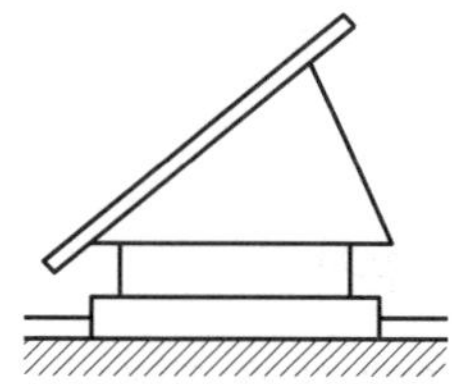

(2) **말뚝기초** : 지지층이 깊을 경우 기초

(3) **주춧돌기초** : 철탑 등의 기초에 자주 쓰임

(4) **케이스 기초** : 하천 내의 교량 기초

(5) **연속기초** : 지지층이 매우 깊은 기초

5) 태양광발전에 적용 가능한 기초의 종류

종류	특징
독립기초	• 지지대 1대당 1개의 얕은 기초 • 지지층이 얕을 때 적용 • 소형, 소규모 어레이에 적용
복합기초	• 지지대 2대 이상 연결 • 지지층이 얕을 때 적용 • 중대형 어레이에 적용
말뚝기초	• 지지층이 깊을 때 적용 • 독립기초 시공 전 말뚝 시공
무기초(스크루)	콘크리트 기초 없이 스크루강(내식)을 직접 삽입
무기초(형강)	콘크리트 기초 없이 타격에 의해 삽입
무기초(앵커)	슬래브나 기존 시멘트 바닥면에 앵커를 삽입
무기초(루프형)	• 평면 또는 경사면 지붕에 내식성 루프패널을 설치 • 모듈을 루프패널에 부착

6) 얕은 기초와 깊은 기초의 구분

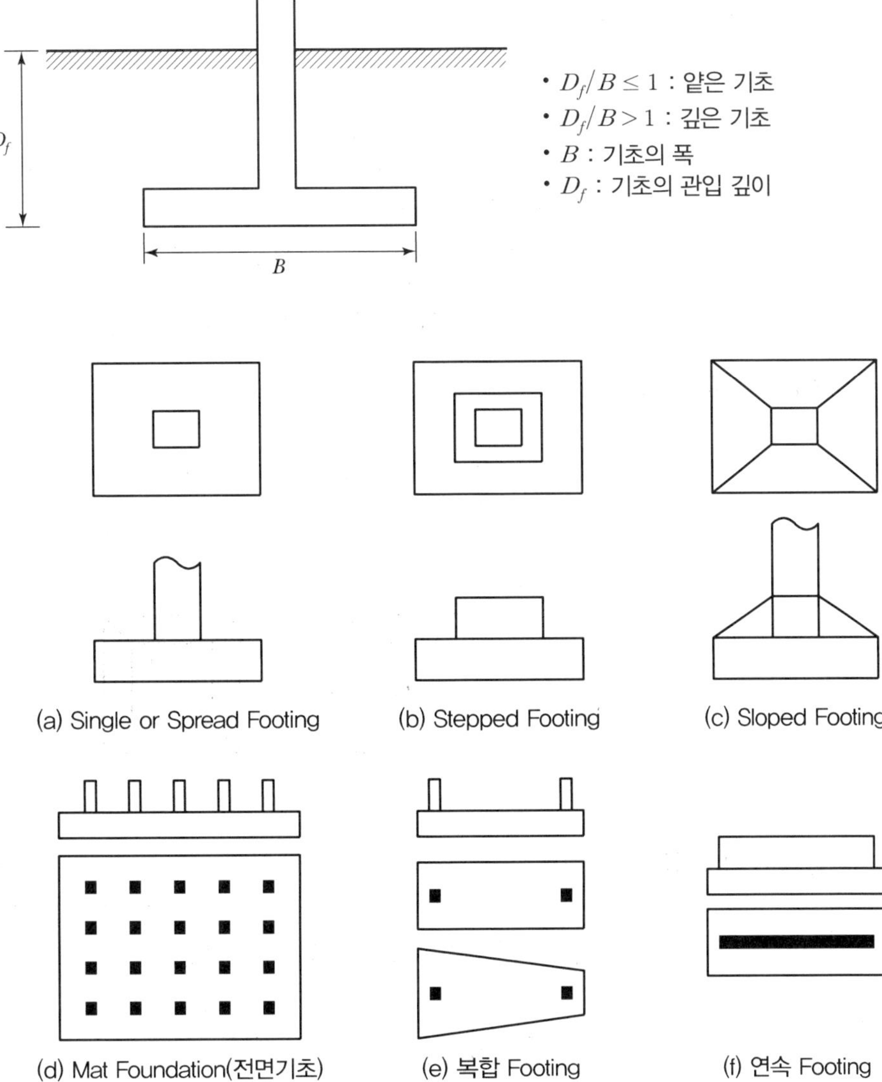

[얕은 기초의 종류 구분]

7) 기초의 면적 및 터파기량

(1) 정방향 독립기초 면적 A

$$A = \frac{Q_a}{q_a}[\mathrm{m}]$$

여기서 Q_a : 총허용하중(축방향력 + 기초자중)[kN]
q_a : 허용지내력(현장지내력)([kgf]×9.8=[N])

실제 설치될 기초판의 넓이는 계산값보다 크거나 같아야 한다.

(2) 독립기초 터파기량 V_o

$$V_o = \frac{H}{3}(A_1 + A_2 + \sqrt{A_1 A_2})[\mathrm{m}^3]$$

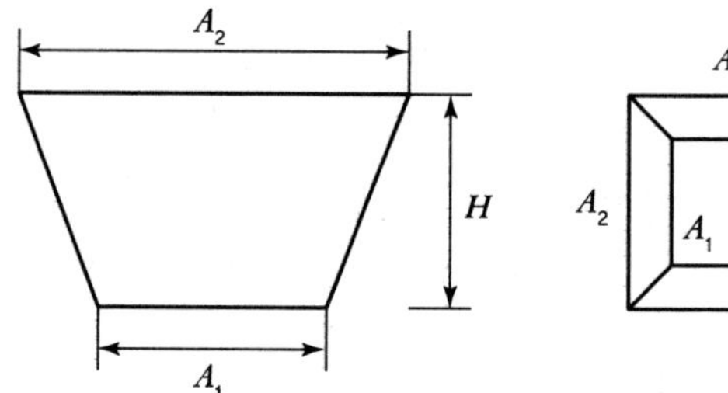

(3) 줄기초 터파기량 V_o

$$V_o = \left(\frac{a+b}{2}\right) \times h \times \text{줄기초 길이}[\mathrm{m}^3]$$

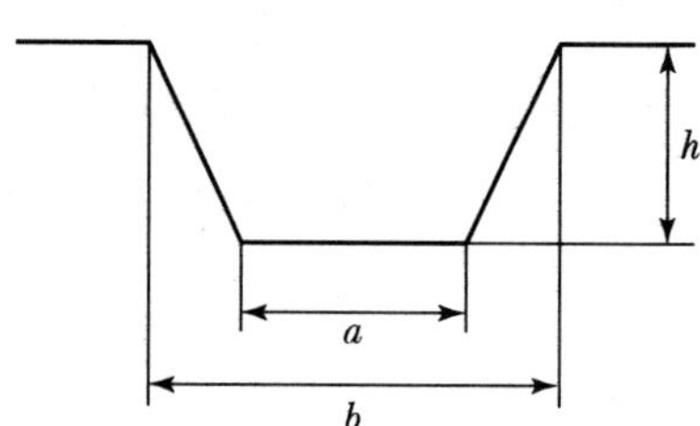

2 태양광발전 구조물 시공

1) 태양전지 어레이용 가대 및 지지대 설치

① 태양광 어레이용 지지대 및 가대 설치순서 결정
② 태양광 어레이용 가대, 모듈고정용 가대, 케이블 트레이용 채널 순으로 조립
③ 구조물은 현장조립을 원칙으로 함
④ 모듈의 지지물은 자중, 적재하중 및 구조하중은 물론 풍압, 적설 및 지진, 기타 진동과 충격에 견딜 수 있는 안전한 구조의 것으로 할 것
⑤ 볼트는 와셔 등을 사용하여 헐겁지 않도록 단단히 조립하고 지붕설치형의 경우에는 건물의 방수 등에 문제가 없도록 설치
⑥ 체결용 볼트, 너트, 와셔(볼트캡 포함)는 아연도금 처리 또는 동등 이상의 녹 방지. 기초콘크리트 앵커볼트의 돌출부분은 반드시 볼트캡 착용
⑦ 태양전지 모듈의 유지보수를 위한 공간과 작업안전을 위한 발판 및 안전난간 설치 (단, 안전성이 확보된 설비인 경우 예외)

2) 태양광 구조물의 설계기준에 따른 시공

(1) 구조시공의 기본

① **안정성** : 내진, 내풍, 상정하중, 천재지변에 안전
② **시공성** : 부재의 재질, 접합방법 동일, 규격화 등
③ **사용성 및 내구성** : 경년 변화, 지반상태, 환경 등 고려
④ **경제성** : 과다 설계 배제, 공사비 절감 등

(2) 구조물 시공 시 적용기준

① 건축법 및 동 시행령, 건축물의 구조기준 등에 관한 규칙
② 건축구조 설계기준
③ **강구조 설계기준** : 하중저항계수 설계법
④ 콘크리트구조 설계기준

(3) 기초의 요구조건

① 구조적 안전성을 확보할 것
② 허용침하량 이내일 것
③ 최소근입깊이를 가질 것
④ 시공가능성을 가질 것

(4) 구조물의 설치 순서

어레이 기초공사 → 어레이 가대공사 → 어레이 설치공사 → 배선공사 → 점검 및 검사

(5) 태양전지 어레이용 구조물의 구성

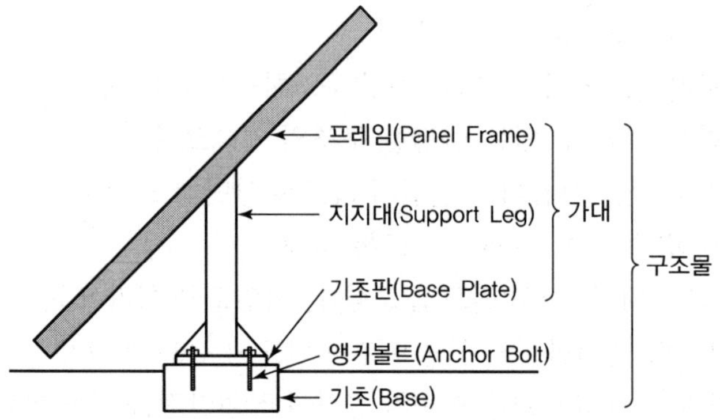

(6) 지지대의 구분

① 추적식

㉠ 추적 방향에 따른 분류

- 단축 추적식(Single Axis Tracking) : 방위각 변화, 경사각 변화
- 양축 추적식(Double Axis Tracking) : 방위각과 경사각 모두 변화

㉡ 추적방식에 따른 분류

- 감지식 추적법(Sensor Tracking) : 센서를 이용, 정확한 태양 궤도 추적이 어려움
- 프로그램 추적법(Program Tracking) : 프로그램에 따른 태양의 위치 추적
- 혼합식 추적법(Mixed Tracking) : 감지식+프로그램 추적법, 가장 이상적인 추적방식

② 반고정식 : 수동으로 사계절에 한 번씩 어레이의 경사각을 변화시킴

③ 고정식 : 어레이 지지형태가 가장 값싸고 안정된 구조

(7) 구조물의 설계하중

① 고정하중 : 자체하중+적재하중

② 적설하중

③ 풍하중

3) 구조물 조립공사

(1) 일반 볼트 접합

① 사용 장소

높이 9[m], 스팬 13[m] 이하의 구조물에만 적용

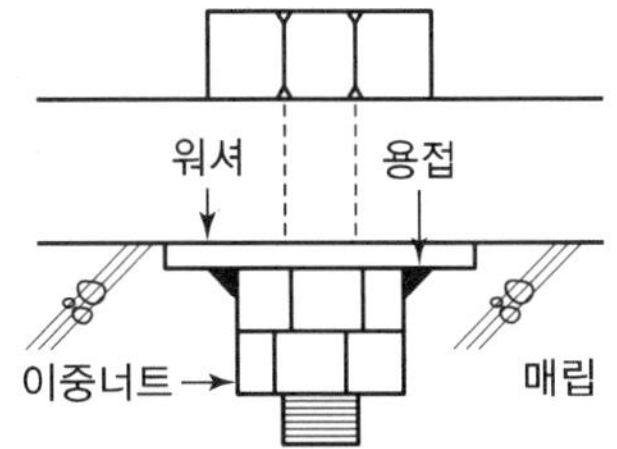

② 너트 풀림 방지법

㉠ 이중너트 사용

㉡ 스프링 워셔(Spring Washer) 사용

㉢ 너트를 용접

㉣ 콘크리트에 매립

(2) 고력볼트(High Tension Bolt) 접합

① 정의

고탄소강 또는 합금강을 열처리한 항복강도 7[tonf/cm^2] 이상, 인장강도 9[tonf/cm^2] 이상의 고장력 볼트를 조여서, 부재 간의 마찰력에 의하여 응력을 전달하는 접합방식으로 시공이 간편하고 접합부의 강도가 크므로 구조체의 접합에 가장 많이 사용되나, 가격이 고가이고 숙련공이 필요하다.

② 고력볼트 접합 시 주의사항

㉠ 고력볼트 접합면을 거칠게 해야 한다.

㉡ 접촉면의 밀착과 뒤틀림, 구부림이 없게 한다.

㉢ 표준 볼트 장력이 얻어지게 한다.

③ 고력볼트 접합 시 일반사항

㉠ 조임기구 : 임팩트렌치, 토크렌치

㉡ 조임부검사 : 볼트수의 10[%] 이상 또는 각 볼트군의 1개 이상

㉢ 마찰면의 처리 : 마찰계수는 0.45 이상의 붉은 녹상태로 거친 면이 되게 한다.

㉣ 조임방법

- 1차 조임은 표준장력의 80[%]로 한다.
- 조임은 중앙에서 단부로 조여 나간다.

(3) 강재의 종류

① 형강 : ㄷ형강, C형강, I형강, H형강, L형강, T형강, Z형강

② 기타 강재 : 강판, 평강, 봉강, 강관, 경량형강

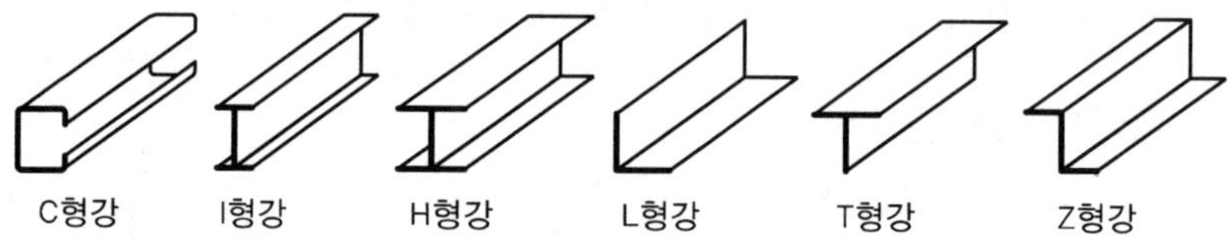

(4) 용융아연도금의 특징

① 내식성이 우수하다.(용융아연도금 600[g/m^2]의 수명은 해안지역 20~25년, 농촌지역 50년 이상)

② 다양한 제품 생산이 가능하다.

③ 밀착성이 우수하다.

④ 제품 형상에 제약이 없다.

⑤ 다양한 색상 표현이 가능하다.

⑥ 경제성이 높다.

(5) 가대의 운반

① 공장검사 완료 후 현장반입

② 가대 운반 시 조사 및 검토사항

㉠ 운반차의 용량

㉡ 길이 제한

㉢ 수송 중 장애물

㉣ 교량

㉤ 도로의 강약

(6) 철골 세우기

① 기초부

콘크리트 타설 → 기초중심 먹매김 → 앵커볼트 설치 → 기초상부 고름질

② 지상부

철골부 → 가조립 → 변형 바로잡기 → 정조립 → 접합(볼트조임) → 접합부 검사 → 완료

3 울타리 설치공사

1) 발전소 등의 울타리 · 담 등의 시설

(1) 고압 또는 특고압의 기계기구 · 모선 등을 옥외에 시설하는 경우

고압 또는 특고압의 기계기구 · 모선 등을 옥외에 시설하는 발전소 · 변전소 · 개폐소 또는 이에 준하는 곳에는 취급자 이외의 사람이 들어가지 아니하도록 시설하여야 한다. 다만, 토지의 상황에 의하여 사람이 들어갈 우려가 없는 곳은 그러하지 아니하다.

① 울타리 · 담 등을 시설할 것
② 출입구에는 출입금지의 표시를 할 것
③ 출입구에는 자물쇠장치, 기타 적당한 장치를 할 것

(2) 울타리 · 담 등의 시공기준

① 울타리 · 담 등의 높이는 2[m] 이상으로 하고 지표면과 울타리 · 담 등의 하단 사이의 간격은 0.15[m] 이하로 할 것
② 울타리 · 담 등과 고압 및 특고압의 충전 부분이 접근하는 경우에는 울타리 · 담 등의 높이와 울타리 · 담 등으로부터 충전부분까지 거리의 합계는 다음 표 값 이상으로 할 것

사용 전압의 구분	울타리 · 담 등의 높이와 울타리 · 담 등으로부터 충전부분까지의 거리의 합계
35[kV] 이하	5[m]
35[kV] 초과 160[kV] 이하	6[m]

(3) 고압 또는 특고압의 기계기구 · 모선 등을 옥내에 시설하는 경우

고압 또는 특고압의 기계기구 · 모선 등을 옥내에 시설하는 발전소 · 변전소 · 개폐소 또는 이에 준하는 곳에는 취급자 이외의 자가 들어가지 아니하도록 시설하여야 한다. 다만, 울타리 · 담 등의 내부는 그러하지 아니하다.

① 울타리 · 담 등을 (2)의 규정에 준하여 시설하고 또한 그 출입구에 출입금지의 표시와 자물쇠장치, 기타 적당한 장치를 할 것
② 견고한 벽을 시설하고 그 출입구에 출입금지의 표시와 자물쇠장치, 기타 적당한 장치를 할 것

(4) 고압 또는 특고압 가공전선(전선에 케이블을 사용하는 경우는 제외함)과 금속제의 울타리 · 담 등이 교차하는 경우에 금속제의 울타리 · 담 등에는 교차점과 좌, 우로 45[m] 이내의 개소에 320(고압 · 특고압 접지설비)에 의한 접지공사를 하여야 한다. 또한 울타리 · 담 등에 문 등이 있는 경우에는 접지공사를 하거나 울타리 · 담 등과 전기적으로 접속하여야 한다. 다만, 토지의 상황에 의하여 320에 의한 접지저항 값을 얻기 어려울 경우에는 100[Ω] 이하로 하고 또한 고압 가공전선로는 고압보안공사, 특고압 가공전선로는 제2종 특고압 보안공사에 의하여 시설할 수 있다.

4 구조계산서

1) 설계하중

(1) **고정하중(자중)** : 어레이+프레임+서포트 하중

(2) **적설하중**

$$S_s = C_s \cdot S_f = C_s \cdot (C_b \cdot C_e \cdot C_t \cdot I_s \cdot S_g)[\text{kN/m}^2]$$

여기서, C_s : 지붕경사도계수 C_b : 기본적설하중계수
C_e : 노출계수 C_t : 온도계수
I_s : 중요도계수 S_g : 지상 적설하중

(3) **풍하중**

설계풍압 $P_c = q \times G_f \times C_f$

설계속도압 $q = \rho \times \dfrac{1}{2} V^2$

설계풍속 $V = V_o \times K_{zr} \times K_{zt} \times I_w$

여기서, G_f : 가스트 영향계수 C_f : 풍력계수
K_{zr} : 고도분포계수 K_{zt} : 풍속할증계수
I_w : 중요도계수 ρ : 밀도
V_o : 기본풍속

003 출제예상문제

01 기초 구조물의 명칭 5개를 쓰시오.

해답

프레임, 지지대, 기초판(베이스 플레이트), 앵커볼트, 기초

해설

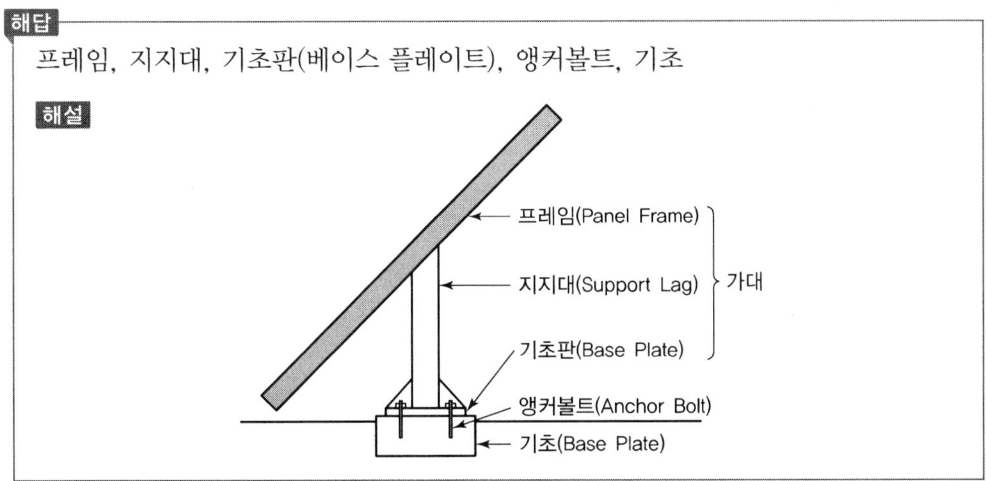

02 구조물 설계에서 기초의 요구조건 4가지를 쓰시오.

해답

1) 구조적 안정성 확보
2) 허용침하량 이내
3) 최소 근입깊이 보유
4) 시공 가능성

해설 1) 구조적 안정성 확보 : 설계하중에 대한 안정성 확보
2) 허용침하량 이내 : 구조물의 허용침하량 이내의 침하
3) 최소 근입깊이 보유 : 환경변화, 국부적 지반쇄굴 등에 저항
4) 시공 가능성 : 현장여건 고려

03 구조설계에서 기초형식 결정을 위한 고려사항 4가지를 쓰시오.

해답

1) 지반조건
2) 상부 구조물의 특성
3) 상부 구조물의 하중
4) 기초형식에 따른 경제성 비교

해설 1) 지반조건 : 지반 종류, 지하수위, 지반의 균일성, 암반의 깊이
2) 상부 구조물의 특성 : 허용침하량, 구조물의 중요도, 특이요구조건
3) 상부 구조물의 하중 : 기초의 설계하중
4) 기초형식에 따른 경제성 비교검토

04 그림에서 얕은 기초와 깊은 기초의 구분 기준을 쓰시오.

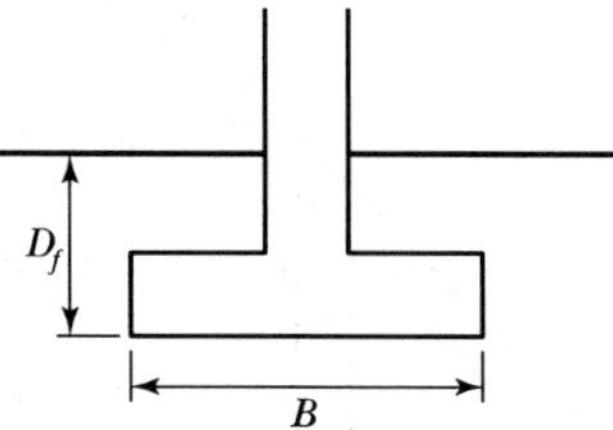

해답

1) 얕은 기초 : $\dfrac{D_f}{B} \leq 1$　　2) 깊은 기초 : $\dfrac{D_f}{B} > 1$

05 다음은 지상 설치 시 기초형식에 대한 그림이다. 어떤 기초형식인지 명칭을 쓰고 설명하시오.

1)

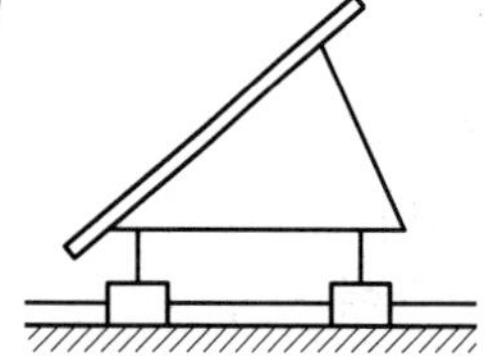
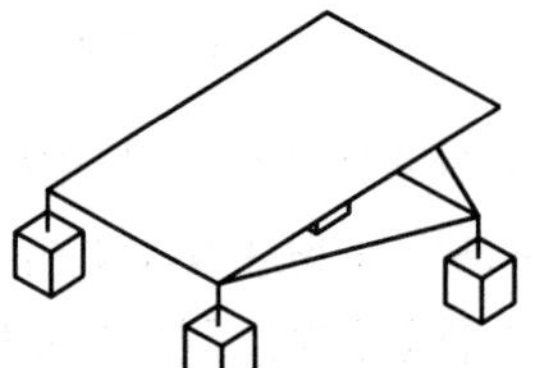

2)

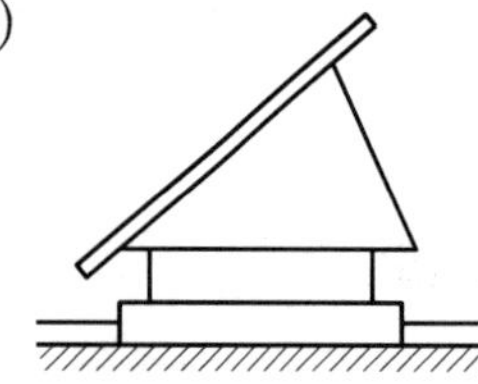
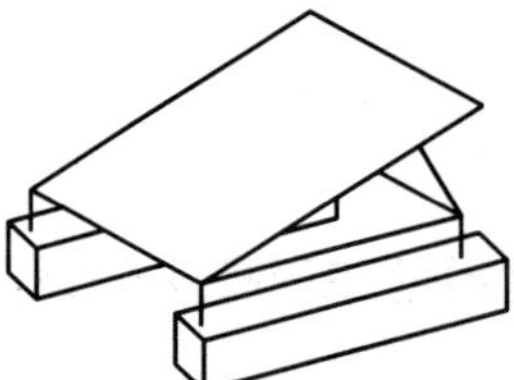

해답

1) 독립푸팅기초 : 도로 표시 등의 기초에 쓰이는 블록기초를 말한다.
2) 복합부팅기초 : 2개 이상의 기둥으로부터의 응력을 단일 기초로 지지한 것이다.

06 그림은 태양광발전설비에 사용되는 지상설치의 기초형식이다. 어떤 기초형식인가?

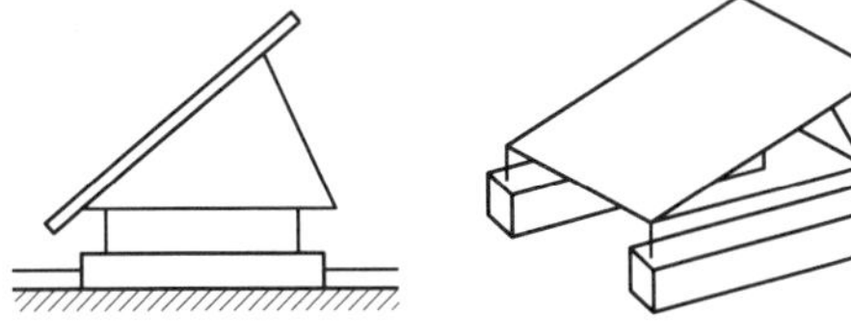

해답

복합 기초

해설 복합 기초는 2개 이상의 기둥으로부터의 응력을 단일 기초로 지지한 것이다.

07 기초의 종류 5가지를 쓰시오.

해답

직접기초, 말뚝기초, 주춧돌기초, 케이슨 기초, 연속기초

해설 기초의 종류

1) 직접기초 : 지지층이 얕을 경우 자주 쓰인다.
2) 말뚝기초 : 지지층이 깊을 경우 자주 쓰인다.
3) 주춧돌기초 : 철탑 등의 기초에 자주 쓰인다.
4) 케이슨 기초 : 하천 내의 교량 등에 자주 쓰인다.
5) 연속기초 : 지지층이 매우 깊은 경우에 자주 쓰인다.

08 얕은 기초 설계기준 일반설계법(KDS 11 50 05 : 2016)의 용어정의에 의한 다음 기초에 대해 쓰시오.

1) 전면기초
2) 줄기초
3) 확대기초

해답

1) 전면기초 : 상부구조물의 여러 개의 기둥을 하나의 넓은 기초 슬라브로 지지시킨 기초형식
2) 줄기초 : 벽체를 자중으로 연장한 기초로서 길이 방향으로 긴 기초
3) 확대기초 : 기초 지면의 단면을 확대한 기초형식

09 **구조계산의 방법 중에서 설계하중(사용하중)에 의한 실제 응력이 허용응력을 초과하지 않도록 설계하는 것을 무엇이라 하는가?**

해답

허용응력설계법

10 **태양광 구조물의 구조계산서 검토 시 다음 물음에 답하시오.**

1) 주요 검토 부분

2) 주요 검토 부분에 대한 검토 항목

해답

1) 주요 검토 부분

프레임 및 가새, 지지대, 지지대와 베이스플레이트 용접부분, 앵커볼트

2) 주요 검토 부분에 대한 검토 항목

① 프레임 및 가새 : 세장비, 압축응력, 굽힘응력, 인장응력, 전단응력, 복합응력

② 지지대 : 세장비, 압축응력, 굽힘응력, 전단응력, 복합응력

③ 지지대와 베이스플레이트 용접부분 : 압축응력, 인장응력

④ 앵커볼트 : 전단응력, 인장응력

11 **어레이 구조물의 지지대(기둥)로 사용 가능한 형강 3가지를 쓰시오.**

해답

1) H형강

2) I형강

3) L형강

해설 어레이 구조물의 지지대 강재의 종류

① 형강 : ㄷ형강, C형강, I형강, H형강, L형강, T형강, Z형강

② 기타 강재 : 강판, 평강, 봉강, 강관, 경량형강

12 축방향력 $N=20$[t]이고 기초 자중이 2[t]일 때 허용지내력 $f_e=10$[t/m²]이면 가장 경제적인 정방형 독립기초의 크기를 구하시오.

해답

기초판 넓이

총 허용하중 $Q_a = A \times q_a$

여기서, A : 면적

q_a : 허용지내력

$$A = \frac{Q_a}{q_a} = \frac{20+2(\text{기초자중})}{10} = 2.2$$

$A = \sqrt{2.2} = 1.483$

$A = 1.5 \times 1.5[\mathrm{m}]$

해설 실제 설치될 기초판의 넓이는 계산값보다 크거나 같아야 한다. 이를 위해서 소수점 첫 번째 자리까지 표현하면 1.5[m]로 나타낼 수 있다.

13 기초형식 결정을 위한 고려사항 2가지를 쓰시오.

해답

1) 지반조건
2) 상부구조물의 특성 및 하중

해설 3) 기초형식에 따른 경제성

14 허용지내력 15[tf/m²], 기초의 면적을 1.5[m]×1.5[m]로 설계했는데 기초의 현장지내력 시험결과 10[tf/m²]이었다. 기초의 면적을 얼마로 하는가?(단, 구조물에 작용하는 수직하중은 33[tf])

해답

$$\text{기초면적 } A = \frac{\text{총 허용하중 } Q_a}{\text{허용지지력 } q} = \frac{33}{10} = 3.3$$

$\sqrt{3.3} = 1.81629$

$A = 1.82 \times 1.82[\mathrm{m}]$

해설 $Q_a = q \times A$

허용지지력 $q \rightarrow$ 현장지내력

15 축 방향력 $N=20$[t]이고, 기초 자중이 2.5[t]일 때, 허용지내력 $f_e=15$[t/m²]이면, 가장 경제적인 정방향 독립기초의 가로×세로를 구하시오.

해답

정방향 독립기초의 가로×세로

총허용하중 $Q_a = A + q_a$

$$A = \sqrt{\frac{Q_a}{q_a}} = \sqrt{\frac{20+2.5}{15}} = 1.2247 \fallingdotseq 1.23$$

$A = 1.23 \times 1.23[\text{m}]$

∴ 기초크기는 계산값보다 커야 견딜 수 있으므로 절상한다.

16 독립기초의 총 허용하중이 2.3[kN]일 때 정사각형 독립기초의 면적[m²]은?(단, 허용지내력(지지력)은 117.3[kgf/m²]이다.)

해답

$$\text{면적 } A = \frac{Q_a}{q_a} = \frac{2.3[\text{kN}]}{117.3[\text{kgf/m}^2]} = \frac{2.3[\text{kN}]}{117.3 \times 9.8 \times 10^{-3}[\text{kN}]} = 2[\text{m}^2]$$

해설 $\text{kgf} \times 9.8 = [\text{N}]$

$\text{kgf} \times 9.8 \times 10^{-3} = [\text{kN}]$

$$A = \frac{\dfrac{2.3 \times 10^3}{9.8}}{117.3} = 2[\text{m}^2]$$

17 태양광발전용 구조물 기초를 설치하기 위하여 다음 그림과 같이 굴착을 해야 한다. 이때 터파기량은 몇[m³]인가?(단, 소수 셋째 자리에서 반올림할 것)

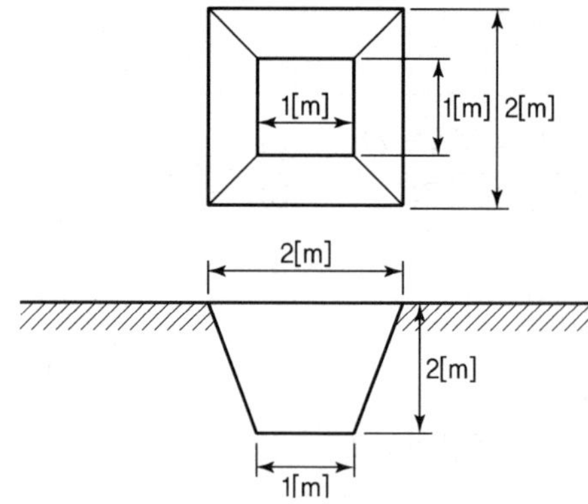

해답

터파기량 $V_0 = \frac{H}{3}(A_1 + \sqrt{A_1 A_2} + A_2)$

터파기량 $V_0 = \frac{H}{3}(A_1 + A_2 + \sqrt{A_1 A_2})$

$A_1 = 1 \times 1 = 1[\text{m}^2]$

$A_2 = 2 \times 2 = 4[\text{m}^2]$

$V_0 = \frac{2}{3}(1+4+\sqrt{1 \times 4}) = 4.6666 \fallingdotseq 4.67[\text{m}^3]$

18 어레이 설치지역의 설계속도압이 1,000[N/m²], 유효수압면적이 7[m²]인 어레이의 풍하중[kN]은 얼마인가?(단, 가스트 영향계수는 1.8, 풍압계수는 1.3이다.)

해답

어레이 설계 풍압하중 P_c

$P_c = q_z \cdot G_f \cdot C_f \cdot A = 1,000 \times 1.3 \times 1.8 \times 7 \times 10^{-3} = 16.38[\text{kN}]$

여기서, q_z : 설계속도압 $= \frac{1}{2}\rho V_2^2$

G_f : 가스트 영향계수

C_f : 풍력계수

A : 면적

19 어레이 설치지역 설계 속도압이 50[N/m²], 유효수압 면적이 0.6[m²]인 어레이의 풍하중[N]은?(단, 풍압계수는 1.3)

해답

어레이의 풍하중

$P_c = q_z \times G_f \times C_f \times A = 50 \times 1.3 \times 0.6 = 39[\text{N}]$

20 태양전지 모듈의 지지물은 무엇에 대하여 안전한 구조의 것이어야 하는지 5가지를 쓰시오.(단, 전기설비기술기준에 의거)

해답

1) 자중
2) 적재하중
3) 풍압
4) 적설
5) 지진

해설 모듈 지지물은 자중, 적재하중, 풍압, 적설, 지진, 기타 진동에 대하여 안전한 구조이어야 한다.

21 태양광발전설비의 구조물 구조계산에 적용되는 설계하중 4가지를 쓰시오.

해답

1) 고정하중
2) 풍하중
3) 적설하중
4) 지진하중

22 지붕 경사도 계수를 구분하는 주요 요소는 무엇인가?

해답

온도(열전달)

해설 지붕 경사도 계수는 따뜻한 지붕의 경사도 계수와 차가운 지붕의 온도계수로 나뉜다.

23 경사지붕 적설하중에 영향을 미치는 지붕 경사도 계수의 종류 2가지를 쓰시오.

해답

1) 따뜻한 지붕 경사도 계수
2) 차가운 지붕 경사도 계수

24 태양광발전시스템 구조물의 구조계산서 설계하중의 종류 3가지를 쓰시오.

해답

1) 고정하중
2) 풍하중
3) 설하중

25 태양광발전설비 구조물 구조계산에 적용되는 설계하중 4가지를 쓰시오.

해답

1) 고정하중
2) 풍화중
3) 적설하중
4) 지진하중

26 태양광 어레이용 가대를 옥상에 설치할 경우 고려해야 할 설계 사항 2가지는?

해답

1) 자중(자체하중)
2) 풍압의 최대하중

27 아래 설명에 적합한 하중 이름을 쓰시오.

1) 고정하중 및 활하중과 같이 기준에서 규정하는 각종 하중으로서 하중계수를 곱하지 않은 하중
2) 부재 설계 시 적용하는 하중
3) 강도 설계법 또는 한계상태 설계법으로 설계할 때 사용하중에 하중계수를 곱한 하중
4) 건축물의 구조기준 등에 관한 규칙에 규정한 하중의 크기

해답

1) 사용하중
2) 설계하중
3) 계수하중
4) 공칭하중

28 구조물 계산에서 경사지붕 적설하중 계산식을 쓰고 계수의 의미를 쓰시오.

해답

적설하중 $S_s = C_s \cdot S_f = C_s \cdot (C_b \cdot C_e \cdot C_t \cdot I_s \cdot S_g)[\text{kN/m}^2]$

여기서, C_s : 지붕경사도계수　　C_b : 기본적설하중계수
C_e : 노출계수　　C_t : 온도계수
I_s : 중요도계수　　S_g : 지상적설하중

29 구조물 계산에서 독립 풍하중 계산식을 쓰고 계수의 의미를 쓰시오.

해답

설계풍압 $P_c = q \times G_f \times C_f \times A$

여기서, q : 설계속도압　　G_f : 가스트영향계수
C_f : 풍력계수　　A : 면적

해설
- 설계속도압 $q = \frac{1}{2}\rho V^2$

  여기서, ρ : 밀도

- 설계풍속 $V = V_o \times K_{zr} \times K_{zt} \times I_w$

  여기서, V_o : 기본풍속　　K_{zr} : 고도분포계수
  K_{zt} : 풍속할증계수　　I_w : 중요도계수
  G_f : 가스트영향계수　　C_f : 풍력계수

30 흙의 성질을 나타낸 것으로 간극비, 함수비, 포화도가 있다. 이들 공식을 쓰시오.

해답

1) 간극비 $= \dfrac{\text{간극의 용적}}{\text{토립자의 용적}}$

2) 함수비 $= \dfrac{\text{물의 중량}}{\text{토립자의 중량}}$

3) 포화도 $= \dfrac{\text{물의 용적}}{\text{간극의 용적}}$

31 흙이 외력에 의하여 간극 내의 물이 빠져 흙 입자 간의 사이가 좁아지며 침하되는 것을 무엇이라 하는가?

해답

압밀침하

32 흙의 구성요소 3가지를 쓰시오.

해답

1) 흙입자
2) 물
3) 공기

33 흙의 가장 중요한 역학적 성질인 전단강도는 기초의 (①)을 알 수 있다. 기초의 하중이 그 흙의 전단강도 이상이면 흙은 (②)되고 기초는 (③)된다. 이하이면 흙은 (④)되고 기초는 (⑤)된다. 각각의 (   ) 안에 알맞은 말을 써넣으시오.

해답

① 극한지지력
② 붕괴
③ 침하
④ 안정
⑤ 지지

34 거푸집의 역할 3가지를 쓰시오.

해답

1) 콘크리트의 일정한 형상 및 치수 유지
2) 경화에 필요한 수분노출 방지
3) 외기의 영향 방지

35 태양광발전시스템 가대 설치 절차를 5단계로 나열하시오.

해답

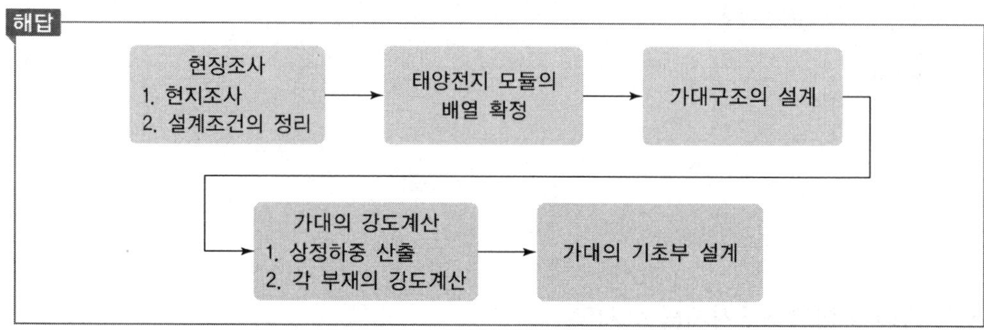

36 태양광발전용 가대(철 구조물)의 방식방법으로 사용되는 용융아연도금의 장점 5가지를 쓰시오.

해답

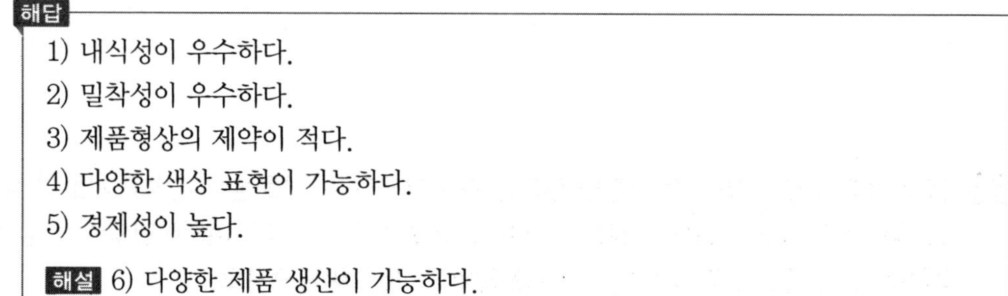

1) 내식성이 우수하다.
2) 밀착성이 우수하다.
3) 제품형상의 제약이 적다.
4) 다양한 색상 표현이 가능하다.
5) 경제성이 높다.

해설 6) 다양한 제품 생산이 가능하다.
7) 물성 변화가 적다.

37 태양광발전용 가대(철 구조물)의 방식방법으로 사용되는 용융아연 도금의 수명을 도서나 해안지역에서 20~25년으로 하기 위해서는 아연 도금량을 몇 [g/m²] 이상으로 하여야 하는가?

해답

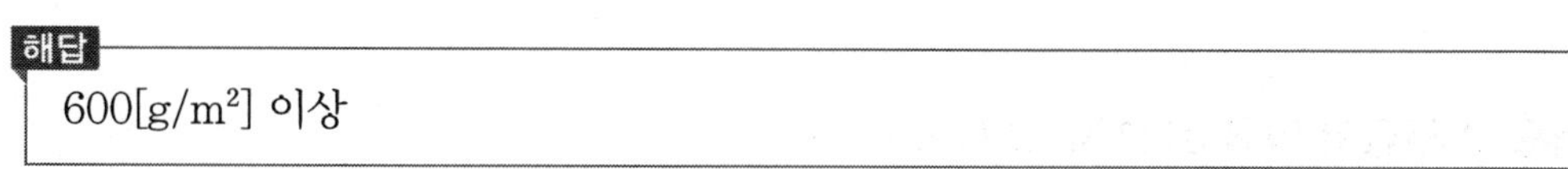

600[g/m²] 이상

38 태양광발전용 가대(철 구조물)의 운반 시 조사 및 검토사항 5가지를 쓰시오.

해답

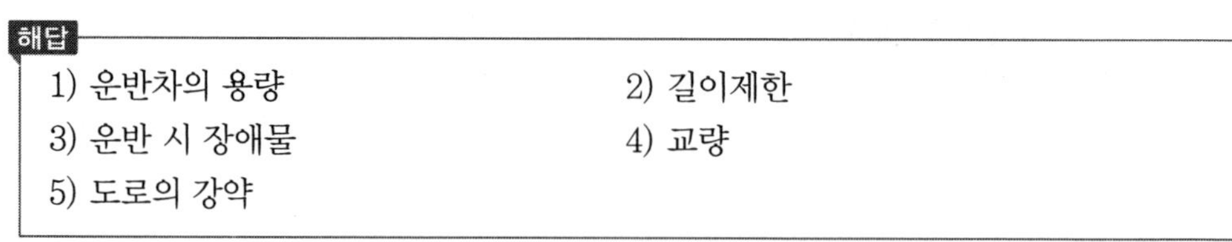

1) 운반차의 용량
2) 길이제한
3) 운반 시 장애물
4) 교량
5) 도로의 강약

39 볼트 접합으로 사용 가능한 철 구조물의 높이와 스팬을 쓰시오.

1) 높이 (　　)[m] 이하
2) 스팬 (　　)[m] 이하

해답

1) 9
2) 13

40 너트의 풀림방지방법 4가지를 쓰시오.

해답

1) 이중너트 사용
2) 스프링워셔 사용
3) 너트를 용접
4) 콘크리트에 매입

41 태양전지 모듈을 취부하기 위한 지지물을 쓰시오.

해답

태양전지 가대

42 입팩트 렌치, 토크 렌치로 조임 작업 시 "조임부 검사 및 마찰면 처리, 조임방법"은 다음과 같다. (　　) 안에 알맞은 것을 쓰시오.

1) 조임부 검사 : 볼트 수의 (　　)[%] 이상 또는 각 볼트군의 1개 이상
2) 마찰면 처리 : 마찰계수는 (　　) 이상의 붉은 녹상태로 거친 면이 되게 한다.
3) 1차 조임은 표준장력의 (　　)[%]로 한다.

해답

1) 10
2) 0.45
3) 80

43 고력볼트(High Tension Bolt) 접합 시 주의사항 3가지를 쓰시오.

해답

1) 고력볼트 접합면을 거칠게 한다.
2) 접촉면의 밀착과 뒤틀림, 구부림이 없게 한다.
3) 표준 볼트 장력이 얻어지게 한다.

44 태양광 어레이에 사용되는 구조물 중 파워볼트시스템의 장점 5가지를 쓰시오.

해답

1) 구조의 안전도 용이
2) 돔, 정방향 구조에 유리
3) 필요한 응력에 의한 자재 사용으로 경제적으로 설계
4) 조립 및 해체가 간단하여 타 장소 이설 설치가 가능
5) 압축 좌골 뒤틀림에 강한 구조용 강관 사용으로 물량 경감

해설 파워볼트 시스템 특징

1) 주요 특성 : 장스팬 구조물에 용이, 트러스 형태로 안정된 구조, 격자 구조체이므로 횡력이 적어 안정된 구조체임. 현장볼트 설치로 공사기간 단축
2) 유지관리 : 전량 현장 제작하여 현장 조립 공정으로 유지보수 용이
3) 특징 : 설치방법이 간단하며 장스팬 구조물에 용이
4) 장점 : 구조의 안전도 용이, 돔 · 정방향구조에 유리, 필요한 응력에 의한 자재 사용으로 경제적으로 설계, 조립 및 해체가 간단하여 타 장소 이설 설치가 가능, 압축 좌골 뒤틀림에 강한 구조용 강판 사용으로 물량 경감, 구조물 디자인적 측면 쉬움
5) 단점 : 구조물 높이가 타 구조물에 비해 높음

NEW AND RENEWABLE ENERGY EQUIPMENT(PHOTOVOLTAIC) INDUSTRIAL ENGINEER

PART 11

기후변화 정책분석

001 기후변화 정책분석

1 기후변화의 원인

지구의 평균기온을 변화시키는 원인에는 자연적 원인과 인위적 원인이 있다. 자연적 원인에는 화산폭발, 대기조성의 변화, 태양활동, 지구와 태양 사이의 거리 변화, 지구자전축 기울기의 변화 등이 있고 인위적 원인에는 강화된 온실효과, 에어로졸의 증가, 토지피복의 변화, 삼림파괴 등이 있다.

2 기후변화현상과 영향

1) 기후와 기후변화현상

기후는 매일 나타나는 기상현상인 날씨와는 달리 오랜 시간 동안 일정한 지역에 지속적으로 반복하여 나타나는 기상현상이다.

2) 기후변화의 영향

기상이변은 기후변화로 인해 발생하는 일종의 극단적인 사건으로 생태계뿐만 아니라 인간생활에 큰 영향을 미친다. 유럽 알프스, 히말라야, 북극해, 남극 대륙의 주요 빙하가 녹기 시작하면서 주변 생태계를 위협하고 있으며 시베리아를 비롯한 영구 동토층이 녹아 산사태가 발생하는 등 피해가 나타나고 있다. 또한 대형 태풍이 발생하거나 극심한 가뭄과 폭우, 홍수 등 기후변화에 의한 자연적 재해가 나타나고 있다.

3 온실가스의 개념과 종류

1) 온실가스

온실가스란 대기 중에 존재하면서 지구복사에너지를 흡수하여 온실효과를 일으키는 물질을 말한다.

2) 온실효과

온실효과는 기후변화의 원인 중 가장 큰 영향을 미치고 있다. 태양에서 방출된 에너지는 지구의 대기층을 통과하면서 일부가 대기에 흡수되거나 지구 밖으로 반사된다. 나머지 에너지는 지표에 도달하여 흡수된 후 열에너지나 파장이 긴 적외선으로 바뀌어 지구 밖으로 다시 방출되는데, 이때 이산화탄소와 같은 온실가스는 지구에서 방출되는 파장이 긴 지구복사에너지를 흡수한 뒤 재방출한다. 이와 같은 작용이 반복되면서 지구는 대기가 없을 때보다 높은 온도를 유지하게 되는데, 이를 온실효과라고 한다.

3) 6종 온실가스의 종류

종류	화학기호
이산화탄소	CO_2
메탄	CH_4
아산화질소	N_2O
수소불화탄소	HFCs
과불화탄소	PFCs
육불화황	SF_6

NEW AND RENEWABLE ENERGY EQUIPMENT(PHOTOVOLTAIC) INDUSTRIAL ENGINEER

PART 12

태양광발전시스템 안전관리

001 안전교육

1 안전교육

산업안전보건법에 따라 안전교육 계획을 수립하고 현장 여건에 따라 안전교육을 실시한다.

1) 안전보건교육

(1) 정기교육

① **근로자** : 매월 2시간 이상

② **관리감독자** : 반기 8시간 이상 또는 연간 16시간 이상

(2) 수시교육

① **신규 채용** : 1시간 이상

② **작업내용 변경** : 1시간 이상

(3) **특별교육** : 2시간 이상

(4) **벌칙 사항** : 500만 원 이하의 과태료

2) 특별교육 대상작업

① 밀폐된 장소나 습한 장소에서 행하는 용접작업

② 1톤 이상의 크레인을 사용하는 작업

③ 전압 75[V] 이상 정전 및 활선 작업

④ 비계의 조립, 해체 작업

⑤ 골조, 교량 상부, 탑의 5[m] 이상 금속 부재의 조립 해체

⑥ 목재 가공 기계(휴대용 제외)를 5대 이상 보유한 작업장에서 당해 기계에 의한 작업

⑦ 리프트, 곤돌라를 이용하는 작업

⑧ 깊이 2[m] 이상의 지반굴착공사

⑨ 굴착면의 높이가 2[m] 이상 되는 암석 굴착 작업

⑩ 산소, LPG 등을 이용한 금속의 용접, 용단, 가열 작업

⑪ 타워크레인의 설치(상승 작업 포함) · 해체 작업 등

2 시공 안전관리

1) 전기작업의 안전

(1) 전기작업의 준비

① 작업책임자의 준비

㉠ 작업 전 현장시설상태를 확인하고 작업내용과 안전조치를 주지시킨다.

㉡ 정전작업 시 : 정전범위, 정전 및 송전시간, 개폐기의 차단장소, 작업순서, 작업자의 작업배치, 작업종료 후 처치 등에 대해 설명

㉢ 고압활선작업과 활선근접작업 시 : 신체보호, 시설방호 사람의 배치, 작업순서 등을 관계자에게 설명

② 작업자의 준비

작업책임자의 명령에 따라 올바른 작업순서로 안전하게 작업해야 한다.

2) 전기 안전수칙

① 작업자는 시계, 반지 등 금속체 물건을 착용해서는 안 된다.

② 정전작업 시 안전표찰을 부착하고, 출입을 제한시킬 필요가 있을 때에는 구획로프를 설치한다.

③ 고압 이상 개폐기 및 차단기의 조작은 책임자의 승인을 받고 조작순서에 의해 조작한다.

㉠ 고압 이상 개폐기의 차단 순서

배선용 차단기(MCCB) → 차단기(CB) → COS → TR → 개폐기(IS)

㉡ 고압 이상 개폐기의 투입 순서

COS → TR → 개폐기(IS) → 차단기(CB) → 배선용 차단기(MCCB)

④ 고압 이상 개폐기의 조작은 꼭 무부하상태에서 실시, 개폐기 조작 후 잔류전하 방전상태를 검전기로 확인한다.

⑤ 고압 이상 전기설비는 안전장구를 착용 후 조작한다.

⑥ 비상발전기 가동 전 비상전원 공급구간을 재확인한다.

⑦ 작업완료 후 전기설비의 이상 유무를 확인 한 다음 통전한다.

3) 국제사회안전협회(ISSA) 5대 안전수칙

① 작업 전 전원차단

② 전원투입 방지

③ 작업장소의 무전압 여부 확인

④ 접지 및 단락접지
⑤ 작업장소 보호

4) 태양광발전시스템의 안전관리대책

작업종류	사고예방	조치사항
모듈 설치	추락사고 예방	• 높은 곳 작업 시 안전난간대 설치 • 안전모, 안전화, 안전벨트 착용
구조물 설치		• 안전난간대 설치 • 안전모, 안전화, 안전벨트 착용
전선작업 및 설치		• 정품의 알루미늄 사다리 설치 • 안전모, 안전화, 안전벨트 착용
접속함과 인버터 연결	감전사고 예방	• 태양전지 모듈 등 전원개방 • 절연장갑 착용
임시배선작업		• 누전 발생 우려 장소에 누전차단기 설치 • 전선 피복상태 관리

3 작업착수 전 작업절차교육

1) 전기안전점검 및 안전교육

전기사업법 제44조 및 동법 시행규칙 제56조에 따라 정해진 안전관리 규정에 의해 전기안전점검 및 안전교육을 시행해야 한다.

(1) 점검 및 검사

① 순시(월차) 점검 : 설비용량에 따라 월 1회에서 4회 이상 실시
② 연차점검 : 구내 전체를 정전시킨 후 연 1회 점검 실시
③ 정기검사 : 검사를 받고자 하는 날의 7일 전에 전기안전공사에 검사를 의뢰
④ 정밀검검 : 순시 및 정기점검 중 이상상황 발견 시 실시

(2) 안전교육

① **월간 안전교육** : 전기안전관리 규정에 따라 월 1시간 이상 수행
② **분기 안전교육** : 전기안전관리규정에 따라 분기당 월 1.5시간 이상 수행

2) 전기안전 작업수칙

① 작업자는 시계, 반지 등 금속체 물건을 착용해서는 안 된다.
② 정전작업 시 작업 중의 안전표찰을 부착하고 출입을 제한할 필요가 있을 때는 구획로프를 설치한다.
③ 고압 이상 개폐기 및 차단기의 조작은 책임자의 승인을 받고 담당자가 조작순서에 의해 조작한다.
　㉠ 고압 이상 개폐기의 차단 순서
　　배선용 차단기(MCCB) → 차단기(CB) → COS → TR → 개폐기(IS)
　㉡ 고압 이상 개폐기의 투입 순서
　　COS → TR → 개폐기(IS) → 차단기(CB) → 배선용 차단기(MCCB)

④ 고압 이상 개폐기 조작은 꼭 무부하상태에서 실시하고 개폐기 조작 후 잔류전하 방전상태를 검전기로 꼭 확인한다.
⑤ 고압 이상의 전기설비는 꼭 안전장구를 착용한 후 조작한다.
⑥ 비상용 발전기 가동 전 비상전원 공급구간을 반드시 재확인한다.
　• 역송전으로 인한 감전사고에 요주의한다.
⑦ 작업완료 후 전기설비의 이상 유무를 확인한 후 통전한다.
　• 위험설비에서 벗어났는지 꼭 확인한 후 통전한다.

3) 전기안전규칙 준수사항

① 모든 전기설비 및 전기선로에는 항상 전기가 흐르고 있다는 생각으로 작업에 임해야 한다.
② 작업 전에 현장의 작업조건과 위험요소의 존재 여부를 미리 확인한다.
③ 배선용 차단기, 누전차단기 등과 같은 안전장치가 결코 자신의 안전을 보호할 수 있다고 생각해서는 안 된다.
④ 어떠한 경우에도 접지선을 절대 제거해서는 안 된다. 접지선은 기기의 누전 시 사람의 안전을 보호할 수 있는 최후의 수단임을 알아야 한다.
⑤ 기기와 전선의 연결, 공구 등의 정리정돈을 철저히 해야 한다.
⑥ 작업자의 바닥이 젖은 상태에서는 절대로 작업해서는 안 된다.
⑦ 전기작업을 할 때는 절대로 혼자 작업해서는 안 된다.
⑧ 전기작업은 양손을 사용하지 말고 가능하면 한 손으로 작업한다.
⑨ 작업 중에는 절대 잡담(특히 활선인 경우)을 하지 않도록 한다.
⑩ 전기 작업자는 어떤 상황이라도 급하게 행동해서는 안 된다.

4 작업 중 안전대책

1) 복장 및 추락 방지대책

(1) 작업자 복장

작업자는 자신의 안전 확보와 2차 재해 방지를 위해 작업에 적합한 복장을 갖추고 작업에 임해야 한다.

(2) 개인용 안전장구(추락방지용 안전장구)

① 안전모 착용
② 안전대 착용 : 추락방지를 위해 필히 사용
③ 안전화 착용 : 미끄럼 방지 효과가 있는 신발 착용
④ 안전허리띠 착용 : 공구, 공사 부재의 낙하 방지를 위해 사용

2) 작업 중 감전 방지대책

(1) 감전사고 원인

태양전지 모듈 1장의 출력전압은 모듈 종류에 따라 직류 25~35[V] 정도이지만, 모듈을 필요한 개수만큼 직렬로 접속하면 말단전압은 250~450[V] 또는 450~820[V]까지의 고전압이 되므로 감전사고의 원인이 된다.

(2) 모듈 설치 시 감전 방지대책

① 저압절연장갑을 착용한다.
② 절연처리된 공구를 사용한다.
③ 작업 전 태양전지 모듈 표면에 차광막을 씌워 태양광을 차폐한다.
④ 강우 시에는 미끄러짐으로 인한 추락사고로 이어질 우려가 있으므로 작업을 금지한다.

5 구조 안전관리 및 천재지변에 따른 구조상 안전관리

1) 침수 대비

① 지표면으로부터 충분한 공간을 확보한 뒤 전력설비를 설치하고, 침수 피해를 막기 위해 사전에 배수시설을 확보한다.
② 별도의 전기실을 사용하지 않는 외장형 인버터의 경우에는 사전에 외함보호등급(IP 54 이상)을 반드시 확인한다.

2) 풍속 대비

① 국내 시설물의 내풍 설계기준 : 25~45[m/s]
② 최근 태풍의 강도가 커지고 있으므로 평균 풍속 50~60[m/s]까지 견딜 수 있도록 구조물 작업을 견고히 한다.

3) 방수 관리 및 염해 대비

① 환기를 위해 인버터에 덕트를 설치할 경우 덕트 내부로 들어온 습한 공기가 인버터 내부로 들어오지 않도록 덕트 내에 습기방지 필터를 설치한다.
② 매우 습한 지역에서 전기실 공사 시 방수포를 사용하여 발전소 내 습기를 최소화하고 산업용 제습제나 제습기를 상시 비치한다.
③ 바닷가 지역에서는 염해 방지를 위해 충분히 금속 코팅된 구조물을 사용하고 사전에 인버터공급사와 논의하여 높은 외함 등급의 인버터를 설치한다.

4) 낙뢰 대비

여름철 천둥과 낙뢰를 동반한 폭우에 대비하여 피뢰 접지와 과전압보호장치 등을 미리 설치하여 피해를 최소화한다.

5) 인버터 관리

① 기상상태가 발전소 운영이 어려울 정도로 안 좋을 경우에는 인버터 내부 조작전원을 포함한 모든 전원을 차단한 후 인버터 작동을 중지한다.
② 재가동 시에는 우선 캐비닛 문을 열고, 만약 수분 침투가 발견될 경우 이를 완벽히 제거하는 것이 중요하다. 수분 제거 후 보다 안정적인 운영을 위해서는 조작전원만을 투입하고 습도계 동작점을 80[%]에서 60[%]로 낮춘 후 인버터 동작스위치가 정지인 상태에서 최소 하루 이상을 대기상태로 둔다.
③ 실외에 설치하는 스트링인버터의 경우 커버가 제대로 닫혀 있는지를 수시로 확인한다. 만약 폭우로 인한 수분 침투가 우려되면 DC 연결을 해체한 후 인버터를 중지한다.

6 안전장비의 종류

1) 절연용 보호구

(1) 용도

7,000[V] 이하의 전로의 활선작업 또는 활선 근접작업을 할 때 작업자의 감전사고를 방지하기 위해 작업자 몸에 착용하는 것

(2) 종류 : 안전모, 전기용 고무장갑, 전기용 고무절연장화 등

2) 절연용 방호구

(1) 용도

25,000[V] 이하의 전로의 활선작업 또는 활선근접 작업 시 감전사고 방지를 위해 전로의 충전부에 장착하는 것(고압 충전부로부터 머리 30[cm], 발밑 60[cm] 이내 접근 시 사용)

(2) 종류 : 고무판, 절연관, 절연시트, 절연커버, 애자커버 등

3) 검출용구

검출용구는 정전작업 시 작업하고자 하는 전로의 정전 여부를 확인하기 위한 것으로, 전압에 따라 저압과 특별고압용으로 구분한다.

(1) 저압 및 고압용 검전기

[사용 범위]

① 보수작업 시행 시 저압 또는 고압 충전 유무 확인
② 고 · 저압회로의 기기 및 설비 등의 정전 확인
③ 지지물, 기타 기기의 부속부위의 고 · 저압 충전 유무 확인

(2) 특별고압 검전기

[사용 범위]

① 특별고압설비(기기 포함)의 충전 유무의 확인
② 특별고압회로의 충전 유무의 확인

(3) 활선접근경보기

전기작업자의 착각 · 오인 · 오판 등으로 충전된 기기나 전선로에 근접하는 경우에 경고음을 발생하여 접근 위험경고 및 감전재해를 방지하기 위해 사용되는 것이다.

[사용 범위]

① 정전작업장소에 사선구간과 활선구간이 공존되어 있는 장소

② 활선에 근접하여 작업하는 경우

③ 변전소에서 22.9[kV] D/L, 차단기 점검 · 보수작업의 경우

④ 기타 착각 · 오인 등에 의해 감전이 우려되는 경우

4) 접지용구

(1) 용도

고압 이상의 전로에서 정전작업을 할 때 오송전이나 역가압에 의해 충전될 시에는 전원 측의 보호장치가 동작되어 전원을 차단시키게 함으로써 작업자가 감전되는 것을 방지하기 위한 단락접지용구이다.

(2) 접지용구 사용 시의 주의사항

① 접지용구를 설치하거나 철거할 때에는 접지도선이 자신이나 타인의 신체는 물론 전선, 기기 등에 접촉하지 않도록 주의한다.

② 접지용구의 취급은 작업책임자의 책임하에 행하여야 한다.

③ 접지용구의 설치 및 철거는 다음 순서로 행하여야 한다.

㉠ **설치** : 전선금구(2)를 접지도선에 연결하고 전선금구(1)를 기기 및 전선에 연결

㉡ **철거** : 전선금구(1)를 기기 및 전선에서 분리하고 전선금구(2)를 접지도선에서 분리

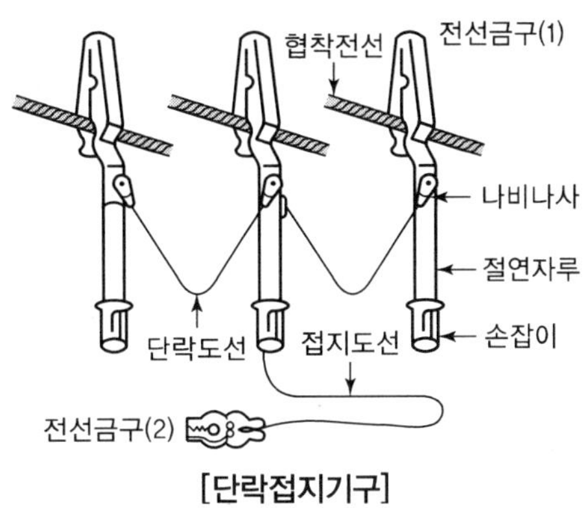

[단락접지기구]

5) 전기용 안전모

전기용 안전모는 머리의 감전사고 및 물체의 낙하에 의한 머리의 상해를 방지하기 위해 사용하는 것으로 안전모의 사용구분, 모체의 재질 등에 의한 구분은 다음 표와 같다.

종류	사용구분		모체의 재질
일반 작업용	A	물체의 낙하 및 비래에 의한 위험을 방지 또는 경감시키기 위한 것	합성수지 금속
	B	추락에 의한 위험을 방지 또는 경감시키기 위한 것	합성수지
	AB	물체의 낙하 또는 비래, 추락에 의한 위험을 방지 또는 경감시키기 위한 것	합성수지
전기 작업용	AE	물체의 낙하 및 비래에 의한 위험을 방지 또는 경감하고 머리 부위의 감전위험을 방지하기 위한 것	합성수지
	ABE	물체의 낙하 또는 비래, 추락에 의한 위험을 방지 또는 경감하고 머리 부위의 감전위험을 방지하기 위한 것	합성수지

6) 전기용 안전화

정전기의 인체대전을 방지하기 위한 것으로 대전 방지 성능에 따라 1종과 2종으로 구분한다.

▼ 정전기 대전 방지용 안전화

종류	1개당 전기저항[Ω]	착화 에너지[mJ]
1종	$1.0 \times 10^5 \sim 1.0 \times 10^8$	0.1 이상의 가연성 물질 또는 증기 (메탄, 프로판 등)
2종	$1.0 \times 10^5 \sim 1.0 \times 10^7$	0.1 미만의 가연성 물질 (수소, 아세틸렌 등 취급)

(1) 절연화

저압(직류 750[V], 교류 600[V] 이하) 전기를 취급하는 작업 시 전기에 의한 감전으로부터 인체를 보호하기 위한 안전화를 말한다.

(2) 전기용 고무장화

저압 및 고압(7,000[V] 이하)의 전기를 취급하는 작업 시 전기에 의한 감전으로부터 인체를 보호하기 위한 안전화를 말한다. 절연장화의 종류는 전압에 따라 다음과 같이 나타낸다.

종류	용도
A종	300[V]를 초과하고, 교류 600[V], 직류 750[V] 이하의 작업에 사용하는 것
B종	주로 교류 600[V], 직류 750[V]를 초과하고, 3,500[V] 이하의 작업에 사용하는 것
C종	주로 3,500[V]를 초과하고, 교류 7,000[V] 이하의 작업에 사용하는 것

7) 전기용 고무장갑

7,000[V] 이하 전압의 전기작업 시 손이 활선부위에 접촉되어 인체가 감전되는 것을 방지하기 위한 절연성이 있는 전기용 고무장갑으로, 성능에 따라 A, B, C 3종으로 나눈다.

종류	용도
A종	300[V]를 초과하고, 교류 600[V], 직류 750[V] 이하의 작업에 사용하는 것
B종	교류 600[V], 직류 750[V]를 초과하고, 3,500[V] 이하의 작업에 사용하는 것
C종	3,500[V]를 초과하고, 교류 7,000[V] 이하의 작업에 사용하는 것

8) 보호용 가죽장갑

가죽장갑은 고압용 고무장갑을 착용한 후 그 외부에 착용할 것

9) 측정계기

(1) 멀티미터

측정대상 : 저항, 직류전류, 직류전압, 교류전압

(2) 클램프미터(훅온미터)

① 측정대상 : 저항, 전압, 전류

② 교류측정기기로 전력설비의 운용관리 및 점검에 가장 널리 사용

7 안전장비 보관요령

1) 보관요령

① 안전장비 중 검사장비, 측정장비는 전기 · 전자기기로 습기에 약하므로 건조한 장소에 보관한다.

② 안전모, 안전장갑, 방진마스크 등의 개인보호구는 언제든지 사용할 수 있도록 손질하여 보관한다.

2) 정기점검관리 요령

① 한 달에 한 번 이상 책임 있는 감독자가 점검할 것

② 청결하고 습기가 없는 장소에 보관할 것

③ 보호구 사용 후에는 손질하여 항상 깨끗이 보관할 것

④ 세척 후에는 완전히 건조시켜 보관할 것

002 출제예상문제

01 절연용 보호구와 절연용 방호구의 적용 전압을 쓰시오.

해답

1) 절연용 보호구 : 7,000[V] 이하 전로
2) 절연용 방호구 : 25,000[V] 이하 전로

02 절연용 보호구의 종류를 쓰시오.

해답

1) 절연안전모
2) 절연화(절연화, 절연장화)
3) 절연고무장갑
4) 절연복(점퍼형, 망사형)

03 안전 보호구 4가지를 쓰시오.

해답

1) 안전모
2) 안전대
3) 안전화
4) 안전허리띠

해설 안전 보호구

5) 절연장갑

04 절연용 방호구의 고압 충전부로부터 얼마 이상 접근 시 사용하는지 쓰시오.

해답

1) 머리 : 30[cm] 이내
2) 발밑 : 60[cm] 이내

05 다음 보기와 같은 고압 전기설비에서 차단순서와 투입순서의 번호를 쓰시오.

IS → CB → COS → TR → MCCB
① ② ③ ④

해답

1) 차단 순서 : ④ → ② → ③ → ①
2) 투입 순서 : ③ → ① → ② → ④

해설 고압 이상 개폐기 및 차단기의 조작은 책임자의 승인을 받고 담당자가 조작순서에 의해 조작한다.

IS → CB → COS → TR → MCCB
① ② ③ ④

- 차단 순서 : ④ → ② → ③ → ①
- 투입 순서 : ③ → ① → ② → ④

06 25,000[V] 이하의 전로의 활선작업 또는 활선근접 작업 시 감전사고 방지를 위해 전로의 충전부에 장착하는 절연용 방호구의 종류 3가지를 쓰시오.

해답

1) 고무판
2) 절연관
3) 절연시트

해설 절연용 방호구의 종류
고무판, 절연관, 절연시트, 절연커버, 애자커버 등

07 멀티미터(테스터)의 측정대상을 쓰시오.

해답

1) 저항
2) 직류전류, 직류전압
3) 교류전압

08 **접지용구를 설치하기 위해서는 접지설치 전에 관계 개폐기에 개방을 확인하고 검전기, 기타 방법으로 충전 여부를 확인한 후 설치하여야 한다. 다음 그림을 참조하여 접지용구의 설치순서와 철거순서를 쓰시오.**

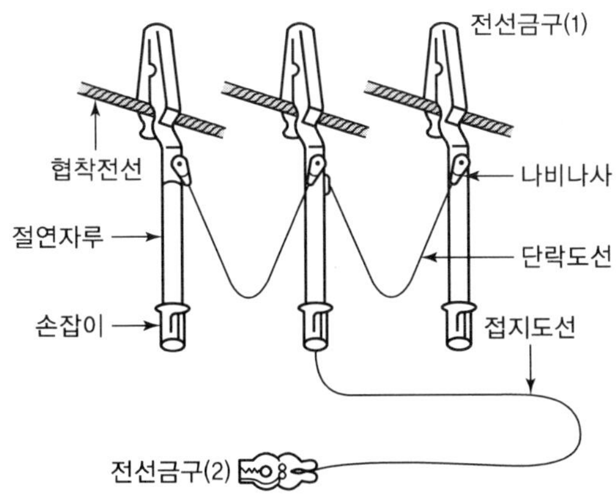

해답

1) 설치순서 : 접지 측 전선금구(2)를 접지선에 접속하고, 전선금구(1)를 기기 또는 전선에 확실하게 접속한다.
2) 철거순서 : 전선금구(1)를 기기 또는 전선에서 분리하고, 접지 측 전선금구(2)를 분리한다.

해설 접지용구의 설치 및 철거는 다음 순서로 행하여야 한다.

1) 접지설치 전에 관계 개폐기에 개방을 확인하고 검전기, 기타 방법으로 충전 여부를 확인하여야 한다.
2) 접지설치 순서는 접지 측 금구에 접지선을 접속하고 전선금구를 기기 또는 전선에 확실하게 부착한다.

09 **안전장비 정기점검, 관리, 보관요령 4가지를 쓰시오.**

해답

1) 청결하고 습기가 없는 장소에 보관할 것
2) 보호구 사용 후에는 손질을 하여 항상 깨끗이 보관할 것
3) 세척한 후에는 완전히 건조시켜 보관할 것
4) 한 달에 한 번 이상 책임 있는 감독자가 점검할 것

NEW AND RENEWABLE ENERGY EQUIPMENT(PHOTOVOLTAIC) INDUSTRIAL ENGINEER

APPENDIX

실전 최종 점검 문제

001 실전 최종 점검 문제 1회

※ 해당 기출문제는 수험생의 기억에 의해 복원된 문제로, 실제 문제와 상이할 수 있습니다.

01 태양광 어레이 중 추적방향에 따른 종류 2가지를 쓰시오.

해답

1) 단방향 추적식
2) 양방향 추적식

해설 어레이 설치방식에 따른 분류

1) 고정식
2) 경사가변형
3) 추적식
   ① 추적방향에 따른 분류
   - 단축(단방향)추적식
   - 양축(양방향)추적식

   ② 추적방식에 따른 분류
   - 감지식 추적법
   - 프로그램 추적법
   - 혼합식 추적법

02 계통 연계형 인버터의 구성 시스템 방식의 종류 3가지를 쓰시오.

해답

1) 중앙집중식 인버터방식
2) 분산형 인버터방식
3) 모듈 인버터방식

해설 계통 연계형 인버터의 구성 시스템 방식

1) 중앙집중식 인버터방식
2) 모듈 인버터방식
3) 마스터 슬래브 인버터방식
4) 스트링 인버터방식
5) 서브어레이 인버터방식
6) 병렬 인버터방식

03 STC 조건 3가지를 쓰시오.

해답

1) 소자 접합온도 25[℃]
2) 대기질량지수 AM 1.5
3) 조사강도 1,000[W/m^2]

04 구조물 설치 시 기초의 종류와 용도 5가지를 쓰시오.

해답

1) 직접기초 : 지지층이 얕을 경우 자주 쓰인다.
2) 말뚝기초 : 지지층이 깊을 경우 자주 쓰인다.
3) 연속기초 : 지지층이 매우 깊은 경우에 자주 쓰인다.
4) 주춧돌기초 : 철탑 등의 기초에 자주 쓰인다.
5) 케이슨기초 : 하천 내의 교량 등에 자주 쓰인다.

05 주택용 태양광의 설계 시공 시 고려사항 3가지를 쓰시오.

해답

1) 연중 음영이 적은 위치에 설치한다.
2) 방위 및 경사가 적절해야 한다.
3) 인접건물과의 거리가 충분해야 한다.

해설 주택용 태양광의 설계 시 고려사항

① 주택용 태양광발전시스템의 경우에는 전력회사에서 공급받는 전력량과 설치자가 전력회사로 역조류한 잉여전력량을 동시에 계량할 수 있어야 한다.
② 주택용 파워컨디셔너에는 운전 상태를 감시하기 위해 발전전력의 검출기능과 그 계측결과를 표시하기 위한 LED나 액정디스플레이 등의 표시장치를 갖추고 있는 것이 좋다.
③ 주택용 파워컨디셔너의 종류로는 비교적 간단하면서도 효율이 우수한 트랜스리스 인버터를 적용 · 검토 가능하다.
④ 최근에는 파워컨디셔너와는 별도로 표시장치를 설치하고, 거실 등의 떨어진 위치에서 태양광발전시스템의 운전 상태를 모니터링하는 제품, CO_2의 삭감량 표시 기능이 있는 제품 등이 다양하게 개발되고 있다.

⑤ 구조물은 안전을 고려한 사전 구조 검토를 하여야 한다.
⑥ 상정하중에 대한 강도 : 고정하중, 적설하중, 활하중, 풍하중, 지진하중 등
⑦ 기후 : 적설이 녹아서 흘러내릴 수 있는 각도 및 지면과의 이격거리 등

주택용 태양광의 시공 시 고려사항

① 연중 음영이 적은 위치에 설치한다.
② 방위 및 경사가 적절해야 한다.
③ 인접 건물과의 거리가 충분해야 한다.
④ 건축과의 조화를 이뤄야 한다.
⑤ 형상과 색상이 기능성 및 건물과 조화를 이뤄야 한다.
⑥ 건축물과의 통합 수준을 향상시켜야 한다.
⑦ 유지보수가 용이해야 한다.

06 **아래 그림과 같이 축전지는 대전류 부하 시 정류기를 통하여 제어하지만 일시적으로 부하가 급증할 때 방전하고, 출력 증대로 인한 계통전압 상승 시 충전하는 방식을 무엇이라고 하는가?**

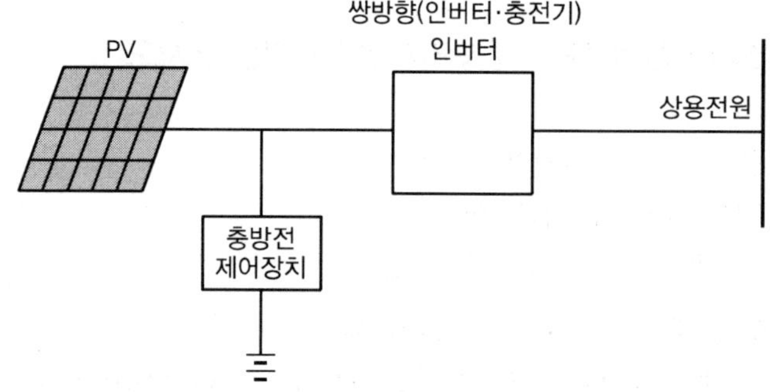

해답

계통안정화 대응형 축전지

해설 축전지 시스템의 용도별 분류

1) 계통연계형
① 방재 대응형 : 정전 시 비상부하 공급
② 부하평준화 대응형 : 전력부하 피크 억제
③ 계통안정화 대응형 : 계통전압 안정

07 태양광발전시스템의 시공 시 태양전지 모듈배선이 끝난 후 측정 및 확인하여야 할 사항을 3가지 쓰시오.

해답

1) 전압극성 확인
2) 단락전류의 측정
3) 비접지 확인

해설 태양전지 어레이검사

태양전지 모듈의 배선이 끝나면 각 모듈의 극성 확인, 전압 확인, 단락전류 확인, 양극 중 어느 하나라도 접지되어 있지는 않은지 확인한다.

08 분산형 전원 연계 시 저압의 연결기준 및 전압(단상, 3상)은 각각 얼마인가?

해답

1) 저압의 연결기준 500[kW] 미만
2) 단상 : 단상 2선식 220[V]
3) 3상 : 3상 4선식 380[V]

09 시공계획서 작성 시 기준이 되는 6가지 항목을 쓰시오.

해답

1) 현장조직표
2) 공사세부공정표
3) 주요 공정의 시공절차 및 방법
4) 시공일정
5) 주요 장비 동원계획
6) 주요 기자재 및 인력투입계획

해설 시공계획서의 검토 확인

감리원은 공사업자가 작성 · 제출한 시공계획서를 공사시작일부터 30일 이내에 제출받아 이를 검토 확인하여 7일 이내에 승인하여 시공하도록 하여야 하고, 시공계획서에는 시공계획서의 작성기준과 함께 다음 각 호의 내용이 포함되어야 한다.

① 현장 조직표
② 세부 공정표
③ 주요 공정의 시공절차 및 방법
④ 시공일정
⑤ 주요 장비 동원계획
⑥ 주요 기자재 및 인력투입 계획
⑦ 주요 설비
⑧ 품질 · 안전 · 환경관리 대책 등

10 50[kVA]의 변압기가 하루 중 오전에는 20[kVA], 40[kVA]의 부하로 각 6시간씩 운전되고, 오후에는 50[kVA], 30[kVA]의 부하로 각 6시간씩 운전되고 있다. 오전에는 역률 80[%]로, 오후에는 100[%]로 운전된다고 하면 하루 총 출력전력량, 철손전력량, 동손전력량은 각각 얼마인가?(단, 이 변압기의 철손은 600[W], 전부하율의 동손은 1,000[W]라 한다.)

해답

1) 하루 총 출력전력량

$=$오전$(20\times6+40\times6)\times$역률$+$오후$(50\times6+30\times6)\times$역률

$=(20\times6+40\times6)\times0.8+(50\times6+30\times6)\times1=768[\mathrm{kW/H}]$

2) 철손전력량

$600\times24=14,400[\mathrm{W}]\times10^{-3}=14.4[\mathrm{kWH}]$

3) 동손전력량

$$=1,000\times6\times\left\{\left(\frac{20}{50}\right)^2+\left(\frac{40}{50}\right)^2+\left(\frac{50}{50}\right)^2+\left(\frac{30}{50}\right)^2\right\}=12,960[\mathrm{W}]\times10^{-3}$$

$=12.96[\mathrm{kWH}]$

해설
- 철손 : 변압기나 전동기 등의 철심부분에서 자기화력 때문에 열이 생기는 철심의 전력손실로 부하와 무관하며 무부하손이라 한다.
- 동손 : 전기기기의 코일에 전기가 흐름으로써 발생하는 저항손실 부하손이라 한다.

$P=I^2R$

동손의 전력량은 부하율의 제곱에 비례하므로

$$\text{부하율}=\frac{\text{평균수요전력}}{\text{최대수요전력}}$$

11 전기사용 장소의 사용 전압이 저압인 전로의 전선 상호 간 및 전로와 대지 사이의 절연저항은 개폐기 또는 과전류차단기로 구분할 수 있는 전로마다 다음 표에서 정한 값 이상이어야 한다. ①~⑥에 해당하는 전로의 사용 전압 및 절연저항값을 쓰시오.

전로의 사용 전압[V]	DC 시험전압[V]	절연저항[MΩ]
①	250	④
②	500	⑤
③	1,000	⑥

해답

① SELV 및 PELV　　② FELV, 500[V] 이하
③ 500[V] 초과　　④ 0.5
⑤ 1.0　　⑥ 1.0

해설 저압전로의 절연성능

전기사용 장소의 사용 전압이 저압인 전로의 전선 상호 간 및 전로와 대지 사이의 절연저항은 개폐기 또는 과전류차단기로 구분할 수 있는 전로마다 다음 표에서 정한 값 이상이어야 한다. 다만, 전선 상호 간의 절연저항은 기계기구를 쉽게 분리가 곤란한 분기회로의 경우 기기 접속 전에 측정할 수 있다.
또한, 측정 시 영향을 주거나 손상을 받을 수 있는 SPD 또는 기타 기기 등은 측정 전에 분리시켜야 하고, 부득이하게 분리가 어려운 경우에는 시험전압을 250[V] DC로 낮추어 측정할 수 있지만 절연저항값은 1[MΩ] 이상이어야 한다.

전로의 사용 전압[V]	DC 시험전압[V]	절연저항[MΩ]
SELV 및 PELV	250	0.5
FELV, 500[V] 이하	500	1.0
500[V] 초과	1,000	1.0

[주] 특별저압(Extra Low Voltage : 2차 전압이 AC 50[V], DC 120[V] 이하)으로 SELV(비접지회로 구성) 및 PELV(접지회로 구성)는 1차와 2차가 전기적으로 절연된 회로, FELV는 1차와 2차가 전기적으로 절연되지 않은 회로

- FELV(Functional Extra Low Voltage)
- SELV(Safety Extra Low Voltage)
- PELV(Protective Extra Low Voltage)

12 **태양전지판이 주변의 음영이나 기타의 오염에 의해 다음과 같은 출력으로 병렬로 연결되었을 때 총 출력은 얼마인지 계산하시오.**

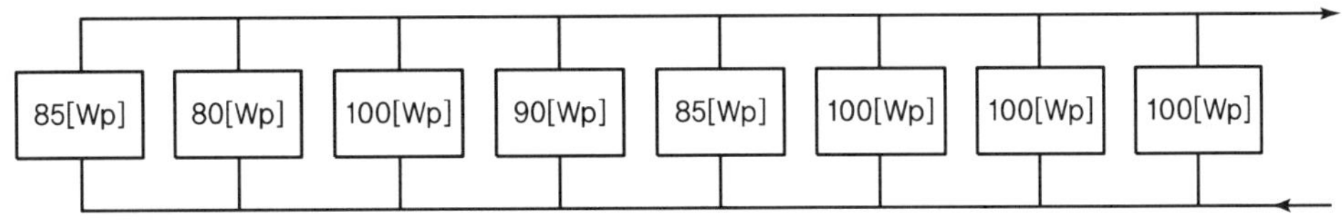

해답

총 출력 $= 85 + 80 + 100 + 90 + 85 + 100 \times 3 = 740$[Wp]

해설 병렬 연결된 태양전지 모듈은 전체 스트링에 영향을 주지 않는다. 직렬로 연결된 태양전지 모듈은 전체 스트링에 영향을 준다.

13 허용지내력이 20[kgf/m²]인 가정집 옥상에 설치한 태양광의 총 출력이 6[kWp]이고 효율이 20[%]일 때 모듈의 면적[m²]을 구하시오.(단, STC 조건으로 계산하시오.)

해답

$$\text{모듈 면적}[\text{m}^2] = \frac{\text{모듈 출력}}{\text{모듈 변환효율} \times 1{,}000[\text{W/m}^2]} \times 100$$

$$= \frac{6 \times 10^3[\text{W}]}{20[\%] \times 1{,}000[\text{W/m}^2]} \times 100 = 30[\text{m}^2]$$

해설 모듈 변환효율 $\eta = \frac{\text{모듈 출력}}{\text{모듈 면적}[\text{m}^2] \times 1{,}000[\text{W/m}^2]} \times 100$에서

$$\text{모듈 면적} = \frac{\text{모듈 출력}}{\eta \times 1{,}000[\text{W/m}^2]} \times 100$$

14 태양광발전시스템에서 고려하여야 할 상정하중의 종류 4가지를 쓰시오.

해답

1) 고정하중
2) 적설하중
3) 활하중
4) 풍하중

해설 상정하중의 구분 및 내용

구분		내용
수직 하중	고정하중	어레이+프레임+서포트 하중
	적설하중	경사계수 및 눈의 단위 질량 고려
	활하중	건축물 및 공작물 점유 시 발생 하중
수평 하중	풍하중	어레이에 가한 풍압과 지지물에 가한 풍합 하중 풍력계수, 환경계수, 용도계수, 가스트계수 고려
	지진하중	지지층의 전단력 계수 고려

15 아래 주어진 조건을 보고 태양광 모듈에서 접속반까지의 전압강하율[%]을 계산하시오.(모듈 18개, 전선길이 75[m], 단면적 6.0[mm²] F−CV 전선)

[조건]

- $P_{\max}$: 300
- V_{oc} : 45.1
- I_{sc} : 8.85
- V_{mpp} : 36.3
- I_{mpp} : 8.27

해답

전압강하율 $\varepsilon = \dfrac{e}{\text{스트링정격전압}} \times 100$

전압강하 $e = \dfrac{35.6 \times L \times I}{1{,}000 \times A} = \dfrac{35.6 \times 75 \times 8.27}{1{,}000 \times 6} = 3.68[\mathrm{V}]$

스트링 정격전압＝최대동작전압 V_{mpp} × 모듈 수＝36.3×18＝653.4[V]

$\therefore\ \varepsilon = \dfrac{3.68}{653.4} \times 100 = 0.563[\%]$

16 아래 그림을 보고 태양전지 어레이의 절연저항 측정순서를 쓰시오.

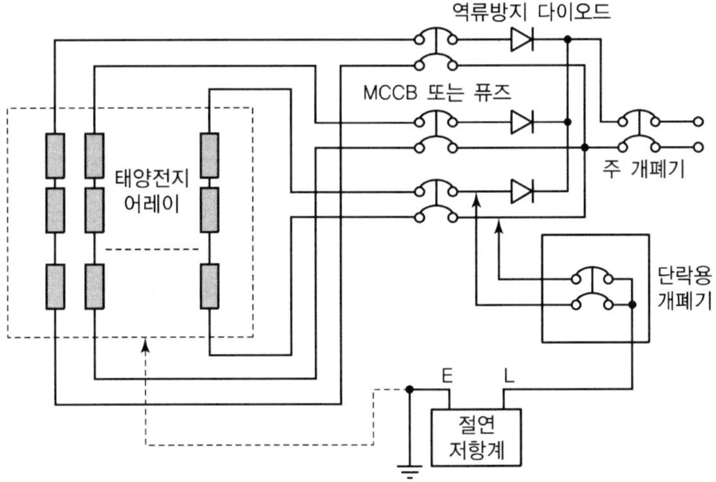

해답

① 출력개폐기를 개방한다. 출력개폐기의 입력부에서 SPD를 취부하고 있는 경우에는 접지단자를 분리시킨다.
② 단락용 개폐기를 개방(Off)한다.
③ 전체 스트링의 MCCB 또는 퓨즈를 개방(Off)한다.
④ 단락용 개폐기의 1차 측 (+) 및 (−)의 클립을, 역류방지 다이오드에서도 태양전지 측과 MCCB 또는 퓨즈의 사이에 각각 접속한다. 접속 후 대상으로 하는 스트링의 MCCB 또는 퓨즈를 투입(On)한다. 마지막으로 단락용 개폐기를 투입(On)한다.
⑤ 절연저항계(메거)의 E측을 접지단자에, L측을 단락용 개폐기의 2차 측에 접속하고 절연저항계를 투입(On)하여 저항값을 측정한다.
⑥ 측정결과의 판정기준은 전기설비기술기준에 따라 표시한다.

17 **최대전력 50[kW]인 태양광발전소의 경우, 아래 주어진 조건에 따라 다음 질문에 답하시오.(단, 모듈 최저온도는 −12[℃], 모듈 최고온도는 73[℃]이며, 직류 측 전압강하는 무시한다.)**

태양전지 모듈 특성	
최대전력 P_{max}	280[Wp]
개방전압 V_{oc}	45.1
단락전류 I_{sc}	8.27
최대전압 V_{mpp}	35.9
최대전류 I_{mpp}	11.8
전압온도변화율[%/℃]	−0.11[%]

인버터 특성	
최대입력전력[kW]	50
MPPT 범위[V]	350~500
최대입력전압[V]	700
최대입력전류[A]	120
정격출력[kW]	50
주파수[Hz]	60

1) 모듈 최고 및 최저온도에서의 V_{oc}를 각각 계산하시오.
2) 모듈 최고 및 최저온도에서의 V_{mpp}를 각각 계산하시오.
3) 최적의 직렬 및 병렬 모듈 수를 구하시오.

해답

1) 모듈 최고 및 최저온도에서 V_{oc}

- $V_{oc}(-12℃) = V_{oc} \times \{1+(\beta)\times(T_{cell-min}-25)\}$
  $= 45.1 \times \{1+(-0.0011)\times(-12-25)\} = 46.935 \fallingdotseq 46.94[V]$
- $V_{oc}(73℃) = V_{oc} \times \{1+(\beta)\times(T_{cell-max}-25)\}$
  $= 45.1 \times \{1+(-0.0011)\times(73-25)\} = 45.718 \fallingdotseq 45.72[V]$

2) 모듈 최고 및 최저온도에서의 V_{mpp}

- $V_{mpp}(-12℃)=35.9\times\{1+(-0.0011)\times(-12-25)\}=37.361≒37.36[V]$
- $V_{mpp}(73℃)=35.9\times\{1+(-0.0011)\times(73-25)\}=34.004≒34[V]$

3) 최적의 직렬 및 병렬 수

① 최대 직렬 수 $=\dfrac{\text{PCS 최대입력전압}}{\text{모듈온도가 최저인 상태에서 개방전압}(V_{oc}(-12))}$

$=\dfrac{700}{46.94}=14.91 \rightarrow 14$장

② 최대 직렬 수 $=\dfrac{\text{MPP 범위 최대전압}}{\text{모듈표면온도가 최저인 상태에서 최대전압}}$

$=\dfrac{500}{37.36}=13.383 \rightarrow 13$장

①, ② 중 작은 것 선정 ∴ 최대 직렬 수 → 13장
①>②이면 ②를 적용해야 최대전력을 얻을 수 있는 조건과 인버터 최고입력조건을 모두 만족

③ 최소 직렬 수 $=\dfrac{\text{MPP 입력전압 변동범위의 최저값}}{\text{모듈온도가 최고인 상태에서 최대전압}(V_{mpp}(73))}$

$=\dfrac{350}{34}=10.29 \rightarrow 11$장

④ 최대전력을 생산할 수 있는 직병렬 수(최적의 직병렬 수)

- 13직렬 $=\dfrac{50}{13\times0.28}=13.736 \rightarrow 13$병렬
  전력생산량 $=13\times13\times0.28=47.32[kW]$
- 12직렬 $=\dfrac{50}{12\times0.28}=14.88 \rightarrow 14$병렬
  전력생산량 $=12\times14\times0.28=47.04[kW]$
- 11직렬 $=\dfrac{50}{11\times0.28}=16.233 \rightarrow 16$병렬
  전력생산량 $=11\times16\times0.28=49.28[kW]$

그러므로 최대전력을 생산할 수 있는 직병렬 수는 직렬 11장, 병렬 16장이다.

002 실전 최종 점검 문제 2회

※ 해당 기출문제는 수험생의 기억에 의해 복원된 문제로, 실제 문제와 상이할 수 있습니다.

01 태양광발전공사의 원가 비목이 다음과 같이 구성되었을 경우 일반 관리비와 이윤을 산출하시오.

- 재료비 소계 : 90,000,000원
- 노무비 소계 : 50,000,000원
- 경비 소계 : 35,000,000원

해답

1) 일반관리비 = (90,000,000 + 50,000,000 + 35,000,000) × 0.06 = 10,500,000
2) 이윤 = (50,000,000 + 35,000,000 + 10,500,000) × 0.15 = 14,325,000원

해설 1) 일반관리비

공사 원가	일반 관리 비율
5억 원 미만	6[%]
5억 원~30억 원 미만	5.5[%]
30억 원 이상	5[%]

2) 이윤(공사의 경우)
이윤 = (노무비 + 경비 + 일반 관리비) × 15[%]

02 인버터 선정 시 전력품질 · 공급 안정성 관점에서 고려되어야 할 사항 4가지를 쓰시오.

해답

1) 잡음 발생이 적을 것
2) 고조파의 발생이 적을 것
3) 기동 · 정지 안정적일 것
4) 직류성분이 적을 것

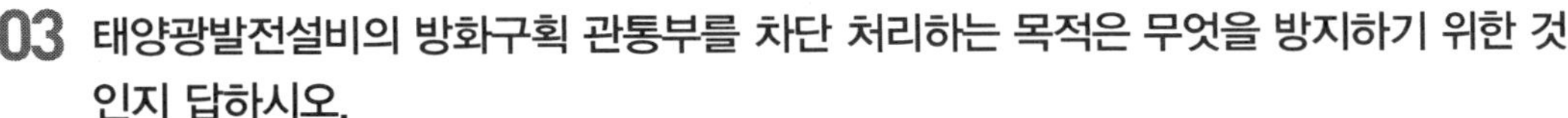

03 태양광발전설비의 방화구획 관통부를 차단 처리하는 목적은 무엇을 방지하기 위한 것인지 답하시오.

해답

화재의 확산 방지
화재 발생 시 방화 대책물인 벽, 바닥, 기둥 등을 통과하는 전선배관의 관통부분에서 다른 설비로 불길이 번지거나 확대되는 것을 방지하기 위한 것이다.

04 모듈 최대출력이 140[Wp], 1스트링 직렬매수가 15직렬, 시스템 출력전력이 30,000[W]일 때 태양광 어레이 병렬 수를 구하시오.

해답

$$\text{병렬수} = \frac{\text{시스템 출력 전력}}{\text{직렬} \times \text{모듈 최대 출력}} = \frac{30{,}000}{15 \times 140[\text{W}]} = 14.28\text{에서 } 14\text{병렬}$$

05 그림과 같이 태양전지 어레이 설치장소에 태양광의 입사방향으로 높이가 1[m]인 장애물이 있을 경우 장애물과 모듈 간 최소 이격거리[m]를 구하시오.(단, 발전가능한 태양의 입사각은 30°이다.)

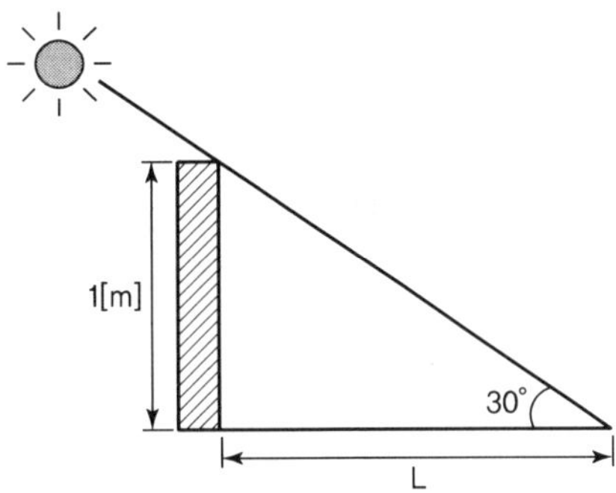

해답

장애물과 모듈 간 이격거리 L

$$L = \frac{h}{\tan\alpha} = \frac{1}{\tan 30°} = \frac{1}{0.577} = 1.73[\text{m}]$$

06 **태양광발전에 사용되는 계측시스템 기능에 대한 설명이다. 설명에 대한 명칭을 쓰시오.**

1) 회로의 전압, 전류, 역률, 주파수를 검출하는 장치
2) 검출된 데이터를 컴퓨터 및 먼 거리에 설치한 표시장치에 전송하는 장치
3) 계측데이터를 적산하여 일정기간마다의 평균값 또는 적산 값을 얻는 장치
4) 컴퓨터를 이용하는 경우 메모리 기능을 활용하고 기억하는 장치

해답

1) 검출기
2) 신호변환기(트랜스듀서)
3) 연산장치
4) 기억장치

07 **다음 조건에 맞는 독립형 전원시스템용 축전지 용량[Ah]을 구하시오.**

[조건]
- 1일 적산 부하 전력량 : 2.4[kWh]
- 일조가 없는 날(일) : 10일
- 공칭 축전지 전압 : 2[V]
- 보수율 : 0.8
- 축전지 개수 : 48
- 방전심도 : 0.65

해답

독립형 전원 시스템용 축전지 용량 C

$$C=\frac{L_\alpha \times D_f}{L\times V_b \times N \times DOD}$$

$$=\frac{2.2[\text{kWh}]\times 10^3 \times 10}{0.8\times 2[\text{V}]\times 48\times 0.65}=480.769 \fallingdotseq 480.77[\text{Ah}]$$

08 **다음 시스템의 전체 전압을 구하시오.**

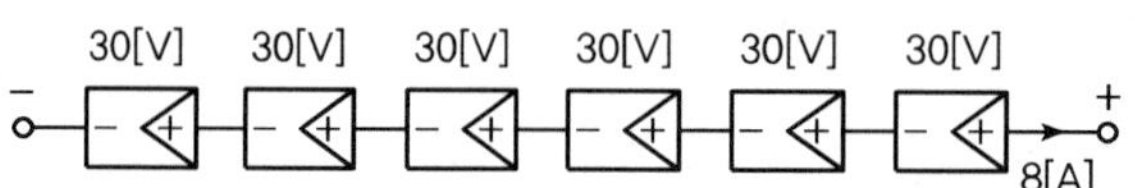

해답

직렬연결 시 전압 : 30×6=180[V]

09 태양광발전설비 구조물 구조계산에 적용되는 설계하중 4가지를 쓰시오.

해답

1) 고정하중　　2) 풍화중
3) 적설하중　　4) 지진하중

10 태양광 인버터의 기능 중 단독운전 방지기능이 사용되는 이유를 쓰시오.

해답

단독운전이 발생하게 되면 전력회사의 배전망에서 전기적으로 끊어져 있는 배전선으로 태양광발전시스템에서 전력이 공급되어 보수점검자에게 위해를 끼칠 위험이 있으므로 태양광발전시스템의 운전을 정지시킨다.

11 그림은 인버터 회로방식이다. 어떤 방식인지 각각 쓰시오.

1)

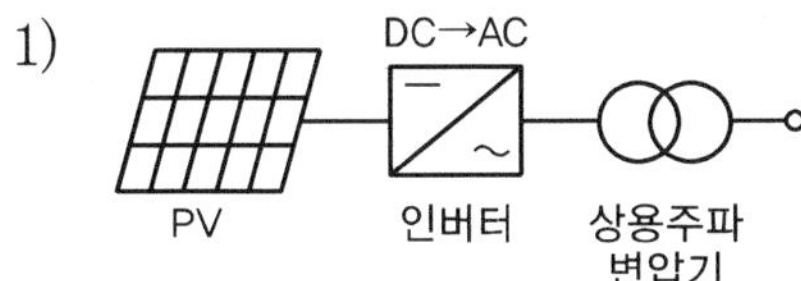

2)

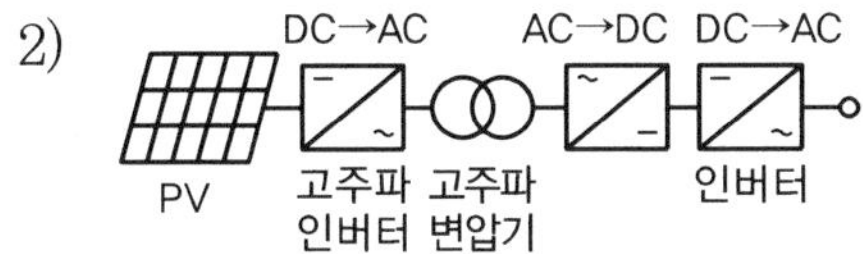

3)

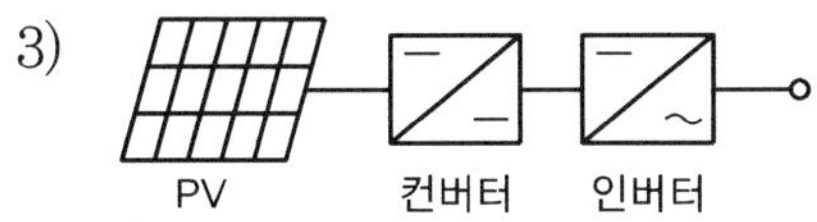

해답

1) 상용주파 변압기 절연방식
2) 고주파 변압기 절연방식
3) 트랜스리스 방식(무변압기 방식)

12 그림은 PV(Photovoltaic) 어레이 구성도를 나타내고 있다. 전류 I와 단자 A, B 사이의 전압을 구하시오.

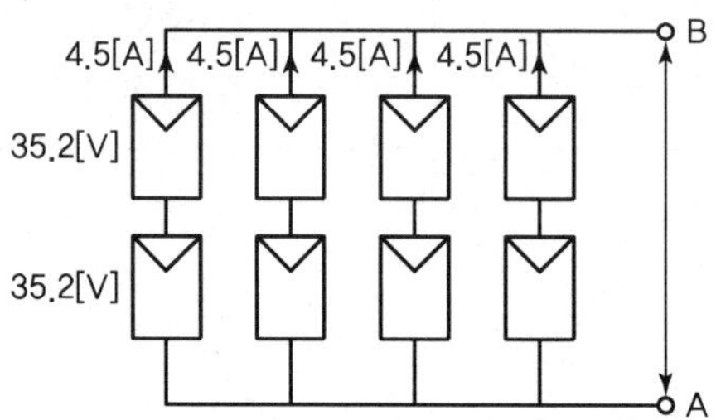

해답

1) 전류 I : 4.5×4=18[A]

2) A−B 전압 : 35.2+35.2=70.4[V]

해설 어레이 직렬회로는 전압합산, 병렬회로는 전류를 합산

13 다음 태양전지 모듈의 충진율과 변환효율을 구하시오.(단, STC 조건에서 계산하시오.)

구분	특성
개방전압(V_{oc})	37.3[V]
단락전류(I_{sc})	8.86[A]
최대출력동작전압(V_{mpp})	29.7[V]
최대출력동작전류(I_{mpp})	8.42[A]
모듈규격	1,650[mm]×990[mm]×30[mm]

해답

1) 충진율$(FF) = \dfrac{P_{mpp}}{V_{oc} \times I_{sc}} = \dfrac{V_{mpp} \times I_{mpp}}{V_{oc} \times I_{sc}}$

$= \dfrac{29.7 \times 8.42}{37.3 \times 8.86} = 0.7567 ≒ 0.757$

2) 태양전지 모듈의 변환효율 $= \dfrac{\text{모듈출력}(V_{mpp} \times I_{mpp})}{\text{모듈면적} \times 1,000[\text{W/m}^2]}$

$= \dfrac{29.7 \times 8.42}{1.65 \times 0.99 \times 1,000} \times 100 = 15.309 ≒ 15.31[\%]$

14 **발전 중인 모듈의 셀 구조 중 충진재(EVA)가 노랗게 되는 현상과 원인을 쓰시오.**

해답

1) 현상 : 황변현상
2) 원인 : 자외선과 화학반응을 일으켜 변색되는 것이 주원인

15 **태양광발전부지의 기후 조건은 태양전지 모듈 최저온도 −8[℃], 최고온도 72[℃], 최대풍속 30[m/s]이다. 60[kW] 태양광 인버터에 적합한 직병렬 어레이를 설계하고자 한다. 다음 물음에 답하시오.**

태양전지 모듈의 특성	
최대전력 P_{max}	300[W]
개방전압 V_{oc}	45[V]
단락전류 I_{sc}	8.8[A]
최대전압 V_{mpp}	36.1[V]
최대전류 I_{mpp}	8.3[A]
전압온도변화율[mV/℃]	−160
NOCT[℃]	45

인버터 특성	
최대입력전력[kW]	60
MPP 범위[V]	450~800
최대입력전압[V]	1000
최대입력전류[A]	150
정격출력[kW]	60
주파수[Hz]	60

1) 태양전지 모듈의 V_{oc}, V_{mpp}를 구하시오.
   ① V_{oc}(최저 Cell온도)
   ② V_{mpp}(최저 Cell온도)
   ③ V_{oc}(최고 Cell온도)
   ④ V_{mpp}(최고 Cell온도)

2) 최대, 최소 직렬 모듈 수를 구하시오.
   ① 연중 최저 모듈표면온도에서
      • V_{oc}의 모듈 수
      • V_{mpp}의 모듈 수
   ② 연중 최고 모듈표면온도에서
      • V_{mpp}의 모듈 수

3) 최대 태양광발전이 가능한 병렬 수를 구하시오.

해답

1) 태양전지 모듈의 V_{oc}, V_{mpp}

① $V_{oc}(-8℃)=V_{oc}+(\beta'\times\theta_L)=45+\left(\frac{-160}{1,000}\right)(-8-25)=50.28[V]$

② $V_{mpp}(-8℃)=V_{mpp}+\beta'\times\theta_L)=36.1+\left(\frac{-160}{1,000}\right)(-8-25)=41.38[V]$

③ $V_{oc}(72℃)=45+\left(\frac{-160}{1,000}\right)(72-25)=37.48[V]$

④ $V_{mpp}(72℃)=36.1+\left(\frac{-160}{1,000}\right)(72-25)=28.58[V]$

2) 최대, 최소 직렬 모듈 수

① 연중 최저 모듈표면온도에서

- V_{oc} 모듈 수 $=\frac{\text{최대입력전압}}{\text{모듈표면온도가 최저인 상태에서 개방전압}}$
  $=\frac{1,000}{50.28}=19.888$에서 19직렬

- V_{mpp} 모듈 수 $=\frac{\text{MPP 최댓값}}{\text{모듈표면온도가 최저인 상태에서 최대출력동작전압}}$
  $=\frac{800}{41.38}=19.33$에서 19직렬

② 연중 최고 모듈표면온도에서

- V_{mpp} 모듈 수 $=\frac{\text{MPP 최솟값}}{\text{모듈표면온도가 최대인 상태에서 최대출력동작전압}}$
  $=\frac{450}{28.58}=15.742$에서 16직렬

최대전력을 얻을 수 있는 직병렬 수 계산 시 ①>②이면 ②를 적용해야 최대전력을 얻을 수 있는 조건과 인버터 최고입력전압 조건을 모두 만족

3) 최대 태양발전이 가능한 병렬 수

- 16직렬일 때 $=\frac{60}{16\times0.3}=12.5\Rightarrow 12$병렬
  출력 $=300\times16\times12=57,600[W]$
- 17직렬일 때 $=\frac{60}{17\times0.3}=11.764\Rightarrow 11$병렬
  출력 $=300\times17\times11=56,100[W]$
- 18직렬일 때 $=\frac{60}{18\times0.3}=11.11\Rightarrow 11$병렬
  출력 $=300\times18\times11=59,400[W]$
- 19직렬일 때 $=\frac{60}{19\times0.3}=10.52\Rightarrow 10$병렬

출력 $= 300 \times 19 \times 10 = 57,000$[W]
∴ 18직렬 11병렬일 때 최대전력 생산

16 일사강도와 태양전지 표면온도에 따라 변동하는 태양전지의 출력에 대하여 태양전지의 동작점이 항상 최대출력점을 발생하도록 제어하는 기능은 무엇인가?

해답

최대전력 추종제어기능(MPPT)

17 태양광발전 인버터 원별시공기준에 의해 옥내용을 옥외에 설치하는 경우 용량과 시설방법을 쓰시오.

해답

1) 설치용량 : 5[kW] 이상
2) 시설방법 : 빗물 침투를 방지할 수 있도록 옥내에 준하는 수준으로 외함을 설치

18 태양광발전설비에 역류방지 다이오드를 사용하는 목적과 용량을 쓰시오.

해답

1) 목적
   ① 모듈의 스트링전압이 다를 때 낮은 전압의 스트링으로 흐르는 것을 방지
   ② 축전지 전류가 모듈로 흐르는 것을 방지
2) 용량 : 태양전지 모듈의 단락 전류의 1.4배 이상

19 태양광발전설비 시공 시 감전방지대책 4가지를 쓰시오.

해답

1) 작업 전에 태양전지 모듈에 차광막을 씌워 태양광을 차폐한다.
2) 저압선로용 절연장갑을 낀다.
3) 절연처리가 된 공구를 사용한다.
4) 강우 시 작업을 금지한다.

003 실전 최종 점검 문제 3회

※ 해당 기출문제는 수험생의 기억에 의해 복원된 문제로, 실제 문제와 상이할 수 있습니다.

01 다음 조건에 해당하는 경기지역 의료시설의 예상 에너지 사용량은?(단, 건축 연면적은 1,000[m^2]이다.)

의료시설 단위에너지 사용량 [$kWh/m^2 \cdot year$]	용도별 보정계수	경기지역 지역계수
643.53	1.00	0.99

해답

예상 에너지 사용량

=건축연면적×단위에너지 사용량×용도별 보정계수×지역계수

$=1,000\times643.53\times1.0\times0.99=637,094.7[kWh/year]\times10^{-3}$

$=637.095[MWh/year]$

02 태양광발전 공급인증서 가중치 적용 기준이다. ①~③에 알맞은 공급인증서 가중치를 쓰시오.

대분류	소분류		가중치
태양광	일반부지	소규모(100kW 미만)	1.2
		중규모(100kW~3MW)	1.0
		대규모(3MW 초과)	①
	건축물 등 기존시설물 활용	소규모(100kW 미만)	②
		중규모(100kW~3MW)	
		대규모(3MW 초과)	1.0
	수상태양광	소규모(100kW 미만)	1.6
		중규모(100kW~3MW)	③
		대규모(3MW 초과)	1.2
	임야		0.5
	자가용		1.0

해답

① 0.8 ② 1.5 ③ 1.4

03 교류단상 100[V], 3[kW] 전열기의 아웃트렛트를 16[mm²] 전선을 사용하여 분전반에서 20[m] 떨어진 곳에 설치하는 경우 전압강하는 몇 [V]인가?

해답

전압강하 $e=\frac{35.6LI}{1,000A}=\frac{35.6\times20\times30}{1,000\times16}=1.34[V]$

해설 $I=\frac{P}{V}=\frac{3\times10^3}{100}=30[A]$

04 뇌서지 등의 피해로부터 태양광발전설비를 보호하기 위한 대책 3가지를 쓰시오.

해답

1) 피뢰소자를 어레이 주회로 내부에 분산시켜 설치하고 접속함에도 설치한다.
2) 저압 배전선에서 침입하는 뇌서지에 대해서는 분전반에 피뢰소자를 설치한다.
3) 뇌우 다발지역에서는 교류전원 측으로 내뢰 트랜스를 설치한다.

05 태양전지 모듈은 사업계획상 제시된 설계용량 이상이어야 하며, 설계용량의 몇 [%]를 초과하지 않아야 하는가?

해답

110[%]

06 다음과 같은 모듈의 곡선인자(Fill Factor)는?

V_{mpp}	30[V]
I_{mpp}	8[A]
V_{oc}	35[V]
I_{sc}	8.5[A]

해답

곡선인자(충진율, Fill Factor)$=\frac{P_{mpp}}{V_{oc}\times I_{sc}}=\frac{V_{mpp}\times I_{mpp}}{V_{oc}\times I_{sc}}$

$FF=\frac{30\times 8}{35\times 8.5}\times 100=80.67[\%]$

07 태양광발전 추적식 어레이에서 추적방향에 따른 분류 2가지와 추적 방식에 따른 분류 3가지를 쓰시오.

해답

1) 추적 방향에 따른 분류
   ① 단방향 추적식
   ② 양방향 추적식
2) 추적 방식에 따른 분류
   ① 감지식 추적법
   ② 프로그램 추적법
   ③ 혼합식 추적법

08 연계된 계통의 고장이나 작업 등으로 인해 분산형전원이 공통 연결점(PCC)을 통해 계통의 일부를 가압하는 단독운전 상태가 발생할 경우 해당 분산형전원 연계 시스템은 이를 감지하여 단독운전 발생 후 최대 몇 초 이내에 한전계통에 대한 가압을 중지해야 하는가?

해답

0.5초

09 배선용 차단기에서 Amper Frame[AF]이란?

해답

AF는 프레임용량으로 단락 등의 사고 시 화재 폭발 등이 발생하지 않고 흘릴 수 있는 최대용량의 전류 즉 차단기의 프레임전류이다.

해설 AF는 차단기가 정격전류에 견디는 Frame의 정격 최대정격전류로 차단기 크기를 나타낸다.

10 태양광발전부지의 기후 조건은 태양전지 모듈 최저온도 −10[℃], 최고온도 68[℃], 최대풍속 30[m/s]이다. 25[kW] 태양광 인버터에 적합한 직병렬 어레이를 설계하고자 한다. 다음 물음에 답하시오.

태양전지 모듈의 특성	
최대전력 $P_{\max}$[W]	250
개방전압 V_{oc}[V]	37.2
단락전류 I_{sc}[A]	8.6
최대전압 V_{mpp}[V]	30.3
최대전류 I_{mpp}[A]	8.2
전압온도변화율[%/℃]	−0.35
NOCT[℃]	45

인버터 특성	
최대입력전력[kW]	25
MPP 범위[V]	390~600
최대입력전압[V]	800
최대입력전류[A]	100
정격출력[kW]	25
주파수[Hz]	60

1) 태양전지 모듈의 V_{oc}, V_{mpp}를 구하시오.
   ① V_{oc}(최저 Cell온도)
   ② V_{mpp}(최저 Cell온도)
   ③ V_{oc}(최고 Cell온도)
   ④ V_{mpp}(최고 Cell온도)

2) 최대, 최소 직렬 모듈 수를 구하시오.
   ① 연중 최저 모듈표면온도에서
      - V_{oc}의 모듈 수
      - V_{mpp}의 모듈 수
   ② 연중 최고 모듈표면온도에서
      - V_{mpp}의 모듈 수

3) 최대 태양광발전이 가능한 병렬 수를 구하시오.

해답

1) 태양전지 모듈의 V_{oc}, V_{mpp}

① $V_{oc}(-10℃) = V_{oc} \times \{1 + \beta(T_{cell-\min} - 25)\}$

$$= 37.2 \times \left\{1 + \left(\frac{-0.35}{100}\right) \times (-10 - 25)\right\} = 41.757 \fallingdotseq 41.76[V]$$

② $V_{mpp}(-10℃) = V_{mpp} \times \{1 + \beta(T_{cell-\min} - 25)\}$

$$= 30.3 \times \left\{1 + \left(\frac{-0.35}{100}\right) \times (-10 - 25)\right\} = 34.01[V]$$

③ $V_{oc}(68℃) = 37.2 \times \left\{1 + \left(\frac{-0.35}{100}\right) \times (68-25)\right\}$

$= 31.60[V]$

④ $V_{mpp}(68℃) = 30.3 \times \left\{1 + \left(\frac{-0.35}{100}\right) \times (68-25)\right\}$

$= 25.739 ≒ 25.74[V]$

2) 최대, 최소 직렬 모듈 수

① 연중 최저 모듈표면온도에서

- V_{oc} 모듈 수 $= \frac{\text{PCS 최대입력전압}}{\text{모듈표면온도가 최저인 상태에서 개방전압}}$

$= \frac{800}{41.76} = 19.157$ 즉 최대모듈 수 19장

- V_{mpp} 모듈 수 $= \frac{\text{MPP 최대입력전압}}{\text{모듈표면온도가 최저인 상태에서 최대출력동작전압}}$

$= \frac{600}{34.01} = 17.64$ 즉 최대모듈 수는 17장

최대전력을 얻을 수 있는 직병렬 계산 시 $V_{oc} > V_{mpp}$이면 V_{mpp} 최대 직렬 수를 적용해야 최대전력을 얻을 수 있는 조건과 인버터 최고입력조건을 모두 만족

② 연중 최고 모듈표면온도에서

- V_{mpp} 모듈 수 $= \frac{\text{MPP 범위 최솟값}}{\text{모듈표면온도가 최고인 상태에서 최대출력동작전압}}$

$= \frac{390}{25.74} = 15.15$ 즉 최소모듈 수는 16장

3) 최대 태양광발전이 가능한 병렬 수

- 16직렬일 때 $\frac{25}{16 \times 0.25} = 6.25 \Rightarrow 6$병렬

출력 $= 250 \times 16 \times 6 = 24,000[W]$

- 17직렬일 때 $\frac{25}{17 \times 0.25} = 5.88 \Rightarrow 5$병렬

출력 $= 250 \times 17 \times 5 = 21,250[W]$

∴ 16직렬 6병렬에서 최대전력 생산

11 **태양광발전에 사용되는 인버터의 기능 6가지를 쓰시오.**

해답

1) 직류를 교류로 변환하는 기능
2) 자동운전 정지기능
3) 자동전압 조정기능
4) 최대전력 추종제어 기능
5) 단독 운전방지 기능
6) 직류 검출 기능

12 **태양전지의 출력을 스스로 감지하여 자동적으로 운전을 수행하고 출력을 얻을 수 없으면 정지하는 인버터의 기능은?**

해답

자동운전 정지 기능

13 **변환효율이 95[%]이고 추적효율이 92[%]일 때 인버터의 정격효율을 구하시오.**

해답

정격효율 = 변환효율 × 추적효율

= (0.95 × 0.92) × 100 = 87.4[%]

14 **태양광발전설비 구조물의 구조계산에 적용되는 설계하중 4가지를 쓰시오.**

해답

1) 고정하중
2) 풍하중
3) 적설하중
4) 지진하중

15 태양전지 모듈의 조립 시 주의사항 4가지를 쓰시오.

해답

1) 태양전지 모듈의 파손방지를 위해 충격이 가지 않도록 조심한다.
2) 태양전지 모듈의 인력 이동시 2인1조로 한다.
3) 구조물의 높이로 인한 장비 사용 시 정확한 수신호로 충격을 방지한다.
4) 접속하지 않은 모듈의 리드선은 빗물 등 이물질이 유입되지 않도록 보호테이프로 감는다.

16 낮은 위도 지역에서도 태양광 어레이의 경사각을 두는 이유는?

해답

강우로 인한 자정 효과를 얻기 위해

17 태양광 어레이 이격거리 산정과 관계가 있는 3가지 요소를 쓰시오.

해답

1) 태양전지 모듈 길이
2) 태양전지 모듈 경사각
3) 태양 고도각(입사각)

해설

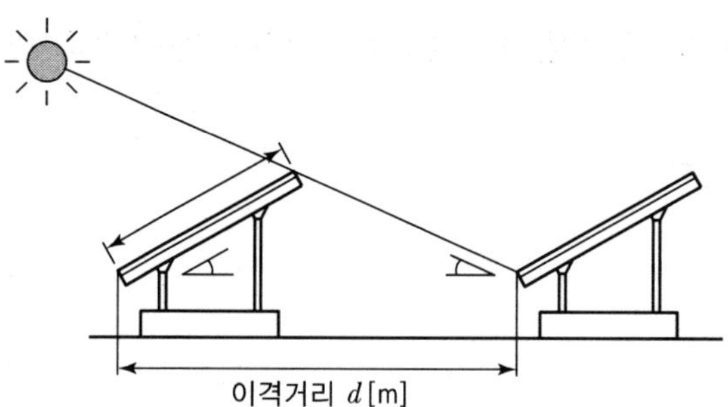

여기서, L : 태양전지 모듈 길이　　α : 태양전지 모듈 경사각
β : 태양 고도각(입사각)

이격거리 $d = L \times \{\cos\alpha + \sin\alpha \times \tan(90° - \beta)\}$ [m]

004 실전 최종 점검 문제 4회

※ 해당 기출문제는 수험생의 기억에 의해 복원된 문제로, 실제 문제와 상이할 수 있습니다.

01 태양광발전시스템의 점검 중 유지보수 요원의 감각기관에 의거 시각점검, 비정상적인 소리, 냄새 등을 통해 시설물의 외부에서 실시하는 점검의 명칭을 쓰시오.

해답

일상점검

02 다음 표에서 ①~⑦에 들어갈 재료의 할증률[%]을 쓰시오.

종류		할증률[%]
전선	옥외	①
	옥내	②
케이블	옥외	③
	옥내	④
전선관	옥외	⑤
	옥내	⑥
합성수지파형 전선관		⑦

해답

① 5　② 10　③ 3　④ 5

⑤ 5　⑥ 10　⑦ 3

03 개방전압 측정 시 감전방지 대책 3가지를 쓰시오.

해답

1) 절연 장갑을 착용한다.
2) 절연 처리된 계측장비나 공구를 사용한다.
3) 비 오는 날에는 미소전압이 발생하므로 주의하여 측정한다.

04 **다음 그림에서 (A), (B)의 명칭을 쓰시오.**

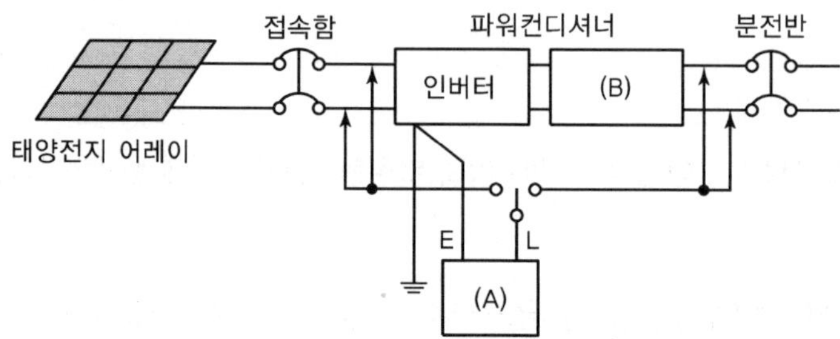

해답

(A) 절연저항계
(B) 절연변압기

05 **일반부지에 500[kW] 태양광발전설비를 설치하고, 1일 평균발전시간이 3.4시간, SMP 단가가 75[원/kWh], REC단가가 135[원/kWh]일 때 다음 물음에 답하시오.**

1) 시스템 이용률[%]은?
2) kWh당 판매단가(원/kWh)는?(단, 단가는 소수 첫째 자리에서 반올림한다.)
3) 월간 발전량(kWh/월)은?(단, 월은 30일)

해답

1) 시스템 이용률 $= \dfrac{\text{일평균 발전시간}}{24\text{시간}} \times 100[\%]$

$= \dfrac{3.4}{24} \times 100 = 14.166 ≒ 14.17[\%]$

2) kW당 판매단가

판매단가 = SMP + REC × 가중치

$= 75 + 135 \times \left\{\left(\dfrac{99.999}{500} \times 1.2\right) + \left(\dfrac{500 - 99.999}{500} \times 1.0\right)\right\}$

$= 75 + 135 \times 1.0399$

$= 215.399 ≒ 215$[원/kWh]

3) 월간 발전량 = 500[kWh] × 3.4[h] × 30[일]

= 51,000[kWh/월]

06 태양광발전용량을 80[kW] 설치부지에 모듈 내 셀의 접합점 온도가 최저 −13[℃], 최고 68.5[℃]일 때, 직병렬 어레이를 설계하고자 한다. 각 물음에 대한 계산과정과 답을 쓰시오.(단, 직류 측 전압강하는 3[%]로 한다.)

태양전지 모듈의 특성	
최대전력 $P_{\max}$[W]	300
개방전압 V_{oc}[V]	44.9
단락전류 I_{sc}[A]	8.78
최대전압 V_{mpp}[V]	36.1
최대전류 I_{mpp}[A]	8.32
전압온도변화율[%/℃]	−0.3
NOCT[℃]	46

인버터 특성	
최대입력전력[kW]	80
MPP 범위[V]	450~850
최대입력전압[V]	900
최대입력전류[A]	182
정격출력[kW]	80
주파수[Hz]	60

1) 주위온도 −13[℃], 68.5[℃]에서의 태양전지 모듈의 V_{oc}, V_{mpp}를 구하시오.

2) 최대, 최소 직렬 모듈 수를 구하시오.

3) 최대 태양광발전이 가능한 직병렬 수를 결정하시오.

해답

1) ① 최저셀온도(−13℃)일 때 V_{oc}, V_{mpp}

- $V_{oc}(-13℃) = V_{oc}\{1+\beta(T_{cell}-25)\}$

$$= 44.9\left\{1+\left(\frac{-0.3}{100}\right)(-13-25)\right\}$$

$$= 50.018 ≒ 50.02$$

- $V_{mpp}(-13℃) = V_{mpp}\{1+\beta(T_{cell}-25)\}$

$$= 36.1\left\{1+\left(\frac{-0.3}{100}\right)(-13-25)\right\}$$

$$= 40.215 ≒ 40.22[\text{V}]$$

② 최고셀온도(68.5℃)일 때, V_{oc}, V_{mpp}

- $V_{oc}(68.5℃) = 44.9\left\{1+\left(\frac{-0.3}{100}\right)(68.5-25)\right\} = 39.04[\text{V}]$

- $V_{mpp}(68.5℃) = 36.1\left\{1+\left(\frac{-0.3}{100}\right)(68.5-25)\right\} = 31.388 ≒ 31.39[\text{V}]$

2) ① 최대 직렬 모듈 수(V_{oc}의 직렬 수, V_{mpp} 직렬 수 중 낮은 값 선택)

- V_{oc} 모듈 수 $= \dfrac{\text{인버터(PCS) 최대입력전압}}{\text{모듈표면온도가 최저인 상태에서 개방전압}(V_{oc})}$

개방전압은 전류가 0일 때이므로 전압강하는 적용하지 않는다.

• V_{mpp} 모듈 수= $\dfrac{\text{MPP 최댓값}\times(1+\text{전압강하})}{\text{모듈표면온도가 최저인 상태에서 최대전압}(V_{mpp})}$

• V_{oc} 모듈 수= $\dfrac{900}{50.02}=17.992$에서 17직렬

• V_{mpp} 모듈 수= $\dfrac{850\times1.03}{40.22}=21.767$에서 21직렬

최대전력을 얻을 수 있는 직병렬 수 계산 시 $V_{oc}<V_{mpp}$이면 최대 직렬 수 V_{oc}를 적용해야 최대전력을 얻을 수 있는 조건과 인버터 최고전압 조건을 모두 만족

② 최소 직렬 모듈 수

$=\dfrac{\text{인버터(PCS) 최소입력전압}\times(1+\text{전압강하})}{\text{모듈표면온도가 최고인 상태의 최대출력동작전압}(V_{mpp})}$

$=\dfrac{450\times1.03}{31.39}=14.765$에서 15직렬

3) 최대 태양광발전이 가능한 직병렬 수

• 17직렬일 때= $\dfrac{80}{0.3\times17}=15.69$에서 15병렬

발전량 $=17\times15\times0.3=76.5$[kW]

• 16직렬일 때= $\dfrac{80}{0.3\times16}=16.67$에서 16병렬

발전량 $=16\times16\times0.3=76.8$[kW]

• 15직렬일 때= $\dfrac{80}{0.3\times15}=17.78$에서 17병렬

발전량 $=15\times17\times0.3=76.5$[kW]

∴ 최대 발전 가능한 직병렬 수는 16직렬 16병렬일 때이다.

07 태양광발전시스템 인버터의 직류 측과 교류 측과의 절연방식 중 고주파 절연방식에 대하여 설명하시오.

해답

고주파 절연방식

1) 회로도

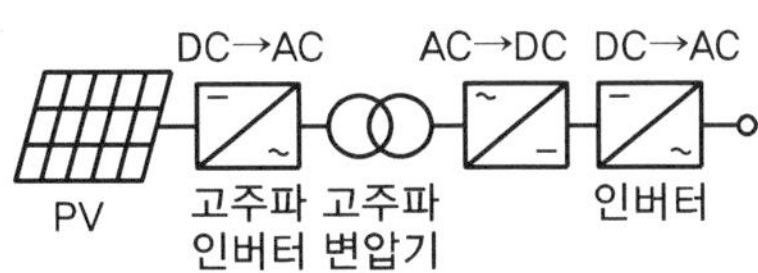

2) 설명(개요)

태양전지의 직류출력을 고주파교류로 변환한 후 소형 고주파 변압기로 절연하고, 그 후 직류로 변환하고 다시 인버터로 상용주파의 교류로 변환하는 절연방식이다.

08 시방서의 종류 중 모든 공사의 공통적인 사항을 규정하는 시방서의 명칭을 쓰시오.

해답

표준시방서

09 태양전지 어레이의 육안점검 시 점검항목 3가지를 쓰시오.

해답

1) 모듈 표면의 오염 및 파손
2) 지지대의 부식 및 녹
3) 외부배선(접속케이블)의 손상

10 ESS(에너지저장장치)의 축전지가 갖추어야 할 조건 5가지를 쓰시오.

해답

1) 과충전 과방전에 강할 것
2) 자기 방전율이 낮을 것
3) 방전 내량이 클 것
4) 수명이 길고 가격이 저렴할 것
5) 에너지 밀도가 높을 것

11 태양전지 모듈의 신뢰성 검사항목 5가지를 쓰시오.

해답

1) 내열성 검사
2) 내습성 검사
3) 내풍압 검사
4) 온도사이클 테스트
5) 자외선 피복시험

12 역송병렬 저압계통 연계형 태양광발전시스템의 기본적인 보호계전기 4가지를 쓰시오.

해답

1) 과전압 계전기(OVR)
2) 저전압 계전기(UVR)
3) 과주파수 계전기(OFR)
4) 저주파수 계전기(UFR)

13 다음 조건을 고려하여 독립형 태양광발전시스템용 축전지 용량을 구하시오.

[조건]

- L_d(1일의 적산 부하 전력량) : 3.4[kWh]
- D_f(태양 빛이 없는 날) : 8일
- L(보수율) : 0.8
- V_b(축전지 공칭 전압) : 2[V]
- N(축전지 개수) : 50개
- DOD(방전심도) : 65[%]

해답

$$축전지용량\ C = \frac{L_d \times D_f \times 1,000}{L \times V_b \times N \times DOD}$$

$$= \frac{3.4 \times 8 \times 1,000}{0.8 \times 2.0 \times 50 \times 0.65}[\text{Ah}]$$

$$= 523.077 \fallingdotseq 523.08[\text{Ah}]$$

14 내용연수가 20년인 태양전지 모듈을 12년 사용한 경우 잔존율을 계산하시오.

해답

$$설비의\ 잔존율 = \frac{설비의\ 내용연수 - 경과연수}{설비내용연수} \times 100[\%]$$

$$= \frac{20-12}{20} \times 100 = 40[\%]$$

15 태양광발전소 설계 시 수변전실의 면적에 영향을 주는 요소 5가지를 쓰시오.

해답

1) 수전전압 및 수전방식
2) 변전실 변압방식 및 변압기 용량 수량
3) 설치기기와 큐비클의 종류 및 시방
4) 기기의 배치 방법 및 유지보수 시 필요면적
5) 건축물의 구조적 여건

16 태양전지 모듈의 단락전류가 9.8[A]인 경우 역류방지소자의 용량은 최소 얼마로 하여야 하는지를 계산과정과 답을 쓰시오.

해답

1) 계산과정
   역류방지소자 용량=모듈의 단락전류×1.4=9.8×1.4=13.72[A]
2) 답 : 13.72[A]

17 검출기로 검출된 데이터를 컴퓨터 및 먼 거리에 설치된 표시장치에 전송하기 위한 기기의 명칭을 쓰시오.

해답

신호변환기(Transducer)

18 다음 그림을 보고 각 물음에 답하시오.

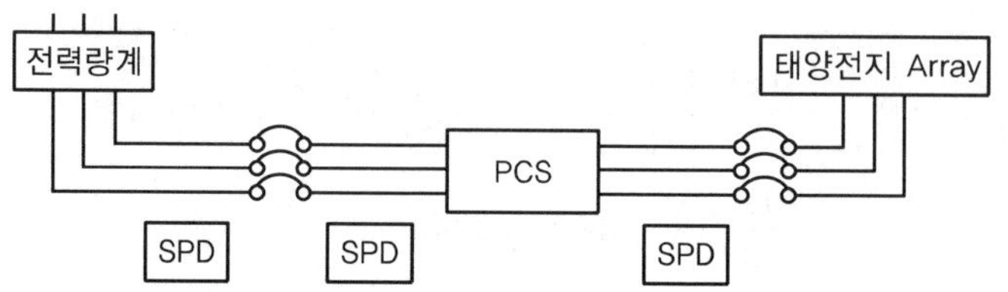

1) 그림에 SPD 결선을 완성하시오.
2) SPD의 구비조건 3가지를 쓰시오.
3) 침입경로 3가지를 쓰시오.
4) 어떤 상황에서 SPD가 동작하는지 쓰시오.

해답

1) SPD 결선도 완성

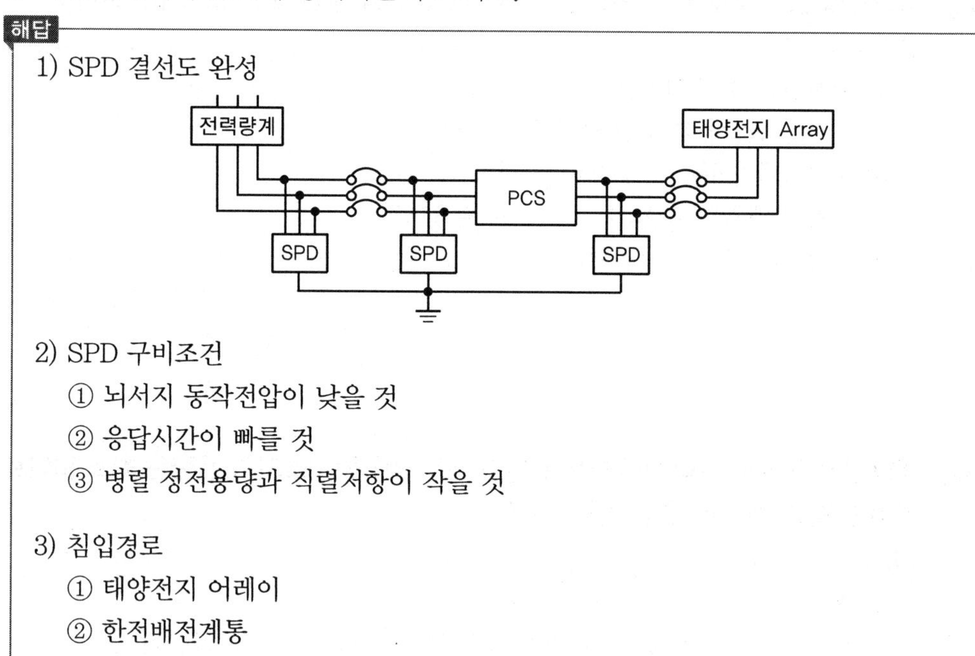

2) SPD 구비조건
   ① 뇌서지 동작전압이 낮을 것
   ② 응답시간이 빠를 것
   ③ 병렬 정전용량과 직렬저항이 작을 것

3) 침입경로
   ① 태양전지 어레이
   ② 한전배전계통
   ③ 접지극

4) SPD 동작상황
   뇌서지가 경로를 통해 침입 시 동작

005 실전 최종 점검 문제 5회

※ 해당 기출문제는 수험생의 기억에 의해 복원된 문제로, 실제 문제와 상이할 수 있습니다.

01 안전장비 정기점검, 관리, 보관요령 4가지를 쓰시오.

해답

1) 청결하고 습기가 없는 장소에 보관할 것
2) 보호구 사용 후에는 손질을 하여 항상 깨끗이 보관할 것
3) 세척한 후에는 완전히 건조시켜 보관할 것
4) 한 달에 한 번 이상 책임 있는 감독자가 점검할 것

02 직렬 스트링의 출력 전력이 아래와 같을 때 총 발전량을 산출하시오.

100[W] — 100[W] — 100[W] — 85[W] — 80[W] — 100[W] — 100[W] — 100[W]

해답

총발전량 = 80[W] × 8 = 640[W]

해설 직렬스트링의 출력전력은 최소 발전 모듈에 의해 발전량이 제한된다.

03 다음 표에서 ①~⑦에 들어갈 재료의 할증률[%]을 쓰시오.

종류		할증률[%]
전선	옥외	①
	옥내	②
케이블	옥외	③
	옥내	④
전선관	옥외	⑤
	옥내	⑥
합성수지파형 전선관		⑦

해답

① 5	② 10	③ 3	④ 5
⑤ 5	⑥ 10	⑦ 3	

04 다음 표의 ①~④에 알맞은 차단기의 영문 약어와 한글 명칭을 쓰시오.

설명	영문 약어(한글 명칭)
고진공 밸브 내에서 아크를 확산 소호 차단	①
SF_6 가스를 소호 매체로 사용하여 소호 차단	②
공기 중에서 아크를 길게 하여 소호 차단	③
강력한 압축공기를 아크에 불어서 소호 차단	④

해답

① VCB(진공차단기)
② GCG(가스차단기)
③ ACB(기중차단기)
④ ABB(공기차단기)

05 태양광발전시스템에서 여러 개의 태양전지 모듈의 스트링을 하나의 접속점에 모이게 하는 것의 명칭과 설치목적에 대해 설명하시오.

해답

1) 명칭 : 접속함
2) 설치 목적 : 보수, 점검 시 회로를 분리하거나 점검의 편리성을 위해 설치

06 모듈길이 1.25[m], 경사각 32°, 차광각 29°일 경우 태양광발전시스템을 설계하려고 한다. 다음 물음에 답하시오.(단, L : 모듈너비, β : 경사각, ϕ : 차광각이다.)

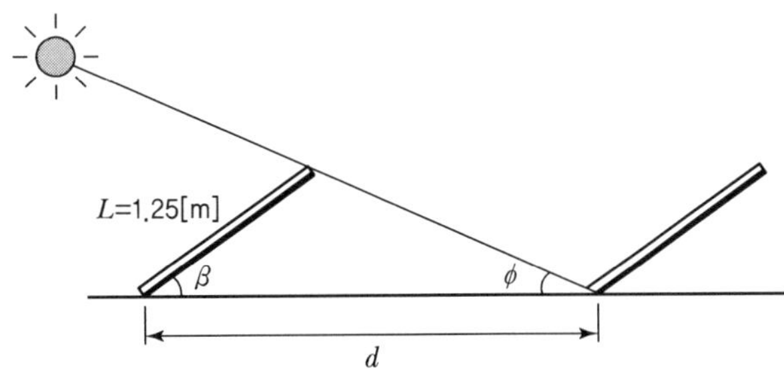

1) 설계 모듈 간 최소 이격거리 d를 계산하시오.
   - 계산과정 :
   - 답 :

2) 대지(면적) 이용 인자 f를 구하시오.
   - 계산과정 :
   - 답 :

해답

1) • 계산과정

모듈 간 최소 이격거리 $d = L \times \{\cos\theta + \sin\theta \times \tan(90-\beta)\}$

$d = 1.25 \times \{\cos 32° + \sin 32° \times \tan(90-29)\}$

$= 2.255 ≒ 2.26[\text{m}]$

• 답 : 2.26[m]

2) • 계산과정

대지 이용 인자 $f = \dfrac{\text{모듈길이}}{\text{모듈 간 이격거리}} = \dfrac{L}{d}$

$= \dfrac{1.25}{2.26} ≒ 0.5530 = 0.55$

• 답 : 0.55

07 **접지저항측정기(접지테스터)의 접지전극과 보조전극으로 접지저항을 측정하려고 한다. 다음 (　　) 안에 알맞은 내용을 쓰시오.**

[측정방법]
접지전극과 보조전극의 간격은 (①)로 하고 (②)에 가까운 형태로 설치한다. 접지극 전선을 접지저항계의 (③) 단자에 접속하고 보조전극 전선을 (④)단자, (⑤) 단자에 접속한다.

해답

① 10[m]　　② 직선
③ E　　④ P
⑤ C

08 **기초의 종류 5가지를 쓰시오.**

해답

1) 독립 기초　　2) 연속기초
3) 말뚝 기초　　4) 피어기초
5) 케이슨 기초

09 **다음은 태양광발전시스템의 가대 · 설계 · 절차 순서도이다. ①, ②에 들어갈 알맞은 내용을 답란에 쓰시오.**

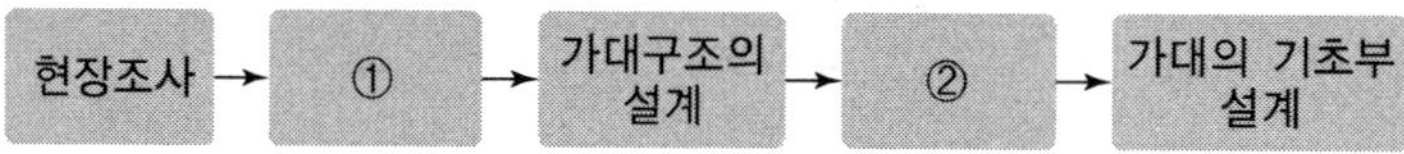

해답

① 태양전지 모듈의 배열결정
② 가대의 강도계산

10 태양광발전용량 100[kW] 설치가능 지역의 최저온도 -15[℃], 최고온도는 38[℃]에 적합한 직병렬 어레이 수를 구하고자 한다. 다음 각 물음에 대하여 계산과정과 답을 쓰시오.(단, 직류 측 전압강하를 3[%]로 하고, 최대 직렬 수는 최저온도만 적용한다.)

태양전지 모듈의 특성	
최대전력 P_{max}[W]	340
개방전압 V_{oc}[V]	46.4
단락전류 I_{sc}[A]	9.54
최대전압 V_{mpp}[V]	37.7
최대전류 I_{mpp}[A]	9.02
전압온도변화율[%/℃]	-0.30

인버터 특성	
최대입력전력[kW]	110
MPP 범위[V]	470~850
최대입력전압[V]	900
최대입력전류[A]	152
정격출력[kW]	100
주파수[Hz]	60

1) 최저온도일 때 태양전지 모듈의 V_{oc}, V_{mpp}를 구하시오.

① $V_{oc}(-15℃)$

② $V_{mpp}(-15℃)$

2) 최대 직렬 모듈 수를 구하시오.

3) 최소 병렬회로 수를 구하시오.

해답

1) 최저온도일 때 모듈의 V_{oc}, V_{mpp}

① $V_{oc}(-15℃) = V_{oc}\{1+\beta(T_{cell}-25)\}$

$$= 46.4\left\{1+\left(\frac{-0.3}{100}\right)(-15-25)\right\} = 51.968 ≒ 51.97[V]$$

② $V_{mpp}(-15℃) = V_{mpp}\{1+\beta(T_{cell}-25)\}$

$$= 37.7\left\{1+\left(\frac{-0.3}{100}\right)(-15-25)\right\} = 42.224 ≒ 42.22[V]$$

2) 최대 직렬 모듈 수

• $\text{최대 직렬 수} = \dfrac{\text{PCS 최고입력전압}}{\text{모듈표면온도가 최저일 때 개방전압}(V_{oc})}$

$= \dfrac{900}{51.97} = 17.317$에서 17직렬

개방전압은 전류가 0일 때이므로 전압강하는 고려하지 않는다.

• $\text{최대 직렬 수} = \dfrac{\text{MPP 최댓값}\times(1+\text{전압강하})}{\text{모듈표면온도가 최저일 때 최대전압}(V_{mpp})}$

$= \dfrac{850\times1.03}{42.22} = 20.7366$에서 20직렬

최대전력을 얻을 수 있는 직병렬 수 계산 시 $V_{oc} < V_{mpp}$이면 최대 직렬 수 V_{oc}값을 적용해야 최대전력을 얻을 수 있는 조건과 인버터 최고전압 조건을 모두 만족

3) 최소 병렬 수

$$\text{최소 병렬 수} = \frac{\text{발전용량}}{\text{모듈최대전력} \times \text{최대직렬모듈 수}}$$

$$= \frac{100 \times 10^3}{340 \times 17} = 17.3\text{에서 } 17\text{병렬}$$

11 파워컨디셔너의 종합적인 선정 포인트 5가지를 쓰시오.

해답

1) 연계하는 계통(한전) 측과 전압 및 전기방식이 일치하는가?
2) 수명이 길고 신뢰성이 높은 기기인가?
3) 보호장치의 설정이나 시험은 간단한가?
4) 설치는 용이한가?
5) 국내외 인증된 제품인가?

12 최대 전력 추종제어 기능(MPTT : Maximum Power Point Tracking)에 대하여 쓰시오.

해답

태양전지 어레이에서 발생되는 시시각각의 전압과 전류를 최대 출력으로 변환하기 위하여 태양전지 셀의 일사강도-온도 특성 또는 태양전지 어레이의 전압-전류 특성에 따라 최대 출력운전이 될 수 있도록 추종하는 기능

13 태양전지 모듈의 표준시험(STC) 조건 3가지를 쓰시오.

해답

1) 소자 접합온도 : 25[℃]
2) 대기 질량지수 : AM 1.5
3) 조사강도 : 1,000[w/m^2]

14 단결정 태양전지 모듈의 사양이 다음 표와 같을 때 공칭효율을 구하시오.

공칭개방전압(V_{oc})	46.4[V]
공칭단락전류(I_{sc})	9.54[A]
공칭최대출력동작전압(V_{max})	37.7[V]
공칭최대출력동작전류(I_{max})	9.02[A]
모듈 크기($L\times W\times T$)	1,960×1,000×46[mm]

해답

태양전지 모듈의 공칭효율(변환효율) η

$$\eta=\frac{P_{max}}{P_{input}}\times 100[\%]=\frac{I_{max}\times V_{max}}{P_{input}}\times 100[\%]$$

$$=\frac{I_{max}\times V_{max}}{E\times A}=\frac{9.02\times 37.7}{1{,}000\times 1.96\times 1}\times 100[\%]=17.349 ≒ 17.35[\%]$$

$\eta=17.35[\%]$

15 다음 기호의 명칭과 기능 5가지에 대하여 쓰시오.

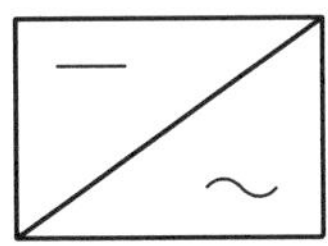

해답

1) 명칭 : 인버터(또는 PCS)
2) 기능 : ① 직류를 교류로 변환하는 기능
② 자동운전 정지기능
③ 자동전압 조정기능
④ 최대전력 추종제어 기능
⑤ 단독운전 방지기능

16 모듈에서 접속함 직류배선이 100[m]이고, 태양전지 모듈 어레이의 전압 550[V], 전류 9[A]일 때 전압강하율을 구하시오.(단, 전선의 단면적은 6[mm²]이다.)

해답

$$\text{전압강하율 } \varepsilon[\%] = \frac{\text{전압강하}(e)}{\text{수전단전압}(V_R)} \times 100[\%]$$

$$= \frac{\text{전압강하}(e)}{\text{송전단전압}(V_s) - \text{전압강하}(e)} \times 100[\%]$$

$$\text{전압강하 } e = \frac{35.6 \times L \times I}{1{,}000 \times A}[\text{V}] = \frac{35.6 \times 100 \times 9}{1{,}000 \times 6} = 5.34[\text{V}]$$

$$\therefore \ \varepsilon = \frac{5.34}{550 - 5.34} \times 100[\%] = 0.98[\%]$$

17 태양광발전시스템 준공 후 현장문서 인수, 인계 시 서류 5가지를 쓰시오.

해답

1) 준공도면
2) 준공내역서
3) 준공사진첩
4) 시공도
5) 시방서

006 실전 최종 점검 문제 6회

※ 해당 기출문제는 수험생의 기억에 의해 복원된 문제로, 실제 문제와 상이할 수 있습니다.

01 다음 설명의 (   ) 안에 알맞은 내용을 쓰시오.

- 태양광발전소에 시설하는 태양전지 전선의 공칭단면적은 (①) 이상의 연동선 또는 이와 동등 이상의 세기 및 굵기의 것일 것
- 옥내에 시설할 경우에는 공사방법을 (②), (③), (④) 또는 케이블공사로 시설할 것

해답

① 2.5[mm^2]
② 합성수지관 공사
③ 금속관 공사
④ 가요전선관공사

02 아래의 그림을 보고 인버터 절연저항 측정순서를 옳은 순서대로 나열하시오.

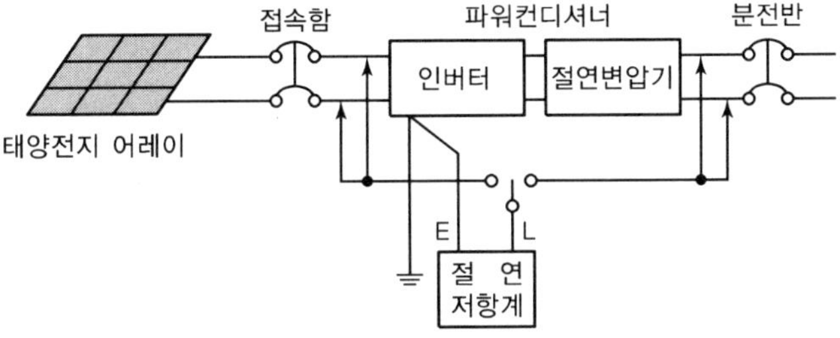

[측정순서]
㉠ 직류단자와 대지 간의 절연저항을 측정한다.
㉡ 태양전지 회로를 접속함에서 분리한다.
㉢ 분전반 내의 분기차단기를 개방한다.
㉣ 직류 측의 모든 입력단자 및 교류 측의 전체 출력단자를 각각 단락한다.

해답

㉡ → ㉢ → ㉣ → ㉠

03 납(연)축전지의 정격용량 100[Ah], 상시 부하 2[kW], 표준전압 100[V]인 부동 충전 방식의 충전기 2차 충전전류를 계산하시오.(단, 상용전원 정전시의 비상 부하용량은 3[kW]이다.)

해답

$$2\text{차 충전전류} = \frac{\text{축전지의 정격용량}}{\text{표준 시간율}} + \frac{\text{상시부하}}{\text{표준전압}}$$

$$= \frac{100}{10} + \frac{2{,}000}{100} = 30[\text{A}]$$

04 안전 보호구 4가지를 쓰시오.

해답

1) 안전모
2) 안전대
3) 안전화
4) 안전허리띠

해설 안전보호구

5) 절연장갑

05 아래 모듈에 들어가는 소자(다이오드)의 명칭을 쓰고, 역할을 간단히 설명하시오.

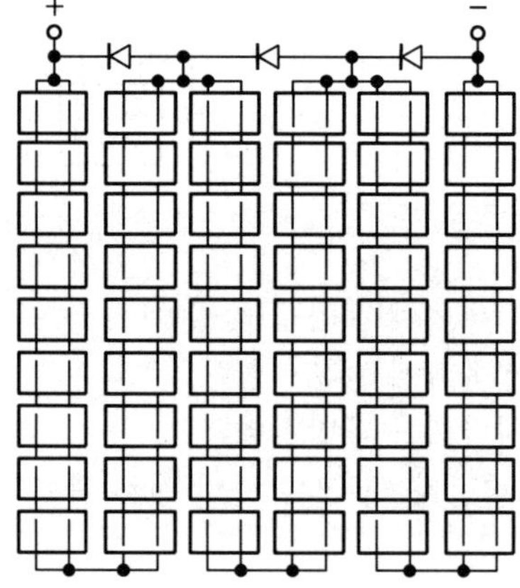

해답

1) 소자 명칭 : 바이패스 다이오드(Bypass Diode)
2) 역할 : 셀의 오염 또는 음영 발생 시 오염된 회로를 바이패스시켜 셀을 보호한다.

06 태양전지 모듈의 사양이 다음과 같을 때 충진율(FF)을 계산하시오.(단, 소수 셋째 자리에서 반올림할 것)

개방전압 V_{oc}[V]	36.0
단락전류 I_{sc}[A]	8.6
최대출력 시 전압 V_{mpp}[V]	28.3
최대출력 시 전류 I_{mpp}[A]	7.0

해답

충진율 $FF = \dfrac{V_{mpp} \times I_{mpp}}{V_{oc} \times I_{sc}} = \dfrac{28.3 \times 7}{36 \times 8.6} = 0.6399 \fallingdotseq 0.64$

07 지붕에 설치하는 모듈 설치 방식의 형태 3가지를 쓰시오.

해답

1) 경사지붕형
2) 평지붕형
3) 건물일체형

08 인버터의 회로방식에는 대표적인 방식 3가지가 있다. 회로도를 보고 명칭과 회로방식에 대한 설명을 답란에 쓰시오.

회로도	명칭	설명
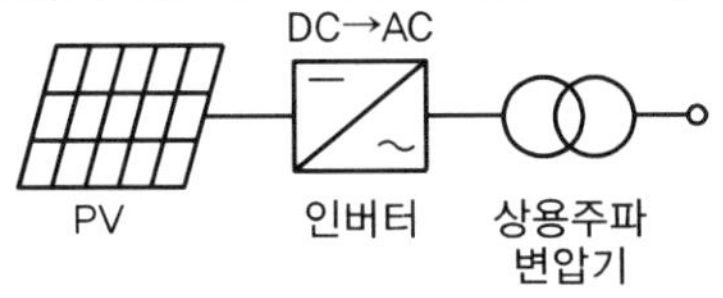 DC→AC PV 인버터 상용주파 변압기		
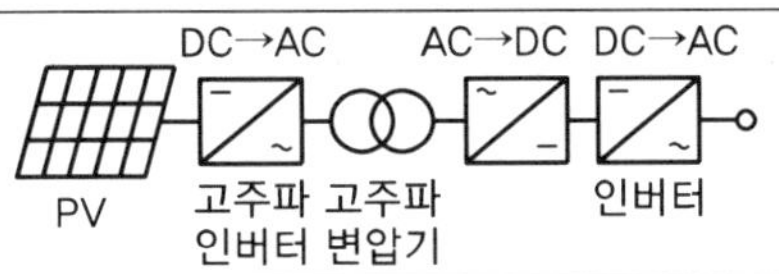 DC→AC AC→DC DC→AC PV 고주파 인버터 고주파 변압기 인버터		
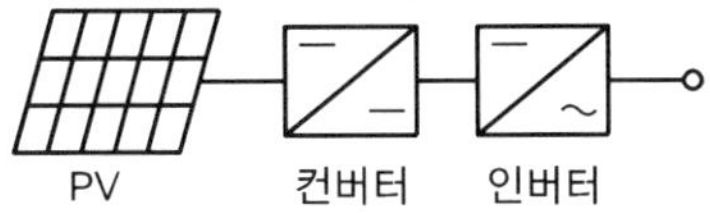 PV 컨버터 인버터		

해답

회로도	명칭	설명
DC→AC / PV / 인버터 / 상용주파 변압기	상용주파 절연방식	태양전지의 직류출력을 상용주파의 교류로 변환한 후 상용주파 변압기로 절연한다.
DC→AC / AC→DC / DC→AC / PV / 고주파 인버터 / 고주파 변압기 / 인버터	고주파 절연방식	태양전지의 직류 출력을 고주파교류로 변환한 후 소형의 고주파 변압기로 절연을 하고, 그 후 직류로 변환하고 다시 상용주파의 교류로 변환한다.
PV / 컨버터 / 인버터	무 변압기 방식	태양전지의 직류를 DC/DC 컨버터로 승압 후, DC/AC 인버터로 상용주파수의 교류로 변환한다.

09 **태양광발전소 부지 및 조건이 다음과 같을 때 물음에 답하시오.(단, 모듈은 사방에 3[m]의 이격을 두고 설치하는 것으로 한다.)**

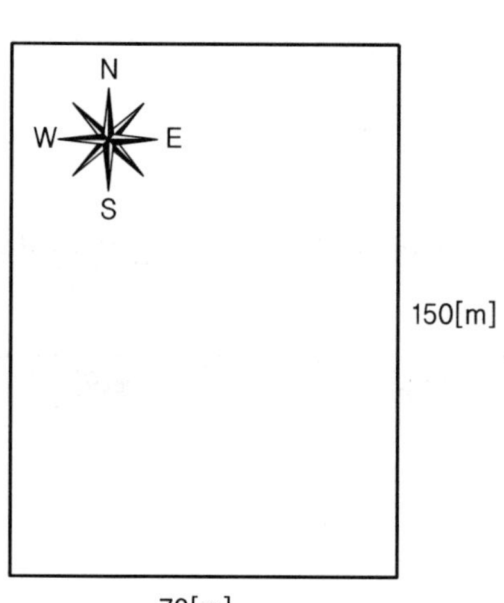

모듈 경사각	33°
태양의 고도각(발전한계)	25°
모듈 크기	1.8×0.95[m]
모듈 정격용량	250[Wp]
셀의 온도(최저)	−10℃
셀의 온도(최고)	72.5℃
온도계수 $\beta(V_{oc},\ V_{mpp})$	−0.28[%/℃]
V_{oc}	37.5[V]
V_{mpp}	30.5[V]
PCS 용량[kWp]	650[kWp]
PCS 최고입력전압	1,000[V]
MPP 범위	480~820[V]

1) 모듈 간 이격거리
2) 3단 가로배치 장수
3) 3단 세로배치 가능열수
4) 총 모듈 수
5) 총 출력[kW]

6) $V_{oc}(-10[℃])$
7) $V_{mpp}(72.5[℃])$
8) 최대 직렬 장수
9) 최소 직렬 장수
10) 최대 출력을 얻을 수 있는 직렬 수 및 병렬 수

해답

1) 모듈 간 이격거리 d

$$d = L \times \{\cos\alpha + \sin\alpha \times \tan(90° - \beta)\}$$
$$= 1.8 \times \{\cos 33° + \sin 33° \times \tan(90 - 25)\}$$
$$= 3.6119 ≒ 3.61[m]$$

2) 3단 가로배치 장수

가로장수 $= (70-3-3) \div 0.95 = 67.36$ ∴ 67장

3) 3단 세로배치 가능열수

세로배치 $= (150-6) \div 3.61 = 39.889$

마지막 뒷열은 그림자를 고려하지 않아도 되므로

$39 \times 3.61 = 140.79[m]$이므로

$39 \times 3.61 + 1.8 \times \cos 33 = 142.299 < 144[m]$

∴ 40열까지 배치 가능

4) 총 모듈 수 = 가로배치 수 × 세로배치 수

$= 67 \times 40 = 2{,}680$

5) 총 출력[kW]

P_{max} = 총 모듈 수 × 모듈 1장 출력

$= 2{,}680 \times 250 \times 10^{-3} = 670[kW]$

6) $V_{oc}(-10[℃]) = V_{oc} \times \{1 + \beta \times (T_{cell-min} - 25)\}$

$$= 37.5 \times \left\{1 + \left(\frac{-0.28}{100}\right)(-10 - 25)\right\}$$
$$= 41.175 ≒ 41.18[V]$$

7) $V_{mpp}(72.5[℃]) = V_{mpp} \times \{1 + \beta \times (T_{cell-max} - 25)\}$

$$= 30.5 \times \left\{1 + \left(-\frac{0.28}{100}\right)(72.5 - 25)\right\}$$
$$= 26.443 ≒ 26.44[V]$$

8) 최대 직렬 장수

$$\text{최대 직렬 수} = \frac{\text{PCS 최대전압}}{\text{모듈표면온도가 최저인 상태에서 개방전압}}$$
$$= \frac{1{,}000}{41.18} = 24.283$$

∴ 최대 직렬 수는 24장

9) 최소 직렬 장수

$$\text{최소 직렬 수} = \frac{\text{MPP 최소입력 전압}}{\text{모듈표면온도가 최대인 상태에서 최대전압}}$$

$$= \frac{480}{26.44} = 18.154$$

∴ 최소 직렬 수는 19장

10) 최대 출력을 얻을 수 있는 직렬 수 및 병렬 수

- 24직렬일 때 $\frac{670}{0.25 \times 24} = 111.666$ → 병렬 수 111

  출력 $= 24 \times 111 \times 250 = 666,000[W]$
- 23직렬일 때 $\frac{670}{0.25 \times 23} = 116.521$ → 병렬 수 116

  출력 $= 23 \times 116 \times 250 = 667,000[W]$
- 22직렬일 때 $\frac{670}{0.25 \times 22} = 121.818$ → 병렬 수 121

  출력 $= 22 \times 121 \times 250 = 665,500[W]$
- 21직렬일 때 $\frac{670}{0.25 \times 21} = 127.619$ → 병렬 수 127

  출력 $= 21 \times 127 \times 250 = 666,750[W]$
- 20직렬일 때 $\frac{670}{0.25 \times 20} = 134$ → 병렬 수 134

  출력 $= 20 \times 134 \times 250 = 670,000[W]$
- 19직렬일 때 $\frac{670}{0.25 \times 19} = 141.052$ → 병렬 수 141

  출력 $= 19 \times 141 \times 250 = 669,750[W]$

∴ 최대 출력을 얻을 수 있는 직병렬 수는 20직렬 134병렬일 때이다.

10 태양광 인버터 효율의 종류 중 추적효율이란 무엇인지 간단히 설명하시오.

해답

- 태양광발전시스템용 파워컨디셔너가 일사량과 온도변화에 따른 최대 전력점을 추적하는 효율
- $\text{추적효율} = \frac{\text{운전최대출력[kW]}}{\text{일조량과 온도에 따른 최대출력[kW]}} \times 100[\%]$

11 태양광 인버터의 단독운전 방지기능 중 수동적 방식 3가지를 쓰시오.

해답

1) 전압위상 도약검출방식
2) 주파수 변화율 검출방식
3) 3고조파 전압 급증 검출방식

12 P－N 접합으로 구성된 태양전지(Solar Cell)에 태양광이 조사되면 광 에너지에 의한 전자－정공 쌍이 여기 되고, 전자와 정공이 이동하여 N층과 P층을 가로질러 전류가 흐르게 되는 현상을 무엇이라 하는가?

해답

광기전력 효과

13 사용 전 검사 시 태양전지의 전기적 특성 확인사항 4가지를 쓰시오.

해답

1) 최대출력
2) 개방전압 및 단락전류
3) 최대출력 전압 및 전류
4) 전력변환효율 및 충진율

14 입사광에 영향을 주는 대기 중의 광현상 4가지를 쓰시오.

해답

1) 산란
2) 굴절
3) 흡수
4) 통과 및 반사

15 **사용 전 검사 시 공사계획인가(신고)서의 내용과 일치하는지 확인하여야 하는 태양전지 모듈과 관련된 사항 4가지를 쓰시오.**

해답

1) 셀 용량 : 태양전지 셀 제작사가 설계 설명서에 제시한 용량을 기록한다.
2) 셀 온도 : 태양전지 셀 제작사가 설계 설명서에 제시한 셀의 발전 시 온도를 기록한다.
3) 셀 크기 : 제작자의 설계서상 셀의 크기를 기록한다.
4) 셀 수량 : 공사계획서상 출력을 발생할 수 있도록 설치된 셀의 전체 수량을 기록한다.

16 **아래의 그림은 태양광발전시스템의 계량기를 나타낸 것이다.**

1) 시스템의 종류를 쓰시오.
2) 결선도를 그리시오.

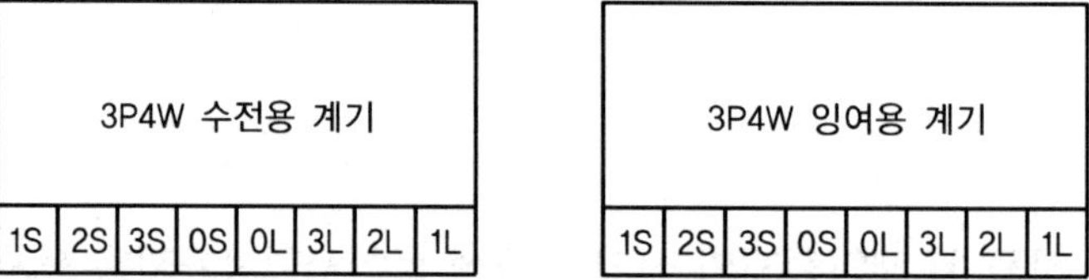

R S T N
KEPCO 전원

R S T N
태양광 발전소

해답

1) 역송병렬 계통연계형 시스템
2) 결선도

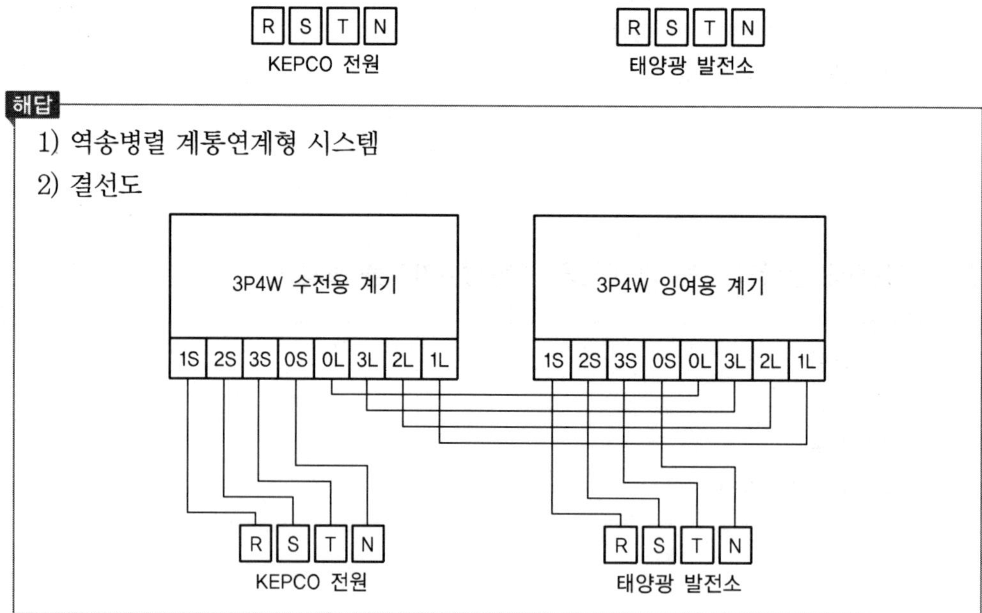

17 용량 및 전압 기준에 따라 설계감리를 받아야 할 전기설비의 대상 3가지를 쓰시오.

해답

1) 용량 80만[kW] 이상의 발전설비
2) 전압 30만[V] 이상의 송전 및 변전설비
3) 전압 10만[V] 이상의 수전설비, 구내배전설비, 전력사용 설비

18 다음 조건에 의하여 3상 4선식 1) 케이블의 굵기를 산출하고, 2) 표준 굵기를 선정하시오.

[조건]

- 1상의 부하용량 : 100[kW]
- 수전단 전압 : 380[V]
- 케이블의 길이 : 150[m]
- 전압강하율 : 2[%]
- 역률 : 90[%]

해답

1) 케이블 굵기$=\dfrac{17.8\times L\times I}{1,000e}$

① 전류 $I=\dfrac{P}{\sqrt{3}\,V\times\cos\theta}=\dfrac{100\times10^3}{\sqrt{3}\times380\times0.9}=168.815\fallingdotseq168.82$[A]

② $e=380\times0.02=7.6$[V]

케이블 굵기$=\dfrac{17.8\times150\times168.82}{1,000\times7.6}=59.309$[mm^2]

2) 표준 굵기 선정

70[mm^2] 선정

해설 KS표준 공칭 단면적[mm^2]

1.5, 2.5, 4, 6, 10, 16, 25, 35, 50, 70, 95, 120, 150

실전 최종 점검 문제 7회

※ 해당 기출문제는 수험생의 기억에 의해 복원된 문제로, 실제 문제와 상이할 수 있습니다.

01 다음 그림은 인버터에서 저압배전반까지의 입면도이다. 주어진 조건과 표를 참조하여 각 물음에 답하시오.

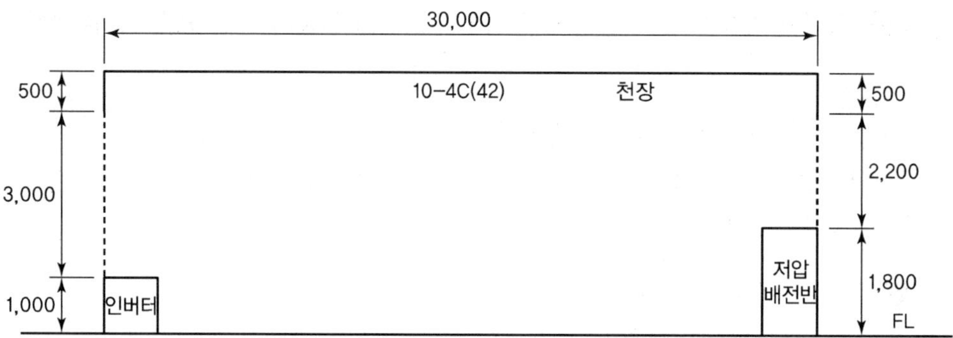

[시설조건]
- 배관공사는 천장 속과 블록벽체 노출배관공사이다.
- 배관은 합성수지 전선관을 사용한다.

[재료의 산출조건]
- 인버터 및 저압배전반의 상부를 기준으로 한다.
- 자재 산출수량과 할증수량은 소수점 첫째 자리까지 계산한다.(단, 소수점 둘째 자리 반올림), 자재별 총수량(산출수량+할증수량)은 총재료비 산출에만 적용한다.
- 인버터 및 저압배전반 케이블의 접속 여분은 각 1[m]로 한다.

[인건비 산출조건]
- 재료의 할증에 대해서는 공량을 적용하지 않는다.
- 인공 수는 소수점 이하 둘째 자리까지 계산한다.(단, 소수점 셋째 자리에서 반올림)
- 노무비의 원단위 미만은 버린다.

[재료비 산출조건]
- 재료의 할증에 대해서는 공량을 적용하지 않는다.
- 재료비의 원단위 미만은 버린다.

[표 1] 전기재료의 할증률 및 철거손실률

종류	할증률[%]	철거손실률[%]
옥외전선	5	2.5
옥내전선	10	–
케이블(옥외)	3	1.5
케이블(옥내)	5	–
전선관(옥외)	5	–
전선관(옥내)	10	–

[표 2] 전선관 배관 (단위 : m)

합성수지 전선관		후강 전선관		금속제 가요 전선관	
규격	내선전공	규격	내선전공	규격	내선전공
36[mm] 이하	0.10	36[mm] 이하	0.20	36[mm] 이하	0.087
42[mm] 이하	0.13	42[mm] 이하	0.25	42[mm] 이하	0.104
54[mm] 이하	0.19	54[mm] 이하	0.34	54[mm] 이하	0.136

[참고] • 콘크리트 매입 기준
- 블록벽체 및 철근콘크리트 노출은 120[%], 목조건물은 110[%], 철강조 노출은 125[%], 조적 후 배관 및 건축방음재(150[mm] 이상) 내 배관 시 130[%]
- 기설콘크리트 노출 공사 시 앵커볼트를 매입할 경우 앵커볼트 설치 품은 5-29 옥내 잡공사에 의하여 별도 계상하고 전선관 설치 품은 매입 품으로 계상
- 천장 속, 마루 밑 공사 130[%]

[표 3] 전력케이블 구내 설치 (단위 : m)

P.V.C 및 고무절연외장 케이블	케이블전공
600[V] 16[mm^2] 이하×1C	0.023
600[V] 25[mm^2] 이하×1C	0.030
600[V] 38[mm^2] 이하×1C	0.036

[참고] • 부하에 직접 공급하는 변압기 2차 측에 설치되는 케이블로서 전선관, 랙, 덕트, 케이블 트레이, Pit, 공동구, 새들(Saddle) 부설 기준, Cu, Al 도체 공용
- 600[V] 10[mm^2] 이하는 제어용 케이블 설치 준용
- 직매 시 80[%]
- 2심은 140[%], 3심은 200[%], 4심은 260[%]
- 연피벨트지 케이블은 120[%], 강대개장 케이블은 150[%]

1) 합성수지 전선관의 길이를 구하시오.
   - 계산과정 :
   - 답 :

2) 42[mm] 합성수지 전선관의 인공 수를 계산하시오.
   - 계산과정 :
   - 답 :

3) PVC 케이블의 길이를 구하시오.
   - 계산과정 :
   - 답 :

4) PVC 케이블의 인공 수를 계산하시오.(단, 케이블은 10[mm^2]−4C 케이블을 사용한다.)
   - 계산과정 :
   - 답 :

5) 총직접노무비를 계산하시오.(단, 노임단가 내선전공은 250,000[원], 저압케이블공은 260,000[원]으로 가정한다.)
   - 계산과정 :
   - 답 :

해답

1) 합성수지 전선관 길이
   - 계산과정 : 3+0.5+30+0.5+2.2=36.2
   - 답 : 36.2[m]

   해설 전선관 길이를 구하는 문제이므로 할증률은 적용하지 않는다.

2) 42[mm] 합성수지 전선관의 인공 수
   - 계산과정 : (3+2.2)×0.13×1.2+(0.5+30+0.5)×0.13+1.3=6.050 ≒6.05
   - 답 : 6.05[인]

   해설 [표 2]에서 합성수지관 42[mm] 이하 내선전공은 0.13, 블록벽체 및 철근콘크리트 노출은 120[%], 천장 속, 마루 밑 공사는 130[%]이다.

3) PVC 케이블의 길이
   - 계산과정 : 1+3+0.5+30+0.5+2.2+1=38.2
   - 답 : 38.2[m]

   해설 인버터 및 저압배전반 케이블의 접속 여분은 각 1[m]로 한다.

4) PVC 케이블의 인공 수
- 계산과정 : 38.2×0.023×2.6=2.284≒2.28
- 답 : 2.28[인]

해설 [표 3]에서 600[V] 16[mm^2] 이하×1C는 0.023이고, 2심은 140[%], 3심은 200[%], 4심은 260[%]이다.

5) 총직접노무비
- 계산과정 : (6.05×250,000)+(2.28×260,000)=2,105,300
- 답 : 2,105,300[원]

해설 총직접노무비=내선전공 수×노임+저압케이블전공 수×노임

02 KS C 8567(접속함)에 따라 역류방지 다이오드가 설치되는 경우 다음의 요건을 준수하여야 한다. (   ) 안에 알맞은 내용을 쓰시오.

- 개별 모듈 스트링 회로의 (①) 또는 (②)에 설치되어야 한다.
- 접속함 회로의 정격전압보다 (③)배 이상의 전압정격을 갖는다.
- 접속함 회로의 정격전류보다 (④)배 이상의 전류정격을 갖는다.

해답

① 양극 ② 음극 ③ 1.2 ③ 1.4

해설 접속함에 설치하는 역류방지 다이오드는 모듈 스트링 회로의 양극 또는 음극에 설치해야 하고, 접속회로의 정격전압보다 1.2배 이상의 정격전압을, 정격전류보다 1.4배 이상의 정격전류를 가져야 한다.

03 접속함의 육안점검 시 점검항목 4가지를 쓰시오.

해답

1) 외함의 부식 및 파손
2) 방수처리
3) 배선의 극성
4) 단자대 나사 풀림

해설 접속함 육안점검항목 및 점검요령

점검항목		점검요령
육안점검	외함의 부식 및 파손	부식 및 파손이 없을 것
	방수처리	전선 인입구가 실리콘 등으로 방수처리될 것
	배선의 극성	태양전지에서 배선의 극성이 바뀌지 않을 것
	단자대 나사 풀림	확실히 취부되고 나사의 풀림이 없을 것

04 접속함의 구성요소 4가지를 쓰시오.

해답

1) 어레이 측 차단기
2) 주(인버터 측)차단기
3) 역류방지소자
4) SPD(서지보호장치)

해설 접속함의 구성요소

1) 어레이(입력) 측 차단기
2) 주(인버터 측, 출력 측)차단기
3) 역류방지소자
4) SPD(서지보호장치)
5) 단자대
6) 트랜스듀서

05 다음은 태양광발전설비 시공기준에 관한 내용이다. (　　) 안에 알맞은 내용을 쓰시오.

수상형 태양광발전설비의 이동통로는 (①), 용융아연-알루미늄-마그네슘 합금 도금강, (②), (③) 또는 (④) 등 내식성이 높은 재질로 제작 · 설치되어야 하며 각종 하중 및 기타 진동과 충격에 대하여 안전한 구조이어야 한다.

해답

① PE
② STS
③ 알루미늄 합금
④ FRP

해설 수상형 태양광발전설비의 이동통로는 PE, 용융아연-알루미늄-마그네슘 합금 도금강, STS, 알루미늄 합금, FRP 등 내식성이 높은 재질로 제작, 설치되어야 하며 각종 하중 및 기타 진동과 충격에 대하여 안전한 구조이어야 한다.

06 다음 표는 단결정 태양전지 모듈의 특성을 나타낸 것이다. 표준시험 조건에서 충진율(Fill Factor)과 변환효율을 구하시오.

공칭 개방전압(V_{oc})	45.53[V]
공칭 단락전류(I_{sc})	8.92[A]
공칭 최대출력동작전압(V_{max})	37.14[V]
공칭 최대출력동작전류(I_{max})	8.35[A]
모듈 크기($L\times W\times T$)	1,960×985×40[mm]

해답

1) $충진율=\dfrac{P_{\max}}{I_{sc}\times V_{oc}}\times 100=\dfrac{I_{\max}\times V_{\max}}{I_{sc}\times V_{oc}}\times 100$

$=\dfrac{8.35\times 37.14}{8.92\times 45.53}\times 100=76.359 \fallingdotseq 76.36[\%]$

2) $변환효율=\dfrac{P_{\max}}{P_{input}}\times 100=\dfrac{I_{\max}\times V_{\max}}{E(표준일사강도)\times A(면적)}\times 100$

$=\dfrac{8.35\times 37.14}{1{,}000\times(1.960\times 0.985)}\times 100=16.06[\%]$

07 태양전지 모듈의 개방전압(V_{oc})이 37.1[V], 단락전류(I_{sc})가 8.76[A], 충진율(Fill Factor)이 0.77일 때, 이 모듈의 최대출력[W]을 구하시오.

해답

$충진율(FF)=\dfrac{P_{\max}}{I_{sc}\times V_{oc}}\times 100$에서

최대출력 $P_{\max}=FF\times I_{sc}\times V_{oc}$

$=0.77\times 8.76\times 37.1=250.2469\fallingdotseq 250.25[W]$

08 일반 작업용 안전모의 종류 3가지와 사용구분에 대하여 쓰시오.

해답

1) 종류 : A, B, AB

2) 사용구분
① A : 물체의 낙하 및 비래에 의한 위험을 방지 또는 경감시키기 위한 것
② B : 추락에 의한 위험을 방지 또는 경감시키기 위한 것
③ AB : 물체의 낙하 또는 비래, 추락에 의한 위험을 방지 또는 경감시키기 위한 것

해설 전기작업용 안전모

종류	사용구분
AE	물체의 낙하 및 비래에 의한 위험을 방지 또는 경감하고 머리부위의 감전 위험을 방지하기 위한 것
ABE	물체의 낙하 또는 비래, 추락에 의한 위험을 방지 또는 경감하고 머리부위의 감전 위험을 방지하기 위한 것

09 책임감리원이 분기보고서를 작성하여 발주자에게 제출하여야 하는 사항을 3가지만 쓰시오.

해답

1) 공사추진현황
2) 감리원 업무일지
3) 검사요청 및 결과통보내용

해설 책임감리원은 다음 각 호의 사항이 포함된 분기보고서를 작성하여 발주자에게 제출하여야 한다. 보고서는 매 분기 말 다음 달 7일 이내로 제출한다.

1) 공사추진현황(공사계획의 개요와 공사추진계획 및 실적, 공정현황, 감리용역현황, 감리조직, 감리원 조치내역 등)
2) 감리원 업무일지
3) 품질검사 및 관리현황
4) 검사요청 및 결과통보내용
5) 주요 기자재 검사 및 수불내용(주요 기자재 검사 및 입 · 출고가 명시된 수불현황)
6) 설계변경현황

10 분산형 전원 연계운전 시 인버터 단독운전 검출기능 중 능동적 방식의 종류 4가지를 쓰시오.

해답

1) 주파수 시프트 방식
2) 부하변동방식
3) 유효전력변동방식
4) 무효전력변동방식

해설 수동적 검출방식

1) 전압위상도약 검출방식
2) 제3고조파 전압급증 검출방식
3) 주파수 변화율 검출방식

11 인버터 표시창에 다음과 같은 내용의 이상신호가 있는 경우 어떠한 상태인지 쓰시오.

[인버터 이상신호]
Utility Line Foult
Solar Cell UV Fault

해답

1) Utility Line Foult 상태 : 한전계통 정전
2) Solar Cell UV Fault 상태 : 태양전지 저전압

12 태양광발전 모니터링 시스템의 프로그램 기능 4가지를 쓰시오.

해답

1) 데이터 수집기능
2) 데이터 저장기능
3) 데이터 분석기능
4) 데이터 통계기능

13 다음 약호의 공식 명칭을 쓰시오.

1) RCD
2) ACB

해답

1) RCD : 누전차단기
2) ACB : 기중차단기

해설 • MCCB : 배선용 차단기
• VCB : 진공차단기

14 다음 설명의 (   ) 안에 알맞은 내용을 쓰시오.

- 태양광발전소에 시설하는 태양전지 전선의 공칭단면적은 (①) 이상의 연동선 또는 이와 동등 이상의 세기 및 굵기의 것일 것
- 옥외에 시설할 경우에는 공사방법을 (②), (③), (④) 또는 케이블공사로 시설할 것

해답

① 2.5[mm^2]
② 합성수지관 공사
③ 금속관 공사
④ 가요전선관 공사

15 다음 조건을 고려하여 독립형 태양광발전시스템용 축전지 용량[Ah]을 구하시오.

[조건]

- L_d(1일의 적산 부하 전력량) : 2.4[kWh]
- D_f(태양 빛이 없는 날) : 10일
- L(보수율) : 0.8
- V_b(축전지 공칭전압) : 2[V]
- N(축전지 개수) : 50개
- DOD(방전심도) : 65[%]

해답

독립형 태양광발전용 축전지 용량 C

$$C = \frac{\text{부하전력량} \times \text{부조일수}}{\text{보수율} \times \text{공칭전압} \times \text{개수} \times \text{방전심도}} [\text{Ah}]$$

$$= \frac{2.4 \times 1{,}000 \times 10}{0.8 \times 2 \times 50 \times 0.65} = 461.538 = 461.54[\text{Ah}]$$

16 **다음은 건축도면에 대한 설명이다. 설명에 알맞은 도면의 명칭을 쓰시오.**

1) 부지에 건물을 배치한 도면으로 부지에 접하는 도로의 위치, 폭, 인접경계선에서 건물까지의 거리, 방위를 표시하며 도로에서 건물로 들어가는 방법, 수목 등의 조경계획을 도시한 도면
2) 건물의 각 층을 일정한 높이(1~1.5[m])의 수평면에서 절단한 면을 수평 투사한 도면으로 각 층의 방 배치, 출입구, 창 등의 위치를 나타내는 도면
3) 건축물의 외부 각 면에서 바라보았을 때 외관을 도면에 그린 것(주로 창호나 도어 위치 표기를 위해 사용하는 도면)

해답

1) 배치도　　2) 평면도　　3) 입면도

해설 건축도면의 종류

1) 배치도 : 부지에 건물을 배치한 도면으로 부지에 접하는 도로의 위치, 폭, 인접경계선에서 건물까지의 거리, 방위를 표시하며 도로에서 건물로 들어가는 방법, 수목 등의 조경계획을 도시한 도면
2) 투시도 : 건축주의 이해를 돕기 위해 건물의 외관 도면에 구조, 색채 등을 실물에 가깝게 만들어내는 도면
3) 평면도 : 건물의 각 층을 일정한 높이(1~1.5[m])의 수평면에서 절단한 면을 수평 투사한 도면으로 각 층의 방 배치, 출입구, 창 등의 위치를 나타내는 도면
4) 입면도 : 건축물의 외부 각 면에서 바라보았을 때 외관을 도면에 그린 것으로 각 면에 따라 정면도, 배면도, 좌측면도, 우측면도로 구분된다.(주로 창호나 도어 위치 표기를 위해 사용하는 도면)
5) 단면도 : 건물을 수직으로 잘라 옆에서 본 모양을 도면으로 그린 것(높이를 나타내는 치수와 처마와 같은 돌출 치수를 기입하기 위한 용도로 사용하는 도면)

17 **태양광발전설비를 설치할 지붕면적은 7[m]×3[m]이다. 아래 표의 태양광 모듈을 이용한 다음 물음에 답하시오.**

구분	태양광 모듈 사양
최대출력[W]	200
가로[m]	1.29
세로[m]	0.99

1) 최대 발전량을 얻을 수 있는 설치 가능 최대 모듈 수를 구하시오.
2) 설치 가능 용량[kW]을 구하시오.

해답

1) 설치 가능 최대 모듈 수 : 가로×세로

- 가로배치 : $\frac{3}{1.29} \times \frac{7}{0.99} = 2 \times 7 = 14$
- 세로배치 : $\frac{7}{1.29} \times \frac{3}{0.99} = 5 \times 3 = 15$

∴ 설치 가능 최대 모듈 수는 15장

2) 설치 가능 용량[kW]=200[W]×15=3,000[W]=3[kW]

18 **태양광발전설비의 모듈 사양이 다음 표와 같고, 주변온도가 30[℃]일 때 최대전압을 구하시오.**

정격용량	270[Wp]
개방전압(V_{oc})	38.5[V]
단락전류(I_{sc})	9.3[A]
최대전압(V_{mpp})	31.5[V]
최대전류(I_{mpp})	8.6[A]
전압온도계수(V_{oc}, V_{mpp})	−0.3[%/℃]
NOCT	47

해답

- 주변온도가 30[℃]일 때 셀온도

$$T_{cell} = T_{amb} + \frac{\text{NOCT} - 20}{800} \times 1,000$$
$$= 30 + \frac{47 - 20}{800} \times 1,000 = 63.75[℃]$$

- 셀온도가 63.75[℃]일 때 최대전압

$$V_{mpp}(63.75℃) = V_{mpp} \times \{1 + \alpha(T_{cell} - 25)\}$$
$$= 31.5 \times \left\{1 + \frac{-0.3}{100}(63.75 - 25)\right\}$$
$$= 27.838 ≒ 27.84[V]$$

19 **태양광발전 분전반에서 25[m]의 거리에 4.4[kW]의 교류 단상 220[V] 전열기를 설치하여 전압강하를 2[%] 이내가 되도록 하기 위한 전선의 굵기[mm²]를 선정하시오.(단, 배선방법은 금속관공사로, 전류 감소계수는 0.7로 하며, 전선은 공칭 단면적으로 한다.)**

전선의 공칭 단면적[mm²]
1.5, 2.5, 4, 6, 10, 16, 25, 35, 50, 70, 95

해답

전선의 굵기 $A = \dfrac{35.6L \times I}{1{,}000 \times e \times \text{감소계수}}[\text{mm}^2]$

- $L = 25[\text{m}]$
- 전류 $I = \dfrac{P}{V} = \dfrac{44[\text{kW}] \times 1{,}000}{220[\text{V}]} = 20[\text{A}]$
- 전압강하 $e = 220 \times 0.02 = 4.4[\text{V}]$
- 감소계수$=0.7$

$A = \dfrac{35.6 \times 25 \times 20}{1{,}000 \times 4.4 \times 0.7} = 5.779[\text{m}^2]$

표에서 $6[\text{mm}^2]$ 선정 $\therefore 6[\text{mm}^2]$

20 **태양광발전설비의 구조물 설계 시 고려해야 할 적설 시 단기하중 3가지를 쓰시오.**

해답

1) 고정하중 2) 적재하중 3) 적설하중

해설 1) 상정하중 : 설계하중은 수평하중과 수직하중을 고려

① 수평하중 • 풍하중 : 바람
• 지진하중

② 수직하중 • 고정하중 : 어레이+프레임+지지대
• 적설하중
• 활하중 : 건축물 및 공작물을 점유 사용함으로써 발생

2) 강구조물 설계 시 하중 조합

하중의 종류	하중의 작용상태	하중 조합
장기하중	평상시	$D+L$
단기하중	적설 시	$D+L+S$
	폭풍 시	$D+L+W$
	지진 시	$D+L+E$

여기서, D : 고정하중, L : 적재하중, S : 적설하중, W : 풍하중, E : 지진하중

008 실전 최종 점검 문제 8회

※ 해당 기출문제는 수험생의 기억에 의해 복원된 문제로, 실제 문제와 상이할 수 있습니다.

01 **다음은 건축전기설비공사 일반사항(KCS 31 10 21 : 2019)에 정의된 내용이다. 알맞은 시방서의 명칭을 쓰시오.**

건설기술진흥법령에 의하여 시설물의 안전 및 공사시행의 적정성과 품질확보 등을 위하여 시설물별로 정한 표준적인 시공기준으로서 발주자의 전문시방서 작성과 설계자가 공사시방서를 작성하는 경우에 활용하기 위한 시공기준

해답

표준시방서

02 **얕은 기초 설계기준 일반설계법(KDS 11 50 05 : 2016)의 용어정의에 의한 다음 기초의 정의를 쓰시오.**

1) 전면기초
2) 줄기초
3) 확대기초

해답

1) 전면기초 : 상부 구조물의 여러 개의 기둥을 하나의 넓은 기초 슬래브로 지지시킨 기초형식
2) 줄기초 : 벽체를 자중으로 연장한 기초로서 길이 방향으로 긴 기초
3) 확대기초 : 기초 지면의 단면을 확대한 기초형식

03 **신에너지 및 재생에너지 개발 · 이용 · 보급 촉진법령에 따라 다음 물음에 답하시오. (단, 법령에서 제시하는 내용 중 "그 밖에 석유 · 석탄 · 원자력 또는 천연가스가 아닌 에너지로서 대통령령으로 정하는 에너지"는 제외한다.)**

1) 신에너지의 종류 2가지를 쓰시오.

2) 재생에너지의 종류 3가지를 쓰시오.

해답

1) 신에너지 : 수소에너지, 연료전지

2) 재생에너지 : 태양에너지, 풍력에너지, 수력에너지

해설 1) 신에너지

① 수소에너지

② 연료전지

③ 석탄을 액화 · 가스화한 에너지 및 중질잔사유(重質殘渣油)를 가스화한 에너지로서 대통령령으로 정하는 기준 및 범위에 해당하는 에너지

2) 재생에너지

① 태양에너지

② 풍력

③ 수력

④ 해양에너지

⑤ 지열에너지

⑥ 생물자원을 변환시켜 이용하는 바이오에너지로서 대통령령으로 정하는 기준 및 범위에 해당하는 에너지

⑦ 폐기물에너지로서 대통령령으로 정하는 기준 및 범위에 해당하는 에너지

04 **태양광발전설비의 설치용량이 500[kW], 설비이용률이 15.5[%]인 경우 일일 발전시간과 연간 발전량을 계산하시오.(단, 기타 조건은 무시한다.)**

해답

1) 일일 발전시간＝24시간×이용률

＝24×0.155＝3.72시간

2) 연간 발전량＝설치용량×일일 발전시간×365일

＝500×3.72×365＝678,900[kWh]

05 태양광발전 부지의 기후 조건은 태양광발전 모듈 최저온도 −11[℃], 최고온도 70[℃]이다. 30[kW] 태양광발전용 인버터에 적합한 직 · 병렬 어레이를 구성하고자 한다. 다음 각 물음에 계산과정과 답을 쓰시오.(단, 전압강하는 무시한다.)

태양전지 모듈의 특성	
최대전력 $P_{\max}$[W]	250
개방전압 V_{oc}[V]	37.3
단락전류 I_{sc}[A]	8.7
최대전압 V_{mpp}[V]	30.5
최대전류 I_{mpp}[A]	8.2
전압온도변화율[mV/℃]	−114
NOCT[℃]	45

인버터 특성	
최대입력전력[kW]	30
MPP 범위[V]	300~600
최대입력전압[V]	650
최대입력전류[A]	106
정격출력[kW]	30
주파수[Hz]	60

1) 태양광발전 모듈 온도별 V_{oc}, V_{mpp}를 계산하시오.
   ① 최저 셀 온도
      • $V_{oc}(-11℃)$ • $V_{mpp}(-11℃)$
   ② 최고 셀 온도
      • $V_{oc}(70℃)$ • $V_{mpp}(70℃)$
2) 최대, 최소 직렬 모듈 수를 계산하시오.
   ① 연중 최저 −11[℃]에서 직렬 모듈 수 $V_{oc}(-11℃)$
   ② 연중 최저 −11[℃]에서 직렬 모듈 수 $V_{mpp}(-11℃)$
   ③ 연중 최고 70[℃]에서 직렬 모듈 수 $V_{mpp}(70℃)$
3) 병렬 모듈 수를 구하여 최대전력을 생산하기 위한 직 · 병렬 모듈 수를 구하시오.

해답

1) 태양광발전 모듈의 온도별 V_{oc}, V_{mpp}
   ① 최저 셀 온도
      • $V_{oc}(-11℃) = V_{oc} + \{\alpha(T_{cell} - 25)\}$[V]

$$= 37.3 + \left\{\left(\frac{-114}{1,000}\right)(-11-25)\right\} = 41.404[\text{V}] ≒ 41.40[\text{V}]$$

      • $V_{mpp}(-11℃) = V_{mpp} + \alpha(T_{cell} - 25)\}$[V]

$$= 30.5 + \left\{\left(\frac{-114}{1,000}\right)(-11-25)\right\} = 34.604 ≒ 34.60[\text{V}]$$

   ② 최고 셀 온도
      • $V_{oc}(70℃) = V_{oc} + \alpha(T_{cell} - 25)\}$[V]

$$= 37.3 + \left\{\left(\frac{-114}{1,000}\right)(70-25)\right\} = 32.17[\text{V}]$$

• $V_{mpp}(70℃) = V_{mpp} + \{\alpha(T_{cell} - 25)\}[V]$

$$= 30.5 + \left\{\left(\frac{-114}{1,000}\right)(70 - 25)\right\} = 25.37[V]$$

2) 최대, 최소 직렬 모듈 수

① 연중 최저 -11[℃]에서 직렬 모듈 수 $V_{oc}(-11℃)$

$$V_{oc}\text{ 모듈 수} = \frac{\text{최대입력전압}}{\text{모듈표면온도가 최저인 상태에서 개방전압}}$$

$$= \frac{650}{41.40} = 15.7 \rightarrow \text{최대 모듈 수 15장}$$

② 연중 최저 -11[℃]에서 직렬 모듈 수 $V_{mpp}(-11℃)$

$$V_{mpp}\text{ 모듈 수} = \frac{\text{MPP 최댓값}}{\text{모듈표면온도가 최저인 상태에서 최대출력동작전압}}$$

$$= \frac{600}{34.6} = 17.34 \rightarrow \text{최대 모듈 수 17장}$$

최대전력을 얻을 수 있는 직병렬 수 계산 시 ①<②이면 ①을 적용해야 최대전력을 얻을 수 있는 조건과 인버터 최고입력전압 조건을 모두 만족

③ 연중 최고 70[℃]에서 직렬 모듈 수 $V_{mpp}(70℃)$

$$\text{최소 직렬 수} = \frac{\text{MPP 최솟값}}{\text{모듈표면온도가 최고인 상태에서 최대출력동작전압}}$$

$$= \frac{300}{25.37} = 11.824 \rightarrow \text{최소 모듈 수 12장}$$

3) 최대전력 생산을 위한 직병렬 수

• 12직렬$= \dfrac{30 \times 10^3}{12 \times 250} = 10$에서 10병렬

출력$= 12 \times 10 \times 250 = 30,000$[W]

• 13직렬$= \dfrac{30 \times 10^3}{13 \times 250} = 9.23$에서 9병렬

출력$= 13 \times 9 \times 250 = 29,250$[W]

• 14직렬$= \dfrac{30 \times 10^3}{14 \times 250} = 8.571$에서 8병렬

출력$= 14 \times 8 \times 250 = 28,000$[W]

• 15직렬$= \dfrac{30 \times 10^3}{15 \times 250} = 8$ 에서 8병렬

출력$= 15 \times 8 \times 250 = 30,000$[W]

∴ 최대전력을 생산하기 위한 직병렬 수는 12직렬 10병렬 또는 15직렬 8병렬

06 전기사업법령에 따라 (   ) 안에 들어갈 내용을 답란에 쓰시오.(단, 태양광발전소 허가 지역은 서울특별시이다.)

전기(발전)사업의 허가권자는 3,000[kW] 초과 설비의 경우 (①), 3,000[kW] 이하 설비의 경우 (②)이다.

해답

① 산업통상자원부장관　　② 서울특별시장

07 다음은 태양광발전시스템의 외부피뢰시스템의 구성요소에 대한 설명이다. ①~③에 알맞은 명칭을 쓰시오.

시스템 명칭	설명
①	구조물의 뇌격을 받아들이는 시스템
②	뇌격전류를 안전하게 대지로 보내는 시스템
③	뇌격전류를 대지로 방류시키는 시스템

해답

① 수뢰부시스템
② 인하도선시스템
③ 접지시스템

08 저압계통 연계형 태양광발전시스템의 기본적인 보호계전기 4가지를 쓰시오.

해답

1) 과전압 계전기(OVR)　　2) 저전압 계전기(UVR)
3) 과주파수 계전기(OFR)　　4) 저주파수 계전기(UFR)

09 다음에서 설명하는 내용에 알맞은 용어를 쓰시오.

1) 공급인증서의 발급 및 거래단위로서 공급인증서 발급대상 설비에서 공급된 [MWh] 기준의 신 · 재생에너지 전력량에 대해 가중치를 곱하여 부여하는 단위
2) 생산인증서의 발급 및 거래단위로서 생산인증서 발급대상 설비에서 생산된 [MWh] 기준의 신 · 재생에너지 전력량에 대해 부여하는 단위

3) 일정 규모 이상(50만 [kW])의 발전사업자(공급의무자)에게 총 발전량의 일정 비율 이상을 신 · 재생에너지로 공급토록 의무화한 제도
4) 거래시간대별로 일반 발전기의 전력량에 대해 전력거래소에서 적용하는 전력시장가격

해답

1) REC(Renewable Energy Certificate)
2) REP(Renewable Energy Point)
3) RPS(Renewable Portfolio Standard)
4) SMP(System Marginal Price)

10 분산형 전원 배전계통 연계기술 기준에 의거 3상 수전 수용가에서 단상 인버터의 설치 기준에 따른 인버터 용량을 쓰시오.

구분	인버터 용량
1상 또는 2상 설치 시	①
3상 설치 시	②

해답

① 각 상에 4[kW] 이하로 설치
② 상별 동일 용량 설치

해설 분산형 전원의 전기방식을 연계하고자 하는 계통의 전기방식과 동일하게 함을 원칙으로 하되, 3상으로 전기를 공급받아 자가소비 후 역송하는 분산형 전원 설치자가 단상 인버터를 설치하여 분산형 전원 계통에 연계하는 경우 다음 표에 의함

구분	단상 인버터 용량
1상 또는 2상 설치 시	각 상 4[kW] 이하로 설치
3상 설치 시	상별 동일 용량 설치를 원칙 (단, 1상에 4[kW] 이내 불평등 허용 가능)

11 다음은 전기설비기술기준에 따라 저압전로의 절연성능을 나타낸 표이다. ①~③에 알맞은 절연저항[MΩ]을 쓰시오.

전로의 사용전압[V]	DC시험전압[V]	절연저항[MΩ]
SELV 및 PELV	250	①
FELV, 500[V] 이하	500	②
500[V] 초과	1,000	③

해답

① 0.5 이상
② 1 이상
③ 1 이상

해설 저압전로의 절연저항(제52조)

전로의 전선 상호 간 및 전로와 대지 사이의 절연저항은 개폐기 또는 과전류차단기로 구분할 수 있는 전로마다 다음 표에서 정한 값 이상이어야 한다.

전로의 사용전압[V]	DC시험전압[V]	절연저항[MΩ]
SELV 및 PELV	250	0.5
FELV, 500[V] 이하	500	1.0
500[V] 초과	1,000	1.0

12 태양광발전 접속함(KS C 8567 : 2019)의 서지보호장치(SPD)에 대한 내용이다. 다음 (　　) 안에 알맞은 숫자를 쓰시오.

중대형 접속함(스트링 4회로 이상)의 경우, 출력회로에 근접하여 서지보호장치(SPD, Surge Protective Device)를 설치하여야 한다. 서지보호장치(SPD) 최대 연속 사용전압(U_c)은 접속회로 정격전압의 (①)배 이상이어야 하며, 공칭 방전전류(I_n, 8/20)는 모든 경우에 (②)[kA] 이상이어야 한다.

해답

① 1.2　　② 2

13 일사량이 13[MJ/m²]인 경우 이것을 [kWh/m²]로 환산하시오.

해답

$1[\text{kWh}] = 3.6[\text{MJ}]$이므로 $[\text{MJ}] = \frac{1}{3.6}[\text{kWh}]$

$[\text{kWh/m}^2] = \frac{1}{3.6} \times 13[\text{MJ/m}^2] = 3.611[\text{kWh/m}^2]$

$\therefore\ 3.61[\text{kWh/m}^2]$

14 단락전류를 계산하는 방법 중 다음 설명에 해당하는 종류를 쓰시오.

1) 단락전원으로부터 고장점까지의 각 임피던스 값을 옴(ohm)으로 환산하여 단락전류를 산출하는 방법
2) 각 임피던스를 기준량, 기준전압에 대한 임피던스로 환산하고 전기 계산에 필요로 하는 양을 퍼센트로 표시한 후에 옴의 법칙을 적용하는 방법
3) 어떤 기준량(Base)을 정하고, 그 기준전압 또는 기준전류의 배수로 환산하여 표시하는 방법

해답

1) 옴법
2) 퍼센트 임피던스법
3) 단위법(Per Unit 법)

15 전기공사업법령에 따른 용어의 정의에서 다음 설명에 해당하는 명칭을 쓰시오.

1) 전기공사를 공사업자에게 도급을 주는 자
2) 발주자로부터 전기공사를 도급받는 공사업자
3) 전기공사업법 제4조제1항에 따라 공사업을 등록한 자

해답

1) 발주자
2) 수급인
3) 공사업자

16 태양광발전소의 연간 발전량이 111,000[kWh]일 때, 연간 전력판매액을 계산하시오. (단, 연평균 계통한계가격(SMP)은 150[원/kWh], 공급인증서가격(REC)은 140[원/kWh], 가중치는 1.5를 적용한다.)

해답

연간 전력판매액 = 연간 발전량 × 판매가격[원/kWh]

판매가격 = SMP + REC × 가중치

$= 150 + 140 \times 1.5 = 360$[원]

∴ 연간 전력판매액 $= 111{,}000 \times 360 = 39{,}960{,}000$[원]

17 다음 조건에서 전압강하율[%]을 구하시오.

[조건]
- 태양광발전 어레이 : 250[W] 태양전지 모듈(8.3[A], 29.7[V]) 6개 직렬, 2개 병렬로 설치
- 인버터 설치 위치까지의 거리 : 100[m]
- 전선의 단면적 : 28[mm²]

해답

전압강하율 $\varepsilon = \dfrac{\text{전압강하(송전단전압 − 수전단전압)}}{\text{수전단전압}} \times 100$

$= \dfrac{e}{\text{송전단전압} - e} \times 100$

전압강하 $e = \dfrac{35.6 \times L \times I}{1{,}000A} = \dfrac{35.6 \times 100 \times 8.3 \times 2}{1{,}000 \times 28} = 2.11$

송전단전압 $= 29.7 \times 6 = 178.2[\text{V}]$

∴ 전압강하율 $\varepsilon = \dfrac{2.11}{178.2 - 2.11} \times 100 = 1.198 ≒ 1.20[\%]$

해설
- 직렬일 때 전압 : 29.7×6=178.2[V]
- 병렬일 때 전류 : 8.3×2=16.6[A]

18 태양광발전시스템의 모듈 배선작업 완료 후 점검사항 3가지를 쓰시오.

해답

1) 전압 및 극성 확인
2) 단락전류 측정
3) 비접지 확인

19 태양광발전 모듈에 입사된 빛에너지가 변환되어 발생하는 전기적 출력의 특성인 $I-V$ 특성곡선의 파라미터 5가지를 쓰시오.

해답

1) 최대출력전력
2) 최대출력동작전압
3) 최대출력동작전류
4) 개방전압
5) 단락전류

해설 태양전지 모듈의 $I-V$ 특성곡선의 파라미터

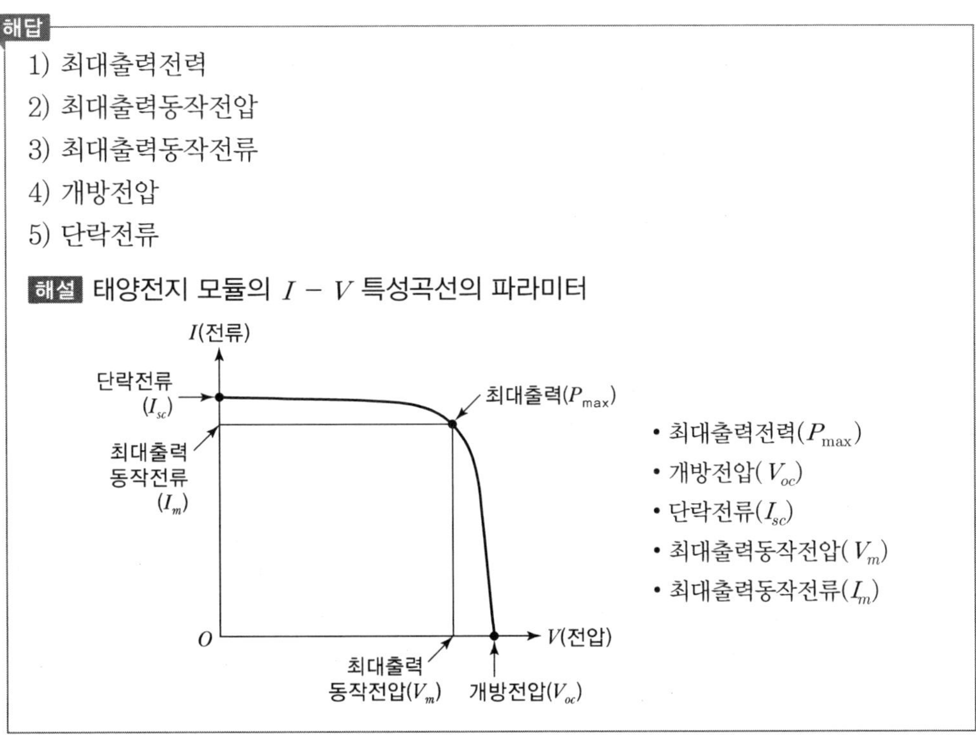

- 최대출력전력(P_{max})
- 개방전압(V_{oc})
- 단락전류(I_{sc})
- 최대출력동작전압(V_m)
- 최대출력동작전류(I_m)

20 태양광발전소 운영 시 사용되는 연간 유지관리비의 구성요소 4가지를 쓰시오.

해답

1) 유지비
2) 보수비
3) 일반관리
4) 운용지원비

009 실전 최종 점검 문제 9회

※ 해당 기출문제는 수험생의 기억에 의해 복원된 문제로, 실제 문제와 상이할 수 있습니다.

01 태양광발전설비 시공기준에 따른 다음 설치유형의 종류를 각각 3가지씩 쓰시오.

1) 지상형
2) 건물형

해답

1) 지상형
① 일반지상형 ② 산지형 ③ 농지형
2) 건물형
① 지붕설치형 ② 벽설치형 ③ 건물일체형(BIPV)

해설 지상에 설치하는 태양광발전설비는 일반 대지에 설치, 산지(임야)에 설치, 농지에 설치하는 형태로 구분되고, 건축물에 설치하는 태양광발전설비는 건물의 옥상에 설치, 건물의 벽에 설치, 건축자재+태양광발전의 개념인 건물일체형(Bilding Intelgrated Photovoltaic) 등이 있다.
※ 수상 태양광발전설비 : 물 위에 설치

02 인체 보호용 누전차단기에 대해 물음에 답하시오.

1) 정격감도전류 기준을 쓰시오.
2) 동작시간 기준을 쓰시오.

해답

1) 정격감도전류 : 30[mA]
2) 동작시간 : 0.03[초] 이내

해설 인체보호용 누전차단기는 정격감도전류 30[mA]에서 0.03초 이내 동작해야 한다.

03 분산형 전원 배전계통 연계 기술기준에 따라 비정상 전압에 대한 분산형 전원의 분리시간을 쓰시오.

전압범위(기준전압에 대한 백분율[%])	분리시간[초]
$V<50$	①
$50\leq V<70$	②
$70\leq V<90$	③
$110< V<120$	④
$V\geq 120$	⑤

해답

① 0.5　② 2　③ 2　④ 1　⑤ 0.16

해설

전압 범위(기준전압에 대한 백분율[%])	분리시간[초]
$V<50$	0.5
$50\leq V<70$	2.00
$70\leq V<90$	2.00
$110< V<120$	1.00
$V\geq 120$	0.16

04 중대형 태양광발전용 인버터의 절연성능시험 종류 4가지를 쓰시오.

해답

1) 절연저항시험
2) 절연거리시험
3) 내전압시험
4) 감전보호시험

해설 중대형 태양광발전용 인버터, 독립형, 계통연계형 절연성능시험

1) 절연저항시험
2) 절연거리시험
3) 내전압시험
4) 감전보호시험

05 태양광발전설비의 모듈을 교체하고자 한다. 주어진 조건과 표를 참조하여 각 물음에 답하시오.

[모듈 교체조건]
- 교체 모듈의 크기는 동일하다.
- 철거 모듈의 용량은 250[W]이고, 신설 모듈의 용량은 300[W]이다.
- 교체 모듈의 수량은 1,000[장]이다.

[인건비 산출조건]
- 인공 수는 소수점 이하 둘째 자리까지 계산한다.(단, 소수점 셋째 자리에서 반올림)
- 노무비의 원단위 미만은 버린다.

[표 1] 태양광발전시스템 설치

품명	규격	단위	플랜트전공
태양전지판	50[W] 이하 75[W] 이하 100[W] 이하 175[W] 이하	매	0.17 0.20 0.25 0.35
전력조절기 (접속함)	5회로 이하 10회로 이하 20회로 이하	대	0.40 0.50 0.60
인버터	1[kVA] 이하 3[kVA] 이하 5[kVA] 이하 10[kVA] 이하 20[kVA] 이하 30[kVA] 이하 50[kVA] 이하 75[kVA] 이하 100[kVA] 이하 100[kVA] 초과	대	0.44 0.66 0.70 2.50 3.0 3.50 4.0 5.0 7.0 10.0

[참고]
- 인버터의 용량이 5[kVA] 이하는 단상, 5[kVA] 초과는 삼상 기준. 단, 5[kVA] 이하 삼상은 해당 품의 240[%]
- 포장해체, 장내 소운반, 조립 및 단자결선, 시험, 조정, 잔자재 처리 포함
- 태양전지판 지지대, 축전지 설치, 간선전기공사, 접지공사 및 기기 기초대 설치는 별도 계상
- 태양전지판 175[W] 초과 시는 매 초과 50[W]당 0.05[인]씩 가산
- 철거 50[%], 재사용 철거 80[%]

1) 철거 모듈의 인공 수를 구하시오.
   - 계산과정 :
   - 답 :

2) 신설 모듈의 인공 수를 구하시오.
   - 계산과정 :
   - 답 :

3) 총직접노무비를 구하시오.(단, 플랜트전공의 노임단가는 250,000[원]으로 가정한다.)
   - 계산과정 :
   - 답 :

해답

1) • 계산과정

철거 모듈 인공 수=철거 모듈 수×철거인공

철거인공=(설치인공+초과인공)×철거적용

태양전지판 175[W] 초과 시 매 초과 50[W]당 0.05[인]씩 가산하므로 초과인공은 250－175=75에서 0.05 가산되며, 철거 50[%] 적용이므로

철거인공=(0.35+0.05)×0.5=0.2[인]

∴ 철거 모듈 인공 수=1,000×0.2=200[인]

• 답 : 200[인]

2) • 계산과정

신설 모듈 인공 수=모듈 수×설치인공

설치인공=설치인공+초과인공

태양전지판 175[W] 초과 시 매 초과 50[W]당 0.05[인]씩 가산하므로

초과인공=300－175=125에서 0.05×2=0.1[인]

∴ 신설 모듈 인공 수=1,000×(0.35+0.1)=450[인]

• 답 : 450[인]

3) • 계산과정

직접노무비=(철거 인공 수+설치 인공 수)×플랜트전공의 노임

=(200+450)×250,000=162,500,000[원]

• 답 : 162,500,000[원]

06 다음 ①~⑥에 알맞은 최소절연저항 값을 쓰시오.

시험방법	시스템전압[V] (V_{oc}(STC) × 1.25)	시험전압[V]	최소절연저항[MΩ]
어레이 양극과 음극 분리 시험	<120	250	①
	120~500	500	②
	>500	1,000	③
어레이 양극과 음극을 단락시켜 시험	<120	250	④
	120~500	500	⑤
	>500	1,000	⑥

해답

① 0.5　　② 1　　③ 1
④ 0.5　　⑤ 1　　⑥ 1

해설 전로의 절연저항(KEC 132)

전로의 사용 전압[V]	DC 시험전압[V]	절연저항[MΩ]
SELV 및 PELV	250	0.5
FELV, 500[V] 이하	500	1.0
500[V] 초과	1,000	1.0

※ 특별저압(Extra Low Voltage : 2차 전압이 AC 50[V], DC 120[V] 이하)으로 SELV(비접지회로 구성) 및 PELV(접지회로 구성)는 1차와 2차가 전기적으로 절연된 회로, FELV는 1차와 2차가 전기적으로 절연되지 않은 회로
- FELV(Functional Extra-Low Voltage)
- SELV(Safety Extra-Low Voltage)
- PELV(Protective Extra-Low Voltage)

인버터 회로(절연변압기 부착)의 절연저항 측정기기
- 인버터 정격전압 300[V] 이하 : 500[V] 절연저항계(메거)
- 인버터 정격전압 300[V] 초과 600[V] 이하 : 1,000[V] 절연저항계(메거)

태양전지 어레이 절연저항 측정방법(KSC IEC 62446)
- 시험방법 1 : 어레이 음극과 접지 사이의 시험 후 어레이 양극과 접지 사이를 시험
- 시험방법 2 : 어레이 양극과 음극을 단락시키고, 이 부분과 접지 사이를 시험

07 **감리용역 착수 시 착수신고서를 제출하여 발주자의 승인을 받아야 한다. 착수신고서의 첨부서류 3가지를 쓰시오.**

해답

1) 감리업무 수행계획서
2) 감리비 산출내역서
3) 상주, 비상주 감리원의 배치계획서와 감리원의 경력확인서

해설 감리업자는 감리용역 착수 시 다음 각 호의 서류를 첨부한 착수신고서를 제출하여 발주자의 승인을 받아야 한다.

1) 감리업무 수행계획서
2) 감리비 산출내역서
3) 상주, 비상주 감리원 배치계획서와 감리원의 경력확인서
4) 감리원 조직 구성내용과 감리원별 투입기간 및 담당업무

08 **어떤 건물의 부하설치용량이 400[kW], 수용률이 60[%]일 때, 변압기 용량을 계산하여 표준용량의 변압기를 선정하시오.(단, 부하의 역률은 0.85이다.)**

변압기 표준용량[kVA]
10, 15, 20, 30, 50, 75, 100, 150, 200, 300, 500, 750, 1,000

해답

$$변압기\ 용량 = \frac{부하설비용량 \times 수용률}{역률} = \frac{400 \times 0.6}{0.85} = 282.35[\mathrm{kVA}]$$

주어진 표에서 변압기 용량은 300[kVA]로 선정

∴ 300[kVA]

09 주회로차단기의 점검개소 4가지를 쓰시오.(단, 외부일반은 제외)

해답

1) 개폐표시기　　2) 개폐표시등
3) 개폐도수계　　4) 조작장치

해설 주회로차단기의 점검개소

1) 개폐표시기　　2) 개폐표시등
3) 개폐도수계　　4) 조작장치
5) 저압조작회로

10 다음은 보호도체의 최소단면적에 관한 사항이다. ①~③에 알맞은 값을 쓰시오.

선도체의 단면적 S ([mm^2], 구리)	보호도체의 최소단면적([mm^2], 구리)	
	보호도체의 재질	
	선도체와 같은 경우	선도체와 다른 경우
$S \le 16$	①	$(k_1/k_2) \times S$
$16 < S \le 35$	②	$(k_1/k_2) \times 16$
$S > 35$	③	$(k_1/k_2) \times (S/2)$

해답

① S　　② 16　　③ $\frac{S}{2}$

해설 KEC 보호도체의 최소단면적

선도체의 단면적 S ([mm^2], 구리)	보호도체의 최소단면적([mm^2], 구리)	
	보호도체의 재질	
	선도체와 같은 경우	선도체와 다른 경우
$S \le 16$	S	$(k_1/k_2) \times S$
$16 < S \le 35$	16^a	$(k_1/k_2) \times 16$
$S > 35$	$S^a/2$	$(k_1/k_2) \times (S/2)$

여기서, k_1 : 도체 및 절연의 재질에 따른 선도체에 대한 k값
k_2 : KS C IEC 60364－5－54에서 선정된 보호도체에 대한 k값
a : PEN 도체의 최소단면적은 중성선과 동일하게 적용한다.

11 **태양광발전설비 규모별 정기점검 횟수에 관한 사항이다. 다음 (   ) 안에 알맞은 점검횟수를 쓰시오.**

설비용량		점검횟수
저압	1~300[kW] 이하	월 (①)회
	300[kW] 초과	월 (②)회
고압	1~300[kW] 이하	월 (③)회
	300[kW] 초과~500[kW] 이하	월 (④)회

해답

① 1　　② 2

③ 1　　④ 2

해설 태양광발전설비 규모별 정기점검 횟수

설비용량		점검횟수
고압	1~300[kW] 이하	월 1회
	300[kW] 초과~500[kW] 이하	월 2회
	500[kW] 초과~700[kW] 이하	월 3회
	700[kW] 초과~1,500[kW] 이하	월 4회
	1,500[kW] 초과~2,000[kW] 이하	월 5회
	2,000[kW] 초과~2,500[kW] 미만	월 6회

12 **다음 설명에 해당하는 명칭을 쓰시오.**

1) 전기공사를 공사업자에게 도급을 주는자
2) 감리업자를 대표하여 현장에 상주하면서 해당 공사 전반에 관하여 책임감리 등의 업무를 총괄하는 사람
3) 책임감리원을 보좌하는 사람으로서 담당 감리업무를 책임감리원과 연대하여 책임지는 사람

해답

1) 발주자
2) 책임감리원
3) 보조감리원

13 전기설비기술기준의 정의에 따른 전압의 구분은 다음과 같다. ①~③에 알맞은 값을 쓰시오.

저압	• 직류 : (①)[kV] 이하 • 교류 : (②)[kV] 이하
고압	• 직류 : (①)[kV]를 초과하고, (③)[kV] 이하 • 교류 : (②)[kV]를 초과하고, (③)[kV] 이하
특고압	(③)[kV]를 초과

해답

① 1.5
② 1.0
③ 7

해설 전압을 구분하는 저압, 고압 및 특고압은 다음 각 호의 것을 말한다.
1) 저압 : 직류는 1.5[kV] 이하, 교류는 1[kV] 이하인 것
2) 고압 : 직류는 1.5[kV]를, 교류는 1[kV]를 초과하고 7[kV] 이하인 것
3) 특고압 : 7[kV]를 초과하는 것

14 태양전지 어레이의 절연저항 측정방법 중 어레이 양극과 음극을 단락시키고, 이 부분과 접지 사이를 시험하는 방법을 7단계로 나누어 순서대로 쓰시오.

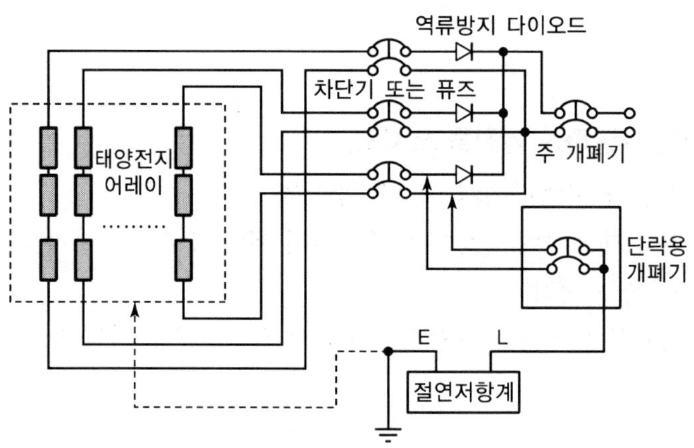

해답

① 주 개폐기를 off한다.
② 단락용 개폐기를 off한다.
③ 전체 스트링의 단로스위치를 off한다.
④ 단락용 개폐기의 1차 측 (+) 및 (−)의 클립을, 역류방지 다이오드에서 태양전지 측과 단로스위치 사이에 각각 접속한다.
⑤ 측정회로의 스트링의 차단기 및 Fuse on한다.
⑥ 단락용 개폐기를 on한다.
⑦ 메거의 E측을 접지단자에, L측을 단락용 개폐기의 2차 측에 접속하고, 메거를 on하여 저항치를 측정한다.

해설 태양전지 어레이의 절연저항 측정순서

① 출력개폐기를 off한다.(출력개폐기의 입력부에 서지업 서버를 취부하고 있는 경우는 접지단자를 분리시킨다.)
② 단락용 개폐기를 off한다.
③ 전체 스트링의 단로스위치를 off한다.
④ 단락용 개폐기의 1차 측 (+) 및 (−)의 클립을, 역류방지 다이오드에서 태양전지 측과 단로스위치 사이에 각각 접속한다.
⑤ 접속 후 대상으로 하는 스트링 단로스위치를 on으로 한다.
⑥ 마지막으로 단락용 개폐기를 on한다.
⑦ 메거의 E측을 접지단자에, L측을 단락용 개폐기의 2차 측에 접속하고, 메거를 on하여 저항치를 측정한다.

15 **다음 표는 연계구분에 따른 계통의 전기방식이다. (　　) 안에 알맞은 값을 쓰시오.**

구분	연계계통의 전기방식
저압 한전계통 연계	교류 단상 (①)[V] 또는 교류 3상 (②)[V] 중 기술적으로 타당하다고 한전이 정한 한 가지 전기 방식
특고압 한전계통 연계	교류 삼상 (③)[V]

해답

① 220
② 380
③ 22,900

16 **태양광발전 분전반에서 10[m] 거리에 2[kW]의 교류 단상 220[V] 전열기를 설치하였다. 배선방법을 금속관 공사로 하고 전압강하를 2[%] 이하로 하기 위한 전선의 굵기를 얼마로 선정하는 것이 적당한가?(단, 전류감소계수는 0.7이다.)**

전선의 공칭단면적[mm²]
1.5 2.5 4 6 10 16 25 35 50 70
95 120 150 185 240 300 400 500 630

해답

전선의 단면적 $A = \dfrac{35.6LI}{1{,}000 \times e \times 전류감소계수}$

- 교류 단상이므로 35.6
- 전류감소계수=0.7
- 거리 $L=10[\text{m}]$
- 전류 $I=\dfrac{P}{V}=\dfrac{2\times10^3}{220}=9.09[\text{A}]$
- 전압강하 $e=2[\%]$이므로 $e=220\times\dfrac{2}{100}=4.4$

$A=\dfrac{35.6\times10\times9.09}{1{,}000\times4.4\times0.7}=1.05[\text{mm}^2]$

표에서 1.5[mm²], 그러나 KEC 규정에서 저압 옥내배선은 단면적 2.5[mm²] 이상의 연동선 또는 이와 동등 이상의 것을 사용해야 하므로 2.5[mm²]의 전선을 선정

∴ 2.5[mm²]

해설 한국전기설비규정(KEC)의 "저압 옥내배선의 사용 전선(231.3.1)"에 따라 저압 옥내배선의 전선은 단면적 2.5[mm²] 이상의 연동선 또는 이와 동등 이상의 강도 및 굵기의 것을 사용하여야 한다. 따라서 계산 값이 1.5[mm²] 이하인 경우에도 단면적 2.5[mm²]를 선정해야 한다.

17 비절연 인버터 계통의 지락보호에서 잔류전류 보호장치는 지락전류가 급격하게 변화하는 경우 다음 표와 같은 시간 내에 동작하여야 한다. ①~③에 알맞은 동작시간을 쓰시오.

지락전류의 급격한 변화 동작시간	동작시간
$\Delta I_g = 30[\text{mA/sec}]$	①
$\Delta I_g = 60[\text{mA/sec}]$	②
$\Delta I_g = 150[\text{mA/sec}]$	③

해답

① $<0.3[\text{s}]$　② $<0.15[\text{s}]$　③ $<0.04[\text{s}]$

해설 비절연 인버터 계통의 잔류전류 보호장치에서 지락전류의 급변에 대한 동작시간

지락전류의 급격한 변화 동작시간	동작시간
$\Delta I_g = 30[\text{mA/sec}]$	$<0.3[\text{s}]$ (or $300[\text{ms}]$)
$\Delta I_g = 60[\text{mA/sec}]$	$<0.15[\text{s}]$ (or $150[\text{ms}]$)
$\Delta I_g = 150[\text{mA/sec}]$	$<0.04[\text{s}]$ (or $40[\text{ms}]$)

18 태양광발전 어레이의 출력 불균형이 심각하게 발생할 우려가 있을 경우 또는 2차 전지를 사용하는 독립형 시스템의 경우에는 모듈의 보호를 위해 개별 스트링 회로의 음극 또는 양극에 선택적으로 시설할 수 있다. 이 부품의 명칭과 설치위치를 쓰시오.

1) 부품의 명칭
2) 설치위치

해답

1) 역류방지다이오드　2) 접속함

해설 역류방지다이오드(Blocking Diode)

1) 설치목적
   ① 태양전지 모듈에 그늘(음영)이 생긴 경우, 그 스트링 전압이 낮아져 부하가 되는 것을 방지한다.
   ② 독립형 태양광발전시스템 중 축전지를 가진 시스템에서 야간에 태양광발전이 정지된 상태에서 축전지 전력이 태양전지 모듈 쪽으로 흘러들어 소모되는 것을 방지한다.
2) 설치위치 : 접속함 내 태양전지 어레이의 스트링(String)별로 설치한다.

19 다음 조건을 참고하여 월 발전량[kWh]을 구하시오.

태양전지 모듈 출력[Wp]	300
월 적산 경사면 일사량[kWh/m^2 · 월]	120
모듈의 출력전압범위[V]	23~35
모듈의 직렬 수	18
모듈의 병렬 수	20
종합설계계수	0.8

해답

월 발전량 $E_{PM} = P_{AS} \times \left(\dfrac{H_{AM}}{G_S} \right) \times K$[kWh/월]

여기서, P_{AS}(어레이 출력) = 모듈 출력 × 모듈 직렬 수 × 모듈 병렬 수

$= 300 \times 18 \times 20 \times 10^{-3} = 108$[kW]

H_{AM} : 월 적산 어레이 표면(경사면) 일사량[kWh/m^2 · 월]

G_S : 표준상태에서 일사강도 = 1,000[W]

K : 종합설계계수

$$\therefore\ E_{PM} = 108 \times \frac{120[\text{kWh}]}{1{,}000[\text{W}] \times 10^{-3}} \times 0.8 = 10{,}368[\text{kWh/월}]$$

20 태양광발전에 사용되는 인버터에서 단독운전 방지 측정에 대한 시험절차(KS C IEC 62116 : 2020)에서 인버터 내 단독운전 검출 기능에 대한 시험 중 교류전원 요구사항 조건에 대하여 (　) 안에 들어갈 내용을 쓰시오.

항목	조건
전압	공칭 V±(①)[%]
전압 THD	<(②)[%]
주파수	공칭 주파수±0.1[Hz]
위상각 거리	120°±(③)°

※ 3상의 경우만 해당

해답

① 2.0　　② 2.5　　③ 1.5

010 실전 최종 점검 문제 10회

※ 해당 기출문제는 수험생의 기억에 의해 복원된 문제로, 실제 문제와 상이할 수 있습니다.

01 다음 그림은 인버터에서 저압배전반까지의 입면도이다. 주어진 조건과 표를 참조하여 각 물음에 답하시오.

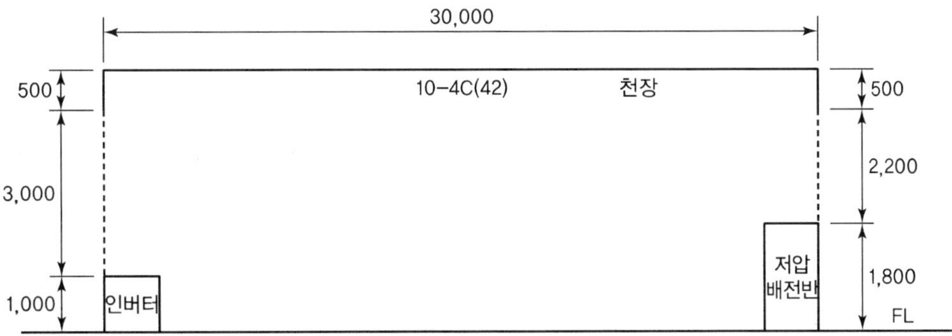

[시설조건]

- 배관공사는 천장 속과 블록벽체 노출배관공사이다.
- 배관은 합성수지 전선관을 사용한다.

[재료의 산출조건]

- 인버터 및 저압배전반의 상부를 기준으로 한다.
- 자재 산출수량과 할증수량은 소수점 첫째 자리까지 계산한다.(단, 소수점 둘째 자리 반올림), 자재별 총수량(산출수량 + 할증수량)은 총재료비 산출에만 적용한다.
- 인버터 및 저압배전반 케이블의 접속 여분은 각 1[m]로 한다.

[인건비 산출조건]

- 재료의 할증에 대해서는 공량을 적용하지 않는다.
- 인공 수는 소수점 이하 둘째 자리까지 계산한다.(단, 소수점 셋째 자리에서 반올림)
- 노무비의 원단위 미만은 버린다.

[재료비 산출조건]

- 재료의 할증에 대해서는 공량을 적용하지 않는다.
- 재료비의 원단위 미만은 버린다.

[표 1] 전기재료의 할증률 및 철거손실률

종류	할증률[%]	철거손실률[%]
옥외전선	5	2.5
옥내전선	10	–
케이블(옥외)	3	1.5
케이블(옥내)	5	–
전선관(옥외)	5	–
전선관(옥내)	10	–

[표 2] 전선관 배관 (단위 : m)

합성수지 전선관		후강 전선관		금속제 가요 전선관	
규격	내선전공	규격	내선전공	규격	내선전공
36[mm] 이하	0.10	36[mm] 이하	0.20	36[mm] 이하	0.087
42[mm] 이하	0.13	42[mm] 이하	0.25	42[mm] 이하	0.104
54[mm] 이하	0.19	54[mm] 이하	0.34	54[mm] 이하	0.136

[참고]
- 콘크리트 매입 기준
- 블록벽체 및 철근콘크리트 노출은 120[%], 목조건물은 110[%], 철강조 노출은 125[%], 조적 후 배관 및 건축방음재(150[mm] 이상) 내 배관 시 130[%]
- 기설콘크리트 노출 공사 시 앵커볼트를 매입할 경우 앵커볼트 설치 품은 5–29 옥내 잡공사에 의하여 별도 계상하고 전선관 설치 품은 매입 품으로 계상
- 천장 속, 마루 밑 공사 130[%]

[표 3] 전력케이블 구내 설치 (단위 : m)

P.V.C 및 고무절연외장 케이블	케이블전공
600[V] 16[mm^2] 이하×1C	0.023
600[V] 25[mm^2] 이하×1C	0.030
600[V] 38[mm^2] 이하×1C	0.036

[참고]
- 부하에 직접 공급하는 변압기 2차 측에 설치되는 케이블로서 전선관, 랙, 덕트, 케이블 트레이, Pit, 공동구, 새들(Saddle) 부설 기준, Cu, Al 도체 공용
- 600[V] 10[mm^2] 이하는 제어용 케이블 설치 준용
- 직매 시 80[%]
- 2심은 140[%], 3심은 200[%], 4심은 260[%]
- 연피벨트지 케이블은 120[%], 강대개장 케이블은 150[%]

1) 합성수지 전선관의 길이를 구하시오.
- 계산과정 :
- 답 :

2) 42[mm] 합성수지 전선관의 인공 수를 계산하시오.
- 계산과정 :
- 답 :

3) PVC 케이블의 길이를 구하시오.
- 계산과정 :
- 답 :

4) PVC 케이블의 인공 수를 계산하시오.(단, 케이블은 10[mm^2]-4C 케이블을 사용한다.)
- 계산과정 :
- 답 :

5) 총직접노무비를 계산하시오.(단, 노임단가 내선전공은 250,000[원], 저압케이블공은 260,000[원]으로 가정한다.)
- 계산과정 :
- 답 :

6) 전선과 부속품률 15[%]를 적용하여 총재료비를 계산하시오.(단, 합성수지 전선관의 단가는 700[원/m], 10[mm^2]-4C케이블의 단가는 6,000[원/m]으로 가정하고 기타 조건은 무시한다.)
- 계산과정 :
- 답 :

해답

1) 합성수지 전선관 길이
- 계산과정 : 3+0.5+30+0.5+2.2=36.2
- 답 : 36.2[m]

해설 전선관 길이를 구하는 문제이므로 할증률은 적용하지 않는다.

2) 42[mm] 합성수지 전선관의 인공 수
- 계산과정 : (3+2.2)×0.13×1.2+(0.5+30+0.5)×0.13+1.3=6.050 ≒6.05
- 답 : 6.05[인]

해설 [표 2]에서 합성수지관 42[mm] 이하 내선전공은 0.13, 블록벽체 및 철근콘크리트 노출은 120[%], 천장 속, 마루 밑 공사는 130[%]이다.

3) PVC 케이블의 길이
- 계산과정 : 1+3+0.5+30+0.5+2.2+1=38.2
- 답 : 38.2[m]

해설 인버터 및 저압배전반 케이블의 접속 여분은 각 1[m]로 한다.

4) PVC 케이블의 인공 수
- 계산과정 : 38.2×0.023×2.6=2.284≒2.28
- 답 : 2.28[인]

해설 [표 3]에서 600[V] 16[mm^2] 이하×1C는 0.023이고, 2심은 140[%], 3심은 200[%], 4심은 260[%]이다.

5) 총직접노무비
- 계산과정 : (6.05×250,000)+(2.28×260,000)=2,105,300
- 답 : 2,105,300[원]

해설 총직접노무비=내선전공 수×노임+저압케이블전공 수×노임

6) 전선관 부속품률 15[%]를 적용한 총재료비
- 계산과정 : (36.2×1.1×700×1.15)+(38.2×1.05×6,000) =272,715.1≒272,715[원]
- 답 : 272,715[원]

해설 전선관 할증은 옥내 10[%], 옥외 5[%]이며, 부속품률은 전선관만 적용(15[%])하고 케이블은 적용하지 않는다.

02 태양광발전설비 시공 시 감전방지 대책 3가지를 쓰시오.

해답

1) 저압절연장갑을 착용한다.
2) 절연처리된 공구를 사용한다.
3) 작업 전 태양전지 모듈 표면에 차광막을 씌워 태양광을 차폐한다.

해설 4) 강우 시 작업을 중지한다.

03 감리업자는 감리용역 착수 시 착수신고서를 제출하여 발주자의 승인을 받아야 한다. 착수신고서 첨부서류 2가지를 쓰시오.

해답

1) 감리업무 수행계획서
2) 감리비 산출내역서

해설 감리업자는 감리용역 착수 시 다음 각 호의 서류를 첨부한 착수신고서를 제출하여 발주자의 승인을 받아야 한다.

1) 감리업무 수행계획서
2) 감리비 산출내역서
3) 상주, 비상주 감리원 배치계획서와 감리원의 경력확인서
4) 감리원 조직 구성내용과 감리원별 투입기간 및 담당업무

04 개방전압 측정 시 유의사항 3가지를 쓰시오.

해답

1) 태양전지 표면을 청소한다.
2) 각 스트링의 측정은 안정된 일조강도가 얻어질 때 실시한다.
3) 측정시각은 일조강도, 온도의 변동을 극히 적게 하기 위해 맑을 때, 남쪽에 있을 때의 전후 1시간에 실시하는 것이 바람직하다.

해설 개방전압 측정 시 유의사항

1) 태양전지 어레이의 표면을 청소한다.
2) 각 스트링의 측정은 안정된 일조강도가 얻어질 때 실시한다.
3) 측정시각은 일조강도, 온도의 변동을 극히 적게 하기 위해 맑을 때, 남쪽에 있을 때의 전후 1시간에 실시하는 것이 바람직하다.
4) 태양전지 셀은 비 오는 날에도 미소한 전압을 발생하고 있으므로 매우 주의해서 측정해야 한다.

05 다음 보기에서 태양전지 셀의 효율이 높은 것부터 낮은 것의 순으로 쓰시오.

[보기] 단결정 실리콘, 염료감응형, 페로브스카이트, CdTe, CIGS

해답

단결정 실리콘 > 페로브스카이트 > CIGS > CdTe > 염료감응형

해설 태양전지 셀의 효율(NREL 발표자료)

- 단결정 실리콘 : 26.1[%]
- 페로브스카이트 : 25.2[%]
- CIGS : 23.4[%]
- CdTe : 22.1[%]
- 염료감응형 : 12.3[%]

06 **다음은 기초에 대한 설명이다. 설명에 맞는 기초의 명칭을 보기에서 골라 쓰시오.**

[보기] 독립기초, 복합기초, 연속기초, 전면기초, 케이슨 기초

1) 벽 또는 일련의 기둥으로부터의 응력을 띠 모양으로 하여 지반 또는 지정에 전달토록 하는 기초
2) 2개 또는 그 이상의 기둥으로부터의 응력을 하나의 기초판을 통해 지반 또는 지정에 전달토록 하는 기초
3) 기둥으로부터의 축력을 독립으로 지반 또는 지정에 전달토록 하는 기초

해답

1) 연속기초
2) 복합기초
3) 독립기초

해설
- 전면(온통)기초 : 상부구조의 광범위한 면적 내의 응력을 단일 기초판으로 연결하여 지반 또는 지정에 전달하도록 하는 기초 형식
- 케이슨기초 : 지상에서 제작하거나 지반을 굴착하고 원위치에서 제작한 콘크리트 통에 속채움을 하는 깊은 기초 형식

07 **축전지실 기기 상호 간의 최소 이격거리에 대해 다음에 답하시오.**

1) 전용실 축전지 열 상호 간 최소 이격거리
2) 전용실 충전기, 큐비클 점검면 최소 이격거리
3) 전용실 축전지, 기타의 면 최소 이격거리
4) 기타 실 큐비클 점검면 최소 이격거리
5) 기타 실 큐비클 환기구 방향면 최소 이격거리

해답

1) 0.6[m] 2) 0.6[m] 3) 1.0[m]
4) 0.6[m] 5) 0.2[m]

해설 축전지실 기기 상호 간의 최소 이격거리

실별	기기	확보 부분	최소 이격거리[m]
전용실	축전지	열 상호 간	0.6
		점검면	0.6
		기타의 면	1.0
	충전기, 큐비클	조작면	1.0
		점검면	0.6
		환기구 방향면	0.2
기타 실	큐비클	점검면	0.6
		환기구 방향면	0.2
옥외 설치	큐비클	–	1.0

주 1) 열 상호 간은 가대 등을 설치하여 높이가 1.6[m]를 넘는 경우는 1.0[m] 이상
2) 기타 실에서 큐비클 식이 아닌 경우 발전장치, 변전설비 등과 마주보는 경우는 1.0[m] 이상

08 다음은 감리업무에 대한 설명이다. ( ) 안에 들어갈 내용을 쓰시오.

감리원은 해당 공사가 공사계약문서, 예정공정표, 발주자의 지시사항, 그 밖에 관련 법령의 내용대로 시공되는가를 공사 시행 시 수시로 확인하여 (①)에 임하여야 하고, 공사업자에게 품질 · 시공 · 안전 · 공정관리 등에 대한 (②)와 (③)을 하여야 한다.

해답

① 품질관리
② 기술지도
③ 지원

해설 전력시설물 공사감리업무 수행지침 제5조(감리원의 근무수칙)

감리원은 해당 공사가 공사계약문서, 예정공정표, 발주자의 지시사항, 그 밖에 관련 법령의 내용대로 시공되는가를 공사 시행 시 수시로 확인하여 품질관리에 임하여야 하고, 공사업자에게 품질 · 시공 · 안전 · 공정관리 등에 대한 기술지도와 지원을 하여야 한다.

09 구조계산서에 의하면 허용지내력 $f_e = 150[\text{kN/m}^2]$일 때, 기초 크기는 1.5[m]×1.5[m]로 설계되었으나, 현장에서 지내력 시험을 한 결과 $f_e = 100[\text{kN/m}^2]$으로 측정되었다. 이 경우 가장 경제적인 정방향 독립기초의 크기를 계산하시오.(단, 구조물에 걸리는 하중은 330[kN]이다.)

해답

독립기초의 면적> $\dfrac{\text{수직하중(구조물에 걸리는 하중)}}{\text{현장지내력}} = \dfrac{330}{100} = 3.3[\text{m}^2]$

정방향 독립기초의 크기는 한 변의 길이가 $\sqrt{3.3} = 1.816 ≒ 1.82[\text{m}]$이므로

$\therefore\ 1.82[\text{m}] \times 1.82[\text{m}]$

10 태양광발전시스템 어레이 설계 시 발전량을 고려한 주요 사항 3가지를 쓰시오.

해답

1) 방위각(정남향)
2) 경사각(그 지방의 위도)
3) 음영(앞열에 의한 뒷열의 그림자)

해설 4) 모듈의 배치방식(세로 깔기)

11 태양광발전용 인버터의 단독운전 방지기능의 필요성에 대해 쓰시오.

해답

한전계통(배전선로)의 보수점검자의 감전사고를 방지한다.

해설 단독운전 방지기능

한전계통의 정전에 의한 단독운전 발생 시 배전망에 전기가 공급되어 보수점검자에 감전의 위해를 끼칠 수 있으므로 이를 방지하기 위해 한전계통 정전 시 이를 수동적 혹은 능동적 방식으로 검출하여 태양광발전시스템을 정지하는 기능이다.

12 **태양광발전설비 시공 시 설계도서 · 법령해석 · 감리자의 지시 등이 서로 일치하지 아니하는 경우에 있어 계약으로 그 적용의 우선순위를 정하지 아니한 때에 우선순위가 높은 것부터 낮은 것의 순서로 보기에서 골라 쓰시오.**

[보기]
설계도면, 표준시방서, 공사시방서, 전문시방서, 산출내역서, 관계법령의 유권해석, 승인된 상세시공도면, 감리원의 지시사항

해답

공사시방서 > 설계도면 > 전문시방서 > 표준시방서 > 산출내역서 > 승인된 상세시공도면 > 관계법령의 유권해석 > 감리원의 지시사항

해설 설계도서 · 법령해석 · 감리자의 지시 등이 서로 일치하지 아니하는 경우에 있어 계약으로 그 적용의 우선순위를 정하지 아니한 때에는 다음의 순서를 원칙으로 한다.

① 공사시방서
② 설계도면
③ 전문시방서
④ 표준시방서
⑤ 산출내역서
⑥ 승인된 상세시공도면
⑦ 관계법령의 유권해석
⑧ 감리자의 지시사항

13 **분산형 전원 배전계통 연계 기술기준에 따라 저압계통의 경우, 계통 병입 시 돌입전류를 필요로 하는 발전원에 대해서 계통 병입에 의한 순시전압변동률이 몇 [%]를 초과하지 않아야 하는가?**

해답

6[%]

14 **태양광발전설비의 모니터링 시스템에서 실시간으로 측정되어야 하는 변수 중 기상학으로 측정되어야 하는 변수 3가지를 쓰시오.**

해답

1) 어레이 면에서의 총 경사면 일사강도
2) 복사 차폐를 사용한 주변대기온도
3) 풍속

15 태양광발전설비 시스템 준공검사 시 변압기의 제어 및 경보장치의 세부검사내용 5가지를 쓰시오.

해답

1) 외관검사
2) 절연저항
3) 경보장치
4) 제어장치
5) 계측장치

해설 전체 공사가 완료된 때(준공검사 시) 변압기의 세부검사

검사항목	세부검사내용
일반규격	규격 확인
본체	• 외관검사 • 절연저항 • 특성시험 • Tap 절환장치시험 • 충전시험 • 접지 시공상태 • 절연내력 • 절연유 내압시험 • 상회전 및 Loop시험
보호장치	• 외관검사 • 보호장치 및 계전기시험 • 절연저항
제어 및 경보장치	• 외관검사 • 경보장치 • 계측장치 • 절연저항 • 제어장치
부대설비	• 절연유 유출방지시설 • 계기용 변성기 • 피뢰장치

16 독립형 태양광발전시스템의 설계 시 1일 전력수요량 결정이 필요하다. 전력소비량을 바탕으로 독립형 태양광발전시스템이 부담해야 할 부하량을 먼저 계산하기 위해 1일 소비전력량을 계산하여야 한다. 다음 물음에 답하시오.

▼ 주택의 부하

구분	전기 기기	수량	소비전력[W]	사용시간[h]	1일 소비전력량[Wh]
DC	LED 전등	3	7.1	5	107
	지하수 펌프	1	150	1	150
	펠티에 냉장고	1	참조[주 1)]		(A)
	컬러 TV 10"	1	60	5	300
	카세트 라디오	1	15	8	120
	컴퓨터(노트북)	1	70	3	210
	선풍기	1	15	6	90
	소계				(B)

주 1) 월간 소비전력량이 18[kWh]이다.
2) 1월은 30일로 한다.
3) 소수점 첫째 자리까지 계산한다.

1) 표에서 (A), (B)의 1일 소비전력량을 구하시오.
① (A)의 1일 소비전력량[Wh]
② (B)의 1일 소비전력량[Wh]

2) 표에서 계산한 1일 소비전력량일 때 전력공급시스템에서 감당해야 하는 1일 부하량을 구하시오.(단, 손실보정률은 1.2이다.)

3) (B)의 1일 소비전력량에서 다음 조건에 맞는 축전지 용량을 구하시오.

[조건]
- 일조가 없는 일수 : 12일
- 축전지 공칭전압 : 2.0[V/cell]
- 축전지 개수 : 48개
- 보수율 : 0.8
- 방전심도 : 60[%]

해답

1) ① A의 1일 소비전력량$=\dfrac{18\times10^3}{30}=600$[Wh/일]

② B의 1일 소비전력량$=107+150+600+300+120+210+90$
$=1,577$[Wh/일]

2) $1,577\times1.2=1,892.4$[Wh/일]

3) 축전지 용량 C

$$C=\frac{\text{부하용량}\times\text{부조일수}}{\text{공칭전압}\times\text{개수}\times\text{보수율}\times\text{방전심도}}$$

$$=\frac{1,577\times12}{2\times48\times0.8\times0.6}=410.677\fallingdotseq410.7[\text{Ah}]$$

∴ 410.7[Ah]

17 태양전지 모듈 사양이 다음 표와 같을 때 태양전지 모듈로부터 접속반까지의 전압강하율을 구하시오.(단, 스트링을 구성하는 모듈의 수는 22개, 전선의 길이는 135[m], 단면적 6.0[mm²]인 F－CV 전선을 사용한다.)

P_{max}[Wb]	275
V_{oc}[V]	38.7
I_{sc}[A]	9.26
V_{mpp}[V]	31.7
I_{mpp}[A]	8.68

해답

전압강하율 $\varepsilon=\dfrac{\text{전압강하(송전단전압}-\text{수전단전압)}}{\text{수전단전압}}\times100$

$$=\frac{e}{\text{송전단전압}-e}\times100$$

전압강하 $e=\dfrac{35.6LI}{1,000A}=\dfrac{35.6\times135\times8.68}{1,000\times6.0}=6.952\fallingdotseq6.95[\text{V}]$

송전단전압$=31.7\times22=697.4$

$\varepsilon=\dfrac{6.95}{697.4-6.95}\times100=1.006\fallingdotseq1.01[\%]$

∴ 1.01[%]

18 다음 그림은 태양광발전소 수변전설비의 단선결선도이다. 다음 물음에 답하시오.

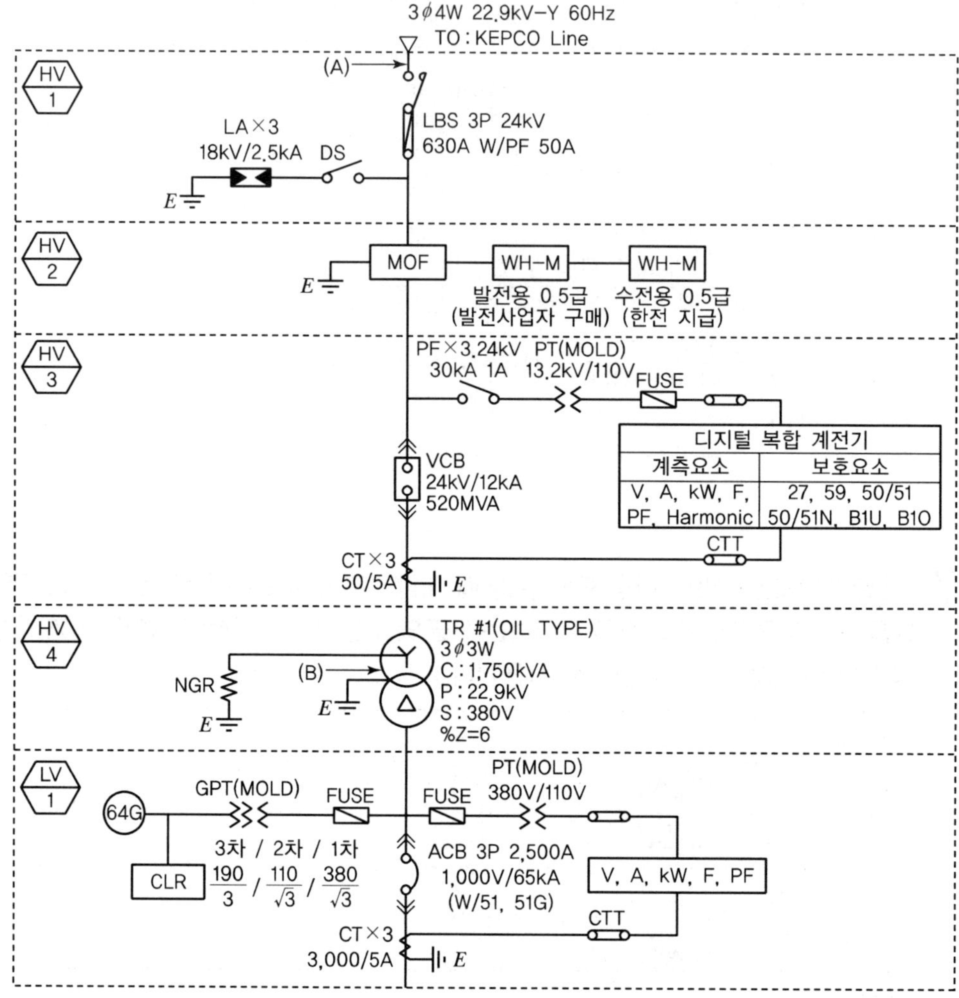

1) 단선결선도의 (A) 부분이 지중인입인 경우 사용되는 케이블을 쓰시오.

2) 단선결선도에 사용된 약어에 알맞은 용어를 쓰시오.

① LBS　　② MOF　　③ LA

④ VCB　　⑤ ACB

3) 단선결선도의 (B) 부분의 변압기 결선도를 완성하시오.

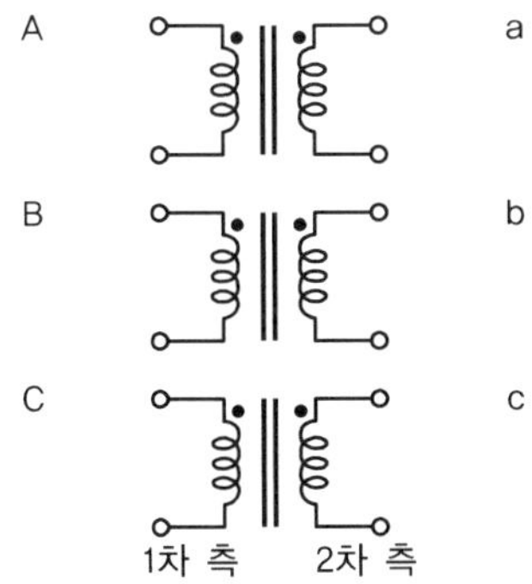

해답

1) CNCV－W(동심중성선, 가교폴리에틸렌 절연 수밀형 비닐시스 케이블)

2) ① LBS : 부하개폐기
② MOF : 계기용 변성기
③ LA : 피뢰기
④ VCB : 진공차단기
⑤ ACB : 기중차단기

3) 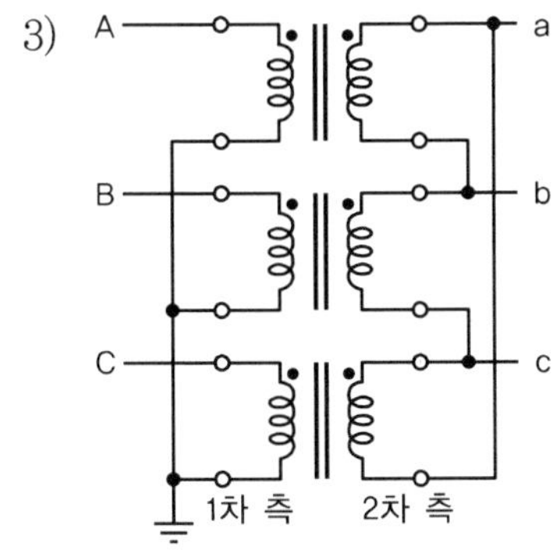

참고문헌

1. 알기 쉬운 태양광발전, 박종화, 문운당
2. 태양광발전시스템 설계 및 시공, 일본태양광발전협회(이현화 외 역), 인포더북스
3. 태양광발전(알기 쉬운 태양광발전의 원리와 응용), 태양광발전연구회(이영재 외 역), 기문당
4. 태양광발전설비 점검 · 검사, 기술지침, 한국전기안전공사
5. 산업통상자원부 기술표준원, 태양광발전용어 모음
6. 법제처(moleg.go.kr) – 관련 법규
7. 신재생에너지설비의 지원 등에 관한 기준 및 지침, 산업통상자원부, 에너지관리공단 신재생센터
8. 한국전력분산형 전원, 계통연계기준, 한국전력
9. 신재생에너지발전설비(태양광)기사 · 산업기사 실기, 봉우근 외, 엔트미디어
10. 전기설비기술기준
11. 한국전기설비규정(KEC)

신재생에너지발전설비
산업기사 실기 태양광

발행일 | 2016. 6. 30 초판발행
2019. 4. 10 개정 1판1쇄
2021. 4. 10 개정 2판1쇄
2023. 8. 20 개정 3판1쇄
2025. 1. 10 개정 4판1쇄

저 자 | 박 문 환
발행인 | 정 용 수

발행처 | 예문사

주 소 | 경기도 파주시 직지길 460(출판도시) 도서출판 예문사
TEL | 031) 955 – 0550
FAX | 031) 955 – 0660
등록번호 | 11 – 76호

- 이 책의 어느 부분도 저작권자나 발행인의 승인 없이 무단복제하여 이용할 수 없습니다.
- 파본 및 낙장은 구입하신 서점에서 교환하여 드립니다.
- 예문사 홈페이지 http : //www.yeamoonsa.com

정가 : 30,000원

ISBN 978-89-274-5560-8 13560